Instalaciones de megafonía y sonorización

Electricidad y Electrónica

Instalaciones de megafonía y sonorización

Juan Manuel Millán Esteller

2.ª edición

TÉCNICO EN INSTALACIONES DE TELECOMUNICACIONES

Paraninfo

Paraninfo

Instalaciones de megafonía y sonorización

© Juan Manuel Millán Esteller

Gerente Editorial
María José López Raso

Equipo Técnico Editorial
Paola Paz Otero
Sofía Durán Tamayo

Editora de Adquisiciones
Carmen Lara Carmona

Producción
Nacho Cabal Ramos

Diseño de cubierta
Ediciones Nobel

Preimpresión
Ediciones Nobel

2.ª edición, 2022. 1ª reimpresión, 2025

Impreso en España / *Printed in Spain*
Tórculo Comunicación Gráfica

C/ Sierra de Guadarrama 35. Naves 2, 3, 4 y 5
Polígono Industrial San Fernando II
28830 San Fernando de Henares
Teléfono: 914 463 350
clientes@paraninfo.es / www.paraninfo.es

ISBN: 978-84-1366-159-9
Depósito legal: M-13227-2022
(32352)

La editorial recomienda que el alumnado realice las actividades sobre el cuaderno y no sobre el libro.

Presentación

Este libro desarrolla los contenidos del módulo profesional de **Instalaciones de Megafonía y Sonorización,** del Ciclo Formativo de grado medio en Instalaciones de Telecomunicaciones, perteneciente a la familia profesional de Electricidad y Electrónica.

Las unidades del libro se acompañan de multitud de **recursos didácticos** que ayudarán al futuro profesional a comprender la materia y acercarlo a su inminente realidad laboral:

Novedades de esta edición: edición revisada en la que se han adaptado los contenidos a las nuevas tecnologías, se han actualizado las referencias normativas aplicables a los sistemas de megafonía y se han ampliado los contenidos relacionados con el montaje y el mantenimiento de las instalaciones de megafonía y sonorización.

- Los aspectos teóricos introducidos se complementan con más de 600 ilustraciones.
- Se incluyen más de 140 ejemplos y casos prácticos resueltos.
- Amplio listado de actividades de comprobación (tipo test), actividades de aplicación (actividades prácticas) y actividades de refuerzo, que facilitan la consecución de los objetivos marcados en cada unidad. En total, más de 400 actividades que permiten abordar los diferentes aspectos de las instalaciones de megafonía y sonorización.
- Recuadros de texto con información relevante.
- Páginas web de interés en cada unidad.

Este libro dispone de los siguientes **materiales y recursos** disponibles en línea para el **profesorado** que **confirme su adopción** como libro de texto para impartir la materia:

- **Programación didáctica.**
- **Solucionario.**
- **Presentación en PowerPoint.**
- **Material y documentación extra (Resumen y glosario de cada unidad y anexo sobre los sistemas de sonido del vehículo).**
- **Examina.**
- **LDP (Libro Digital Proyectable).**

Índice

3. Equipos y transductores electroacústicos. El micrófono

4. Equipos y transductores electroacústicos. Amplificadores y altavoces

10. Sonido digital 295

Introducción

Dentro del Ciclo Formativo de grado medio en Instalaciones de Telecomunicaciones, perteneciente a la familia profesional de Electricidad y Electrónica, se establece el módulo profesional de Instalaciones de Megafonía y Sonorización. Este módulo profesional está relacionado con las cualificaciones profesionales completas del Catálogo Nacional de Cualificaciones Profesionales de Montaje y Mantenimiento de Instalaciones de Megafonía, Sonorización de Locales y Circuito Cerrado de Televisión ELE188_2 (Real Decreto 1228/2006, de 27 de octubre), que comprende las siguientes unidades de competencia:

- UC0597_2: Montar y mantener instalaciones de megafonía y sonorización de locales.
- UC0598_2: Montar y mantener instalaciones de circuito cerrado de televisión.

La obra recoge los aspectos fundamentales relacionados con la instalación, la configuración y el mantenimiento de las instalaciones de megafonía y sonorización, los cuales se pueden agrupar en cinco grandes bloques:

- Acústica básica.
- Cadena de sonido.
- Instalaciones de megafonía y sonorización.
- Principios de sonido digital.
- Riesgos laborales en las instalaciones de megafonía y sonorización.

Instalaciones de megafonía y sonorización incluye toda la información necesaria para desempeñar la función de montaje y mantenimiento de instalaciones de megafonía y sonorización de recintos. La definición de estas funciones incluye aspectos como:

- La interpretación y la representación de esquemas de instalaciones de megafonía y sonorización de locales y recintos.
- La identificación de componentes, herramientas y equipos.
- La configuración y el montaje de pequeñas instalaciones de megafonía y sonorización.
- La medida, el ajuste y la verificación de parámetros de las instalaciones.
- La localización de averías y disfunciones en equipos e instalaciones.
- El mantenimiento y la reparación de instalaciones.
- La realización de memorias e informes técnicos asociados.
- El cumplimiento de la normativa sobre seguridad, prevención de riesgos laborales y protección ambiental.

El libro se adapta completamente al currículo del módulo profesional del título Técnico en Instalaciones de Telecomunicaciones, establecido en el Real Decreto 1632/2009, de 30 de octubre.

1 Principios básicos de sonido

Contenidos

El sonido es un fenómeno físico que se produce por una vibración mecánica, la cual se propaga a través de un medio elástico, como por ejemplo el aire, que es capaz de producir una sensación auditiva en el oído humano.

La sensación auditiva que provoca este sonido en el oído dependerá de sus cualidades fundamentales (tono, intensidad, timbre y duración), pero también dependerá de la propagación del sonido por el medio de transmisión, que se verá interferido por la reflexión, la difracción, la absorción y la refracción en los diferentes materiales que se encuentra la señal cuando se propaga hacia su destino.

Objetivos

- Identificar las características que definen a los sonidos.
- Relacionar los fenómenos asociados al sonido con las características del oído humano que determinan el comportamiento de la sensación acústica.
- Identificar las principales magnitudes físicas asociadas al sonido y los equipos e instrumentos utilizados para su medida.
- Realizar cálculos del nivel de presión sonora ante la presencia de diferentes fuentes de sonido.

1.1. El sonido

El **sonido** es el fenómeno físico que se produce cuando las vibraciones de un cuerpo se transmiten por un medio elástico hasta que llegan al oído humano. La ciencia que estudia el sonido, su generación, propagación, propiedades y fenómenos asociados recibe el nombre de **acústica.** Este estudio puede realizarse desde dos puntos de vista diferentes:

- **Como un fenómeno físico.** Desde el punto de vista físico el sonido es una vibración mecánica capaz de provocar un estímulo físico en el oído humano que causa la sensación auditiva.
- **Como un fenómeno fisiológico.** Desde el punto de vista fisiológico, el sonido es la sensación auditiva provocada por una vibración mecánica.

1.1.1. Generación del sonido. Fenómeno físico

En la Figura 1.1 se muestran los tres elementos que intervienen en la generación del sonido: la vibración de un cuerpo (emisor) facilita la propagación del sonido por el aire (medio de transmisión) hasta el oído del oyente (receptor).

Figura 1.1. La transmisión del sonido.

Para que exista el sonido es necesaria una fuente de vibración mecánica y un medio elástico como el aire a través del cual se propague la perturbación. Es por ello que, a diferencia de la luz, el sonido no se propaga a través del vacío, ya que necesita un medio de propagación.

SABÍAS QUE...

El aire es un medio elástico, al igual que el agua y los cuerpos sólidos, como por ejemplo el acero.

La **fuente sonora** es el elemento generador de sonido (Figura 1.2.a). Ejemplos típicos de fuentes sonoras son los instrumentos musicales y las cuerdas vocales. El sonido se produce cuando la fuente de sonido vibra. La vibración se transmite a las partículas de aire vecinas, de manera que estas, a su vez, la transmiten a las partículas contiguas. Las partículas no se mueven, simplemente oscilan alrededor de una posición de equilibrio (movimiento ondulatorio), causando la propagación de la onda sonora (Figura 1.2.b).

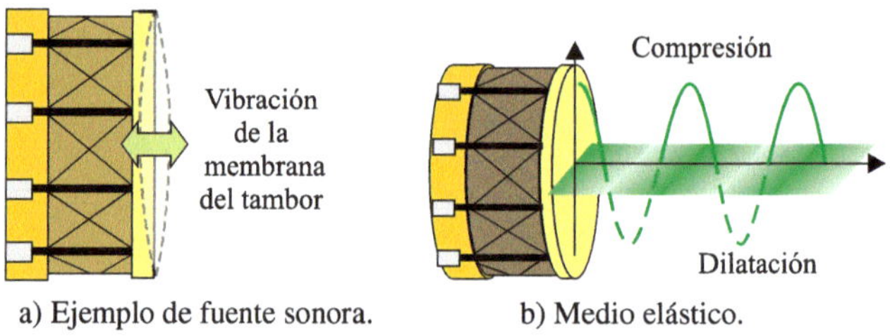

Figura 1.2. Generación y propagación del sonido.

En la Figura 1.3 se muestra la generación del sonido producida por un tambor. Al oscilar, el tambor desplaza el aire que lo rodea, comprimiéndolo o descomprimiéndolo periódicamente en función de la posición de la membrana:

- Cuando la membrana se desplaza hacia fuera, las partículas de aire próximas a su superficie se acumulan creándose una **zona de compresión.**
- Cuando la membrana se desplaza hacia dentro, dichas partículas se separan, lo cual da lugar a una **zona de dilatación.**

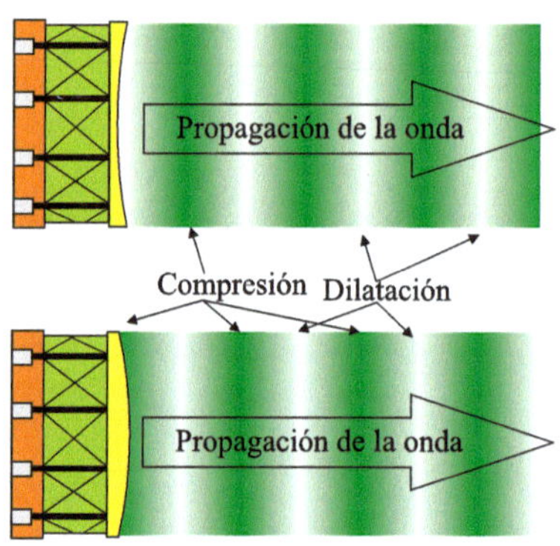

Figura 1.3. Propagación del sonido.

Las moléculas desplazadas van empujando a las contiguas, en la misma dirección que la de propagación de la onda. La variación periódica de la presión se propaga originando lo que recibe el nombre de **ondas sonoras.**

1.1.2. Mecanismo de la audición. Fenómeno fisiológico

El **oído humano** es el órgano responsable del sentido de la audición (Figura 1.4). Las vibraciones del aire que inciden en el oído se transmiten en su interior para excitar las células nerviosas que generan los impulsos que llegan al cerebro, causando en el organismo la sensación de sonido.

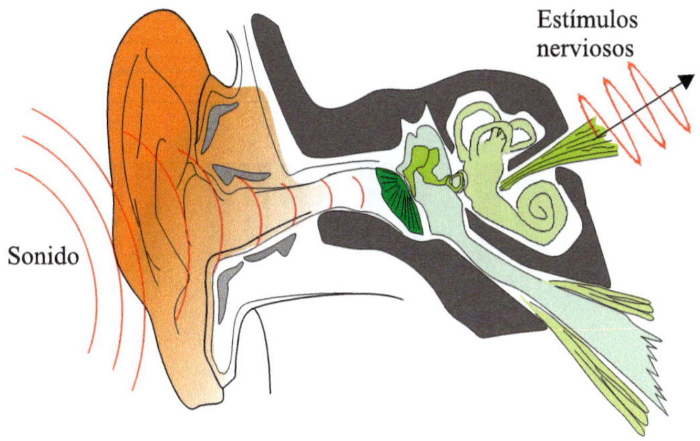

Figura 1.4. El oído humano.

1.2. Propiedades físicas del sonido

Una onda sonora queda caracterizada por la variación temporal de la presión sonora en un punto determinado. El caso más sencillo de estudio se produce cuando la variación de la presión sonora en un punto con el tiempo da lugar a una forma de onda senoidal (tono puro), tal y como se muestra en la Figura 1.5.

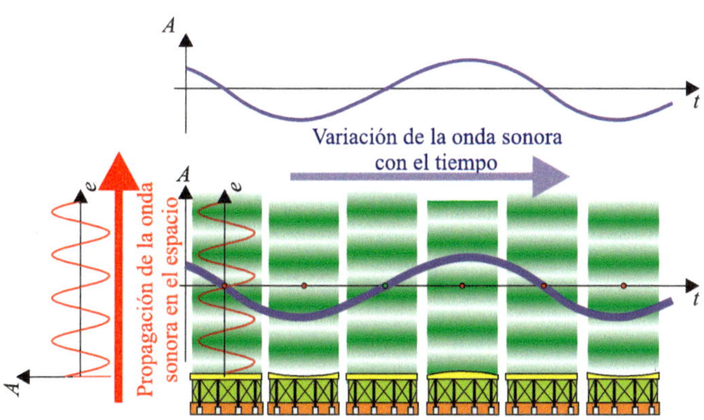

Figura 1.5. Variación temporal de la presión acústica en un punto.

Recuerda

En un punto determinado del espacio, la amplitud de la onda sonora varía con el tiempo, desde un valor máximo a un valor mínimo pasando por cero.

1.2.1. Magnitudes físicas asociadas al sonido

Las principales magnitudes físicas asociadas al sonido son la frecuencia, el periodo, la amplitud y la fase.

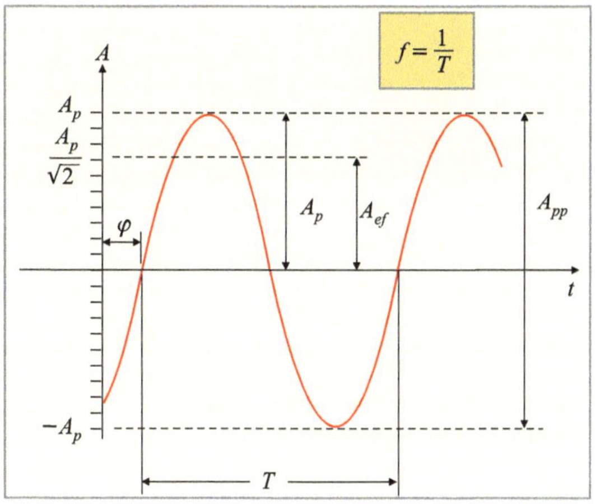

Figura 1.6. Representación temporal de una señal sinusoidal.

En la Figura 1.6 se muestra la representación temporal de una señal sinusoidal. Esta señal, que es periódica, se caracteriza fundamentalmente por los parámetros siguientes:

- **Amplitud (A).** Indica el valor instantáneo de la magnitud medida. En el caso del sonido las magnitudes relacionadas con la amplitud de la onda sonora son la presión y la intensidad sonora. A mayor intensidad, mayor presión sonora y mayor sensación auditiva. El valor instantáneo de una señal sinusoidal siempre está comprendido entre un valor mínimo ($-A_p$) y un valor máximo (A_p). La unidad de medida de la amplitud depende de la magnitud representada. Por ejemplo, cuando se representa la presión acústica la unidad utilizada es el pascal (Pa). La amplitud de una señal también puede evaluarse mediante su valor de pico a pico (A_{pp}) o su valor eficaz (A_{ef}).
- **Periodo (T).** Determina la duración de un ciclo de la señal. El periodo de una señal se mide en segundos (s).
- **Fase (φ).** Determina el punto de inicio de un ciclo de la señal respecto a un punto origen de referencia.
- **Frecuencia (f).** Indica el número de ciclos de la onda sonora que ocurren en un segundo. La frecuencia de una señal se mide en hercios (Hz). El periodo (T) y la frecuencia (f) de una señal están relacionados de la forma siguiente:

$$f = \frac{1}{T}$$

Recuerda

Un ciclo de señal es el espacio de tiempo que transcurre entre dos valores idénticos consecutivos de una onda sonora.

> **Recuerda**
>
> 1 ms = 0,001 s   1 s = 1000 ms

Ejemplo 1.1.

Cálculo de la frecuencia y del periodo de una onda sonora.

Una onda sonora de período 1 ms (T_1), tiene una frecuencia (f_1) asociada de 1000 Hz:

$$f_1 = \frac{1}{T_1} = \frac{1}{0{,}001} = 1000 \text{ Hz}$$

Una onda sonora de frecuencia 500 Hz (f_2) tiene un período (T_2) asociado de 2 ms:

$$T_2 = \frac{1}{f_2} = \frac{1}{500} = 0{,}002 \text{ s} = 2 \text{ ms}$$

1.2.2. Espectro

El **espectro** es la representación de cada una de las componentes frecuenciales que forman una señal. En función de su distribución de frecuencias se pueden clasificar diferentes tipos de sonidos: tono puro, sonido armónico, sonido complejo y ruido.

Tono puro

Un **tono puro** es un sonido en el cual la presión sonora varía en posición y tiempo de manera senoidal. Así, como se observa en la Figura 1.7 una señal sinusoidal (tono puro) solamente tiene una componente frecuencial de amplitud A_p.

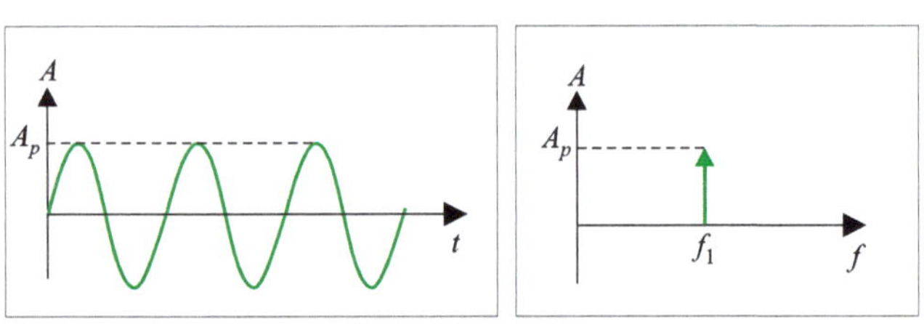

a) Representación temporal. b) Representación frecuencial.

Figura 1.7. Espectro de un tono puro.

Ejemplo 1.2.

La escala musical.

Una nota musical es un concepto que relaciona un sonido con una frecuencia determinada. La ordenación de las notas musicales es lo que se denomina escala musical (Figura 1.8).

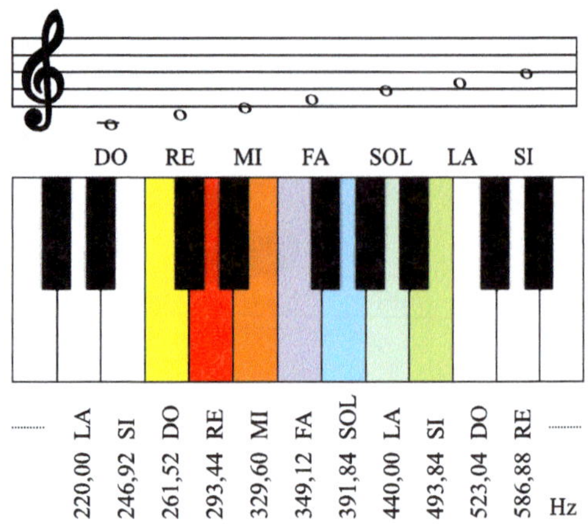

Figura 1.8. Escala musical.

Sonido armónico

Un **sonido armónico** es un sonido formado por la superposición de un tono puro y un conjunto finito o infinito de tonos con frecuencias múltiplos de esta:

- La **frecuencia fundamental** es la primera frecuencia de vibración de un cuerpo.
- Un **armónico** es una frecuencia múltiplo de la frecuencia fundamental.

Ejemplos típicos de sonidos armónicos son los emitidos por los instrumentos musicales.

> **Recuerda**
>
> Un armónico (f_n) representa un múltiplo de la frecuencia fundamental (f_0):
>
> $f_n = n \cdot f_0$ donde $n = 2, 3, 4...$

Ejemplo 1.3.

Sonidos armónicos.

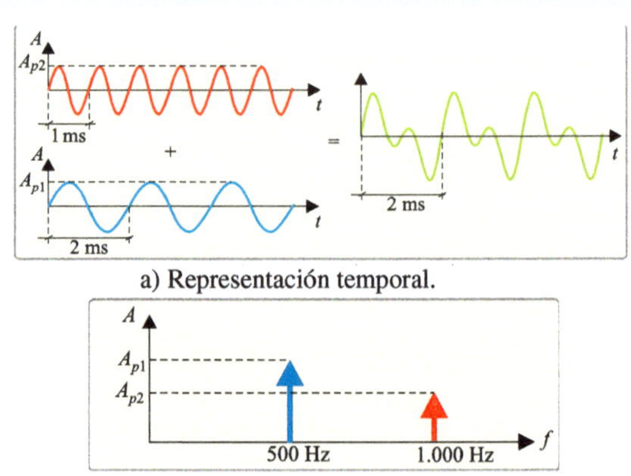

a) Representación temporal.

b) Representación frecuencial (espectro).

Figura 1.9. Sonido armónico.

En general, cualquier señal compleja puede modelarse como la combinación de tonos de diferente frecuencia y amplitud. La señal de la Figura 1.9 es la suma de dos tonos de frecuencia 500 Hz y 1000 Hz. La señal de 500 Hz se considera la frecuencia fundamental y la de 1000 Hz es un armónico de la primera.

Sonido complejo

Un **sonido complejo** es un sonido formado por la superposición de infinitos tonos puros, con frecuencias infinitamente próximas y de amplitud diferente. Por ejemplo un sonido complejo es el producido por la voz humana.

Normalmente, las señales no son periódicas y, además, contienen muchas frecuencias, lo que no permite una representación discreta del espectro. Aun así, las señales admiten una representación estadística, de forma continua, que determina la probabilidad de que la señal contenga una de las frecuencias. Por ejemplo, la Figura 1.10 muestra la evolución temporal de la señal de voz y su espectro típico, donde se observa que el margen de frecuencias que es capaz de generar el sistema de fonación humano está comprendido aproximadamente entre 300 Hz y 3400 Hz, es decir, durante una conversación se generan señales acústicas comprendidas en este margen de frecuencias.

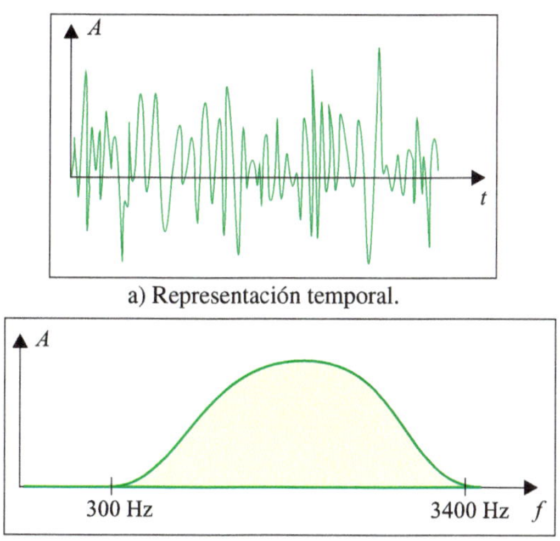

a) Representación temporal.

b) Representación frecuencial.

Figura 1.10. Señal de voz.

Ruido

Un caso particular de sonido complejo es el **ruido,** el cual se caracteriza por un espectro continuo formado por una combinación de sonidos aleatorios de distintas frecuencias muy próximas entre sí. Según la intensidad que producen, existen estos tipos de ruido:

- **Ruido continuo o constante.** Ruido cuya intensidad permanece prácticamente constante en el tiempo, con pequeñas variaciones (Figura 1.11.a). Ejemplos típicos son la exposición a máquinas en entornos industriales.
- **Ruido fluctuante o variable.** Ruido cuya intensidad varía a lo largo del tiempo, ya sea de manera aleatoria o periódica (Figura 1.11.b). Por ejemplo el tráfico rodado.
- **Ruido impulsivo.** Ruido de duración corta cuya intensidad varía de manera brusca (Figura 1.11.c). Ejemplos típicos de ruido impulsivo son los golpes de martillo, las explosiones, etcétera.

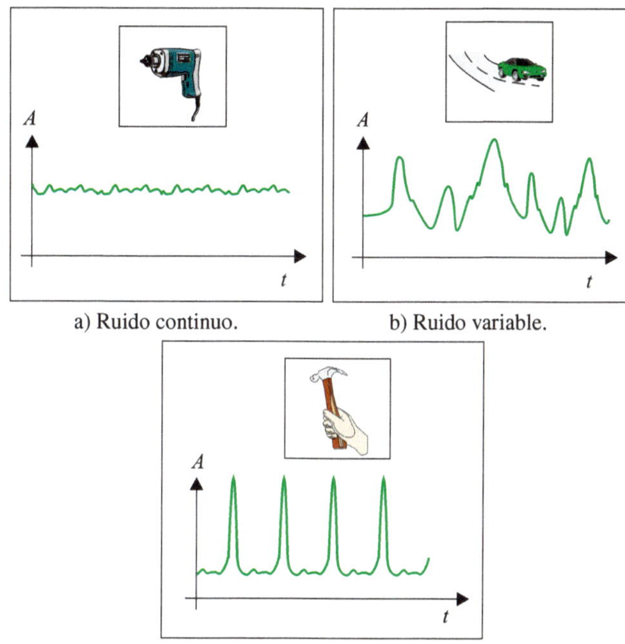

a) Ruido continuo. b) Ruido variable.

c) Ruido impulsivo.

Figura 1.11. Tipos de ruido.

1.2.3. El espectro audible

El **espectro audible** es el conjunto de frecuencias que el oído humano es capaz de percibir. Como norma general se considera el espectro audible para una persona sana el margen de frecuencias que va desde los 20 Hz a los 20 kHz (Figura 1.12).

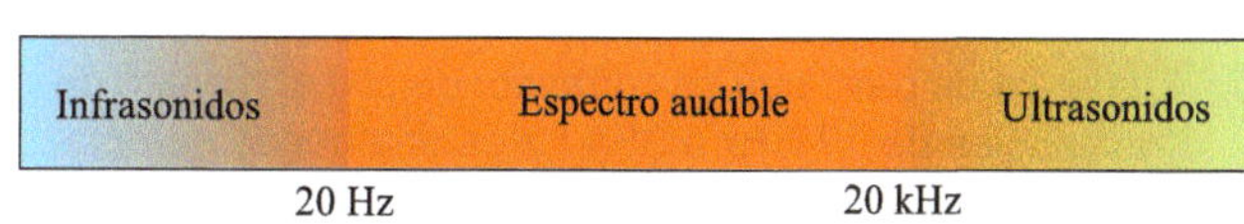

Figura 1.12. Espectro audible.

Las frecuencias por debajo de 20 Hz se denominan **infrasonidos** y, aunque el oído humano no las puede escuchar, pueden percibirse como vibraciones mecánicas, por ejemplo tocando la fuente de vibración.

Las frecuencias por encima de 20 000 Hz se denominan **ultrasonidos,** que tienen aplicación en la industria (ensayos de materiales, medida de distancias, etc.) y la medicina (ecografías, fisioterapia, etcétera).

1.2.4. Bandas de frecuencia

Para el análisis del sonido se divide todo el margen de frecuencias audibles en diferentes bandas, de manera que se puede estudiar la distribución del nivel de presión sonora para cada una de estas bandas por separado.

Se define el **ancho de banda** (B_w) como la diferencia entre la frecuencia superior (f_s) y la frecuencia inferior (f_i) de cada banda de paso:

$$B_w = f_s - f_i$$

La **frecuencia central** (f_c) de la banda se corresponde con la media geométrica de las dos frecuencias laterales de cada banda:

$$f_c = \sqrt{f_s \cdot f_i}$$

En función del número de bandas en que se divide el margen de frecuencias audible existen diferentes tipos de bandas. Las más utilizadas son las bandas de octava y las de 1/3 de octava.

Bandas de octava

Una **banda de octava** es una banda de frecuencias en la que se cumple que la frecuencia superior de la banda es el doble de su frecuencia inferior:

$$f_s = 2 \cdot f_i$$

De esta manera, el espectro audible se puede dividir en las diez bandas de octava, que se representan en la Figura 1.13.

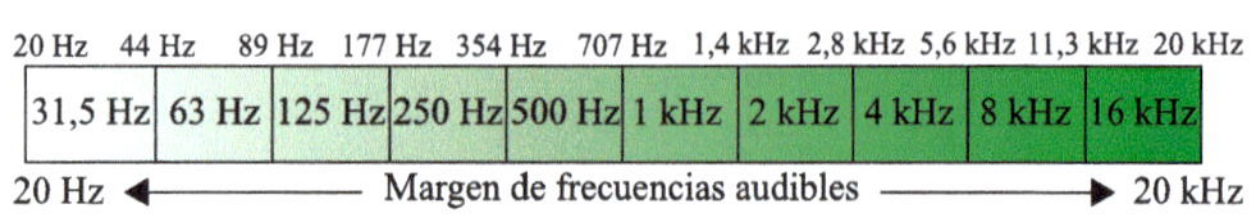

Figura 1.13. División en octavas del espectro audible.

> **Ejemplo 1.4.**
>
> Parámetros asociados a una banda de octava.
>
> La banda de paso que se corresponde con el margen de frecuencias de 177 Hz a 354 Hz es una banda de octava, ya que la frecuencia superior es el doble de su frecuencia inferior:
>
> $$f_s = 2 \cdot f_i = 2 \cdot 177 = 354 \text{ Hz}$$
>
> La frecuencia central de esta banda es de 250 Hz:
>
> $$f_c = \sqrt{f_s \cdot f_i} = \sqrt{177 \cdot 354} = 250 \text{ Hz}$$
>
> El ancho de banda de esta banda de frecuencias es de 177 Hz:
>
> $$B_w = f_s - f_i = 354 \text{ Hz} - 177 \text{ Hz} = 177 \text{ Hz}$$

Bandas de tercio de octava

En el caso de las bandas de tercio de octava, cada intervalo de una octava se divide en tres partes, por lo que se tiene una visión más detallada del espectro de una señal.

Una **banda de tercio de octava** es una banda de frecuencias en la que se cumple la relación siguiente entre su frecuencia superior (f_s) y su frecuencia inferior (f_i):

$$f_s = f_i \cdot 2^{1/3}$$

> **SABÍAS QUE...**
>
> En una banda de un tercio de octava, cada intervalo de la octava se divide en tres partes. Las frecuencias centrales normalizadas de cada banda, según la norma UNE-EN ISO 266, son las siguientes: 16 Hz, 20 Hz, 25 Hz, 31,5 Hz, 40 Hz, 50 Hz, 63 Hz, 80 Hz, 100 Hz, 125 Hz, 160 Hz, 200 Hz, 250 Hz, 315 Hz, 400 Hz, 500 Hz, 630 Hz, 800 Hz, 1 kHz, 1,25 kHz, 1,6 kHz, 2 kHz, 2,5 kHz, 3,15 kHz, 4 kHz, 5 kHz, 6,3 kHz, 8 kHz, 10 kHz, 12,5 kHz, 16 kHz y 20 kHz.

1.3. Cualidades del sonido

Las cuatro **cualidades fundamentales** que caracterizan a un sonido son el tono, el timbre, la intensidad y la duración.

> **Recuerda**
>
> Cuando es necesario un análisis detallado del nivel de presión sonora en lugar de las bandas de octava se utilizan las bandas de tercio de octava.

1.3.1. Tono

El **tono** de un sonido queda determinado por la frecuencia fundamental de las ondas sonoras. El tono de un sonido permite clasificar los sonidos en graves, medios y agudos dependiendo de su frecuencia fundamental (Figura 1.14).

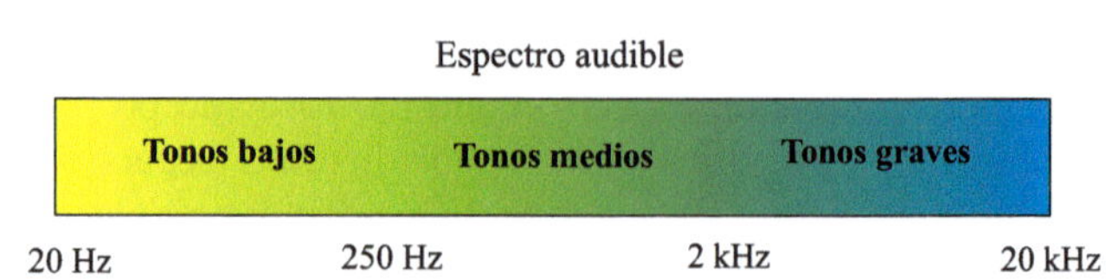

Figura 1.14. Tono.

Ejemplo 1.5.

Comparación entre las bandas de octava y las bandas de 1/3 de octava.

La Figura 1.15.a muestra un ejemplo de señal compleja dividida en octavas en el que se muestra su nivel de presión sonora. Dentro de cada octava, la presión sonora se considera la misma, pero si analizamos con más detalle cada banda de octava, observamos que la distribución de presión sonora es variable. En la Figura 1.15.b se muestra la misma señal dividida en tercios de octava: se observa que la división en tercios de octava permite un análisis más detallado del espectro de la señal. Dentro de cada tercio de octava la presión sonora se considera la misma.

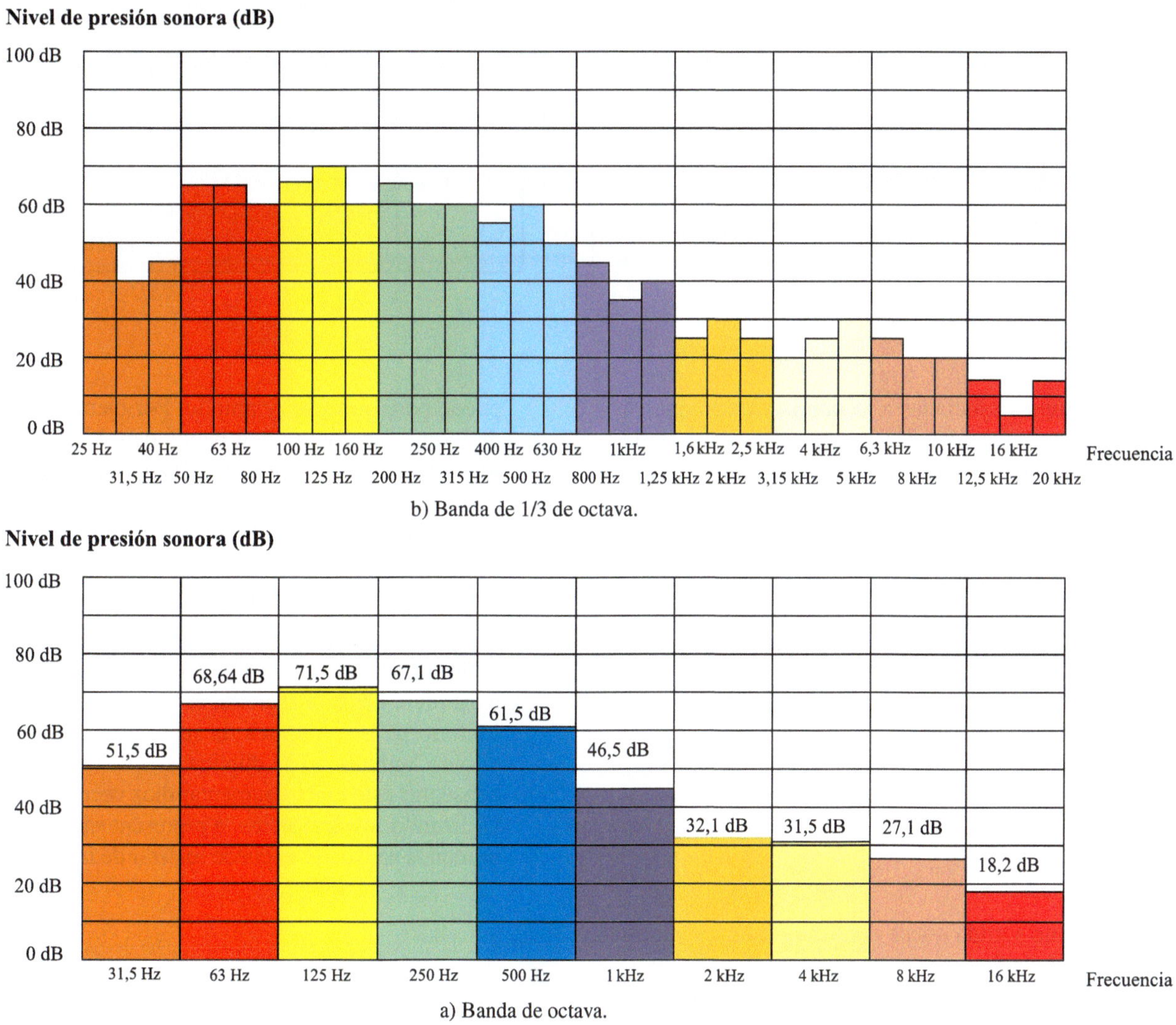

Figura 1.15. División del espectro audible en bandas.

1.3.2. El timbre

El **timbre** de un sonido permite diferenciar dos sonidos diferentes con la misma frecuencia fundamental, es decir, del mismo tono, ya que esta cualidad queda determinada por los armónicos que acompañan a la frecuencia fundamental de un sonido.

En el ejemplo de la Figura 1.16, el tono de los dos sonidos es el mismo; en cambio, se diferencian en el timbre.

1.3.3. La intensidad

La **intensidad** de una onda acústica permite evaluar cuantitativamente la magnitud de un campo sonoro, es decir, lo fuerte o débil que es un sonido y está relacionada con la amplitud de una onda sonora (Figura 1.17).

La intensidad es la cantidad de energía acústica que contiene un sonido y viene determinada por la potencia de la fuente de sonido y la distancia del receptor a esta fuente.

Ejemplo 1.6.

Frecuencia fundamental de un sonido armónico.

La Figura 1.16 muestra dos sonidos armónicos con la misma frecuencia fundamental, que se corresponde con la nota LA (220 Hz). El tono de las dos señales es el mismo, ya que están formadas por la misma frecuencia fundamental, aunque sus armónicos son diferentes, es decir, las dos señales se diferencian en el timbre.

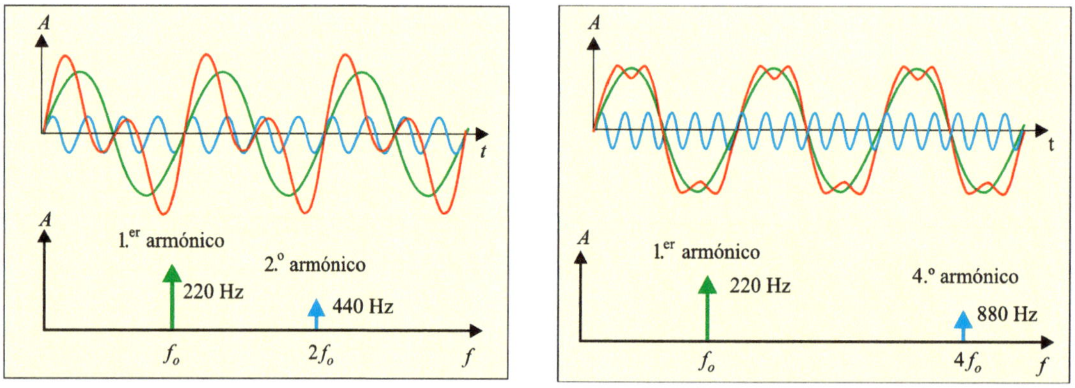

Figura 1.16. Armónicos de una señal.

Otras magnitudes asociadas a lo débil o fuerte que es un sonido están relacionadas con la potencia sonora de la fuente y con el nivel de presión sonora en un punto determinado.

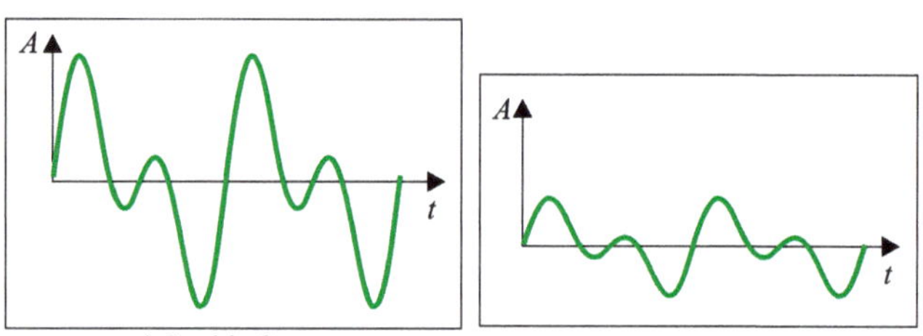

a) Sonido fuerte. b) Sonido débil.

Figura 1.17. Intensidad de una onda sonora.

1.3.4. Duración

La **duración** de un sonido queda determinada por el tiempo de vibración de la fuente sonora. En función de la duración de los sonidos, estos se pueden clasificar en sonidos continuos o sonidos impulsivos.

1.4. Niveles acústicos

En acústica, al igual que en otras disciplinas, normalmente no se utilizan directamente las magnitudes lineales expresadas en unidades del Sistema Internacional. En su lugar se utilizan los decibelios.

La utilización del decibelio en acústica presenta las ventajas siguientes:

- Con decibelios se manejan cantidades numéricas más sencillas, debido a que el rango de sonidos que se puede percibir es muy amplio. Por ejemplo, el nivel de intensidad sonora que puede percibir el oído humano va desde 20 μPa hasta 20 Pa, que da lugar a un margen dinámico de presiones muy amplio, en torno a 1 000 000, lo que dificulta trabajar directamente con estas unidades. En cambio, cuando se trabaja con dB el margen se reduce a 120 dB (de 0 a 120 dB).
- La respuesta a los estímulos del sistema auditivo humano no es lineal, sino que lo hace de manera logarítmica. De esta manera, si la presión acústica de un tono puro se duplica, la sensación percibida por el oído humano no se duplica, siendo necesario para conseguir este efecto aumentar diez veces su presión. Utilizando los decibelios la representación de los fenómenos acústicos se puede realizar de manera lineal.

SABÍAS QUE...

El decibelio es una relación logarítmica entre una cantidad y otra de referencia, que se utiliza en diferentes campos de la ciencia para evaluar las magnitudes de importancia. Como el decibelio es adimensional y relativo, para medir valores absolutos se necesita especificar a qué unidades está referida la medida. La expresión general es la siguiente:

$$P(\mathrm{dB}) = 10 \cdot \log\left(\frac{P}{P_0}\right)$$

donde P es el valor de la magnitud medida, en unidades lineales del Sistema Internacional, y P_0 es el valor de la magnitud tomada como referencia.

Las principales magnitudes que permiten evaluar la amplitud de una onda sonora son la potencia sonora, la presión sonora y la intensidad sonora.

1.4.1. Potencia sonora de una fuente (*W*)

La **potencia sonora** (W) caracteriza la capacidad de emisión de una fuente de sonido y se define como la cantidad de energía sonora emitida (E) por la fuente por unidad de tiempo (t). Se mide en vatios:

$$W = \frac{E}{t}$$

Ejemplo 1.7.

Ejemplo de potencias acústicas de diferentes fuentes sonoras.

El nivel de potencia sonora de diferentes fuentes es muy variado: por ejemplo una persona hablando 0,00001 W (70 dB), una persona gritando 0,001 W (90 dB), un martillo neumático 1 W (120 dB) y una sirena 1000 W (150 dB).

Nivel de potencia sonora

El **nivel de potencia sonora** (L_W) permite evaluar la potencia sonora utilizando como unidad de medida el dB. Como nivel de referencia (W_0) se utiliza la potencia umbral de audición, que se corresponde con 10^{-12} W:

$$L_W = 10 \cdot \log\left(\frac{W}{W_0}\right) = 10 \cdot \log\left(\frac{W}{10^{-12}}\right)$$

o también

$$L_W = 10 \cdot \log(W) + 120 \text{ dB}$$

donde W es la potencia sonora bajo estudio.

Ejemplo 1.8.

Nivel de potencia sonora de una fuente de sonido.

El nivel de potencia sonora de una fuente de sonido de 50 W es de 137 dB:

$$L_w = 10 \cdot \log\left(\frac{W}{W_0}\right) = 10 \cdot \log\left(\frac{50}{10^{-12}}\right) = 137 \text{ dB}$$

1.4.2. Intensidad sonora (*I*)

La **intensidad sonora** (I) se define como la energía acústica (W) que atraviesa una superficie (S) por unidad de tiempo y se mide en W/m^2:

$$I = \frac{W}{S}$$

Los principales factores de los que depende la intensidad del sonido son los siguientes:

- **Potencia de la fuente sonora.** Cuanto mayor sea la potencia sonora de la fuente, mayor será la intensidad sonora percibida por un oyente.
- **Distancia a la fuente sonora.** La energía vibratoria emitida por la fuente se distribuye uniformemente en ondas esféricas a medida que se propaga por el espacio, cuya superficie aumenta proporcionalmente al cuadrado de sus radios (Figura 1.18). La energía que recibe el oído es una fracción de la energía total emitida por la fuente, tanto menor cuanto más alejado está el oyente.

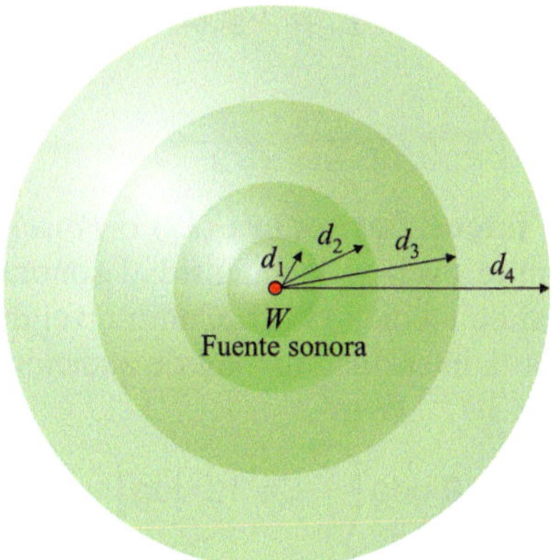

Figura 1.18. Ondas esféricas.

- **Naturaleza del medio de transmisión.** En el espacio libre las ondas se atenúan por la pérdida de energía debida a la fricción de las partículas. Los medios no elásticos atenúan más las ondas que los medios elásticos.

Si consideramos una fuente puntual (Figura 1.19) que emite por igual en todas las direcciones (fuente omnidireccional) con una potencia W, la intensidad del sonido a una distancia d es:

$$I = \frac{W}{S} = \frac{W}{4\pi d^2}$$

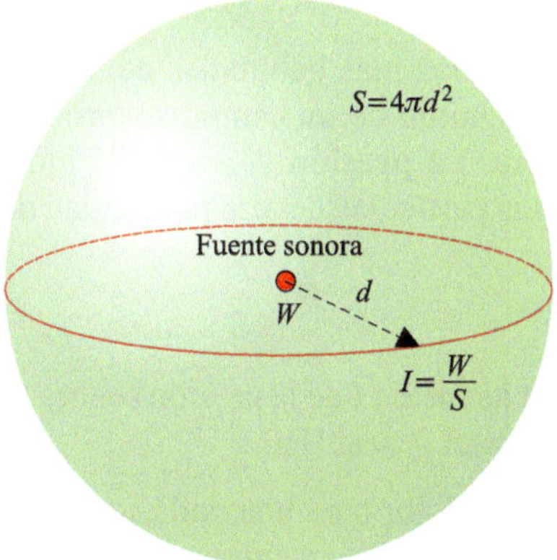

Figura 1.19. Intensidad sonora.

Ejemplo 1.9.

Intensidad de sonido producido por una fuente sonora.

El nivel de la potencia sonora de una fuente es independiente del lugar donde se ubique ya que es un valor intrínseco de ella, pero la energía sonora que irradia eleva la intensidad del sonido y el nivel de presión sonora de un recinto dependiendo de la distancia con respecto a la fuente y de las características de la sala (dimensiones, acústica de la sala, etcétera).

Por ejemplo, una fuente puntual irradia uniformemente una potencia acústica de 50 W. A una distancia de 2 m, la intensidad del sonido es:

$$I = \frac{W}{S} = \frac{W}{4\pi d^2} = \frac{50}{4\pi 2^2} = 0{,}99 \text{ W/m}^2$$

Nivel de intensidad sonora

El **nivel de intensidad sonora** (L_I) o *Power Watt Level* (PWL) permite evaluar la intensidad sonora utilizando como unidad de medida el dB. Como nivel de referencia (I_0) se utiliza la intensidad umbral de audición, que se corresponde con 10^{-12} W/m^2.

$$L_I = 10 \cdot \log\left(\frac{I}{I_0}\right) = 10 \cdot \log\left(\frac{I}{10^{-12}}\right)$$

donde *I* es la intensidad de potencia en el punto de estudio.

Ejemplo 1.10.

Nivel de intensidad de sonido producido por una fuente sonora.

La intensidad sonora que provoca el despegue de un avión a una distancia de 50 m es de 1 W/m^2. El nivel de intensidad sonora que se corresponde es de 120 dB:

$$L_I = 10 \cdot \log\left(\frac{I}{I_0}\right) = 10 \cdot \log\left(\frac{1}{10^{-12}}\right) = 120 \text{ dB}$$

1.4.3. Presión sonora (*P*)

Una de las maneras más habituales de indicar cuantitativamente la magnitud de un campo sonoro es mediante la presión sonora. La **presión sonora** (P) indica la fuerza que ejercen las partículas de aire por unidad de superficie:

$$P = \frac{F}{S}$$

La unidad de medida de la presión sonora en el Sistema Internacional es el pascal (Pa).

El umbral de dolor para una onda acústica de 1 kHz se sitúa en torno los 20 Pa, mientras que el umbral de audición se sitúa en torno los 20 μPa.

Nivel de presión sonora

El **nivel de presión sonora** (L_p) o SPL (*Sound Pressure Level*) evalúa la presión sonora utilizando los decibelios. El nivel de presión sonora se expresa en decibelios (dB) y se define por la siguiente relación matemática:

$$L_P = 20 \cdot \log\left(\frac{P}{P_0}\right) = 20 \cdot \log\left(\frac{P}{2 \cdot 10^{-5}}\right)$$

donde P es el valor eficaz de la presión sonora medida y P_0 es el valor eficaz de la presión sonora de referencia, fijado en $2 \cdot 10^{-5}$ N/m^2.

SABÍAS QUE...

En ocasiones, las medidas del nivel de presión sonora se especifican en dB_{SPL}. De esta manera el técnico identifica que la magnitud que refleja la medida es la presión sonora.

Ejemplo 1.11.

Niveles de presión sonora límites del oído humano.

El rango de presiones acústicas que es capaz de percibir el sistema auditivo humano es bastante amplio.

La presión mínima que puede percibir es de $2 \cdot 10^{-5}$ Pa (20 μPa), a una frecuencia de 1 kHz. El umbral auditivo, por tanto, se corresponde con 0 dB:

$$L_P = 20 \cdot \log\left(\frac{P}{P_0}\right) = 20 \cdot \log\left(\frac{2 \cdot 10^{-5}}{2 \cdot 10^{-5}}\right) = 20 \cdot \log(1) = 0 \text{ dB}$$

La presión máxima que puede soportar, sin sensación de dolor, es de 20 Pa, que se corresponde con un nivel de 120 dB:

$$L_P = 20 \cdot \log\left(\frac{P}{P_0}\right) = 20 \cdot \log\left(\frac{20}{2 \cdot 10^{-5}}\right) =$$

$$= 20 \cdot \log(1\,000\,000) = 120 \text{ dB}$$

La Tabla 1.1 evalúa diferentes niveles sonoros y la percepción humana respecto de ellos.

SABÍAS QUE...

La intensidad sonora (*I*) y la presión sonora (*P*) están relacionadas a través de la impedancia acústica característica del medio (*Z*), que en el aire a 20 °C es de unos 400 rayl, de la manera siguiente:

$$I = \frac{P^2}{Z}$$

Tabla 1.1. Niveles sonoros y respuesta humana

Fuente	*P* (Pa)	*I* (W/m²)	Nivel de presión sonora [dB]	Efecto
Zona de lanzamiento de cohetes	20000	—	180	Pérdida auditiva irreversible.
Despegue de un avión (en pista) Sirena antiaérea	200	100	140	Doloroso.
Trueno	63,2	10	130	Pérdida de oído a corto plazo.
Despegue de un avión a 50 m Concierto de *rock*	20	1	120	Umbral de dolor.
Martillo neumático	6,32	0,1	110	Extremadamente fuerte.
Petardos Claxon de un camión	2	0,01	100	Muy fuerte.
Tránsito urbano	0,632	0,001	90	Muy molesto. La exposición constante puede provocar daños al oído.
Grito a 1 m Interior de una fábrica	0,2	0,0001	80	Molesto. Pérdida de oído a largo plazo.
Oficina de negocios Tráfico denso	0,0632	0,00001	70	Ligeramente molesto. Comunicación verbal extremadamente difícil.
Conversación (1 m)	0,02	0,000001	60	Ligeramente ruidoso. Malestar
Tránsito de vehículos a 25 m	0,00632	0,0000001	50	Poco ruidoso.
Oficina tranquila Área urbana por la noche	0,002	0,00000001	40	Ruido leve.
Biblioteca Susurro	0,000632	0,000000001	30	Silencio.
Estudio de radiodifusión Rumor de hojas en el campo	0,0002	0,0000000001	20	Muy silencioso.
Silencio absoluto	0,00002	—	0	Apenas audible.

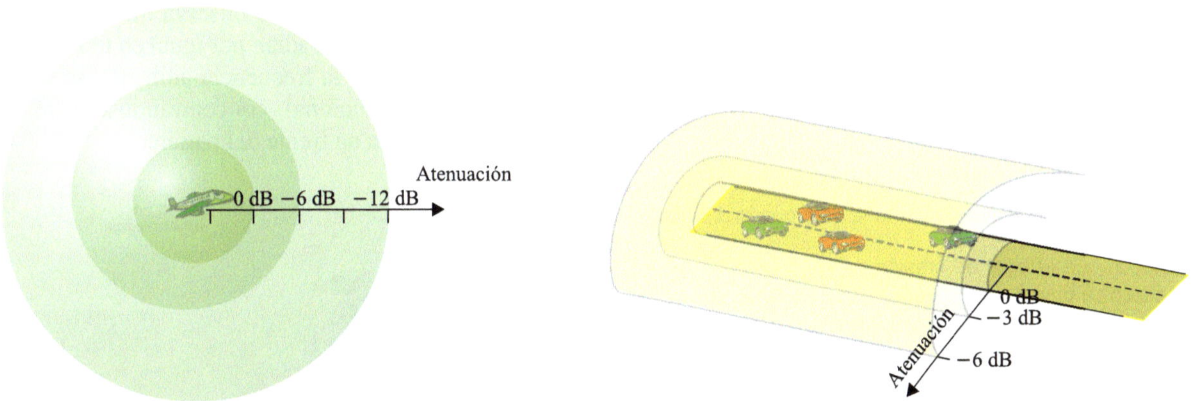

a) Fuente sonora puntual.
b) Fuente sonora lineal.

Figura 1.20. Tipos de fuentes sonoras.

1.4.4. Propagación de las ondas sonoras en el espacio libre

Podemos diferenciar dos tipos de comportamiento en función de si la fuente sonora es puntual o lineal:

- **Fuente sonora puntual.** La fuente emite energía acústica en todas las direcciones con igual intensidad, tal y como se refleja en la Figura 1.20.a.
- **Fuente sonora lineal.** La emisión de la fuente predomina en una dimensión sobre las otras dos, tal y como se observa en la Figura 1.20.b.

Fuente sonora puntual

Cuando una fuente **sonora puntual** emite al aire libre, solo existe **campo directo,** ya que las ondas se propagan libremente sin encontrar ningún obstáculo. En este caso el nivel de presión sonora disminuye a medida que nos alejamos de la fuente debido a que la distribución de la energía se reparte sobre la superficie esférica de radio *d*. Se puede demostrar que cuando se duplica la distancia, el nivel de presión sonora se reduce 6 dB (Figura 1.21).

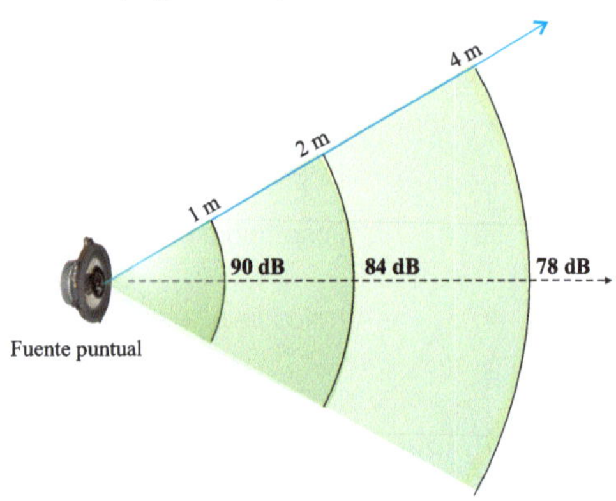

Figura 1.21. Pérdida del nivel de presión sonora con la distancia.

Este fenómeno recibe el nombre de **divergencia geométrica de las ondas sonoras** y se cumple la siguiente relación entre el nivel de presión sonora entre dos puntos situados a una distancia d_1 y d_2:

$$L_2 = L_1 + 20\log\left(\frac{d_1}{d_2}\right)$$

Ejemplo 1.12.

Disminución del nivel de presión sonora con la distancia.

Sabiendo que el nivel de presión sonora (L_1) que produce un altavoz a una distancia de 1 m (d_1) es de 90 dB, podemos calcular el nivel de presión sonora (L_2) a una distancia de 4 m (d_2):

$$L_2 = L_1 + 20\log\frac{d_1}{d_2} = 90 + 20\log\frac{1}{4} = 90\,dB - 12\,dB = 78\,dB$$

Fuentes lineales

Un caso particular en la propagación de las ondas sonoras se produce con una **fuente sonora lineal.** En este caso la superficie que atraviesa la onda sonora es cilíndrica (Figura 1.22.a), en lugar de esférica, por lo que el nivel de presión sonora decrece de manera lineal con la distancia. Tal y como se muestra en la Figura 1.22.b, en este caso el nivel sonoro decrece más lentamente, a un ritmo de 3 dB cada vez que se dobla la distancia.

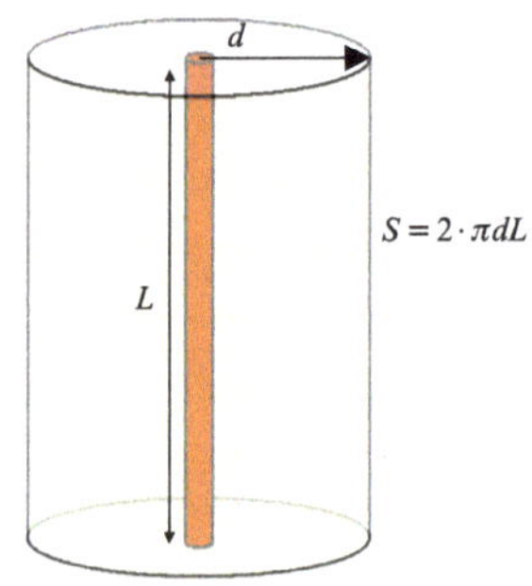

a) Superficie de radiación de una fuente lineal.

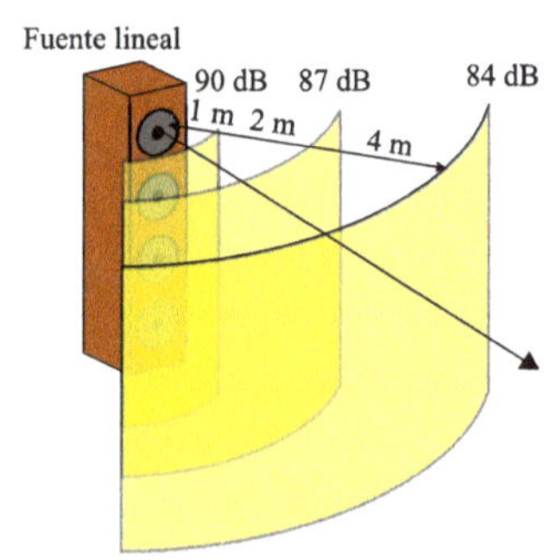

b) Propagación de las ondas cilíndricas.

Figura 1.22. Ondas cilíndricas.

Direccionalidad de una fuente sonora

En general, las fuentes no son puntuales ni omnidireccionales, sino que emiten con niveles de potencia diferente en cada dirección y frecuencia. Por ejemplo, en la Figura 1.23 se muestra la direccionalidad de la voz humana en función de la frecuencia de la voz. Se observa que los tonos graves, de frecuencia baja, se radian por igual en todas las direcciones. A medida que la frecuencia aumenta, se comporta de manera más direccional, concentrándose la mayor parte de energía sonora en frente del parlante.

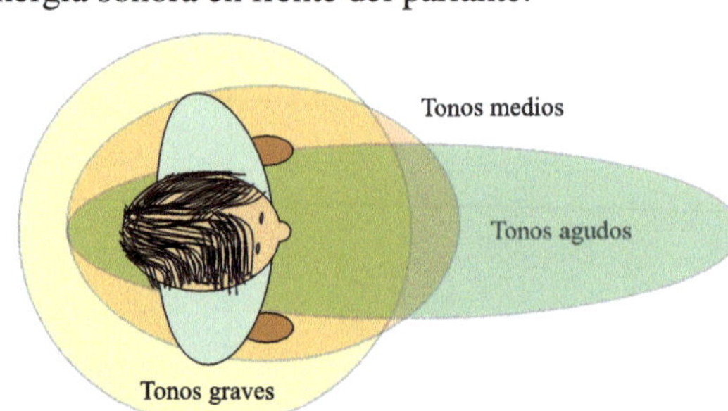

Figura 1.23. Direccionalidad de una fuente sonora (voz humana).

1.4.5. Suma de niveles de sonido

Cuando en un punto determinado existe la influencia de la presión sonora de dos fuentes de sonido diferentes, la intensidad sonora resultante no puede calcularse mediante la suma de los niveles de cada fuente directamente en dB, debido a las características de las funciones logarítmicas. Para ello es necesario recurrir a las propiedades matemáticas y diferenciar dos casos:

- **Fuentes coherentes.** Las fuentes coherentes producen la misma señal con idéntica fase y alineadas en el tiempo. Este caso rara vez se produce, ya que aunque dos fuentes sonoras generen la misma señal, difícilmente encontraremos en el espacio dos puntos donde el recorrido de la señal genere el mismo desfase entre señales. Bajo estas condiciones la **presión sonora total** (P_{TOTAL}) en un punto debido a la contribución de dos fuentes (P_1 y P_2) será:

$$P^2_{TOTAL} = P_1^2 + P_2^2 + 2P_1P_2$$

Recuerda

Es muy difícil encontrarnos con fuentes coherentes, ya que en la práctica, debido a diferentes zonas de emisión, diferentes localizaciones, retardos diferentes, etc., el comportamiento de la mayoría de las fuentes es no coherente.

- **Fuentes no coherentes.** Las fuentes no coherentes generan cada una señales diferentes, tanto de frecuencia como de fase. Este caso es el que se produce con mayor asiduidad, ya que aunque dos fuentes generen la misma señal, a cualquier punto del espacio llegarán con una fase diferente. Bajo esta consideración la presión sonora total será:

$$P^2_{TOTAL} = P_1^2 + P_2^2$$

Considerando que la mayor parte de las situaciones son debidas a la contribución de señales no coherentes, el nivel de presión sonora (L_{TOTAL}), en dB, debido a dos fuentes sonoras (L_1 y L_2) viene determinado por la expresión:

$$L_{TOTAL} = 10 \log \left(10^{\frac{L_1}{10}} + 10^{\frac{L_2}{10}} \right)$$

Nivel sonoro producido por *N* fuentes no coherentes con diferente potencia acústica

La expresión general que permite evaluar el nivel de presión sonora en un punto debido a la contribución de diferentes fuentes es la siguiente:

$$L_{TOTAL} = 10 \log \sum_{i=1}^{n} 10^{\frac{L_i}{10}} = $$

$$= 10 \log \left(10^{\frac{L_1}{10}} + 10^{\frac{L_2}{10}} + \cdots + 10^{\frac{L_N}{10}} \right)$$

Recuerda

Los niveles de intensidad sonora no se pueden sumar directamente en dB.

Ejemplo 1.13.

Suma de los niveles de presión sonora de dos fuentes.

En el ejemplo de la Figura 1.24.a (fuentes no coherentes), en un punto determinado el nivel de presión sonora debido a la fuente sonora 1 es de 20 dB. Cuando se conecta la fuente sonora 2, en el punto en cuestión se añaden 20 dB. El nivel de presión sonora total es de 23 dB:

$$L_{TOTAL} = 10 \log \sum_{i=1}^{n} 10^{\frac{L_i}{10}} = 10 \log (10^{\frac{20}{10}} + 10^{\frac{20}{10}}) =$$

$$= 10 \log 200 = 23 \text{ dB}$$

Como se puede observar en el ejemplo, el nivel de intensidad sonora total, debido a fuentes con el mismo nivel de intensidad, aumenta 3 dB respecto del nivel de una fuente individual.

En la Figura 1.24.b (fuentes coherentes) para bajas frecuencias, la distancia entre las dos fuentes es inferior a la longitud de onda y si la señal emitida está en fase, las dos señales son coherentes. En este caso, al doblar la potencia, el nivel de presión sonora aumenta en 6 dB.

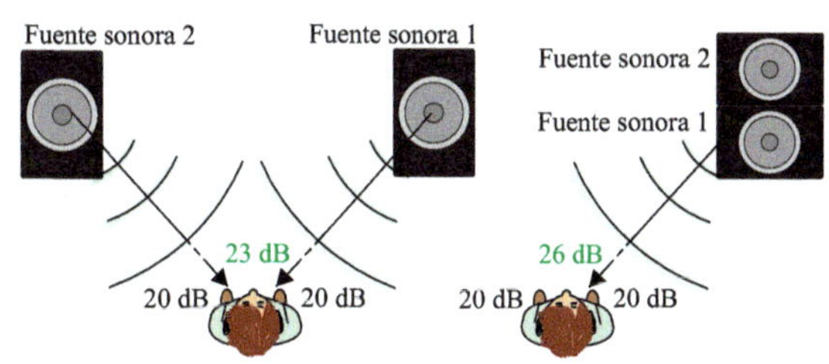

a) Fuentes no coherentes. b) Fuentes coherentes.

Figura 1.24. Suma de niveles de sonido.

Recuerda

La contribución de la señal de menor intensidad es pequeña. Como mucho, cuando las dos fuentes sonoras generan en un punto el mismo nivel de presión sonora, el incremento de nivel respecto de una de las fuentes solo es de 3 dB.

En la Figura 1.25 se representa el aumento de señal que se produce en un punto debido a la contribución de otra señal de menor nivel. Cuando dos fuentes de diferente intensidad se suman en un punto, el nivel de la señal más débil genera un incremento de nivel (L_+) sobre la señal más fuerte que depende de la diferencia de niveles entre ellas (ΔL).

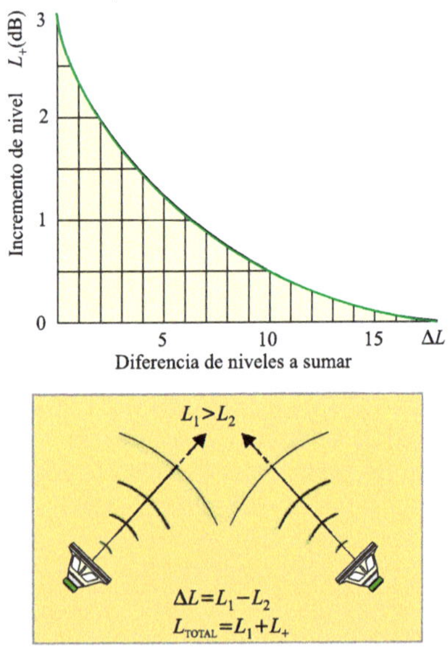

Figura 1.25. Incremento de nivel debido a la contribución de dos fuentes sonoras.

Ejemplo 1.14.

Incremento del nivel de presión sonora debido a dos fuentes de sonido.

Dos máquinas provocan un nivel de presión sonora en un punto de L_1 = 66 dB y L_2 = 58 dB respectivamente cuando se conectan por separado. A partir de la gráfica de la Figura 1.26, el incremento del nivel de presión sonora respecto de la fuente de mayor nivel (L_+) es de 0,75 dB, ya que la diferencia de nivel entre las dos fuentes (ΔL) es de 8 dB:

$$\Delta L = L_1 - L_2 = 66 \text{ dB} - 58 \text{ dB} = 8 \text{ dB}$$

Por tanto, el nivel de presión sonora total cuando funcionan las dos máquinas simultáneamente (L_{TOTAL}) es de 66,75 dB:

$$L_{TOTAL} = L_1 + L_+ = 66 + 0{,}75 = 66{,}75 \text{ dB}$$

Si realizamos el cálculo de maneta manual:

$$L_{TOTAL} = 10 \log \sum_{i=1}^{n} 10^{\frac{L_i}{10}} = 10 \log (10^{\frac{66}{10}} + 10^{\frac{58}{10}}) =$$

$$= 10 \log 4\,612\,029 = 66{,}63 \text{ dB}$$

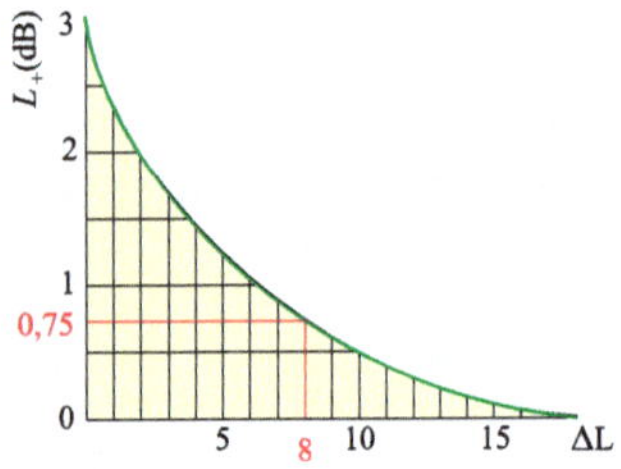

Figura 1.26. Ejemplo.

Nivel sonoro producido por *N* fuentes no coherentes con igual potencia acústica a la misma distancia

Dos fuentes iguales provocan en un punto situado a la misma distancia un aumento en el nivel de presión sonora de 3 dB. Cuando aumenta el número de fuentes, también lo hace la intensidad en el punto en cuestión, aunque no de manera lineal. En la Figura 1.27 se muestra el incremento de nivel debido a varias fuentes iguales.

N	Aumento de nivel respecto de una fuente
2	3 dB
3	5 dB
4	6 dB
5	7 dB
6	8 dB
7	8 dB
8	9 dB
10	10 dB
15	12 dB
20	13 dB
50	17 dB
100	20 dB

a) Suma de presión de fuentes iguales.

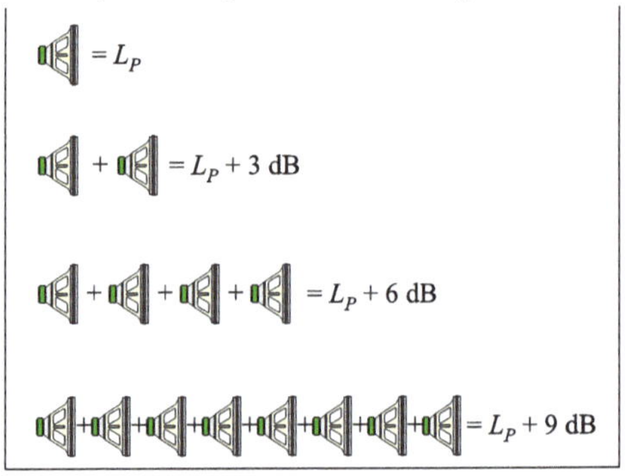

b) Ejemplos.

Figura 1.27. Composición de sonidos de igual potencia sonora.

La expresión matemática que permite evaluar el nivel de presión sonora total (L_{TOTAL}) es:

$$L_{TOTAL} = 10 \log N + L_p$$

donde N es igual al número de fuentes sonoras iguales y L_P es el nivel de intensidad de una de las fuentes.

Ejemplo 1.15.

Incremento del nivel de presión sonora debido a varías fuentes de sonido.

El nivel de presión sonora que produce una fuente en un punto es de 20 dB. Cinco fuentes sonoras iguales provocan un incremento de nivel de 7 dB:

$$L_{TOTAL} = 10 \log N + L_p = 10 \log 5 + 20 = 7 + 20 = 27 \text{ dB}$$

1.4.6. Nivel sonoro continuo equivalente

El **nivel sonoro continuo equivalente** (L_{eq}) es el nivel de presión sonora promedio a lo largo del tiempo, es decir, el nivel de presión sonora constante que en el mismo intervalo de tiempo contiene la misma energía que los sonidos promediados. En la Figura 1.28 se muestra la medida de L_{eq} promediando el nivel de presión sonora a lo largo de todo un día.

El nivel sonoro continuo equivalente se utiliza para valorar el daño auditivo potencial que puede producir un nivel sonoro variable en el oído humano.

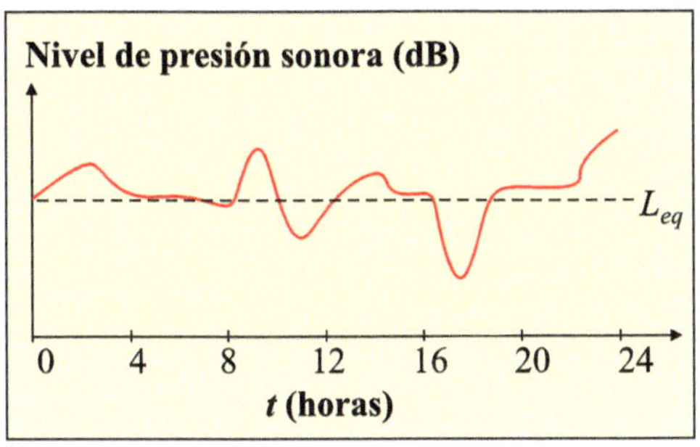

Figura 1.28. Nivel sonoro continuo equivalente a lo largo de un día.

1.4.7. Sonoridad

La **sonoridad** se define como la sensación subjetiva de la intensidad de sonido que percibe el ser humano. Una mayor intensidad de sonido es percibida como un sonido más fuerte que otro con una intensidad de sonido menor. Para evaluar la sonoridad de las señales acústicas se utilizan las curvas isofónicas.

Curvas de respuesta en frecuencia (curvas isofónicas)

Las **curvas isofónicas** indican el nivel de presión que debe tener un sonido de una frecuencia determinada para producir la misma sensación que un sonido de frecuencia 1000 Hz y un nivel de sonoridad dado.

La sensibilidad del oído varía con la frecuencia, es decir, este es capaz de percibir mejor los sonidos a unas frecuencias que a otras. Por tanto, la sonoridad dependerá de la frecuencia. Para evaluar la sonoridad se utilizan las curvas de respuesta en frecuencia del oído humano. En la Figura 1.29 se muestran los umbrales de dolor y de audición en función de la frecuencia, así como diferentes curvas que producen la misma sensación auditiva.

Recuerda

Las unidades que permiten evaluar la sonoridad se denominan **fones.**

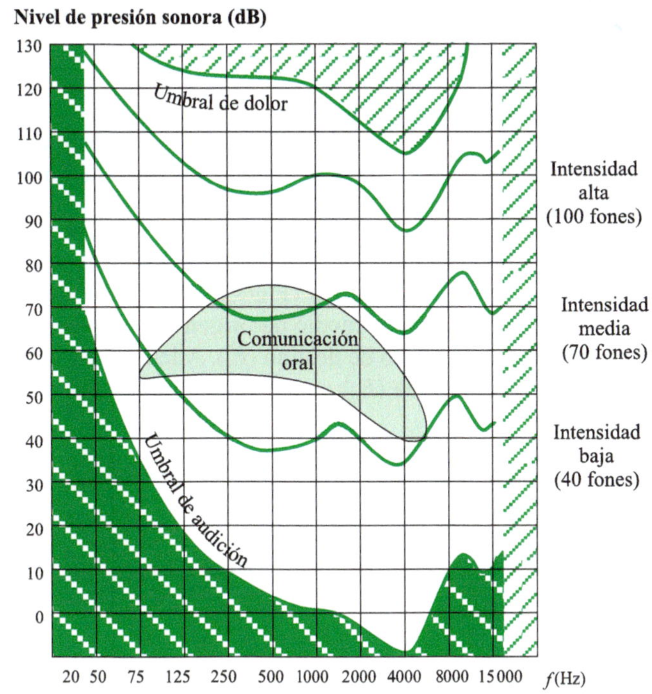

Figura 1.29. Curvas isofónicas.

El fon

El **fon** se define como la sonoridad producida por un tono puro de 1 kHz que tiene un nivel de presión sonora de 0 dB. Esta unidad permite comparar la sonoridad de dos sonidos diferentes.

De esta manera, la curva que se corresponde con el umbral de audición es la curva de 0 fones, mientras que la curva del umbral de dolor se corresponde con la curva de 120 fones.

SABÍAS QUE...

Los instrumentos de medida utilizan las curvas de sonoridad para ponderar las medidas y ofrecer resultados relacionados con la sonoridad.

Ejemplo 1.16.

Efecto de la frecuencia en la sonoridad.

El umbral de audición para una frecuencia de 1 kHz es de 0 dB. En cambio, un tono de 250 Hz debe tener un nivel de presión sonora de 10 dB para que el oído humano sea capaz de percibirlo. Cuando el nivel de intensidad sonora aumenta, la respuesta del oído humano es más homogénea. De la misma manera, un tono de 50 dB de presión sonora a 125 Hz produce la misma sonoridad que un tono de 40 dB a 1 kHz (curva de 40 fones).

1.5. Mecanismos de propagación del sonido

Una onda sonora necesita de un medio de transmisión elástico para propagarse. Cuando las condiciones del medio de transmisión varían, aparecen fenómenos que alteran la propagación de la onda sonora.

Cuando la onda acústica incidente (E_i) atraviesa diferentes medios de propagación (Figura 1.30), parte de la energía se refleja hacia el medio de origen (E_r), y parte se transmite hacia el medio de destino (E_t). Además, parte de la energía es absorbida (E_a) en la frontera de los dos medios.

Teniendo en cuenta el principio de conservación de la energía, se cumple:

$$E_i = E_r + E_a + E_t$$

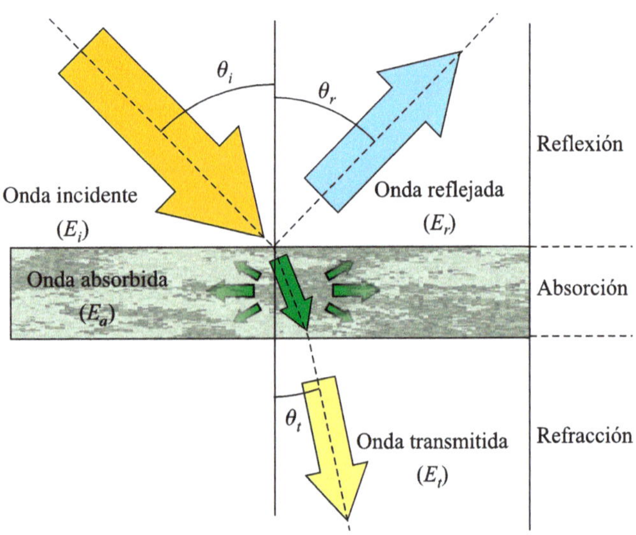

Figura 1.30. Fenómenos de propagación.

1.5.1. Velocidad de propagación

La **velocidad de propagación** (*c*) es la velocidad a la cual las ondas sonoras viajan por un medio de transmisión determinado. La velocidad depende de las condiciones ambientales (presión y temperatura) y, fundamentalmente, del medio donde se propaga la onda sonora. Por ejemplo, en el aire, a una temperatura ambiente de 20 °C y en la atmósfera terrestre, el sonido se propaga a una velocidad aproximada de 343 m/s.

La Tabla 1.2 muestra la velocidad de propagación del sonido en diferentes materiales. Como norma general, la velocidad de propagación del sonido es mayor en los materiales sólidos, después en los líquidos y, por último, en los materiales gaseosos.

Tabla 1.2. Propagación del sonido para un ambiente normal (P = 1 atm, T = 20 °C)

Material	Velocidad de propagación (m/s)
Aire	343
Agua	1460
Madera	1000-5000
Cemento	4000
Acero	4700
Vidrio	5000
Plomo	1320
Caucho	40-150

La relación entre la velocidad del sonido en el aire (*c*) y la temperatura (*T*) es aproximadamente:

$$c = 331 + 0{,}67 \times T\,(°C)$$

donde 331 es la velocidad de propagación del aire a una temperatura de 0 °C y *T* es la temperatura en °C.

Ejemplo 1.17.

Velocidad del sonido a diferentes temperaturas.

La velocidad del sonido en el aire a una temperatura ambiente de 20 °C es de 343 m/s:

$$c = 331 + 0{,}6 \times T\,(°C) = 331 + 0{,}6 \times 20 = 343 \text{ m/s}$$

Cuando la temperatura aumenta, la velocidad de propagación del sonido también lo hace. Por ejemplo, a 35 °C la velocidad es de aproximadamente 352 m/s:

$$c = 331 + 0{,}6 \times T\,(°C) = 331 + 0{,}6 \times 35 = 352 \text{ m/s}$$

1.5.2. Longitud de onda

La vibración de un objeto (cuerdas vocales, instrumento musical, etc.) provoca la excitación del medio de transmisión que lo envuelve (aire, etc.) provocando la dilatación y compresión de las moléculas que lo forman a lo largo de la dirección de propagación de las ondas (Figura 1.31).

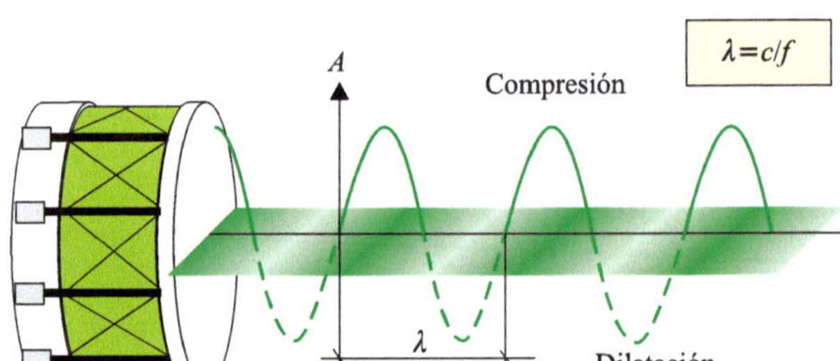

Figura 1.31. Propagación de las ondas sonoras.

La **longitud de onda** (λ) es la distancia entre dos puntos consecutivos de la onda sonora que se encuentran en el mismo estado de vibración, es decir, la distancia en el espacio en la cual en cualquier instante de tiempo existe la misma presión sonora. La longitud de onda (λ) se relaciona con la frecuencia (f) y la velocidad de propagación (c) mediante la siguiente expresión:

$$\lambda = \frac{c}{f}$$

En un punto determinado del espacio, la variación de la presión acústica dependerá de la frecuencia de vibración de la onda sonora (Figura 1.32), por lo que la amplitud varía de un valor máximo a uno mínimo en función del tiempo.

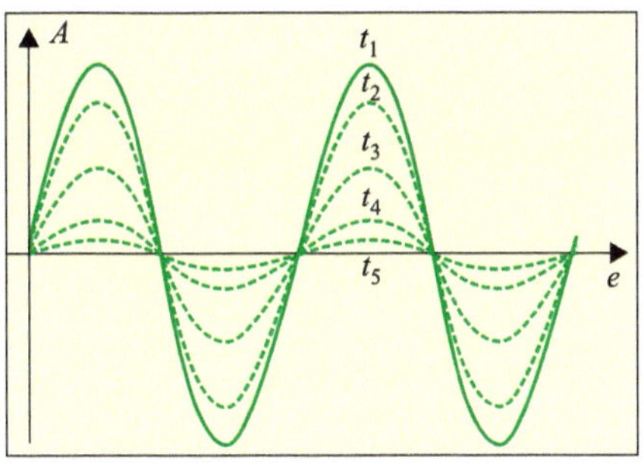

Figura 1.32. Variación de la presión sonora en un punto en función del tiempo.

Ejemplo 1.18.

Relación entre la longitud de onda y la frecuencia de las ondas sonoras.

El margen de frecuencias del espectro audible está comprendido entre 20 Hz y 20 kHz.

La longitud de onda (λ) de una señal de 20 kHz que se propaga por el aire (c = 343 m/s) es de 1,7 cm:

$$\lambda = \frac{c}{f} = \frac{343}{20\,000} = 0{,}017\,m = 1{,}7\,cm$$

Una onda sonora de 20 Hz tiene asociada una longitud de onda más grande, de 17 m:

$$\lambda = \frac{c}{f} = \frac{343}{20} = 17\text{ m}$$

Por lo tanto, la longitud de onda de las señales acústicas varía entre 1,7 cm y 17 m.

1.5.3. Reflexión

Cuando una onda sonora incide sobre una superficie grande comparada con su longitud de onda, parte de la señal se refleja. La ley de reflexión, que se resume en la Figura 1.33, establece que el ángulo de reflexión (θ_r) es exactamente igual al ángulo de incidencia (θ_i).

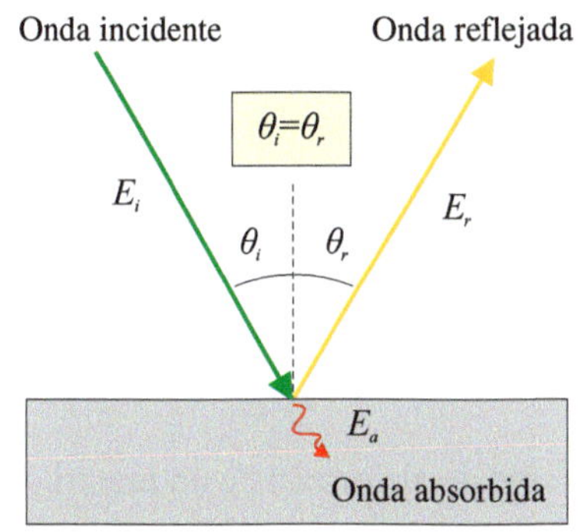

Figura 1.33. Reflexión de las ondas sonoras.

Coeficiente de reflexión de un material

Aunque la onda sonora se refleje, la intensidad de esta es menor, ya que parte de la energía se transmite al medio o se absorbe en la superficie de impacto. La relación entre la energía que se refleja y la que incide se denomina **coeficiente de reflexión** (r):

$$r = \frac{E_r}{E_i}$$

Ejemplo 1.19.

Aplicación de los materiales reflectantes.

En las salas de conciertos, para reflejar y dirigir el sonido hacia los espectadores se sitúan placas reflectoras detrás de las orquestas (tornavoces) y paneles reflectores en el techo (Figura 1.34). Para aprovechar estas reflexiones, los materiales utilizados deben tener un coeficiente de reflexión elevado.

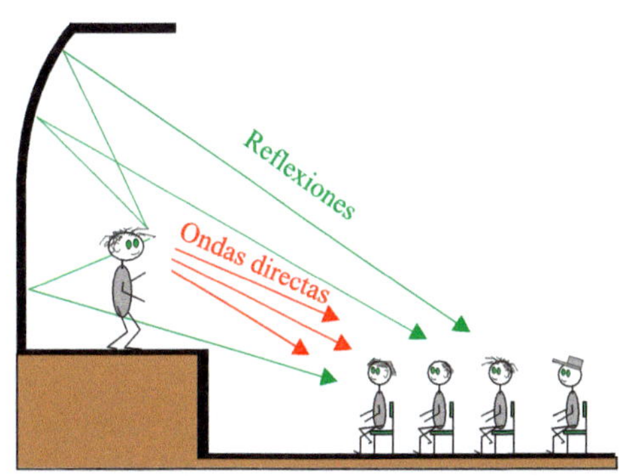

Figura 1.34. Aplicación de la reflexión de las ondas sonoras.

1.5.4. Absorción

La **absorción** es el fenómeno por el cual parte de la onda que incide sobre una superficie se pierde, debido sobre todo a que se transforma en calor en el material sobre el que incide. Esta acción se produce en mayor o menor medida en todos los materiales, aunque existen materiales en los que su efecto es mayor, por lo que reciben el nombre de **materiales absorbentes.**

La absorción de un material queda determinada por su **coeficiente de absorción** (α), que relaciona la cantidad de energía de la onda sonora que incide (E_i) con la que se absorbe (E_a):

$$\alpha = \frac{E_a}{E_i}$$

El coeficiente de absorción de un material siempre está comprendido entre 0 y 1:

- **α = 1.** Máximo coeficiente de absorción de un material, ya que toda la energía que incide sobre él es absorbida por el mismo.
- **α = 0.** Mínimo coeficiente de absorción de un material: toda la energía incidente se refleja.

El coeficiente de absorción de un material varía con la frecuencia y, por tanto, los fabricantes de materiales acústicos especifican los coeficientes de absorción a diferentes frecuencias. En la Tabla 1.3 se muestran los coeficientes de absorción típicos de diferentes materiales a una frecuencia de 1 kHz.

Tabla 1.3. Coeficiente de absorción acústica de diferentes materiales a una frecuencia de 1 kHz

Material	α
Parqué	0,05
Ladrillo	0,04
Yeso	0,03
Cemento/hormigón	0,02
Mármol/azulejos	0,01
Fibra de vidrio	0,90
Madera	0,07
Madera aglomerada	0,50
Muro de ladrillo	0,04
Vidrio	0,12

1.5.5. Refracción

La **transmisión del sonido** se produce cuando este atraviesa diferentes medios. Cabe recordar que parte de la señal que incide, se reflejará, pero parte será transmitida. Cuando esto sucede, se produce la refracción del sonido.

La **refracción** es el cambio de dirección que experimenta una onda sonora cuando atraviesa diferentes medios (Figura 1.35.a). La desviación que sufren las ondas sonoras en la dirección de propagación se debe al cambio de velocidad de propagación del sonido en los dos medios de transmisión (Figura 1.35.b). En este caso, el ángulo de refracción (θ_t) no es igual al ángulo de incidencia (θ_i). Según la ley de Snell, se cumple:

$$\frac{\text{sen}\,\theta_i}{\text{sen}\,\theta_t} = \frac{c_1}{c_2} = \frac{n_2}{n_1}$$

donde n_1 y n_2 son los índices de refracción del medio incidente y refractado y c_1 y c_2 son las velocidades de propagación del sonido respectivas.

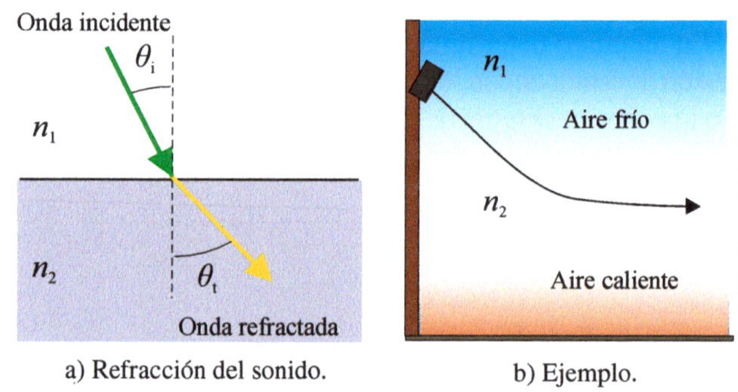

Figura 1.35. Refracción.

Coeficiente de transmisión

La relación entre la energía de la onda transmitida (E_t) y la incidente (E_i) viene determinada por el **coeficiente de transmisión** (τ):

$$\tau = \frac{E_t}{E_i}$$

1.5.6. Difracción

La **difracción** es un efecto de dispersión que se produce cuando el sonido, ante determinados obstáculos o aperturas, en lugar de seguir la propagación en la dirección normal, se dispersa.

Un objeto solo representa un obstáculo cuando su tamaño es superior a la longitud de onda de la señal. Las longitudes de onda que se corresponden con el margen de frecuencias audibles es de 17 m (20 Hz) a 1,7 cm (20 000 Hz). Dependiendo de las dimensiones del obstáculo respecto de la longitud de onda (Figura 1.36), los efectos son diferentes:

- Cuando la longitud de onda es mayor que el tamaño del obstáculo ($L < \lambda$), el sonido es transmitido por difracción, es decir, cuando el obstáculo es pequeño en comparación con la longitud de onda, la onda sonora rodea la superficie y sigue propagándose como si el obstáculo no existiese.
- En el caso de que las dimensiones del obstáculo sean mayores o similares a la longitud de onda del sonido ($L > \lambda$), se producirá la reflexión de la onda creando una sombra de sonido detrás del obstáculo.

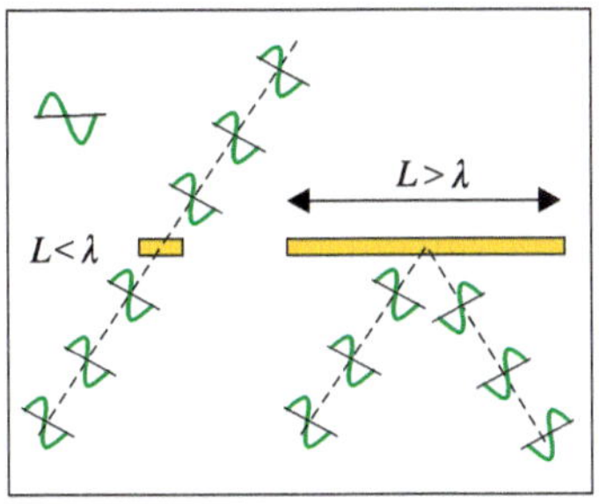

Figura 1.36. Difracción.

Ejemplo 1.20.

Ejemplos típicos de difracción del sonido.

Cuando una onda sonora encuentra un obstáculo (grieta, orificio, etc.), la atraviesa y se disemina de modo uniforme, convirtiéndose en un nuevo punto de emisión sonora. Esto favorece la percepción de sonido aunque no exista visibilidad directa con la fuente de sonido. En la Figura 1.37 se muestran dos ejemplos de difracción: una debida a un obstáculo (Figura 1.37.a) y la otra debida a un orificio en una pared (Figura 1.37.b).

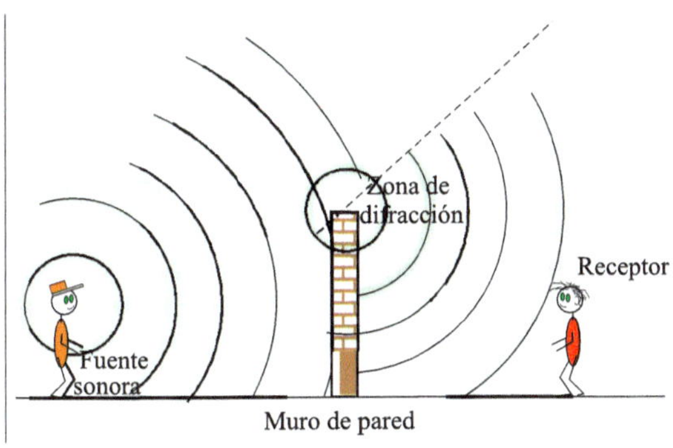

a) Difracción debida a un obstáculo.

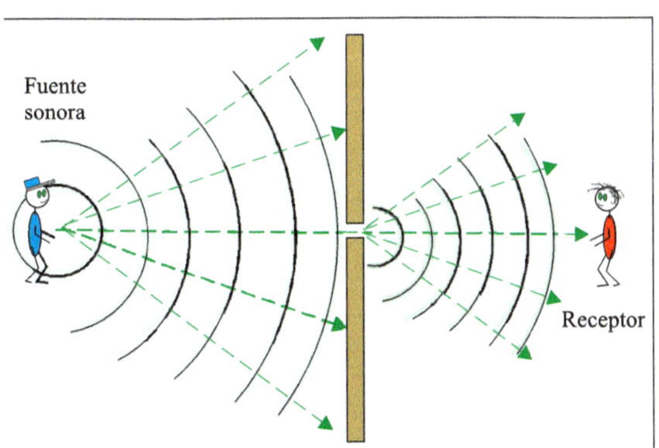

b) Difracción debida a un orificio.

Figura 1.37. Ejemplos de difracción del sonido.

SABÍAS QUE...

La difracción se produce sobre todo a bajas frecuencias (tonos graves) y disminuye a medida que la frecuencia aumenta (tonos agudos).

1.6. Fenómenos asociados al sonido

Del análisis de las características del oído humano se observan una serie de fenómenos que determinan el comportamiento de la sensación acústica:

- Persistencia acústica del oído.
- Efecto de enmascaramiento.
- Efecto Haas.

1.6.1. Persistencia acústica del oído

Una de las características del oído humano es la denominada **persistencia acústica,** por la cual este es incapaz de distinguir por separado dos señales acústicas que están poco separadas en el tiempo. Por este motivo, el oído no es capaz de diferenciar un sonido de sus reflexiones siempre y cuando la diferencia de tiempo entre ambas sea menor a 100 ms (0,1 s).

Dependiendo de si el sonido reflejado llega con un retardo superior o inferior a los 100 ms de la persistencia del oído se producirá eco o reverberación:

- Por encima de 100 ms se produce **eco** porque el oído capta el sonido original y el sonido reflejado como dos sonidos distintos.
- Por debajo de un retardo de 100 ms se produce **reverberación,** ya que los dos sonidos se integran como si fueran uno solo.

Eco

El **eco** es un fenómeno que se debe a la reflexión de las ondas sonoras (Figura 1.38). Cuando el sonido original se extingue, pero se capta sonido debido a las reflexiones de las ondas sonoras, se produce el eco.

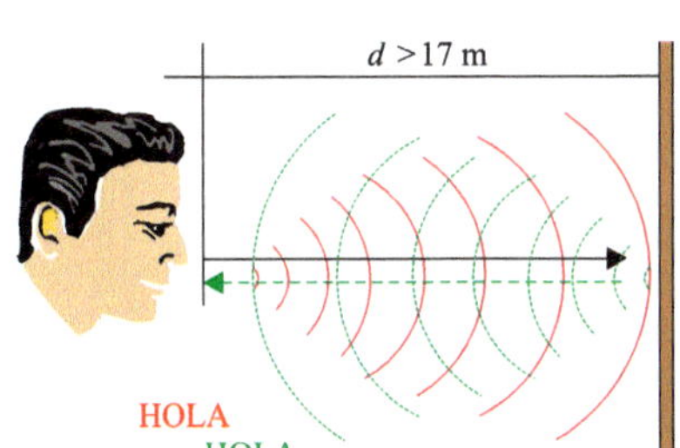

Figura 1.38. Eco.

Ejemplo 1.21.

El eco.

Sabiendo que la persistencia del sonido es de 0,1 s, la distancia (e) que debe recorrer una onda sonora para que se produzca eco es de aproximadamente 34 m.

$$c = \frac{e}{t} \rightarrow e = c \cdot t = 343 \cdot 0{,}1 = 34 \text{ m}$$

En este caso, si las ondas sonoras se encuentran un obstáculo a 17 m, se produce el eco, ya que la distancia (*d*) que recorre la onda es de 17 m de ida y otros 17 m de vuelta:

$$e = 2 \cdot d = 2 \cdot 17 = 34 \text{ m}$$

Reverberación

La **reverberación** es la persistencia del sonido dentro de un recinto después de que el sonido original haya cesado y se debe a las múltiples reflexiones que se producen en el mismo (Figura 1.39).

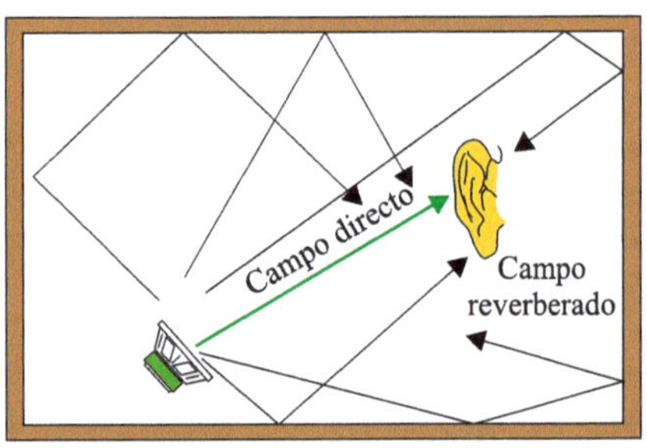

Figura 1.39. Reverberación.

A cualquier punto de recepción dentro de un recinto cerrado llegan dos tipos de sonido: el sonido directo de la fuente sonora y el sonido que procede de las reflexiones. Por efecto de la persistencia acústica, las reflexiones que lleguen con un retardo inferior a 0,1 s se integran con el sonido original.

El **orden de una reflexión** indica el número de veces que la señal acústica incide sobre una superficie de reflexión antes de llegar al receptor.

En el sonido reflejado (Figura 1.40.a) se pueden diferenciar dos componentes:

- **Reflexiones tempranas.** Las primeras reflexiones llegan de forma separada del resto debido a que se trata de reflexiones de orden menor, generalmente menor de 3. Estas reflexiones son básicas para reforzar el sonido directo en una sala.
- **Reflexiones tardías.** Las reflexiones tardías forman la denominada cola reverberante que, debido a la absorción de las superficies y del aire de la sala, el nivel sonoro de estas va disminuyendo con el tiempo. Las reflexiones tardías suelen ser menos energéticas que las tempranas.

Como primeras reflexiones se consideran las que se reciben con un retardo menor de 100 ms y son beneficiosas ya que contribuyen al nivel de presión sonora. Las reflexiones tardías, aunque se reciben por encima del tiempo de persistencia del oído, no producen eco, ya que su valor energético es reducido. En la Figura 1.40.b se puede comprobar cómo las primeras reflexiones contribuyen en el mensaje, pero a medida que el retardo de las reflexiones es mayor, se pierde inteligibilidad.

Ejemplo 1.22.

Reflexión de la señal de sonido.

En el caso de que la distancia (*d*) entre una fuente sonora y un medio de reflexión paralelo a la fuente sea de 10 m, la distancia (*e*) que recorren las ondas sonoras es de 20 m.

El tiempo (*t*) que tarda la señal reflejada en volver es de 0,059 s, por lo que no se produce el fenómeno del eco y el sonido se integra como si fuera uno solo:

$$t = \frac{e}{c} = \frac{2d}{c} = \frac{20}{340} = 0{,}059 \text{ s}$$

1.6.2. Efecto de enmascaramiento

El fenómeno del **enmascaramiento** es una característica psicoacústica del oído humano que se produce cuando un tono de frecuencia cercana a otro de nivel de intensidad sonora mayor no es percibido por el oído humano, ya que es enmascarado por el tono de intensidad superior (Figura 1.41).

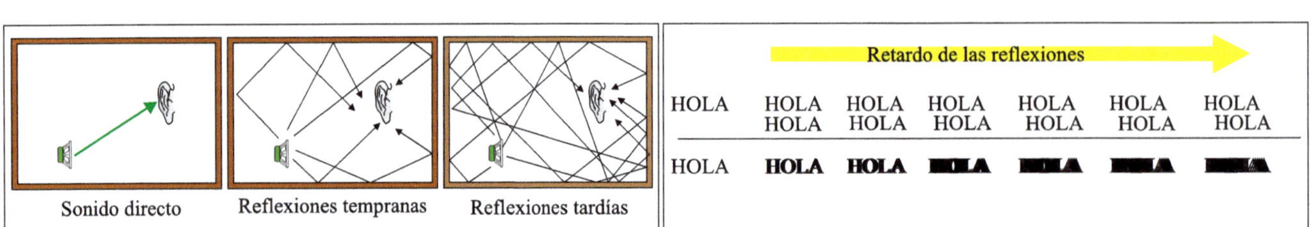

a) Tipos de reflexiones.

b) Efecto de reflexiones en la inteligibilidad.

Figura 1.40. Reflexiones.

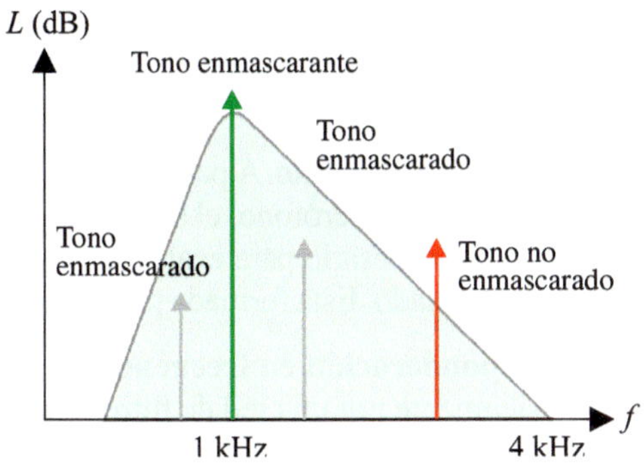

Figura 1.41. Efecto de enmascaramiento.

El efecto de enmascaramiento puede provocar que señales que están por encima del umbral de audición no sean percibidas por el oído, debido a que están enmascaradas por otras de nivel superior. Por ejemplo, la conversación de una estancia contigua puede ser enmascarada por el ruido de fondo del tráfico exterior cuando tenemos la ventana abierta. Por la noche, cuando el ruido externo es prácticamente nulo, se puede diferenciar claramente la misma conversación.

1.6.3. Efecto Haas

El **efecto de precedencia** o efecto Haas tiene en cuenta la interpretación que realiza el cerebro cuando diferentes fuentes de sonido se reciben con diferente intensidad o con retardos diferentes. Cuando el sonido se recibe por diferentes fuentes, con un retardo inferior a 50 ms, el cerebro fusiona los sonidos y los interpreta como procedentes de una única fuente ficticia. La localización de esta fuente dependerá de la intensidad sonora percibida de cada una de ellas (Figura 1.42).

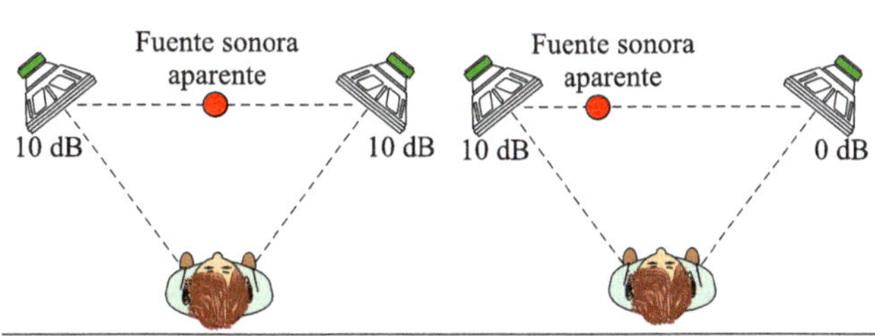

a) Mismo nivel. b) Diferente nivel.

Figura 1.42. Influencia del nivel de señal en el efecto Haas.

En el efecto Haas, el sonido que procede de la segunda fuente es considerado como una reverberación de la primera fuente, por lo que el cerebro los integra como si fueran un único sonido procedente de la misma fuente. Cuando el retardo es superior a 50 ms, el cerebro es incapaz de integrar los dos sonidos y se interpretan las dos fuentes de sonido por separado.

Cuando se produce el efecto Haas, la interpretación que realiza el cerebro dependerá del retardo entre los diferentes sonidos:

- Cuando el retardo entre las señales es inferior a 5 ms, el sonido se localiza en la dirección del primer estímulo (Figura 1.43.a).
- Con un retardo entre 5 y 50 ms, el cerebro interpreta un sonido con mayor intensidad, pero localizado en un punto intermedio de las diferentes fuentes (Figura 1.43.b).
- Para que el retardo de la señal sonora no determine en el cerebro la dirección del sonido, es decir, para que se perciba como proveniente de un punto central, la señal retrasada debe tener un nivel de intensidad sonora mayor que la primera (Figura 1.43.c).

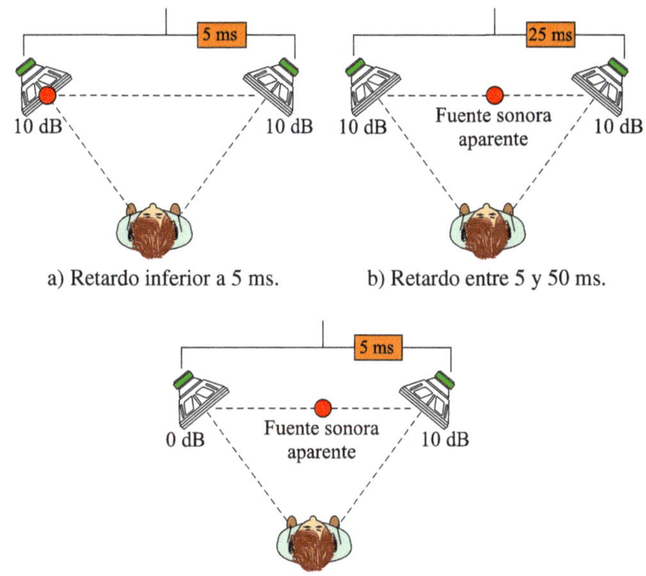

a) Retardo inferior a 5 ms. b) Retardo entre 5 y 50 ms.

c) Nivel de intensidades diferentes.

Figura 1.43. Influencia del retardo en el efecto Haas.

Ejemplo 1.23.

Sistemas de sonido envolvente.

El efecto de precedencia se utiliza en los sistemas de sonido para generar efectos de sonido envolvente. Este es el caso de los sistemas de sonido en casa (*home cinema*), como el mostrado en la Figura 1.44, el cual utiliza cinco altavoces para crear un ambiente de sonido envolvente.

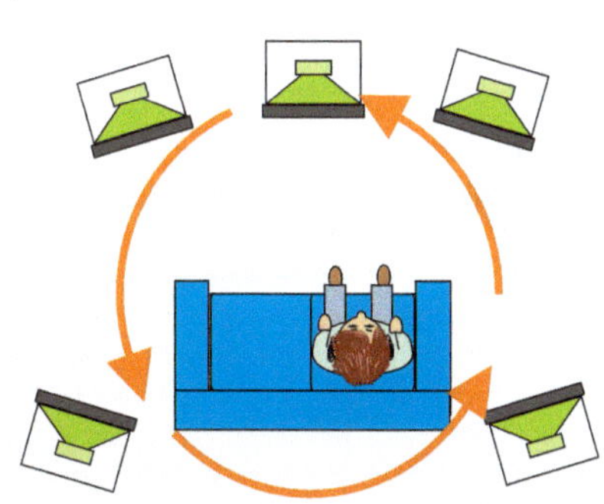

Figura 1.44. Aplicación del efecto Haas en los sistemas de sonido envolvente.

1.7. Equipos e instrumentos de medida del sonido

Para evaluar el nivel de presión sonora ambiente en un recinto se utilizan diferentes instrumentos de medida. Los más utilizados son el sonómetro y el analizador de espectros.

1.7.1. El sonómetro

El **sonómetro** es un dispositivo de medida que permite cuantificar de manera objetiva el nivel de presión sonora, ya que proporciona información numérica en dB, sobre la sonoridad de un punto determinado. Se utiliza principalmente para medir el ruido presente en un determinado punto en un instante de tiempo determinado.

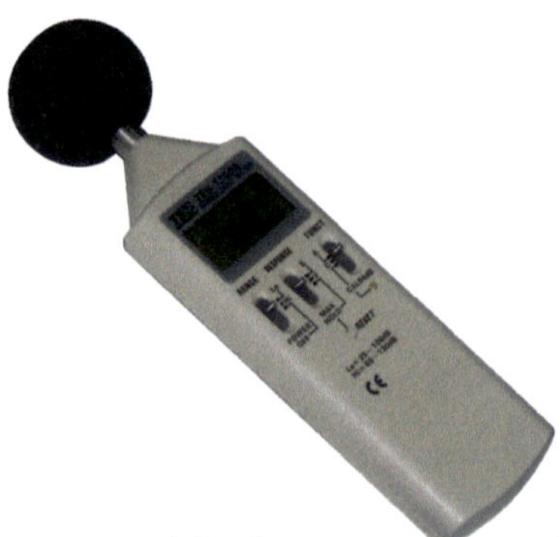

a) Sonómetro.

b) Calibrador acústico.

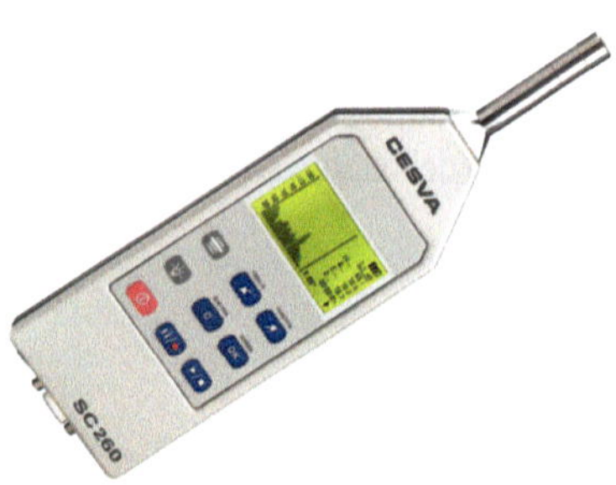

c) Sonómetro con analizador de espectros.

Figura 1.45. Instrumentos de medida.

La Figura 1.45.a muestra el aspecto externo de un sonómetro y la Figura 1.46 las etapas típicas que lo forman:

- **Micrófono.** Es el elemento transductor que convierte la presión acústica en una señal eléctrica capaz de ser procesada electrónicamente.
- **Unidad de procesamiento.** A partir de la señal eléctrica generada por el micrófono, el sonómetro realiza el procesamiento necesario para evaluar el nivel de presión sonoro captado. Está formada por dos elementos:
  - **Red de ponderación en frecuencia.** Está formada básicamente por una red de filtros que pondera el nivel de presión sonora medido según una curva de referencia estándar.
  - **Red de promediado en el tiempo.** Circuito que permite integrar la medida según una escala de tiempo determinada.
- **Unidad de presentación.** Dispositivo que proporciona la información numérica en pantalla.

Tipos de sonómetros

Existen dos tipos básicos de sonómetros:

- **Sonómetros de uso general.** Realizan la medida del nivel de presión sonora instantáneo en dB, por lo que solo son útiles para la medición del nivel sonoro equivalente (L_{eq}) cuando el ruido sea estable. En general, se utilizan cuando las medidas no requieran de gran precisión.
- **Sonómetros integradores.** Son dispositivos que tienen la capacidad de promediar el nivel de ruido, por lo que pueden emplearse para la medición del L_{eq} de cualquier tipo de ruido. En general, incorporan funciones más avanzadas que los anteriores.

Dependiendo de la sensibilidad y precisión del equipo, los sonómetros se clasifican en dos clases:

- **Clase 1.** Sonómetros de máxima precisión, utilizados en laboratorios para obtener niveles de referencia.
- **Clase 2.** Sonómetros de propósito general que tienen una buena precisión, que se utilizan para realizar mediciones de campo.

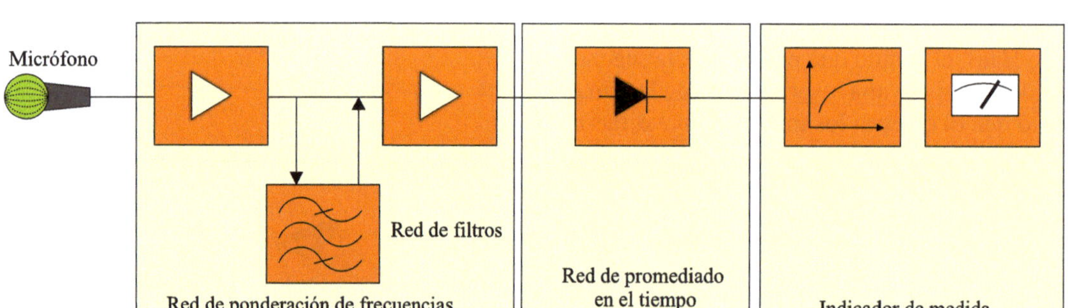

Figura 1.46. Diagrama de bloques simplificado de un sonómetro.

Funciones generales de un sonómetro

Las principales funciones que el técnico puede configurar en un sonómetro son las siguientes:

- **Rango dinámico de amplitudes** (*range*). Margen de niveles de presión sonora a medir. La selección adecuada del margen de medida asegura una mayor precisión en la lectura. Los márgenes de medida más habituales son los siguientes:
  - **20-80 dB:** utilizado en ambientes muy poco ruidosos.
  - **50-110 dB:** utilizado en ambientes normales, ya que cubre los niveles de confort acústico con bajo ruido.
  - **80-140 dB:** utilizado en ambientes con elevada contaminación acústica.

SABÍAS QUE...

El rango dinámico de un sonómetro indica la relación entre el nivel de presión sonora máximo que se puede medir y el nivel mínimo. Los márgenes habituales están en torno a los 60 dB.

- **Curva de ponderación en frecuencia** (*weighting*). Los sonómetros integradores permiten elegir la curva de ponderación a aplicar cuando se realiza el promediado del nivel de presión para cada margen de frecuencias. Estas curvas de ponderación aproximan la respuesta de los analizadores acústicos y sonómetros a la respuesta del oído humano. Las curvas más habituales son las siguientes:
  - **Curva A** (*dBA*). Mide la respuesta del oído ante sonidos de intensidad baja. Se utiliza para la valoración de daño auditivo e inteligibilidad de la palabra y para establecer el nivel de contaminación acústica. Actualmente, es la curva de ponderación más utilizada y la que se toma como referencia en las diferentes normativas sobre ruido.
  - **Curva B** (*dBB*). Valora la respuesta del oído ante intensidades medias. En la actualidad se utiliza poco.
  - **Curva C** (*dBC*). Mide la respuesta del oído ante sonidos de intensidad elevada. Junto con la curva A, se utiliza en la medida de los niveles de contaminación acústica y, sobre todo, en la evaluación de sonidos de baja frecuencia (tonos graves) en la banda de frecuencias audibles.
  - **Curva D** (*dBD*). Utilizada en el estudio del nivel de ruido provocado por los aviones.
  - **Curva U** (*dBU*). De todas las curvas de ponderación es la más reciente y se utiliza para la medida de sonidos audibles en presencia de ultrasonidos.

Recuerda

El nivel de presión sonora medida en dB es un valor real, tiene poco valor en cuanto a la percepción del oído humano. Por eso en la medida se utilizan curvas de ponderación.

- **Ponderación temporal.** Modifica el tiempo de exposición (constante de tiempo) durante el cual se realiza la medida. Las principales escalas que incorpora un sonómetro son:
  - **Lento** (*slow, S*). Realiza el promediado del nivel de presión sonora durante 1 s, de manera que responde lentamente ante variaciones de la presión sonora.
  - **Rápido** (*fast, F*). Utiliza una constante de tiempo de 125 ms, por lo que puede evaluar fluctuaciones de la presión sonora poco sensibles a la ponderación anterior.
  - **Impulso** (*impulse, I*). Utiliza una constante de tiempo muy pequeña (35 ms). Se utiliza para evaluar la influencia en el oído humano de sonidos de corta duración.
  - **Pico** (*peak, P*). Mide el valor de pico de la presión sonora, ya que utiliza una constante de tiempo de 50 μs. Permite determinar el riesgo de daño auditivo ante los impulsos intensos de muy corta duración.

1.7.2. Calibrador sonoro

El **calibrador sonoro** es un complemento de los sonómetros que permite comprobar su correcto funcionamiento así como su linealidad (Figura 1.45.b). Para ajustar los sonómetros se utilizan los calibradores acústicos, aparato que genera un sonido estable a una determinada frecuencia.

Recuerda

Antes de iniciar las medidas, es importante calibrar conjuntamente el micrófono y el instrumento de medida; así comprobaremos el funcionamiento de todo el sistema y aseguraremos la precisión de la medida. También es recomendable verificar la calibración después de las medidas.

El calibrador sonoro opera con un altavoz miniatura o un pistófono que genera una señal acústica de un valor conocido que se toma como referencia para la calibración.

También es normal encontrar sonómetros que incorporan una función de calibración que a partir de una señal generada internamente ajustan el sonómetro a un nivel de referencia determinado.

1.7.3. Dosímetro

El **dosímetro** es un pequeño sonómetro integrador que se ubica cerca del oído del trabajador y permite evaluar la dosis de ruido a la que está sometida una persona durante la jornada laboral. Lleva incorporado un sistema lector en el que se expresa la dosis acumulada en el tiempo que ha estado funcionando el equipo.

El dosímetro se puede utilizar para la medida del L_{eq}, de cualquier tipo de ruido.

1.7.4. Analizador de espectros

El dispositivo más completo que permite evaluar la presión sonora de un punto determinado es el **analizador de espectros** (Figura 1.45.c), ya que permite medir el nivel de presión sonora para cada rango de frecuencias de manera independiente. Para ello, el analizador de espectros realiza la medida de la presión acústica mediante filtros de octava o de tercio de octava.

El analizador calcula las presiones sonoras en las diferentes bandas a lo largo del tiempo de la señal que llega de los micrófonos. Después procesa este resultado y mediante la pantalla gráfica presenta los resultados en forma numérica y gráfica. Permite evaluar el nivel sonoro equivalente instantáneo, diario y semanal. Además permite realizar otros cálculos complejos, tales como el tiempo de reverberación (*RT*).

Para realizar las medidas acústicas en diferentes entornos con un analizador de espectros, se utilizan diferentes tipos de ruido patrón. Los dos más utilizados son los siguientes:

- **Ruido blanco:** ruido patrón caracterizado por tener una densidad espectral constante en frecuencia. Esto provoca un aumento de 3 dB en la presión sonora cada vez que aumentamos la banda de octava (Figura 1.47.a).
- **Ruido rosa:** ruido patrón cuya densidad espectral de potencia es inversamente proporcional a la frecuencia. Cuando se visualiza este espectro en bandas de octava, su nivel se mantiene constante en todas las bandas (Figura 1.47.b). El ruido rosa se utiliza en las mediciones acústicas *in situ.*

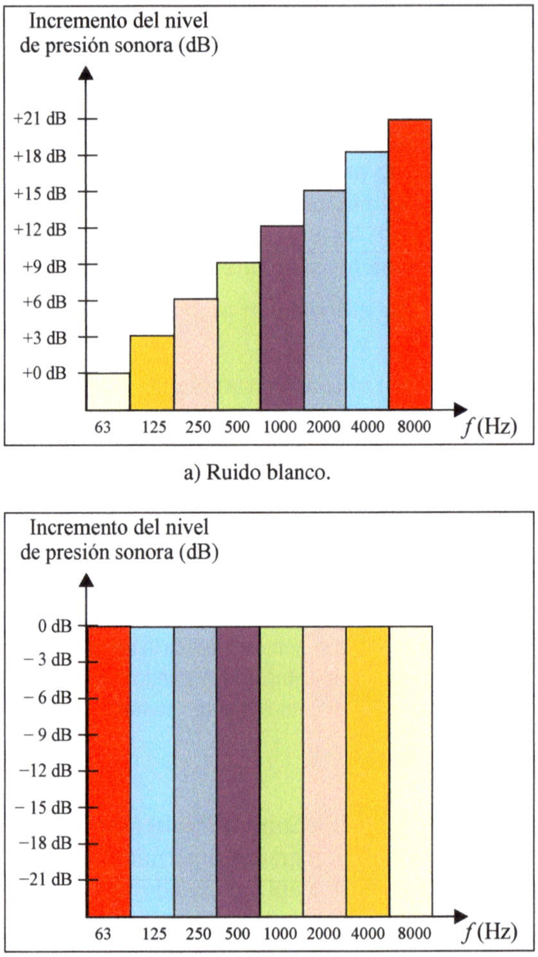

Figura 1.47. Distribución espectral del ruido.

SABÍAS QUE...

Un ecualizador es un circuito o dispositivo que aumenta o reduce la ganancia de manera selectiva, en tres o más bandas, con el objetivo de corregir deficiencias en la respuesta en frecuencia de la señal de entrada o realizar el balance de tono de una fuente de sonido.

Ejemplo 1.24.

Utilización de un analizador de espectros en la ecualización de recintos.

La ecualización de un recinto tiene como objetivo compensar la respuesta en frecuencia de una sala y corregir aquellas deficiencias que pudieran estar presentes en la fuente de sonido o en la cadena electroacústica. Con la ecualización se persigue que la respuesta de la cadena electroacústica conjuntamente con el recinto sea lo más plana posible en aquellos puntos característicos de la misma.

En la Figura 1.48 se muestra la utilización de un analizador de espectro en el proceso de ecualización de un recinto.

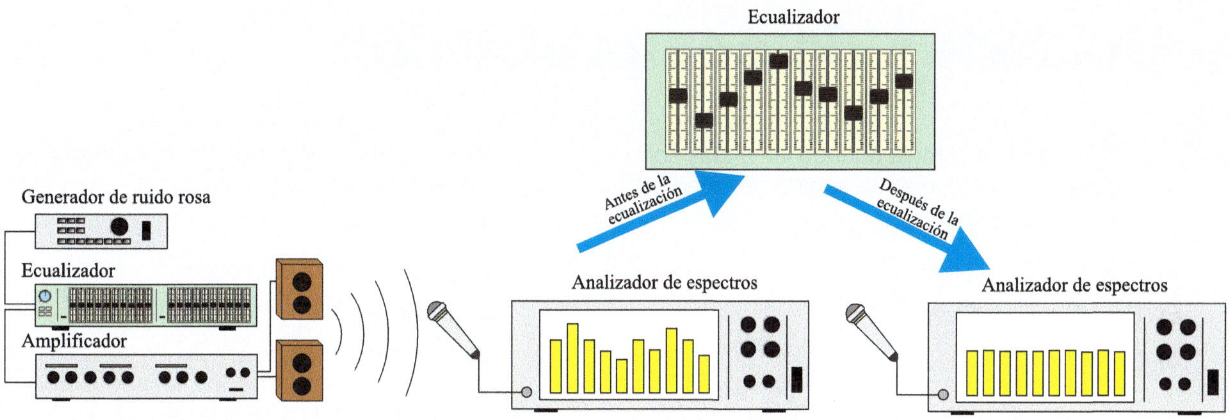

Figura 1.48. Proceso de ecualización de un recinto acústico a partir de la medida con un analizador de espectros.

El generador de ruido rosa genera una señal que contiene la misma energía por cada octava del espectro. Antes de comenzar con el proceso de ecualización, se observa en el analizador de espectros que la respuesta en frecuencia del recinto no es plana, ya que hay bandas de frecuencias que tienen un nivel de presión sonora mayor que otras. Con la ayuda de un ecualizador se consigue modificar la respuesta de la cadena de sonido para compensar la respuesta en frecuencia del recinto.

Después de la ecualización se observa en el analizador de espectros una respuesta en frecuencia plana.

Páginas web de interés

Organismos e instituciones

Instituto Nacional de Seguridad y Salud en el Trabajo. Análisis y estudio de las condiciones de seguridad y salud en el trabajo y promoción y apoyo a la mejora de las mismas.

www.insst.es

Equipos y fabricantes

Cesva. Fabricante de equipos de medida: analizadores y sonómetros entre otros.

www.cesva.com

PCE Ibérica. Equipos de medida para la industria, el comercio y la investigación.

www.pce-iberica.es

NTi Audio AG. Fabricante líder de instrumentos de medición y soluciones de medición para audio, acústica y vibraciones.

www.nti-audio.com

Aplicaciones de móvil (*app*). Existen numerosas aplicaciones para teléfonos móviles que utilizan el propio *hardware* del dispositivo para realizar medidas acústicas. Aunque su utilización no está recomendada a nivel profesional, su uso a nivel educativo como ilustración de las diferentes medidas es recomendable: medidor de sonido, sonómetro, analizador de espectro, etcétera.

play.google.com
apple.com/app-store

Actividades de comprobación

1.1. ¿Qué propiedad se cumple cuando las ondas sonoras inciden en una pared que separa dos medios?

a) $E_t = E_r + E_a + E_i$.

b) $E_r = E_i + E_a + E_t$.

c) $E_i = E_r + E_a + E_t$.

d) $E_i = E_r - E_a - E_t$.

1.2. ¿Qué fenómeno permite oír una conversación en una habitación contigua, con la puerta abierta, aun no existiendo visibilidad directa?

a) Difracción sonora.

b) Reflexión sonora.

c) Absorción sonora.

d) Todas las respuestas anteriores son correctas.

1.3. Según la ley de Snell:

a) Los ángulos de incidencia y de transmisión son distintos.

b) Los ángulos de incidencia y de transmisión son iguales.

c) Los ángulos de reflexión y de transmisión son iguales.

d) La razón entre los senos de los ángulos de incidencia y de reflexión es igual 1.

1.4. ¿Qué nivel de presión sonora se corresponde con el umbral de audición?

a) 0 μPa. **b)** 20 μPa.

c) 100 μPa. **d)** 120 kPa.

1.5. ¿Qué longitud de onda tiene una señal de 2 kHz que se propaga por el aire?

a) 1,7 m. **b)** 8,3 m.

c) 0,17 m. **d)** 0,83 m.

1.6. Una fuente sonora puntual crea una presión sonora en un punto de 80 dB a una distancia de 2 m. ¿Qué nivel de presión sonora se crea a una distancia de 4 m?

a) 86 dB. **b)** 83 dB.

c) 77 dB. **d)** 74 dB.

1.7. ¿Qué rango de frecuencia cubre el margen audible?

a) 300-3400 Hz. **b)** 0-5 MHz.

c) 20-20000 Hz. **d)** 300-15000 Hz.

1.8. ¿Qué instrumento se utiliza para medir el ruido al que está sometido el personal de una fábrica?

a) Micrófono.

b) Analizador de espectros.

c) Dosímetro.

d) Calibrador acústico.

1.9. ¿A qué fenómeno de los siguientes se debe el eco?

a) Reflexión.

b) Difracción.

c) Absorción.

d) Refracción.

1.10. La frecuencia fundamental de un sonido armónico es de 500 Hz. ¿A qué frecuencia se encuentra su tercer armónico?

a) 500 Hz. **b)** 1000 Hz.

c) 1500 Hz. **d)** 3000 Hz.

1.11. ¿Cómo se propagan las fuentes sonoras lineales?

a) Ondas cuadráticas.

b) Ondas esféricas.

c) Ondas cilíndricas.

d) Ninguna de las respuestas anteriores es correcta.

1.12. ¿Cuánto decrece el nivel sonoro de una fuente sonora puntual cada vez que se duplica la distancia?

a) 6 dB. **b)** 3 dB.

c) 9 dB. **d)** 12 dB.

1.13. ¿Cuánto decrece el nivel sonoro de una fuente sonora lineal cada vez que se duplica la distancia?

a) 6 dB. **b)** 3 dB.

c) 9 dB. **d)** 12 dB.

1.14. ¿Qué caracteriza un sonido puro?

a) Está constituido por una sola frecuencia, cuya amplitud varía en el tiempo en forma de onda senoidal.

b) Está constituido por la suma de diferentes frecuencias, las cuales varían en amplitud a lo largo del tiempo.

c) Está formada por diferentes frecuencias, las cuales mantienen la amplitud a lo largo del tiempo.

d) Todas las respuestas anteriores son falsas.

1.15. ¿En qué unidades se mide el nivel de presión sonora?

a) Pa.

b) W/m^2.

c) W.

d) N.

1.16. ¿Con qué característica del oído humano está relacionada la sensación de eco?

a) Persistencia acústica del oído.

b) Efecto de enmascaramiento.

c) Efecto Haas.

d) Ninguna de las respuestas anteriores es correcta.

Actividades de aplicación

1.17. Riesgos derivados del ruido. El ruido es uno de los factores de riesgo a tener en cuenta en la prevención de riesgos laborales. En la página web del Instituto Nacional de Seguridad y Salud en el Trabajo (INSST) puedes obtener información sobre este riesgo y las medidas preventivas a adoptar. Realiza una búsqueda selectiva de información y contesta a las cuestiones siguientes:

a) ¿Cuáles son los principales riesgos derivados del ruido en el trabajo?

b) ¿Qué tipo de medidas se adoptan para evaluar la exposición al ruido de un trabajador?

c) ¿A partir de qué niveles de presión acústica existe riesgo de daño en el oído?

d) ¿Qué medidas de protección colectiva pueden utilizarse para reducir este riesgo?

e) ¿Qué medidas de protección individual pueden utilizarse para reducir este riesgo?

1.18. Análisis del manual de usuario del sonómetro utilizado en al aula taller. A partir del manual de usuario del sonómetro utilizado en el aula taller, identifica las prestaciones y posibilidades de medida que dispone. Realiza en diferentes ambientes ruidosos (aula taller, patio, biblioteca, etc.), ajustando de manera adecuada los controles que dispone, las siguientes medidas:

- Nivel de presión sonora instantánea.
- Nivel de presión sonora equivalente.
- Nivel de pico.

1.19. Búsqueda de información en la red. Uno de los fenómenos físicos relacionados con el sonido es el efecto Doopler; aunque su influencia en las comunicaciones verbales es pequeña, su efecto es muy importante en las telecomunicaciones. Busca información y discute con tus compañeros en qué consiste este fenómeno.

Actividades de refuerzo

1.20. En la Figura 1.49 se representa el espectro del sonido producido por dos instrumentos diferentes: un bombo y una flauta. Justifica qué instrumento genera sonidos más graves y qué instrumento crees que genera sonidos de mayor intensidad.

Figura 1.49. Espectro generado por instrumentos musicales.

1.21. Una fuente puntual irradia uniformemente una potencia acústica de 0,5 W. ¿Cuál es la intensidad sonora a un metro de distancia de la fuente?

1.22. Dos máquinas provocan un nivel de presión sonora de L_1 = 60 dB y L_2 = 54 dB, respectivamente. ¿Cuál será el nivel de presión sonora cuando funcionan las dos máquinas simultáneamente? Repite los apartados anteriores para los siguientes niveles de presión sonora:

a) L_1 = 60 dB y L_2 = 60 dB.

b) L_1 = 60 dB y L_2 = 55 dB.

c) L_1 = 65 dB y L_2 = 40 dB.

1.23. La Figura 1.50 muestra determinados ambientes ruidosos. Señala de manera aproximada el nivel de presión sonora y la sensación que provoca dicho sonido en el oído humano.

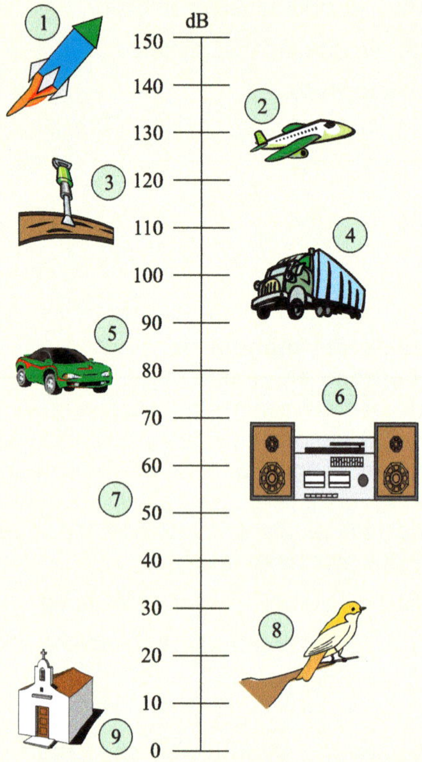

Figura 1.50. Niveles de presión acústica.

1.24. Determina el nivel de presión sonora total que generan cuatro fuentes sonoras iguales, las cuales por separado generan 60 dB.

1.25. Relaciona las definiciones mostradas en la Tabla 1.4 con el fenómeno que representan.

Tabla 1.4. Mecanismos de propagación del sonido

a) Cuando una onda sonora alcanza una superficie, un porcentaje de esta es absorbida por el nuevo medio.	**1.** Reflexión
b) Cuando una onda topa con un obstáculo que no puede traspasar ni rodear rebota al medio del cual proviene.	**2.** Absorción
c) Desviación que sufren las ondas en la dirección de su propagación, cuando una onda sonora pasa de un medio a otro diferente.	**3.** Difracción
d) Cuando una onda sonora encuentra un obstáculo, la energía que contiene se dispersa en lugar de seguir la propagación en la dirección normal.	**4.** Refracción

1.26. A partir de la expresión $c = e/t$, calcula el tiempo que tarda un oyente en recibir la reflexión del sonido según la situación de la Figura 1.51. Justifica si el eco es beneficioso o perjudicial para la inteligibilidad del habla.

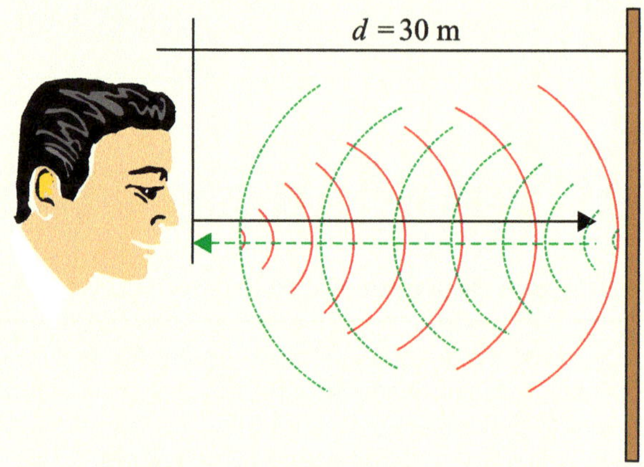

Figura 1.51. Reflexión de ondas sonoras.

1.27. ¿Por qué en la Figura 1.52 no se escucha el cantar del pájaro ante la presencia de tráfico, a pesar de que la intensidad sonora del canto está por encima del umbral de audición?

Figura 1.52. Fenómeno asociado al sonido.

1.28. ¿Por qué utilizan en un sonómetro diferentes curvas de ponderación de frecuencia para realizar la medida de la presión sonora? ¿Qué curva de ponderación es la más utilizada?

1.29. A partir de las curvas isofónicas que se muestran en la Figura 1.29 deduce el nivel de presión sonora necesaria para empezar a escuchar (umbral de audición) las frecuencias siguientes:

a) 100 Hz.

b) 1000 Hz.

c) 10 000 Hz.

1.30. En la Figura 1.53 se muestra el aspecto externo de un sonómetro con las funciones que incorpora. Justifica sin la ayuda del manual de instrucciones la función de cada uno de los selectores que lo forman:

- RANGE.
- RESPONSE.
- FUNCT.

Figura 1.53. Funciones de un sonómetro.

1.31. Completa los valores de las frecuencias centrales de las bandas que se muestran en la Figura 1.54.

1.32. ¿Cuál es el margen de frecuencias audible por el ser humano? ¿Qué longitudes de onda hay asociadas a estas frecuencias?

1.33. Indica el nivel de presión sonora del umbral de audición y del umbral de dolor en unidades lineales (Pa) y en dB.

1.34. En la Tabla 1.5 se resumen los niveles de presión sonora típicos en referencia al habla humana. Calcula el nivel de presión sonora equivalente para cada situación.

Tabla 1.5. Niveles de presión sonora relacionados con la voz humana

Situación	Presión sonora	L_p (dB)
Nivel mínimo de la voz	0,000632 Pa	
Conversación en voz baja	0,002 Pa	
Conversación normal	0,00632 Pa	
Exposición en público	0,02 Pa	
Persona cantando	0,2 Pa	
Nivel máximo de la voz	1 Pa	

<table>
<tr><td>1/3 octavas</td><td>16 Hz</td><td>20 Hz</td><td></td><td>31,5 Hz</td><td>40 Hz</td><td>50 Hz</td><td></td><td>80 Hz</td><td>100 Hz</td><td>125 Hz</td><td></td><td>200 Hz</td><td>250 Hz</td><td>315 Hz</td><td>400 Hz</td><td></td><td>630 Hz</td><td>800 Hz</td><td></td><td>1250 Hz</td><td>1600 Hz</td><td>2000 Hz</td><td></td><td>3150 Hz</td><td>4000 Hz</td><td>5000 Hz</td><td></td><td>8000 Hz</td><td>10 000 Hz</td><td>12 500 Hz</td><td></td><td>20 000 Hz</td></tr>
<tr><td>Octavas</td><td colspan="2">/</td><td colspan="3"></td><td colspan="3">63 Hz</td><td colspan="3">125 Hz</td><td colspan="3"></td><td colspan="3">500 Hz</td><td colspan="3">1000 Hz</td><td colspan="3">2000 Hz</td><td colspan="3"></td><td colspan="3">8000 Hz</td><td colspan="3">16 000 Hz</td></tr>
</table>

Figura 1.54. Frecuencias centrales de las bandas de octava y 1/3 de octava.

2 Acústica arquitectónica

Contenidos

La acústica arquitectónica es la parte de la acústica que estudia los fenómenos vinculados con la propagación y la transmisión del sonido en las construcciones y su entorno. Comprende diferentes disciplinas, donde todas ellas tratan el estudio de sonido desde diferentes perspectivas: protección frente a ruidos exteriores, mejora de la calidad acústica en el interior de recintos o estudio de la protección contra los ruidos y vibraciones en los edificios, con el objetivo de atenuarlos para evitar que salgan hacia el exterior.

Objetivos

- Reconocer los fenómenos que afectan a la propagación del sonido en el espacio libre y en recintos cerrados.
- Evaluar el tiempo de reverberación de un recinto a partir de las características de los materiales que lo componen.
- Relacionar las características de los materiales de un recinto con el efecto que provocan en la sonorización del mismo.
- Identificar los mecanismos de propagación del ruido y los mecanismos de actuación para eliminarlos.

2.1. Mecanismos de propagación del sonido

En función del ámbito de aplicación y de los objetivos que persiguen, dentro de la acústica arquitectónica existen diferentes disciplinas:

- **Acústica urbanística.** Disciplina de la acústica que estudia las intervenciones necesarias para asegurar la protección frente a ruidos exteriores en zonas urbanas y entornos de edificaciones.
- **Acondicionamiento acústico.** Disciplina que se dedica al estudio de las intervenciones necesarias para mejorar la calidad acústica en el interior de recintos, según sea su uso (Figura 2.1).

Figura 2.1. Acondicionamiento acústico de una sala.

- **Aislamiento acústico.** Disciplina que estudia la protección contra los ruidos y vibraciones en los edificios, con el objetivo de atenuarlos o eliminarlos por completo o evitar que salgan hacia el exterior (Figura 2.2).

Todas estas disciplinas tienen en cuenta los mecanismos de propagación y transmisión del sonido, siendo necesario diferenciar, debido a su diferente comportamiento, entre los dos **tipos de propagación** siguientes:

- **Propagación en espacios abiertos** (espacio libre): sonorización de espectáculos, megafonía exterior, etcétera.
- **Propagación en espacios cerrados** (interior de recintos): sistemas de alarma por voz, hilo musical, megafonía interior, megafonía IP, sistemas de sonido en el automóvil, etcétera.

Figura 2.2. Aislamiento industrial.

2.1.1. Propagación en el espacio libre

En el espacio libre el sonido se propaga en todas las direcciones, en forma de ondas esféricas, con una radiación uniforme a cualquier distancia de la fuente con independencia de la dirección de propagación. En ausencia de obstáculos, la onda sonora llega directamente al oyente desde la fuente sin ningún tipo de interferencia.

En la práctica, tal y como se muestra en la Figura 2.3, las ondas sonoras estarán influenciadas por el terreno y los obstáculos que se encuentran en su recorrido, por lo que aparecerán fenómenos de reflexión, absorción, difusión y difracción del sonido.

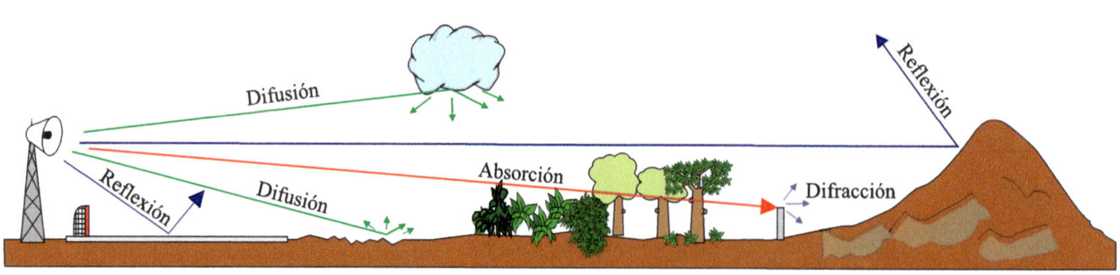

Figura 2.3. Propagación del sonido en el espacio libre.

2.1.2. Propagación en recintos cerrados

El fenómeno preponderante en la propagación del sonido en los espacios cerrados es la reflexión, como se muestra en la Figura 2.4, que provoca que al oyente le llegue tanto el sonido directo como el reflejado. Por ello, para lograr la calidad óptima del sonido en el interior de un recinto, es necesario controlar los fenómenos asociados a la reflexión del sonido, tanto la reverberación como el eco, mediante el adecuado tratamiento de paredes y techos a través de la colocación de materiales absorbentes, difusores o reflectores acústicos si es necesario.

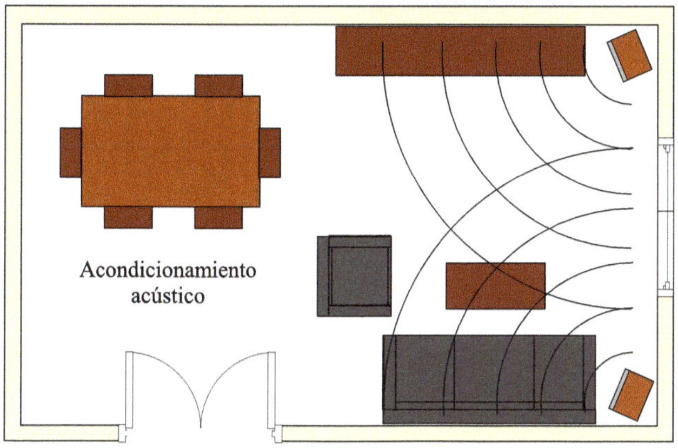

Figura 2.4. Propagación del sonido en recintos cerrados.

Por otro lado, es importante cuando se acondiciona un local aislarlo del exterior, para que no entren ruidos externos (aislamiento acústico).

2.2. Propagación del sonido en el espacio libre

La propagación del sonido en el espacio libre es un proceso complejo, donde concurren simultáneamente varios fenómenos físicos:

- La divergencia geométrica de las ondas sonoras.
- La absorción atmosférica.
- El efecto del suelo.
- La presencia de obstáculos.

> **Recuerda**
>
> La atenuación representa la disminución que sufre la onda de presión sonora a lo largo de su recorrido.

Al estar presentes simultáneamente tantos factores variables, se hace complejo el estudio de la propagación del sonido en los espacios exteriores, ya que la atenuación total (A_{TOTAL}) que sufrirá la señal dependerá de la influencia parcial de cada fenómeno:

$$A_{TOTAL} = A_{DIVERGENCIA} + A_{AIRE} + A_{SUELO} + A_{OBSTÁCULOS}$$

2.2.1. Divergencia geométrica de las ondas sonoras

La **divergencia geométrica** es el fenómeno que provoca que la energía sonora emitida por una fuente se reparta sobre superficies cada vez mayores a medida que avanza el frente de onda.

El reparto de la energía acústica hace que la intensidad sonora disminuya a medida que las ondas se alejan de la fuente (Figura 2.5), de forma inversamente proporcional a la distancia. Este efecto se debe a la disminución de la amplitud originada por la distribución de la energía en un volumen mayor y provoca que el nivel de presión sonora disminuya 6 dB cada vez que se dobla la distancia.

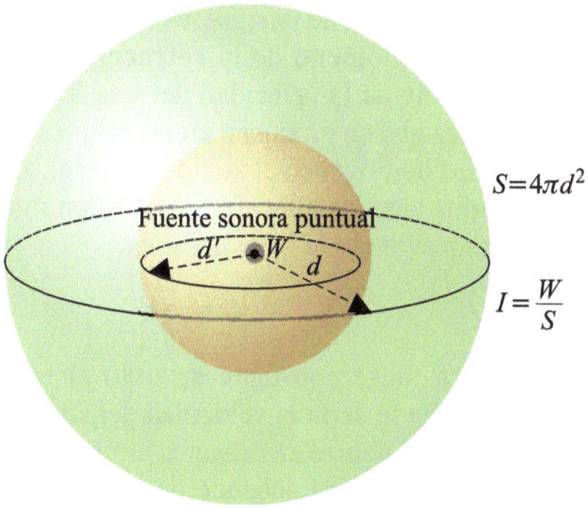

Figura 2.5. Efecto de la divergencia geométrica de las ondas sonoras.

2.2.2. Absorción atmosférica

El medio de propagación del sonido es la atmósfera. La atmósfera está formada por diferentes gases donde, además, se incorporan diferentes partículas y sustancias en suspensión, que influyen en la respuesta ante la presencia de una onda sonora.

El efecto de la **absorción atmosférica** o efecto de amortiguamiento es la atenuación que sufre la onda acústica con la distancia debida, entre otros factores, a la pérdida de energía provocada por la viscosidad del aire y al calor generado por el roce de las partículas del aire.

La atenuación por absorción del aire se añade a la pérdida de nivel debido a la distancia (divergencia de las ondas sonoras) y su efecto es apreciable solamente para distancias medias y grandes. Si las distancias a cubrir son elevadas, debemos tener en cuenta la atenuación que puede existir provocada por las condiciones atmosféricas. La pérdida de energía de la onda sonora depende de la frecuencia del sonido considerado, de la humedad relativa y de la temperatura. Por ejemplo, en la Tabla 2.1 se muestra la atenuación del sonido para diferentes frecuencias y unas condiciones dadas: esta es más importante a altas frecuencias que a las bajas.

Tabla 2.1. Atenuación típica del sonido en el aire en función de la frecuencia para una temperatura de 25 °C y 70 % HR

f (Hz)	*A* (dB/100 m)
100	0,02
500	0,2
1000	0,6
5000	3
10 000	10

Además de la pérdida de energía, es importante en espacios abiertos el fenómeno de la **refracción del sonido,** debido al cambio de la velocidad del sonido motivado por las variaciones que se producen en las propiedades del aire. En un medio homogéneo el sonido se desplaza en línea recta, pero los agentes atmosféricos pueden influir en la propagación, desviando la onda acústica.

Temperatura

Si la temperatura fuese constante en todo el medio de transmisión también lo sería la velocidad del sonido. Pero normalmente esto no ocurre en espacios atmosféricos amplios, donde la temperatura depende de la hora del día y disminuye o aumenta conforme aumenta la altura. Como la atmósfera no es homogénea en temperatura, la velocidad del sonido tampoco lo será, aunque estas variaciones no suelen ser significativas en espacios reducidos.

Durante el día, el aire caliente está muy cerca de la tierra, mientras que el aire frío está encima, por lo que el sonido se propaga hacia arriba (Figura 2.6.a). Durante las noches se invierten las condiciones, lo que provoca que el sonido se propague hacia abajo (Figura 2.6.b).

Ejemplo 2.1.

Influencia de la temperatura en la propagación del sonido.

En la Figura 2.7 se muestra el efecto de la refracción que ocurre entre dos capas de aire con diferentes temperaturas, debido a la diferencia de velocidad del sonido provocada por la acumulación de calor por la presencia de personas en una reunión.

Figura 2.7. Efecto de la temperatura en la propagación del sonido.

El viento

Otro factor que afecta a la propagación del sonido es el viento. Dado que el aire es el medio de transmisión de la onda sonora, si el medio se mueve la velocidad del sonido se ve afectada. La velocidad del viento a nivel del suelo suele ser menor que a alturas elevadas. Por este motivo, la velocidad de propagación del sonido también cambia según la altura respecto del suelo.

La dirección y el sentido del viento, ya sea a favor o en contra, influyen sobre la propagación del sonido

a) Día. b) Noche.

Figura 2.6. Efecto de la refracción del sonido debido a la temperatura según la hora del día.

modificando sensiblemente la trayectoria de la onda sonora. Esto hace que el sonido no se propague de igual forma en todas las direcciones.

Ejemplo 2.2.

Influencia del viento en la propagación del sonido.

En la Figura 2.8 se muestra el efecto del viento en la propagación del sonido.

Esto da lugar a un efecto de refracción que desvía el sonido que viaja contra el viento hacia arriba, limitando el alcance de la onda sonora en esa dirección y llegando a provocar, además, zonas de sombra.

Lo mismo ocurre cuando el sonido se desplaza a favor del viento, en cuyo caso el sonido podría incluso sortear obstáculos situados entre la fuente sonora y los oyentes, favoreciendo la propagación a distancias mayores.

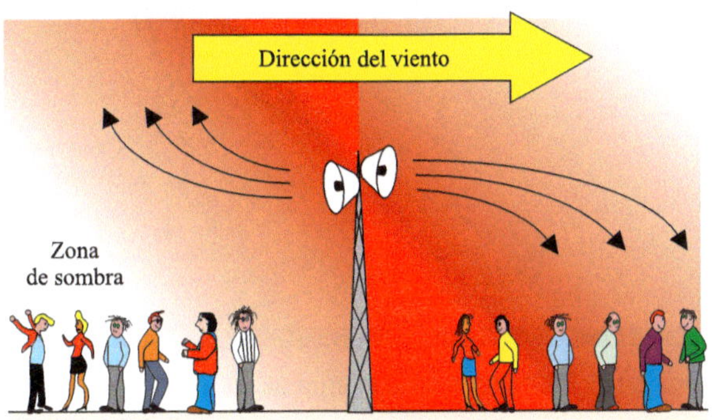

Figura 2.8. Efecto del viento en la propagación del sonido.

La humedad relativa

La **humedad relativa** también influye en la propagación de las ondas sonoras a grandes distancias a través de la atmósfera, ya que la diferente concentración de vapor de agua modifica las condiciones del medio de propagación, absorbiendo energía acústica en menor o mayor medida debido a la viscosidad del aire.

En la Figura 2.9 se refleja la influencia de la humedad relativa en la absorción del aire para diferentes frecuencias. El máximo de atenuación se produce para un aire muy seco.

Recuerda

El viento refractará el sonido hacia arriba cuando este sople en contra y hacia abajo cuando este sople a favor del sonido.

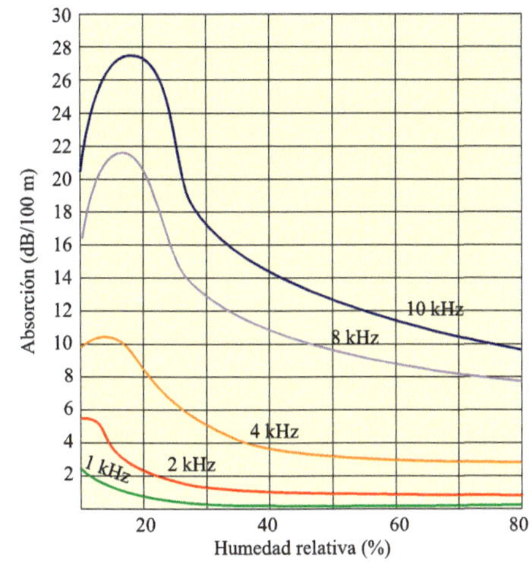

Figura 2.9. Atenuación del sonido con la humedad relativa.

2.2.3. Atenuación por el terreno. El efecto del suelo

La presencia del suelo modifica las condiciones de propagación de las ondas sonoras, ya que aparecen efectos de reflexiones, absorciones y refracciones del sonido. En función de las características orográficas y de los obstáculos presentes, un fenómeno será más importante que el resto.

Cuando la superficie del suelo es grande y de características reflectantes, como por ejemplo asfalto u hormigón, predomina el efecto de la **reflexión.** Debido a este efecto el receptor recibe el sonido por dos caminos: uno directo y otro reflejado.

En este caso, la **atenuación por el suelo** se debe fundamentalmente al resultado de la interferencia del sonido reflejado por el suelo en el sonido directo, debido a la diferencia de fase (retardo) con que se reciben ambas señales (Figura 2.10) motivado por el recorrido diferente que efectúa cada onda. En función del camino recorrido por las ondas sonoras, el desfase generado entre la onda directa y la reflejada puede producir refuerzo de la señal, pero en casos extremos puede anular el sonido.

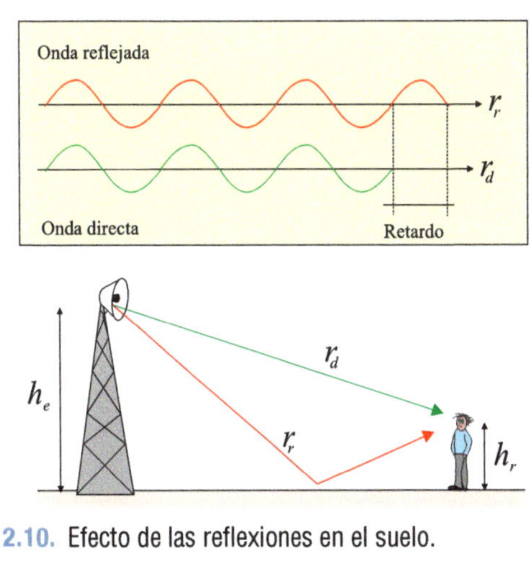

Figura 2.10. Efecto de las reflexiones en el suelo.

2.2.4. Atenuación por barreras debido a la presencia de obstáculos

Si la superficie del suelo fuese perfectamente plana y reflectante, la onda sonora se propagaría sin ninguna atenuación adicional a la de propagación en el aire, influida en cierta manera por las reflexiones producidas. Sin embargo, el suelo incorpora elementos que tienen una absorción significativa (plantas, árboles, etc.), que añaden atenuación a la onda acústica y que será mayor cuanto más cerca esté el receptor del suelo.

Los **obstáculos** son los objetos que encuentra el sonido en su trayectoria durante su propagación por la atmósfera, ya sean objetos o elementos de la topografía del suelo. Por ejemplo, en la Figura 2.11 el follaje de árboles y arbustos provoca la atenuación del sonido cuando este es suficientemente denso para bloquear el camino directo entre el emisor y el receptor. Esta atenuación aumenta a medida que la distancia se incrementa, pudiendo aumentar la atenuación del sonido entre 2 y 15 dB cada 100 m, dependiendo de la frecuencia, si en la zona que queremos sonorizar hay mucha vegetación.

2.3. Acondicionamiento acústico

El **acondicionamiento acústico** se dedica al estudio de las intervenciones necesarias para mejorar la calidad acústica en el interior de un recinto para adecuarlo al uso específico para el cual se ha diseñado.

Cuando una fuente de sonido emite ondas sonoras en el interior de un recinto, estas se propagan en todas las direcciones, hasta que se encuentran con las superficies interiores de las paredes, techo y suelo, y se reflejan cambiando su dirección de propagación (Figura 2.12).

> **Recuerda**
>
> Si en el lugar a sonorizar existen objetos sólidos es necesario tener en cuenta los efectos de las reflexiones y del eco. Si la superficie reflectante está cerca, las reflexiones serán beneficiosas, ya que se incrementará el nivel del sonido directo. En cambio, si la superficie reflectante está lejos, por encima de 34 m, se producirá eco y, por tanto, las reflexiones serán perjudiciales para la inteligibilidad de la palabra.

Si las superficies del recinto fuesen completamente reflectantes, no habría pérdida de energía en cada reflexión. Sin embargo, en la realidad todos los materiales absorben en mayor o en menor medida parte de la energía de la onda sonora incidente. Como consecuencia, las ondas reflejadas tendrán menos energía acústica que las ondas incidentes, debido a que parte de la energía acústica ha sido absorbida por la superficie del recinto. Este fenómeno recibe el nombre de **reverberación.**

Aun considerando que las reflexiones tienen menos energía que la onda directa, las reflexiones tienden a aumentar el nivel de presión sonora en el interior de un recinto.

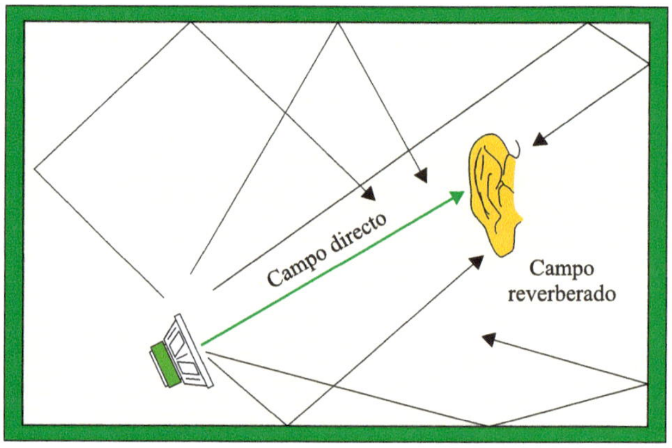

Figura 2.12. Reflexiones en el interior de un recinto cerrado.

2.3.1. Absorción

Los **materiales absorbentes** sonoros son aquellos que reducen el nivel de energía sonora de las reflexiones que existen en el interior de un recinto. Estos materiales son los más utilizados para controlar el nivel de sonido reverberante en el interior de un recinto.

El **coeficiente de absorción** de un material es la relación entre la energía acústica absorbida y la incidente sobre un material por unidad de superficie. Este coeficiente depende de la naturaleza del material, de la frecuencia de la onda sonora y del ángulo con que incide la onda sobre la superficie. Como el coeficiente de absorción varía con la frecuencia, se

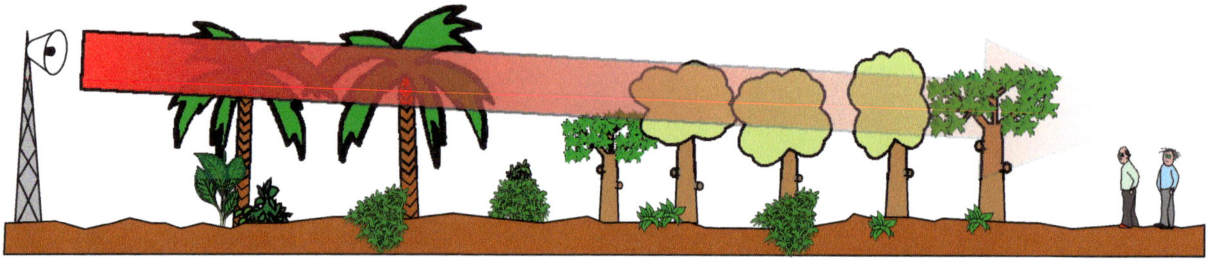

Figura 2.11. Atenuación por la presencia de obstáculos.

SABÍAS QUE...

La absorción media tiene en cuenta el coeficiente de absorción promedio con la frecuencia.

suele especificar a las frecuencias normalizadas de 125, 250, 500, 1000, 2000 y 4000 Hz. En la Tabla 2.2 se muestra el valor típico de diferentes materiales constructivos.

2.3.2. Reverberación

El campo sonoro en el interior de un recinto cerrado formado por superficies parcialmente reflectantes presenta dos componentes:

- El **sonido directo** que llega de la fuente al observador.
- El **sonido reflejado** que llega al observador después de rebotar en las paredes.

El campo sonoro en un recinto cerrado se determina a partir de la potencia acústica de la fuente y de las propiedades reflectantes de las superficies límite, que dan lugar a un campo reverberante que se superpone al campo directo emitido por la fuente. El campo sonoro que se genera en el interior de un recinto, tal y como se representa en la Figura 2.13, se puede clasificar en función de la distancia (*d*) de la fuente sonora al observador:

Tabla 2.2. Coeficiente de absorción acústica de diferentes materiales

Material	Medida	Frecuencia (Hz)						Absorción media
		125	250	500	1000	2000	4000	
Parqué	m^2	0,04	0,04	0,05	0,05	0,06	0,07	0,05
Pared de ladrillo sin pintar	m^2	0,02	0,02	0,03	0,04	0,05	0,05	0,04
Pared de ladrillo pintada	m^2	0,01	0,01	0,02	0,02	0,02	0,02	0,02
Yeso/escayola	m^2	0,29	0,10	0,05	0,04	0,07	0,09	0,11
Cemento/hormigón	m^2	0,01	0,01	0,02	0,02	0,03	0,04	0,02
Mármol/azulejos	m^2	0,01	0,01	0,01	0,01	0,02	0,02	0,01
Fibra de vidrio	m^2	0,22	0,46	0,65	0,80	0,68	0,52	0,55
Madera delgada	m^2	0,30	0,25	0,20	0,17	0,15	0,10	0,20
Madera gruesa	m^2	0,10	0,08	0,05	0,05	0,04	0,03	0,06
Vidrio (ventanas)	m^2	0,04	0,04	0,03	0,03	0,02	0,02	0,03
Vidrio (espejo)	m^2	0,04	0,03	0,02	0,03	0,04	0,04	0,03
Estanterías	m^2	0,27	0,33	0,30	0,25	0,28	0,40	0,31
Cortina (algodón)	m^2	0,04	0,05	0,11	0,18	0,30	0,44	0,19
Cortina (terciopelo)	m^2	0,10	0,34	0,40	0,52	0,50	0,55	0,40
Moqueta	m^2	0,12	0,20	0,25	0,45	0,40	0,35	0,30
Pizarra	m^2	0,01	0,01	0,03	0,04	0,05	0,07	0,04
Ventana	m^2	0,05	0,10	0,15	0,25	0,40	0,60	0,26
Mármol	m^2	0,01	0,01	0,02	0,02	0,01	0,01	0,01
Alfombra de fibra	m^2	0,08	0,10	0,17	0,23	0,27	0,30	0,19
Ventana abierta	m^2	1,00	1,00	1,00	1,00	1,00	1,00	1,00
Mesa de salón	Unidad	0,13	0,16	0,15	0,12	0,12	0,16	0,14
Mesa normal	Unidad	0,22	0,28	0,25	0,20	0,20	0,28	0,24

Material	Medida	Frecuencia (Hz)						Absorción media
		125	250	500	1000	2000	4000	
Persona de pie	Unidad	0,15	0,25	0,35	0,40	0,55	0,55	0,38
Persona sentada	Unidad	0,10	0,15	0,30	0,42	0,55	0,55	0,35
Persona en butaca	Unidad	0,37	0,47	0,51	0,60	0,65	0,65	0,54
Planta	Unidad	0,02	0,05	0,10	0,20	0,30	0,40	0,18
Silla	Unidad	0,03	0,03	0,03	0,04	0,05	0,06	0,04
Pupitre	Unidad	0,04	0,04	0,04	0,04	0,04	0,04	0,04
Sillón	Unidad	0,35	0,45	0,60	0,70	0,80	0,90	0,63

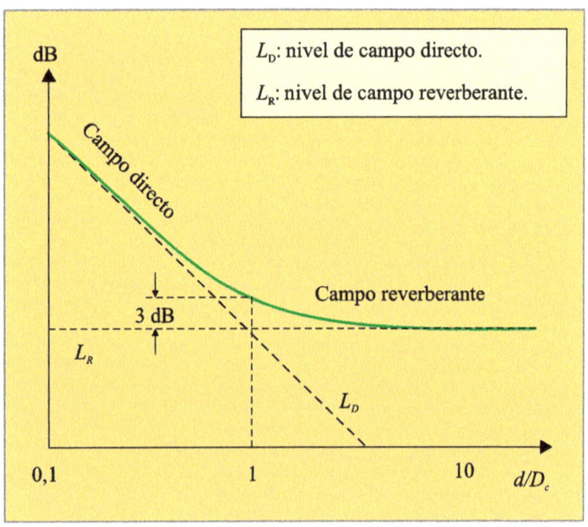

Figura 2.13. Campo sonoro en el interior de un recinto.

- **Campo directo (L_D).** Para distancias próximas a la fuente sonora, predomina el sonido directo. En esta zona el nivel sonoro disminuye 6 dB cada vez que se dobla la distancia, de la misma manera que en el espacio libre. En esta zona, el nivel de la señal directa es superior a la del campo reverberante.
- **Campo reverberante (L_R).** Para distancias alejadas de la fuente sonora predomina el sonido reverberante. En esta zona el nivel sonoro se mantiene constante de un punto a otro y se denomina zona de campo reverberante o campo difuso.

En un punto cualquiera de un recinto el campo sonoro depende de la contribución del campo directo y del campo reverberante. La **distancia crítica** (D_c) es aquella distancia de la fuente en la que las contribuciones debidas al campo directo y al campo reverberante son las mismas, motivo por el cual el campo sonoro total es 3 dB mayor que el del campo reverberante del recinto.

2.3.3. Tiempo de reverberación

El **tiempo de reverberación** se define como el tiempo que tarda la intensidad sonora en un determinado recinto en sufrir una caída de 60 dB, a partir del instante en que la fuente sonora se desconecta. Debido a la reflexión de las ondas sonoras, estas siguen presentes aún una vez desconectada la fuente.

El tiempo de reverberación (RT) se puede evaluar de manera aproximada a partir del volumen del recinto (V) y de su área de absorción (A) mediante la siguiente expresión, denominada **fórmula de Sabine:**

$$RT = \frac{0{,}16 \cdot V}{A}$$

El **área de absorción** (A) depende del coeficiente de absorción de los materiales presentes (α_i) y de la superficie de cada uno de ellos (S_i):

$$A = \sum \alpha_i \cdot S_i = \alpha_1 \cdot S_1 + \alpha_2 \cdot S_2 + \cdots$$

Recuerda

El tiempo de reverberación no es constante para todas las frecuencias, ya que la absorción sonora tanto en el aire como en las superficies interiores depende de la frecuencia. Generalmente, los cálculos se hacen en bandas de octava para frecuencias de 125, 250, 500, 1000, 2000 y 4000 Hz, que son a las que normalmente los fabricantes proporcionan los coeficientes de absorción de sus productos. Si no se especifica la frecuencia, supondremos que el tiempo de reverberación se ha calculado para la frecuencia de 500 Hz.

Ejemplo 2.3.

Cálculo del tiempo de reverberación de un recinto a la frecuencia de 500 Hz.

Se debe calcular el tiempo de reverberación de un aula de colegio de dimensiones 10 m × 5 m × 3 m. El tiempo de reverberación de este recinto dependerá de la frecuencia, ya que el coeficiente de absorción de los materiales también depende de la frecuencia. En este ejemplo se detalla el cálculo para la frecuencia de 500 Hz, a partir de los coeficientes de absorción de los materiales de la Tabla 2.3.

Tabla 2.3. Coeficientes de absorción de los materiales utilizados en el ejemplo

Material	α (500 Hz)	Material	α (500 Hz)
Suelo de hormigón	0,02	Tarima de madera	0,05
Techo de escayola	0,05	Pizarra	0,03
Enlucido de yeso sobre pared de ladrillo	0,03	Silla (unidad)	0,03
Armarios, puertas	0,20	Pupitre (unidad)	0,04
Ventanas	0,02		

Efecto de paredes, techo y suelo

En la Figura 2.14 se detallan las superficies y el volumen del recinto, necesarios para el cálculo del tiempo de reverberación.

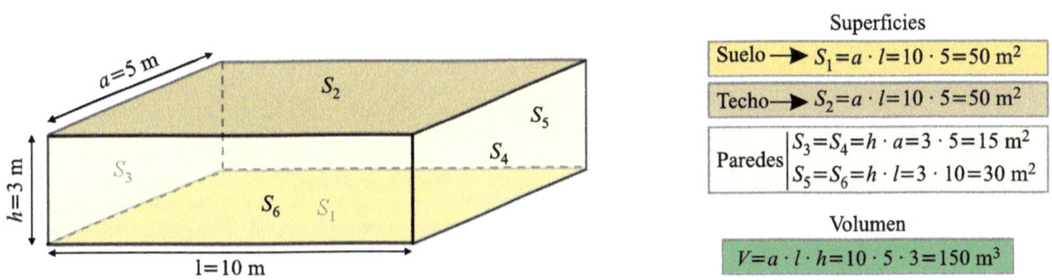

Figura 2.14. Superficies y volumen del recinto.

El área de absorción del recinto (A) dependerá del coeficiente de absorción de los materiales utilizados y de su superficie. Las paredes del recinto de la figura son de ladrillo, con enlucido de yeso ($\alpha_{PAREDES} = 0{,}03$), el suelo es de hormigón ($\alpha_{SUELO} = 0{,}02$) y el techo es de escayola ($\alpha_{TECHO} = 0{,}05$). Para estas condiciones, despreciamos el efecto de las puertas y ventanas, mobiliario y otros elementos ornamentales. El área de absorción del recinto es:

$$A = \sum \alpha_i \cdot S_i = \alpha_{SUELO} \cdot S_1 + \alpha_{TECHO} \cdot S_2 + \alpha_{PARED} \cdot (S_3 + S_4 + S_5 + S_6) =$$

$$= 0{,}02 \cdot 50 + 0{,}05 \cdot 50 + 0{,}03 \cdot (15 + 15 + 30 + 30) = 6{,}2 \text{ m}^2$$

El tiempo de reverberación del recinto es de aproximadamente 3,87 s:

$$RT = \frac{0{,}16 \cdot V}{A} = \frac{0{,}16 \cdot 150}{6{,}2} = 3{,}87 \text{ s}$$

Efecto de puertas y ventanas

Para el cálculo no se han tenido en cuenta algunos elementos como las puertas y las ventanas (Figura 2.15). Para comprobar su influencia, debe considerarse que estos elementos restan superficie a las paredes. El área de absorción resultante es:

$$A = \sum \alpha_i \cdot S_i = \alpha_{SUELO} \cdot S_1 + \alpha_{TECHO} \cdot S_2 + \alpha_{PARED} \cdot (S_3 + S_4 + S_5 + S_6 - S_{PUERTA} - 4 \cdot S_{VENTANA}) +$$

$$+ \alpha_{VENTANA} \cdot 4 \cdot S_{VENTANA} + \alpha_{PUERTA} \cdot S_{PUERTA} =$$

$$= 0{,}02 \cdot 50 + 0{,}05 \cdot 50 + 0{,}03 \cdot (15 + 15 + 30 + 30 - 4 \cdot 1 - 4) + 0{,}02 \cdot 4 \cdot 1 + 0{,}2 \cdot 4 = 6{,}84 \text{ m}^2$$

El tiempo de reverberación (*RT*) que resulta teniendo en cuenta la puerta y las ventanas es:

$$RT = \frac{0{,}16 \cdot V}{A} = \frac{0{,}16 \cdot 150}{6{,}84} = 3{,}5 \text{ s}$$

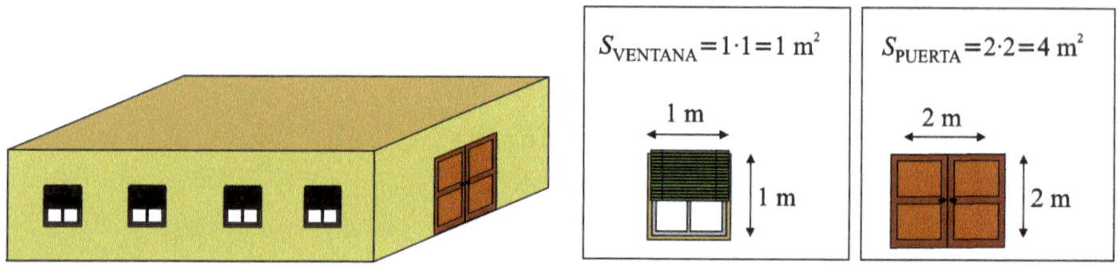

Figura 2.15. Superficies de puerta y ventanas.

Efecto del mobiliario

Los elementos ornamentales y el mobiliario también influyen en el tiempo de reverberación de una sala.

Comprobemos el efecto: la pizarra es un elemento reflectante que elimina superficie de las paredes, por lo que debe tenerse en cuenta su efecto, restando superficie a la pared. El mismo efecto presentan los dos armarios: restan superficie a las paredes y el suelo y modifican el área de absorción porque son materiales más absorbentes.

En cambio, los efectos unitarios de cada uno de los elementos que forman parte del mobiliario del aula no restan superficie, por lo que su efecto se añade al de paredes y techos.

En la Figura 2.16 se muestra la distribución del mobiliario, formado por 29 sillas y 29 pupitres. La pizarra tiene una superficie de 4,5 m^2 (3 m × 1,5 m), a restar de una de las paredes. El área de absorción y el tiempo de reverberación que resultan son los siguientes:

$$A = \sum \alpha_i \cdot S_i = \alpha_{\text{SUELO}} \cdot (S_1 - S_{\text{ARMARIO SUELO}}) + \alpha_{\text{TECHO}} \cdot S_2 + \alpha_{\text{PARED}} \cdot$$
$$\cdot (S_3 + S_4 + S_5 + S_6 - S_{\text{PUERTA}} - 4 \cdot S_{\text{VENTANA}} - S_{\text{PIZARRA}} - S_{\text{ARMARIO PARED}}) +$$
$$+ \alpha_{\text{VENTANA}} \cdot 4 \cdot S_{\text{VENTANA}} + \alpha_{\text{PUERTA}} \cdot S_{\text{PUERTA}} + \alpha_{\text{PIZARRA}} \cdot S_{\text{PIZARRA}} + \alpha_{\text{ARMARIO}} \cdot 2 \cdot S_{\text{ARMARIO}} + A_{\text{SILLAS}} + A_{\text{MESAS}} =$$
$$= 0{,}02 \cdot (50 - 1{,}5 \cdot 2) + 0{,}05 \cdot 50 + 0{,}03 \times (15 + 15 + 30 + 30 - 4 \times 1 - 4 - 4{,}5 - 5 \cdot 2) +$$
$$+ 0{,}02 \times 4 \times 1 + 0{,}2 \times 4 + 0{,}03 \cdot 4{,}5 + 0{,}2 \cdot 2 \cdot 6{,}5 + 29 \cdot 0{,}03 + 29 \times 0{,}04 = 11{,}1 \text{ m}^2$$

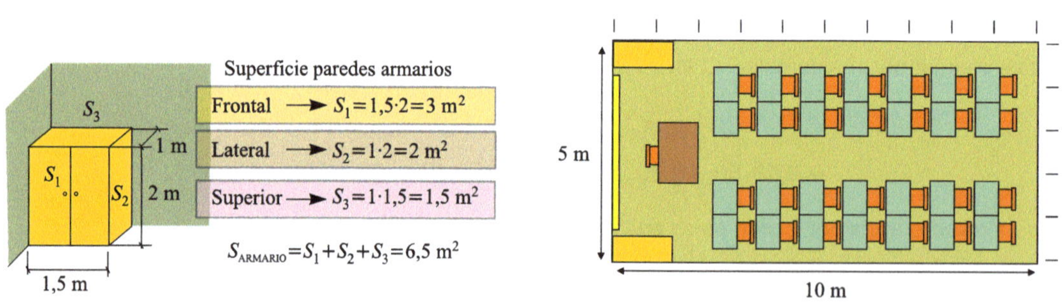

Figura 2.16. Absorción del mobiliario.

El tiempo de reverberación resultante es:

$$RT = \frac{0{,}16 \cdot V}{A} = \frac{0{,}16 \cdot 150}{11{,}1} = 2{,}16 \text{ s}$$

Tiempos de reverberación recomendados

La reverberación es un factor de mucha importancia para la calidad del sonido y existen tiempos de reverberación ideales para cada ambiente teniendo en cuenta la finalidad del mismo (música, locución, etcétera).

En la Tabla 2.4 se indican los tiempos de reverberación recomendados para distintos locales habitables de diversos tipos de edificios.

Tabla 2.4. Tiempos de reverberación recomendados de recintos para diferentes usos

Tipo de edificio	Local	Tiempo de reverberación (s)
Residencial privado	Estancias	$< 1,0$
	Dormitorios	$< 1,0$
	Servicios	$< 1,0$
	Zonas comunes	$< 1,5$
Residencial público	Zonas de estancia	$< 1,0$
	Dormitorios	$< 1,0$
	Servicios	$< 1,0$
	Zonas comunes	$< 1,5$
Administrativo y de oficinas	Despachos profesionales	$< 1,0$
	Oficinas	$< 1,0$
	Zonas comunes	$< 1,5$
Sanitario	Zonas de estancia	$0,8 < RT < 1,5$
	Dormitorios	$< 1,0$
	Zonas comunes	$1,5 < RT < 2$
Docente	Aulas	$0,8 < RT < 1,5$
	Sala de lectura	$0,8 < RT < 1,5$
	Zonas comunes	$1,5 < RT < 2$
Audición de música	Música de cámara	$1,3 < RT < 1,7$
	Música sinfónica	$1,8 < RT < 2$
	Canto coral (iglesia)	$2 < RT < 3$
	Ópera	$1,2 < RT < 1,5$

Ejemplo 2.4.

Efecto de las personas en el tiempo de reverberación.

El tiempo de reverberación del aula del Ejemplo 2.3 no es adecuado para el uso que se va a hacer de él, por lo que es necesario modificar las características de los materiales que forman las paredes y el techo para reducir el tiempo de reverberación por debajo de 1,5 s. En este caso sería recomendable modificar las características de los materiales de las paredes para que sean más absorbentes.

Aun así, comprobaremos cómo la presencia de los alumnos y del profesor en el aula modifica sustancialmente el tiempo de reverberación. Para ello consideramos el efecto unitario de las personas, que para la frecuencia de 500 Hz es de aproximadamente 0,3 m^2, en el cálculo del área de absorción:

$$A = A_{\text{VACÍA}} + A_{\text{PERSONAS}} = 11,1\ \text{m}^2 + 0,3\ \text{m}^2 \cdot 29\ \text{personas} = 19,8\ \text{m}^2$$

El tiempo de reverberación resultante es:

$$RT = \frac{0,16 \cdot V}{A} = \frac{0,16 \cdot 150}{19,8} = 1,21\ \text{s}$$

2.3.4. Ondas estacionarias

Cuando una onda sonora incide perpendicularmente sobre un plano sólido, como una pared, esta se refleja en sentido opuesto. La onda reflejada, a su vez, puede repetir el proceso en la pared opuesta, originando la denominada **onda estacionaria.** Dependiendo de la fase de la onda reflejada respecto de la onda incidente, se favorece la propagación de la onda (resonancia) o se cancela su efecto. La **resonancia** se producirá para aquellas señales que cumplan que la distancia de separación entre las paredes (L) sea igual a la semilongitud de onda de la señal ($\lambda/2$). La frecuencia de resonancia (f_o) se producirá para las señales de frecuencia:

$$f_0 = \frac{c}{\lambda} = \frac{c}{2L}$$

Además, la onda estacionaria también se generará para los armónicos de la frecuencia calculada, por lo que la resonancia se producirá para las siguientes frecuencias:

$$f_0 = n\frac{c}{2L}$$

Las ondas estacionarias se originan por la continua reflexión del sonido, sobre todo debido a paredes paralelas (Figura 2.17.a), aunque también debido a superficies reflectantes cóncavas (Figura 2.17.b).

Este fenómeno se considera un defecto acústico que se debe evitar a toda costa. Se puede prevenir utilizando materiales absorbentes o modificando la estructura de la pared.

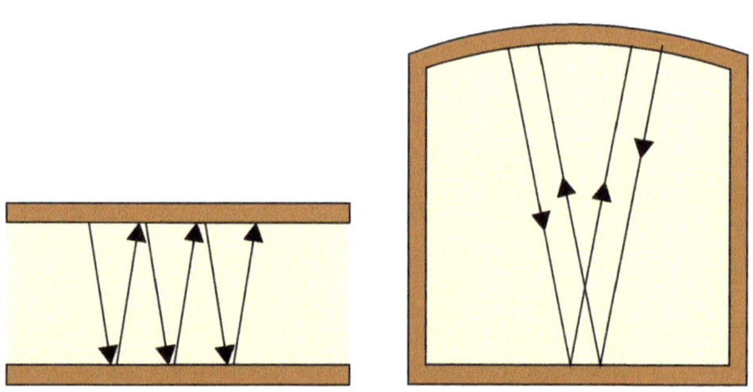

a) Superficies paralelas. b) Superficie cóncava.

Figura 2.17. Onda estacionaria.

Recuerda

Una onda estacionaria es un fenómeno originado por la resonancia provocada por la continua repetición del sonido entre paredes paralelas o cóncavas reflectantes.

Ejemplo 2.5.

Efecto de resonancia en paredes paralelas.

Entre dos paredes paralelas, como las que se muestran en la Figura 2.18.a, con una separación de 5 m, la resonancia se producirá para aquellas señales en las que la distancia de separación entre paredes (L) sea igual a la semilongitud de onda de la señal ($\lambda/2$):

$$L = \frac{\lambda}{2} \rightarrow \lambda = 2 \cdot L = 2 \cdot 5 = 10 \text{ m}$$

La frecuencia de resonancia (f_0) que generará la onda estacionaria es de 34 Hz:

$$f_0 = \frac{c}{2L} = \frac{340}{2 \cdot 5} = 34 \text{ Hz}$$

Las señales de frecuencia múltiplos de la anterior (Figura 2.18.b y Figura 2.18.c) también resonarán: 68 Hz, 102 Hz, etcétera.

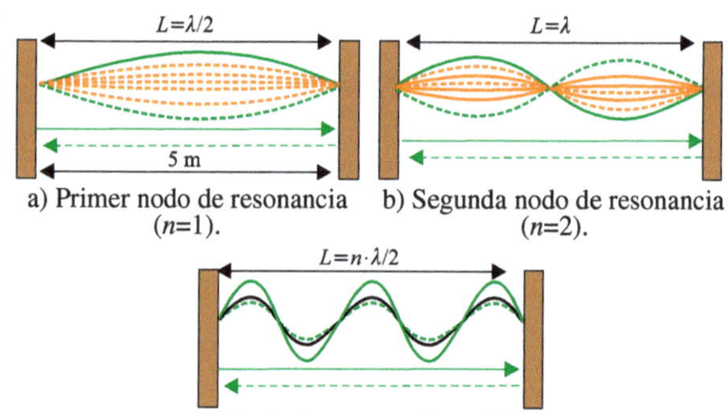

a) Primer nodo de resonancia (n=1). b) Segunda nodo de resonancia (n=2).

c) Nodo de resonancia n-ésimo.

Figura 2.18. Ondas estacionarias.

2.3.5. Elementos de absorción acústica

Todos los materiales tienen asociada una determinada capacidad de absorción, pero se denominan **materiales absorbentes** a aquellos utilizados específicamente como revestimiento del interior de un recinto, para aumentar la absorción del sonido.

Para reducir los tiempos de reverberación en un recinto se deben introducir materiales absorbentes de manera que disminuyen las reflexiones y, por tanto, el campo reverberante. Del mismo modo, si se desea aumentar el tiempo de reverberación se debe evitar utilizar materiales absorbentes y colocar en su lugar reflectores del sonido.

Los principales **elementos de absorción acústica** son los materiales porosos, los resonadores y los absorbentes anecoicos.

Materiales porosos

Los **materiales porosos** son materiales absorbentes formados por una estructura alveolar y fibrosa que actúan por degradación de la energía sonora en calor, debida al rozamiento del aire con las superficies del material.

Cuando incide una onda acústica sobre la superficie de un material absorbente, parte de la señal penetra en él produciéndose unas pérdidas de energía por el rozamiento de las partículas con el material. La absorción aumenta a medida que la frecuencia de la señal aumenta, tal y como se refleja en la Figura 2.19: la absorción es baja a todas aquellas frecuencias para las que se cumple que el espesor (D) del material es mucho menor que la longitud de onda del sonido dentro del material ($D << \lambda$).

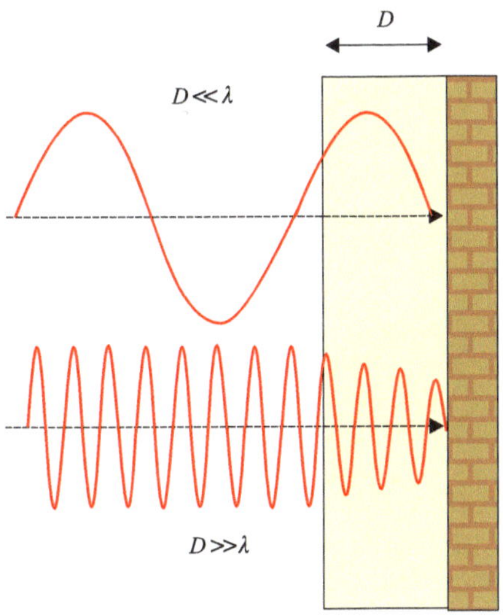

Figura 2.19. Principio de funcionamiento de un material absorbente.

Resonadores

Los **resonadores** son dispositivos realizados con materiales absorbentes que presentan una gran absorción en una banda estrecha de frecuencias alrededor de una frecuencia de resonancia (f_o), para la cual la absorción es máxima.

Los resonadores producen la absorción de energía acústica mediante un proceso de resonancia.

Absorbentes anecoicos

Los **absorbentes anecoicos** se aprovechan de la reflexión de una onda acústica cuando esta encuentra una variación de las características físicas del medio en que se propaga.

SABÍAS QUE...

Los absorbentes anecoicos también se denominan dispositivos de absorción con variación progresiva de sus características físicas.

El material más utilizado como absorbente anecoico es la espuma de poliuretano cargada de partículas de carbón, cortada en forma de pirámides (cuñas anecoicas), tal y como se muestra en la Figura 2.20. Esta estructura provoca una transición suave entre el aire y el material. Estos absorbentes se comportan como trampas de sonido, ya que el sonido incidente sobre la superficie de cada cuña se refleja de manera repetida contra la cuña contigua. Este fenómeno aumenta la superficie efectiva que ve la onda incidente, por lo que la absorción aumenta (Figura 2.21.a).

Con este tipo de absorbentes se logran coeficientes de absorción muy grandes y su utilización es específica de las **cámaras anecoicas** (Figura 2.21.b).

Figura 2.20. Pared anecoica.

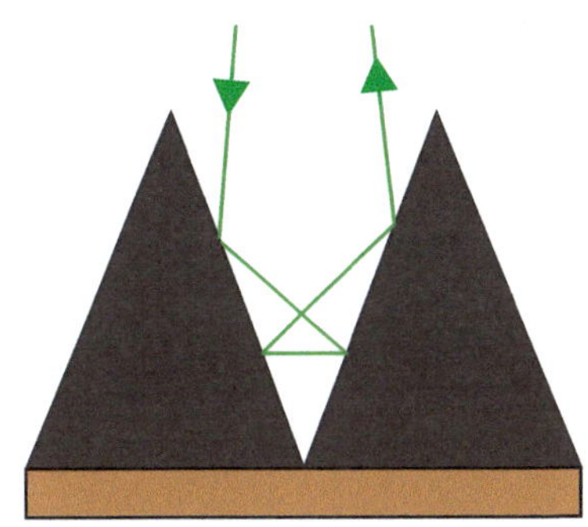

a) Principio de funcionamiento.

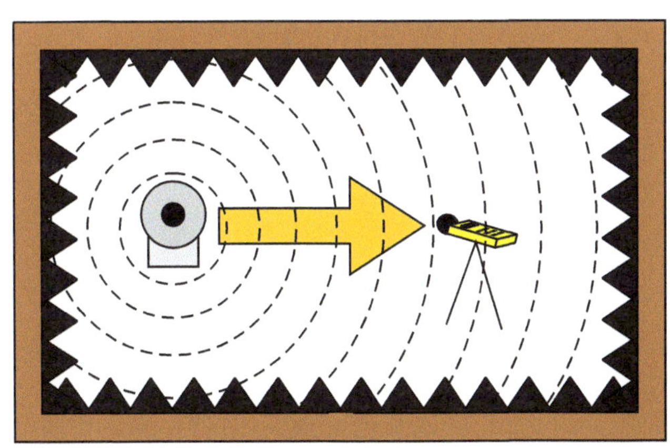

b) Cámara anecoica.

Figura 2.21. Materiales anecoicos.

SABÍAS QUE...

Una cámara anecoica es una sala que se diseña especialmente para absorber el sonido que incide sobre las paredes, con el objetivo de anular los efectos del eco y de la reverberación. Se utiliza, por ejemplo, en los recintos de ensayo para la realización de mediciones acústicas.

2.3.6. Reflectores

Todos los materiales son susceptibles de sufrir reflexiones de las ondas sonoras, en función de su coeficiente de absorción: cuanto menor sea este, mayor será su reflexión.

Los **reflectores** son aquellos elementos constructivos diseñados específicamente para generar reflexiones, con el objetivo de reforzar acústicamente determinadas zonas. Estos elementos aprovechan las primeras reflexiones, ya que contribuyen de manera eficiente al campo sonoro total que llega al receptor. En algunas ocasiones se aprovecha el campo reflejado para acondicionar zonas a las cuales no llega el sonido directo.

Los reflectores se construyen con materiales lisos, rígidos y no porosos, como por ejemplo la madera y el metal, que tienen un coeficiente de absorción muy pequeño. Existen diferentes tipos de reflectores:

- **Planos.** Estos reflectores tienen una superficie plana (Figura 2.22.a), por lo que las ondas sonoras se reflejan con el mismo ángulo de incidencia. El hecho de que las dimensiones del reflector no sean infinitas provoca que a bajas frecuencias se produzca el fenómeno de la refracción, por lo que el nivel de presión sonora disminuirá a medida que lo haga la frecuencia. En el ejemplo de la Figura 2.23 se utiliza una superficie reflectante para aumentar las primeras reflexiones hacia el público.

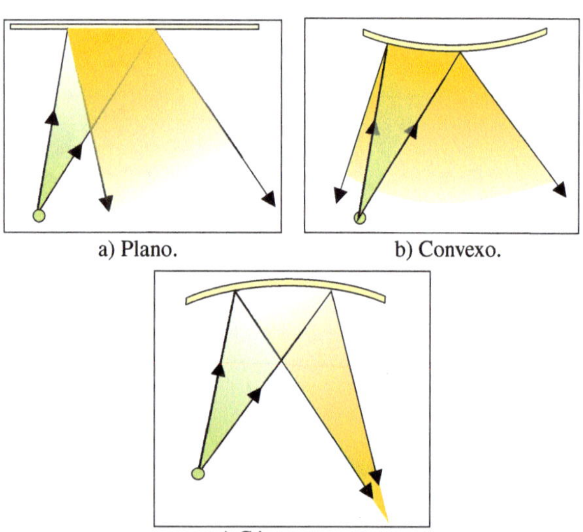

Figura 2.22. Tipos de reflectores.

- **Curvos.** Los reflectores curvos están formados por una superficie con cierto radio de curvatura. Estos pueden ser cóncavos o convexos:
  - **Reflectores convexos.** Los reflectores convexos dispersan el sonido en mayor medida que si fueran planos (Figura 2.22.b). Ejemplos de reflectores convexos son los techos en forma de cúpula, las bóvedas de las iglesias y las paredes curvas de los auditorios.
  - **Reflectores cóncavos.** Los reflectores cóncavos provocan el resultado contrario a un reflector convexo, ya que concentran el sonido en una zona más reducida (Figura 2.22.c). En general, la focalización de las ondas es un fenómeno que debe evitarse, ya que puede llegar a producir grandes desequilibrios del sonido en un recinto.

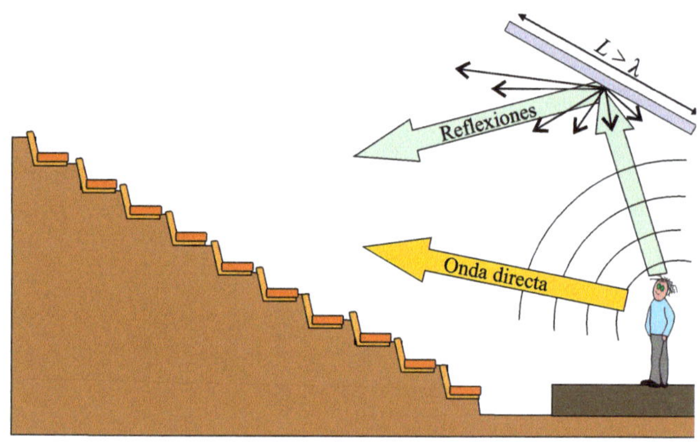

Figura 2.23. Utilización de un reflector plano para aumentar las primeras reflexiones.

2.3.7. Difusores

En determinados entornos es necesario crear un campo sonoro muy difuso que cree un sonido envolvente, de manera que el campo reverberante llegue al espectador por igual de todas las direcciones. Este es el caso, por ejemplo, de salas de conciertos y estudios de grabación. Para ello es necesario que el sonido se refleje de manera aleatoria y uniforme en todas las direcciones. En la Figura 2.24 se muestra el principio de funcionamiento de los **difusores,** los cuales son elementos que reflejan el sonido de manera uniforme en todas las direcciones.

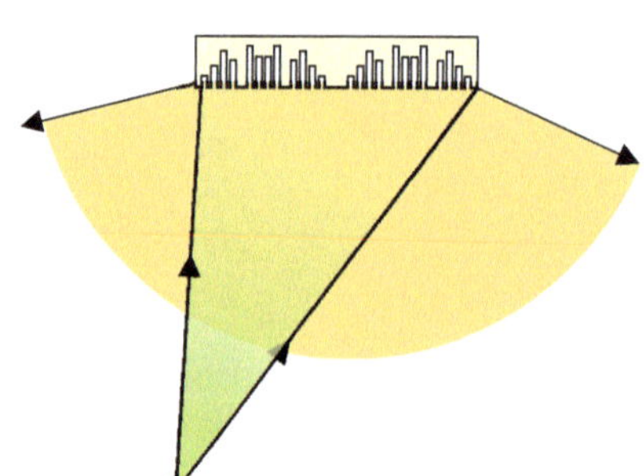

Figura 2.24. Principio de funcionamiento de un difusor.

Los difusores se acoplan a las paredes de un recinto para añadir irregularidades con el fin de mejorar la difusión. Para una difusión correcta el tamaño de las irregularidades debe ser del tamaño de una semilongitud de onda. Por tanto, los difusores no actúan por igual sobre todo el margen de frecuencias audible.

En la Figura 2.25 se muestra el comportamiento de un difusor con la frecuencia. Para frecuencias bajas, la longitud de onda es alta, por lo que las irregularidades son imperceptibles y el difusor se comporta como reflector. Para las frecuencias altas, la longitud de onda se reduce, y se produce la difusión, ya que el tamaño de las irregularidades es similar a la de la señal incidente.

Tipos de difusores

Existen diferentes tipos de difusores, pero todos ellos se caracterizan en la utilización de irregularidades de diferente tamaño para obtener la difusión para las frecuencias deseadas. Los tipos de difusores más utilizados son:

- **Superficies irregulares.** Todos los elementos interiores de un recinto se comportan como difusores para un determinado rango de frecuencias, que viene determinado por las dimensiones de las irregularidades. Por ejemplo, una estantería repleta de libros se comporta como un difusor de sonido para ciertas frecuencias.

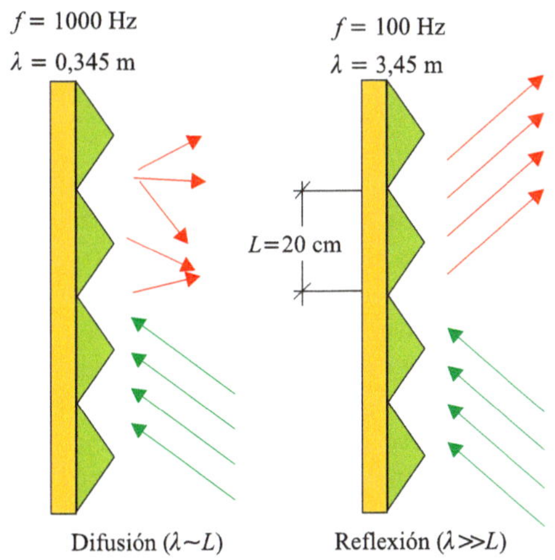

Figura 2.25. Influencia de un difusor con la longitud de onda.

- **Superficies convexas.** Están formados por una superficie lisa convexa (cilíndrica) que refleja las ondas sonoras de forma divergente, evitando que el sonido se refleje sobre una zona reducida (Figura 2.22.b). Se utilizan, por ejemplo, en los rincones de los recintos.

- **Difusores acústicos comerciales.** Para conseguir difusión y crear un campo acústico homogéneo en un recinto existen soluciones comerciales, como las de la Figura 2.26, que simplemente se denominan **difusores** y que tienen la propiedad de reflejar el sonido en todas las direcciones independientemente del ángulo de incidencia del sonido. Existen de diferentes tipos, pero el diseño de todos ellos se basa en teorías matemáticas para generar un conjunto de huecos o protuberancias en el difusor. Podemos distinguir los **tipos de difusores** que se muestran en la Figura 2.27: los difusores MLS (*Maximum Length Sequence*), los difusores residuales cuadráticos QRD (*Quadratic-Residue Diffuser*) y los difusores PRD (*Primitive-Root Diffusor*).

Figura 2.26. Ejemplo de difusor QRD bidimensional comercial.

a) MLS.

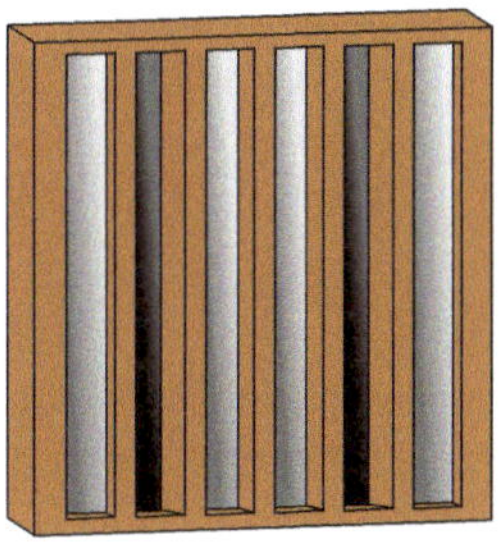

b) QRD unidimensional.

c) QRD bidimensional.

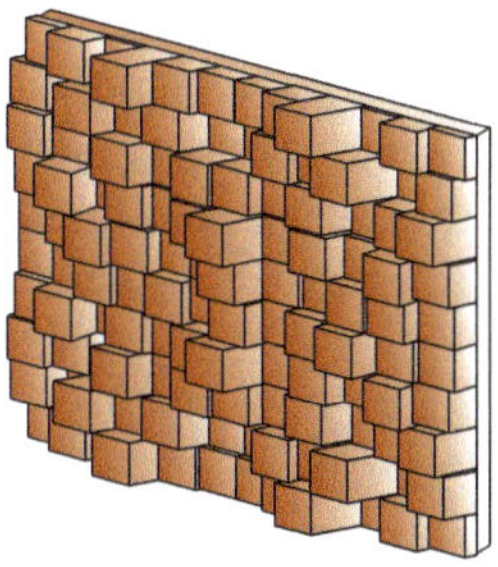

c) PRD.

Figura 2.27. Tipos de difusores comerciales.

2.3.8. Parámetros de calidad en la acústica de salas

El objetivo fundamental del acondicionamiento acústico de un recinto es el diseño de las superficies y de los materiales que lo forman para que la calidad del sonido sea la adecuada. En especial, es importante adecuar las características de un recinto para que la palabra sea suficientemente inteligible.

SABÍAS QUE...

Alguna de las normas aplicables en la medida de parámetros acústicos de salas, en aplicaciones de campo o de laboratorio, son las normas ISO 3382 (acústica de salas), ISO 18233 (métodos de análisis) y CEI 60268-16 (inteligibilidad del habla).

Algunas **medidas encaminadas a mejorar la calidad del sonido** en un recinto son las que tienen por objetivo adecuar alguno de los siguientes parámetros:

- **Tiempo de reverberación (*RT*).** Cada aplicación tiene un tiempo de reverberación óptimo, pero como norma general, tiempos de reverberación inferiores a 1,5 s no degradan la inteligibilidad. Por tanto, es necesario ajustar el tiempo de reverberación de un recinto al uso que se va a hacer en él.
- **Relación señal/ruido (*S/N*).** Es necesario mantener el nivel de la intensidad sonora suficientemente por encima del ruido de fondo. Como norma general, este parámetro deber ser lo más grande posible, aunque en ambientes muy ruidosos puede ser tolerable mantener el nivel de señal 10 dB por encima del ruido.

Recuerda

La relación señal/ruido es la relación entre el nivel de presión sonora de la señal útil y el nivel de ruido ambiente.

- **Distancia a la fuente.** En ocasiones es necesario reducir la distancia entre la fuente sonora y los espectadores, ya que a medida que nos alejamos de la fuente sonora el campo directo disminuye, mientras que el campo difuso o reverberante permanece prácticamente constante en todo el recinto.

SABÍAS QUE...

La utilización de sistemas distribuidos, que consisten en situar las fuentes de sonido (altavoces) adecuadamente repartidas por todo el recinto, disminuye la distancia de la fuente al oyente.

- **Uniformidad del campo sonoro.** Para obtener un nivel de sonido confortable en un recinto se debe evitar que la diferencia de nivel de presión sonora en diferentes puntos sea elevada, es decir, es necesario que en toda la zona de escucha exista un equilibrio en el nivel de presión sonora.
- **Inteligibilidad.** La inteligibilidad es el conjunto de cualidades que debe tener un sonido para que su grado de compresión sea adecuado. Lógicamente este parámetro está relacionado con el grado de compresión de la palabra por los oyentes.

2.3.9. Inteligibilidad

Las características físicas de un recinto influyen de manera significativa en la inteligibilidad. Por un lado, la **inteligibilidad** de la palabra viene influida por el ruido de fondo de un recinto y, por otro, por sus propiedades reflectantes y reverberantes, ya que la inteligibilidad se reduce con tiempos elevados de reverberación.

La inteligibilidad de la palabra en un recinto se puede medir y cuantificar, de manera que se puede conocer el grado de tratamiento acústico requerido para solventar los problemas existentes si el resultado no es el adecuado. Existen diferentes métodos para evaluar la inteligibilidad, de los cuales los más utilizados son %ALcons, STI y RASTI.

SABÍAS QUE...

%ALcons *(Percentage Articulation Loss of Consonants)*: porcentaje de pérdida de articulación de consonantes.

Un factor importante que afecta a la inteligibilidad es la energía acústica recibida por el oyente. En este sentido, las consonantes tienen en general menos energía que las vocales, pero por contra, las primeras contienen mayor cantidad de información. Por ello, si se pierden las vocales es relativamente simple reconstruir un mensaje, lo cual no ocurre si se pierden las consonantes. Como conclusión, las consonantes desempeñan un papel mucho más importante en la inteligibilidad de un mensaje que las vocales. Si las consonantes se oyen claramente, un mensaje se entiende fácilmente.

Tabla 2.5. Indice de inteligibilidad %ALcons

%ALcons	Inteligibilidad
100-33 %	Incomprensible
33-15 %	Pobre
15-7 %	Regular
7-3 %	Buena
3-0 %	Excelente

El índice **%ALcons** (porcentaje de pérdida de articulación de consonantes) se calcula mediante encuestas realizadas a un conjunto de personas adiestradas, que escuchan una lista de palabras elegidas adecuadamente y escriben lo que han entendido. En función del porcentaje de aciertos de los resultados se puede deducir un **índice de inteligibilidad:** cuanto mayor sea el índice obtenido, menor será la inteligibilidad de la palabra. Se trata de un criterio subjetivo que proporciona el porcentaje de consonantes no entendidas:

$$\text{ALcons}(\%) = \frac{\text{Consonantes no entendidas}}{\text{Consonantes emitidas}} \times 100$$

En la Tabla 2.5 se muestra la relación entre el índice de inteligibilidad y el porcentaje de pérdidas de consonantes: se considera que una pérdida de más del 15 % de consonantes (15 %ALcons) es inaceptable para cualquier tipo de conversación.

Tabla 2.6. Índice de inteligibilidad STI

STI	Inteligibilidad
0 - 0,3	Incomprensible
0,3 - 0,45	Pobre
0,45 - 0,6	Regular
0,6 - 0,75	Buena
0,75 - 1	Excelente

Para simplificar el método de evaluación de la inteligibilidad de un recinto se han desarrollado sistemas que utilizan equipos electrónicos de modulación de la señal que simulan un mensaje hablado. De esta manera, se puede evaluar la inteligibilidad de un recinto a partir de la comparación entre las señales enviadas por el equipo emisor y las señales recibidas por el equipo receptor. Ejemplos que utilizan este método son:

- **STI** (*Speech Transmission Index*). Utiliza un complejo sistema de modulación de amplitud para generar en un equipo emisor una señal de prueba que simula un mensaje vocal. La degradación introducida por el ruido, la reverberación, etc., se traduce en cambios de la amplitud y del índice de modulación de esta señal, que es medida por un equipo receptor y traducido en un índice de inteligibilidad. El **índice STI** es una medida de la inteligibilidad cuyo valor varía de 0 (ninguna inteligibilidad) a 1 (inteligibilidad perfecta). En la Tabla 2.6 se muestra la relación entre el índice de inteligibilidad STI y la inteligibilidad.
- **RASTI** (*Rapid Speech Transmission Index*). Para acelerar la evaluación de la inteligibilidad se han desarrollado sistemas simplificados de la medida de la inteligibilidad STI, utilizadas en situaciones específicas. Por ejemplo, el método RASTI (índice rápido de la transmisión del discurso), se basa en el mismo modelo que STI pero realizando las medidas en menos bandas de frecuencia.
- **STIPA** (*Speech Transmission Index for Public Address*). Utiliza una señal de prueba que se adapta al nivel de la voz humana en las bandas de octava de 125 Hz a 8 kHz para la medida de la inteligibilidad en sistemas de megafonía PA.

Recuerda

La inteligibilidad de un mensaje de emergencia en un espacio público puede ser de suma importancia para los presentes, especialmente en las estaciones de tren y aeropuertos, centros comerciales y deportivos, centros de estudio, etcétera.

Para relacionar los diferentes métodos de medida se propuso una escala común denominada **escala común de inteligibilidad** o **CIS** (*Common Intelligibility Scale*). Esta escala permite comparar los diferentes métodos de medida de la inteligibilidad entre sí a través de relaciones matemáticas. Por ejemplo, la relación entre el índice CIS y el índice STI se calcula de la manera siguiente:

$$\text{CIS} = 1 + \log \text{STI}$$

En la Figura 2.28 se muestra gráficamente esta relación.

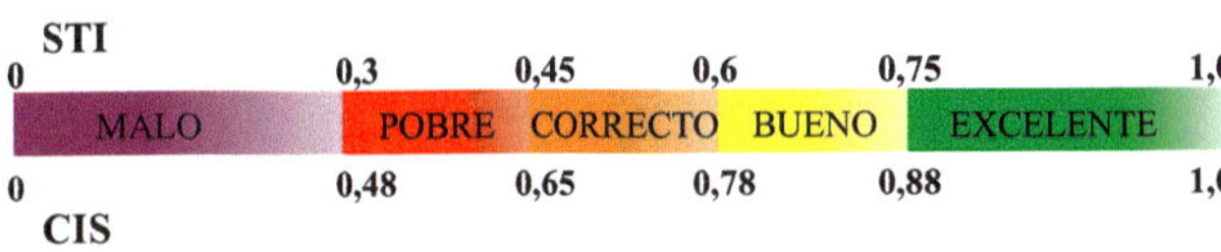

Figura 2.28. Relación entre STI y CIS.

2.4. Insonorización y aislamiento

El **ruido** es un sonido molesto que afecta a la inteligibilidad, pero, además, puede ocasionar problemas de salud (alteraciones del sueño, daños auditivos, etcétera).

Debido a la problemática de la presencia de ruido en los edificios y el efecto que provoca en las personas, las administraciones han regulado los límites de exposición de ruido al que puede estar sometida una persona en diferentes ambientes y los requerimientos de aislamiento que deben cumplir determinados tipos de edificios. Dentro de la legislación que regula las actuaciones concretas, a fin de disminuir el nivel sonoro a límites aceptables, están las siguientes:

- Estatales: normativa técnica de la edificación CTE DB HR.

- Autonómicas: leyes medioambientales.
- Locales: ordenanzas sobre el ruido.

2.4.1. Tipos de ruido

Los ruidos (Figura 2.29) se pueden clasificar en dos grupos principales:

- **Ruido aéreo.** Este tipo de ruido se propaga desde la fuente a los elementos estructurales de un edificio a través del aire y se transmite a través de los cerramientos hacia el resto de estancias. Ejemplos típicos de ruido aéreo son el tráfico, las conversaciones, la radio, etcétera.

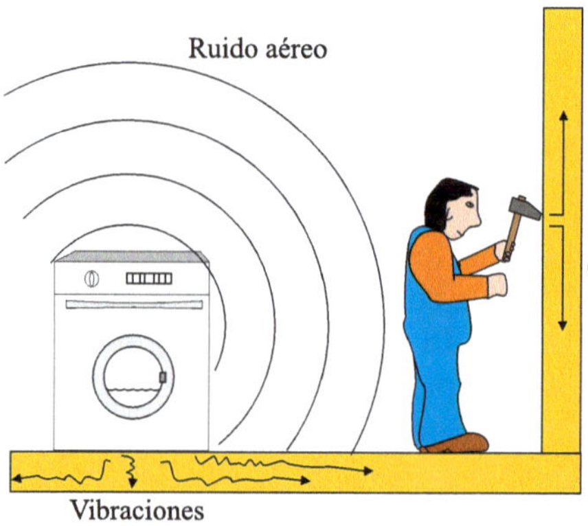

Figura 2.29. Tipos de ruidos.

- **Ruido de impacto y vibraciones.** El ruido de impacto se genera por golpes que hacen vibrar la estructura de un edificio. Ejemplos de este tipo de ruido son los generados al golpear un martillo sobre una pared, caídas de objetos, etc. El ruido producido por vibraciones, al contrario que el ruido de impacto, es de carácter continuo y se produce generalmente debido a los motores de determinadas máquinas. Un ejemplo típico sería el ruido generado por una lavadora en el proceso de centrifugado.

2.4.2. Fuentes de ruido

La **fuente de ruido** puede ser externa a un edificio o, en cambio, puede generarse en el interior del mismo. En la Figura 2.30 se representan diferentes fuentes de ruido, clasificadas por el tipo de ruido que generan:

- **Fuentes de ruido externas a los edificios.** Se generan en el exterior del edificio, y entre las principales fuentes que los provocan cabe destacar:
  - Medios de transporte.
  - Ruidos de construcción de edificaciones y obras públicas.
  - Actividades industriales.
  - Actividades urbanas comunitarias.
  - Agentes atmosféricos.
- **Fuentes de ruido internas a los edificios.** Las fuentes de ruido internas se derivan de la ocupación y utilización de los edificios y las ocasionadas por los servicios e instalaciones de los mismos. Además del ruido aéreo, muchas fuentes de ruido internas pueden comunicar a los elementos estructurales buena parte de su energía, por lo que pueden producir

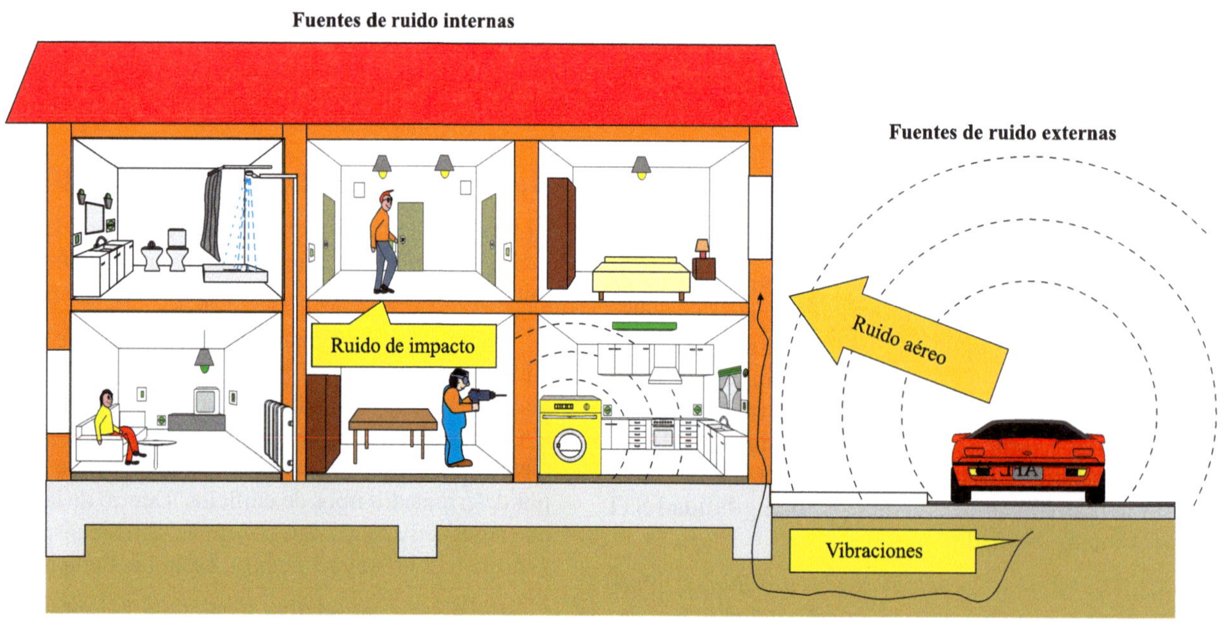

Figura 2.30. Ejemplo de fuentes de ruido.

niveles importantes de ruido en lugares del edificio muy alejados de la fuente. Entre las principales fuentes de ruido internas a los edificios caben destacar:

- **Instalaciones.** Las instalaciones de fontanería, calefacción y ventilación, etc. de un edificio constituyen una importante fuente de generación y radiación de ruido.
- **Actividades de las personas.** Las actividades de los ocupantes de un edificio también son una fuente importante de ruido. Casos típicos son las pisadas y conversaciones producidas por los ocupantes, equipos de música y televisión y cualquier obra de acondicionamiento realizada en el interior de un edificio.

2.4.3. Transmisión del ruido

La **transmisión del ruido** entre diferentes recintos sigue caminos diversos, que se muestran en la Figura 2.31:

- **Vía directa.** La transmisión del sonido se realiza a través del cerramiento que separa los recintos.
- **Vía indirecta.** En la transmisión del sonido tienen gran influencia los elementos constructivos adyacentes al cerramiento que separa dos recintos. Los elementos adyacentes al de separación vibran ante el campo acústico aéreo del mismo modo que el elemento separador, al cual transmiten sus propias vibraciones teniendo lugar lo que se denomina transmisión indirecta del sonido.

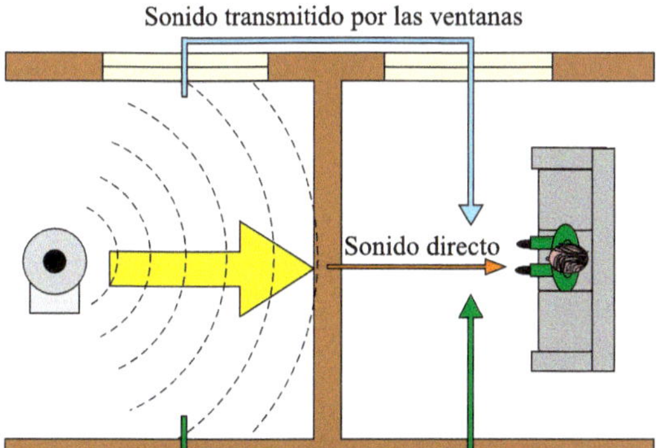

Figura 2.31. Diferentes vías de transmisiones del sonido.

2.4.4. Técnicas de control y reducción del ruido

El **aislamiento acústico** es el principal método de controlar la transmisión del sonido en un edificio. El aislamiento acústico impide que el ruido generado en un recinto se transmita a otros recintos contiguos. También es aplicable cuando se desea evitar la transmisión de los ruidos procedentes del exterior de un edificio. Para ello es necesario combatir tanto el ruido aéreo como el ruido de impacto y de vibraciones teniendo en cuenta los diferentes caminos de propagación de estos: tanto el directo como el indirecto.

Los mecanismos de actuación del aislamiento acústico dependerán del tipo de ruido que se desea aislar:

- En el caso del ruido aéreo, se suele actuar sobre los elementos de separación entre la fuente y el receptor.
- En el caso del ruido de impacto y vibraciones, se actúa sobre la fuente y sobre los elementos de separación, con el fin de disminuir la vibración de los elementos constructivos.

Recuerda

El ruido de impacto se produce por golpes en la estructura de un edificio, mientras que el ruido producido por vibraciones se genera por los movimientos oscilatorios de máquinas sobre su posición natural de equilibrio que se transmiten a la estructura del recinto, provocando la vibración de los paramentos y generando ruido.

Recuerda

El ruido aéreo se produce por la vibración de los cerramientos de un recinto cuando las ondas sonoras inciden sobre la pared u otros cerramientos. Aunque el cerramiento atenúa parte de la energía inicial, su vibración provoca la aparición de nuevas ondas sonoras, aunque de menor intensidad.

2.4.5. Aislamiento acústico a ruido aéreo

El objetivo del **aislamiento acústico a ruido aéreo** es evitar que el sonido circule libremente. Para ello se interponen barreras en el camino directo entre emisor y receptor (pantallas, paredes, etc.). Cuanto mayor sea la masa de la pared de separación entre dos recintos mayor será el aislamiento conseguido.

SABÍAS QUE...

Una partición es el medio que separa dos locales, como por ejemplo una pared.

Para evaluar el grado de aislamiento de una partición se utilizan diferentes parámetros, todos ellos relacionados entre sí.

Aislamiento acústico específico de un elemento constructivo

Desde el punto de vista del aislamiento acústico, un cerramiento arquitectónico queda caracterizado por su coeficiente de transmisión. El **coeficiente de transmisión acústica** (τ) de un cerramiento arquitectónico se define como la relación entre la potencia acústica transmitida (E_t) y la que incide sobre el mismo (E_i):

$$\tau = \frac{E_t}{E_i}$$

Cuanto mayor sea el aislamiento de un elemento constructivo, más pequeño será su coeficiente de transmisión acústica.

El **aislamiento acústico específico** de un elemento constructivo (a) se mide mediante la diferencia de niveles sonoros a un lado y a otro de la partición y puede evaluarse con la siguiente expresión:

$$a = 10 \log\left(\frac{E_i}{E_t}\right) = 10 \log\left(\frac{1}{\tau}\right) = L_i(\text{dB}) - L_t(\text{dB})$$

donde L_i es el nivel de presión sonora que incide en la pared y L_t es el nivel de presión sonora que se transmite al otro lado.

El valor del aislamiento depende de la frecuencia del sonido, siendo generalmente más alto cuanto más agudo sea este.

El índice de aislamiento acústico de un material es un valor medido en laboratorio, basado exclusivamente en la transmisión directa del ruido a través del tabique de separación. Los fabricantes proporcionan el aislamiento de un elemento constructivo de diferentes maneras: de forma gráfica (Figura 2.32 a), de forma tabulada (Figura 2.32.b) o mediante un único valor que representa su índice de aislamiento (Figura 2.32.c), normalmente a una frecuencia determinada.

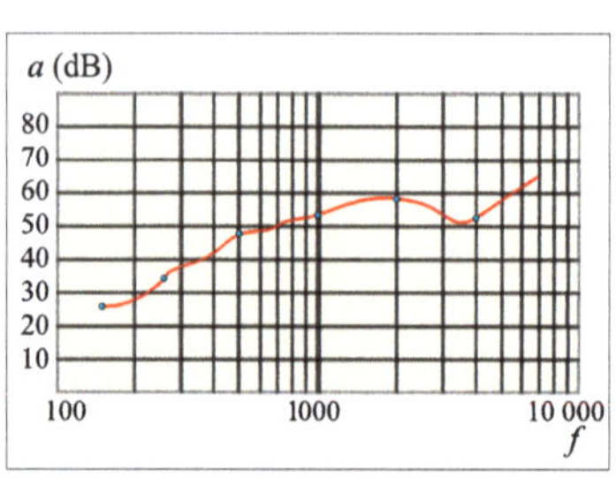

a) Curva.

Índice de aislamiento	
Frecuencia (Hz)	a (dB)
125	25
250	35
500	48
1000	53
2000	58
4000	52

b) Tabla.

$a = 48$ dB

c) Índice.

Figura 2.32. Aislamiento acústico.

Ejemplo 2.6.

Aislamiento acústico específico de una pared.

En la Figura 2.33 se muestra un ejemplo de pérdida de transmisión de una superficie de una pared. Cuando una onda sonora ejerce sobre la superficie del mismo una presión acústica de 85 dB, en su cara interior se transmite una onda sonora con un nivel de presión de 45 dB. El aislamiento acústico de la pared (a) es de 40 dB:

$$a = L_i(\text{dB}) - L_t(\text{dB}) = 85 - 45 = 40 \text{ dB}$$

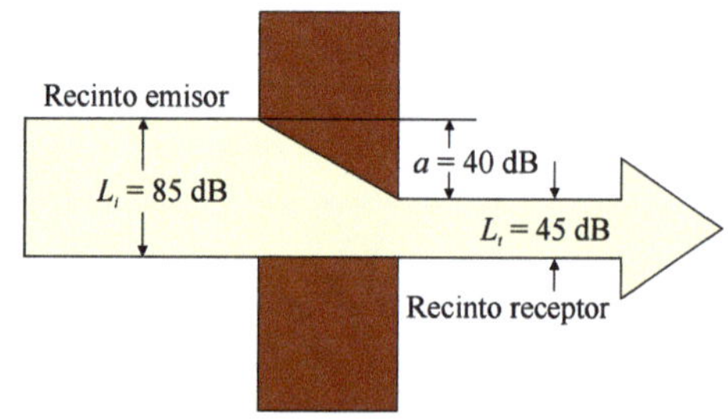

Figura 2.33. Aislamiento acústico específico de un material.

Aislamiento acústico bruto entre dos recintos

Cuando un elemento constructivo se utiliza como elemento separador entre dos recintos, el ruido que se genera en un recinto penetra en los recintos próximos a través de los cerramientos comunes, pero también a través de las transmisiones laterales debido a otros cerramientos. Para identificar el grado de aislamiento en esta situación se utiliza el **aislamiento acústico bruto entre recintos** (D). En este caso, el índice de aislamiento tiene en cuenta la transmisión del sonido por vía indirecta. Se define mediante la siguiente expresión:

$$D\,(\text{dB}) = L_{i1}\,(\text{dB}) - L_{i2}\,(\text{dB})$$

donde L_{i1} es el nivel de intensidad acústica en el local emisor y L_{i2} es el nivel de intensidad acústica en el local receptor.

Ejemplo 2.7.

Cálculo del aislamiento bruto entre dos recintos.

En el ejemplo de la Figura 2.34, el nivel de presión sonora en el recinto emisor (L_{i1}) es de 85 dB. En el recinto receptor, el nivel de presión sonora (L_{i2}) que se mide es de 60 dB. El aislamiento acústico bruto entre los dos recintos es de 25 dB, inferior al aislamiento específico del elemento constructivo debido a las trasmisiones indirectas y a la reverberación del recinto receptor:

$$D(\text{dB}) = L_{i1}(\text{dB}) - L_{i2}(\text{dB}) = 85 \text{ dB} - 60 \text{ dB} = 25 \text{ dB}$$

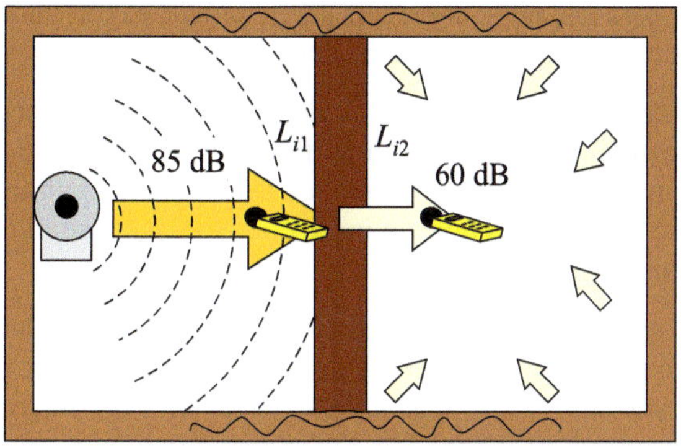

Figura 2.34. Aislamiento acústico bruto entre dos recintos.

Aislamiento acústico normalizado de un elemento constructivo

El **aislamiento acústico normalizado** (*R*) es la diferencia de niveles de presión acústica entre el local emisor y el receptor, teniendo en cuenta la influencia que ejerce la reverberación sobre el nivel de señal del recinto receptor.

Debido al efecto de la reverberación, el nivel en el local receptor es mayor que el que cabría esperar debido al aislamiento producido por la pared, con lo que el aislamiento acústico se reduce. Para tener en cuenta esta incidencia, se efectúa una corrección de los resultados considerando las características acústicas del recinto receptor.

2.5. Técnicas de medida

Aunque el equipo por excelencia para realizar las medidas de control de ruido y medidas acústicas en general es el sonómetro (Figura 2.35.a), cada vez toman más importancia los sistemas de medida basados en interfaces *software* profesionales instalados en un ordenador (Figura 2.35.b). Estos sistemas representan una herramienta útil para el análisis de los diferentes parámetros acústicos asociados.

Con los equipos actuales, los datos capturados durante las medidas pueden analizarse posteriormente con el *software* específico del equipo de medida y evaluar los resultados, como por ejemplo la medida de tiempo de reverberación de una sala.

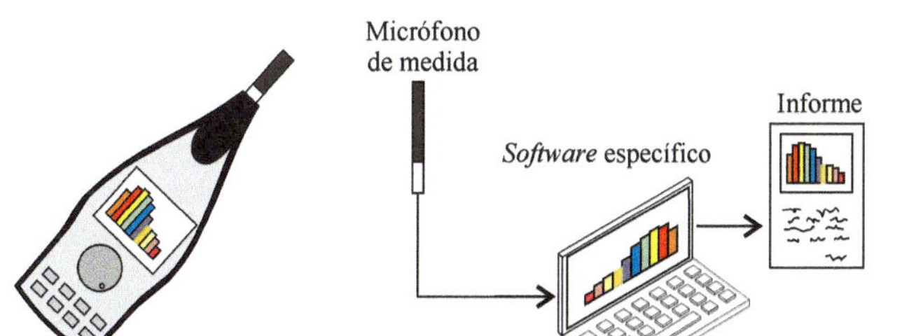

a) Medidor portátil (sonómetro). b) Sistema de medida basado en ordenador.

Figura 2.35. Sistemas de medida.

2.5.1. Medida del tiempo de reverberación

La medición de parámetros acústicos en recintos está definida en la norma UNE-EN ISO 3382.

El **tiempo de reverberación** (RT60) es el tiempo que tarda el nivel de sonido en disminuir en 60 dB después de una parada brusca de la fuente de sonido (Figura 2.36.b).

Para su medida se utilizan los equipos mostrados en la Figura 2.36.a:

- Un analizador de sonido (medidor portátil).
- Una fuente de ruido omnidireccional, como por ejemplo un altavoz dodecaedro y un amplificador de potencia externo si no lo incorpora el propio altavoz. La señal de ruido la puede generar el propio equipo de medida o se suministra de manera externa.

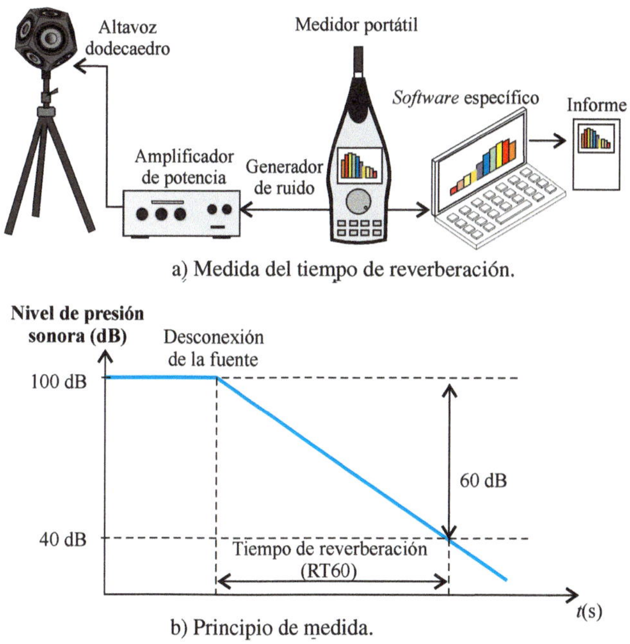

Figura 2.36. Tiempo de reverberación (RT60).

Recuerda

Una fuente de sonido omnidireccional emite sonido en todas las direcciones de manera uniforme.

Los valores del tiempo de reverberación varían en las diferentes posiciones del interior de un recinto, por lo que lo más habitual es realizar la medida en diferentes puntos. El valor promedio de todas las medidas proporciona una evaluación global del recinto, mientras que los resultados individuales de cada posición pueden servir para identificar problemas puntuales en función de la localización de la sala.

Recuerda

Debido a que las fuentes de sonido pueden llegar a ser muy ruidosas, es importante utilizar siempre protección para los oídos durante la realización de las medidas.

Altavoz dodecaedro

Un **altavoz dodecaedro** es un altavoz omnidireccional que proporciona una alta potencia sonora para aplicaciones de medición en la acústica de salas y edificios.

Debido a su forma, tal y como se muestra en la Figura 2.37, proporciona una radiación omnidireccional uniforme de las señales de prueba acústicas. Es un equipo portátil que incorpora integrados amplificadores de potencia y su control puede realizarse de manera remota para ser encendido y apagado desde fuera de la sala de medición.

Figura 2.37. Altavoz dodecaedro.

2.5.2. Medida del aislamiento acústico

La medición *in situ* del aislamiento acústico del ruido aéreo en los edificios y en los elementos de construcción está definida en la norma UNE-EN ISO 16283-1. Esta norma define el procedimiento de medida que determina la altura y la distancia del altavoz a la pared de separación y los requisitos particulares de la posición del micrófono.

La Figura 2.38 representa de manera básica la medida del aislamiento acústico entre dos recintos. La medida del aislamiento en estas condiciones tiene en cuenta la transmisión del sonido por vía indirecta, por lo que se mide el **aislamiento acústico bruto entre recintos** (D).

Debido a que el efecto de la reverberación aumenta el nivel sonoro en el local receptor, el equipo de medida puede efectuar una corrección de los resultados considerando las características acústicas del recinto receptor, para obtener la medida del **aislamiento acústico normalizado** (R).

Aislamiento acústico bruto: $D(\text{dB}) = L_E(\text{dB}) - L_R(\text{dB})$

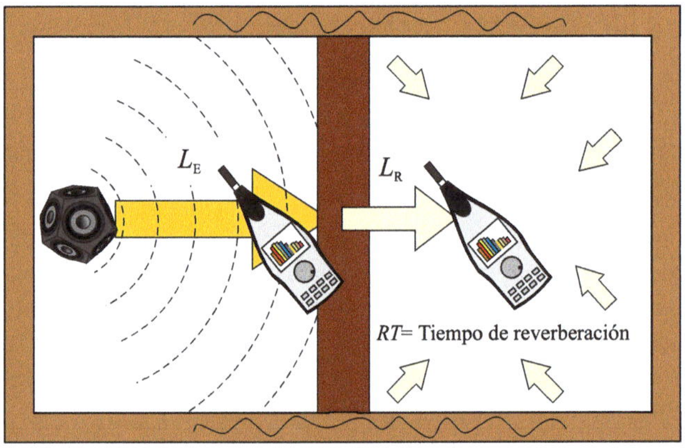

Figura 2.38. Medida del aislamiento acústico entre dos recintos.

SABÍAS QUE...

El procedimiento de medida del aislamiento acústico puede requerir la determinación del ruido de fondo y del tiempo de reverberación.

Páginas web de interés

Acústica integral. Diseño, comercialización e instalación de materiales acústicos, sistemas de insonorización y servicios de ingeniería acústica.

www.acusticaintegral.com

Brüel & Kjær. Empresa líder mundial en tecnología avanzada de medida y gestión de la calidad del ruido y las vibraciones.

www.bksv.com

Cesva. Fabricante de equipos de medida: analizadores y sonómetros entre otros.

www.cesva.com

NTI audio. Fabricante líder de instrumentos de medición y soluciones de medición para audio, acústica y vibraciones.

www.nti-audio.com

Optimus. Principal empresa española en los campos del diseño, fabricación y distribución de equipos de megafonía, alarma por voz e intercomunicación. Incluye diferentes calculadoras de audio *online*.

www.optimusaudio.com

PCE Ibérica. Equipos de medida para la industria, el comercio y la investigación.

www.pce-iberica.es

Actividades de comprobación

2.1. ¿Qué factores de los siguientes influyen en el tiempo de reverberación de un recinto?

a) Volumen de la sala.

b) Superficie de las paredes.

c) Coeficiente de absorción de los materiales.

d) Todas las respuestas anteriores son correctas.

2.2. ¿Qué solución es la más adecuada para evitar que el ambiente ruidoso de un local moleste a los vecinos de las viviendas cercanas?

a) Cubrir las paredes del local con materiales aislantes.

b) Cubrir las paredes de las viviendas cercanas con materiales aislantes.

c) Cubrir las paredes del local con materiales absorbentes.

d) Cubrir las paredes de las viviendas cercanas con materiales absorbentes.

2.3. Se desea un nivel de ruido en un local de 50 dB, sabiendo que en el recinto contiguo existe un nivel de ruido de 90 dB. ¿Cuál debe ser el aislamiento acústico mínimo de las paredes que separan los dos locales?

a) $R = 40$ dB.

b) $R = 45$ dB.

c) $R = 0$ dB.

d) $R = 60$ dB.

2.4. ¿A qué frecuencia se mide normalmente el tiempo de reverberación?

a) 125 Hz.

b) 500 Hz.

c) 1000 Hz.

d) Ninguna de las respuestas anteriores es correcta.

2.5. ¿Qué disciplina se dedica al estudio de las intervenciones necesarias para mejorar la calidad acústica en el interior de recintos?

a) Acústica urbanística.

b) Acondicionamiento acústico.

c) Aislamiento acústico.

d) Ninguna de las respuestas anteriores es correcta.

2.6. ¿Qué fenómeno provoca que la energía sonora emitida por una fuente se reparta sobre superficies cada vez mayores a medida que avanza el frente de onda?

a) Divergencia geométrica.

b) Absorción atmosférica.

c) Efecto del suelo.

d) Presencia de obstáculos.

2.7. En una instalación de sonorización al aire libre sometida a los efectos del viento, si la dirección del sonido es contraria a la del viento, ¿qué sucede en la trayectoria del sonido?

a) Se desvía hacia el cielo.

b) Se desvía hacia el suelo.

c) Se consigue un mayor alcance.

d) No sufre ninguna desviación de la trayectoria.

2.8. Si la temperatura ambiente aumenta con la altura, ¿qué sucede con la distancia que alcanza el sonido?

a) Disminuye.

b) Aumenta.

c) No se ve alterada.

d) Dependerá del tipo de sonido.

2.9. ¿Qué nombre recibe una sala especialmente tratada con materiales absorbentes para reducir al mínimo las reflexiones?

a) Sala reverberante. **b)** Sala anecoica.

c) Sala absorbente. **d)** Sala de impacto.

2.10. ¿Qué tipo de ruido genera el golpeo de un martillo en una pared?

a) Impacto. **b)** Vibraciones.

c) Aéreo. **d)** a) y b) son correctas.

2.11. ¿Cuál de estos fenómenos no depende de la frecuencia?

a) Tiempo de reverberación.

b) Aislamiento acústico.

c) Difracción.

d) Todos los fenómenos anteriores dependen de la frecuencia.

2.12. ¿Qué caída del nivel de presión sonora en un recinto determina el tiempo de reverberación?

a) 20 dB. **b)** 40 dB

c) 60 dB. **d)** 100 dB.

2.13. ¿Cuál de los siguientes es un material reflectante?

a) Un objeto liso, pesado y rígido.

b) Un objeto rugoso y poroso.

c) Una superficie irregular.

d) Ninguno de los materiales anteriores es reflectante.

2.14. ¿Qué sucede en el tiempo de reverberación de un recinto si se aumenta la potencia de la fuente de emisión?

a) Aumenta. **b)** Disminuye.

c) Se mantiene. **d)** Se elimina.

2.15. ¿Qué tipo de altavoz es omnidireccional?

a) Hexaedro. **b)** Dodecaedro.

c) Exponencial. **d)** Pentaedro.

2.16. ¿En qué método de evaluación de la inteligibilidad de un recinto se han desarrollado sistemas que utilizan equipos electrónicos de modulación de la señal que simulan un mensaje hablado?

a) RT60.

b) STI.

c) %ALcons.

d) Ninguna de las respuestas anteriores es correcta.

2.17. ¿Qué fenómeno es el causante de la reverberación?

a) Difusión.

b) Difracción.

c) Reflexión.

d) Absorción.

Actividades de aplicación

2.18. Estudio de la sonorización de un salón de actos. Busca los coeficientes de absorción típicos de los materiales utilizados en este tipo de recinto y evalúa el tiempo de reverberación del salón de actos que se muestra en la Figura 2.39.

2.19. Medida de la relación S/N del aula taller. A partir de un sonómetro realiza las siguientes medidas:

a) Mide el ruido de la sala con todas las fuentes de señal desconectadas.

b) Mide el nivel de señal del recinto con todas las fuentes de sonido conectadas, con el nivel de escucha deseado. La medida realizada con el sonómetro es la contribución de la fuente de sonido y el nivel de ruido.

c) Realiza la misma medida activando la función de eliminación del ruido de fondo del sonómetro, si dispone de dicha función. En caso contrario, justifica de manera aproximada cuál es el nivel de la fuente sin tener en cuenta el nivel de ruido.

d) A partir de las medidas realizadas evalúa la relación S/N de la sala, justificando si las condiciones son las ideales.

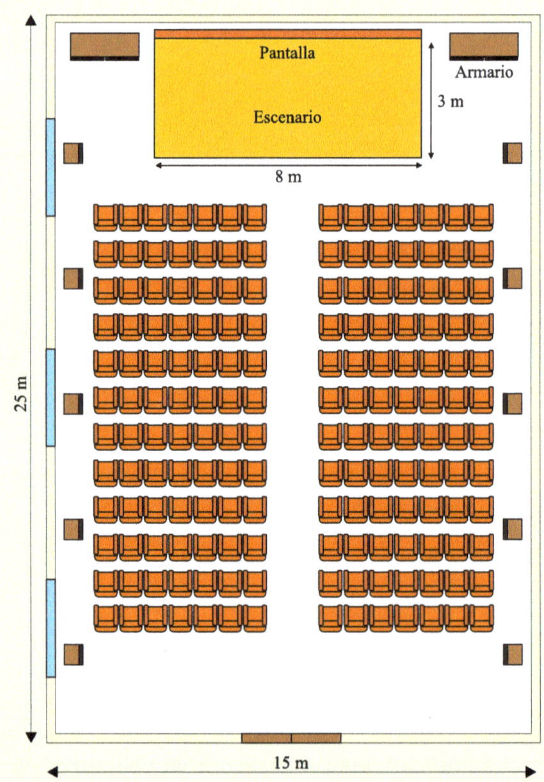

Coeficientes de absorción (500 Hz)

Butacas: 0,1 (unidad)
Tarima (escenario):
Suelo:
Paredes:
Techo:
Puerta:
Ventanas:
Altavoces:
Armarios:
Pantalla:

Altura: 4 m.

Superficies:

Tarima (escenario): 24 m²
Pantalla: 16 m²
Puerta: 5 m²
Ventanas: 2,5 m²
Altavoces: 0,5 m²
Armarios: 4 m²

Figura 2.39. Salón de actos.

2.20. Medida del aislamiento acústico al ruido aéreo entre medianeras. En esta actividad se realizará el ensayo de la medida del aislamiento acústico de una pared siguiendo las indicaciones de la norma UNE-EN ISO 16283-1. Para realizar la medida, en el recinto emisor se posicionará la fuente sonora conectada al amplificador de potencia, el cual se encargará de generar una señal de sonido de prueba. Si disponemos de un sonómetro de dos canales situaremos un micrófono en el recinto emisor y el otro en el recinto receptor. Si disponemos de dos sonómetros, colocaremos el primero en el recinto emisor para medir L_1 y en el recinto receptor situaremos el segundo sonómetro para medir L_2. El aislamiento de la medianera será la diferencia de los dos valores medidos.

Actividades de refuerzo

2.21. En la Figura 2.40 se exponen diferentes fuentes de ruido en un edificio residencial. Enumera las principales fuentes que se muestran indicando si se trata de ruido aéreo, de impacto o de vibraciones. Indica, además, si se trata de ruido externo al edificio o si se produce en su interior.

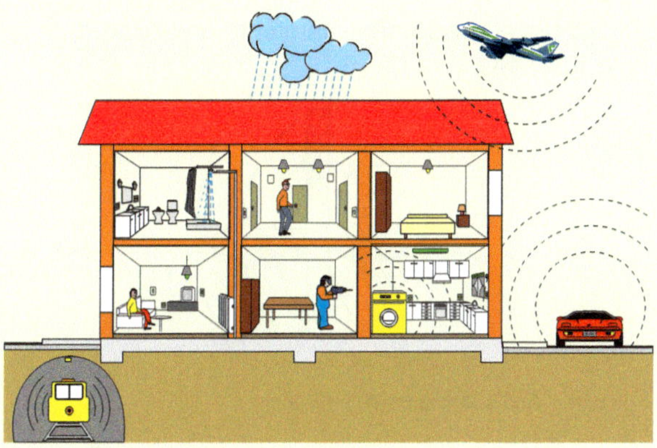

Figura 2.40. Ejemplos de fuentes de ruido.

2.22. Define el concepto de tiempo de reverberación, indicando de qué factores depende.

2.23. El esquema de la Figura 2.41 clasifica las principales fuentes de ruido urbano que afectan al interior de un edificio. Pon dos ejemplos de cada uno de los tipos indicados.

2.24. ¿Por qué crees que la inteligibilidad es un factor importante en la calidad acústica de un recinto? Especifica algunos factores que intervienen en la pérdida de la inteligibilidad de la palabra.

2.25. Justifica qué sucede con el tiempo de reverberación (RT) de un recinto cuando se modifican las siguientes condiciones:

a) Aumento de la potencia sonora de la fuente.

b) Aumento del grado de absorción de las paredes.

c) Aumento del volumen del recinto.

2.26. ¿Qué fenómenos físicos afectan a la propagación del sonido en los espacios abiertos? Resume el efecto que provoca cada uno de ellos en la propagación del sonido.

2.27. ¿Qué tipos de materiales difusores existen?

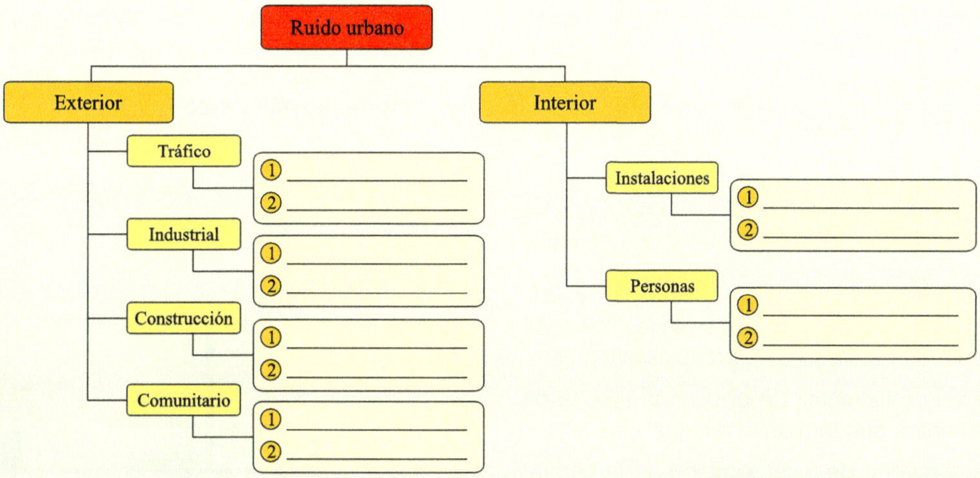

Figura 2.41. Fuentes de ruido urbano en el interior de un edificio.

2.28. Define los fenómenos que se producirán en el recinto de la Figura 2.42 debido a la incidencia del campo directo en las diferentes superficies de las paredes.

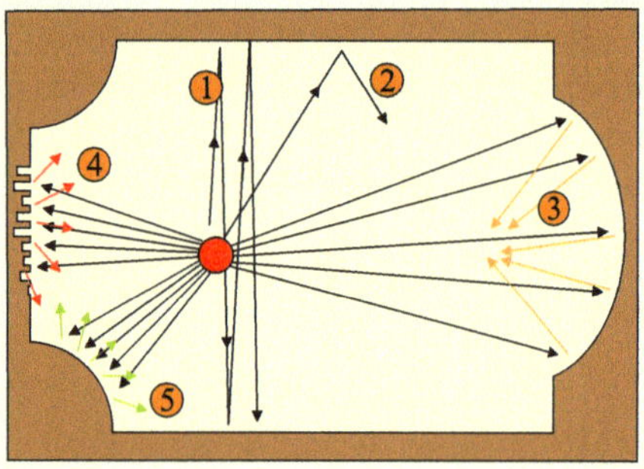

Figura 2.42. Fenómenos acústicos en el interior de un recinto.

2.29. Los materiales utilizados en el tratamiento acústico de paredes y techos se utilizan para reducir la reverberación de un recinto (materiales absorbentes) o bien como barrera para reducir el nivel de presión sonora que viaja entre diferentes recintos (materiales aislantes). Indica diferentes tipos de materiales que se utilizan en cada caso.

2.30. Enumera el efecto que provoca en la propagación de las ondas acústicas cada uno de los fenómenos físicos siguientes:

- La divergencia geométrica de las ondas sonoras.
- La absorción atmosférica.
- El efecto del suelo.
- La presencia de obstáculos.

2.31. Enumera las diferentes maneras de evaluar la inteligibilidad de un recinto.

2.32. ¿Qué provoca las ondas estacionarias y la resonancia en el interior de un recinto? ¿Crees que es un fenómeno beneficioso o por el contrario es perjudicial? ¿Por qué?

2.33. Especifica algún tipo de materiales comunes, de los que puedas encontrar en tu casa, que tengan las propiedades siguientes:

a) Materiales absorbentes.

b) Materiales reflectantes.

c) Materiales difusores.

2.34. Calcula el tiempo de reverberación (*RT*) de tu aula, teniendo en cuenta el tipo de materiales y los diferentes elementos ornamentales que la forman.

2.35. Identifica los elementos que aparecen en la habitación de la Figura 2.43 y realiza los apartados siguientes:

a) Busca los coeficientes de absorción típicos de los elementos que forman el recinto.

b) Evalúa el tiempo de reverberación de la habitación, sabiendo que su altura es de 3 m.

c) Justifica si el tiempo de reverberación calculado es el adecuado para su uso.

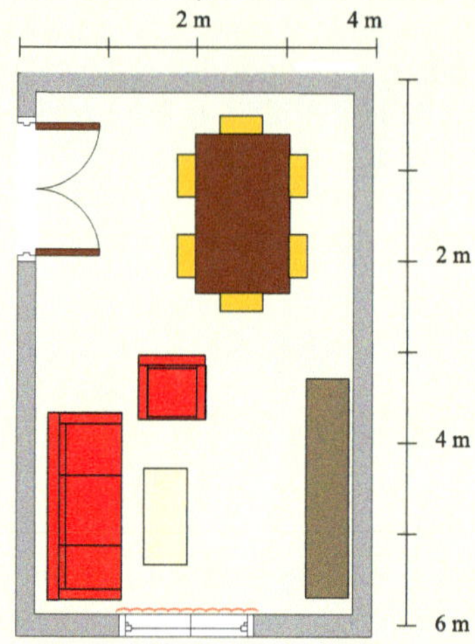

Figura 2.43. Tiempo de reverberación de una habitación.

2.36. Enumera el equipamiento mínimo necesario para realizar la medida del tiempo de reverberación de un recinto.

2.37. Calcula el grado de aislamiento de la pared de la Figura 2.44.

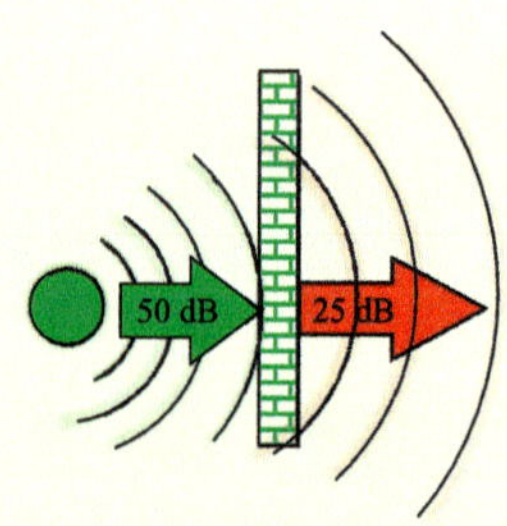

Figura 2.44. Aislamiento entre paredes.

2.38. La pantalla acústica que se muestra en la Figura 2.45 es un obstáculo que se interpone en el camino entre la fuente de sonido y el receptor que se utiliza para eliminar el ruido, ya que cuando este llega a una barrera acústica, se transforma en otro de menor intensidad debido a que parte de la onda se refleja, parte de la onda es absorbida por la pantalla, parte de la onda se transmite y parte de la onda se difracta en los bordes de la pantalla. Justifica este comportamiento en función de la frecuencia de la señal que incide en la barrera.

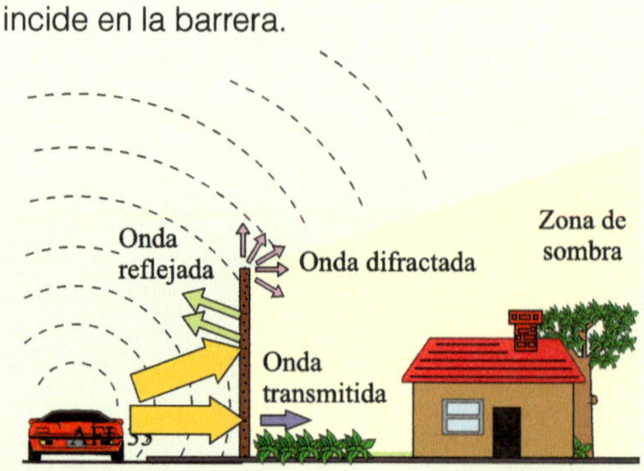

Figura 2.45. Pantalla acústica.

3 Equipos y transductores electroacústicos. El micrófono

Contenidos

Objetivos

- Identificar las principales características técnicas de los micrófonos.
- Interpretar la documentación técnica de los micrófonos y de los elementos de conexión.
- Seleccionar el micrófono más adecuado según la aplicación a partir de las características proporcionadas por el fabricante.
- Configurar instalaciones de sistemas de sonido inalámbricos.

La cadena de sonido está formada por los equipos, dispositivos y elementos de conexión necesarios para la distribución de la señal de sonido desde el punto que se origina, hasta el punto donde se reproduce.

La principal fuente que forma parte de una cadena de sonido es el micrófono, aunque es común también la utilización de otras fuentes de sonido como, por ejemplo, el reproductor de audio o un sintonizador de radio.

3.1. La cadena de sonido

Como **cadena de sonido** entendemos los equipos, dispositivos y elementos de conexión necesarios para la distribución de la señal de sonido desde el punto que se origina, hasta el punto donde se reproduce.

Esto incluye tanto las instalaciones de sonorización como los equipos de amplificación de sonido domésticos y los sistemas de tratamiento y grabación profesionales.

3.1.1. Etapas de la cadena de sonido

En toda cadena de sonido se pueden diferenciar tres etapas:

- La **etapa de entrada** se encarga de suministrar la señal que debe procesar el equipo de tratamiento. Pueden ser transductores electroacústicos como el micrófono u otros equipos electrónicos, tales como reproductores de audio y receptores de radio.
- La **etapa de tratamiento electrónico** se encarga de adecuar las características de la señal de sonido que suministra la fuente de sonido a las características del transductor o etapa de salida.
- La **etapa de salida** se encarga de convertir la señal eléctrica tratada en la etapa de procesamiento en otro tipo de señal. Normalmente, la etapa de salida está formada por los altavoces, aunque actualmente tienen especial importancia los sistemas de registro y almacenamiento de la señal de sonido.

La cadena de sonido más simple se representa en la Figura 3.1: un micrófono conectado a un sistema de amplificación y este, a un altavoz. Normalmente, la cadena de sonido puede ser más compleja y estar formada por diferentes etapas de tratamiento de la señal: ecualizadores, mezcladores, amplificadores, etc., y puede finalizar en un sistema de registro de la señal, para su almacenamiento en un soporte determinado.

La **respuesta en frecuencia** de la cadena de sonido vendrá limitada por la respuesta en frecuencia del peor de los equipos que la forman, de manera que en ocasiones no cubrirá todo el margen de frecuencias audibles comprendidas entre 20 Hz y 20 kHz.

La respuesta en frecuencia recomendada dependerá de la aplicación final del sistema, de manera que nos permitirá una elección adecuada de los equipos que lo forman. En la Tabla 3.1 se resume la respuesta en frecuencia recomendada según la aplicación destinada.

Tabla 3.1. Respuesta en frecuencia típica de diferentes sistemas

Aplicación	Respuesta en frecuencia
Voz	500 - 4000 Hz
Hilo musical	200 - 10000 Hz
Música	50 - 15000 Hz
Alta fidelidad	20 - 20000 Hz

3.1.2. Fuentes de sonido

Una **fuente de sonido** es cualquier dispositivo que proporciona una señal eléctrica de salida, directamente proporcional a la amplitud de la señal de audio.

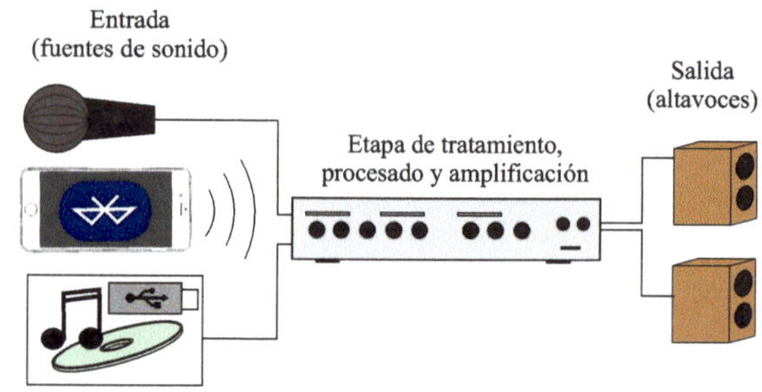

Figura 3.1. Etapas que forman una cadena de sonido.

Las principales fuentes que forman parte de una cadena de sonido son:

- **Micrófono.** Transductor electroacústico que se encarga de transformar la energía acústica que incide en él en energía eléctrica.
- **Reproductor de CD.** Dispositivo de lectura óptico que permite la reproducción de discos compactos (CD).
- **Sintonizador de radio.** Equipo encargado de captar la señal que proviene de emisiones radioeléctricas, ya sea de FM o de AM.
- ***Bluetooth.*** Es una tecnología para la transmisión de audio y datos entre varios dispositivos en redes inalámbricas de área personal (WPAN), mediante un enlace de radiofrecuencia en la banda ISM de 2,4 GHz. De esta manera, la fuente de sonido, como por ejemplo reproductores de MP3, teléfonos móviles, etc., y el equipo de tratamiento de la señal no deben estar físicamente conectados mediante cable.
- **Otras fuentes de sonido.** Actualmente, son multitud los dispositivos que son capaces de proporcionar una señal de audio que puede ser tratada en la cadena de sonido: reproductor de MP3, TV, reproductor de DVD o Blu-ray, cámara de vídeo, etcétera.

Cada fuente de sonido tiene unas características propias, por lo que en general requieren de una entrada específica en el equipo de sonido con las características adecuadas (Figura 3.2).

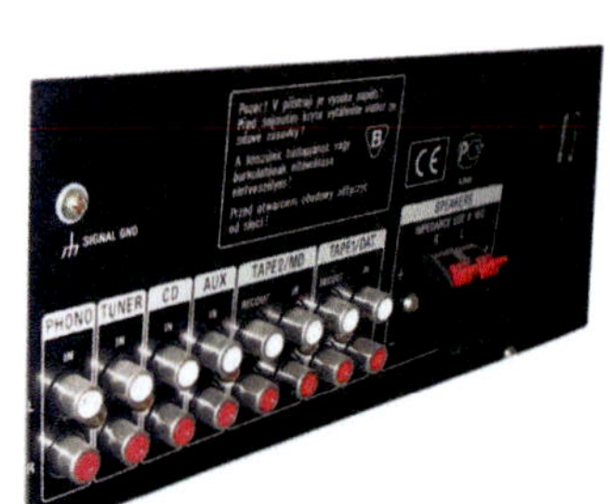

Figura 3.2. Entradas de fuentes de sonido. Los equipos de tratamiento de la señal de sonido tienen diferentes entradas para la conexión de las fuentes de sonido.

3.1.3. Micrófonos

Un **micrófono** es un transductor electroacústico que se encarga de transformar la energía acústica que incide en él en energía eléctrica, con el objetivo de registrar, almacenar, procesar o transmitir las señales de audio a otro equipo. La Figura 3.3 muestra el aspecto externo de diferentes tipos de micrófonos.

Existen diferentes tipos de micrófonos, cada uno con unas características que los diferencian del resto y que lo hará adecuado para una aplicación concreta.

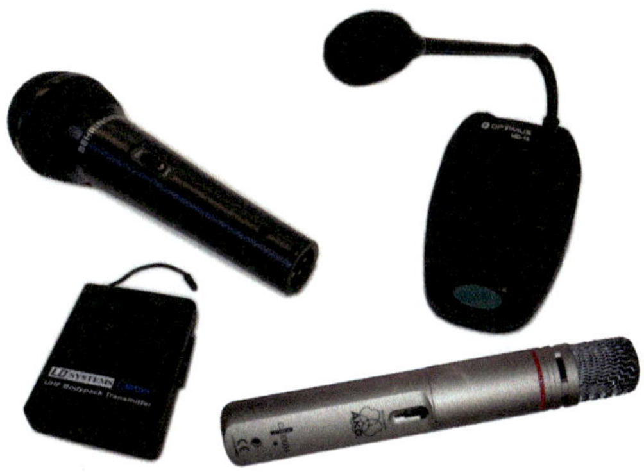

Figura 3.3. Aspecto externo de diferentes tipos de micrófonos.

3.2. Características técnicas de los micrófonos

Las características que debe reunir un micrófono dependen en gran medida de la aplicación final a que se destine este dispositivo. Por tanto, es necesario conocer aquellos parámetros que nos permitirán compararlos, entre los que cabe destacar los siguientes:

- Sensibilidad.
- Respuesta en frecuencia.
- Directividad.
- Impedancia interna.
- Ruido de fondo.
- Rango dinámico.
- Distorsión.

3.2.1. Sensibilidad

La **sensibilidad** (S) es la relación entre la presión sonora recibida por el micrófono y la tensión generada a su salida. Se mide en mV/Pa y generalmente el fabricante especifica este valor a una frecuencia de 1 kHz.

En la Figura 3.4 se muestra el efecto de la sensibilidad en la tensión de salida de un micrófono para la misma presión acústica de entrada. Cuanto mayor es la sensibilidad mayor es el nivel de la señal de salida y, por tanto, mejor responderá a señales de bajo nivel de presión sonora.

La sensibilidad también puede expresarse en dB cuando se toma como referencia una sensibilidad de 1 V/Pa:

$$S(\text{dB}) = 20\log\left(\frac{S}{S_{\text{ref}}}\right) = 20\log\left(\frac{S}{1\ \text{V/Pa}}\right)$$

Cuando es necesario conocer la sensibilidad en V/Pa, se recurre a la siguiente expresión:

$$S(\text{V/Pa}) = 10^{\frac{S(\text{dB})}{20}}$$

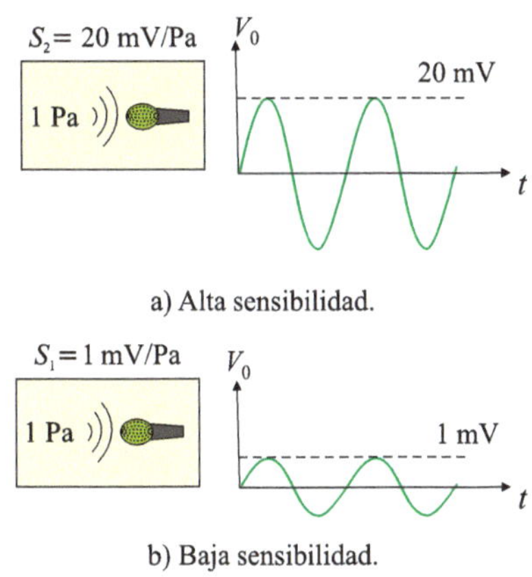

Figura 3.4. Sensibilidad de un micrófono.

Ejemplo 3.1.

La sensibilidad de un micrófono.

Cuando un fabricante especifica una sensibilidad de 25 mV/Pa equivale a especificar una sensibilidad de –32 dB:

$$S(\text{dB}) = 20\log\left(\frac{S}{S_{\text{ref}}}\right) = 20\log\left(\frac{0{,}025\ \text{V/Pa}}{1\ \text{V/Pa}}\right) = -32\ \text{dB}$$

Cuando un micrófono tiene una sensibilidad de –53 dB, su sensibilidad equivalente es de 2,2 mV/Pa:

$$S(\text{V/Pa}) = 10^{\frac{S(\text{dB})}{20}} = 10^{\frac{-53}{20}} = 2{,}2\cdot 10^{-3}\ \text{V/Pa} = 2{,}2\ \text{mV/Pa}$$

3.2.2. Respuesta en frecuencia

La **respuesta en frecuencia de un micrófono** indica la variación de la sensibilidad con respecto a la frecuencia. Como los micrófonos responden de manera diferente en función de la frecuencia de la señal de entrada, el fabricante elabora la **curva de respuesta de un micrófono,** que es la representación gráfica del nivel obtenido en la captación de sonidos de igual intensidad, pero de distinta frecuencia.

SABÍAS QUE...

El margen de frecuencias de un micrófono es aquel en el que su respuesta en frecuencia presenta la misma sensibilidad, con una variación máxima de ±3 dB. Aun así, es común en las especificaciones del fabricante indicar un margen de frecuencias de 20 - 20000 Hz (todo el margen audible) y adjuntar la curva de respuesta para que el técnico analice su respuesta en frecuencia real.

En la Figura 3.5 observamos la curva de respuesta en frecuencia de diferentes micrófonos. Idealmente interesa un micrófono con una respuesta plana en todo el espectro de frecuencias audible (curva 1), aunque en la práctica siempre encontraremos micrófonos en los que su sensibilidad es más o menos constante en un margen amplio de frecuencias (curva 2). La mayoría de los micrófonos son más sensibles ante unos tonos que otros (curvas 3 y 4). Los micrófonos de mala calidad ofrecen una respuesta irregular en frecuencia.

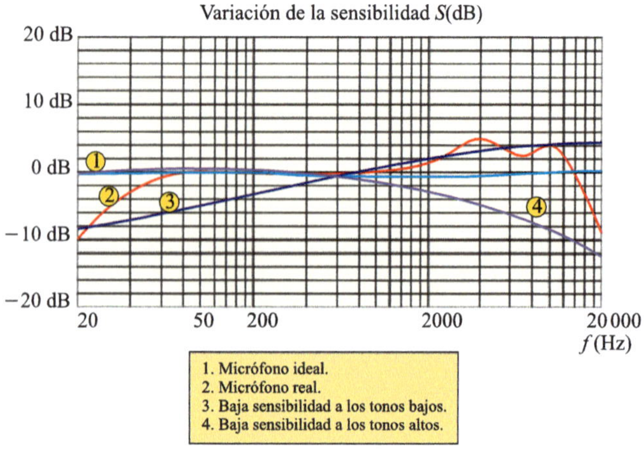

Figura 3.5. Diferentes curvas de respuesta en frecuencia de los micrófonos.

3.2.3. Directividad

La **directividad** es la variación de la sensibilidad de un micrófono en función de la dirección de propagación del sonido incidente respecto de su eje. La **sensibilidad relativa** de un micrófono depende de la dirección de captación de la onda sonora y se representa mediante un diagrama de coordenadas polares normalizado respecto de la dirección de máxima sensibilidad. La Figura 3.6 muestra cómo se realiza el diagrama polar de un micrófono: el resultado es un diagrama que indica la disminución de la sensibilidad respecto de la sensibilidad nominal proporcionada por el fabricante.

El **diagrama polar** permite la clasificación de los micrófonos en función de la forma de su curva. Las **curvas típicas de directividad** de un micrófono son las siguientes:

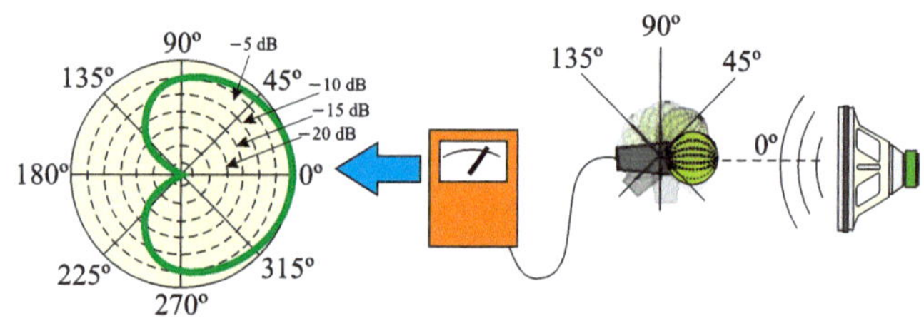

Figura 3.6. Construcción del diagrama polar de un micrófono.

- **Omnidireccional.** Este tipo de micrófono capta el sonido de manera uniforme en todas las direcciones, por lo que su sensibilidad no varía con el ángulo de incidencia de la onda sonora (Figura 3.7.a). Esta respuesta es ideal para captar el sonido ambiente en lugares abiertos.
- **Bidireccional.** Proporciona la máxima sensibilidad al sonido que proviene de la parte frontal y su opuesta, disminuyendo en los laterales (Figura 3.7.b). Es un micrófono idóneo para ser utilizado entre dos locutores enfrentados, ya que atenúa las señales que proceden de los lados.
- **Unidireccional.** Este tipo de micrófono tiene muy buena sensibilidad a los sonidos que proceden de puntos situados delante del micrófono, atenuando los sonidos procedentes de la parte posterior. Como solo recogen los sonidos frontalmente, se utilizan en ambientes ruidosos cuando solo es necesario captar el sonido de una fuente, y eliminar los sonidos no deseados. En función de su directividad, estos se clasifican de la manera siguiente:

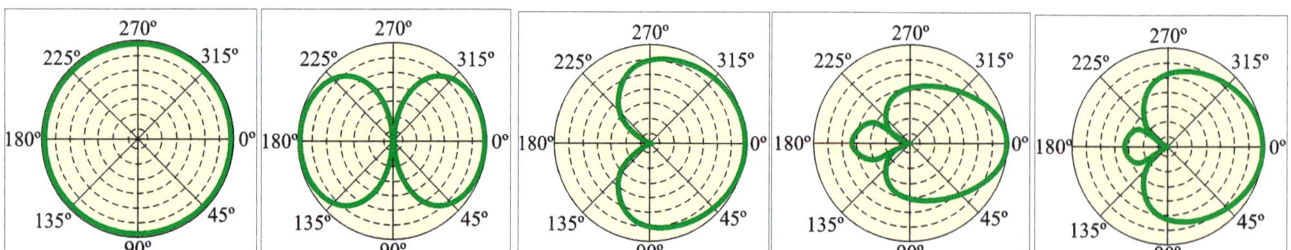

a) Omnidireccional. b) Bidireccional. c) Cardioide. d) Hipercardioide. e) Supercardioide.

Figura 3.7. Diferentes tipos de diagramas polares de los micrófonos.

- **Cardioide.** Recibe este nombre debido a que su diagrama tiene forma de corazón (Figura 3.7.c). Es un tipo de micrófono muy direccional y poco sensible a los sonidos que proceden de los laterales, presentando prácticamente un nulo de sensibilidad en la parte trasera.
- **Hipercardioide.** Es más direccional que el cardioide, logrando una sensibilidad muy grande en el eje principal, pero a costa de aumentar la sensibilidad por su parte posterior (Figura 3.7.d). Se utilizan en lugares de mucho eco para rechazar la señal reflejada.
- **Supercardioide.** Tipo intermedio entre el micrófono cardioide y el bidireccional, ya que su sensibilidad no es nula en la parte posterior (Figura 3.7.e).

Debido a que la respuesta del micrófono depende de la frecuencia, sobre un mismo diagrama polar se representa la directividad a diferentes frecuencias (Figura 3.8).

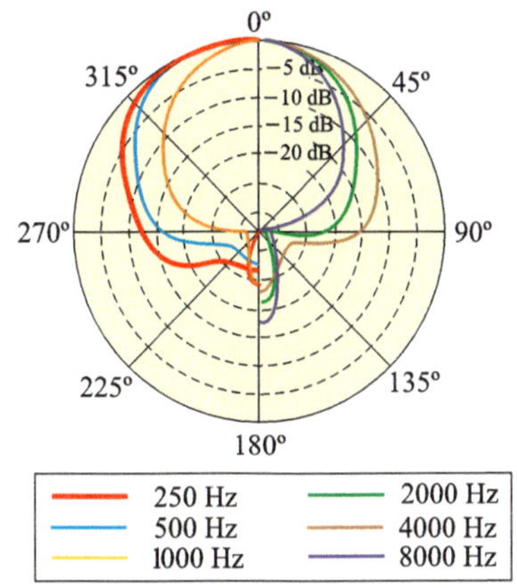

Figura 3.8. Diagrama polar de un micrófono.

3.2.4. Impedancia interna

Un micrófono puede modelarse como una fuente de tensión (Figura 3.10), que tiene una impedancia interna. En

Ejemplo 3.2.

Respuesta de un micrófono.

La Figura 3.9.a muestra las características de un micrófono comercial. El fabricante proporciona una sensibilidad nominal de 2,2 mV/Pa (–53,2 dB). Podemos observar que la respuesta en frecuencia del micrófono (Figura 3.9.b) es plana en el margen de frecuencias que va desde los 200 Hz a los 2000 Hz. La sensibilidad máxima se produce a una frecuencia de 5000 Hz, ya que aumenta unos 5 dB respecto de la sensibilidad nominal. La menor sensibilidad se produce en los extremos de la banda audible, en los que la sensibilidad disminuye 10 dB respecto de la nominal.

Respecto del diagrama polar de directividad (Figura 3.9.c), se observa que su curva característica se corresponde con un micrófono unidireccional (hipercardioide), donde su sensibilidad dependerá de la frecuencia. Para una onda sonora que incida con un ángulo de 90° (270°) respecto del eje, la sensibilidad del micrófono disminuye 20 dB a frecuencias bajas (125 - 500 Hz), no capta el sonido a la frecuencia de 1000 Hz, ya que se corresponde con un nulo en el diagrama, disminuye 15 dB en el margen de frecuencias comprendido entre 2000 y 8000 Hz y se atenúa por encima de los 20 dB a una frecuencia de 16000 Hz.

Características técnicas	
Directividad	Hipercardioide
Sensibilidad	2,2 mV/Pa
Respuesta en frecuencia	40 Hz-18 000 Hz
Impedancia	250 Ω
Dimensiones	46 × 180 mm
Peso	300 g

a) Características técnicas.

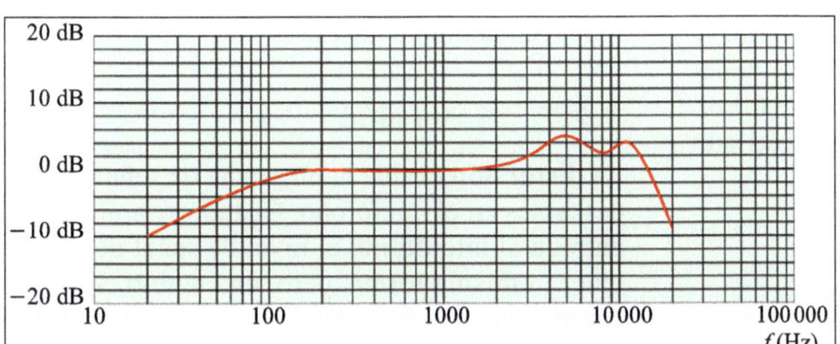

b) Curva de respuesta en frecuencia.

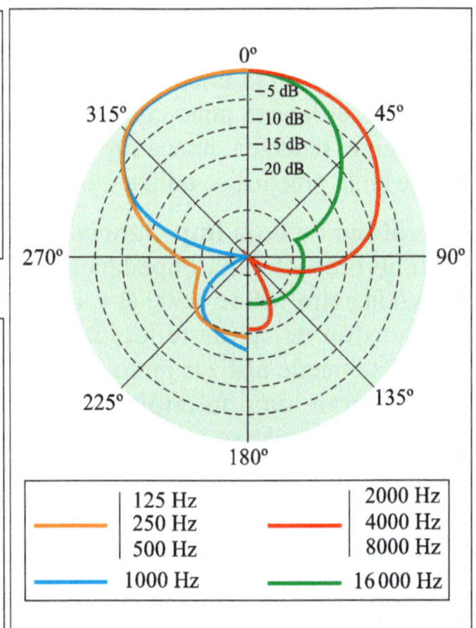

c) Directividad.

Figura 3.9. Características de un micrófono.

los micrófonos es necesario que exista una buena adaptación en tensión con el equipo al que se conecta, generalmente un amplificador, por lo que es necesario que la impedancia de salida (Z_0) del micrófono sea la menor posible y que la impedancia de entrada del amplificador (Z_{AMP}) sea lo más grande posible.

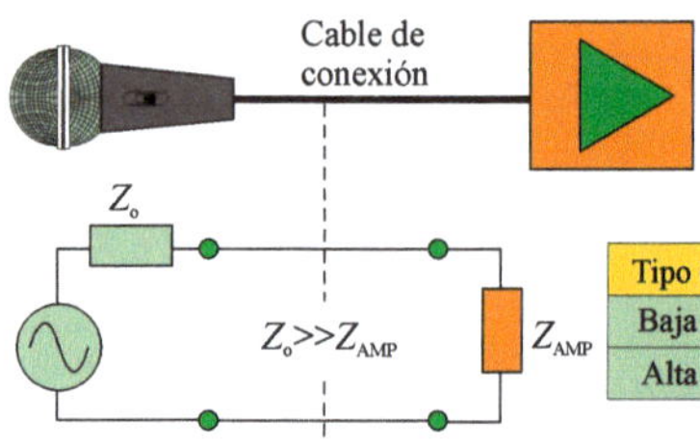

Tipo de micrófono	Z_o	Z_{AMP}
Baja impedancia	150 Ω	1500 Ω
Alta impedancia	100 kΩ	1-5 MΩ

a) Adaptación de impedancias.

b) Ejemplos de entradas de micrófonos.

Figura 3.10. Circuito equivalente de conexión de un micrófono.

En función de su impedancia, los micrófonos pueden clasificarse en dos tipos:

- **Micrófono de alta impedancia.** Este tipo de micrófono tiene un valor de impedancia de salida muy grande, superior a 1 kΩ, y proporciona un valor de tensión de salida relativamente alto, comprendido entre 10 mV y 30 mV. Debido a que las pérdidas que introduce en la línea de transmisión son elevadas, debe utilizarse junto con un cable de conexión de longitud reducida, nunca superior a los 10 m, por lo que en la práctica se utiliza muy poco.
- **Micrófono de baja impedancia.** Este tipo de micrófono presenta una impedancia de salida comprendida entre 100 Ω y 600 Ω y, aunque suministra una tensión de salida reducida (entre 0,5 mV y 2 mV) se puede utilizar junto con cables de conexión de gran longitud, típicamente hasta 100 m, siempre y cuando se utilice un cable apantallado de buena calidad.

3.2.5. Ruido de fondo

El **ruido de fondo** de un micrófono es la señal eléctrica que se genera a su salida cuando no existe presencia de señales en su entrada. Esta señal se debe principalmente al ruido térmico de los componentes internos del micrófono.

Para poder comparar diferentes tipos de micrófonos se utiliza un parámetro denominado **nivel de ruido equivalente,** que especifica un nivel de presión sonora de entrada ficticio que es capaz de generar el mismo nivel de salida que el ruido de fondo generado, tal y como se muestra en la Figura 3.11.a. Normalmente, este dato se suministra utilizando para la medida la curva de ponderación A. Su valor típico está en torno a 10 y 20 dBA.

Muchos fabricantes proporcionan el nivel de ruido de un micrófono a partir de la especificación de la relación señal/ruido.

Recuerda

Todos los dispositivos electrónicos añaden una porción de ruido que acompaña a la señal útil. El parámetro que permite evaluar la cantidad de ruido presente en un sistema se denomina relación señal/ruido (S/N).

Relación señal/ruido

La **relación señal/ruido** (S/N) o **SNR** (*Signal Noise Ratio*) evalúa el nivel de señal útil de salida del micrófono en relación con el ruido de fondo que este genera. Cuanto mayor sea la relación S/N del micrófono, más inmune al ruido será un micrófono. Se expresa en dB y valores típicos son los comprendidos entre 70 y 80 dB.

3.2.6. Rango dinámico

El **rango dinámico** de un micrófono es la relación entre el nivel de presión sonora del sonido más débil que genera una señal eléctrica en el micrófono, y la presión sonora del sonido más fuerte que puede generar una señal eléctrica sin producir distorsión. Se expresa en dB. El margen dinámico típico de un micrófono ronda los 140 dB.

Este parámetro vendrá determinado por el nivel de presión sonora máximo de entrada (máxima señal de salida) y el nivel de ruido equivalente del micrófono, tal y como se refleja en la Figura 3.11.b.

3.2.7. Distorsión

La **distorsión** evalúa la presencia de señales de salida indeseables en el micrófono. Cuando se aplica una señal de entrada al micrófono, el nivel de señal de salida debería tener la misma forma, pero, en cambio, siempre existen componentes de frecuencia que no están presentes en la entrada. Este fenómeno se produce debido a que el micrófono, al igual que la mayoría de los dispositivos electrónicos, se comporta de manera no lineal.

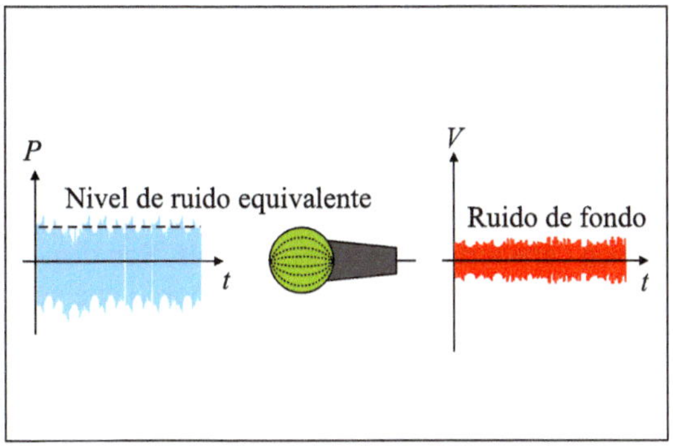

a) Ruido de un micrófono.

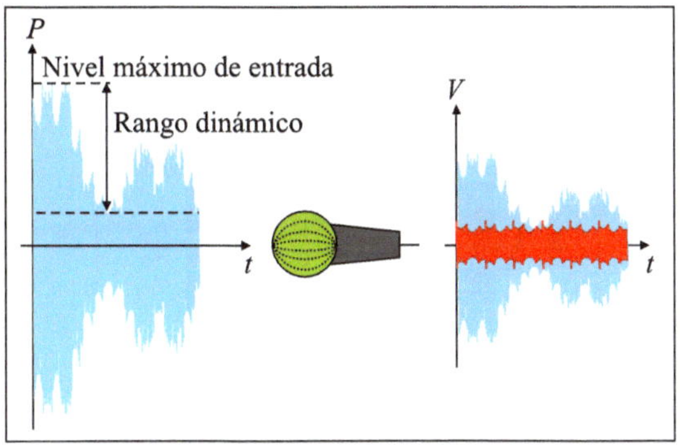

b) Rango dinámico.

Figura 3.11. Limitación del nivel de salida de un micrófono.

La distorsión se expresa en % como relación entre el nivel de distorsión de la señal de salida y el nivel de la señal útil. La proporción de distorsión de un micrófono viene indicada como THD (distorsión armónica total) para una presión máxima SPL determinada. Generalmente no debe superar el 1%.

La señal de salida de un micrófono viene limitada por el nivel de salida máximo que puede proporcionar este sin generar distorsión. Por ello, el fabricante especifica el **nivel de presión sonora máximo de entrada** que puede aplicarse al micrófono sin producir distorsión apreciable.

Por ejemplo, el nivel de presión sonora máximo de un micrófono está en torno a 140 dB para una distorsión THD de 0,5 %. Para niveles de presión sonora de entrada mayores, la señal de salida presenta demasiada distorsión.

3.3. Tipos de micrófonos

La base del funcionamiento de un micrófono son dos tipos de transductores diferentes (Figura 3.12):

- **Transductor acústico-mecánico** (TAM): convierte las variaciones de presión sonora en variaciones de la posición de una membrana. Este transductor define el principio de funcionamiento del micrófono.
- **Transductor mecánico-eléctrico** (TEM): convierte las variaciones del movimiento de la membrana en una señal eléctrica de salida. Permite clasificar los micrófonos en función del transductor utilizado.

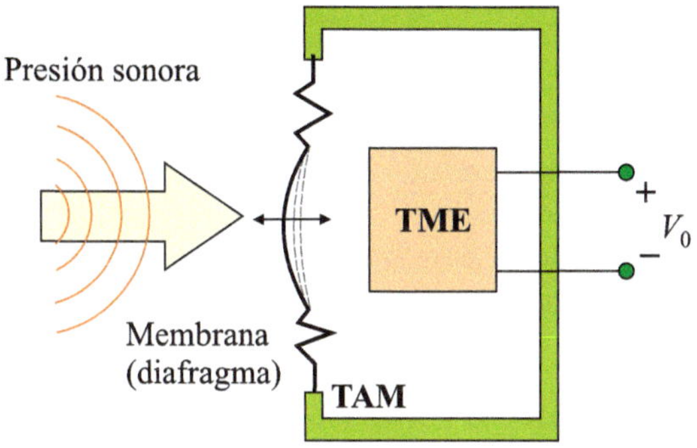

Figura 3.12. Tipos de transductores de un micrófono.

3.3.1. Tipos de micrófonos en función de su principio de funcionamiento

El tipo de transductor acústico-mecánico (TAM) utilizado determina las características de directividad de un micrófono y permite clasificarlos de la manera siguiente:

- **Micrófono de presión.** La carcasa de este tipo de micrófono está completamente cerrada y en uno de sus lados se sitúa la membrana o diafragma (Figura 3.13.a). La cara posterior del diafragma está sometida a la presión ambiental, mientras que la cara anterior está expuesta a las variaciones de presión instantánea del aire provocadas por el sonido. La diferencia de presiones entre las dos caras del diafragma provoca su movimiento, siendo su respuesta la que corresponde a un micrófono omnidireccional.

- **Micrófono de gradiente de presión.** En este tipo de micrófono la carcasa también está abierta por su cara posterior, de manera que la membrana vibra debido a la diferencia de presiones (gradiente) que existe entre sus dos caras (Figura 3.13.b). Este tipo de micrófono es bidireccional, ya que proporciona un máximo desplazamiento del diafragma cuando la onda llega sobre el eje del micrófono, y su desplazamiento es mínimo o nulo cuando las ondas incidan lateralmente.

- **Micrófonos de presión y gradiente.** Este tipo de micrófono se basa en el efecto combinado de los micrófonos de presión y los de gradiente, de manera que se consigue controlar el desfase entre la onda incidente y la posterior, con el objetivo de conseguir una característica unidireccional (cardioide), proporcionando una respuesta máxima para la captación anterior y mínima para la posterior.

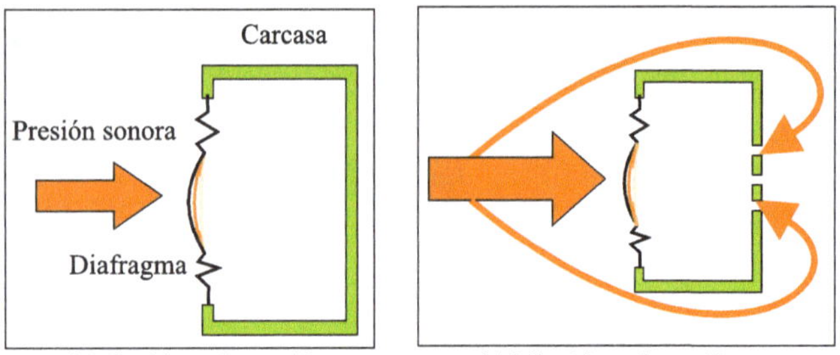

a) Micrófono de presión. b) Micrófono de gradiente.

Figura 3.13. Tipos de micrófonos en función de su principio de funcionamiento.

3.3.2. Tipos de micrófonos en función del transductor utilizado

El **transductor mecánico-eléctrico** (TME) se encarga de convertir el movimiento del diafragma del micrófono en una señal eléctrica. En función del transductor que incorporan los micrófonos pueden clasificarse de la manera siguiente:

a) **Electromagnéticos.** Se basan en el fenómeno de la inducción electromagnética para generar una señal eléctrica proporcional al movimiento del diafragma. Los dos tipos de micrófonos que se basan en este fenómeno son los micrófonos dinámicos y los micrófonos de cinta:

SABÍAS QUE...

La inducción electromagnética es el fenómeno que genera una señal eléctrica cuando una bobina está expuesta a un campo magnético variable.

– **Micrófono dinámico.** Estos micrófonos también se denominan de bobina móvil ya que su principio de funcionamiento, que se muestra en la Figura 3.14.a, se basa en la generación de una tensión inducida en el extremo de una bobina que se mueve sobre un imán permanente debido a la presión acústica ejercida sobre ella. La impedancia de este tipo de micrófonos es baja (entre 150 Ω y 600 Ω) y su respuesta en frecuencia es aceptable en toda la banda audible. Además de ser económicos, tienen la ventaja de que no necesitan alimentación eléctrica. Como principal inconveniente está su baja sensibilidad, con valores típicos de 1 mV/Pa a 5 mV/Pa. La apariencia física de este micrófono se muestra en la Figura 3.15.

– **Micrófonos de cinta.** Estos micrófonos se basan en el mismo principio de funcionamiento que los dinámicos. Las funciones de la membrana las realiza una cinta metálica de aluminio, que se encuentra situada entre los polos de un imán permanente, de manera que vibra en función de la presión acústica incidente, generando una tensión proporcional a la presión ejercida (Figura 3.14.b). Tienen menos sensibilidad que los micrófonos de bobina móvil, su respuesta en frecuencia es uniforme de 50 a 15 000 Hz y tienen características bidireccionales. Son dispositivos que presentan baja impedancia, por lo que necesitan de un transformador de adaptación con elevada relación de transformación, para conseguir una impedancia de salida en torno a los 200 Ω. Debido a su elevado precio, se utilizan poco.

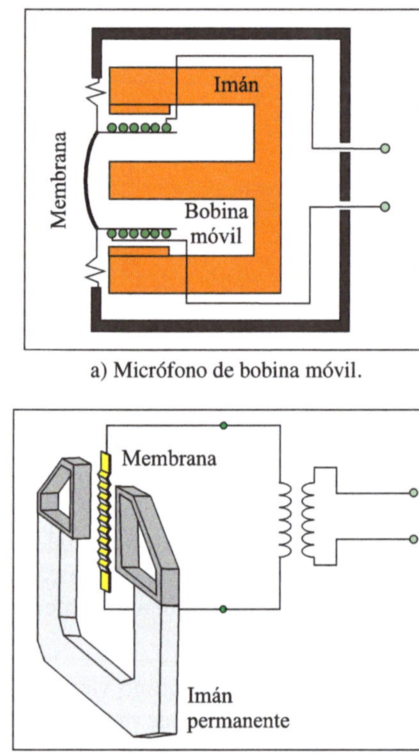

a) Micrófono de bobina móvil.

b) Micrófono de cinta.

Figura 3.14. Principio de funcionamiento de los micrófonos electromagnéticos.

Figura 3.15. Micrófono dinámico.

b) **Electroestáticos.** Se basan en las propiedades de los condensadores para almacenar energía eléctrica. Los dos tipos básicos de micrófonos que se basan en este fenómeno son el micrófono de condensador y el micrófono *electret:*

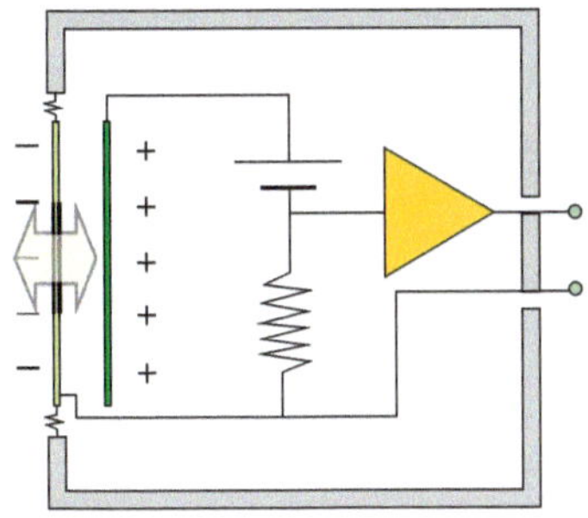

Figura 3.16. Principio de funcionamiento de un micrófono de condensador.

– **Micrófono de condensador.** Este tipo de micrófono se basa en un condensador plano de placas paralelas (Figura 3.16): una de las placas es fija y la otra está formada por una membrana móvil que capta la onda sonora. La capacidad del condensador varía en función de la distancia entre las placas que depende de la presión acústica que incide en la membrana móvil del micrófono. El condensador se conecta a una resistencia para formar un divisor de tensión, de manera que la caída de tensión en bornes de ella dependerá de la capacidad del condensador. La apariencia física de este micrófono se muestra en la Figura 3.17.a.

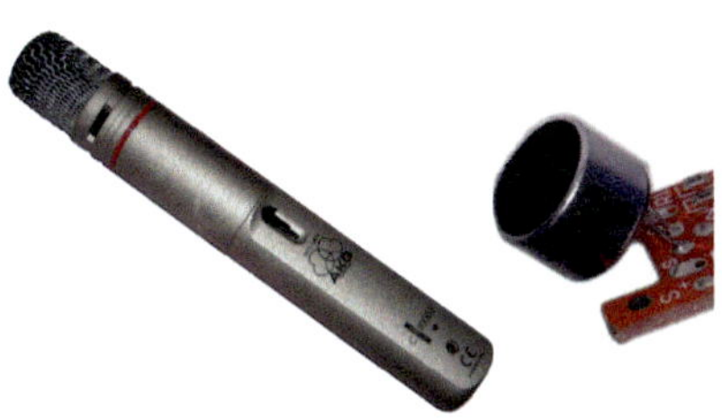

a) De condensador. b) *Electret.*

Figura 3.17. Micrófonos electroestáticos.

Este tipo de micrófonos necesita una tensión de alimentación externa para su correcto funcionamiento, que se suministra normalmente desde el exterior a través del propio cable de conexión por donde se transmite la señal. Este proceso recibe el nombre de **alimentación fantasma** (*phantom*). Los valores típicos de alimentación de este tipo de micrófono son los comprendidos entre 9 V y 48 V. Sobre el propio micrófono se monta un preamplificador, con baja impedancia de salida, que proporciona una elevada sensibilidad, normalmente entre 20 mV/Pa y 30 mV/Pa. Los micrófonos de condensador se fabrican con características polares omnidireccionales, bidireccionales y unidireccionales. Las ventajas de este tipo de micrófono son una respuesta plana en frecuencia, gran sensibilidad y una buena relación señal/ruido. Además son poco sensibles a las vibraciones mecánicas. Como inconvenientes, además de su elevado coste económico, la necesidad de suministrar la alimentación eléctrica a través del cable de conexión.

– **Micrófono *electret*.** El principio de funcionamiento de este tipo de micrófono es similar al de condensador, excepto que en este caso la placa fija del condensador se realiza con un polímero polarizado eléctricamente que se denomina *electret*. Estos micrófonos presentan características parecidas a los de condensador, pero tienen menor sensibilidad y su respuesta a las bajas frecuencias es más pobre (Figura 3.17.b).

c) **Piezoeléctricos.** Se basan en el fenómeno piezoeléctrico para generar una señal eléctrica proporcional a la presión ejercida sobre un material piezoeléctrico (Figura 3.18). Para ello se utiliza una lámina de cuarzo u otro material piezoeléctrico que debido a la deformación que sufre cuando incide una onda sonora, genera una tensión eléctrica de salida. Debido a que presentan una alta impedancia de salida, necesitan un transformador cuya función es realizar la adaptación de impedancias. Su respuesta en frecuencia es insuficiente para utilizarse en sistemas de grabación profesional, por lo que se utilizan solo como micrófonos pequeños para voz.

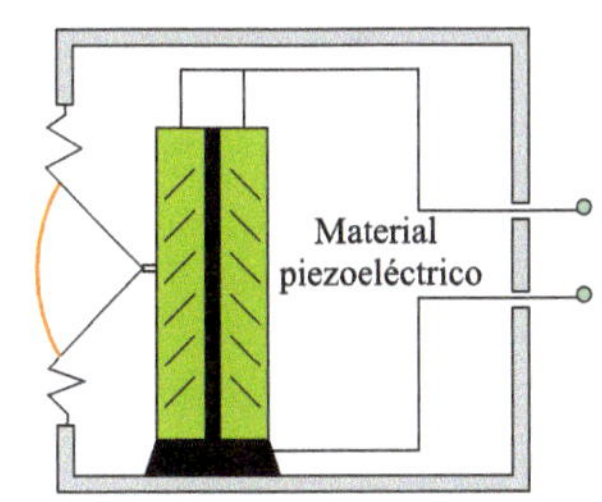

Figura 3.18. Principio de funcionamiento de un micrófono piezoeléctrico.

d) **Otros.** Cualquier transductor capaz de provocar variaciones en la tensión de salida se puede utilizar en un micrófono. Por ejemplo, el **micrófono de carbón** se basa en la variación de la resistencia que presenta una cápsula repleta de partículas de carbón, cerrada por el diafragma (Figura 3.19). Cuando la membrana del diafragma se mueve por acción de la presión sonora, las partículas de carbón se comprimen en mayor o menor medida, modificando la resistencia eléctrica que presenta la cápsula microfónica. La variación de la resistencia se convierte en una variación de tensión mediante un circuito divisor de tensión, alimentado por una fuente de alimentación. Estos micrófonos necesitan alimentación eléctrica y tienen una calidad y una respuesta en frecuencia pobres, pero todavía se utilizan debido a que son baratos. Su aplicación típica son los micrófonos para teléfonos y porteros electrónicos.

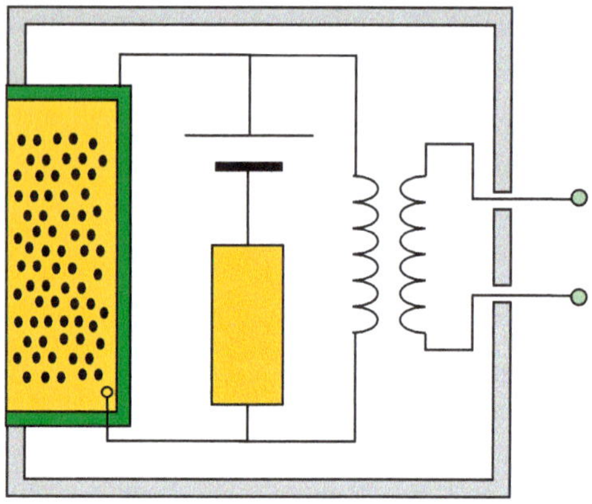

Figura 3.19. Principio de funcionamiento del micrófono de carbón.

Cada tipo de micrófono tiene un símbolo electrónico que lo representa. En la Figura 3.20 se muestran algunos ejemplos.

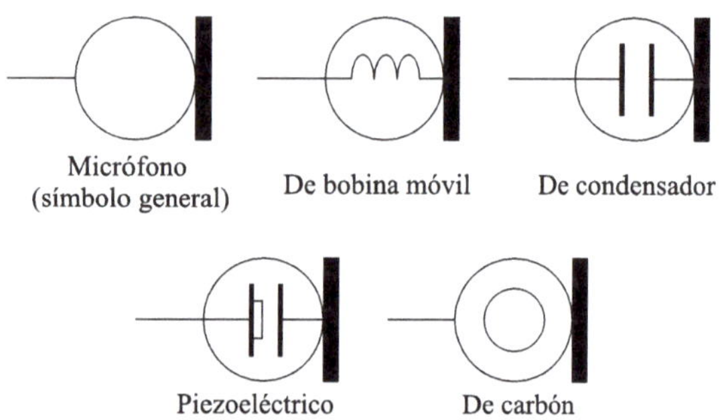

Figura 3.20. Símbolos normalizados de diferentes tipos de micrófono.

3.4. Sistemas de sonido inalámbricos

Los **sistemas de sonido inalámbricos** permiten establecer un enlace radioeléctrico sin la necesidad de utilizar hilos entre los diferentes equipos de sonido.

3.4.1. Sistemas de micrófonos inalámbricos

Un sistema de micrófono inalámbrico sigue el mismo esquema que el sistema de transmisión por radio que se muestra en la Figura 3.21. Está formado generalmente por tres componentes principales: la fuente de entrada, un transmisor y un receptor.

La fuente de entrada proporciona la señal de sonido a un transmisor. El transmisor convierte la señal de audio en una señal de radiofrecuencia que se transmite mediante una antena por los alrededores. La antena del receptor recibe la señal de radio y el receptor la convierte de nuevo en una señal de audio, que posteriormente será procesada por el equipo o la cadena de sonido conectada al sistema (amplificador, mezclador, etcétera).

3.4.2. Configuraciones básicas de los sistemas de sonido inalámbricos

Hay cuatro **configuraciones básicas** de sistemas de micrófono inalámbricos, según la movilidad del transmisor y del receptor, cada uno de ellos utilizado para usos diferentes:

- **Receptor fijo, emisor móvil.** Esta configuración implica un transmisor portátil y un receptor fijo. El transmisor, como norma general, lo lleva el usuario, que tiene la libertad de moverse y trasladarse libremente, mientras que el receptor está localizado en una posición fija. La fuente de entrada de estos sistemas es normalmente un micrófono o en ocasiones un instrumento de música electrónica. La salida del receptor por lo general se envía a un sistema de sonido, un equipo de grabación, o un sistema de difusión. Esta es la configuración estándar de un sistema de micrófono inalámbrico y es la más utilizada en espectáculos.

SABÍAS QUE...

La aplicación típica de los **sistemas IFB** es la producción electrónica en campo, donde puede ser necesario para un realizador enviar mensajes directamente al presentador en vivo, aun cuando esté en directo: de esta manera el presentador puede escuchar, sin interrumpir la emisión, las indicaciones realizadas desde el equipo de producción.

- **Receptor móvil, emisor fijo.** En esta el usuario lleva el receptor móvil, mientras que el transmisor es fijo. La fuente de entrada al transmisor para estos sistemas es, por lo general, un sistema de reproducción o cualquier otra fuente de sonido instalada. La salida del receptor típicamente se supervisa mediante auriculares o altavoces de monitor. Esta es la configuración típica de los sistemas de traducción simultánea, sistemas de monitor personal inalámbrico In-Ear (*wireless systems for in-ear-monitor*), sistemas de retroalimentación ininterrumpible IFB (*interruptible foldback systems*), etcétera.

- **Receptor móvil, emisor móvil.** Esta configuración consiste en un emisor y en un receptor portátiles. Los usuarios de ambos extremos tienen libertad de movimiento. La fuente de entrada, generalmente es un micrófono y la salida un auricular. Esta es la configuración de los sistemas de intercomunicación inalámbrica, donde típicamente cada usuario tiene un transmisor y un receptor para comunicación de doble dirección.

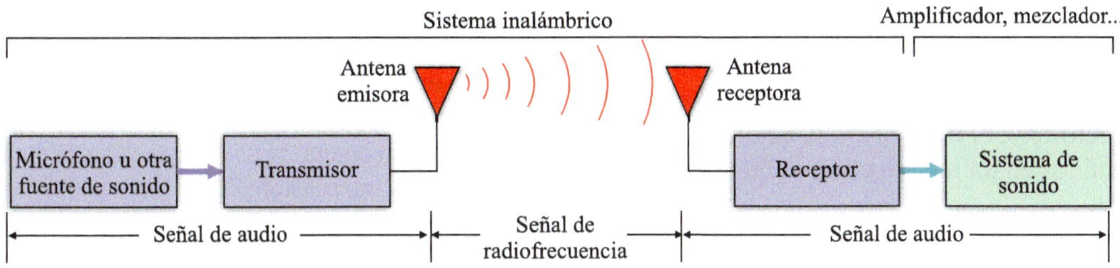

Figura 3.21. Diagrama general de un sistema de radio.

SABÍAS QUE...

Los **monitores In-Ear** posibilitan a un músico escucharse a sí mismo en el escenario, escondiendo los auriculares de la vista del público.

- **Receptor fijo, emisor fijo.** Esta configuración utiliza un transmisor y un receptor fijos. Estos sistemas se denominan punto a punto. La aplicación típica de estos sistemas es la transmisión sin cables de un equipo de sonido, compuesto de mezcladores y otros equipos de procesado, el cual transmite la señal a otro sistema de sonido con capacidad de difusión. Por ejemplo, sistemas de radiodifusión o simplemente un conjunto amplificador y mezclador.

3.4.3. Sistemas inalámbricos de emisor móvil y receptor fijo

Los sistemas de sonido inalámbricos que más se utilizan son aquellos en los que el receptor es fijo y el emisor, normalmente constituido por un micrófono inalámbrico, es móvil. Los **micrófonos inalámbricos** se diseñan para aquellas situaciones en las que el usuario necesite movilidad, evitando las molestias ocasionadas por los cables de los micrófonos.

Un sistema inalámbrico está formado básicamente por tres componentes (Figura 3.22):

- **Fuente de entrada.** Normalmente, la fuente de entrada es un micrófono, pero nada impide que la fuente de sonido sea otro equipo de audio.
- **Transmisor.** En estos sistemas se utilizan micrófonos sin hilos que se componen de una cápsula microfónica unida a un pequeño emisor de radio y una antena.
- **Receptor.** En la entrada de los equipos de sonorización se coloca un receptor con una antena que convierte la señal de radio producida por el micrófono sin hilos de nuevo en una señal eléctrica de sonido.

La **fuente de entrada** de un sistema inalámbrico puede ser cualquier dispositivo que proporcione una señal de audio adecuada al transmisor: margen de frecuencias, nivel de señal (micrófono o nivel de línea), impedancia (baja o alta impedancia), etcétera.

La fuente de entrada más común es un micrófono inalámbrico, el cual puede tomar diferentes variedades de formas: de mano, de solapa, montado en un instrumento, etc. Otra fuente de entrada extensamente utilizada es un instrumento de música electrónica, como por ejemplo una guitarra eléctrica o un teclado electrónico.

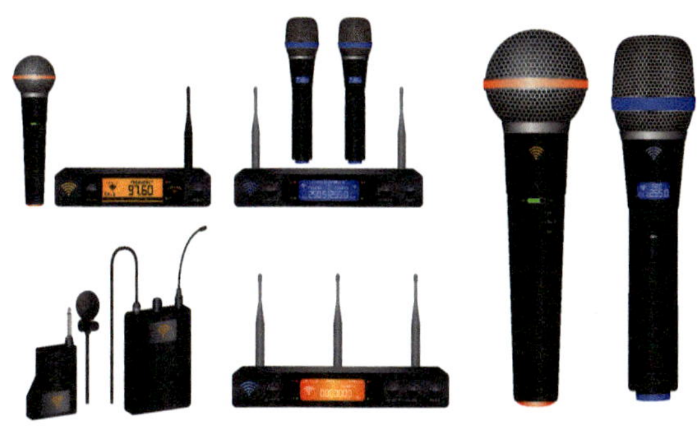

Figura 3.22. Componentes de un sistema de microfonía inalámbrica.

3.4.4. Micrófonos inalámbricos

En un micrófono inalámbrico, el micrófono se conecta a un pequeño transmisor de radio, que convierte la señal de sonido en ondas electromagnéticas, a través de la antena incorporada en el transmisor.

La alimentación de los componentes electrónicos que incorporan estos micrófonos se realiza mediante una batería interna que incorpora, tal y como se muestra en la Figura 3.23.

Figura 3.23. Alimentación de un micrófono inalámbrico.

Desde el punto de vista físico, podemos encontrar básicamente dos tipos de micrófonos inalámbricos:

- **Micrófonos integrados de mano,** donde se encuentran el micrófono, el transmisor, la batería y la antena construidos en un mismo cuerpo (Figura 3.24).
- **Sistema de dos piezas,** donde el micrófono se conecta a una unidad separada de transmisión que puede sujetarse en un cinturón, guardarse en un bolsillo, o incluso ocultada bajo la ropa (Figura 3.25).

El micrófono inalámbrico solo sustituye el cable y, por tanto, las características y el funcionamiento de un micrófono en particular son las mismas que las de los micrófonos convencionales. Por tanto, la selección del micrófono inalámbrico debería ser realizada siguiendo las mismas directrices que para los micrófonos convencionales según la aplicación que lo utilice.

Figura 3.24. Micrófonos inalámbricos de mano.

3.4.5. Equipos transmisores

En un transmisor inalámbrico, la señal de audio se convierte en una señal de radiofrecuencia y se transmite como ondas electromagnéticas por medio de una antena interna, incorporada en el interior del cuerpo del micrófono, o externa, normalmente en forma de un pequeño cable sujetado en la base del cuerpo (Figura 3.25).

La banda de frecuencias en que emiten los micrófonos inalámbricos, como todo el espacio de radiofrecuencias, está administrado por el Estado. Cada país establece el margen de frecuencias en que los micrófonos pueden operar, con el objetivo de que no interfieran en otros servicios, como por ejemplo la radio y la televisión.

Figura 3.25. Micrófono inalámbrico de dos piezas.

Como norma general los modelos profesionales trabajan en bandas de frecuencias específicas de acuerdo con lo establecido en el **Cuadro Nacional de Atribución de Frecuencias** (CNAF) en vigor, como consecuencia de las necesidades nacionales en cuanto al uso eficaz del espectro radioeléctrico y de tratados internacionales.

Las bandas asignadas a estos servicios, todas de uso libre (no se necesita licencia para su uso) con limitación de potencia de emisión, entre las que destacan las de VHF y UHF, son las siguientes:

- **Interfaz radioeléctrica para micrófonos sin hilos en 30 MHz.** Utilización en aplicaciones domésticas, de ocio y otras de carácter no profesional. Canales: 1 (31,000 MHz), 2 (31,350 MHz), 3 (37,700 MHz).
- **Interfaz radioeléctrica para micrófonos sin hilos en VHF.** Micrófonos sin hilos para todo tipo de aplicaciones incluyendo usos profesionales. Canales: 1 (174,100 MHz), 2 (174,300 MHz), 3 (175,500), 4 (176,300), 5 (179,300 MHz).
- **Interfaz radioeléctrica para micrófonos sin hilos en UHF.** Micrófonos inalámbricos y otras aplicaciones de transmisiones de audio (por ejemplo auriculares sin hilos y dispositivos portátiles para música) en aplicaciones preferentemente no profesionales o de uso doméstico en interior de recintos. Banda de frecuencias: 863 - 865 MHz.
- **Interfaz radioeléctrica para micrófonos sin hilos en 1800 MHz.** Micrófonos sin hilos preferentemente para usos profesionales en interior de recintos. Banda de frecuencias: 1785 - 1805 MHz.

Cada sistema inalámbrico está formado por dos partes: el transmisor y el receptor, los cuales deben trabajar a la misma frecuencia. En determinados modelos una sola base puede trabajar con varios micrófonos inalámbricos.

3.4.6. Interferencias

El principal inconveniente de los micrófonos inalámbricos, además del precio, es su sensibilidad a las **interferencias radioeléctricas.** Al transmitirse como señales electromagnéticas, estas están expuestas a las interferencias que provocan otros equipos electrónicos que emiten frecuencias próximas a las utilizadas en estos servicios u otros sistemas de microfonía.

Otro fenómeno que afecta a las transmisiones inalámbricas son las **reflexiones** que se producen de la señal en aquellos objetos reflectantes en el lugar de la transmisión que provocan un efecto conocido como **multitrayecto** o recepción múltiple (Figura 3.27). En este caso, el equipo receptor recibe dos señales: la señal directa (útil) y la señal reflejada en dichos objetos. Esta señal secundaria interfiere con la señal original.

Ejemplo 3.3.

Aplicación de los micrófonos inalámbricos.

La Figura 3.26 muestra la aplicación típica de un sistema de micrófono sin hilos: la salida del receptor se conecta al sistema de sonorización, normalmente a una mesa de mezclas, que combina la señal de los diferentes micrófonos y se suministra a la siguiente etapa de sonido, y si es necesario se amplifica la señal que será aplicada al altavoz.

La principal ventaja de la utilización de un micrófono sin hilos es la libertad de movimientos que tiene el intérprete, ya que no depende del cable que lo une al equipo de sonido.

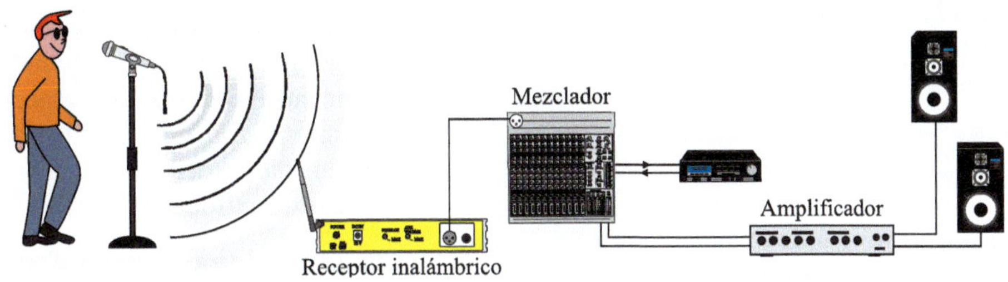

Figura 3.26. Aplicación típica de un sistema de micrófono sin hilos.

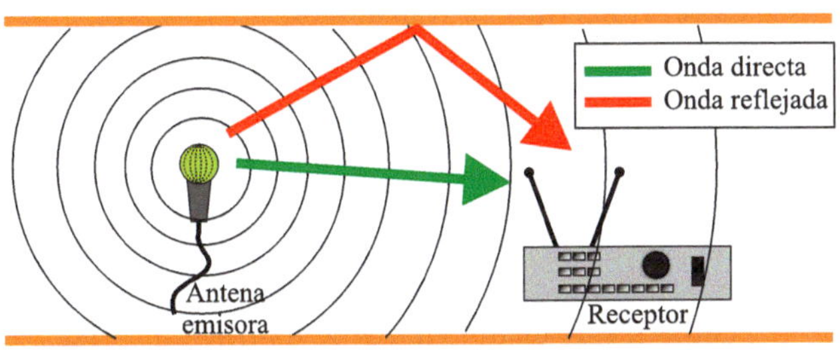

Figura 3.27. Problemas de interferencias.

3.4.7. Receptores inalámbricos

Una buena comunicación, además de una buena señal de salida del micrófono, se basa en una recepción de señal libre de interferencias e inmune al efecto multitrayecto. Una manera efectiva de eliminar las interferencias es colocando adecuadamente la antena o antenas receptoras.

Desde este punto de vista existen dos tipos de receptores para sistemas inalámbricos:

- El **receptor único,** que utiliza una sola antena montada en la parte trasera del receptor (Figura 3.28). Este tipo de receptor es más propenso a problemas de recepción, sobre todo cuando el transmisor se encuentra en movimiento.

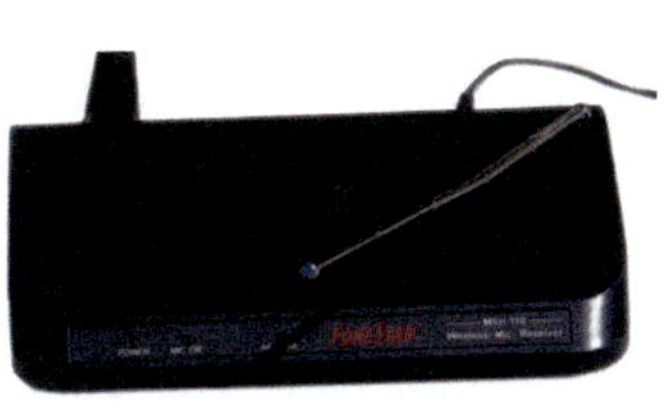

Figura 3.28. Receptor inalámbrico de VHF.

- El **receptor dual**, que utiliza dos antenas (Figura 3.29). Estos receptores utilizan técnicas de diversidad. La diversidad se refiere al principio de utilizar múltiples antenas, generalmente dos, en diferentes posiciones. El **sistema de diversidad** utiliza un doble circuito receptor, que conmuta automáticamente, para obtener la mejor señal de radiofrecuencia, evitando el desvanecimiento en la señal recibida debido a la recepción múltiple.

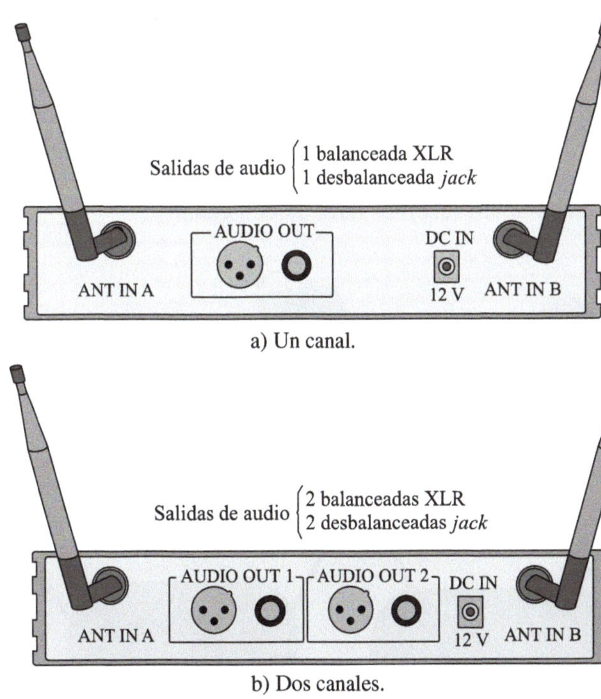

Figura 3.29. Receptor dual.

En condiciones óptimas, los micrófonos inalámbricos pueden transmitir fielmente la señal de radio a una distancia cercana a los 200 m. Esta distancia se reduce a medida que la señal de radio debe atravesar paredes y otros objetos, reduciéndose en ocasiones a decenas de metros si la atenuación es elevada. Como condiciones óptimas cabe, por tanto, considerar la **visibilidad directa** entre el emisor y el receptor y un entorno libre de interferencias, ya que a medida que la señal transmitida por el micrófono atraviese paredes y otros objetos, como por ejemplo personas, se añade una atenuación a la señal que provoca que la distancia de transmisión disminuya.

3.4.8. Utilización de varios micrófonos inalámbricos

Aunque un micrófono transmite únicamente a una determinada frecuencia, normalmente es posible configurar un **canal de transmisión,** en el cual se pueden utilizar diferentes frecuencias: la preselección de las frecuencias evita que una base reciba dos señales de la misma frecuencia de dos micrófonos diferentes.

Cuando se utilizan varios micrófonos en un mismo sistema, cada uno emite a una determinada frecuencia, estableciendo una banda de seguridad entre las frecuencias asignadas a cada conjunto micrófono-receptor, para evitar las interferencias. Normalmente, en el receptor, una función de escaneo automático permite localizar fácilmente canales libres de interferencias.

Con un mismo receptor pueden utilizarse varios micrófonos inalámbricos de manera simultánea. En la Figura 3.29.b se muestra un **receptor de dos canales.** Para evitar las interferencias que la señal de un micrófono provocaría en el resto, cada uno de ellos transmite en una frecuencia diferente. En el receptor, una vez recibida la señal de cada micrófono se enviará a la salida de sonido correspondiente. En la Figura 3.30 se muestran los componentes de un receptor dual de dos canales.

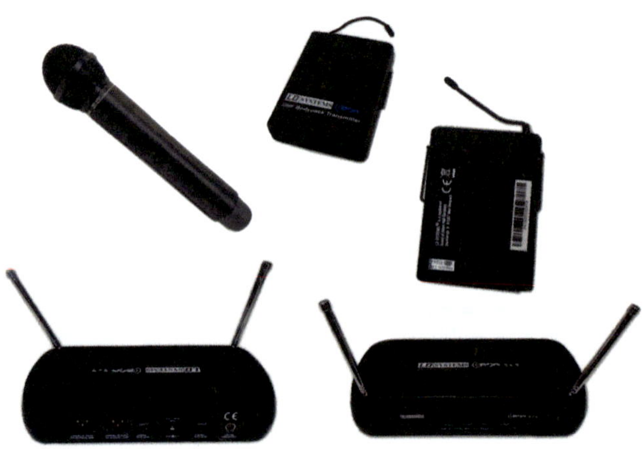

Figura 3.30. Receptor dual de dos canales (banda UHF).

3.4.9. Selección de un sistema inalámbrico

La correcta selección de un sistema inalámbrico dependerá de las necesidades de la aplicación final que lo utilice. Entre las consideraciones que hay que tener en cuenta en la elección, destacan las siguientes:

a) **Definir el uso.** Es necesario identificar la fuente de sonido (voz, instrumento musical, etc.), así como su destino (difusión en vivo, sistema de grabación, etc.). En la elección también deben tenerse en cuenta aspectos arquitectónicos y acústicos del lugar de uso, así como cualquier condición especial o limitación: mantenimiento, posibles fuentes de interferencias, etc. Finalmente, se debe definir el nivel de funcionamiento deseado: calidad de sonido, fiabilidad, etcétera.

b) **Escoger el tipo de micrófono o la fuente de entrada.** El uso requerido, por lo general, determinará el tipo de micrófono necesario: de mano, de solapa, etc. Otras características del micrófono que deben tenerse en cuenta también dependen de la aplicación: tipo de transductor, respuesta en frecuencia, directividad, etcétera.

c) **Escoger el transmisor.** La elección del micrófono, como norma general, determinará el tipo de transmisor requerido. Entre las características generales que deben tenerse en cuenta se incluyen: tipo de antena (interna o externa), funciones de control (encendido, silenciado, ganancia, tono...), indicadores (encendido, condición de batería), baterías (duración, tipo, accesibilidad), y características físicas (tamaño, forma, peso, etcétera).

d) **Escoger el receptor.** La opción básica de elección está entre los receptores duales (con diversidad) y los receptores únicos (sin diversidad). Se recomienda utilizar los primeros, excepto cuando el presupuesto es limitado. Otros aspectos destacables en la elección de un receptor son: controles (encendido, control del nivel de salida...), indicadores (encendido, nivel de señal RF, nivel de audio, frecuencia...), antenas (tipo, conectores...), salida eléctrica (conectores, impedancia, nivel de línea/micrófono/auricular, salida balanceada/desbalanceada...).

e) **Determinar el número total de sistemas inalámbricos que se utilizarán simultáneamente.** Además de tener en cuenta el número de micrófonos requerido, también se deberían tener en cuenta las necesidades futuras, según las posibilidades de ampliación del sistema escogido.

f) **Especificar la ubicación del sistema.** Esta información es necesaria para evitar conflictos con posibles fuentes de interferencias.

g) **Selección de frecuencias para la compatibilidad del sistema.** En este apartado se incluyen la selección de la banda de funcionamiento (VHF o UHF) y la selección individual de la frecuencia de operación, teniendo en cuenta la planificación actual (canales ya utilizados en la instalación) para evitar interferencias entre micrófonos.

h) **Selección de los accesorios necesarios.** Este apartado incluye la elección de las antenas, equipo de montaje, repartidores (pasivos o activos), cables de antena, etcétera.

3.5. Fenómenos asociados a los micrófonos

La utilización de los micrófonos como elemento de captación del sonido tiene asociados una serie de fenómenos que hay que tener en cuenta cuando se utilizan. Los más importantes son los siguientes:

- Efecto proximidad.
- Ruido de vibración.
- Efecto Larsen.

3.5.1. Efecto proximidad

Para una mayor calidad del sonido y la menor incorporación del ruido exterior es necesario que el micrófono capte los sonidos lo más cerca posible de la fuente sonora (Figura 3.31.a), especialmente cuando se utilizan micrófonos omnidireccionales. Esto mejora sensiblemente la relación señal/ruido. Aun así, existe cierto límite debido al efecto proximidad.

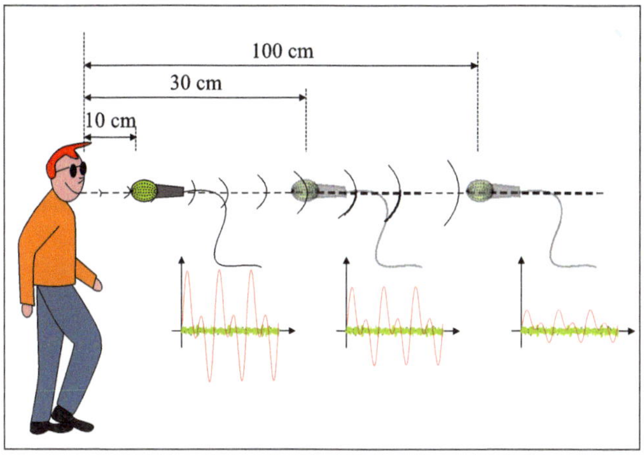

a) Mejora de la relación S/N con la proximidad.

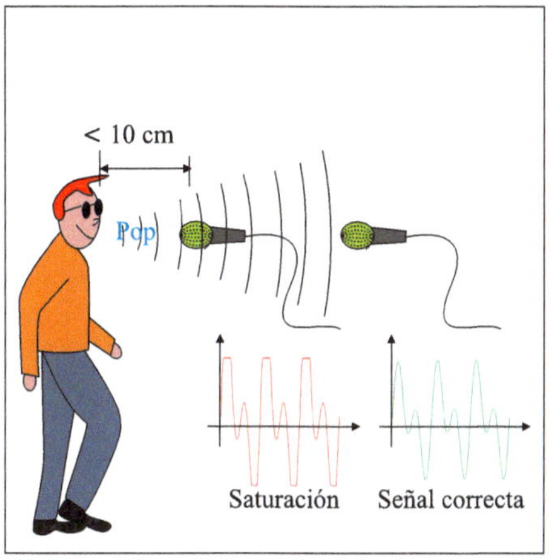

b) Saturación debida a golpes de aire.

Figura 3.31. Efecto proximidad de los micrófonos.

SABÍAS QUE...

Los **golpes de aire** (*poping*) se producen cuando se pronuncian fuerte las consonantes labiales (p, t, b) ya que los labios liberan de manera brusca e impulsiva gran cantidad de aire que genera un impulso eléctrico de gran amplitud a la salida del micrófono, siendo los micrófonos directivos los más afectados por este efecto.

El **efecto proximidad** es un fenómeno que se produce cuando se coloca un micrófono bidireccional o unidireccional muy cerca de la fuente sonora: las bajas frecuencias aumentan su nivel en comparación con las altas y las medias frecuencias. Este fenómeno puede provocar sobrecargas en el micrófono que generan distorsiones si los niveles de salida son muy altos (Figura 3.31.b), provocando la saturación del amplificador por unos instantes cuando se producen golpes de aire (*poping*).

Figura 3.32. Montura antivibratoria.

3.5.2. Ruido de vibración

El **ruido de vibración** se produce cuando se transmiten las vibraciones a través del soporte del micrófono. Para evitar los ruidos producidos por las vibraciones se coloca el micrófono sobre una **montura antivibratoria,** formada por un dispositivo suspendido que aísla mecánicamente el micrófono de su soporte (Figura 3.32).

Los micrófonos también incorporan **pantallas antiviento** que protegen la cápsula microfónica del ruido producido por el aire (Figura 3.33).

Figura 3.33. Pantalla antiviento.

3.5.3. Acoplamiento acústico (efecto Larsen)

El **efecto Larsen** es un fenómeno que se manifiesta como la emisión de continuos pitidos en el altavoz debido a la realimentación (acoplamiento acústico) que sufre la señal de sonido que emite el altavoz cuando es captada de nuevo por el micrófono, tal y como se observa en la Figura 3.34.

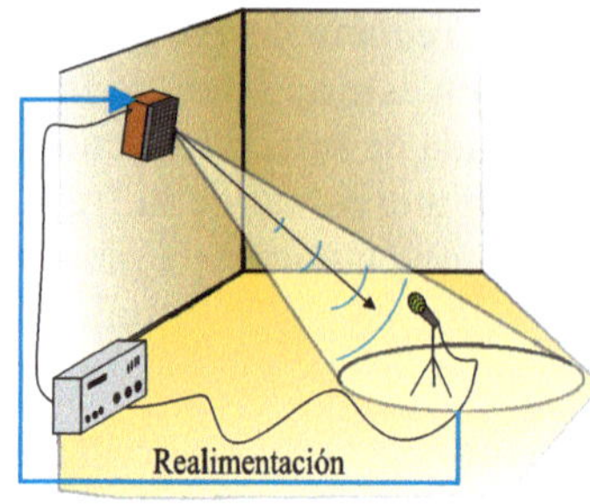

Figura 3.34. Acoplamiento acústico.

Ejemplo 3.4.

Utilización de una pantalla antiviento en la toma de medidas.

En la Figura 3.35 se muestra la utilización de una pantalla antiviento en el micrófono de un sonómetro durante la toma de medidas. Esta pantalla evita el ruido producido por el aire, ante condiciones climatológicas adversas.

Figura 3.35. Utilización de una pantalla antiviento en la toma de medidas con un sonómetro.

Ejemplo 3.5.

Solución al acoplamiento acústico.

Para evitar el acoplamiento, es importante la correcta elección de la situación de los micrófonos, situándolos fuera de la acción de los altavoces si es posible (Figura 3.36.a) o eligiendo modelos direccionales (Figura 3.36.b) y orientándolos de manera adecuada para que el haz del altavoz incida sobre la dirección de mínima sensibilidad del micrófono.

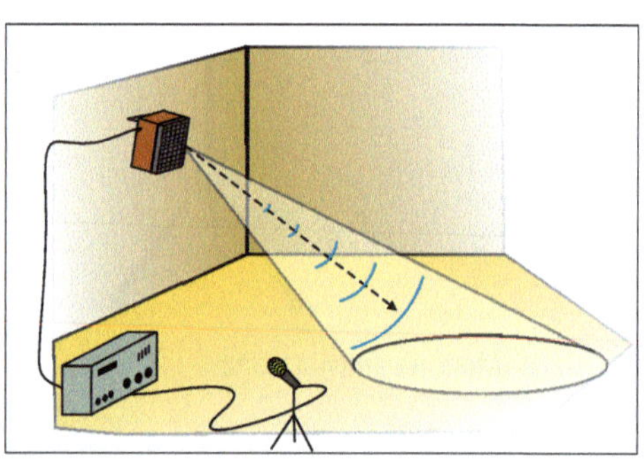

a) Situar el micrófono fuera de la influencia de la fuente sonora.

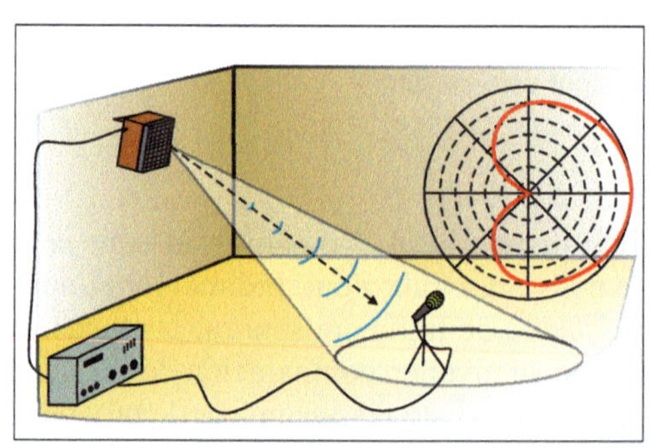

b) Utilizar micrófonos unidireccionales.

Figura 3.36. Soluciones comunes al acoplamiento acústico.

Los sonidos recogidos por un micrófono se difunden de nuevo por los altavoces, pero con mayor nivel que los captados inicialmente, ya que se amplifican.

Normalmente, el acoplamiento se puede reducir actuando sobre el control del volumen del amplificador, alejando el micrófono del altavoz o reorientándolo.

3.6. Conexión de micrófonos

Los micrófonos se conectan a la siguiente etapa de la cadena de sonido mediante cables de conexión y sus conectores correspondientes. Además, algunos micrófonos necesitan alimentación eléctrica.

3.6.1. Cables y conectores

La **conexión de micrófonos** a otros equipos se realiza mediante cables que utilizan conectores estandarizados: normalmente los cables de micrófono utilizan un conector denominado XLR, como el de la Figura 3.37, aunque otros incorporan un conector *jack* de 1/4 pulgadas (0,63 mm).

Figura 3.37. Conector XLR típico de los micrófonos.

Debido a que la señal eléctrica que proporciona el micrófono es muy pequeña, normalmente se utiliza cable apantallado, como el que se muestra en la Figura 3.38, para reducir el ruido inducido que pueda enmascarar la señal de sonido. La sección típica de los conductores del cable varía entre 0,2 mm^2 y 0,5 mm^2.

Para la transmisión de las señales de audio se utilizan normalmente dos conductores (transmisión balanceada o simétrica) o uno solo (transmisión asimétrica o no balanceada), utilizando como referencia la pantalla externa.

Figura 3.38. Cable de micrófono apantallado.

3.6.2. Alimentación fantasma

Algunos micrófonos, como los de condensador, necesitan una fuente de alimentación que suministre la energía necesaria para poder alimentar el dispositivo. En algunos micrófonos la energía la suministra una batería interna que incorporan, pero lo más común es que la tensión eléctrica se suministre por un dispositivo externo a través del mismo cable de conexión. Esta clase de alimentación se denomina **alimentación fantasma** o ***phantom.***

La normativa especifica este modo de alimentación, definimiento tres tipos de alimentación diferentes que pueden suministrar una corriente de 10 a 15 mA:

- **P48:** suministra 48 V a través de resistencias de 6,8 kΩ.
- **P24:** suministra 24 V a través de resistencias de 1,2 kΩ.
- **P9:** suministra 12 V a través de resistencias de 0,68 kΩ.

La Figura 3.39 muestra un ejemplo de alimentación fantasma de un micrófono de condensador: la señal de audio viaja por los dos conductores interiores (2 y 3), mientras que la malla exterior (1) protege el circuito de las interferencias electromagnéticas.

La alimentación de corriente continua se aplica entre los dos hilos interiores y la malla exterior a través de resistencias, de manera que en ausencia de señal de audio los dos conductores se encuentran al mismo potencial respecto de la malla externa.

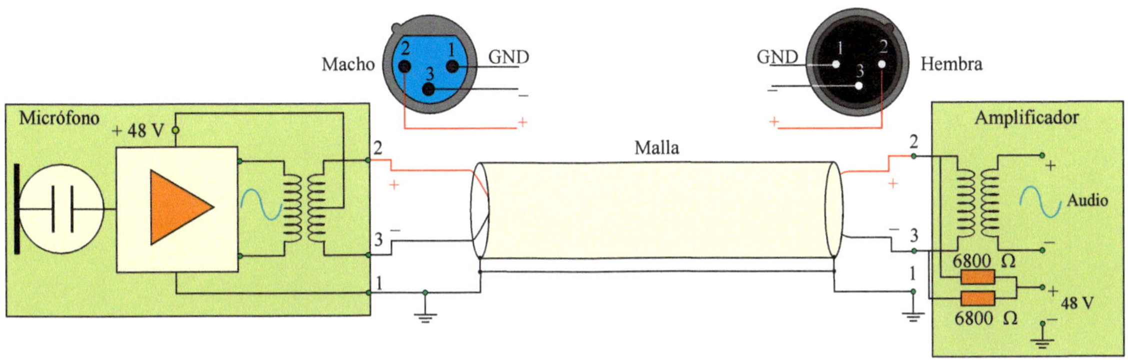

Figura 3.39. Alimentación fantasma.

La mayoría de los micrófonos de condensador necesitan energía fantasma para funcionar. Los micrófonos dinámicos no necesitan esta energía, pero tampoco les afecta negativamente. Otro tipo de micrófonos, como los de cinta, se pueden dañar ante la presencia de una tensión de alimentación externa.

SABÍAS QUE...

Aunque puede usarse sin problemas con la mayoría de los micrófonos, la alimentación en modo fantasma puede dañar algunos micrófonos de cinta. Es necesario desconectar siempre la alimentación fantasma antes de conectar este tipo de micrófono.

Páginas web de interés

Equipos y fabricantes

AKG. Fabricante de micrófonos de sonido personal y profesional. En inglés.

www.akg.com

Bosh. Fabricante de sistemas de alarma por voz y megafonía, entre otros sistemas. Destaca en el apartado de los micrófonos inalámbricos, el cableado y los accesorios.

www.boschsecurity.es

FoneStar. Fabricante y distribuidor de equipos de sonorización, entre los que se encuentran micrófonos convencionales e inalámbricos.

www.fonestar.es

Optimus. Empresa española en los campos del diseño, fabricación y distribución de equipos de megafonía, alarma por voz e intercomunicación.

www.optimusaudio.com

Shure. Fabricante de micrófonos y equipos de audio de alta calidad.

www.shure.com

Organismos e instituciones

Cuadro Nacional de Atribución de Frecuencias (CNAF).

https://avancedigital.mineco.gob.es/espectro

Actividades de comprobación

3.1. Indica cuál de las siguientes es una fuente de sonido que se puede utilizar en una cadena de sonido.

a) Micrófono.

b) Reproductor de audio.

c) Sintonizador de radio.

d) Todas las respuestas anteriores son correctas.

3.2. ¿Qué fenómeno de los micrófonos provoca el acoplamiento acústico entre estos y los altavoces?

a) Efecto de proximidad.

b) *Poping.*

c) Efecto Larsen.

d) Ruido de vibración.

3.3. ¿Qué tipo de micrófono es el más adecuado para evitar la realimentación acústica cuando se produce el efecto Larsen?

a) Omnidireccional.

b) Bidireccional.

c) Unidireccional.

d) Ninguno de los micrófonos anteriores.

3.4. ¿Qué característica de un micrófono indica la relación entre las variaciones de la intensidad de la presión que producen las señales acústicas que capta y la amplitud de las señales eléctricas que proporciona en su salida?

a) Sensibilidad.

b) Respuesta en frecuencia.

c) Impedancia del micrófono.

d) Ninguna de las respuestas anteriores es correcta.

3.5. ¿Qué impedancia típica presentan los micrófonos de baja impedancia?

a) Inferior a 50 Ω.

b) Entre 100 Ω y 600 Ω.

c) Entre 1 kΩ y 10 kΩ.

d) Superior a 10 kΩ.

3.6. ¿Cuál es la distancia mínima aconsejada para la colocación de un micrófono, que evite el efecto de la proximidad?

a) 5 cm. **b)** 10 cm.

c) 20 cm. **d)** 50 cm.

3.7. ¿Qué tipo de transductor mecánico-eléctrico utiliza un micrófono dinámico?

a) Electromagnético.

b) Electroestático.

c) Piezoeléctrico.

d) Ninguna de las respuestas anteriores es correcta.

3.8. ¿Qué banda de frecuencia utilizan generalmente los micrófonos inalámbricos de uso profesional?

a) Interfaz radioeléctrica micrófonos sin hilos en 30 MHz.

b) Interfaz radioeléctrica micrófonos sin hilos en VHF.

c) Interfaz radioeléctrica micrófonos sin hilos en UHF.

d) Interfaz radioeléctrica micrófonos sin hilos en 1800 MHz.

3.9. ¿Cuál es la respuesta en frecuencia recomendada en la cadena de sonido para aplicaciones de hilo musical?

a) 500 - 4000 Hz.

b) 200 - 10000 Hz.

c) 50 - 15000 Hz.

d) 20 - 20000 Hz.

3.10. ¿Cuál es el valor habitual de la tensión de alimentación fantasma?

a) + 48 V CC. **b)** + 48 V CA.

c) + 5 V CC. **d)** + 5 V CA.

3.11. ¿Qué tipo de micrófono necesita alimentación fantasma?

a) Dinámico. **b)** De condensador.

c) De cinta. **d)** Piezoeléctrico.

3.12. ¿Qué tipo de micrófono puede ser dañado si se le aplica alimentación fantasma sin necesitarla?

a) Dinámico.

b) De condensador.

c) De cinta.

d) Todas las respuestas anteriores son correctas.

3.13. ¿Qué característica de un micrófono indica la variación de su sensibilidad en función de la dirección de propagación del sonido incidente respecto de su eje?

a) Sensibilidad. **b)** Rango dinámico.

c) Directividad. **d)** Ruido de fondo.

3.14. ¿Qué tipo de conector utilizan habitualmente los micrófonos profesionales?

a) XLR. **b)** RCA.

c) *Jack.* **d)** CINCH.

3.15. ¿Qué solución permite evitar el acoplamiento acústico o efecto Larsen en un micrófono?

a) Situar el micrófono dentro del área de acción de los altavoces.

b) Situar el micrófono lejos del área de acción de los altavoces.

c) Utilizar un micrófono omnidireccional.

d) Ninguna de las respuestas anteriores es correcta.

3.16. ¿Cuál de los siguientes es un micrófono dinámico?

a) Micrófono de bobina móvil.

b) Micrófono de condensador.

c) Micrófono *electret.*

d) Micrófono de carbón.

3.17. ¿Qué efecto de los siguientes provoca un acoplamiento acústico debido a la realimentación de la señal que capta un micrófono?

a) Efecto de proximidad.

b) Ruido de vibración.

c) Efecto Larsen.

d) Reverberación.

3.18. ¿Qué impedancia aproximada tiene un micrófono de alta impedancia?

a) 15 Ω. **b)** 150 Ω.

c) 600 Ω. **d)** 15 kΩ.

Actividades de aplicación

3.19. Análisis de documentación técnica. A partir del análisis técnico de la documentación del fabricante que acompaña a los componentes y dispositivos utilizados en el aula taller, realiza una ficha donde se resuman las principales características de los micrófonos utilizados.

3.20. El efecto Larsen. Comprueba cómo se modifica el comportamiento del sistema de sonido mostrado en la Figura 3.40, cuando se produce la realimentación acústica, variando la posición del micrófono, modificando el control del volumen del equipo amplificador y variando las características de los micrófonos utilizados.

Figura 3.40. Comprobación del efecto Larsen.

3.21. Sistema de sonido inalámbrico. Se desea realizar la compra e instalación de un sistema de sonido inalámbrico para el salón de actos de un centro escolar. Una vez definido el uso, se pide la elección de un sistema adecuado. Para ello, realiza la secuencia de tareas siguiente:

a) Escoge el tipo de micrófono y transmisor adecuado.

b) Escoge el receptor.

c) Determina el número total de sistemas que se utilizará simultáneamente.

d) Selecciona los accesorios necesarios.

e) Realiza el presupuesto de instalación del sistema.

f) Una vez seleccionado el sistema, especifica la ubicación del sistema y realiza la planificación de frecuencias.

Actividades de refuerzo

3.22. Enumera las principales características técnicas que definen la calidad de un micrófono.

3.23. Clasifica los diferentes tipos de micrófonos en función del transductor utilizado.

3.24. Clasifica los micrófonos en función de su impedancia interna.

3.25. Clasifica los micrófonos en función del diagrama polar que se muestra en la Figura 3.41. Indica una aplicación típica de cada tipo.

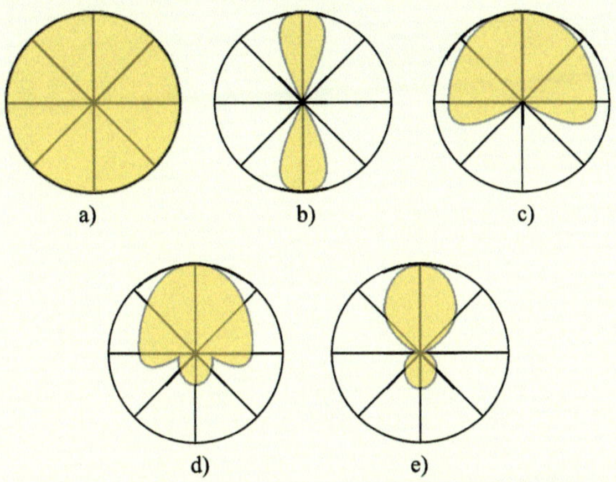

Figura 3.41. Diagramas de radiación típicos de los micrófonos.

3.26. ¿Qué margen de frecuencias utilizan típicamente los micrófonos inalámbricos?

3.27. ¿Qué técnica utilizan los receptores inalámbricos para evitar las interferencias?

3.28. Resume de manera breve los fenómenos perjudiciales que debemos tener en cuenta en la utilización de micrófonos.

3.29. ¿Cuál es la diferencia entre un receptor inalámbrico único y uno dual?

3.30. Indica la función de cada uno de los siguientes dispositivos que forman parte de un sistema de micrófonos inalámbricos:

a) Micrófono.

b) Transmisor.

c) Receptor.

3.31. Identifica en las siguientes aplicaciones de los sistemas de micrófonos sin hilos, el tipo de emisor y receptor utilizado, según sea fijo o móvil:

a) Sistemas de retroalimentación interrumpible (IFB).

b) Sistemas de monitor personal inalámbrico (In-Ear).

c) Intercomunicación inalámbrica.

d) Sonorización en espectáculos.

3.32. Respecto de la alimentación fantasma:

a) ¿Para qué se utiliza?

b) ¿En qué tipo de micrófonos es necesaria?

c) ¿Qué sucedería si se conecta un micrófono de cinta a un conector con alimentación fantasma? ¿Y un micrófono electrodinámico?

3.33. ¿Qué conectores utilizan normalmente los micrófonos?

4 Equipos y transductores electroacústicos. Amplificadores y altavoces

Contenidos

Objetivos

- Interpretar las características técnicas de los amplificadores de sonido y de los altavoces, a partir de la documentación técnica proporcionada por el fabricante.
- Relacionar las partes y componentes que forman la cadena de sonido con las funciones que realizan y los efectos observables en caso de mal funcionamiento.
- Seleccionar equipos y transductores electroacústicos a partir de las especificaciones del proyecto y de la configuración de cada instalación.
- Desmontar, montar y conectar los componentes y dispositivos que forman parte de la cadena de sonido, con pulcritud y destreza, a partir de procedimientos normalizados y bajo normas de seguridad.

La salida de la fuente de sonido tiene un nivel de señal muy débil, que no es apto para la mayoría de aplicaciones de sonorización. Por ejemplo, dependiendo de la sensibilidad de un micrófono, la señal de salida puede ser unos pocos mV.

Por ello, en la cadena de sonido se utilizan los amplificadores que adaptarán los niveles de señal a los requeridos por los altavoces conectados a su salida.

4.1. El amplificador

El principal elemento que forma parte de la etapa de tratamiento de señales de un sistema de sonido es el **amplificador,** ya que la función de este dispositivo es aumentar el nivel de la señal aplicada a sus entradas, sin alterar sus características, para distribuirla a la siguiente etapa, normalmente unos altavoces.

Según la aplicación, las características de los amplificadores son diferentes. En la Figura 4.1 podemos observar tres tipos diferentes de amplificadores. Además de por la potencia de salida se diferencian por el tipo de entradas y salidas que disponen y por los controles asociados que tienen para el control del sonido.

a) Amplificador estéreo.

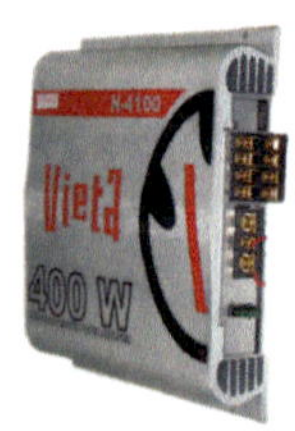

b) Etapa de potencia de sonido del automóvil.

c) Amplificador de megafonía (PA).

Figura 4.1. Ejemplos de amplificadores de sonido.

4.2. Características técnicas de los amplificadores

Las características técnicas de un amplificador determinarán la calidad de este. Las principales son las siguientes:

- Ganancia.
- Potencia de salida.
- Respuesta en frecuencia.
- Distorsión.
- Relación señal/ruido.
- Sensibilidad.
- Impedancia.
- Diafonía.

4.2.1. Potencia de salida

La **potencia de salida** (P_0) de un amplificador especifica la potencia eléctrica que puede proporcionar a los altavoces, sin que se produzca distorsión en la señal y el equipo sufra desperfectos.

Existen diferentes maneras de especificar la potencia de salida, aunque, como norma general, la **potencia nominal** especificada en un equipo es la **potencia eficaz o RMS** (*Root Mean Square*), ya que para su medida se utilizan las tensiones y corrientes eficaces de salida del equipo, tal y como se muestra en la Figura 4.2. Esta potencia es la que puede proporcionar un amplificador continuamente sin superar un nivel de distorsión determinado sobre la impedancia nominal especificada por el fabricante. Por ello, también recibe el nombre de **potencia continua.**

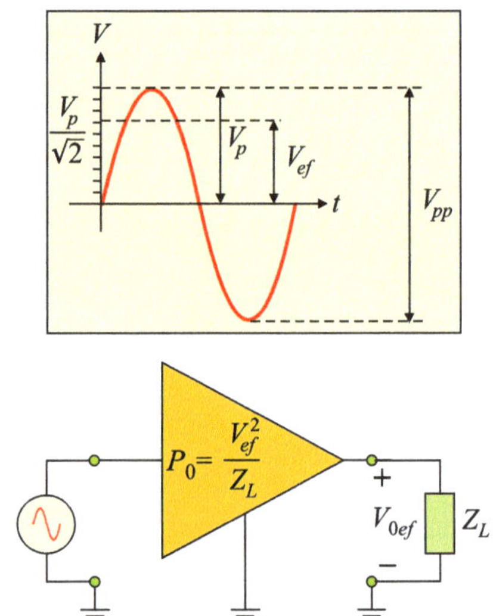

Figura 4.2. Cálculo de la potencia nominal de un amplificador.

La potencia de salida de un amplificador varía según la impedancia de carga del altavoz conectado, y el dato suministrado se basa en determinados niveles de distorsión harmónica total (THD). La potencia está limitada por la distorsión del amplificador, ya que esta crece con la potencia, por lo que este dato se proporciona junto al nivel de distorsión que produce.

Otra consideración respecto de la potencia, en los amplificadores estéreo, es si la potencia especificada se refiere a cada canal o a ambos canales.

Algunos fabricantes, además de proporcionar la potencia nominal de salida, también proporcionan la potencia de pico que puede soportar el amplificador.

4.2.2. Ganancia

En general, un amplificador recibe una señal de entrada con un nivel relativamente bajo, del orden de pocos milivoltios (mV), y amplifica la señal hasta alcanzar niveles del orden de voltios (V). Esto representa que la cadena de amplificación añade una alta ganancia, superior en ocasiones a 1000 veces la señal de entrada.

Ejemplo 4.1.

Potencia de salida de un amplificador.

El fabricante especifica la potencia nominal para una impedancia de carga determinada. Por ejemplo, si la potencia nominal de un amplificador para una carga de 4 Ω es de 100 W, cuando se conecte un altavoz de 4 Ω el amplificador será capaz de proporcionar una potencia de 100 W a los altavoces.

Si conectamos al amplificador un altavoz de 8 Ω, el amplificador no será capaz de proporcionar los 100 W de potencia, ya que el altavoz conectado demandará menos corriente por ser su impedancia mayor. En este caso, el amplificador proporcionará solo 50 W de potencia, justo la mitad.

El problema surge cuando conectamos un altavoz de impedancia menor que la indicada por el fabricante. Por ejemplo, si conectamos un altavoz de 2 Ω, la potencia demandada por este será mayor que la nominal, ya que la corriente que suministrará el amplificador será mayor, por ser su impedancia menor. En estas condiciones el amplificador intentará entregar al altavoz 200 W de potencia, superior a su potencia nominal. En estas condiciones el amplificador podría dañarse.

La **ganancia (*G*)** representa la relación entre la tensión de salida (V_o) y la tensión de entrada (V_i) de la señal y generalmente se representa en dB:

$$G = \frac{V_0}{V_i} \quad ; \quad G(\text{dB}) = 20 \times \log\left(\frac{V_0}{V_i}\right)$$

Ejemplo 4.2.

Ganancia de un amplificador.

A la entrada de micrófono de un amplificador se aplican 1,5 mV (0,0015 V) y la señal de salida generada es de 12,65 V aproximadamente. La ganancia del amplificador es de aproximadamente 78,5 dB:

$$G(\text{dB}) = 20 \times \log\left(\frac{V_0}{V_i}\right) = 20 \times \log\left(\frac{12{,}65}{0{,}0015}\right) =$$

$$= 20 \times \log(8433) = 78{,}5 \text{ dB}$$

La señal de salida se aplica a unos altavoces de 8 Ω, por lo que la potencia de salida de la etapa es de 20 W:

$$P_0 = \frac{V_0^2}{Z_0} = \frac{12{,}65^2}{8} = 20 \text{ W}$$

Recuerda

Los amplificadores de sonido se comportan básicamente como amplificadores de tensión, ya que se caracterizan por tener una alta impedancia de entrada y una baja impedancia de salida.

4.2.3. Respuesta en frecuencia

La **respuesta en frecuencia** indica la relación entre el nivel de señal de entrada y el de salida para el conjunto de frecuencias de funcionamiento del amplificador. Cuanto más plana sea la respuesta en frecuencia en el margen de la banda audible, mejores características tendrá el amplificador.

La respuesta en frecuencia es un dato que el fabricante puede suministrar a través de un gráfico, como el representado en la Figura 4.3, pero normalmente indicará un dato numérico que expresa el margen de frecuencias en el que el amplificador es capaz de mantener un margen de variación en ± 3 dB, respecto a una respuesta ideal, perfectamente plana. Como mínimo un amplificador debe reproducir el margen de frecuencias del espectro audible (20 a 20000 Hz).

Si la respuesta en frecuencia de un amplificador no es lineal, se produce una distorsión de amplitud debido a que la ganancia del amplificador es diferente para cada frecuencia. Esta distorsión también se denomina **distorsión lineal.**

Ejemplo 4.3.

Respuesta en frecuencia de un amplificador.

La Figura 4.3 muestra la respuesta en frecuencia de un amplificador. El margen de frecuencias que es capaz de reproducir este amplificador es de 20 Hz a 20 kHz, ya que para estas frecuencias la ganancia del amplificador disminuye 3 dB.

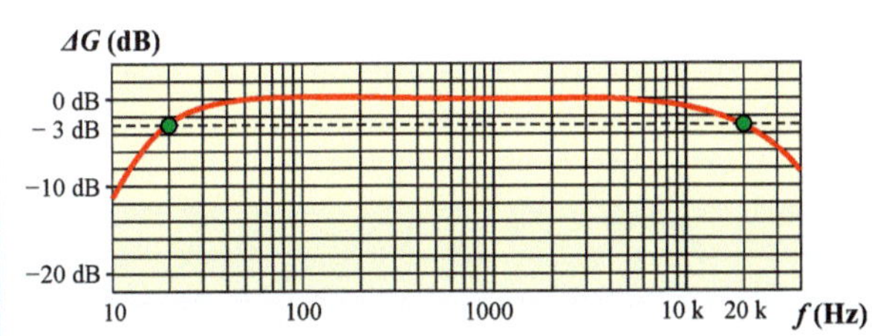

Figura 4.3. Respuesta en frecuencia de un amplificador.

4.2.4. Distorsión

La **distorsión** es un parámetro que evalúa el nivel de las señales no deseadas presentes a la salida de un amplificador con respecto a la señal de entrada.

Idealmente, un amplificador amplifica la señal de entrada, de manera que a su salida tenemos la misma señal donde sus magnitudes tienen un valor superior. En la práctica, un amplificador siempre introduce señales no deseadas (Figura 4.4), por lo que es necesario indicar el nivel de distorsión que se produce.

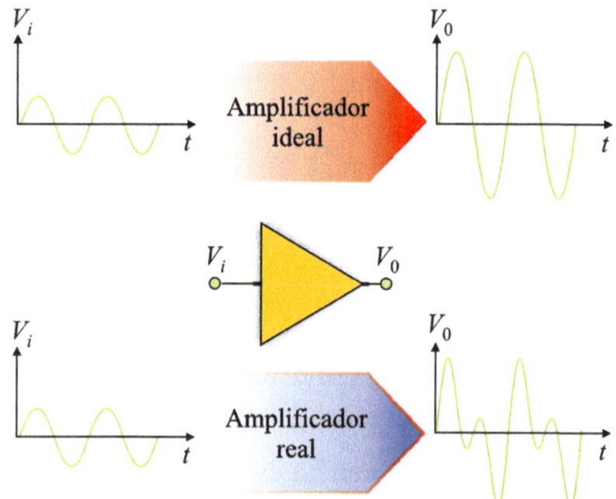

Figura 4.4. Distorsión de la señal de salida de un amplificador.

La distorsión armónica se produce cuando a la salida del amplificador, además de la señal de entrada amplificada, aparecen algunos de sus armónicos que, aunque de valor reducido, distorsionan la señal de sonido. La manera de indicar este tipo de distorsión es mediante un parámetro denominado **distorsión armónica total** (THD, *Total Harmonic Distorsion*). Los fabricantes especifican la distorsión armónica total de diferentes maneras. Por ejemplo, pueden especificarla para una frecuencia de prueba (por ejemplo 0,01 % a 1 kHz) o para toda la banda, en cuyo caso se especifica la peor de las obtenidas (por ejemplo, 0,01 % a 20 Hz-20 kHz, para una carga de 8 Ω).

SABÍAS QUE...

Los valores típicos de THD de un amplificador suelen ser muy inferiores al 1 % y crecen con la potencia de salida del amplificador.

4.2.5. Relación señal/ruido

La relación señal/ruido (S/N) es la diferencia, en dB, entre el nivel de la señal de salida y el nivel de ruido. Cuanto mayor sea este parámetro, menor será la cantidad de ruido que introduce el amplificador y, por tanto, mejor será la calidad del sonido reproducido.

El cálculo de la relación S/N se realiza como diferencia entre el nivel de la señal cuando el equipo funciona a su potencia nominal y el nivel de ruido cuando en las mismas condiciones de trabajo no se introduce señal en su entrada (Figura 4.5). Típicamente, se evalúa para una frecuencia de 1 kHz, aunque los fabricantes pueden evaluar la relación S/N en toda la banda de frecuencias de trabajo del amplificador, especificando el valor S/N más pequeño en toda la banda, es decir, el valor más desfavorable.

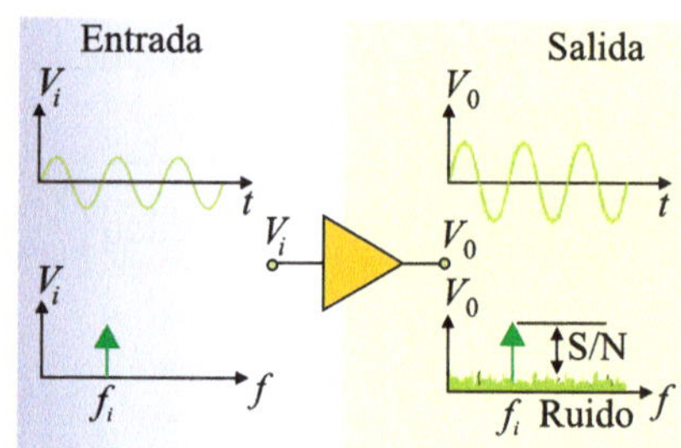

Figura 4.5. Relación señal/ruido.

4.2.6. Sensibilidad

La **sensibilidad** indica el nivel mínimo de señal aplicada a la entrada capaz de producir la máxima potencia de salida, sobre la carga especificada por el fabricante. Si se supera el nivel de señal especificado por la sensibilidad, se producirá la saturación de la señal de salida, que provocará que la señal reproducida se distorsione en exceso.

La sensibilidad del amplificador dependerá del tipo de entrada, ya que, por ejemplo, la sensibilidad para la entrada de micrófono es más baja que la sensibilidad para las entradas de línea. Cuanto más bajo sea el valor especificado, mayor será la sensibilidad de entrada del amplificador.

Ejemplo 4.4.

Sensibilidad de un amplificador.

La potencia de salida de un amplificador estéreo es 2 x 40 W para una carga de 8 Ω. La sensibilidad de la entrada de línea, que permite la conexión de diferentes equipos tales como reproductores de audio, sintonizadores, etc., es de 150 mV/50 kΩ.

Cuando el equipo de entrada proporcione 150 mV, el amplificador desarrollará la potencia de 40 W por cada canal de salida indicada en sus especificaciones de potencia. Como se puede observar, como norma general, la sensibilidad viene indicada como nivel de tensión para una determinada impedancia.

SABÍAS QUE...

La **saturación** es un tipo de distorsión que se produce en los amplificadores debido al recorte que sufren las señales cuando se alcanza la potencia máxima de salida. Esto ocurre cuando el nivel de la señal de entrada es lo suficientemente alto como para que el nivel de la señal de salida del amplificador supere a los valores de la fuente de alimentación, que es la máxima tensión que puede suministrar un dispositivo electrónico. Este tipo de distorsión se denomina cortes de picos (*clipping*).

4.2.7. Impedancia

Dos de los parámetros imprescindibles para asegurar una correcta adaptación entre los diferentes equipos que forman parte de la cadena de sonido son la impedancia de entrada del amplificador y su impedancia de salida (Figura 4.6).

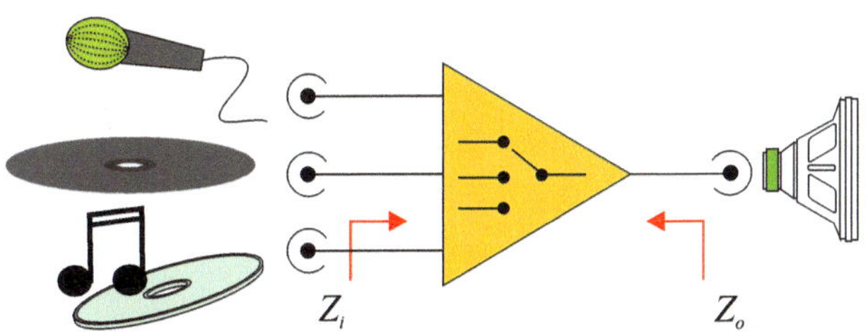

Entrada	Sensibilidad	Z_i	Z_o
MIC	1 mV	1500 Ω	0,2 Ω
Phono	3 mV	50 kΩ	
Line	150 mV	25 kΩ	

Figura 4.6. Impedancia de un amplificador.

Impedancia de entrada

La **impedancia de entrada** de un amplificador debe ser lo suficientemente elevada para que exista una buena adaptación de tensión entre la fuente de sonido y el amplificador.

En general, un equipo amplificador tiene diferentes entradas adecuadas a la fuente de sonido que conecta y cada una de ellas tendrá sus características particulares y, por tanto, una impedancia de entrada diferente.

La impedancia de entrada de un amplificador es determinante en el nivel de señal que pasará desde la fuente de señal hasta el amplificador. Cuanto más grande sea, mejor. Un valor de impedancia de entrada típico para la entrada de *phono* suele estar cercano a los 50 kΩ y es de aproximadamente 1500 Ω para las entradas de baja impedancia de un micrófono. La impedancia de entrada típica para las entradas auxiliares y de línea está comprendida entre 25 kΩ y 200 kΩ.

Impedancia de salida

La máxima potencia de salida de un amplificador viene determinada por la impedancia de carga mínima que debe conectarse al amplificador. La impedancia de los altavoces que se conectan a su salida es muy baja, en torno a 4 Ω u 8 Ω.

Para evitar pérdidas en la señal de salida aplicada a un altavoz, la **impedancia de salida** del amplificador es muy baja, para que se produzca la máxima transferencia de tensión. Por ello, la impedancia de salida de un altavoz es muy baja, en torno a 0,1 Ω.

Recuerda

No se deben conectar nunca unos altavoces de impedancia más baja que la indicada en el amplificador, ya que el exceso de corriente que se produciría puede sobrecalentar gravemente la etapa de salida del amplificador.

4.2.8. Diafonía

La **diafonía** se produce en los sistemas que amplifican más de un canal de sonido, por ejemplo un amplificador estéreo. Idealmente, cada canal de sonido debe ser independiente del resto de los canales, pero, en la realidad, parte de la señal de un canal afecta a la salida del otro canal.

Para la medida de la diafonía, tal y como se muestra en la Figura 4.7, se aplica una señal de prueba en uno de los canales, en ausencia de señal en el otro. La diferencia de niveles entre las dos salidas establece la separación entre canales o diafonía del amplificador, medida en dB.

4.3. Altavoces

El **altavoz** es un elemento electroacústico que tiene como misión convertir la señal eléctrica que se le aplica en una señal acústica. Como norma general, se conecta a la salida de un amplificador para reproducir la señal suministrada por la fuente de sonido.

4.3.1. Principio de funcionamiento de un altavoz

Aunque existen diferentes tipos de altavoces, el más utilizado en la actualidad es el altavoz dinámico que se representa en la Figura 4.8. Este tipo de altavoz está formado por los siguientes elementos:

- **Cono.** El cono, también denominado diafragma, está fabricado de material fibroso y liviano con la finalidad de que sea lo más inerte posible. La forma del cono depende de la banda de frecuencias que reproduce, las características de directividad y la

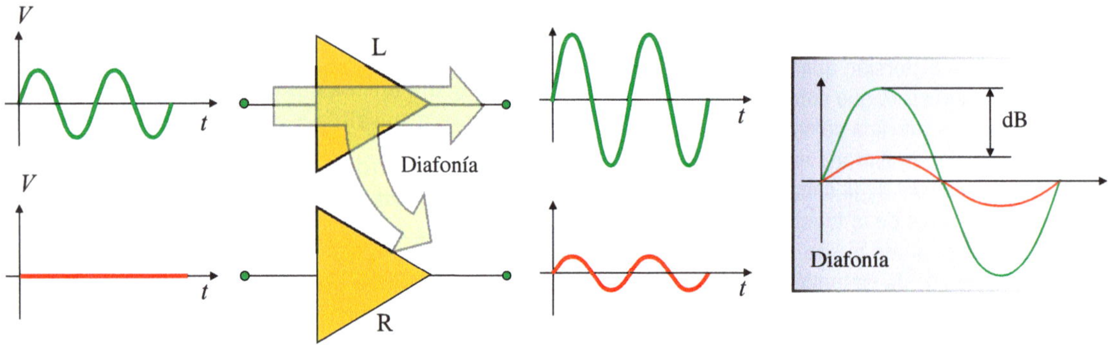

Figura 4.7. Diafonía.

potencia admisible del altavoz, aunque normalmente tienen una estructura redonda o elíptica.

- **Campana.** Elemento que sirve de soporte al conjunto de componentes que forman el altavoz, además de servir de elemento de sujeción a la caja acústica si es el caso.
- **Imán permanente.** Elemento ferromagnético que forma parte del sistema de excitación del altavoz, cuya función es la de generar un campo magnético constante.
- **Yugo.** Elemento que aloja en su interior el imán permanente.
- **Bobina móvil.** Devanado montado sobre un tubo cilíndrico.
- **Araña.** Elemento que centra la bobina móvil en el entrehierro del imán permanente, con el fin de que no se produzcan roces entre ellos o el yugo. Se sitúa en el cuello del cono y une a este con la bobina móvil.

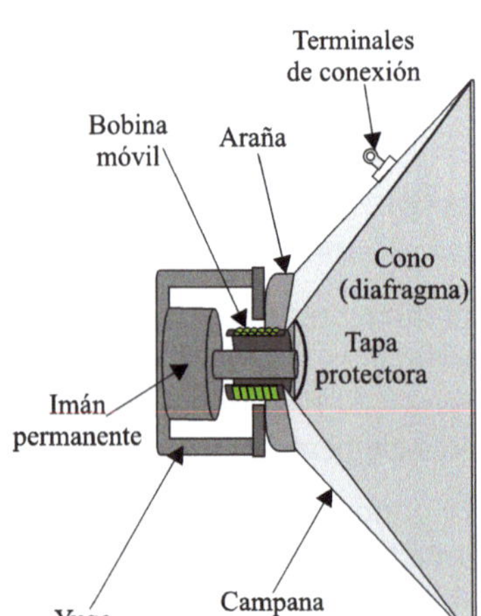

Figura 4.8. Componentes de un altavoz dinámico.

- **Tapa protectora.** Protege de polvo y otros agentes el circuito magnético y la bobina móvil.
- **Terminales de conexión.** El sistema de conexión de la bobina móvil consiste en dos hilos que unen los bornes de la bobina con los dos bornes situados sobre la campana del altavoz. Estos bornes van situados sobre una regleta aislante.

La Figura 4.9 muestra el aspecto de un altavoz electrodinámico.

Figura 4.9. Estructura de un altavoz electrodinámico.

En ausencia de señal eléctrica, la bobina del altavoz se sitúa en su posición de reposo. Cuando se aplica una señal eléctrica a la bobina móvil, se genera un campo magnético cuya amplitud y polaridad es proporcional a la corriente que lo atraviesa, de manera que la bobina móvil se siente repelida o atraída por el campo magnético generado por el imán permanente. Esto provoca la vibración de la bobina al ritmo de la corriente aplicada.

Como la bobina está unida a la araña y esta última al cono, las vibraciones de la bobina se transmiten al cono produciendo compresiones y depresiones de aire, es decir, ondas de presión sonora.

4.3.2. Características técnicas de los altavoces

Las principales características que definen el comportamiento de un altavoz son las siguientes: sensibilidad, respuesta en frecuencia, potencia, impedancia, directividad (ángulo de cobertura), rendimiento y distorsión.

4.3.3. Sensibilidad

La **sensibilidad** (S) de un altavoz determina el nivel de presión sonora (L) que genera un altavoz a una distancia de un metro de su eje, cuando se alimenta con 1 W de potencia. Las unidades de medida de la sensibilidad, por tanto, se expresan en dB/W/m.

Nivel de presión sonora a 1 m de distancia a una potencia dada

La sensibilidad especifica el nivel de presión sonora cuando se aplica al altavoz 1 W de potencia eléctrica. Normalmente, la potencia nominal de un altavoz es mayor, por lo que es necesario conocer el nivel de presión sonora que se genera cuando el altavoz se excita con otras potencias (P). Este **nivel de presión sonora** (L) se puede evaluar con la expresión:

$$L(\text{dB}) = S(\text{dB/W/m}) + 10 \log P(W)$$

donde el término 10 log $P(W)$ indica el aumento de nivel que se produce al aumentar la potencia eléctrica aplicada al altavoz. En la Tabla 4.1 se representa el aumento del nivel de presión sonora cuando se aumenta la potencia eléctrica aplicada a un altavoz. Se puede comprobar que cada vez que se dobla la potencia eléctrica, el nivel de presión sonora se incrementa en 3 dB.

Tabla 4.1. Aumento del nivel de presión sonora con la potencia aplicada al altavoz

Relación de potencia	Aumento del nivel de presión sonora
1	0 dB
2	3 dB
4	6 dB
5	7 dB
10	10 dB
100	20 dB

Nivel de presión sonora a una distancia y potencia dadas

Conocido el nivel de presión sonora a 1 m de distancia, puede ser interesante conocer el nivel de señal a distancias superiores. A una distancia (d) diferente de 1 m, el nivel de presión sonora de las fuentes puntuales se reduce en 6 dB cada vez que se dobla la distancia. En la Tabla 4.3 se muestra esta reducción para diferentes distancias de la fuente sonora.

El **nivel de presión sonora** en un punto determinado situado a una distancia d del altavoz, respecto de una distancia de 1 m, que se alimenta con una potencia eléctrica W, para un altavoz de sensibilidad S se puede evaluar mediante la expresión:

$$L(\text{dB}) = S(\text{dB/W/m}) - 20 \log d(\text{m}) + 10 \log P(W)$$

Ejemplo 4.5.

Sensibilidad de un altavoz.

El altavoz de la Figura 4.10.a tiene una sensibilidad de 91 dB/W/m. Cuando se alimenta con un amplificador de 1 W de potencia, el sonómetro mide una presión sonora de 91 dB a un metro de distancia.

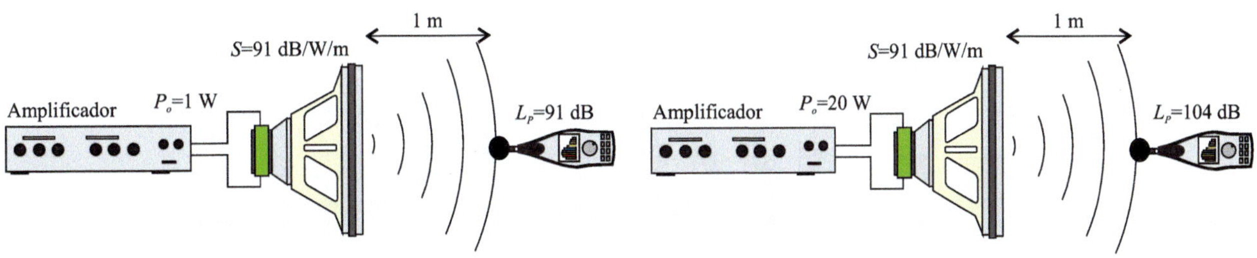

a) Altavoz alimentado a 1 W.

b) Altavoz alimentado a 20 W.

Figura 4.10. Sensibilidad de un altavoz.

donde el término 20 log *d*(*m*) hace referencia a la pérdida de la señal que se produce con la distancia y el término 10 log *P*(*W*) indica el incremento de nivel por la potencia eléctrica aplicada al altavoz.

Ejemplo 4.6.

Nivel de presión sonora con la potencia.

Un altavoz de potencia nominal de 20 W y sensibilidad 91 dB/W/m genera un nivel de presión sonora de 91 dB a 1 m de distancia con 1 W de potencia. Cuando se alimenta a la potencia nominal (Figura 4.10.b), el nivel de presión sonora a 1 m de distancia es de 104 dB.

$$L(\text{dB}) = S(\text{dB/W/m}) + 10\log P(W) =$$

$$= 91 + 10\log 20 = 104\ \text{dB}$$

En la Tabla 4.2 se indica el nivel de presión sonora a 1 m de distancia del altavoz cuando se aplican diferentes potencias eléctricas de entrada.

Tabla 4.2. Nivel de presión sonora a 1 m de distancia del altavoz cuando se aplican diferentes potencias eléctricas

W	dB
1	91
2	94
4	97
8	100
16	103
20	104

Tabla 4.3. Pérdida del nivel por distancia (respecto de 1 m)

d (m)	Pérdidas	*d* (m)	Pérdidas
1	0 dB	5	–14 dB
2	–6 dB	10	–20 dB
3	–10 dB	20	–26 dB

Ejemplo 4.7.

Desequilibrio del nivel de presión sonora en un recinto.

En el ejemplo de la Figura 4.11, la sensibilidad del altavoz es de 110 dB/1W/1m, es decir, el nivel de presión sonora que genera el altavoz a una distancia de 1 m cuando se le aplica 1 W de potencia eléctrica es de 110 dB. El oyente más cercano se encuentra a 2 m, por lo que recibe un nivel de presión sonora de 104 dB. El oyente más alejado se encuentra a 32 m, siendo el nivel que recibe de 80 dB.

La diferencia de niveles en el recinto (ΔL) es muy elevado (24 dB), por lo que esta disposición puede influir en la inteligibilidad de la palabra en el recinto.

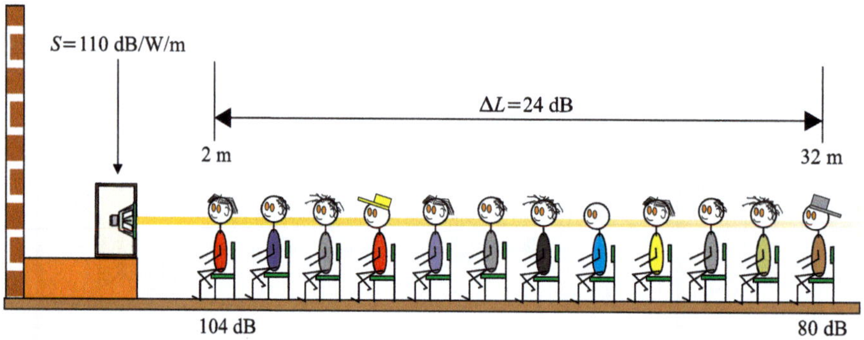

Figura 4.11. Ejemplo de pérdidas de nivel con la distancia.

Ejemplo 4.8.

Pérdidas de nivel de presión sonora por la distancia.

En la Figura 4.12.a se muestra el nivel de presión sonora para diferentes distancias de la fuente sonora cuando se aplica 1 W de potencia y en la Figura 4.12.b cuando se aplican 8 W de potencia.

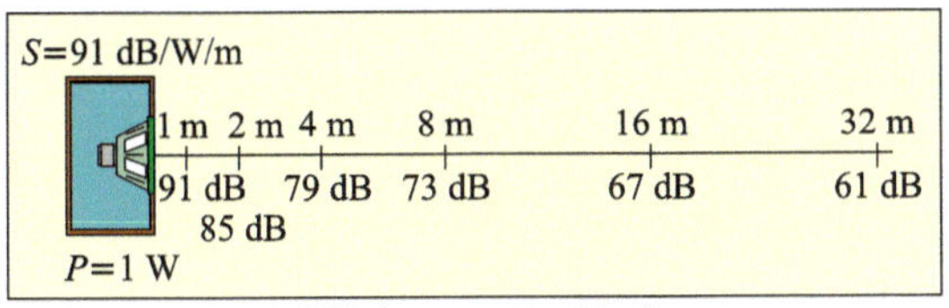

a) 1 W de potencia eléctrica.

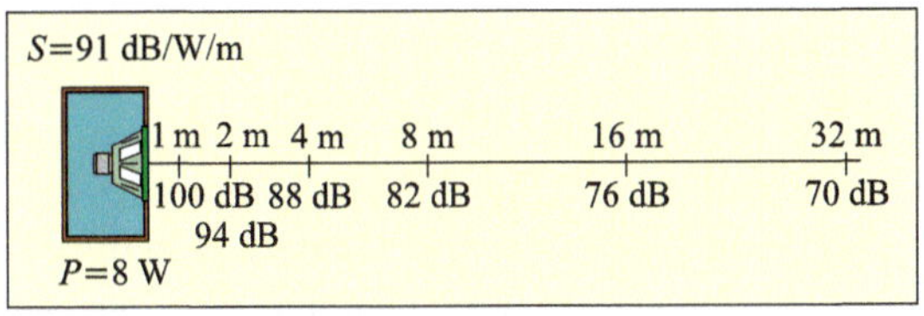

b) 8 W de potencia eléctrica.

Figura 4.12. Pérdidas de nivel por la distancia.

Por ejemplo, para una potencia de 8 W y una distancia de 4 m, el nivel de presión sonora es de 88 dB:

$$L(\text{dB}) = S(\text{dB/W/m}) - 20\log d + 10\log P = 91\ \text{dB/W/m} - 20\log 4 + 10\log 8 = 91 - 12 + 9 = 88\ \text{dB}$$

4.3.4. Respuesta en frecuencia

El fabricante de un altavoz proporciona una curva característica que indica el comportamiento del altavoz con la frecuencia, como la que se muestra en la Figura 4.13. La representación de esta curva se denomina **respuesta en frecuencia del altavoz.** La curva teórica de un altavoz debería ser uniforme en todo el espectro audible, pero, por lo general, esta dependerá de la calidad del altavoz.

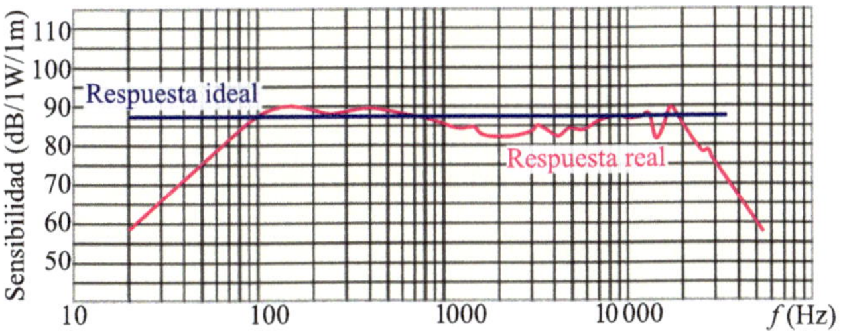

Figura 4.13. Respuesta en frecuencia de un altavoz. Nivel de presión sonora en campo libre a 1W, 1m.

4.3.5. Potencia

La **potencia** (P) de un altavoz indica la cantidad de energía por unidad de tiempo, expresada en vatios, que se le puede aplicar sin que este distorsione en exceso o pueda destruirse. Relacionadas con la potencia se pueden encontrar diferentes especificaciones:

- **Potencia nominal.** Potencia continua de funcionamiento que puede soportar el altavoz sin que sufra desperfectos. Si un altavoz trabaja por encima de la potencia nominal puede dañarse debido a que es incapaz de disipar el calor producido por la corriente eléctrica que circula. Para la medida de la potencia nominal se pueden utilizar diferentes técnicas, todas ellas relacionadas con la potencia eficaz, por lo que en ocasiones el fabricante especificará esta potencia en función de la norma utilizada.
- **Potencia de pico máxima.** Esta potencia es la potencia admisible durante un tiempo muy corto que puede soportar cada cierto tiempo el altavoz antes de deteriorarse. Está relacionada con el valor de pico de la señal instantánea que se puede aplicar.

SABÍAS QUE...

Aunque la potencia nominal y la potencia de pico son las dos especificaciones básicas de potencia de los altavoces, algunos fabricantes utilizan otras, como por ejemplo las siguientes:

- **Potencia RMS** (*Root Mean Square*) o **potencia continua.** Tiene el mismo significado que la potencia nominal.
- **Potencia de programa.** Aunque el uso de este término está en desuso, muchos fabricantes todavía lo incorporan en sus especificaciones. Para su cálculo se utilizan señales sinusoidales. La potencia de programa facilitada por los fabricantes se corresponde, como norma general, con el doble de la potencia nominal.

4.3.6. Impedancia

La **impedancia** representa la oposición que presenta el altavoz al paso de la corriente alterna. Se mide en Ω y representa el valor de la carga del amplificador. Su impedancia es una combinación de la parte inductiva de la bobina (reactancia) y su resistencia (Figura 4.14).

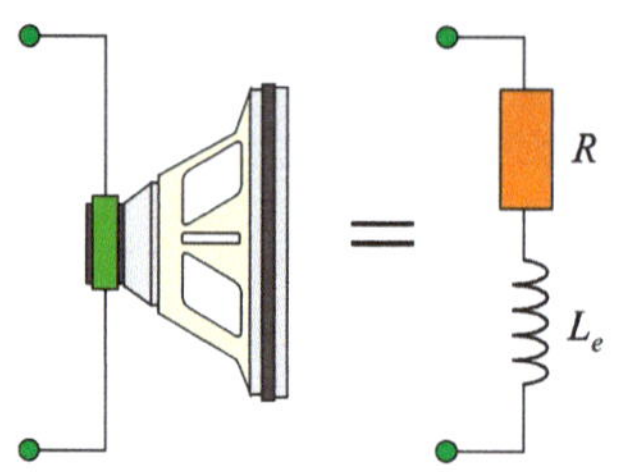

Figura 4.14. Circuito eléctrico equivalente simplificado.

Debido a la reactancia de la bobina del altavoz, su valor variará con la frecuencia de la señal aplicada. Por ello, los fabricantes suministran una curva característica de la impedancia e indican la impedancia nominal del altavoz, que se corresponde con la impedancia óptima en el margen de funcionamiento del altavoz. Como se observa en la Figura 4.15, el altavoz presenta diferentes zonas en su curva característica:

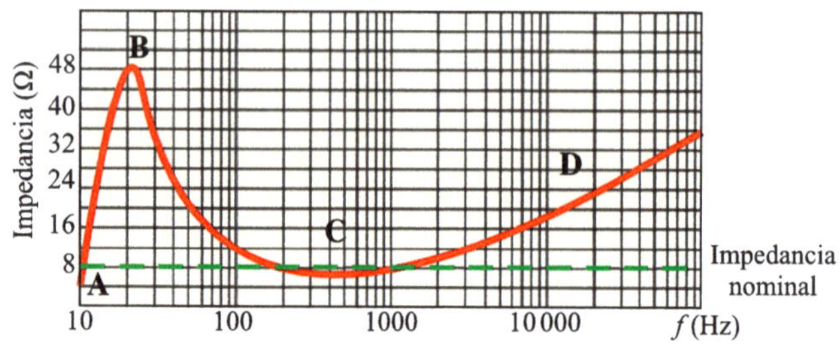

Figura 4.15. Curva de impedancia de un altavoz.

- A **frecuencias bajas** (A), por debajo de la frecuencia de resonancia, el altavoz no es operativo, debido a la rigidez que presenta la estructura del altavoz. La impedancia del altavoz en corriente continua ($f = 0$ Hz), se corresponde con la impedancia resistiva que mediríamos con el óhmetro. La Tabla 4.4 muestra la relación típica entre esta resistencia (R) y su impedancia nominal (Z).

Tabla 4.4. Relación típica entre la impedancia y la resistencia de un altavoz

R (Ω)	Z (Ω)
2,5 - 3,5	4
5 - 7,5	8
10 - 15	16
18 - 23	24

- A la **frecuencia de resonancia** del altavoz, su impedancia presenta un pico (B). La frecuencia de resonancia de un altavoz es la frecuencia a la que vibran sus componentes mecánicos y depende fundamentalmente de sus características constructivas. Para esta frecuencia, la impedancia es máxima. La zona de la frecuencia de resonancia marca el límite de funcionamiento del altavoz, ya que por debajo de esta el altavoz no puede operar.

- Para **frecuencias superiores a la de resonancia**, la impedancia del altavoz cae y se mantiene constante un margen de frecuencia, en el cual el fabricante especifica la impedancia nominal del altavoz (C). Las impedancias nominales normalizadas de los altavoces son 2, 4, 6, 8, 16, 24 y 32 Ω.

- A partir de una determinada frecuencia, la impedancia sube de manera lenta debido al efecto de la inductancia de la bobina (D).

4.3.7. Ángulo de cobertura

Un altavoz no irradia por igual en todas las direcciones. Se puede representar **la curva de radiación** de un altavoz mediante un **diagrama polar,** que muestra la variación de la sensibilidad del altavoz en función de la dirección de emisión respecto a sus ejes (horizontal y vertical). En la Figura 4.16 se muestran las curvas de radiación de un altavoz: como se observa, los altavoces siempre son más direccionales cuando reproducen frecuencias altas (agudos) que cuando reproducen frecuencias bajas (graves).

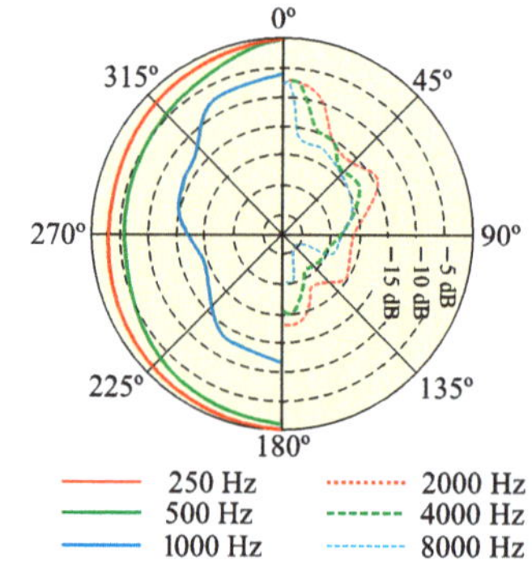

Figura 4.16. Diagrama de radiación de un altavoz.

El **ángulo de cobertura** de un altavoz se define como el ángulo en el que la sensibilidad decae 6 dB en relación con el eje del altavoz. Normalmente, los diagramas de radiación horizontal y vertical de un altavoz son iguales, por lo que los ángulos de cobertura horizontal (α_H) y vertical (α_V) también lo serán (Figura 4.17.a). En cambio, existen altavoces, caso de las bocinas y de las columnas acústicas (Figura 4.17.b), que presentan unos ángulos de cobertura horizontal y vertical diferentes.

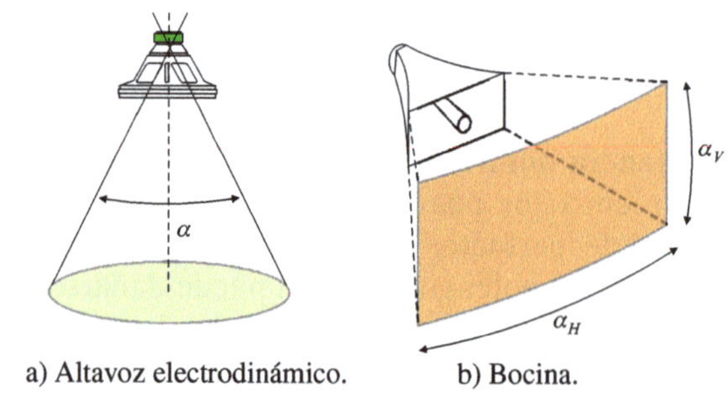

Figura 4.17. Ángulo de cobertura de un altavoz.

SABÍAS QUE...

El ángulo de cobertura horizontal (α_H) de un altavoz nunca debe ser mayor que el necesario para cubrir el área de la audiencia, para evitar reflexiones en las paredes u otros obstáculos que disminuyan la inteligibilidad.

4.3.8. Rendimiento

El rendimiento (η) indica la relación entre la potencia acústica radiada y la potencia eléctrica de entrada aplicada a un altavoz, expresada en %:

$$\eta = \frac{P_{\text{acústica}}}{P_{\text{eléctrica}}} \cdot 100$$

El rendimiento de los altavoces es muy bajo, debido sobre todo a que la mayor parte de la potencia aplicada a un altavoz se disipa en forma de calor. Los rendimientos típicos de los altavoces están comprendidos entre el 1 % y el 5 %.

4.3.9. Distorsión

La distorsión indica la diferencia entre las señales aplicadas al altavoz y las realmente reproducidas. Esta distorsión tiene causas muy variadas, pero es debida fundamentalmente a la falta de uniformidad del campo magnético en el entrehierro, la alinealidad de las suspensiones del cono, y otros factores mecánicos.

El altavoz es uno de los componentes de un sistema de audio que presenta mayor distorsión y esta aumenta a medida que aumenta la potencia aplicada. Además, la distorsión afectará en mayor medida a los tonos graves: la distorsión típica a baja frecuencia de un altavoz está en torno al 10 %, mientras que en medias y altas frecuencias esta distorsión es bastante menor, sin superar el 1 %.

4.4. Tipos de altavoces

Existen diferentes criterios que permiten clasificar los altavoces:

- En función de su principio de funcionamiento:
  - Electrodinámicos.
  - Electrostáticos.
  - Piezoeléctricos.

Ejemplo 4.9.

Equilibrio sonoro de un recinto.

En la Figura 4.18 se aprovecha la cobertura vertical del altavoz para compensar la reducción del nivel de presión sonora con la distancia. Para ello se coloca el altavoz a una altura de 2 m sobre el nivel de escucha del público y a una distancia de 2 m de este y se orienta al oyente más alejado. Al oyente más cercano, situado aproximadamente a 2,8 m del altavoz, además de la pérdida de nivel por la distancia (–9 dB) hay que añadir 6 dB de pérdidas debidas al ángulo de cobertura del altavoz. El oyente más alejado solo sufre las pérdidas debidas a la distancia, ya que el altavoz está orientado hacia él.

La diferencia de niveles de presión sonora entre el oyente más cercano a la fuente y el más alejado solo es de 15 dB (95 dB – 80 dB). En cambio, la disposición del altavoz del Ejemplo 4.8 muestra un desequilibrio de 24 dB, excesivo para crear un ambiente con sonoridad uniforme.

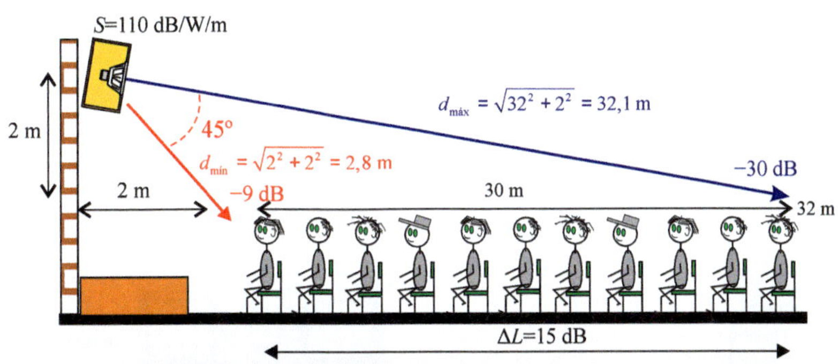

Sensibilidad:	110 dB/W/m	110 dB/W/m
Pérdidas con la distancia:	–9 dB	–30 dB
Cobertura vertical:	–6 dB (45°)	0 dB (0°)
Nivel de presión sonora:	95 dB	80 dB

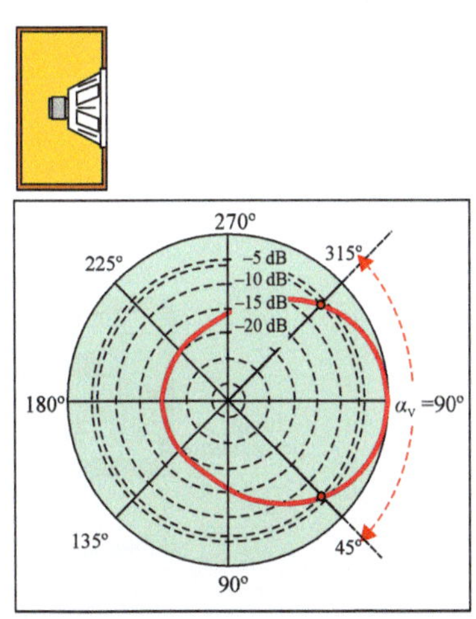

Diagrama de cobertura vertical

Figura 4.18. Aprovechamiento del ángulo de cobertura vertical de un altavoz para equilibrar los niveles de presión sonora en la audiencia.

- En función del acoplamiento con el medio de radiación:
  - De radiación directa.
  - De radiación indirecta.
- En función del margen de frecuencia que puede reproducir:
  - De baja frecuencia: *woofer* y *subwoofer.*
  - De frecuencias medias: *squawker.*
  - De alta frecuencia: *tweeter*.

4.4.1. Tipos de altavoces en función de su principio de funcionamiento

En función de su principio de funcionamiento, los altavoces se clasifican según el transductor que utilizan:

- **Altavoz electrodinámico o de bobina móvil.** Los altavoces electrodinámicos o de bobina móvil se basan en el movimiento solidario de una bobina móvil y la membrana, inmersas dentro de un campo magnético creado por un imán permanente. La señal eléctrica de entrada actúa sobre la bobina móvil creando un campo magnético que varía de sentido de acuerdo con dicha señal. Este campo magnético interactúa con el campo magnético generado por el imán permanente que forma parte del cuerpo del altavoz, produciéndose una atracción o repulsión que desplaza la bobina móvil, y con ello el diafragma unido a ella. Al vibrar, el diafragma mueve el aire que tiene situado frente a él, generando así variaciones de presión y, por tanto, ondas sonoras. Los altavoces electrodinámicos (Figura 4.19.a) tienen una baja eficiencia a alta frecuencia, debido al peso y tamaño de la membrana. Por ello se crearon los altavoces de agudos (*tweeters*), que se muestran en la Figura 4.19.b. Aunque el principio de funcionamiento es el mismo, el tamaño de la membrana es muy reducido para poder radiar la parte más alta del espectro. La Figura 4.20 muestra el aspecto externo de dos altavoces electrodinámicos, uno de baja y otro de alta frecuencia.

a) De baja frecuencia.

b) De alta frecuencia.

Figura 4.20. Altavoces electrodinámicos.

- **Altavoz electroestático o de condensador.** El altavoz electroestático o de condensador está basado en un sistema de tres placas paralelas. La placa central es móvil y está inmersa dentro del campo eléctrico generado por las otras dos placas. La Figura 4.21 muestra el principio de funcionamiento de un altavoz electroestático. La placa central está cargada eléctricamente y ejerce las funciones de diafragma. Esta se mueve por la fuerza electrostática que se produce al variar la carga de las dos placas entre las que se encuentra. Como se puede observar se trata de un doble condensador, donde la placa central es el diafragma. La vibración del diafragma genera las señales de frecuencia audible. Este tipo de altavoces tienen una respuesta en frecuencia muy amplia y plana en todo el margen audible y generan menos distorsión que los altavoces electrodinámicos. Los principales inconvenientes son su precio, su fragilidad y su sensibilidad a las condiciones ambientales.

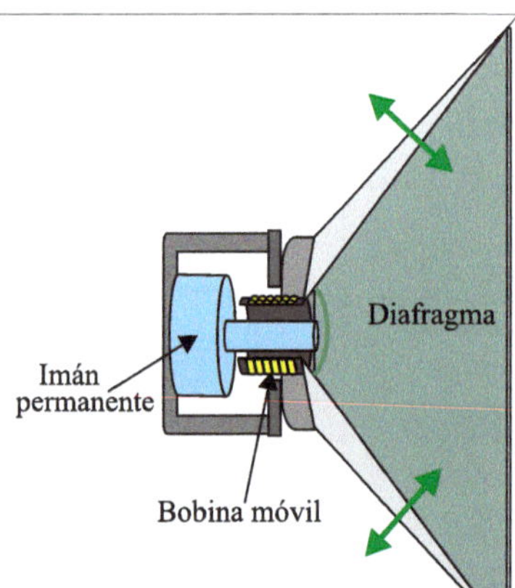

a) De baja frecuencia.

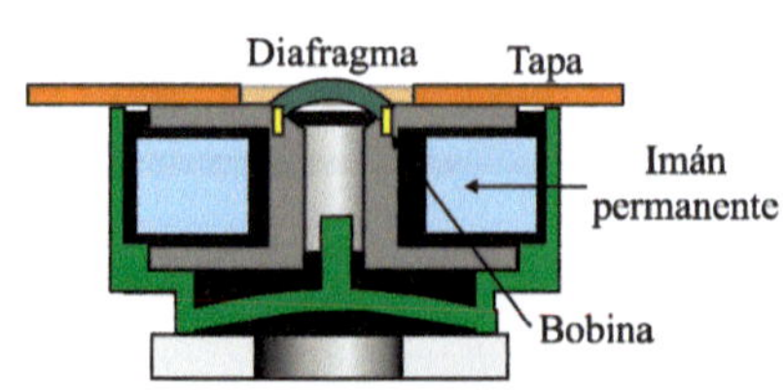

b) De alta frecuencia.

Figura 4.19. Principio de funcionamiento de un altavoz electrodinámico.

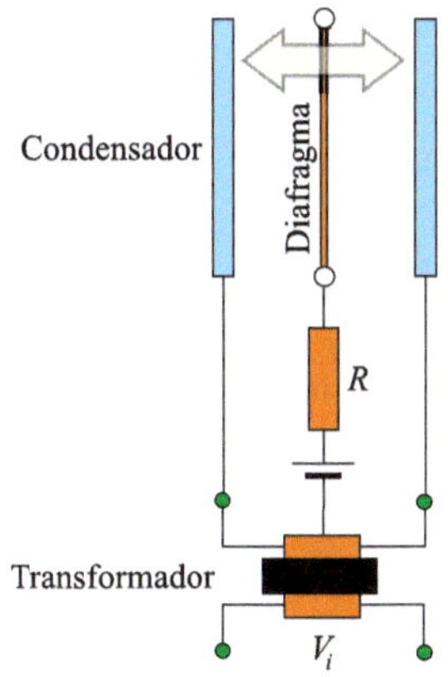

Figura 4.21. Principio de funcionamiento de un altavoz electroestático.

- **Altavoz piezoeléctrico.** Los altavoces piezoeléctricos son dispositivos complementarios de los micrófonos piezoeléctricos. Están fabricados de materiales piezoeléctricos, como por ejemplo poliéster o cerámica, que vibran cuando se les aplica una señal eléctrica, generando la onda sonora correspondiente. El rendimiento de este tipo de altavoz es elevado, pero debido a sus reducidas dimensiones, su superficie de radiación es muy pequeña, por lo que se utilizan solamente para la fabricación de altavoces de alta frecuencia (*tweeter*).

4.4.2. Tipos de altavoces en función del acoplamiento al medio de radiación

En función del acoplamiento con el medio de radiación, es decir, del tipo de transductor mecánico-acústico utilizado, los altavoces se clasifican de la manera siguiente:

- **De radiación directa.** El diafragma del altavoz es el elemento que radia directamente al aire. La mayoría de los altavoces estudiados son de este tipo.
- **De radiación indirecta.** Se intercala un dispositivo entre el diafragma y el aire, con el objetivo de acoplar la impedancia de ambos. Normalmente, se utiliza una bocina que adapta la alta impedancia del diafragma a la baja impedancia del aire. De este modo, se mejora el rendimiento del altavoz, transformando más energía eléctrica en acústica. La Figura 4.22 muestra el aspecto de un megáfono, altavoz que utiliza este principio de funcionamiento.

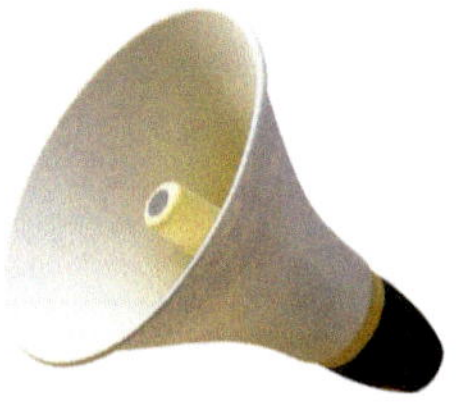

Figura 4.22. Altavoz de radiación indirecta (bocina).

4.4.3. Tipos de altavoces en función del margen de frecuencias

En función del margen de frecuencias que son capaces de reproducir los altavoces, estos admiten la clasificación siguiente (Figura 4.23):

- **Altavoces de subgraves (*subwoofer*).** Diseñado para reproducir aproximadamente las dos primeras octavas (20-80 Hz) del espectro de sonido. Este tipo de altavoz es el que tiene unas dimensiones más grandes, superior a las 15″.
- **Altavoces de graves (*woofer*).** Estos altavoces se utilizan para reproducir tonos graves, por lo que presentan una frecuencia de resonancia muy baja, entre 20 Hz y 150 Hz. Debido a que esta frecuencia depende de las dimensiones del diafragma, son altavoces cuyo diámetro exterior es grande: típicamente entre 8″ y 12″. Su respuesta en frecuencia es mala para las frecuencias medias y altas.

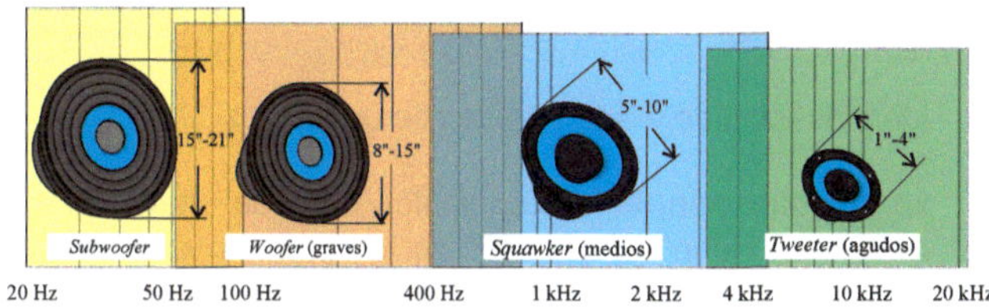

Figura 4.23. Tipos de altavoces.

- **Altavoces de medios (*squawker*).** Estos altavoces reproducen las frecuencias medias del margen audible. Su frecuencia de resonancia se sitúa en torno a los 200 Hz y 400 Hz, respondiendo de manera adecuada hasta frecuencias de unos 6 kHz - 8 kHz. Su diámetro exterior será intermedio entre el de un altavoz de graves y uno de agudos, siendo sus dimensiones típicas de unas 5″.
- **Altavoces de agudos (*tweeter*).** Estos altavoces reproducen hasta las altas frecuencias del margen audible (20 kHz) y tienen una respuesta muy pobre a las bajas frecuencias, ya que su frecuencia de resonancia está cercana a los 2 kHz. Tienen el menor diámetro exterior de todos los altavoces, en torno a 1″.

4.4.4. Conexión de altavoces

Un factor importante que afecta a la señal generada cuando se conectan de manera simultánea varios altavoces es la fase, de manera que las señales que excitan a los mismos desplacen el cono en el mismo sentido. Para ello, todos los altavoces de una instalación se deben conectar utilizando la misma polaridad (Figura 4.24).

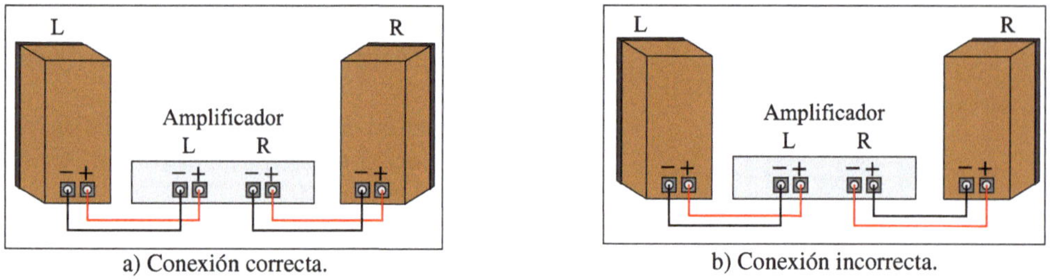

Figura 4.24. Conexión del amplificador a los altavoces en un sistema estéreo.

SABÍAS QUE...

La pulgada es una unidad de medida de la longitud que se utiliza fundamentalmente en los países anglosajones. Una pulgada equivale a 2,54 cm:

1" = 1 pulgada = 2,54 cm

Ejemplo 4.10.

Identificación de los terminales de un altavoz.

La identificación de los terminales de cada altavoz normalmente viene especificada en los propios terminales (Figura 4.25.a) y la conexión típica con su cable de alimentación se realiza mediante unos terminales denominados *faston*.

Aun así, si desconocemos su polaridad, los terminales pueden identificarse aplicando una pila en sus extremos, tal y como se muestra en la Figura 4.25.b: la polaridad correcta de la pila provoca que el cono del altavoz salga hacia fuera.

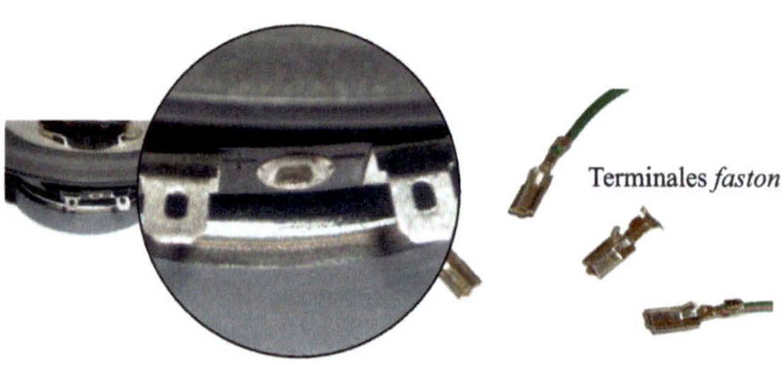

a) Terminales de conexión.

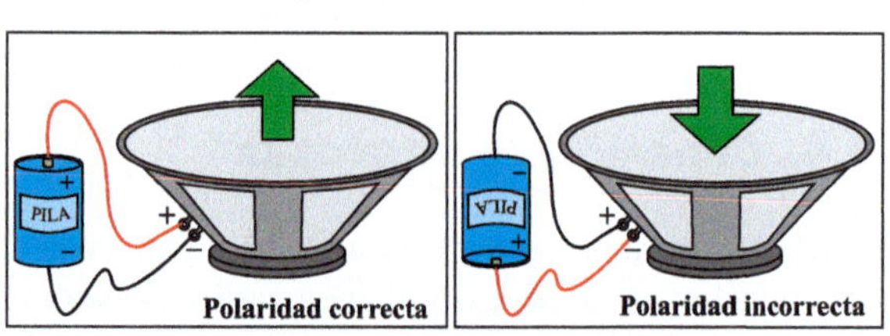

b) Identificación de la polaridad.

Figura 4.25. Identificación de los terminales de un altavoz.

4.5. Cajas acústicas

Normalmente, los altavoces van montados en el interior de unas cajas (Figura 4.26) que, por un lado, proporcionan protección y sujeción mecánica y, por otro, les protegen de un fenómeno acústico denominado cortocircuito acústico.

Figura 4.26. Cajas acústicas.

4.5.1. Cortocircuito acústico

Cuando se aplica una señal eléctrica a un altavoz, el diafragma se desplaza hacia fuera si esta es positiva, mientras que si es negativa, lo hace en sentido contrario, es decir, hacia dentro. Esto provoca que el nivel de presión sonora que se genera tenga signo diferente en cada lado del altavoz. Esta situación se muestra en la Figura 4.27.a y provoca la cancelación del sonido en los extremos del altavoz cuando se encuentran los dos frentes de onda, ya que existe una oposición de fase entre ellos (Figura 4.27.b). Este fenómeno se conoce con el nombre de **cortocircuito acústico.**

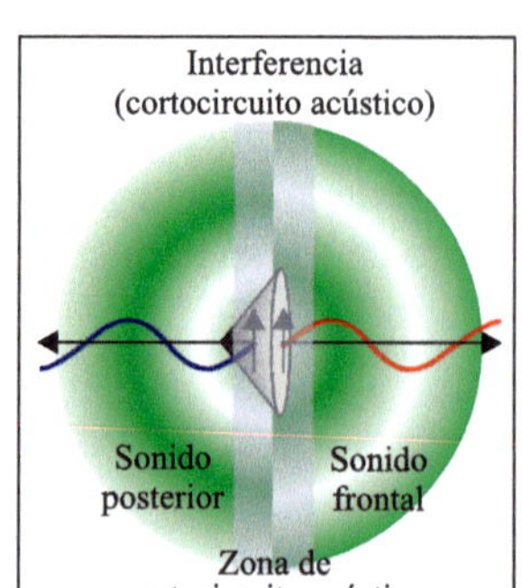

a) Cortocircuito acústico.

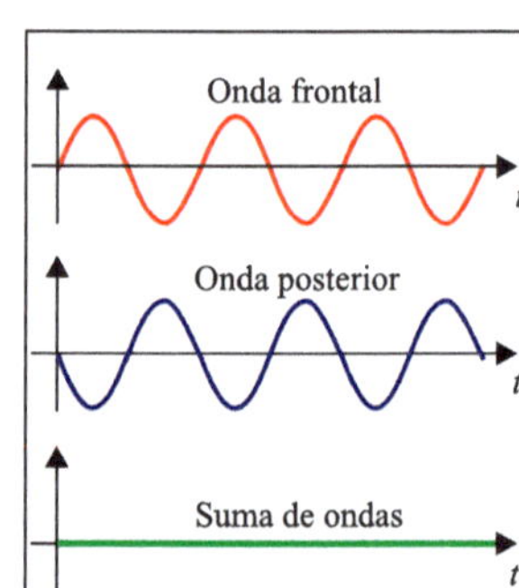

b) Cancelación de las ondas sonoras al cortocircuito acústico.

Figura 4.27. Cortocircuito acústico de un altavoz.

4.5.2. Recintos acústicos

Con el objetivo de evitar el cortocircuito acústico, los altavoces se montan en el interior en una caja o recinto acústico, tal y como se muestra en la Figura 4.28.

Figura 4.28. Interior de una caja acústica.

Se pueden encontrar diferentes tipos de recintos o pantallas acústicas:

- Recinto infinito.
- Recinto cerrado.
- Recinto *bass-reflex.*
- Recinto con radiador pasivo.

Recinto infinito

El recinto acústico más sencillo, que se muestra en la Figura 4.29, está formado por un panel de grandes dimensiones, idealmente infinitas, como por ejemplo una pared, en el que se practica un agujero para el altavoz. La misión del panel es separar la radiación frontal del altavoz de la radiación posterior, para así evitar el cortocircuito acústico.

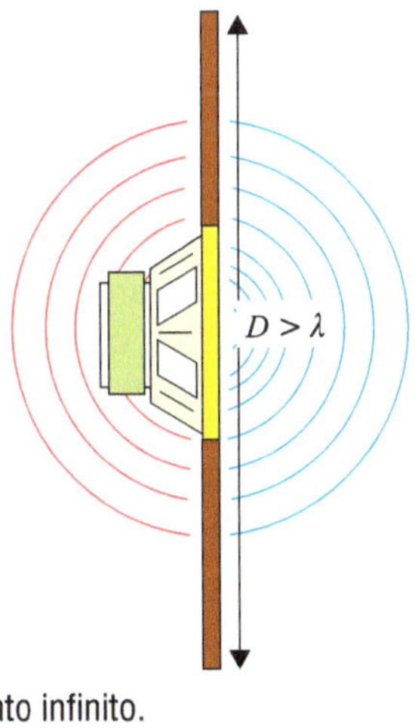

Figura 4.29. Recinto infinito.

Para evitar la cancelación de las ondas es necesario utilizar un panel de dimensiones grandes: mayor que la longitud de onda más grande que se desea reproducir. Por ejemplo, para frecuencias de 40 Hz sería necesario utilizar paneles de longitud superior a los 8 m. Aun así, existen algunos ejemplos, como el mostrado en la Figura 4.30, que se comportan como un recinto infinito: los altavoces empotrados en el techo. En este caso, el techo separa las ondas posteriores de las frontales.

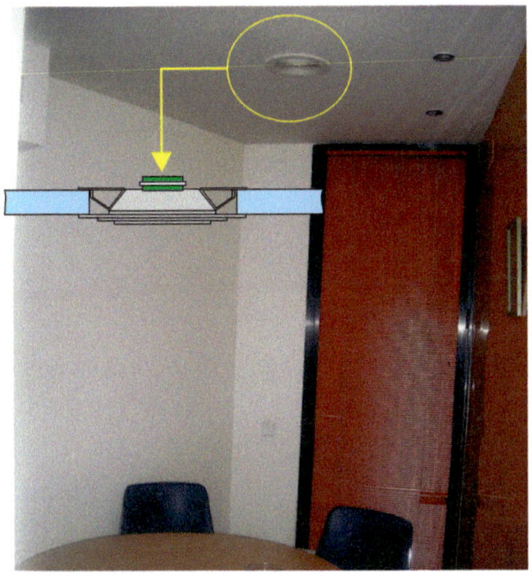

Figura 4.30. Ejemplo de recinto infinito.

Recinto cerrado

En un **recinto cerrado,** el altavoz se aloja en el interior de una caja completamente cerrada, que evita que las señales radiadas en la parte posterior del altavoz se propaguen, por lo que se mejoran las condiciones acústicas, pero se reduce el rendimiento, ya que no se aprovechan las ondas posteriores.

Esta solución tiene el inconveniente de que modifica las condiciones de trabajo y la respuesta en frecuencia del altavoz, ya que se producen resonancias debido a las dimensiones de la caja, cuando las señales son de una longitud de onda múltiplo de estas. Si se desea una buena respuesta a bajas frecuencias, las dimensiones de la caja deben ser elevadas, ya que la impedancia acústica del altavoz aumenta a medida que el volumen de la caja disminuye. Otro motivo que aumenta la frecuencia de resonancia es la resistencia que ofrece el aire encerrado dentro del recinto cuando es comprimido. Tratando de evitar estos problemas se han desarrollado varios **tipos de cajas:**

- **Caja abierta.** Este tipo de caja acústica, de baja calidad, presenta aberturas en la parte posterior (Figura 4.31.a).
- **Caja de compresión.** En este tipo de caja, como se muestra en la Figura 4.31.b, se añade en su interior un material absorbente que amortigua en gran

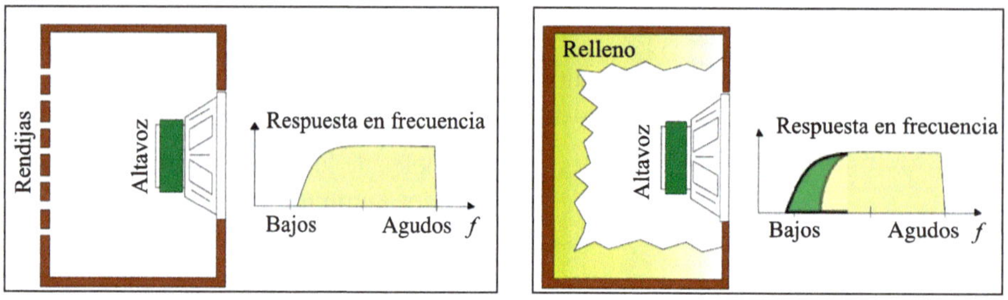

a) Caja abierta. b) Caja de compresión.

Figura 4.31. Recintos cerrados.

medida las señales, lo que aumenta la respuesta en frecuencia a bajas frecuencias.

> **Recuerda**
>
> Las cajas cerradas anulan el cortocircuito eléctrico, disipando la onda posterior, pero se pierde la energía trasera radiada.

Cajas *bass-reflex*

Las **cajas *bass-reflex*** son cajas que reflejan los bajos. Para ello la caja contiene un ducto, denominado **puerto réflex,** que tiene por misión extender la respuesta a las bajas frecuencias, aprovechando el sonido que se produce en la parte posterior del altavoz (Figura 4.32).

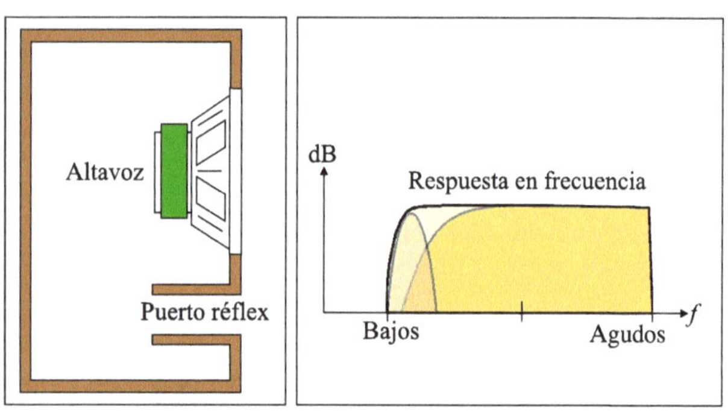

a) Constitución. b) Respuesta en frecuencia.

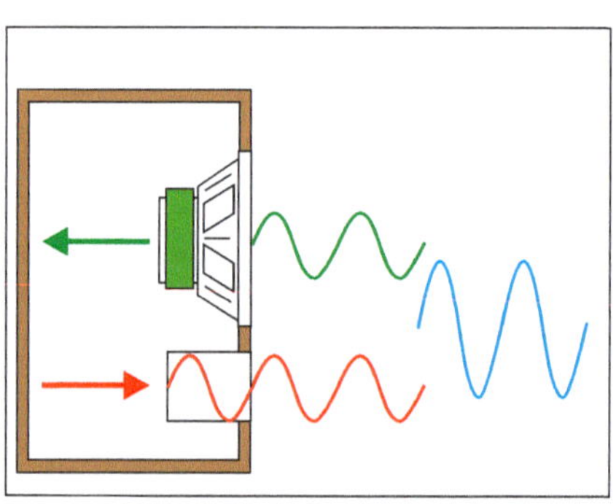

c) Principio de funcionamiento.

Figura 4.32. Caja *bass-reflex*.

Las dimensiones del puerto réflex deben ser tales que la onda directa y la reflejada por el ducto estén en fase. A baja frecuencia, se aprovecha la onda posterior, ya que el puerto invierte la fase de la onda, permitiendo aumentar hasta 3 dB el nivel de la señal. En cambio, a frecuencias medias y altas el puerto no actúa.

Recintos con radiador pasivo

Un **recinto con radiador pasivo** (Figura 4.33) es un recinto *bass-reflex* en el que se sustituye el aire de la abertura del puerto por un altavoz desprovisto de bobina, el cual se excita por las variaciones de presión del aire encerrado dentro del recinto.

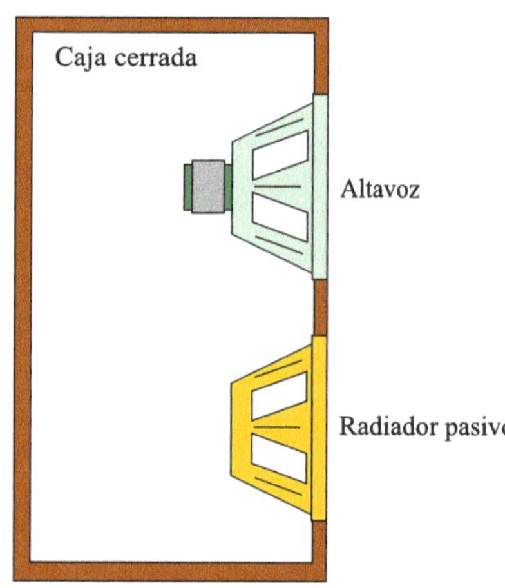

Figura 4.33. Recinto con radiador pasivo.

4.5.3. Columnas acústicas

Una **columna acústica** es la agrupación de varios altavoces de las mismas características, con el objetivo de variar el ángulo de cobertura de un único altavoz. El resultado se comporta como un único altavoz con un ángulo de cobertura vertical menor y más directivo. En la Figura 4.34 se muestra el aspecto externo de una columna acústica.

En la Figura 4.35 se muestra cómo una columna acústica modifica la cobertura vertical manteniendo a su vez la cobertura horizontal. Su utilización es adecuada en locales donde el tiempo de reverberación es muy elevado y no es posible el tratamiento acústico de sus paredes, ya que al disminuir el ángulo de cobertura se pueden evitar las reflexiones del sonido sobre el techo y el suelo.

Figura 4.34. Columnas acústicas.

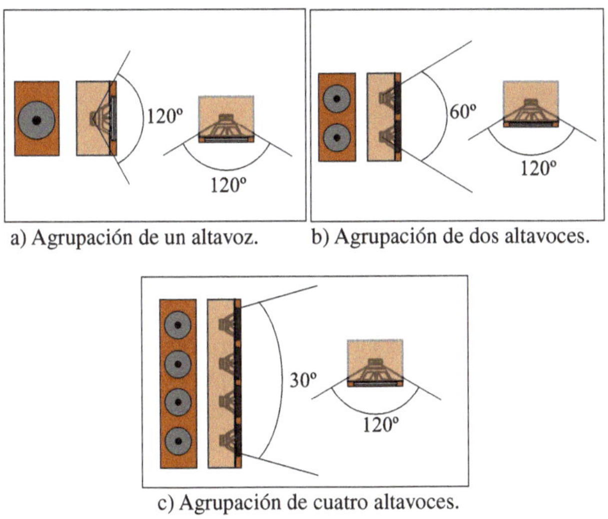

Figura 4.35. Columnas acústicas.

4.5.4. Altavoces de bocina

En megafonía es necesario cubrir superficies amplias de radiación a grandes distancias utilizando el menor número de altavoces posible. Para ello se utilizan los altavoces de bocina, que son dispositivos muy directivos.

En la Figura 4.36.a se muestran los componentes que forman un altavoz de bocina: un motor de compresión y un diafragma rígido que radia sobre una bocina. El **motor de compresión** es un altavoz electrodinámico de bobina móvil, que incluye una cámara de compresión, un diafragma pequeño y ligero y la estructura para ser anclado a la bocina.

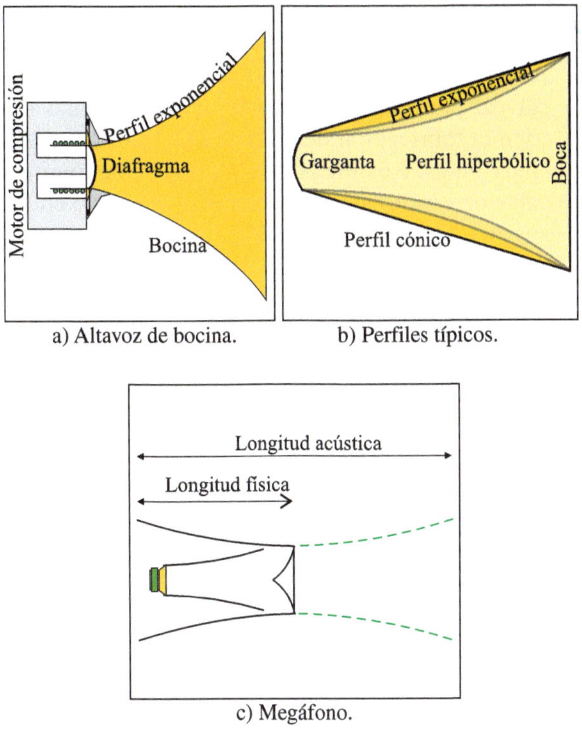

Figura 4.36. Altavoz de bocina.

La **bocina** se intercala entre el aire y la membrana para adaptar la impedancia de ambos medios. La parte exterior frontal de la bocina recibe el nombre de boca, mientras que la interior, más próxima al motor de compresión, se denomina garganta. La bocina está formada por un tubo de abertura progresiva que adapta la impedancia acústica del cono a la del aire que lo rodea, de manera que se mejora la transferencia de potencia: el altavoz entrega la energía acústica a una pequeña masa de aire a gran presión (garganta) y esta se convierte en variaciones más pequeñas de presión a una masa de aire mayor (boca de la garganta). La forma de la bocina más utilizada es aquella de sección transversal de crecimiento exponencial (Figura 4.36.b), ya que garantiza un compromiso entre el rendimiento y la distorsión generada.

Las aplicaciones típicas de las bocinas son:

- ***Tweeter* con bocina.** Los *tweeters* normalmente utilizan bocinas que adaptan su impedancia acústica con la del aire (Figura 4.37) para aumentar el rendimiento.

Figura 4.37. Bocina de un *tweeter.*

- **Megáfono.** Para obtener una buena respuesta en baja frecuencia, la boca de la bocina debe ser una cuarta parte de la longitud de onda que emite el altavoz, por lo que las dimensiones requeridas impiden la fabricación de dispositivos para frecuencias muy bajas. Los megáfonos, también denominados altavoces exponenciales, como el mostrado en la Figura 4.38, son bocinas plegadas, que reducen el tamaño de la bocina, ya que estos aproximadamente son acústicamente el doble de largos que su longitud física (Figura 4.36.c). Por ello, la calidad de sonido de las bocinas es más pobre que en los altavoces de radiación directa.

Figura 4.38. Megáfono (altavoz exponencial).

4.5.5. Proyectores de sonido

Un proyector de sonido, como el de la Figura 4.39, es un recinto de forma tubular, equipado con un altavoz de banda ancha, de diámetro típico comprendido entre 4″ a 7″. Se trata de un dispositivo muy directivo y de sensibilidad elevada, superior a los 90 dB/W/m y de mediana potencia, 10 a 20 W.

Figura 4.39. Proyector de sonido.

Es un altavoz adecuado para su montaje en posiciones elevadas, de hasta 6 metros de altura, y en recintos interiores con niveles elevados de ruido ambiente.

4.5.6. Respuesta en frecuencia de las cajas acústicas y altavoces

Entre los factores que determinan la respuesta en frecuencia de un altavoz están sus características constructivas. Por ejemplo, en la Figura 4.40 se muestran diferentes tipos de altavoz con su respuesta típica en frecuencia, que determinará la aplicación a la que se destinan (voz, hilo musical, alta fidelidad, etcétera).

Figura 4.40. Respuesta en frecuencia típica de los altavoces.

4.6. Filtros de cruce

Cada tipo de altavoz (*woofer*, *squawker* y *tweeter*) está diseñado para trabajar de manera óptima a determinadas frecuencias. Para eliminar las señales de frecuencias inadecuadas es necesario primero filtrar las señales que finalmente se aplicarán a cada altavoz.

SABÍAS QUE...

Los filtros evitan que las frecuencias bajas dañen al altavoz de agudos (*tweeter*) así como que las frecuencias agudas lleguen al altavoz de graves (*woofer*), ya que su sonido puede llegar a resultar desagradable.

4.6.1. Vías de un filtro

Los filtros que se utilizan para este fin se denominan **filtros de cruce** (*crossover*). Estos filtros dividen el sonido en dos o tres vías:

- **Dos vías.** La señal de sonido se divide en dos márgenes de frecuencia: las frecuencias bajas se aplican al altavoz de graves y las frecuencias altas al altavoz de agudos (Figura 4.41.a).
- **Tres vías.** El espectro audible se divide en tres márgenes: frecuencias bajas, medias y altas, que se aplican a un *woofer*, un *squawker* y un *tweeter*, respectivamente (Figura 4.41.b).

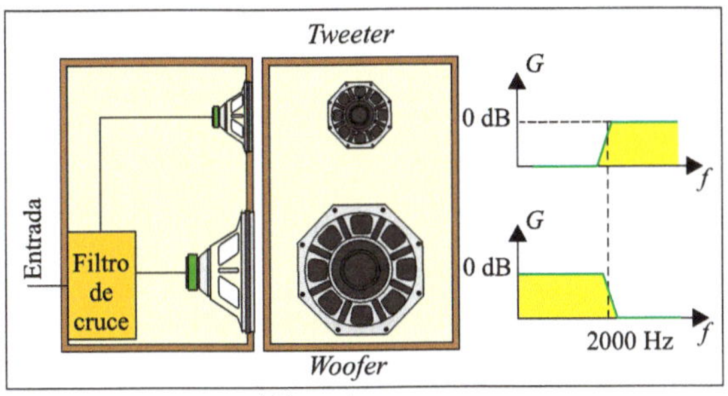

a) Dos vías.

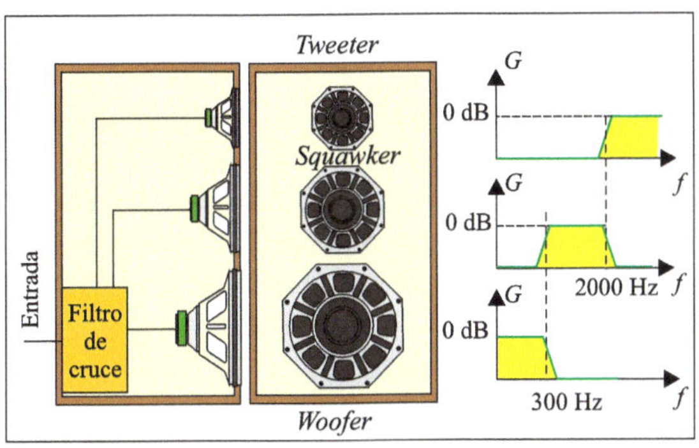

b) Tres vías.

Figura 4.41. Configuraciones típicas de los filtros de un altavoz.

Normalmente, el filtro de cruce se encuentra dentro de la caja del altavoz y es de tipo pasivo, de manera que la frecuencia de corte no se puede modificar ya que viene determinada por los componentes (condensadores y bobinas) utilizados en su diseño. En ocasiones, cabe recurrir a filtros de cruce externos, como el mostrado en la Figura 4.42, en los que el filtro se coloca en el interior de una caja que se sitúa entre los altavoces y el amplificador. Observar que las resistencias utilizadas en este tipo de filtros son de potencia y normalmente la inductancia de las bobinas y la capacidad de los condensadores que utilizan es de valor elevado.

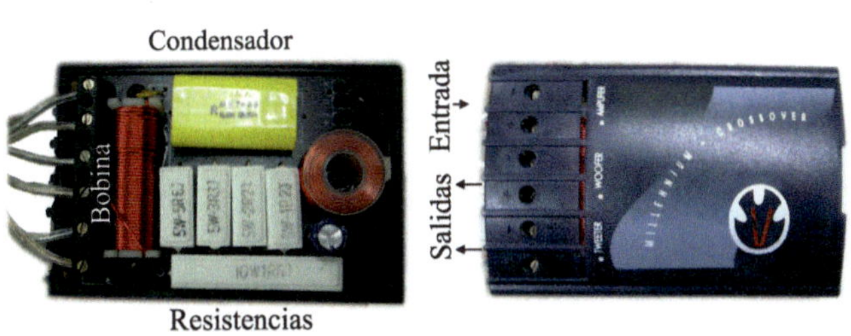

Figura 4.42. Aspecto de un filtro de dos vías pasivo.

4.6.2. Tipos de filtros

La principal función de los filtros es discriminar las frecuencias para evitar que a los altavoces les lleguen señales inadecuadas. Existen diferentes **tipos de filtros** en función del margen de frecuencias que eliminan:

- **Filtro paso bajo.** Elimina las frecuencias altas de la señal de sonido, de manera que solo deja pasar al altavoz de graves las frecuencias más bajas.
- **Filtro paso banda.** Solo deja pasar las frecuencias comprendidas entre dos frecuencias determinadas.
- **Filtro paso alto.** Elimina el margen de las frecuencias bajas, de manera que solo permite que a los altavoces de agudos les lleguen las frecuencias altas.

Los filtros pasivos se basan en la variación de la impedancia de las bobinas y de los condensadores con la frecuencia y, tal y como se muestra en la Figura 4.43.a, estos utilizan como resistencia de carga la propia impedancia del altavoz (Figura 4.43.b).

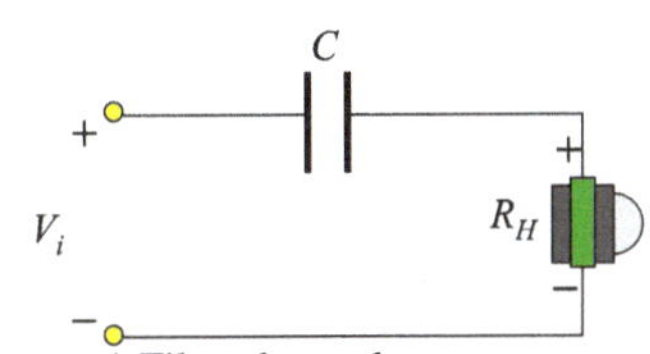

a) Filtro de un altavoz.

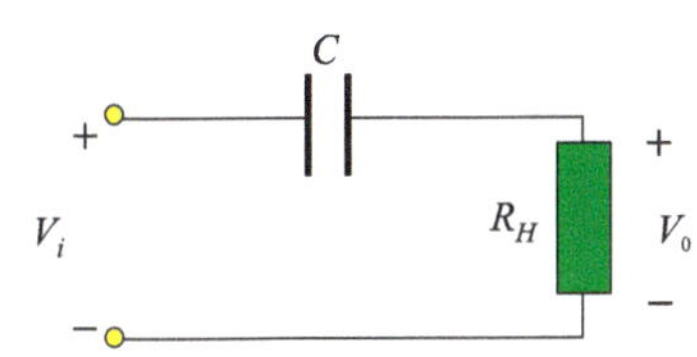

b) Filtro pasivo equivalente.

Figura 4.43. Filtros de sonido.

Recuerda

Para diferenciar la impedancia de cada tipo de altavoz, utilizaremos los siguientes símbolos:

- R_L (*Low*): impedancia del altavoz de frecuencias bajas (*woofer*).
- R_H (*High*): impedancia del altavoz de frecuencias altas (*tweeter*).
- R_M (*Middle*): impedancia del altavoz de frecuencias medias (*squawker*).

4.6.3. Filtro paso bajo

El **filtro paso bajo** de la Figura 4.44.a se basa en el comportamiento de la bobina con la frecuencia. La reactancia de la **bobina** depende de su inductancia (L) y de la frecuencia (f). Cuanto menor es la frecuencia, menor es la reactancia (X_L) que presenta:

$$X_L = 2\pi f L$$

El filtro paso bajo se fundamenta en un divisor de tensión que se crea entre la reactancia de la bobina y la impedancia del altavoz (Figura 4.44.b). Como la reactancia de la bobina varía con la frecuencia, también lo hará la tensión aplicada al altavoz. A frecuencias bajas, por debajo de la frecuencia de corte ($f << f_c$), la reactancia de la bobina es baja, y se comporta prácticamente como un cortocircuito. En este caso, toda la señal de entrada está presente a su salida ($V_0 = V_i$). En el caso extremo, cuando la frecuencia es suficientemente elevada ($f >> f_c$), la bobina se comporta como un circuito abierto, por lo que la tensión de salida es nula. Para frecuencias intermedias, la reactancia de la bobina se opondrá parcialmente al paso de la señal en función de su frecuencia, por lo que la tensión de salida siempre será inferior a la de entrada.

Este comportamiento vendrá determinado por la frecuencia de corte del filtro (f_c) y su respuesta típica se muestra en la Figura 4.44.a. La **frecuencia de corte** (f_c) de un filtro se corresponde con la frecuencia en que la señal de salida del filtro se atenúa 3 dB y limita la banda de paso del filtro con la banda en la que se empieza a atenuar la señal.

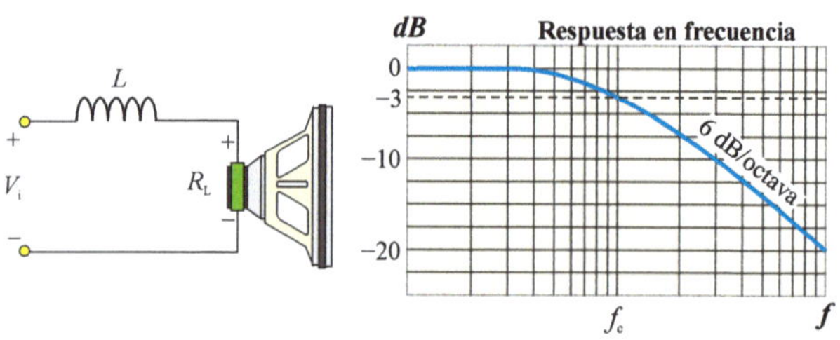

a) Filtro paso bajo.

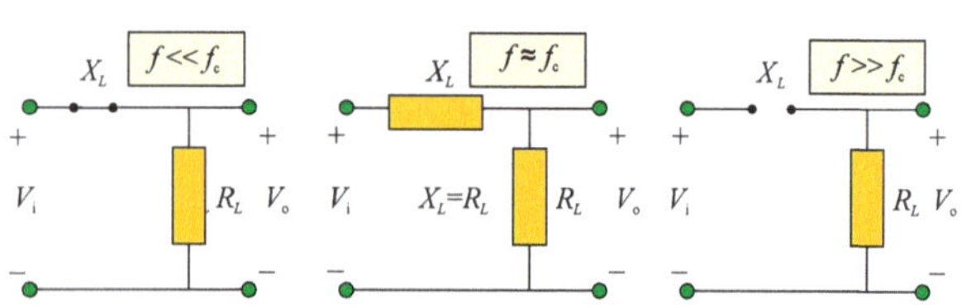

b) Principio de funcionamiento de un filtro paso bajo.

Figura 4.44. Filtro pasivo paso bajo.

4.6.4. Filtro paso alto

El **filtro paso alto** de la Figura 4.55.a se basa en el comportamiento del condensador con la frecuencia. La reactancia de un **condensador** viene determinada por su capacidad (C) y depende de la frecuencia (f). Cuanto mayor es la frecuencia, más pequeña será su reactancia (X_c):

$$X_c = \frac{1}{2\pi f C}$$

Este filtro es complementario al filtro paso bajo, por lo que su comportamiento ante la frecuencia será el inverso (Figura 4.45.b). Su respuesta típica se muestra en la Figura 4.46.

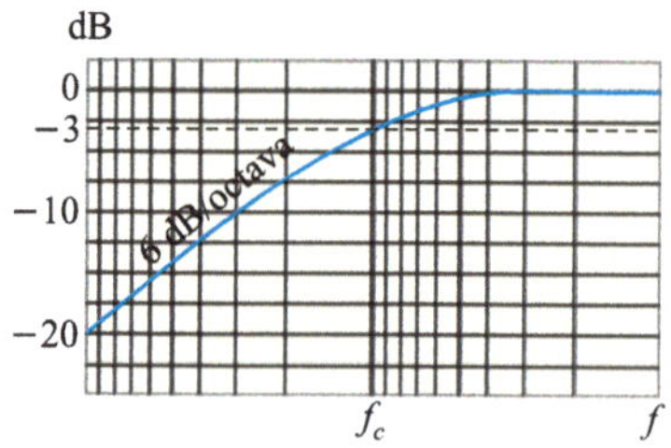

Figura 4.46. Respuesta en frecuencia de un filtro paso alto.

4.6.5. Filtro paso banda

Un **filtro paso banda** asocia a un mismo filtro el comportamiento de un filtro paso bajo y el de un filtro paso alto (Figura 4.47). Diseñando de manera adecuada las frecuencias de corte se consigue que en la banda de paso las frecuencias no se atenúen, mientras que sí lo hagan las frecuencias situadas en los extremos de la banda (bajas y altas frecuencias).

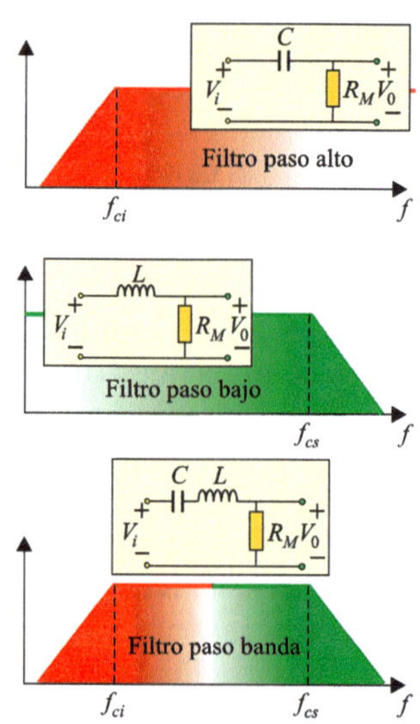

Figura 4.47. Comportamiento de un filtro pasivo paso banda.

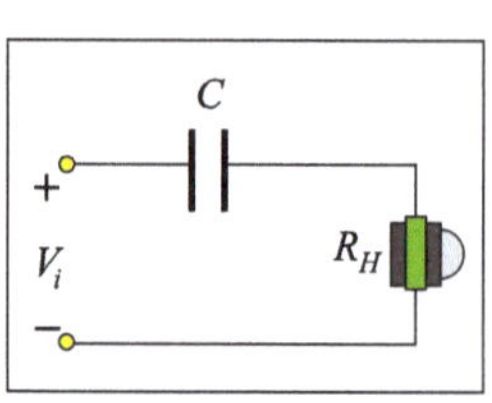

a) Filtro paso alto.

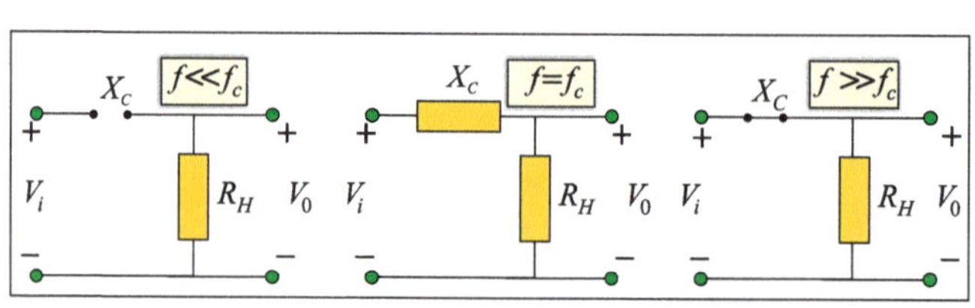

b) Principio de funcionamiento de un filtro paso alto.

Figura 4.45. Filtro pasivo paso alto.

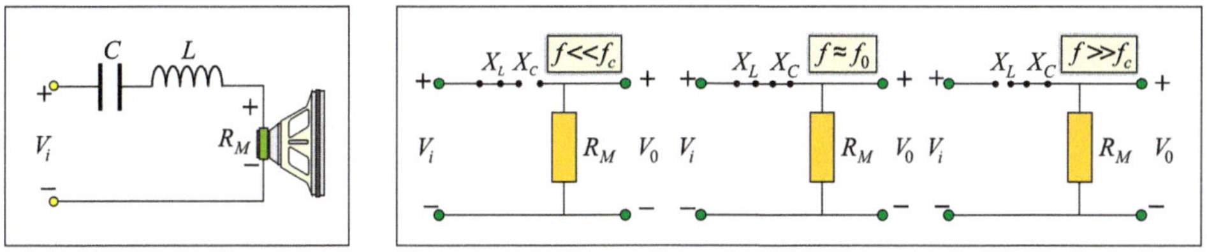

a) Filtro paso banda. b) Principio de funcionamiento de un filtro paso banda.

Figura 4.48. Filtro pasivo paso banda.

El filtro paso banda básico está formado por un circuito serie *LC* (Figura 4.48.a). Este circuito se opone al paso de cualquier frecuencia, excepto la frecuencia de resonancia (f_0) y las comprendidas en el ancho de banda del circuito (Figura 4.48.b).

4.6.6. Frecuencia de corte

La **frecuencia de corte** (f_c) de un filtro se corresponde con la frecuencia en la que la señal de salida se atenúa 3 dB respecto de la señal de entrada. Esta frecuencia limita la banda de paso del filtro con la banda en la que empieza a atenuar la señal.

Los **filtros de primer orden** son los más sencillos y tienen una atenuación de 6 dB/octava, es decir, las señales de frecuencia fuera de la banda de paso se atenúan 6 dB cada vez que se dobla la frecuencia. Este tipo de filtro se denomina de primer orden, ya que la atenuación en cada banda se debe al efecto de un único componente reactivo, ya sea un condensador o una bobina.

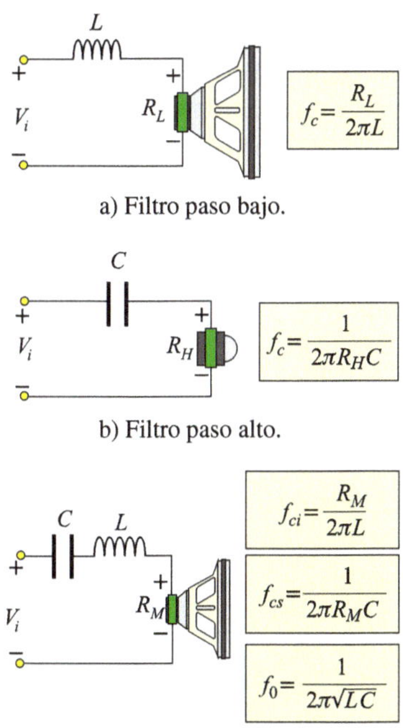

a) Filtro paso bajo.

b) Filtro paso alto.

c) Filtro paso banda.

Figura 4.49. Diseño de filtros de primer orden.

La Figura 4.49 muestra la aplicación de los filtros de primer orden en el diseño de filtros para altavoces:

- Los **filtros paso bajo** de primer orden se diseñan para que a la frecuencia de corte (f_c) la reactancia que presenta la bobina sea la misma que la impedancia del altavoz (R_L), de manera que la atenuación de la señal a esta frecuencia sea de 3 dB:

$$X_L = 2\pi f_c L = R_L$$

- Los **filtros paso alto** de primer orden se diseñan para que a la frecuencia de corte (f_c) la reactancia que presenta el condensador sea la misma que la impedancia del altavoz (R_H), de manera que la atenuación de la señal a esta frecuencia sea de 3 dB:

$$X_c = \frac{1}{2\pi f_c C} = R_H$$

- El **filtro paso banda** se diseña para que a la frecuencia de corte inferior (f_{ci}) la reactancia que presenta el condensador sea la misma que la impedancia del altavoz (R_M), y la frecuencia de corte superior (f_{cs}) para que la reactancia de la bobina sea la misma que la del altavoz (R_M). En ambos casos, la atenuación de la señal a esta frecuencia es de 3 dB. Además, a la frecuencia central del filtro, la reactancia del condensador (X_c) es la misma que la de la bobina (X_L). Para un filtro *LC* esto se cumple a la frecuencia de resonancia (f_0).

Recuerda

La frecuencia de resonancia de un circuito *LC* serie es:

$$f_0 = \frac{1}{2\pi\sqrt{LC}}$$

Para esta frecuencia la impedancia total del circuito *LC* es nula, ya que la reactancia del condensador compensa la reactancia debida a la bobina.

4.6.7. Filtros de dos vías

En el diseño de un **filtro de dos vías** es necesario un filtro paso alto que elimine las componentes de baja frecuencia del altavoz de agudos y un filtro paso bajo que elimine las componentes de alta frecuencia del altavoz de graves.

Ejemplo 4.11.

Diseño de un filtro de dos vías de primer orden.

La Figura 4.50 muestra la estructura de un filtro de dos vías con las fórmulas que permiten el cálculo de la capacidad y la inductancia de los componentes utilizados. La frecuencia de corte de los filtros deseada es de 3000 Hz. La impedancia de los dos altavoces utilizados (R_L y R_H) es de 8 Ω.

Para una frecuencia de corte (f_c) de 3000 Hz y un altavoz de agudos con impedancia nominal (R_H) de 8 Ω, la capacidad del condensador del filtro paso alto debe ser de 6,6 μF:

$$C_1 = \frac{1}{2\pi R_H f_c} = \frac{1}{2\pi \cdot 8 \cdot 3000} = 6{,}6 \cdot 10^{-6}\ \text{F} = 6{,}6\ \mu\text{F}$$

El filtro paso bajo se diseña para la misma frecuencia de corte. Si la impedancia del altavoz de graves (R_L) también es de 8 Ω, la inductancia de la bobina debe ser de 0,42 mH:

$$L_1 = \frac{R_L}{2\pi f_c} = \frac{8}{2\pi \cdot 3000} = 4{,}2 \cdot 10^{-4}\ \text{H} = 0{,}42\ \text{mH}$$

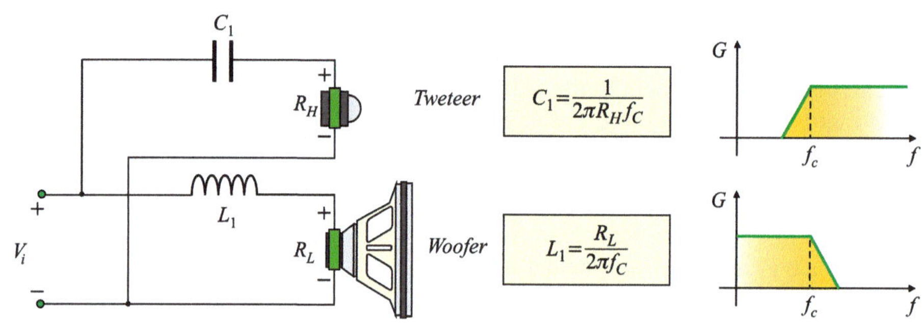

Figura 4.50. Filtro de dos vías de primer orden.

4.6.8. Filtros de tres vías

En el diseño de un **filtro de tres vías**, el margen de actuación se divide en tres bandas, por lo que es necesario, además del filtro paso bajo y del filtro paso alto, un filtro paso banda que limite el margen de frecuencias aplicado al altavoz de medios.

4.6.9. Diseño de filtros de cruce

En el diseño de un sistema de sonido es fundamental, cuando se combinan las diferentes vías de graves, medios y agudos conocer las consecuencias sobre la respuesta de fase y respuesta de frecuencia del sistema.

Orden de un filtro

El **orden del filtro** nos indica su comportamiento asintótico, es decir, la atenuación a frecuencias alejadas de la frecuencia de corte. En la Figura 4.52 se muestra la respuesta en frecuencia de diferentes filtros: cuanto mayor es el orden de un filtro, mayor es la atenuación fuera de la banda de paso. En función de su respuesta los filtros se clasifican de la manera siguiente:

- **Primer orden.** Estos filtros presentan una atenuación de 20 dB/década fuera de la banda de paso, es decir, la señal se atenúa 20 dB cada vez que la frecuencia se multiplica por 10. También es común representar esta atenuación por octavas: en este caso, la atenuación de un filtro de primer orden es de 6 dB cada vez que la frecuencia se duplica (6 dB/octava).
- **Segundo orden.** Estos filtros provocan una atenuación de 40 dB/década o 12 dB/octava en la banda de atenuación.
- **Tercer orden.** Estos filtros tienen mayor selectividad en la banda de atenuación: 60 dB/década o 18 dB/octava.
- **Orden *n*.** Un filtro de orden *n* tiene una atenuación de *n* x 20 dB/década o *n* x 6 dB/octava.

Respuesta de fase

La **respuesta de fase** de un filtro evalúa el desfase que introduce un filtro entre las señales de entrada y de salida.

En la Figura 4.54.a se muestra un filtro paso bajo de primer orden que tiene la respuesta en fase indicada en la Figura 4.54.b. En la banda de paso la fase entre la señal de entrada y la de salida es muy parecida (0º).

Ejemplo 4.12.

Diseño de un filtro de tres vías de primer orden.

Se desea realizar el diseño de un filtro de tres vías de primer orden, con fc_i de 800 Hz y fc_s de 3000 Hz.

En la Figura 4.51 se muestra un filtro de tres vías, junto con las fórmulas de diseño de los elementos pasivos. En este ejemplo, la impedancia del altavoz de graves (R_L) es de 4 Ω, mientras que la del altavoz de medios (R_M) y de agudos (R_H) es de 8 Ω.

El condensador (C_1) del filtro paso alto debe ser de 6,6 µF:

$$C_1 = \frac{1}{2\pi R_H f_{cs}} = \frac{1}{2\pi \cdot 8 \cdot 3000} = 6{,}6 \cdot 10^{-6}\ \text{F} = 6{,}6\,\mu\text{F}$$

La bobina (L_1) del filtro paso bajo debe ser de 0,796 mH:

$$L_1 = \frac{R_L}{2\pi f_{ci}} = \frac{4}{2\pi \cdot 800} = 7{,}96 \cdot 10^{-4}\ \text{H} = 0{,}796\ \text{mH}$$

El condensador (C_2) y la bobina (L_2) del filtro paso banda deben ser de 24,9 µF y 0,42 mH respectivamente:

$$C_2 = \frac{1}{2\pi R_M f_{ci}} = \frac{1}{2\pi \cdot 8 \cdot 800} = 2{,}49 \cdot 10^{-5}\ \text{F} = 24{,}9\,\mu\text{F}$$

$$L_2 = \frac{R_M}{2\pi f_{cs}} = \frac{8}{2\pi \cdot 3000} = 4{,}2 \cdot 10^{-4}\ \text{H} = 0{,}42\ \text{mH}$$

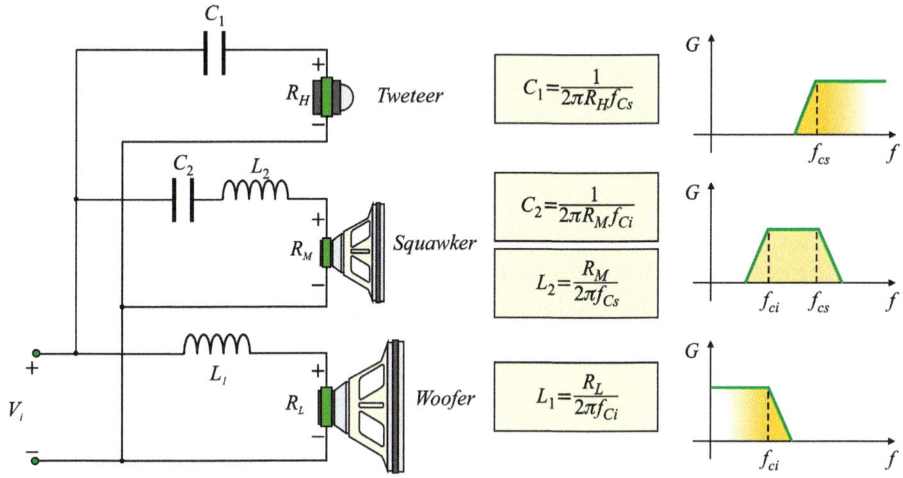

Figura 4.51. Filtro de tres vías de primer orden.

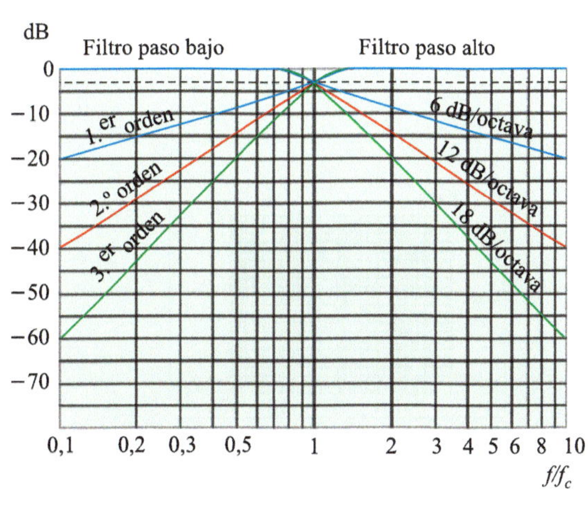

Figura 4.52. Orden de un filtro.

Ejemplo 4.13.

Respuesta en frecuencia de un filtro de primer orden de dos vías.

La Figura 4.53 muestra la respuesta de un filtro de dos vías de primer orden con frecuencia de corte de 2 kHz. A la entrada del filtro existen tres tonos de frecuencia, 200 Hz, 2 kHz y 20 kHz y 1 V de amplitud. El tono de 200 Hz se encuentra dentro de la banda de paso del filtro paso bajo, por lo que el altavoz de graves reproduce esta señal sin apenas atenuación. En cambio, el filtro paso bajo lo atenúa 20 dB, ya que se encuentra una década por debajo de su frecuencia de corte. Una atenuación de 20 dB equivale a una señal de salida 10 veces menor, por lo que el altavoz de agudos reproduce el tono, pero con una tensión de 0,1 V. Como se puede observar, los filtros de primer orden son poco selectivos.

El comportamiento del tono de 20 kHz es análogo, excepto que será discriminado por el filtro paso bajo, mientras que el filtro paso alto lo dejará pasar sin apenas atenuarlo.

Caso especial es el tono de 2 kHz, que se corresponde con la frecuencia de corte de los dos filtros. En este caso, la señal de salida de ambos filtros se atenúa 3 dB, por lo que la señal de salida será aproximadamente de 0,707 V. Para esta frecuencia, los dos altavoces reproducen la misma señal.

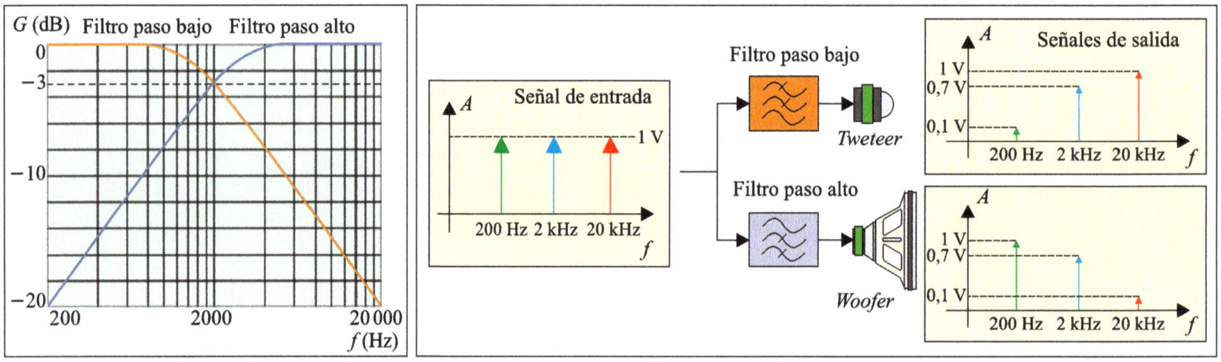

a) Respuesta en frecuencia de los filtros. b) Ejemplo de aplicación.

Figura 4.53. Filtro de dos vías de primer orden.

A medida que la frecuencia de las señales se acerca a la frecuencia de corte del filtro, la diferencia de fase entre la señal de entrada y la de salida se acerca a −45°, es decir, la señal de salida sufre un retraso de 45° respecto de la señal de entrada. Para frecuencias alejadas de la frecuencia de corte, el desfase entre las señales de entrada y de salida es de −90°. Este comportamiento se resume en la Figura 4.54.c.

La Figura 4.55 muestra la respuesta en fase de un filtro paso alto de primer orden: el desfase que introduce el filtro en la banda de paso es de 0°, y aumenta de manera positiva a medida que la frecuencia disminuye, pasando de +45° a la frecuencia de corte hasta +90° a bajas frecuencias.

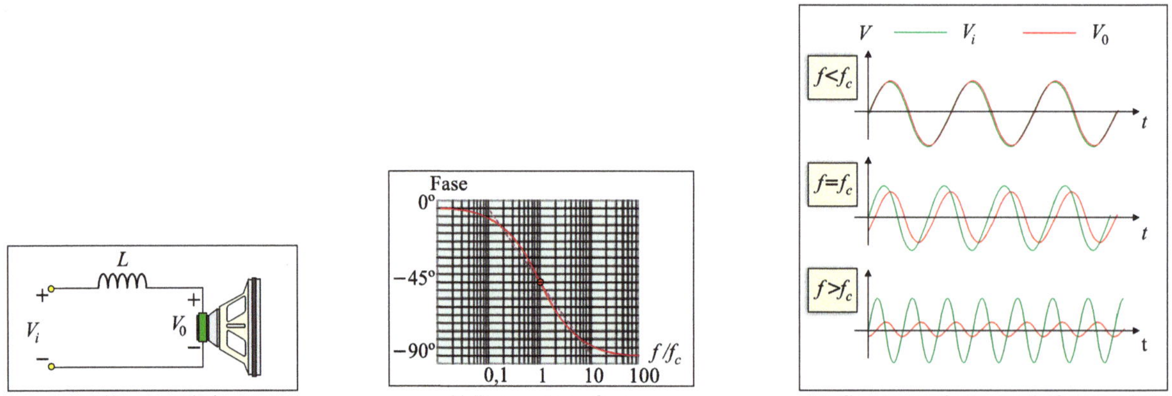

a) Filtro paso bajo. b) Respuesta en fase. c) Comportamiento con la frecuencia.

Figura 4.54. Efecto en la fase en la señal de salida de un filtro paso bajo.

Recuerda

En la frecuencia de corte, los altavoces de graves y de agudos reproducen la misma señal.

Como se observa, la utilización de filtros en un sistema tiene consecuencias sobre la relación de fase de la señal de audio. En la Tabla 4.5 se resume el desfase que sufre la señal de salida respecto de la entrada según el orden del filtro.

Tabla 4.5. Relación entre el orden de un filtro y el desfase entre la señal de entrada y la de salida

Orden del filtro	Atenuación (banda de atenuación)	Desfase (a la frecuencia de corte)
1	6 dB/octava	45°
2	12 dB/octava	90°
3	18 dB/octava	135°
4	24 dB/octava	180°
8	48 dB/octava	360° = 0°

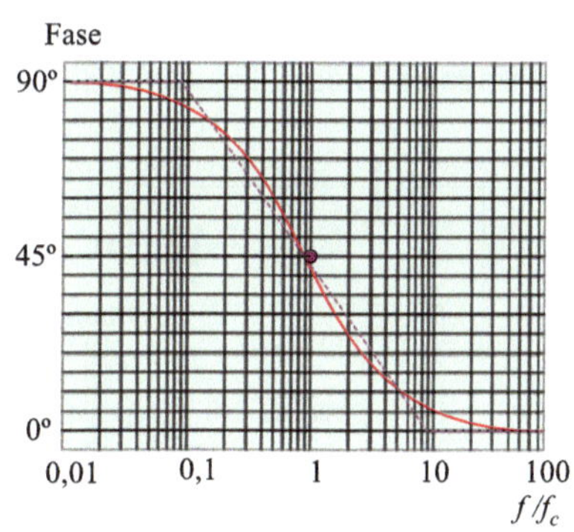

Figura 4.55. Respuesta de fase de un filtro paso alto de primer orden.

A la frecuencia de corte, cada uno de los altavoces de un filtro de dos vías reproduce la misma señal, atenuada 3 dB. La respuesta en fase es determinante para comprobar el efecto que producirá la suma de ambas señales:

- Los **filtros de cruce de orden impar** añaden a la frecuencia de corte un desfase de 90° entre diferentes salidas (45° del filtro paso alto y −45° del filtro paso bajo). La suma de dos señales de la misma amplitud y desfase de 90° (señales no coherentes) es de +3 dB. De esta manera, la atenuación que introducen los filtros a la frecuencia de corte compensa este aumento de señal, provocando una región de transición entre los filtros planos (Figura 4.56.a).
- En cambio, los **filtros de cruce de orden par** añaden un desfase de 180° entre diferentes salidas. La suma de señales con desfase de 180° provoca un nulo a la salida. Esto se soluciona invirtiendo la fase de uno de los altavoces para eliminar la diferencia de fase que introduce el filtro. Sin embargo, cuando dos altavoces reproducen la misma señal, es decir, sin diferencias de amplitud ni de fase (señales coherentes), el resultado es un aumento en el nivel de salida de +6 dB, produciendo un aumento de volumen de 3 dB, ya que en el punto de corte este tipo de filtros tiene una atenuación de −3 dB (Figura 4.56.b). Si deseamos una respuesta en frecuencia plana a la frecuencia de corte, se debe ajustar la atenuación en la frecuencia de corte de los filtros paso bajo y paso alto, para que añadan una atenuación de 6 dB (Figura 4.56.c).

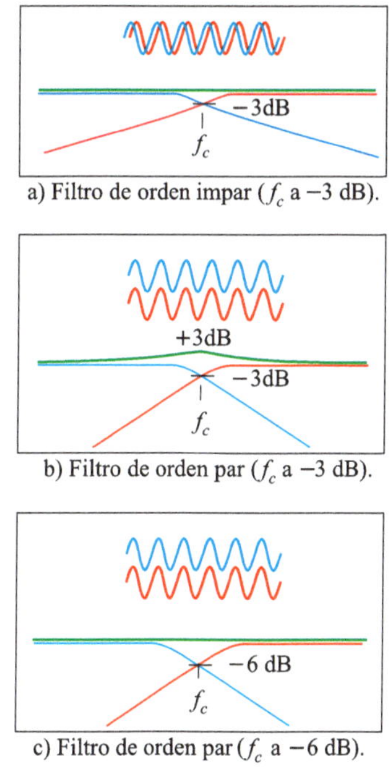

Figura 4.56. Respuesta conjunta de los filtros de cruce a la frecuencia de corte.

4.6.10. Filtros de segundo orden

Para obtener una atenuación de 40 dB/década (12 dB/octava) en la banda de atenuación, es necesario utilizar filtros de segundo orden, diseñados con dos componentes reactivos (un condensador y una bobina).

La Figura 4.57 muestra la aplicación típica de estos filtros para el diseño de filtros de tres vías. Como norma general, los filtros de orden par se diseñan para obtener una atenuación de 6 dB a la frecuencia de corte, para obtener una respuesta conjunta plana. Aunque en ocasiones también se diseñan para obtener una atenuación de 3 dB.

La Tabla 4.6 compara la respuesta de un filtro de dos vías según su orden, para una atenuación a la frecuencia

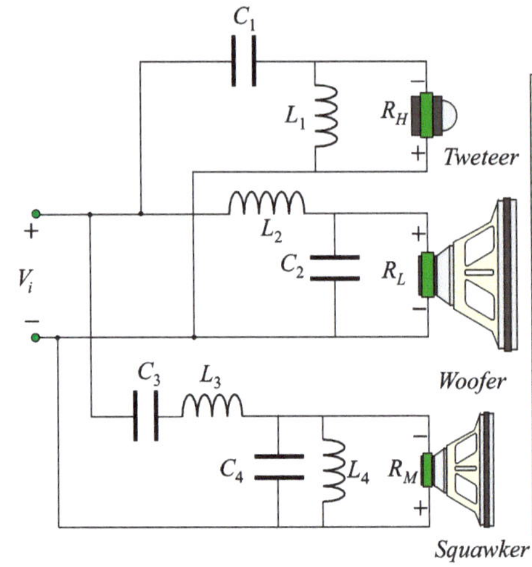

−3 dB		−6 dB	
$C_1 = \frac{1}{2\sqrt{2\pi} R_H f_C}$	$L_1 = \frac{R_H}{\sqrt{2\pi} f_C}$	$C_1 = \frac{1}{4\pi R_H f_C}$	$L_1 = \frac{R_H}{\pi f_C}$
$C_2 = \frac{1}{2\sqrt{2\pi} R_L f_C}$	$L_2 = \frac{R_L}{\sqrt{2\pi} f_C}$	$C_2 = \frac{1}{4\pi R_L f_C}$	$L_2 = \frac{R_L}{\pi f_C}$
$C_3 = \frac{1}{2\sqrt{2\pi} R_M f_{Cs}}$	$L_3 = \frac{R_M}{\sqrt{2\pi} f_{Ci}}$	$C_3 = \frac{1}{4\pi R_M f_{Cs}}$	$L_3 = \frac{R_M}{\pi f_{Ci}}$
$C_4 = \frac{1}{2\sqrt{2\pi} R_M f_{Ci}}$	$L_4 = \frac{R_M}{\sqrt{2\pi} f_{Cs}}$	$C_4 = \frac{1}{4\pi R_M f_{Ci}}$	$L_4 = \frac{R_M}{\pi f_{Cs}}$

Figura 4.57. Filtro de dos vías de segundo orden.

de corte de 3 dB. Como se puede comprobar, los filtros de segundo orden son más selectivos que los de primer orden: cuando la señal de entrada está una década alejada de la banda de paso la señal se atenúa 40 dB, es decir, la señal se atenúa 100 veces, mientras que en el caso del filtro de primer orden solo se atenúa 20 dB, es decir, 10 veces.

Ambos filtros provocan una atenuación de 3 dB a la frecuencia de corte, ya que la atenuación a esta frecuencia es de 0,707 ($1/\sqrt{2}$). Si el diseño del filtro se realiza para una atenuación de 6 dB a esta frecuencia, su atenuación será de 0,5 (1/2).

En todos los casos, en la banda de paso la señal de entrada y la de salida es la misma, por lo que la atenuación es de 0 dB.

También podemos observar la **variación de la fase** de las señales de salida en función del orden del filtro. Mientras que un filtro de primer orden provoca un retardo o un adelanto de 45° a la frecuencia de corte, dependiendo del tipo de filtro, un filtro de segundo orden provoca un desfase de 90°.

En cambio, en la banda de paso, las señales de entrada y de salida están en fase, es decir, 0°, independientemente del orden del filtro.

Recuerda

Cuando se utilizan altavoces que ven la misma fase no se debe utilizar un filtro que atenúe la señal −3 dB en la frecuencia de corte, ya que se produciría un aumento de 3 dB de volumen. Es necesario que los filtros añadan una atenuación de 6 dB a la frecuencia de corte para asegurar una respuesta conjunta plana.

Ejemplo 4.14.

Diseño de un filtro de dos vías de segundo orden para una frecuencia de corte de 2000 Hz.

En este ejemplo, la impedancia del altavoz de graves (R_L) es de 4 Ω, mientras que la del altavoz de agudos (R_H) es de 8 Ω. La atenuación a la frecuencia de corte deseada es de 6 dB, para obtener una respuesta plana. La configuración utilizada es la de la Figura 4.58.

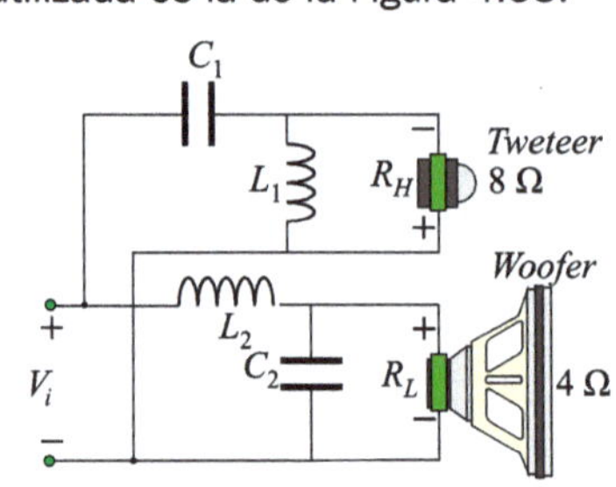

Figura 4.58. Filtro de cruce de dos vías de segundo orden.

Los componentes del filtro paso alto se diseñan para la resistencia del altavoz de agudos (R_H = 8 Ω) y una frecuencia de corte de 2000 Hz:

$$C_1 = \frac{1}{4\pi R_H f_c} = \frac{1}{4\pi \cdot 8 \cdot 2000} = 4{,}97 \cdot 10^{-6}\ \text{F} = 4{,}97\ \mu\text{F}$$

$$L_1 = \frac{R_H}{\pi f_c} = \frac{8}{\pi \cdot 2000} = 1{,}27 \cdot 10^{-3}\ \text{H} = 1{,}27\ \text{mH}$$

Los componentes del filtro paso bajo se diseñan para la resistencia del altavoz de graves (R_H = 4 Ω) y una frecuencia de corte de 2000 Hz:

$$C_2 = \frac{1}{4\pi R_L f_c} = \frac{1}{4\pi \cdot 4 \cdot 2000} = 9{,}95 \cdot 10^{-6}\ \text{F} = 9{,}95\ \mu\text{F}$$

$$L_2 = \frac{R_L}{\pi f_c} = \frac{4}{\pi \cdot 2000} = 6{,}37 \cdot 10^{-4}\ \text{H} = 0{,}63\ \text{mH}$$

Tabla 4.6. Comparación entre un filtro de primer orden ($n = 1$) y un filtro de segundo orden ($n = 2$)

	Filtro paso bajo				Filtro paso alto			
	$n = 1$ (20 dB/década)		$n = 2$ (40 dB/década)		$n = 1$ (20 dB/década)		$n = 2$ (40 dB/década)	
Frecuencia	Amplitud	Fase	Amplitud	Fase	Amplitud	Fase	Amplitud	Fase
$f = f_c/10$	$V_0 \approx V_i$	0°	$V_0 \approx V_i$	0°	$V_0 = \frac{V_i}{10}$	+90°	$V_0 = \frac{V_i}{100}$	+180°
$f = f_c$	$V_0 = \frac{V_i}{\sqrt{2}}$	–45°	$V_0 = \frac{V_i}{\sqrt{2}}$	–90°	$V_0 = \frac{V_i}{\sqrt{2}}$	+45°	$V_0 = \frac{V_i}{\sqrt{2}}$	+90°
$f = 10 \cdot f_c$	$V_0 = \frac{V_i}{10}$	–90°	$V_0 = \frac{V_i}{100}$	–180°	$V_0 \approx V_i$	0º	$V_0 \approx V_i$	0º

4.6.11. Compensación de la respuesta de los filtros pasivos

La **impedancia de carga** de un filtro de cruce es la propia impedancia que presenta el altavoz (Figura 4.59). Un filtro pasivo se diseña para una impedancia de carga determinada, de manera que si la impedancia de la carga se modifica, las características del filtro (frecuencia de corte, atenuación, etc.) también lo harán. Por ello, la impedancia del altavoz debe ser constante en el margen de funcionamiento del filtro, cosa que sabemos que no es cierta si analizamos la curva de respuesta en frecuencia y la impedancia de un altavoz.

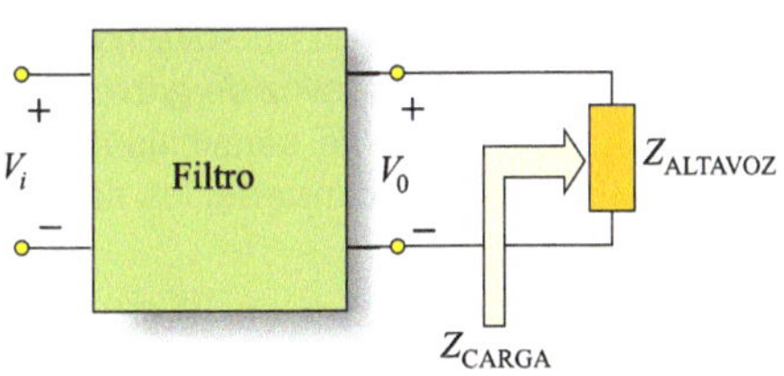

Figura 4.59. Influencia de la impedancia de carga.

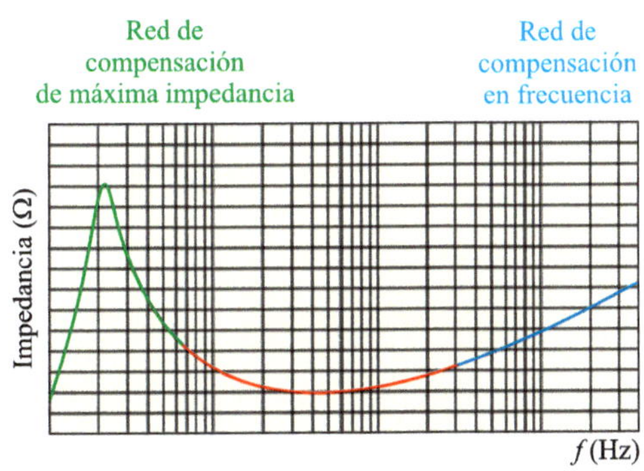

Figura 4.60. Zonas de la respuesta en frecuencia de la impedancia de un altavoz que es necesario corregir.

En el diseño de filtros para audio se utilizan diferentes estrategias para compensar la respuesta en frecuencia de la impedancia del altavoz (Figura 4.60):

- **Red de atenuación.** La sensibilidad de un *tweeter* generalmente es mayor que la de un *woofer*, por lo que en igualdad de condiciones el primero produce más sonido que el segundo. La solución a este problema es **utilizar redes de atenuación,** como la de la Figura 4.61.a, que disipan parte de la potencia proporcionada por el amplificador y evitan que el *tweeter* aproveche toda la potencia aplicada. Estas redes también reciben el nombre de **redes L-Pad.**

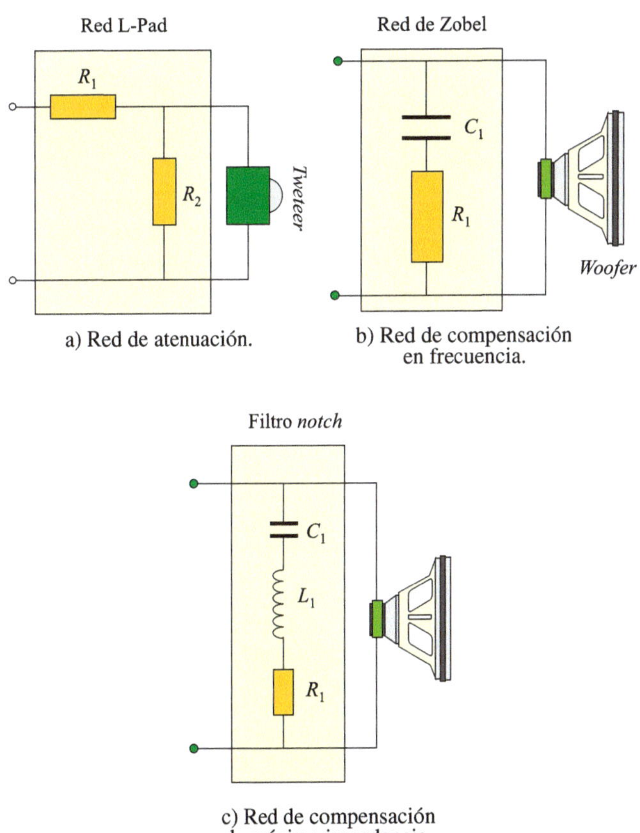

Figura 4.61. Compensación de la respuesta de los filtros pasivos.

- **Red de compensación en frecuencia.** A la frecuencia de funcionamiento de un altavoz, la impedancia del mismo se comporta como una resistencia en serie con la inductancia de su bobina móvil. El objetivo de la red de compensación en frecuencia es anular el efecto de la inductancia, para evitar que la impedancia aumente con la frecuencia. Para ello se sitúa a la entrada del altavoz una resistencia en serie (R_1) con un condensador (C_1) con el objetivo de compensar la impedancia producida por la inductancia del altavoz, aplanando su curva de impedancia. Esta red de compensación, que se muestra en la Figura 4.61.b, también recibe el nombre de red **Zobel** y normalmente puede ser omitida en los altavoces de agudos puesto que la inductancia que tiene la bobina móvil es muy baja.
- **Red de compensación de máxima impedancia.** Esta red tiene por objetivo minimizar el efecto de la alta impedancia de un altavoz a la frecuencia de resonancia y aprovechar mejor el margen de frecuencias. Esta frecuencia se puede compensar utilizando una **red RLC** en serie o en paralelo (filtro *notch*), como la mostrada en la Figura 4.61.c. Normalmente, se utilizan en los altavoces de medios y agudos para eliminar el pico de impedancia a la frecuencia de resonancia.

4.7. Elementos de conexión

La conexión entre los diferentes equipos de sonido exige la utilización de líneas de transmisión para transportar la señal de sonido y los conectores estandarizados correspondientes.

4.7.1. Tipos de líneas

Los equipos, como los amplificadores, pueden tener entradas y salidas balanceadas o no balanceadas:

- **Entradas y salidas no balanceadas.** Estas conexiones son las más simples y son las típicas de equipos de sonido domésticos. La conexión se realiza a dos hilos: señal y referencia conectada a masa (Figura 4.63.a).
- **Entradas y salidas balanceadas.** Estas conexiones se utilizan en sistemas profesionales y se realizan a 3 hilos: un par trenzado para la señal, que se transmite en modo diferencial, y una malla de apantallamiento externo. Las entradas y salidas se pueden balancear electrónicamente mediante amplificadores diferenciales (Figura 4.63.b) o mediante transformador (Figura 4.63.c).

Ejemplo 4.15.

Compensación de la respuesta de un filtro.

La Figura 4.62.a muestra la curva de respuesta en frecuencia de dos altavoces que se utilizan en un sistema de dos vías. La frecuencia de corte del filtro se sitúa en 3000 Hz. Para esta frecuencia la sensibilidad del altavoz de graves (*woofer*) es de 85 dB/W/m y la del altavoz de agudos (*tweeter*) es de 95 dB/W/m. Debido a la diferencia de sensibilidad, es necesario añadir una red de atenuación que compense el aumento de 10 dB de sensibilidad. En caso contrario, las señales de frecuencias altas se reproducirían con un nivel de 10 dB superior a las frecuencias bajas.

Se debe utilizar una red de atenuación para el altavoz de agudos que atenúe el nivel de señal aplicado en 10 dB, como la mostrada en la Figura 4.62.b. La potencia que deben disipar las resistencias dependerá de la potencia aplicada al altavoz.

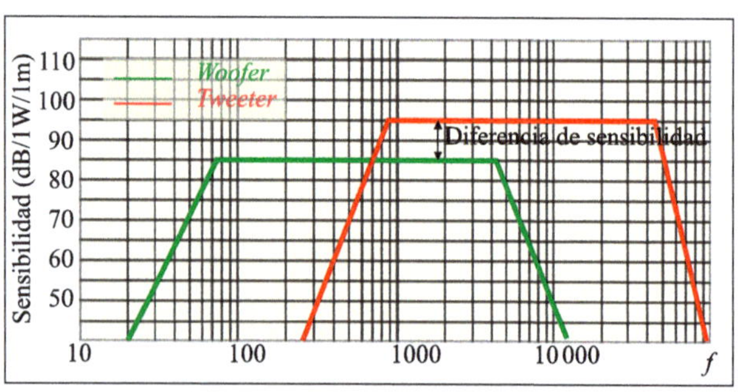

a) Sensibilidad de los altavoces.

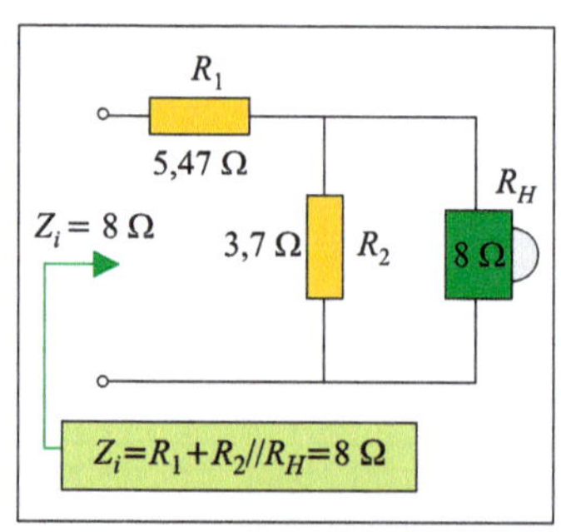

b) Red de atenuación.

Figura 4.62. Ejemplo de utilización de una red de atenuación.

El valor de los componentes de una red de compensación de frecuencia depende de la impedancia nominal y del valor de la inductancia nominal del altavoz. Por ejemplo, para un altavoz de graves de impedancia de 8 Ω e inductancia de 0,48 mH la red de compensación está formada por un condensador de capacidad de 250 μF en serie con una resistencia de 4 Ω.

Para un altavoz de agudos de 8 Ω e inductancia de 0,039 mH, la capacidad y la resistencia de la red de compensación en frecuencia son 62,5 μF y 8 Ω respectivamente.

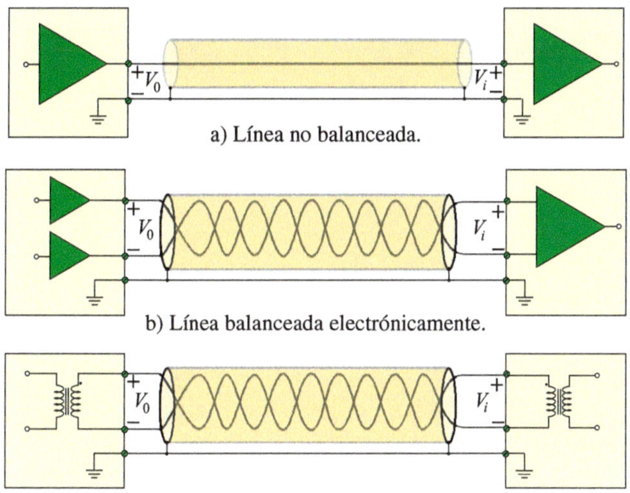

Figura 4.63. Tipos de líneas.

SABÍAS QUE...

Los conectores de señal no balanceada tienen dos terminales. Ejemplos típicos de conectores no balanceados son el conector RCA y el conector *jack* monofónico.

4.7.2. Línea de transmisión no balanceada

En una transmisión **no balanceada,** la señal se transporta a través de un cable de dos conductores (Figura 4.64). Por uno de los conductores se transmite la señal eléctrica, mientras que el otro conductor sirve de referencia para el nivel de señal, y generalmente se conecta a la masa del sistema, por lo que su nivel de tensión siempre es de 0 V.

La referencia de señal (masa) puede servir de blindaje o pantalla externa en las transmisiones de bajo nivel, caso de las líneas microfónicas (cable coaxial). En el caso de líneas de alto nivel, por ejemplo los cables de conexión del altavoz, no es necesario un apantallamiento y se utilizan líneas bifilares (cable paralelo de altavoz).

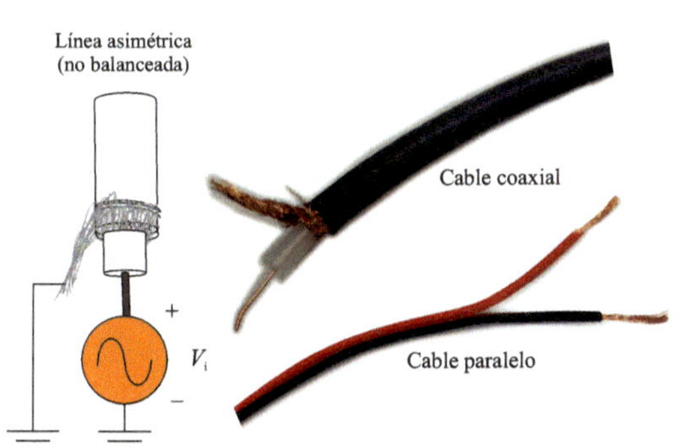

Figura 4.64. Línea de transmisión no balanceada.

La Figura 4.65 muestra la conexión de un micrófono a un amplificador mediante una línea no balanceada: este tipo de transmisión es muy vulnerable a las interferencias, razón por la cual solo se utiliza cuando las distancias de transmisión son reducidas.

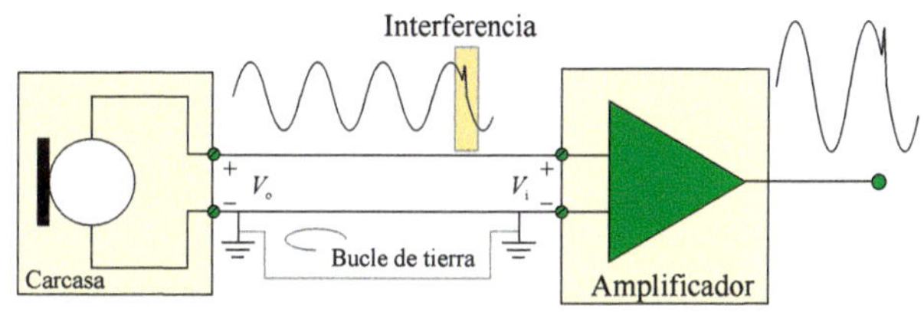

Figura 4.65. Transmisión no balanceada.

Un caso típico de línea no balanceada es la formada por un cable coaxial acabada en conectores tales como RCA, DIN o *jack*.

4.7.3. Línea de transmisión balanceada

En una transmisión de señales de audio de bajo nivel a largas distancias se hace necesaria la utilización de **líneas de transmisión balanceadas,** donde la señal activa viaja por un hilo y por el otro viaja una señal en contrafase, es decir, se transmite la señal de audio de manera diferencial (Figura 4.66).

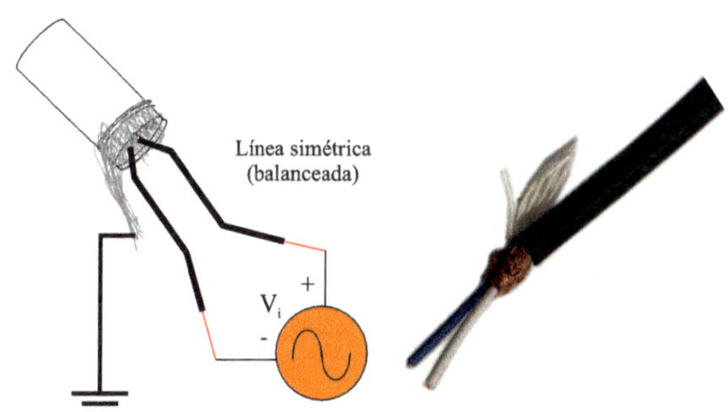

Figura 4.66. Línea de transmisión balanceada.

En el caso de que los conductores vayan recubiertos por una malla del cable, esta no forma parte del circuito eléctrico de audio. La malla proporciona una pantalla que evita las interferencias electromagnéticas externas. En el caso de que una interferencia atraviese esta protección (Figura 4.67), la corriente que se induce tendrá el mismo sentido para los dos conductores, de manera que se anulará en el receptor, ya que este solo amplifica la diferencia entre las dos señales de entrada, cancelándose los ruidos o interferencias generadas en ambos conductores.

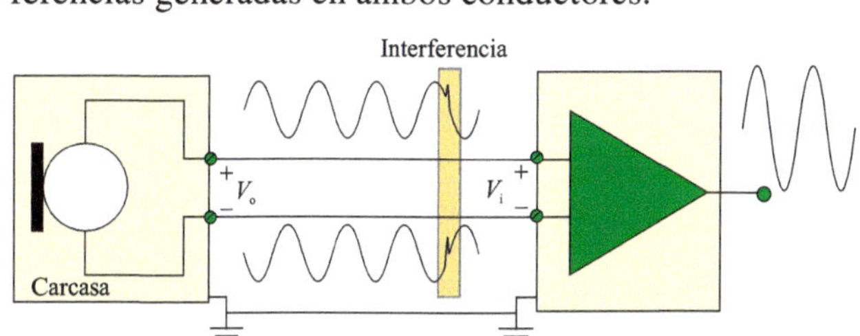

Figura 4.67. Transmisión de la señal de audio balanceada.

Para llevar una señal balanceada se necesitan conectores de tres pines y cable de tres conductores, uno de los cuales es la pantalla (malla) del cable, que realiza las funciones de masa de la señal. Como conectores se utilizan los de tres pines, como puede ser un conector XLR.

Recuerda

En una transmisión balanceada la señal se transmite por el par de hilos trenzados en modo diferencial (en oposición de fase).

4.7.4. Terminales y conectores

La conexión entre los diferentes equipos y elementos de un sistema de sonido se realiza mediante conectores estandarizados (Figura 4.68) y sus respectivos cables de conexión.

Figura 4.68. Principales conectores normalizados de audio.

Los principales **conectores** utilizados en los sistemas de sonido son los siguientes:

- ***Jack.*** Este tipo de conector se utiliza generalmente para la conexión de auriculares, micrófonos e instrumentos musicales. Tiene una configuración coaxial, es decir, con simetría cilíndrica, con dos o tres contactos en función de si se trata de un conector monofónico o estereofónico (Figura 4.69). Realiza la transmisión de la señal de forma no balanceada, ya sea de un canal de sonido (sistema monofónico) o de dos canales de sonido (sistemas estéreo). También permite la transmisión balanceada de un solo canal de audio. Existen de diferentes medidas:
  - ***Jack*** de 6,35 mm (1/4″).
  - ***Jack*** miniaturizado de 3,5 mm.
  - ***Jack*** subminiaturizado de 2,5 mm.

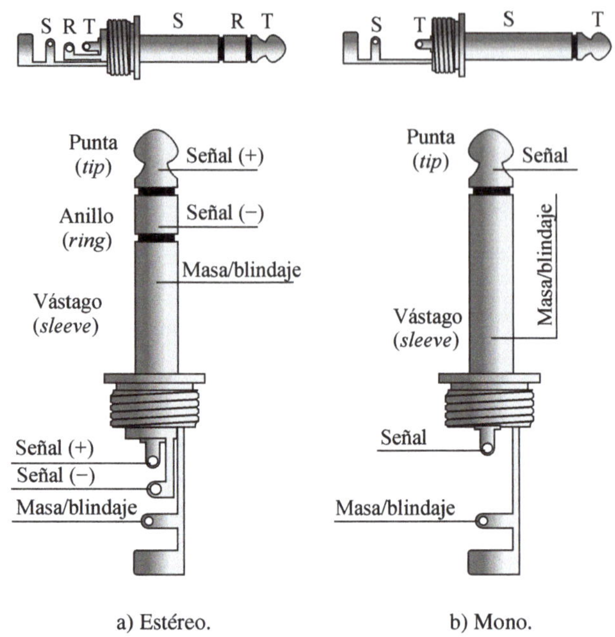

Figura 4.69. Conector *jack*.

SABÍAS QUE...

Los terminales de un conector *jack* se pueden identificar mediante las siguientes letras:

- **R:** *Ring* (–).
- **T:** *Tip* (+).
- **S:** *Sleeve* (masa).

- **XLR o canon.** Este conector se caracteriza por su robustez y realiza conexiones de audio muy fiables. Se utiliza en la conexión de micrófonos y también es muy común en dispositivos tales como los ecualizadores. Presenta una configuración típica de 3 contactos, como la mostrada en la Figura 4.70: permite enviar la señal de manera balaceada, ya que entre los terminales 2 y 3 se envía la señal de un canal de sonido monofónico mientras que el contacto 1 se utiliza para la conexión de la masa.

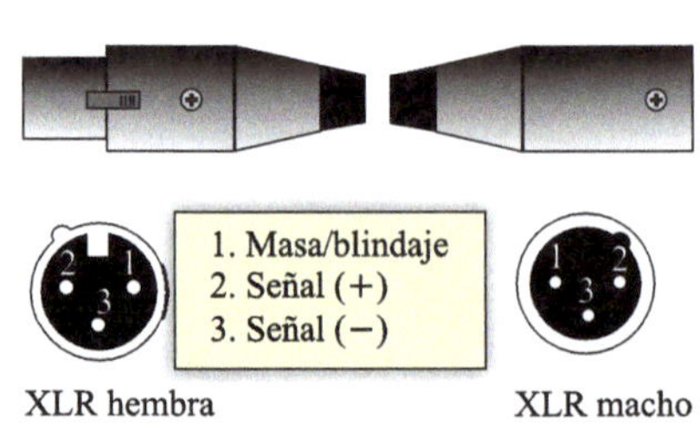

Figura 4.70. Conector XLR.

- **RCA o CINCH.** Este tipo de conector se utiliza en salidas de audio de bajo nivel, tales como las salidas de grabación o de línea de los equipos de sonido. El color rojo se utiliza para identificar el canal de sonido derecho en los sistemas estéreo, mientras que el canal izquierdo se identifica mediante un color diferente, generalmente el negro o el blanco (Figura 4.71). El contacto exterior realiza la conexión de la masa (−) y el interior la de la señal (+). No se puede utilizar para la transmisión de señales balanceadas; por tanto, requiere que la transmisión se realice a distancias cortas. Se utiliza sobre todo para la conexión de diferentes dispositivos *hi-fi*.

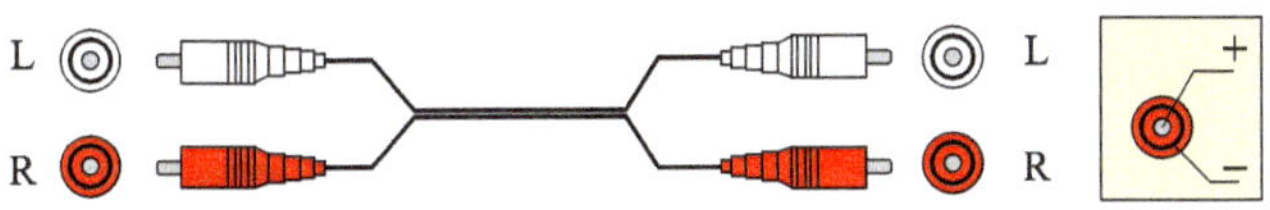

Figura 4.71. Conexión RCA estéreo.

- **DIN.** El conector DIN utilizado en los sistemas de sonido tiene cinco terminales que se utilizan para la conexión de entradas y salidas de audio de bajo nivel (Figura 4.72). Aunque antiguamente se utilizaba en los equipos *hi-fi*, actualmente se utiliza en instrumentos musicales electrónicos como conector para el protocolo MIDI. Existen con diferente número de terminales, los más utilizados en sonido de 3 y 5 patillas.

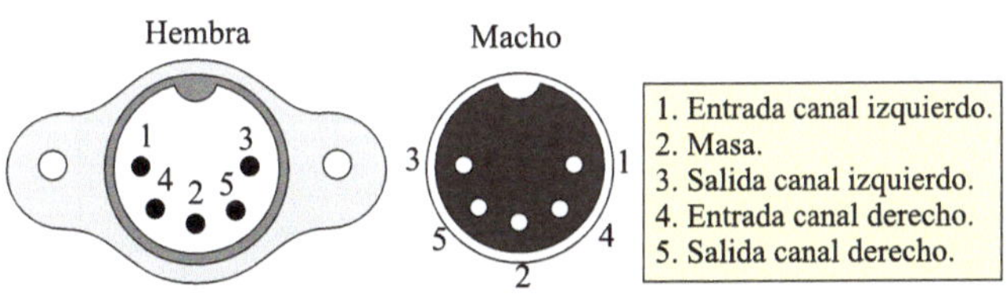

Figura 4.72. Conector DIN de 5 terminales.

- **Speakon.** Conector utilizado en equipos de audio profesionales para la conexión de sistemas de altavoces y amplificadores.
- **Conector de presión.** Este conector se basa en una palanca con muelle que retiene un cable pelado y hace contacto eléctrico debido a que el cable queda retenido entre dos lengüetas metálicas. Se utiliza para realizar la conexión entre los amplificadores y los altavoces. Cada caja acústica tiene un par de terminales que identifican la masa (negro) y la señal (rojo). Para esta conexión también se utilizan otros tipos de conectores, tales como los mostrados en la Figura 4.73.

4.7.5. Conductores eléctricos de señal de audio

Los **conductores** utilizados para distribuir la señal de audio se pueden clasificar en dos grandes categorías:

- **Simétricos.** Formados por un par de cables paralelos adecuados para transmisiones balanceadas de la señal. El tipo de cable más común es la línea bifilar, que consiste en dos hilos conductores paralelos separados por un material dieléctrico (Figura 4.74.a y Figura 4.74.b). Un ejemplo son los cables de carga que se muestran en la Figura 4.75 para la conexión de altavoces.
- **Asimétricos.** El tipo más común es el cable coaxial, formado por un conductor central envuelto de material aislante, rodeado de una malla conductora y cubierta por una funda de material aislante, que realiza funciones de protección (Figura 4.74.c). Otro tipo de cable muy utilizado es el **cable *twinaxial*,** el cual es una variación del coaxial que dispone de dos conductores centrales, envueltos cada uno en un aislante (Figura 4.74.d).

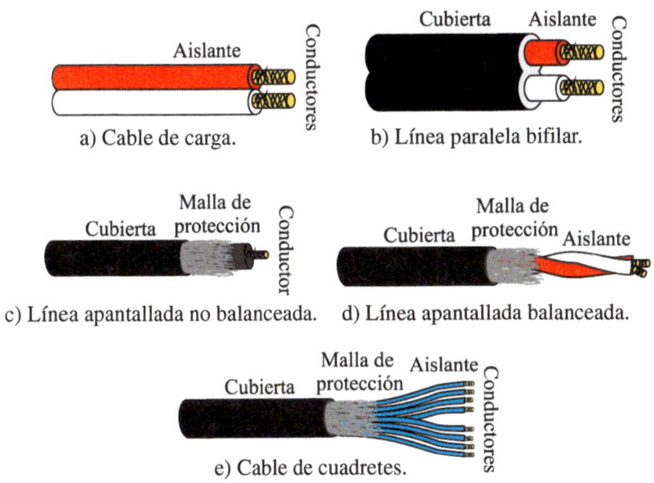

Figura 4.74. Cables típicos de sonido.

En algunas aplicaciones de audio es común utilizar **cables multipares** o cable de cuadretes (Figura 4.74.e), formados por agrupación de cuatro o más conductores. En ocasiones, estos conductores van agrupados de dos en dos y están trenzados entre sí, de manera que son más inmunes a posibles interferencias (diafonía) producidas por

Figura 4.73. Principales conectores de altavoces.

radiación de un cable sobre el resto y pueden incluir malla externa, en cuyo caso están protegidos de interferencias externas. También es común la codificación de los cables por colores, de manera que se pueden identificar fácilmente las conexiones en uno y otro extremo.

Figura 4.75. Cable para la conexión de altavoces.

4.7.6. Tipos de conexiones

Las **conexiones balanceadas** se realizan conectando cada uno de los terminales al pin correspondiente. En la Figura 4.76 se muestran tres configuraciones típicas utilizando diferentes conectores.

En general, para conectar una fuente no balanceada a un dispositivo balanceado, se unen dos de los conductores del cable (malla y negativo). En la Figura 4.77 se muestran dos configuraciones típicas.

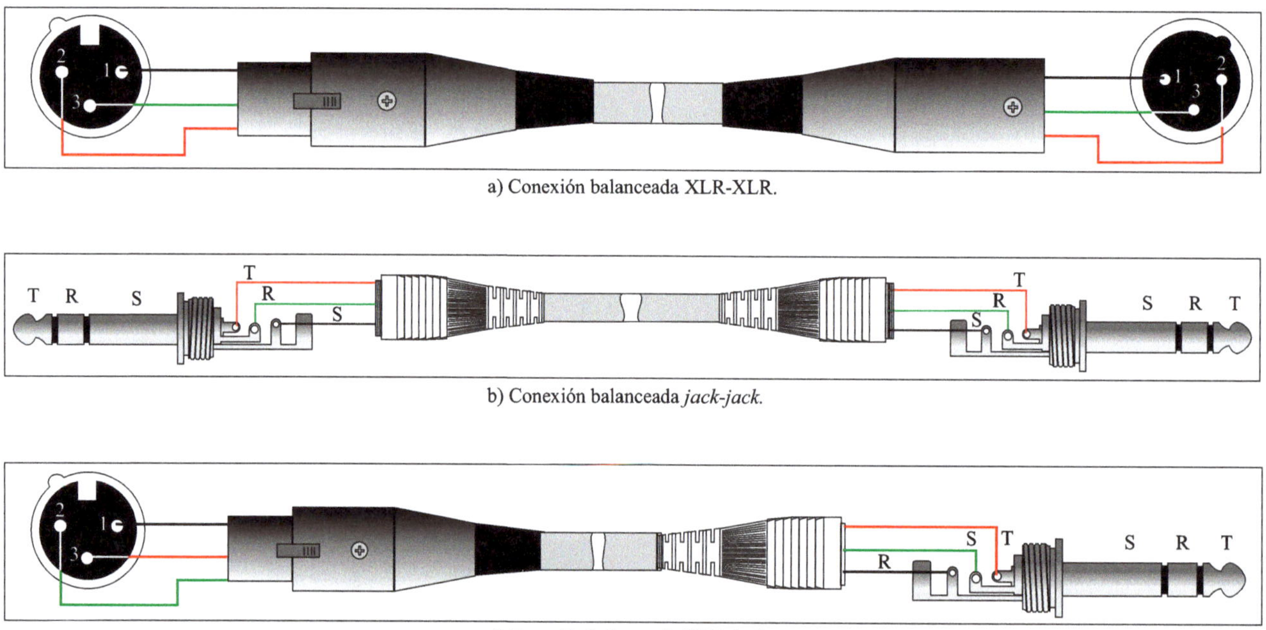

a) Conexión balanceada XLR-XLR.

b) Conexión balanceada *jack-jack*.

c) Conexión balanceada XLR-*jack*.

Figura 4.76. Conexión balanceada-balanceada.

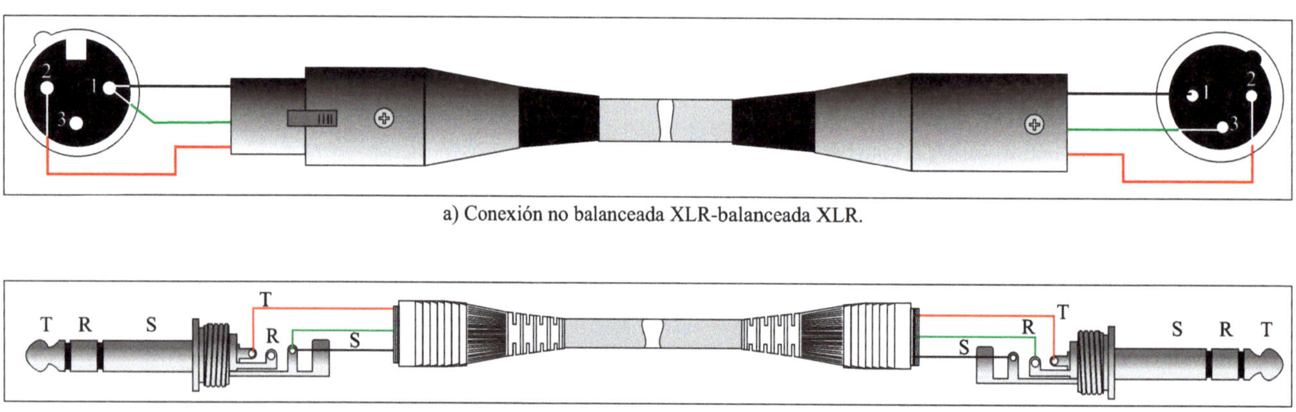

a) Conexión no balanceada XLR-balanceada XLR.

b) Conexión no balanceada *jack*-balanceada *jack*.

Figura 4.77. Conexión no balanceada-balanceada.

Páginas web de interés

Equipos y fabricantes

Crown. Fabricante de amplificadores de sonido (en inglés).

www.crownaudio.com

Beyma. Fabricante de altavoces, amplificadores, filtros y otros accesorios para instalaciones de sonido.

www.beyma.com

Yamaha. Fabricante de productos de sonido profesional, entre los que se incluyen amplificadores de potencia y altavoces.

www.es.yamaha.com

JBL. Compañía de audio y electrónica.

www.jbl.es

EGI. Fabricante de equipos de sonido.

www.egiaudio.com

Optimus, sonido y comunicación. Fabricante de sistemas de megafonía y sonorización.

www.optimusaudio.com

Herramientas útiles

PCP audio. Página web dedicada a la construcción *amateur* de equipos de audio. Incluye herramientas para el cálculo *online* de los componentes de un filtro de cruce pasivo.

www.pcpaudio.com

WinISD. *Software* de diseño de altavoces gratuito para entornos Windows, que permite el diseño de cajas acústicas y diferentes tipos de filtros de cruce.

www.linearteam.org

Actividades de comprobación

4.1. ¿Qué tipo de cable se utiliza para la conexión de los altavoces con un amplificador?

a) Cable coaxial.

b) Cable *twinaxial*.

c) Cable bifilar simétrico.

d) Cable de cuadretes.

4.2. ¿Qué factor limita la respuesta en frecuencia de un altavoz a bajas frecuencias?

a) Frecuencia de resonancia.

b) Inductancia de la bobina.

c) Resistencia en CC.

d) Ninguna de las respuestas anteriores es correcta.

4.3. ¿Qué tipo de caja acústica tiene una mejor respuesta a las bajas frecuencias?

a) Recinto infinito.

b) Caja abierta.

c) Recinto de compresión.

d) Caja *bass-reflex*.

4.4. ¿Qué atenuación fuera de la banda de paso tiene típicamente un filtro de segundo orden?

a) 6 dB/octava.

b) 12 dB/octava.

c) 18 dB/octava.

d) 24 dB/octava.

4.5. ¿Qué circuito de un filtro permite compensar la diferente sensibilidad de los altavoces de graves y de agudos?

a) Red de compensación de frecuencia.

b) Red de atenuación.

c) Red de compensación de máxima impedancia.

d) Todas las respuestas anteriores son incorrectas.

4.6. ¿Qué tipo de altavoz se encarga de reproducir las frecuencias altas del margen de frecuencias audibles?

a) *Woofer.*

b) *Subwoofer.*

c) *Tweeter.*

d) *Squawker.*

4.7. La lectura de un óhmetro cuando se mide la impedancia de un altavoz es de 6,7 Ω. ¿Cuál crees que es la impedancia nominal del altavoz?

a) 4 Ω.

b) 6 Ω.

c) 8 Ω.

d) 16 Ω.

4.8. ¿Qué tipo de altavoz es adecuado en aplicaciones de sonido de alta fidelidad?

a) Megáfono.

b) Caja acústica.

c) Proyector.

d) Altavoz de techo.

4.9. ¿Qué parámetro de un amplificador indica el nivel mínimo de señal aplicada a la entrada capaz de producir la máxima potencia de salida, sobre la carga especificada por el fabricante?

a) Potencia admisible.

b) Sensibilidad.

c) Distorsión.

d) Potencia eficaz.

4.10. ¿Cuál de los siguientes conectores se utiliza normalmente en líneas balanceadas?

a) *Jack.*

b) RCA.

c) XLR.

d) CINCH.

4.11. ¿Cuáles son las unidades de medida de la sensibilidad de un altavoz?

a) dB/W/m.

b) dB.

c) V/Pa.

d) W/m.

4.12. ¿Cómo se denominan los filtros que dejan pasar las frecuencias bajas y atenúan el paso de las frecuencias altas?

a) Filtros paso bajo.

b) Filtros paso alto.

c) Filtros paso banda.

d) Filtros banda eliminada.

4.13. ¿Qué tipo de altavoz es capaz de reproducir frecuencias más bajas?

a) *Woofer.* **b)** *Subwoofer.*

c) *Tweeter.* **d)** *Squawker.*

4.14. ¿Qué impedancia de salida típica tiene un amplificador?

a) 0,1 Ω. **b)** 8 Ω.

c) 600 Ω. **d)** 1 MΩ.

Actividades de aplicación

4.15. Conexiones de audio. Identifica para los equipos de imagen y sonido utilizados en el aula taller, los diferentes conectores que utilizan. Realiza diferentes esquemas de conexión entre ellos y justifica el tipo de cable que debe utilizarse.

4.16. Curva de respuesta en frecuencia del amplificador. A partir del montaje de la Figura 4.78:

a) Aplica con el generador de baja frecuencia a la entrada de línea del amplificador una señal de amplitud de 150 mV_{ef} y, sin modificarla aumenta la frecuencia de octava en octava, hasta cubrir todo el margen audible.

b) Con la ayuda del osciloscopio mide la tensión de salida en la carga para cada valor de frecuencia y anota los valores de amplitud obtenidos en la salida en una tabla.

c) A partir de los datos obtenidos, representa la respuesta en frecuencia del amplificador en la gráfica de la Figura 4.79.

4.17. Medida de la potencia de salida de un amplificador. A partir de la máxima señal de salida que puede suministrar el amplificador sin producir distorsión, se puede calcular de manera aproximada la potencia de salida de un amplificador. Para ello, a partir de una señal de prueba suministrada por un generador de baja señal aplicada a la entrada de línea del amplificador (Figura 4.78), realiza el siguiente proceso:

Tabla de medidas				
f (Hz)	V_i	V_0	$G\ (V_0/V_i)$	$20\log(V_0/V_i)$
16				
32				
60				
125				
250				
500				
1000				
2000				
4000				
8000				
16000				
32000				

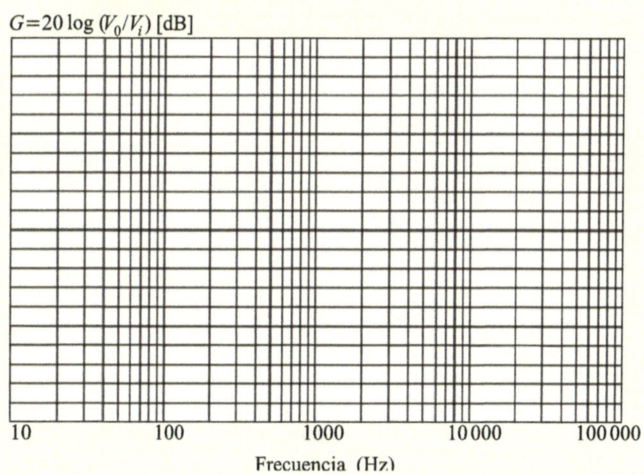

Figura 4.79. Respuesta en frecuencia del amplificador bajo estudio.

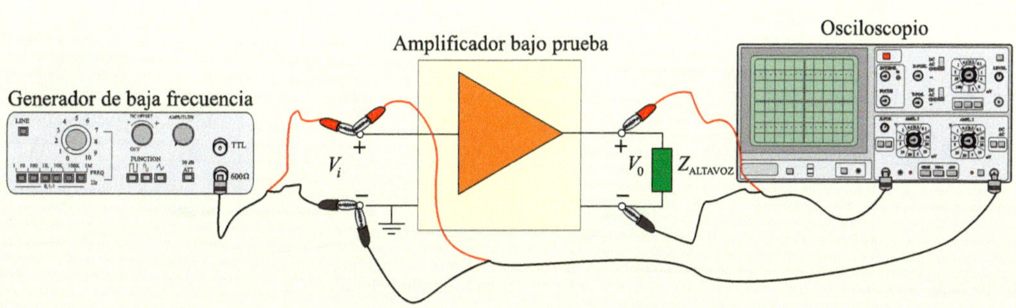

Figura 4.78. Medida de la respuesta en frecuencia y la potencia de salida de un amplificador.

a) Conecta al amplificador los altavoces o resistencias de la potencia adecuada que simulen los mismos. La medida de la señal de salida se realizará con un osciloscopio.

b) Suministra la señal de prueba al amplificador y aumenta su amplitud mediante los mandos disponibles en el generador, hasta obtener en el osciloscopio la máxima tensión de salida sin que se produzca distorsión. Dibuja la señal de entrada y la señal de salida visualizada en el osciloscopio en los oscilogramas de la Figura 4.80, anotando el valor de tensión pico a pico.

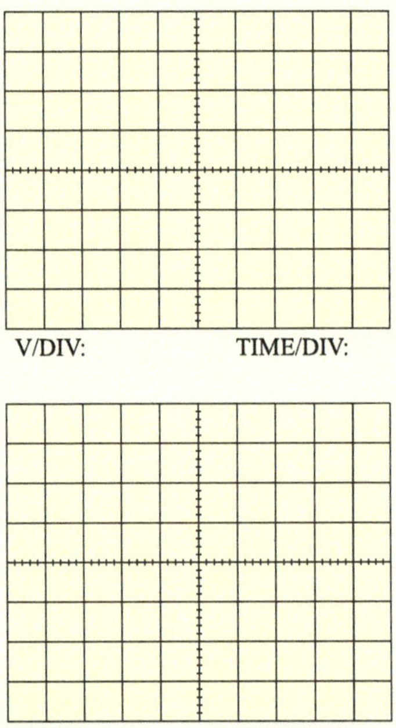

Figura 4.80. Oscilogramas.

c) Calcula la potencia eficaz de salida mediante la fórmula:

$$P_{RMS} = \frac{V_{ef}^2}{Z} = \frac{V_p^2}{2 \cdot Z}$$

d) Realiza de nuevo todo el proceso modificando la impedancia de carga del amplificador. Justifica las diferencias encontradas.

4.18. Frecuencia de resonancia de un altavoz. A partir del montaje de la Figura 4.81, variando la frecuencia suministrada por el generador de baja frecuencia, determina la frecuencia de resonancia a partir de la lectura del voltímetro. La impedancia interna del generador de funciones (normalmente 50 Ω) y la impedancia del altavoz forman un divisor de tensión. Como a la frecuencia de resonancia la impedancia es máxima, también lo será la caída de tensión en el altavoz. Por tanto, cuando la lectura del voltímetro sea máxima, la frecuencia suministrada por el generador será la frecuencia de resonancia. Repite la medida con diferentes tipos de altavoces y justifica el valor de la frecuencia de resonancia obtenida en cada caso.

4.19. Filtros pasivos. El filtro de la Figura 4.82.a se utiliza en los filtros de cruce para eliminar las frecuencias no deseadas que se aplican a un altavoz. Realiza el montaje de la Figura 4.82.b y el siguiente proceso:

a) Aplica la señal del generador de funciones al filtro bajo estudio, con una señal de entrada de 1 Vpp. Visualiza esta señal con un canal del osciloscopio y comprueba la salida del filtro con el otro canal.

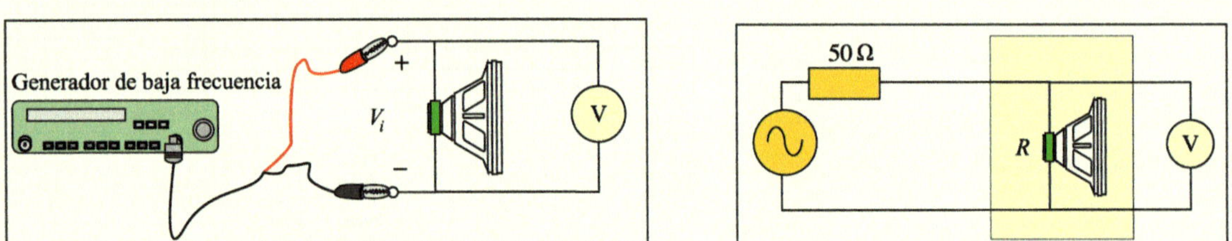

a) Montaje práctico.
b) Circuito equivalente.

Figura 4.81. Cálculo de la frecuencia de resonancia de un altavoz.

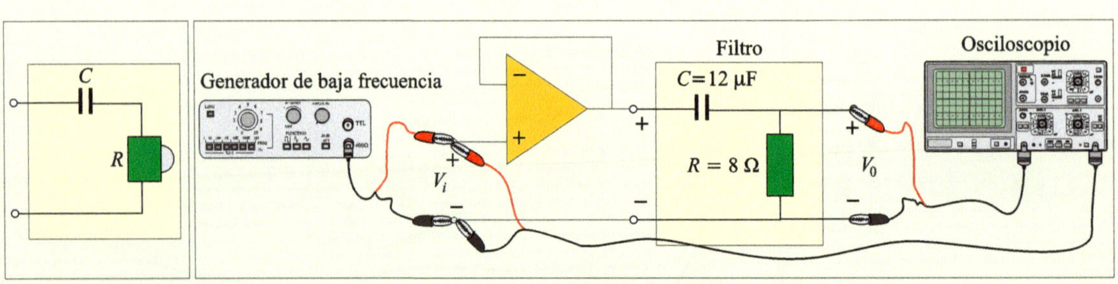

a) Esquema bajo estudio.
b) Montaje práctico.

Figura 4.82. Estudio de filtros pasivos.

b) Modifica la frecuencia aplicada al filtro y completa la tabla de la Figura 4.83.

c) A partir de los datos obtenidos de la tabla anterior, representa la respuesta en frecuencia del filtro en la gráfica de la Figura 4.83.

d) Justifica el tipo de filtro y su utilidad en el diseño de filtro de cruces. ¿Para qué tipo de altavoz es adecuado este filtro?

e) Comprueba el funcionamiento del filtro aplicando directamente la señal del generador al filtro sustituyendo la resistencia por el altavoz. Realiza un barrido de frecuencias y justifica el efecto del filtro en el sonido reproducido.

4.20. Diseño de filtros pasivos. La Figura 4.84 muestra un filtro de cruce completo de segundo orden que incluye redes de compensación y una red de atenuación. A partir de un programa de simulación y diseño de filtros de cruce, realiza las operaciones necesarias para el diseño completo de los filtros si se desea una frecuencia de corte de 2000 Hz. La potencia de los altavoces es de 10 W.

Tabla de medidas				
f (Hz)	V_i	V_0	$G\ (V_0/V_i)$	$20\log(V_0/V_i)$
16				
32				
60				
125				
250				
500				
1000				
2000				
4000				
8000				
16000				
32000				

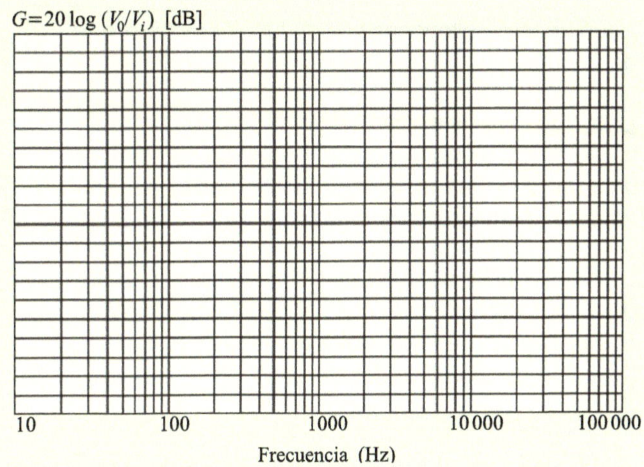

Figura 4.83. Respuesta en frecuencia del filtro bajo estudio.

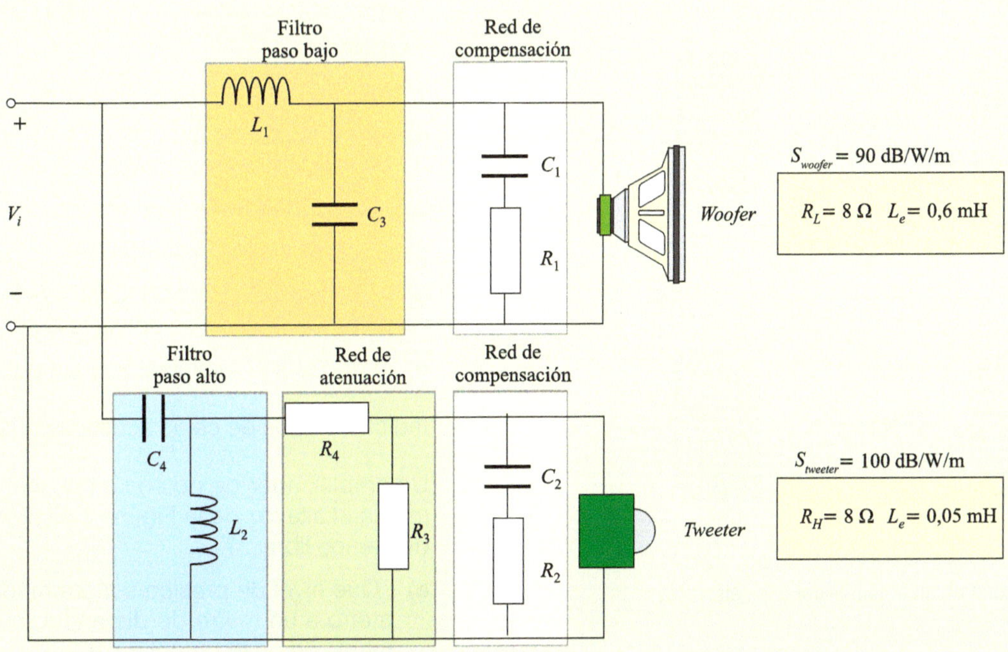

Figura 4.84. Filtro de dos vías.

Actividades de refuerzo

4.21. Enumera las principales características técnicas que definen la calidad de un amplificador.

4.22. ¿Qué es la sensibilidad de entrada de un amplificador?

4.23. Enumera las principales características técnicas que definen la calidad de un altavoz.

4.24. ¿En qué se diferencia la radiación de un altavoz y la de una bocina?

4.25. ¿Qué tipos de altavoces hay en función del margen de frecuencias que son capaces de reproducir?

4.26. ¿Por qué la resistencia que se mide con un óhmetro no se corresponde a la impedancia nominal de un altavoz? ¿Qué resistencia aproximada se mediría para un altavoz de impedancia nominal de 8 Ω?

4.27. Un amplificador de 40 W de potencia está conectado a unos altavoces de sensibilidad de 90 dB/W/m. Si se desea obtener el mismo nivel de presión sonora con un amplificador de 10 W, ¿qué sensibilidad deben tener los altavoces?

4.28. Justifica si son correctas las conexiones de los altavoces de la Figura 4.85, indicando el efecto que provocarán en la señal de sonido reproducida.

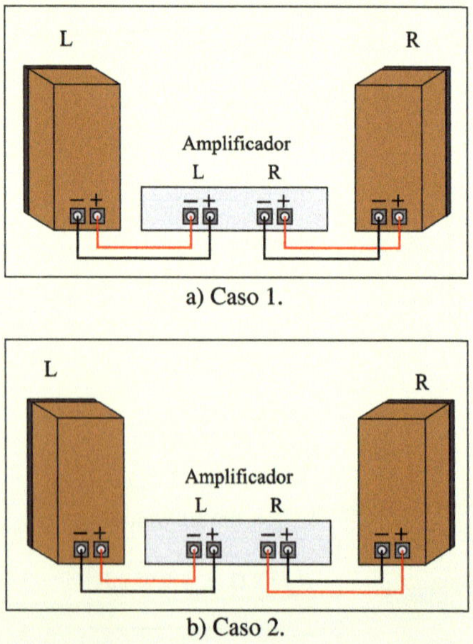

Figura 4.85. Conexión de un amplificador a los altavoces.

4.29. ¿Qué es el cortocircuito acústico? ¿Cómo se soluciona?

4.30. Indica el ángulo de cobertura del altavoz con el diagrama de radiación que se muestra en la Figura 4.86.

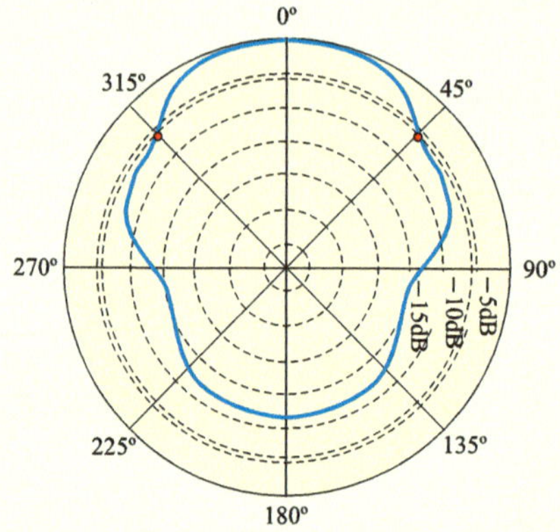

Figura 4.86. Ángulo de cobertura de un altavoz.

4.31. La Tabla 4.7 muestra las características de un altavoz. Contesta a las cuestiones planteadas justificando la solución propuesta:

Tabla 4.7. Características de un altavoz

Diámetro	18″ (460 mm)
Impedancia nominal	8 Ω
Impedancia mínima	7,4 Ω
Potencia admisible	1000 W (AES)
Potencia de programa	2000 W
Sensibilidad	97 dB/1W/1m
Margen de frecuencias	25 - 1000 Hz
Rendimiento	2 %

a) ¿De qué tipo de altavoz, en función del margen de frecuencias que reproduce, se trata?

b) ¿Qué impedancia tiene en corriente continua?

c) ¿Cuál es su potencia nominal?

d) ¿Qué nivel de presión sonora genera a 1 m de distancia cuando se aplica la potencia nominal?

e) ¿Por qué su rendimiento es tan bajo?

4.32. Indica los tipos de cajas acústicas que existen.

4.33. Un amplificador de potencia nominal de 10 W alimenta el altavoz de la Figura 4.87. En condiciones de campo libre:

a) ¿Qué nivel de presión sonora mediría un sonómetro a un metro de distancia, cuando se alimenta con 1 W de potencia?

b) ¿Y si el altavoz se alimenta a la potencia nominal?

c) Completa la tabla cuando la potencia aplicada al altavoz es de 10 W.

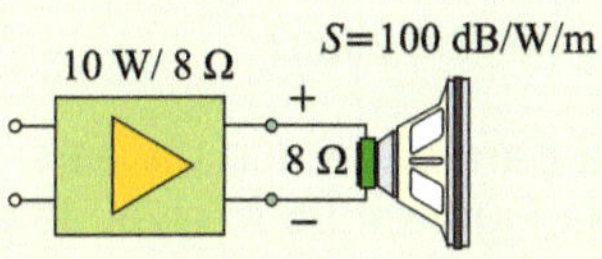

Nivel de presión sonora (dB)					
1 m	2 m	4 m	8 m	16 m	100 m

Figura 4.87. Nivel de presión sonora con la distancia.

4.34. La Figura 4.88 muestra la respuesta en frecuencia de un filtro. Justifica las principales características de este filtro:

a) Número de vías del filtro.

b) Frecuencias de corte de cada uno de los filtros.

c) Orden de cada uno de los filtros y su pendiente de atenuación, fuera de la banda de paso.

d) Si a la entrada del filtro están presentes las señales que se muestran en la Figura 4.89, indica las señales que reproducirá cada uno de los altavoces.

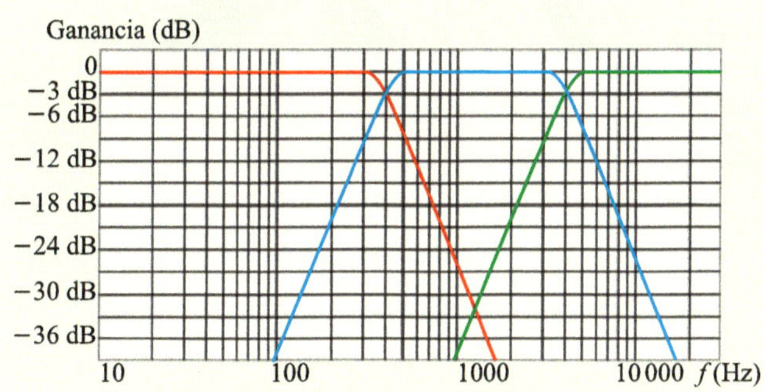

Figura 4.88. Respuesta en frecuencia de un filtro.

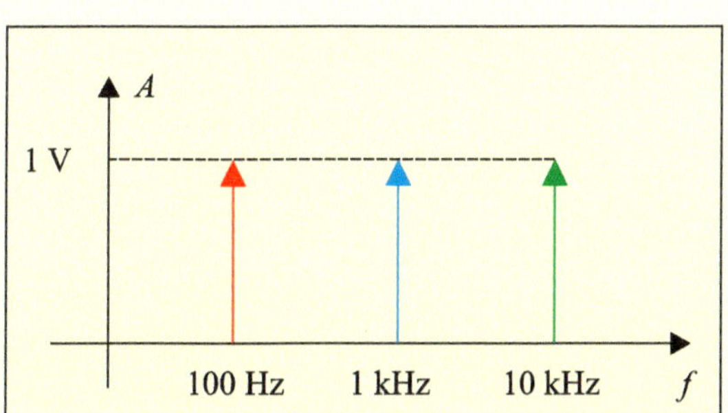

Figura 4.89. Señales de entrada del filtro.

4.35. Indica el nombre que reciben los altavoces en los sistemas que se muestran en la Figura 4.90 y el margen de frecuencias aproximado que reproduce cada uno de ellos. ¿Por qué es necesario utilizar filtros de cruce en los sistemas de varias vías?

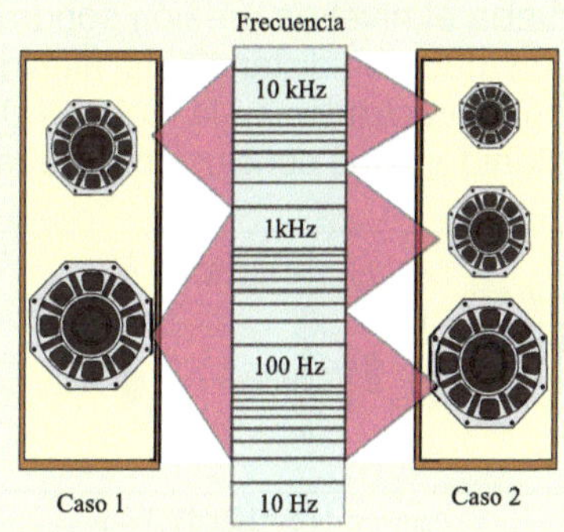

Figura 4.90. Sistemas de varias vías.

4.36. Diseña un filtro de dos vías de primer orden para la conexión de un altavoz de agudos (R_H = 8 Ω) y uno de graves (R_L = 4 Ω) con una frecuencia de corte de 2000 Hz. Repite el diseño si se desea una respuesta en frecuencia de segundo orden.

4.37. ¿Qué función tiene la red de atenuación de un filtro de cruce?

4.38. ¿Por qué es necesario cambiar la polaridad de uno de los filtros en un sistema de dos vías de segundo orden?

4.39. Resume el principio de funcionamiento de un altavoz electrodinámico. Compara el funcionamiento con el de un altavoz electroestático.

4.40. Identifica los tipos de conectores que se utilizan en las conexiones de la Figura 4.91. Especifica qué tipo de equipos y dispositivos conectan típicamente cada uno de ellos.

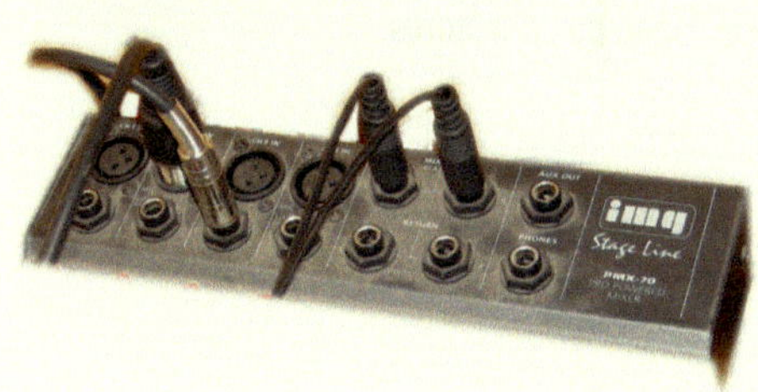

Figura 4.91. Terminales comunes de sonido.

4.41. La Figura 4.92 compara dos tipos de altavoces diferentes. Indica para cada uno el tipo de que se trata y, según su rango de frecuencias, indica en qué tipo de aplicación se utilizan.

Características técnicas		
15 W	Potencia máxima	20 W
400 - 5000 Hz	Respuesta en frecuencia	100 - 15 000 Hz
105 dB	Sensibilidad (1 W, 1 m)	92 dB

Figura 4.92. Comparación de altavoces.

4.42. Comprueba el nivel de presión sonora que se obtiene a un metro de distancia del altavoz en las dos situaciones mostradas en la Figura 4.93. Del resultado obtenido, ¿qué conclusión extraes?

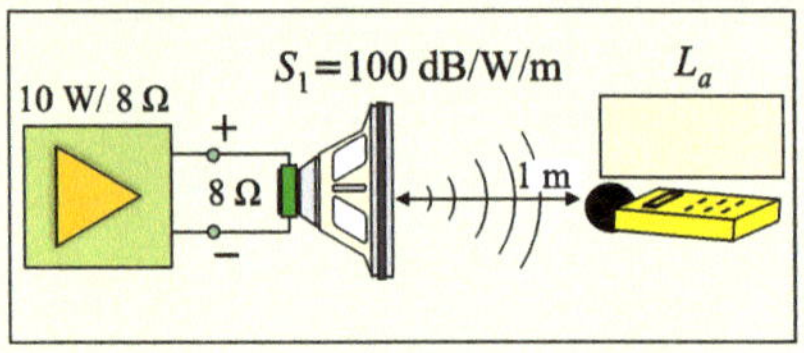

a) Altavoz de S=100 dB/W/m.

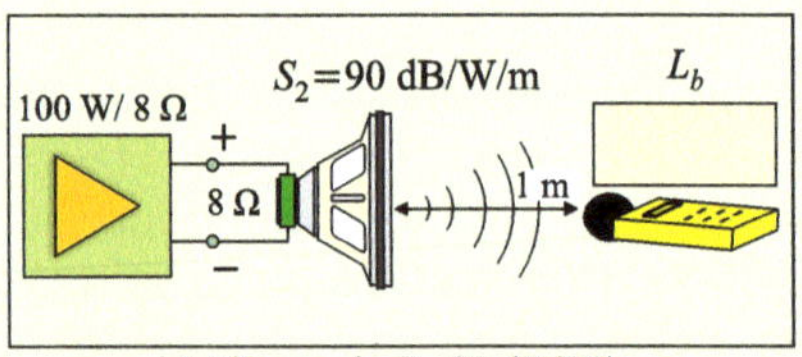

b) Altavoz de S=90 dB/W/m.

Figura 4.93. Comparación entre dos altavoces de diferente sensibilidad.

4.45. Identifica los tipos de conectores que se muestran en la Figura 4.94.

4.43. Indica las principales diferencias entre una transmisión balanceada y una no balanceada. ¿Qué tipo de conectores y conductores se utilizan típicamente en cada una de ellas?

4.44. Determina para cada una de las situaciones descritas en la Figura 4.95 el nivel de presión sonora cuando se alimentan los altavoces con las potencias indicadas. Los altavoces utilizados son los de la Figura 4.92.

Nivel de presión sonora

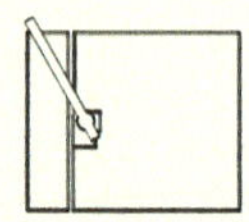

	1 m	2 m	4 m	8 m	16 m
P=1 W					
$P_{MÁX}$					

	1 m	2 m	4 m	8 m	16 m
P=1 W					
$P_{MÁX}$					

Figura 4.95. Nivel de presión sonora.

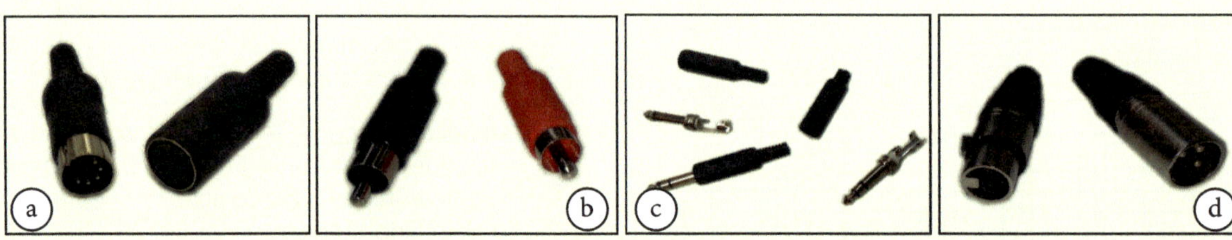

Figura 4.94. Tipos de conectores.

5 Equipos de tratamiento de la señal de audio

Contenidos

Objetivos

- Relacionar los equipos de tratamiento de la señal con la función que realizan.
- Interpretar las características técnicas de los equipos de tratamiento de la señal, a partir de la documentación técnica proporcionada por el fabricante.
- Configurar los equipos de tratamiento de la señal de manera adecuada en función del resultado requerido en cada situación.

El principal equipo de tratamiento de la señal en la cadena de sonido es el amplificador. Su función principal es adecuar el nivel de señal al transductor de sonido utilizado como salida. En ocasiones, antes de amplificar la señal será necesario ajustar las características que presenta, utilizando otros equipos de tratamiento, entre los que destacan:

- **Ecualizadores.**
- **Mezcladores.**
- **Procesadores de dinámica.**
- **Procesadores de tiempo.**

5.1. Amplificadores

El **amplificador de sonido**, además de amplificar la señal de entrada, necesita de otras etapas que se encargan de seleccionar la fuente de sonido y adecuar las características de la señal que proporciona esta a los niveles adecuados que excitan la etapa de salida.

Normalmente, esta amplificación se realiza en dos etapas: una amplificación previa (preamplificación) y una amplificación de salida de potencia (amplificación).

Como norma general, muchas de las etapas de tratamiento de la señal están incluidas en el propio equipo amplificador, aunque en ocasiones pueden formar parte de un equipo independiente: por ejemplo, ecualizadores, procesadores, etcétera.

5.1.1. Niveles de señal

En el campo de la electrónica, para medir el nivel de señal en un punto se pueden utilizar diferentes unidades de medida, todas ellas utilizando como base el dB. En función del **nivel de referencia** utilizado, las magnitudes pueden expresarse en las siguientes unidades de medida:

- **dBm.** Unidad de medida de la potencia que utiliza como nivel de referencia 1 mW. La utilización de esta unidad no tiene sentido si no se conoce la impedancia sobre la que se aplica, siendo habitual en los sistemas de audio profesional 600 Ω. La expresión que evalúa la potencia en dBm es:

$$\text{dBm} = 10 \log \frac{P(\text{W})}{0{,}001\ \text{W}} = 10 \log \frac{P(\text{mW})}{1\ \text{mW}}$$

- **dBu.** Unidad de medida de tensión, que utiliza como referencia 0,775 V. Esta referencia se escoge porque se corresponde con la tensión aplicada a una resistencia de 600 Ω, que disipa una potencia de 1 mW. Esta unidad se utiliza en la mayoría de aplicaciones de audio profesional. Su expresión es:

$$\text{dBu} = 20 \log \frac{V(\text{V})}{0{,}775\ \text{V}}$$

- **dBv.** La unidad dBv también es una unidad de medida del nivel de tensión, pero en este caso se escoge como referencia 1 V. Es común su utilización en equipos de audio de consumo. La expresión que permite evaluar el nivel de señal es:

$$\text{dBv} = 20 \log \frac{V(\text{V})}{1\ \text{V}}$$

Según la aplicación se utilizan dos unidades de referencia diferentes:

- En los **sistemas domésticos** se utiliza 1 V como referencia, expresando las unidades, por lo tanto, en dBv. En estos sistemas el nivel de línea nominal se corresponde con –10 dBv.
- En los **sistemas profesionales** se utiliza como referencia 0,775 V, y las unidades de medida se expresan en dBu. En estos sistemas el nivel de línea nominal se corresponde con +4 dBu.

SABÍAS QUE...

La cadena de tratamiento de la señal de sonido típica está formada por tres etapas: entrada, procesado y salida. La naturaleza de la etapa de procesamiento depende del tipo de procesado que realiza (amplificación, ecualización, mezcla, etc.) y puede ser analógica o digital. En cambio, las etapas de entrada y de salida siempre son analógicas.

En la Figura 5.1 se comparan las dos escalas de medida y se relacionan con la tensión equivalente en voltios (V).

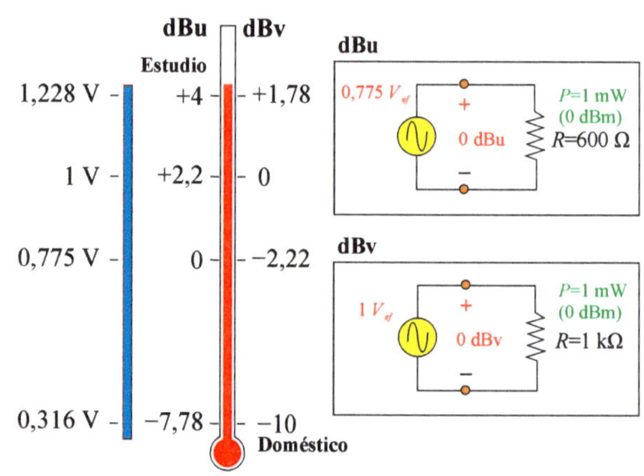

Figura 5.1. Comparación de escalas.

5.1.2. Niveles de señal típicos

Los niveles de señal en las diferentes etapas de un equipo de sonido están normalizados, de manera que el técnico sabe el nivel que cabe esperar en la salida de las diferentes etapas, o el que es necesario suministrar a una entrada determinada. Por ejemplo, en los sistemas de sonido hay dos tipos de señales que se diferencian por su nivel de tensión:

- **Nivel de micrófono** (*Mic*). Nivel de señal generada por un micrófono. Generalmente se encuentra cercano a 2 mV.
- **Nivel de línea** (*Line*). En los equipos profesionales el nivel de línea para un equipo está definido en +4 dBu (1,23 V) para señales balanceadas. En cambio, los

equipos domésticos utilizan como nivel de línea −10 dBv (0,316 V) para señales no balanceadas.

Recuerda

Los micrófonos de alta impedancia proporcionan un valor de tensión de salida relativamente alto, comprendido entre 10 mV y 30 mV, mientras que los micrófonos de baja impedancia suministran una tensión de salida reducida, entre 0,5 mV y 2 mV.

SABÍAS QUE...

Nivel de línea es un término utilizado para indicar el nivel de la señal de audio utilizado para transmitir las señales analógicas entre los diversos equipos de audio, tales como reproductores de CD, amplificadores de audio, reproductores MP3, etcétera.

El nivel de salida de un preamplificador depende de la etapa a la que se suministre la señal:

- **Salida de preamplificador.** El nivel de salida dependerá de la sensibilidad del amplificador, pero normalmente está comprendido entre 0,4 V y 2 V. Esta señal debe ser suficiente para que la etapa de potencia desarrolle su potencia nominal.
- **Salida de grabación.** La tensión de salida de grabación típicamente es de 0,2 mV por cada kΩ de impedancia de entrada del equipo de grabación. Así, por ejemplo, para una impedancia de entrada del equipo de grabación de 50 kΩ a 100 kΩ el nivel de salida estaría comprendido entre 100 mV y 200 mV.
- **Salida de auriculares.** Aproximadamente está comprendida entre 0,3 V y 3 V.

Por otro lado, la salida del preamplificador es amplificada por el amplificador, cuyo **nivel de salida de altavoz** es el más elevado y se utiliza para aplicar la señal a los altavoces. Su valor depende de la potencia de salida del equipo.

Los equipos de sonido disponen de diferentes entradas y salidas que permiten la conexión de diferentes dispositivos entre sí. La Figura 5.2.a muestra las diferentes conexiones de entrada y de salida típicas de un equipo de sonido.

La Figura 5.2.b muestra el panel trasero de un amplificador de sonido portátil con altavoz, que incluye entradas de línea y de micrófono. Además permite la conexión de micrófonos inalámbricos y la reproducción MP3 vía USB y tarjetas de memoria SD, conectividad *bluetooth* para dispositivos portátiles y radio FM.

5.1.3. Preamplificadores

En la Figura 5.3 se muestra el diagrama de bloques típico de un amplificador de sonido. Este dispositivo se puede dividir en dos secciones diferentes: el preamplificador y el amplificador de potencia.

El **preamplificador** es el sistema encargado de proporcionar al amplificador la señal en óptimas condiciones

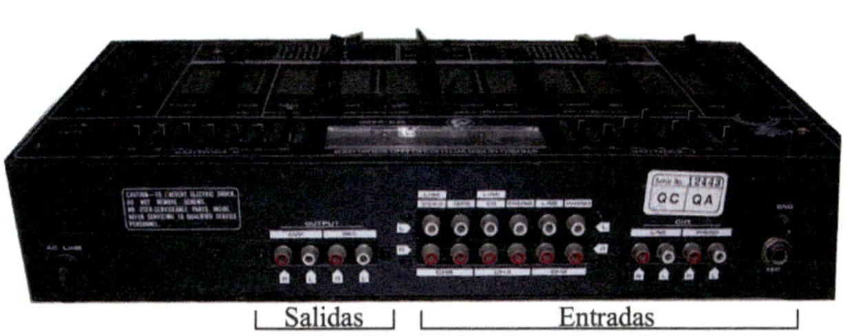

a) Equipo de sonido (ecualizador).

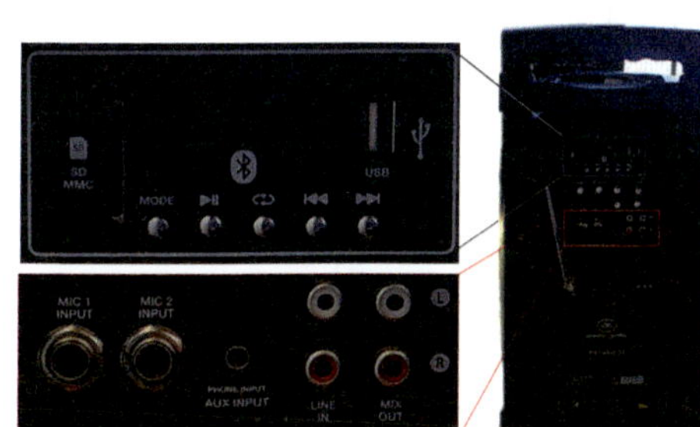

b) Equipo de sonido portátil.

Figura 5.2. Fuentes de entrada y de salida de un equipo de sonido.

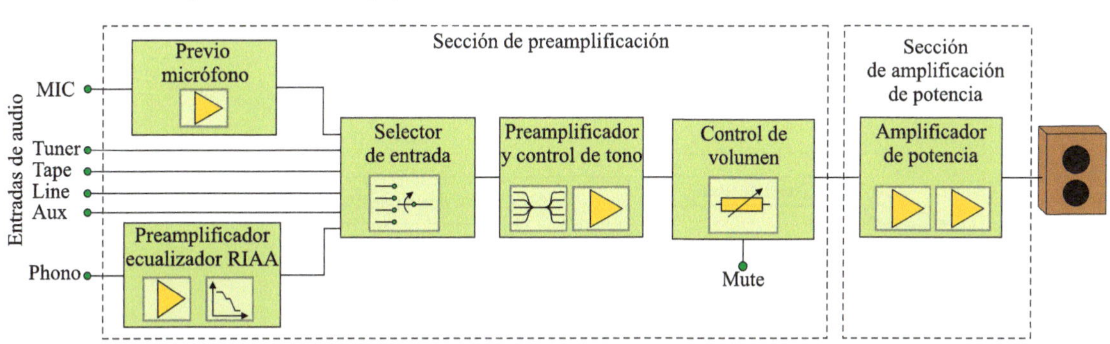

Figura 5.3. Diagrama de bloques típico de un equipo amplificador.

de nivel de señal, impedancia, margen dinámico, ecualización, etc. Cada fuente de sonido requiere un preamplificador específico, motivo por el cual cada entrada de señal tiene su conexión independiente. En la Figura 5.4 se muestran algunas de las conexiones de entrada típicas de un preamplificador, entre las que destacan las siguientes:

- **Phono:** entrada para reproductores de discos de vinilo (giradiscos).
- **Tuner:** entrada para un sintonizador de radio.
- **Tape:** entrada para un reproductor de casete.
- **CD:** entrada para un reproductor de *compact disc.*
- **Aux:** entrada para un reproductor de equipos auxiliares.
- **Mic:** entrada para la conexión de un micrófono.

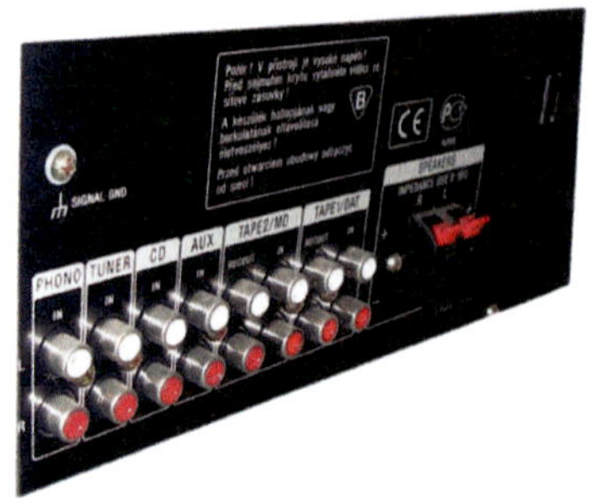

Figura 5.4. Entradas típicas de un preamplificador.

La misión del **amplificador de potencia** es suministrar la señal de sonido con la potencia eléctrica suficiente a los altavoces.

Ejemplo 5.1.

Niveles de la señal de audio en el camino de la etapa de amplificación.

La Figura 5.5 muestra la progresión típica de los niveles de la señal de sonido a medida que atraviesa las diferentes etapas de la cadena de amplificación.

Los transductores de los micrófonos producen señales eléctricas muy débiles, típicamente de 1 mV (–60 dBv) a 5 mV (–46 dBv), que deben ser amplificadas a un nivel de línea razonable, a través del preamplificador asociado para que puedan ser aplicadas a la etapa siguiente.

Habitualmente, la señal de sonido se registra electrónicamente y se reproduce, por ejemplo, con los reproductores de CD, que suministran un nivel suficientemente alto para ser aplicado a la siguiente etapa de la cadena de sonido, sin necesidad de preamplificación previa. Otra fuente que suministra el nivel de línea puede ser la salida de un sintonizador de radio. En todos los casos, la señal suministrada es de alto nivel, típicamente entre 150 mV (–16,5 dBv) y 300 mV (–10 dBv).

Tras el procesado de la señal (control de tono, volumen, etc.) y una vez que la señal alcanza el nivel adecuado, se envía al amplificador de potencia, donde se amplifica a niveles suficientes para hacer funcionar unos auriculares o unos altavoces, los cuales convierten estas señales eléctricas nuevamente en sonidos audibles.

El nivel de entrada del amplificador de potencia dependerá de su sensibilidad, mientras que su nivel de salida dependerá de su potencia nominal.

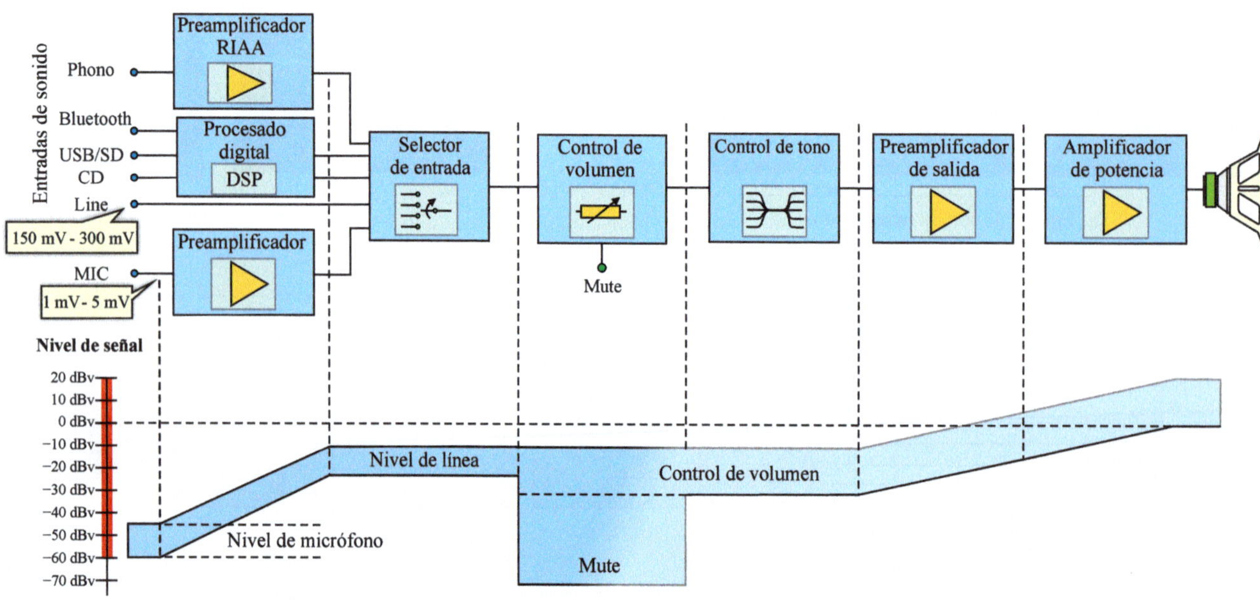

Figura 5.5. Niveles y camino de la señal de audio en la etapa de amplificación.

5.1.4. Entradas de sonido del preamplificador

Un equipo de sonido admite diferentes tipos de entrada, cada una de ellas adecuada a una fuente de sonido con unas características determinadas. Estas entradas se pueden clasificar de la manera siguiente:

- **Entradas de alto nivel.** Estas entradas admiten señales con un nivel comprendido entre 150 mV y 300 mV eficaces, para una resistencia de entrada típica de 15 kΩ a 50 kΩ. El alto nivel de señal de entrada se justifica porque normalmente en estas entradas se conectan equipos que previamente han realizado un tratamiento de la señal. Ejemplos de entradas de alto nivel son las que permiten la conexión de reproductores de CD o magnetófonos (Line, Tuner, CD y Aux).
- **Entrada de micrófono.** Son entradas de baja sensibilidad, ya que los micrófonos proporcionan un nivel de señal bajo, normalmente comprendido entre 1 mV y 5 mV. Para que el nivel de señal sea similar al del resto de señales de entrada, se dispone de un preamplificador asociado que amplifica la señal a unos niveles de entrada adecuados. La impedancia de entrada típica está comprendida entre 1500 Ω para micrófonos de baja impedancia y 1 MΩ para micrófonos de alta impedancia.

SABÍAS QUE...

Si se conectan equipos con diferentes niveles nominales, se puede experimentar distorsión, sobre todo cuando una salida de alta impedancia se conecta a una entrada de baja impedancia.

- **Entrada Phono.** Conecta la salida de un plato giradiscos al amplificador. La sensibilidad de esta entrada es similar a la de micrófono, pero debido a que en el proceso de grabación se enfatizan determinadas frecuencias, el preamplificador asociado incorpora un ecualizador que corrige la respuesta en frecuencia (ecualizador RIAA).

Recuerda

Para equipos domésticos, el nivel estándar de línea es de −10 dBv, lo que significa que el nivel de entrada se corresponde con aproximadamente 0,316 V.

Los equipos actuales, además de las entradas de micrófono y de línea, disponen habitualmente de reproductor MP3 con entrada USB/SD, radio FM y *bluetooth.*

SABÍAS QUE...

Bluetooth es una tecnología para la transmisión de audio y datos entre varios dispositivos en redes inalámbricas de área personal (WPAN), mediante un enlace de radiofrecuencia en la banda ISM de 2,4 GHz.

5.1.5. Selector de entrada

El **selector de entrada** está formado por un conmutador mecánico o electrónico, como el que se muestra en la Figura 5.6, que permite elegir qué fuente de entrada se procesará por el resto de etapas del equipo.

Figura 5.6. Selector de entrada de un amplificador.

5.1.6. Preamplificador de entrada

El **preamplificador de entrada** es el primer dispositivo activo en la cadena de sonido, y realiza una adaptación previa de niveles, para aumentar el nivel de señal de entrada de los micrófonos y otros dispositivos a niveles típicos de línea.

SABÍAS QUE...

En la grabación de los discos de vinilo las señales que se corresponden a los tonos bajos se atenúan respecto de los tonos graves siguiendo una curva normalizada, que se denomina RIAA (*Recording Industry Association of America*). Esta corrección de la señal se realiza para compensar las limitaciones que presenta el soporte de grabación. La corrección realizada también refuerza durante la grabación las señales de alta frecuencia, mejorando la relación señal/ruido.

Este circuito es el que presenta una mayor ganancia en toda la cadena de audio. La alta ganancia de la etapa preamplificadora permite aumentar la relación señal/ruido, ya que proporciona un nivel de señal lo suficientemente elevado para que no se vea afectado por la señal de ruido que se añade en el resto de etapas de la cadena de sonido.

Preamplificador RIAA

El **preamplificador RIAA** es el preamplificador asociado a la entrada de *phono* que permite la conexión de reproductores de discos de vinilo, el cual, además de amplificar la señal, debe realizar el proceso inverso realizado durante la grabación para restaurar una respuesta en frecuencia global plana.

5.1.7. Control de tono y ecualización

Algunos preamplificadores incluyen controles, como los representados en la Figura 5.7, que permiten, además de regular la tensión de salida (volumen), modificar la respuesta en frecuencia de la señal mediante la inclusión de diferentes filtros correctores:

- Control de tono.
- Ecualizadores.
- Control de audibilidad (*loudness*).

Figura 5.7. Controles típicos de un amplificador.

Control de tono

El circuito de **control de tono** es un filtro que modifica la respuesta en frecuencia del amplificador, con el objetivo de compensar la respuesta del oído humano.

Los circuitos de control de tono se basan en un **ecualizador *shelving*,** que es un tipo de filtro que proporciona ganancia o atenuación constante en una banda de frecuencias por encima y por debajo de dos frecuencias determinadas: la superior (f_{cs}) y la inferior (f_{ci}). La Figura 5.8 muestra la respuesta de un ecualizador *shelving* que acentúa las bajas frecuencias. Estos circuitos se utilizan habitualmente en la ecualización de bajos y agudos en los mezcladores o en los amplificadores de sonido.

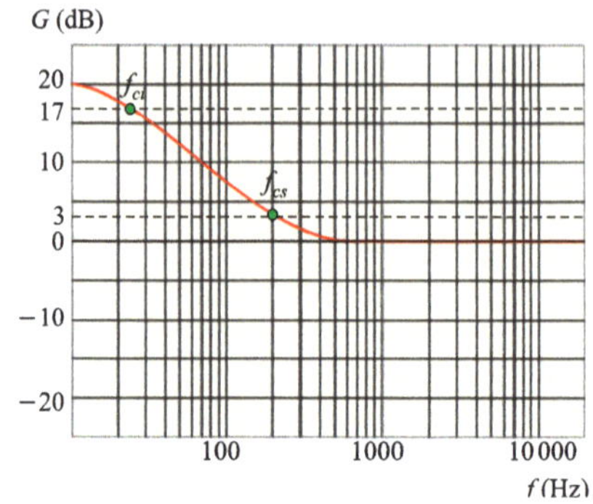

Figura 5.8. Ejemplo de respuesta de un filtro *shelving* de baja frecuencia.

Los circuitos de control de tono permiten modificar la respuesta de un conjunto de frecuencias sin modificar el resto. La Figura 5.9 muestra la respuesta de este tipo de filtro para bajas frecuencias. Las componentes de alta frecuencia no se ven modificadas por la acción del control de tono, mientras que las de baja frecuencia se modifican a voluntad por el usuario, amplificando o atenuando la señal.

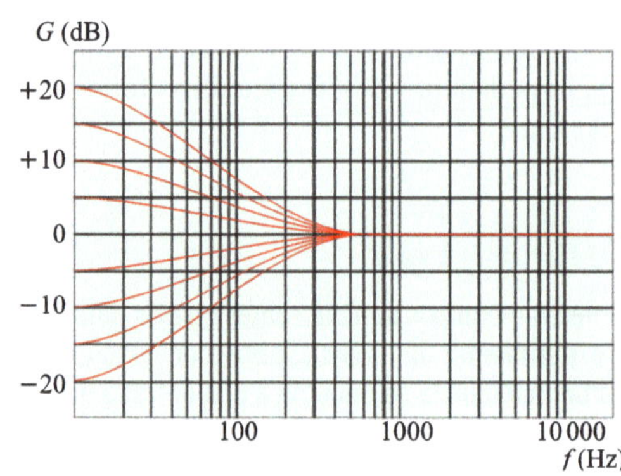

Figura 5.9. Respuesta en frecuencia de un circuito de control de tono de bajas frecuencias.

Los **controles de tono** son un tipo de ecualizadores que operan en 2 o 3 bandas de frecuencia fijas. En cada banda el circuito de control de tono opera en todas las frecuencias de manera plana, excepto en una región de transición, donde la señal se atenúa o se amplifica. En función del número de bandas, podemos encontrar dos tipos de control de tonos:

- **Control de tonos de dos bandas.** Modifican la respuesta de las frecuencias bajas (*bass*) y agudas (*treble*). Para ello se utilizan filtros de *shelving* con frecuencias

Recuerda

Todos los dispositivos electrónicos añaden una porción de ruido que acompaña a la señal útil. El parámetro que permite evaluar la cantidad de ruido presente en un sistema se denomina relación señal/ruido (S/N).

de corte preestablecidas, amplitud ajustable y pendientes suaves. La Figura 5.10.a muestra el margen de actuación típico del control de tono de dos bandas.

- **Control de tonos de tres bandas.** Además de las frecuencias bajas y altas, se dispone de un control para las frecuencias medias. Para estas frecuencias se utiliza un filtro resonante centrado alrededor de 2 kHz y con algunas octavas de ancho de banda. La Figura 5.10.b muestra el margen de actuación típico de un control de tono de tres bandas.

Recuerda

El control de tono permite corregir la ganancia de las altas (*treble*) y bajas frecuencias (*bass*) de manera independiente, amplificando o atenuando la señal de manera selectiva. En algunos equipos también es posible el control de las frecuencias medias (*middle*).

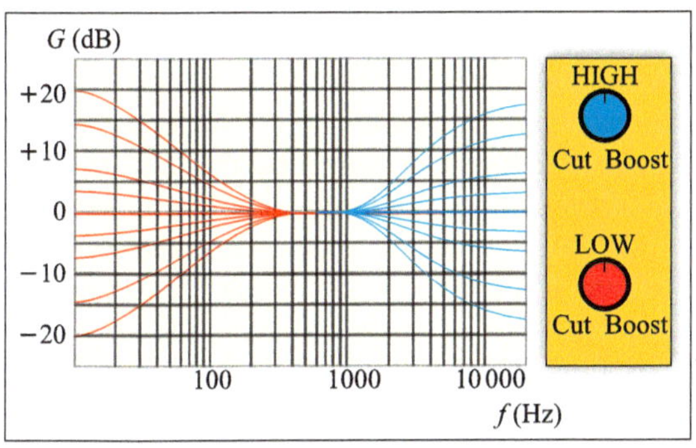

a) Ecualizador de dos bandas.

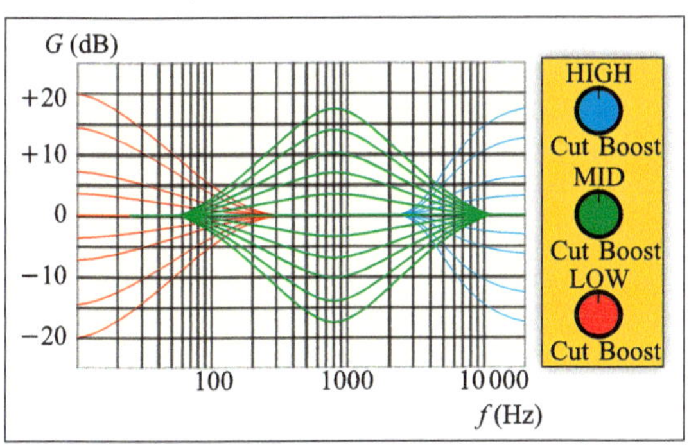

b) Ecualizador de tres bandas.

Figura 5.10. Rango de respuesta en frecuencia típica del control de tono.

Cuando el circuito de control de tono incluye más de tres bandas recibe el nombre de **ecualizador.**

Control de audibilidad

El oído humano no tiene la misma sensibilidad para todo el rango audible, ya que es menos sensible a las altas frecuencias y a las bajas frecuencias, con relación a las frecuencias medias. Esta respuesta, además, también depende del nivel de presión sonora.

El **control de audibilidad** (*loudness*) es un filtro de corrección fisiológica que compensa la respuesta en frecuencia del oído humano, para mantener un nivel de sonoridad uniforme en toda la banda de frecuencias, independiente del control de volumen. La respuesta en frecuencia típica de este filtro se muestra en la Figura 5.11. Este control actúa de manera automática cuando se activa el conmutador asociado, en función de la posición del control de volumen.

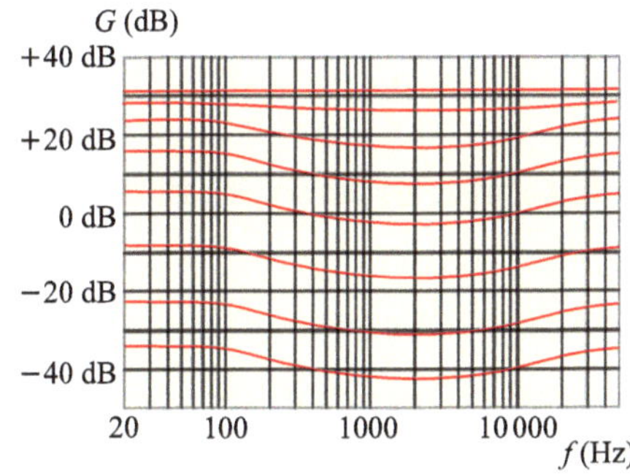

Figura 5.11. Familia de curvas típica del control de audibilidad de un equipo de sonido.

5.1.8. Control de volumen y balance

Los amplificadores estéreo amplifican la señal de dos canales de sonido de manera simultánea: el canal izquierdo (L) y el canal derecho (R). La Figura 5.12 muestra el diagrama típico de un amplificador estéreo.

El **control de volumen** modifica la cantidad de señal que se transfiere a la etapa de potencia, de manera que se regula el nivel de señal que se amplifica en esta.

SABÍAS QUE...

La etapa de potencia en ocasiones es un equipo separado del preamplificador.

El **control de balance** modifica la cantidad de señal que se aplica a cada altavoz, es decir, este control permite regular el volumen de cada altavoz con el objetivo de compensar posibles diferencias en la distancia de este con el oyente. El control de balance actúa de manera independiente del control de volumen sobre la señal.

SABÍAS QUE...

El control de balance funciona de manera similar a como lo hace el control de volumen, pero actúa de manera complementaria para cada canal, de forma que la potencia que se emite es siempre la misma: 100 %-0 %, 50 %-50 %, 75 %-25 %, 0 %-100 %.

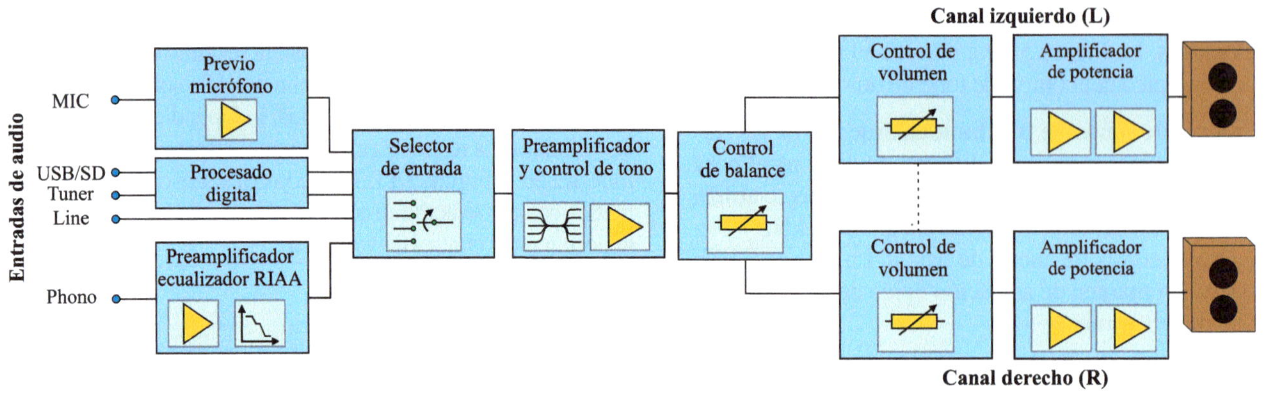

Figura 5.12. Diagrama de bloques simplificado de un amplificador estéreo.

5.1.9. Preamplificador de salida

La señal de salida del preamplificador debe alcanzar el nivel adecuado para que el amplificador de potencia pueda desarrollar toda su potencia nominal.

5.1.10. Amplificador de potencia

El **amplificador de potencia** es la etapa final de un equipo amplificador de audio. Se encarga fundamentalmente de proporcionar una señal de nivel suficiente para excitar a los altavoces.

Recuerda

El amplificador de potencia es la última etapa de un amplificador.

Por lo general, los amplificadores de potencia también incluyen **protecciones** contra sobrecorrientes, contra sobretensiones y contra cortocircuitos de salida, para protegerlos y evitar que se destruyan cuando las condiciones de funcionamiento no son las adecuadas.

El acoplamiento del amplificador con los altavoces se realiza en tensión, por lo que su impedancia de salida es muy baja, comprendida normalmente entre 0,1 Ω y 0,5 Ω.

Clases de amplificador

En la Figura 5.13 se muestra el interior de un amplificador de potencia. Se trata de un circuito electrónico, realizado a partir de dispositivos activos (válvulas, transistores, AO, circuitos integrados, etc.) y pasivos. Los amplificadores se clasifican por la configuración de su **etapa de salida,** que determina la clase de los mismos:

- **Amplificadores de clase A.** Las etapas de potencia de esta clase consumen corrientes altas y continuas de la fuente de alimentación, aunque no exista señal de sonido. Esto genera una fuerte y constante emisión de calor. Se caracterizan por ser amplificadores de gran tamaño, con un alto consumo y un precio elevado. A favor, tienen muy baja distorsión, por lo que ofrecen la mayor calidad. En general, esta clase de amplificación se utiliza en los equipos de gama alta, ya que proporcionan un sonido potente y de muy buena calidad.
- **Amplificadores de clase B.** Las etapas de potencia de estos amplificadores no consumen corriente continua de la fuente de alimentación, mientras no exista señal de sonido. Por tanto, el consumo se reduce. El principal inconveniente de estas etapas es que la señal amplificada incorpora mucha distorsión. El bajo consumo los hace especialmente indicados en equipos alimentados por baterías, ya que el consumo está íntimamente ligado al nivel de señal de entrada.
- **Amplificadores de clase AB.** Este tipo de etapa presenta las ventajas de los amplificadores de clase A y B: combina un bajo consumo con una baja distorsión. Estos amplificadores consumen una pequeña alimentación constante, independiente de la señal de audio aplicada a la entrada, de manera que se reduce el consume respecto de un amplificador de clase A y se reduce la distorsión respecto de uno de clase B. Es la configuración más habitual en los sistemas de sonido del automóvil.
- **Amplificadores de clase D.** Los amplificadores de clase D se basan en la modulación digital del sonido para utilizar técnicas de conmutación en su etapa de salida, de manera que el consumo se reduce de manera considerable, así como su tamaño y su peso. En general, ofrecen un nivel de distorsión bajo. Habitualmente, se utilizan en los amplificadores de baja frecuencia para alimentar *subwoofers*, aunque actualmente también se pueden encontrar en el resto de amplificadores de sonido.
- **Otros tipos de amplificadores.** Existen otros tipos de amplificadores de audio que tienen por objetivo aumentar el rendimiento manteniendo la distorsión

por debajo de unos límites. Un ejemplo típico utilizado en los amplificadores de audio son los de clase G y clase H.

Figura 5.13. Interior de un amplificador de potencia.

SABÍAS QUE...

El principio de funcionamiento de los amplificadores de clase G y clase H se basa en una fuente de alimentación controlada, en la cual la tensión suministrada es baja durante la operación normal y se incrementa cuando las necesidades de energía del amplificador así lo requieren, es decir, la tensión de alimentación varía en función del nivel de la señal de salida de audio necesaria en cada momento.

5.2. Ecualizadores

Un **ecualizador** es un circuito o dispositivo que aumenta o reduce la ganancia de manera selectiva, en tres o más bandas, con el objetivo de corregir deficiencias en la respuesta en frecuencia de la señal de entrada o realizar el balance de tono de una fuente de sonido. De esta manera es posible realzar las frecuencias de las señales que originalmente son débiles o, por el contrario, atenuar las frecuencias de aquellas señales que tienen un nivel excesivo.

Un ecualizador se fundamenta en la división del espectro en diferentes segmentos, cada uno de ellos regulado por un filtro paso banda sintonizado a una frecuencia diferente. En función de la manera en que actúa dicho filtro, existen tres **tipos de ecualizadores** diferentes:

- Ecualizador gráfico.
- Ecualizador paramétrico.
- Ecualizador semiparamétrico.

SABÍAS QUE...

Un ejemplo de ecualizador es el clásico control de tono, ya que permite modificar la ganancia de tres bandas fijas de frecuencia (graves, medios y agudos).

5.2.1. Ancho de banda y calidad de un filtro paso banda

El **ancho de banda** de un filtro es el margen de frecuencias que deja pasar. Queda limitado por las frecuencias en las cuales la señal de salida se atenúa 3 dB. Estos puntos determinan las frecuencias de corte del filtro: frecuencia de corte superior (f_s) y frecuencia de corte inferior (f_i). El ancho de banda se define como:

$$Bw_{-3\,dB} = f_s - f_i$$

El filtro tendrá su mayor ganancia a la frecuencia central, disminuyendo a medida que nos alejemos de esta. La **frecuencia central** (f_c) de un filtro se define como la media geométrica de las frecuencias de corte del filtro (f_s y f_i) relacionadas por la expresión siguiente:

$$f_c = \sqrt{f_s \cdot f_i}$$

Un factor determinante en los filtros paso banda es la selectividad en frecuencia, es decir, la capacidad que tienen estos de discriminar las señales de frecuencia comprendidas fuera de la banda de paso.

El **factor de calidad** (Q) de un filtro determina la selectividad en frecuencia de un filtro paso banda y se define como la relación entre la frecuencia central del filtro (f_c) y su ancho de banda a –3 dB (Bw_{-3dB}):

$$Q = \frac{f_c}{Bw_{-3\,dB}} = \frac{f_c}{f_s - f_i}$$

La Figura 5.14 muestra diferentes factores de calidad de un filtro paso banda: cuanto mayor es el factor de calidad de un filtro, más selectivo es este.

SABÍAS QUE...

Los ecualizadores se encuentran dentro de los equipos denominados procesadores de frecuencia, ya que son dispositivos que modifican a voluntad del usuario la respuesta en frecuencia de la cadena de sonido.

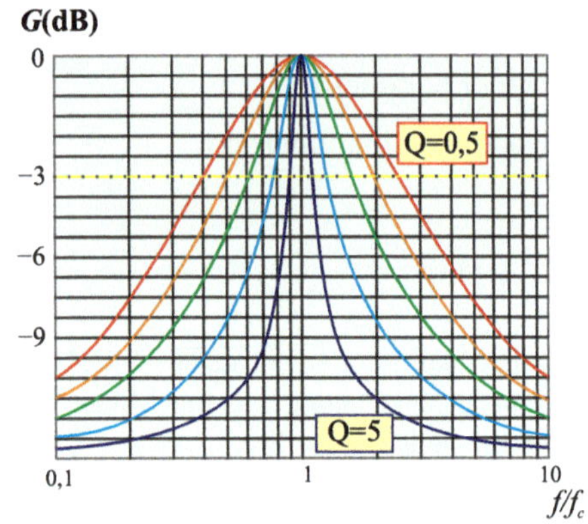

Figura 5.14. Factor de calidad de un filtro.

Ejemplo 5.2.

El filtro paso banda.

El ancho de banda de un filtro paso banda de un ecualizador de una octava está limitado entre la frecuencia inferior (f_i) de 707 Hz y la frecuencia superior (f_s) de 1414 Hz. La frecuencia central del filtro es de 1000 Hz, su ancho de banda es de 707 Hz y su factor de calidad de 1,41:

$$f_c = \sqrt{f_s \cdot f_i} = \sqrt{707 \cdot 1414} = 1000 \text{ Hz}$$

$$Bw_{-3\,\text{dB}} = f_s - f_i = 1414 - 707 = 707 \text{ Hz}$$

$$Q = \frac{f_c}{Bw_{-3\,\text{dB}}} = \frac{f_c}{f_s - f_i} = \frac{1000}{707} = 1{,}41$$

5.2.2. Ecualizadores gráficos

Un **ecualizador gráfico** está formado por un conjunto de filtros conectados en paralelo, donde cada uno de ellos se encarga de modificar la respuesta en frecuencia de una parte de la banda audible, de manera que en conjunto cubre toda la banda de frecuencias (Figura 5.15). Cada filtro solo modifica la ganancia, atenuando o amplificando la señal de entrada de la banda de paso en la que trabaja.

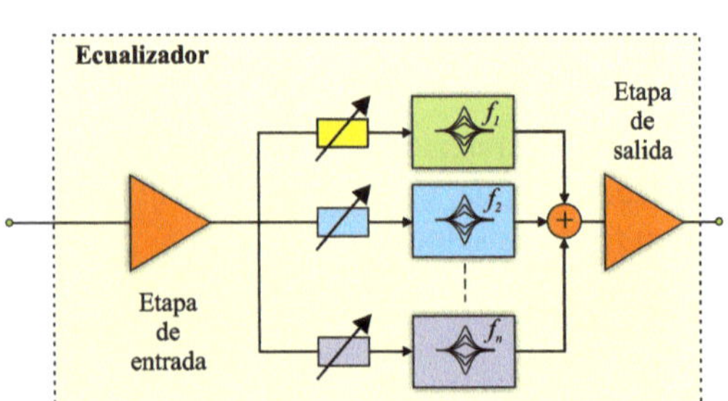

Figura 5.15. Estructura interna de un ecualizador gráfico.

Según el número de bandas en las que se divide el espectro audible, tendremos diferentes tipos de ecualizadores: para ello se divide el espectro en filtros con ancho de banda de 1 octava, 2/3 de octava, 1/2 octava y 1/3 de octava.

La ecualización puede realizarse con un equipo específico (ecualizador gráfico), tal y como se muestra en la Figura 5.16.a, o con un equipo digital de procesado (Figura 5.16.b).

a) Ecualizador gráfico de 16 bandas.

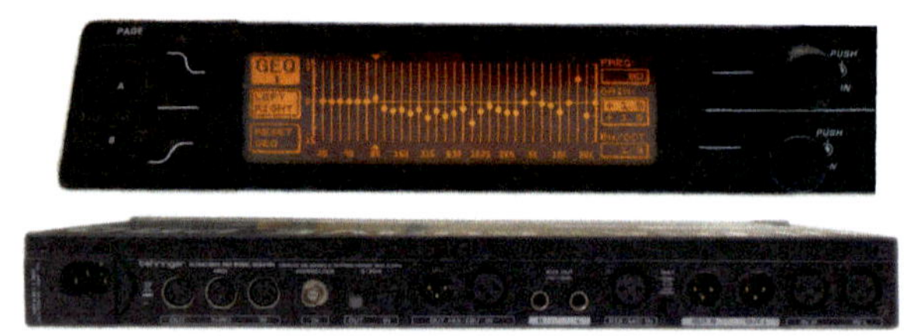

b) Procesador de sonido digital (ecualización).

Figura 5.16. Ecualizadores gráficos.

Cada banda de un ecualizador está centrada en una frecuencia determinada, que normalmente se corresponde con una de las frecuencias estándares definidas en la Tabla 5.1. La relación entre las frecuencias centrales de un ecualizador se elige para que sea aproximadamente constante, de manera que mantenga relación con la percepción logarítmica de la escala de frecuencias del oído. Por tanto, el **factor de calidad** Q de los filtros de cada ecualizador es constante.

Ejemplo 5.3.

Factor de calidad de un ecualizador gráfico.

El ecualizador gráfico de una octava divide el espectro en 10 bandas de frecuencia. La relación entre dos frecuencias centrales es de una octava, ya que la superior dobla a la inferior.

Según la Tabla 5.1 los filtros de cada banda deben estar sintonizados a las frecuencias de 31,5 Hz, 63 Hz, 125 Hz, 250 Hz, 500 Hz, 1000 Hz, 2000 Hz, 4000 Hz, 8000 Hz y 16 000 Hz.

El factor de calidad de los filtros de los ecualizadores es siempre constante. Así, por ejemplo, para un ecualizador de una octava, el factor de calidad del filtro, tal y como se comprobó en el Ejemplo 5.2, es de 1,41.

Tabla 5.1. Frecuencias estándar utilizadas en los ecualizadores de bandas de 1 octava, 2/3 de octava, 1/2 octava y 1/3 de octava

f (Hz)	Bandas de octava				*f* (Hz)	Bandas de octava				*f* (Hz)	Bandas de octava				*f* (Hz)	Bandas de octava			
	1	2/3	1/2	1/3		1	2/3	1/2	1/3		1	2/3	1/2	1/3		1	2/3	1/2	1/3
20				x	112					630		x		x	3550				
22,4			x		125	x		x	x	710			x		4000	x	x	x	x
25		x		x	140					800				x	4500				
28					160		x		x	900					5000				x
31,5	x		x	x	180			x		1000	x	x	x	x	5600			x	
35,5					200				x	1120					6300		x		x
40		x		x	224					1250				x	7100				
45			x		250	x	x	x	x	1400			x		8000	x		x	x
50				x	280					1600		x		x	9000				
56					315				x	1800					10 000		x		x
63	x	x	x	x	355			x		2000	x		x	x	11 200			x	
71					400		x		x	2240					12 500				x
80				x	450					2500		x		x	14 000				
90			x		500	x		x	x	2800			x		16 000	x	x	x	x
100		x		x	560					3150				x	18 000				
															20 000				x

SABÍAS QUE...

El ecualizador gráfico debe su nombre a que los controles están dispuestos horizontalmente por bandas, de manera que la posición de cada cursor representa en conjunto la respuesta en frecuencia que se aplica a la señal de entrada.

Ajuste de ganancia de un ecualizador

En la Figura 5.17 se muestra el aspecto de un ecualizador gráfico de 2 canales, de 2/3 de octava, es decir, 15 bandas. Los ecualizadores gráficos disponen de un potenciómetro deslizante, graduado en dB, para el ajuste de la ganancia o de la atenuación de cada banda de frecuencia. En la posición central la ganancia se corresponde a 0 dB, es decir, una ganancia unidad, de manera que el nivel de señal de la salida es igual al de la entrada. La variación de ganancia suele ser simétrica para realce y atenuación. En la posición más alta se tiene una ganancia máxima típica de 12 dB, mientras que en la posición más baja la señal de entrada se atenúa típicamente 12 dB.

Recuerda

Un ecualizador paramétrico dispone de pocas bandas, siendo suficiente para cubrir todas las necesidades de ecualización.

5.2.3. Ecualizador paramétrico

Un **ecualizador paramétrico** permite modificar, además de la ganancia del filtro, su frecuencia central y su factor de calidad, es decir, su ancho de banda. Cada filtro paramétrico dispone de los tres mandos mostrados en la Figura 5.19, que permiten modificar la actuación del filtro:

- **Variación de la ganancia** (*Gain*). La Figura 5.19.b muestra la respuesta en frecuencia de un filtro paramétrico en función de la ganancia.
- **Variación del factor de calidad** (Q). La Figura 5.19.c muestra la respuesta en frecuencia de un filtro paramétrico en función de la variación del ancho de banda que modifica, por lo tanto, el factor de calidad (Q) del filtro.

Figura 5.17. Ecualizador gráfico de 2 canales, 15 bandas (2/3 de octava).

Ejemplo 5.4.

Respuesta en frecuencia de un ecualizador gráfico.

Modificando la ganancia de cada una de las bandas de un ecualizador de 10 bandas, se obtiene gráficamente la respuesta en frecuencia deseada:

- En la Figura 5.18.a se muestra un ecualizador gráfico con los controles asociados a cada banda en su posición neutra. De esta manera no se potencia ni atenúa ninguna frecuencia.
- En la Figura 5.18.b se han potenciado las bandas que se corresponden a los tonos graves en detrimento de los tonos medios y graves. En esta posición se acentúa la señal de instrumentos musicales tales como el bajo eléctrico.

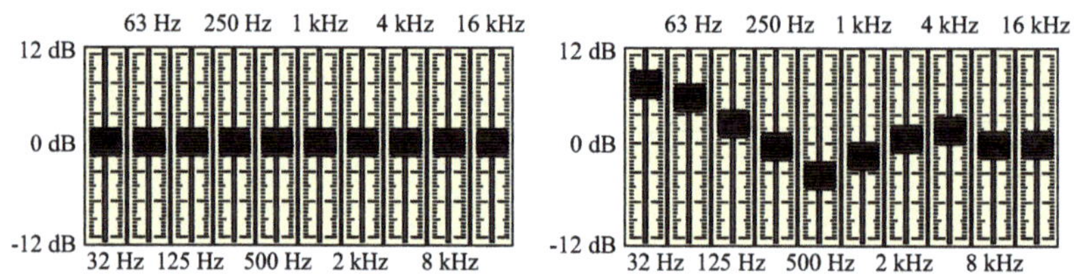

Figura 5.18. Ejemplo de respuesta en frecuencia de un ecualizador gráfico.

- **Variación de la frecuencia de sintonía** (*Frequency*). La Figura 5.19.a muestra la respuesta en frecuencia en función de la frecuencia a la que está sintonizado el filtro.

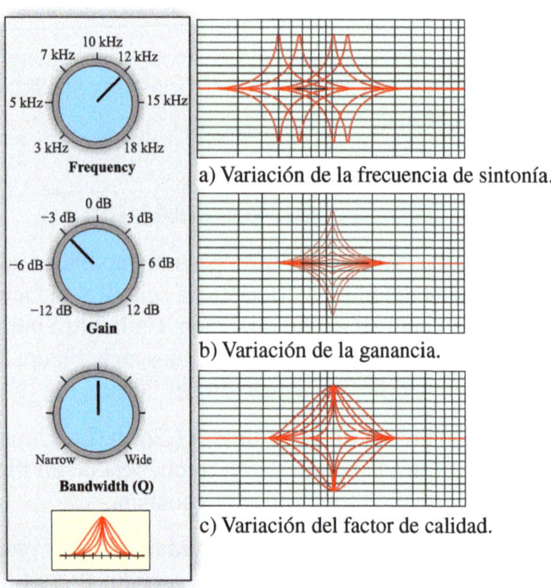

Figura 5.19. Controles típicos de un ecualizador paramétrico.

La principal ventaja de estos filtros es que permiten actuar sobre cualquier frecuencia del espectro audible, no siendo necesario que coincida con una de las frecuencias centrales de las bandas de un ecualizador gráfico. Además, este tipo de ecualizador posibilita regular el ancho de banda, lo que permite atenuar o enfatizar solo un estrecho margen de frecuencias de interés, sin necesidad de afectar al resto.

SABÍAS QUE...

Normalmente, los ecualizadores semiparamétricos forman parte de otros equipos como mezcladores o amplificadores profesionales, pero no como equipos independientes.

5.2.4. Ecualizadores semiparamétricos

Los **ecualizadores semiparamétricos** pueden ajustar la frecuencia central y la ganancia del filtro, pero no su factor de calidad.

La Figura 5.20 muestra los controles de un ecualizador presentes en un amplificador de sonido. Dispone de tres filtros semiparamétricos que permiten ajustar el tono en tres bandas de frecuencia variable (baja, media y alta). El control de nivel (LEVEL) de cada filtro permite modificar la ganancia de las señales de frecuencia seleccionadas mediante el control de frecuencia (FREQ).

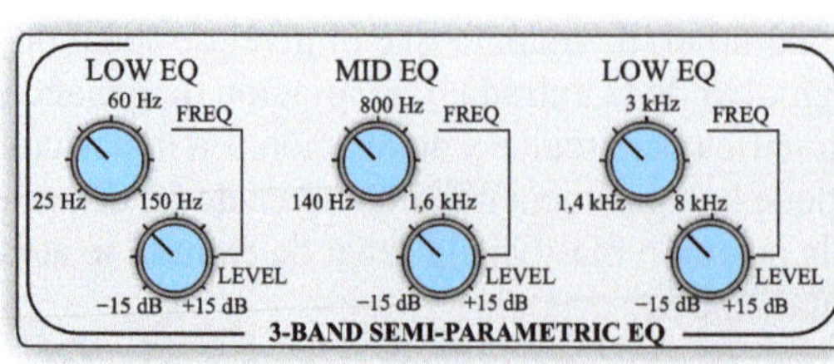

Figura 5.20. Controles de un ecualizador semiparamétrico.

5.2.5. Filtros ranura (*notch*)

En ocasiones, los ecualizadores vienen acompañados de un tipo especial de filtro, denominado **filtro ranura**

o filtro *notch*. En la Figura 5.21 se muestra la respuesta en frecuencia típica de este tipo de filtro: son filtros de tipo banda eliminada, que presentan un ancho de banda muy estrecho y su atenuación es muy elevada (típicamente hasta 30 dB), de manera que solo afecta a la señal indeseada, sin afectar al resto de frecuencias.

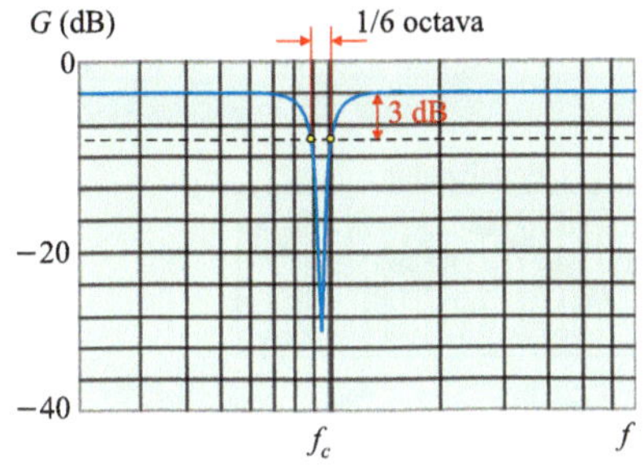

Figura 5.21. Filtro ranura.

Se utilizan para eliminar sobre todo frecuencias parásitas, como, por ejemplo, la interferencia de la señal de la red eléctrica (50 Hz), y normalmente se utilizan como complemento de los filtros paramétricos.

5.2.6. Ecualización de recintos

La **ecualización de un recinto** es un proceso de calibración del que depende que la respuesta obtenida en la sonorización del mismo sea espectralmente plana.

Debido a que la percepción sonora humana dista de ser plana, es recomendable no realizar la ecualización de manera subjetiva, ya que varía de un individuo a otro. Por esa razón, para realizar el ajuste es necesario utilizar un analizador de espectros, instrumento de medición que muestra en su pantalla, de manera gráfica dividida en bandas, el espectro del sonido en cada instante.

Recuerda

Un analizador de espectros de audio es un dispositivo de medida del nivel de sonoridad que cubre toda la banda de frecuencias de audio. La representación de la medida se realiza según las bandas normalizadas, de manera que es posible detectar las deficiencias en la respuesta en frecuencia de un recinto acústico.

En la Figura 5.23 se muestra la disposición de los equipos en el proceso de ecualización de un recinto. El generador de ruido rosa es un equipo que genera una señal que contiene la misma energía por cada octava del espectro. Antes de comenzar con el proceso de ecualización, es necesario tomar como punto de referencia, para futuros ajustes del sistema, la posición central de los diferentes controles del ecualizador y del amplificador. De esta manera será fácil restituir el punto correcto de ecualización del recinto cuando por cualquier motivo estos controles se modifiquen por el usuario.

El micrófono del analizador de espectro debe ser de tipo omnidireccional, para que de esta manera integre el sonido directo y el reflejado por las diferentes superficies del recinto. La posición del micrófono debe ser aquella para la cual se quiere lograr la ecualización, ya que, lógicamente, la respuesta del recinto será diferente en cada punto de la sala.

SABÍAS QUE...

Cuando es necesario ecualizar un recinto, se deben seleccionar diferentes ubicaciones de escucha representativas, para realizar un promedio de las diferentes respuestas.

Ejemplo 5.5.

Módulo ecualizador de un equipo de sonido.

Encontraremos en el mercado equipos de ecualización que incorporan diferentes tipos de ecualizadores. El ejemplo de la Figura 5.22 muestra el diagrama de bloques de un sofisticado sistema de ecualización, de un equipo de bajo coste. Incluye un ecualizador gráfico de 1/3 de octava para las señales de voz, que no cubre todo el espectro audible sino solamente las bajas frecuencias, un filtro variable paso alto, un ecualizador de tipo *shelving* (control de tono) que permite realzar o atenuar las altas frecuencias y dos filtros ranura (*notch*) con atenuación y frecuencia variable.

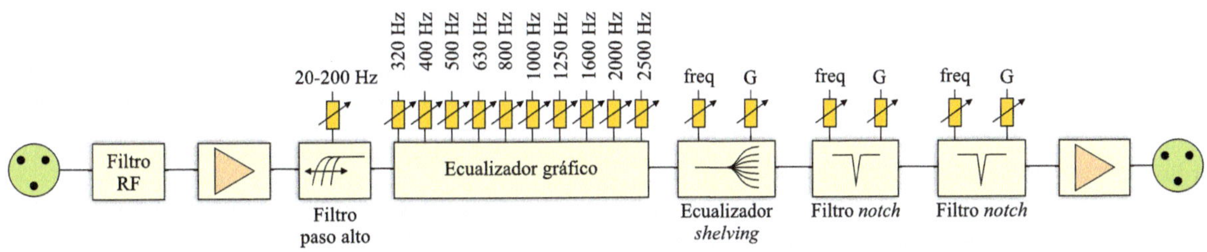

Figura 5.22. Módulo ecualizador-filtro *notch*.

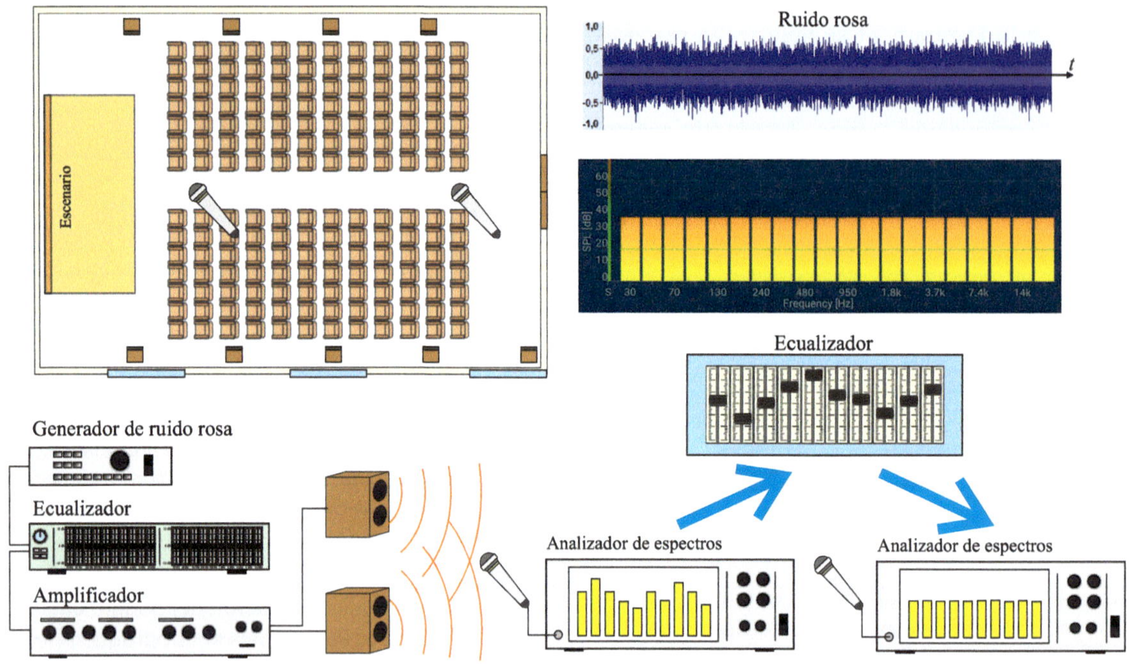

Figura 5.23. Proceso de ecualización de un recinto acústico.

La ecualización se lleva a cabo ajustando los controles del ecualizador, de manera que la lectura del analizador de espectros sea uniforme para todas las bandas. Una vez ajustado, es necesario tomar nota de las posiciones de los controles del ecualizador, para utilizarlo como referencia futura si fuera necesario.

5.3. Procesadores de dinámica

Un **procesador de dinámica** es un dispositivo electrónico que modifica, a voluntad del usuario, el margen dinámico de una señal (Figura 5.24), es decir, la diferencia en el nivel máximo y mínimo de una señal.

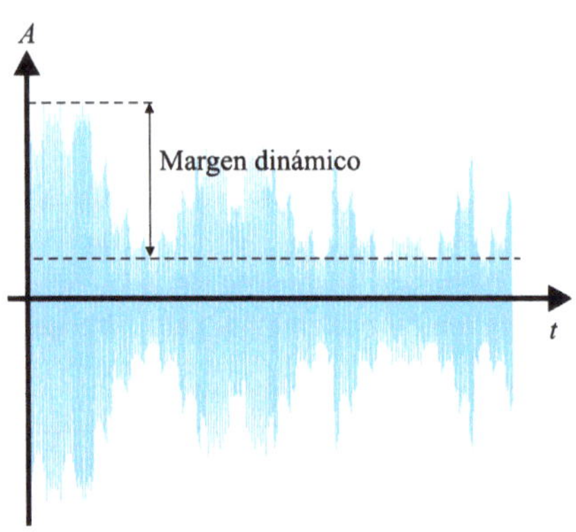

Figura 5.24. Margen dinámico de la señal.

En la Figura 5.25 se muestra el aspecto de un procesador de sonido profesional. Este tipo de procesador se utiliza para corregir o controlar de manera automática el nivel de señal de entrada de otro equipo, con el objetivo de evitar, por ejemplo, que el volumen sea excesivo y se sature el amplificador de potencia.

Figura 5.25. Procesador de sonido profesional.

Los **tipos de procesadores** de dinámica más utilizados son el compresor, el limitador, la puerta de ruido y el expansor.

Los procesadores de sonido digital, como el de la Figura 5.26, integran diferentes funciones de procesado (procesador de dinámica, ecualizadores paramétricos, analizador en tiempo real, etc.) que los hacen idóneos para aplicaciones de estudio y directo:

- PEQ: ecualizador paramétrico.
- FBD (*Feedback Destroyer*): función de eliminación de retroalimentaciones, que atenúa de manera selectiva aquellas frecuencias que pueden crear interferencias.
- GEQ: ecualizador gráfico.
- DYN, procesadores de dinámica: compresor, limitador, expansor…
- Etcétera.

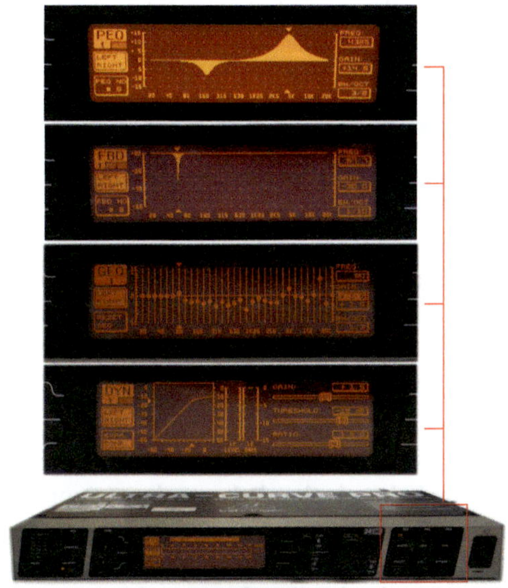

a) Panel frontal.

b) Panel trasero.

Figura 5.26. Procesador de sonido digital.

5.3.1. Compresor

El **compresor** atenúa las señales de entrada que exceden de un nivel de señal prefijado (umbral). Las señales de nivel de entrada inferior al configurado, no se modifican. La Figura 5.27 muestra el efecto del compresor en la señal de entrada.

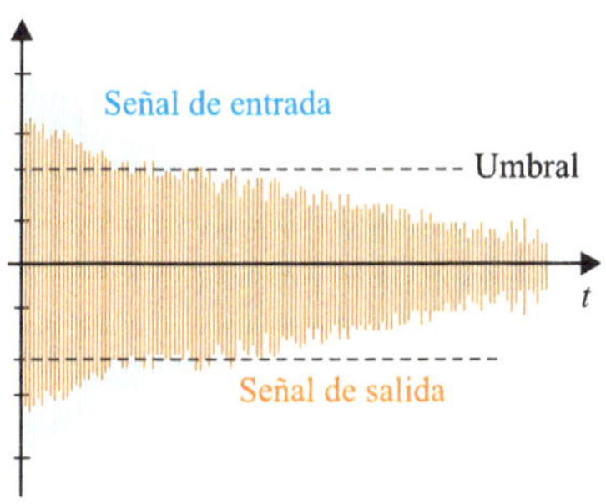

Figura 5.27. Funcionamiento de un compresor.

Parámetros de configuración de un compresor

Aunque la configuración y los principales mandos que forman parte de un compresor varían entre diferentes fabricantes, todos ellos funcionan de forma parecida. El principio básico de funcionamiento se basa en los siguientes controles:

- **Nivel de umbral** (*threshold*). Establece el nivel de la amplitud de señal (umbral) a partir del cual actúa la compresión, es decir, cuando la señal sobrepase el umbral seleccionado empieza la compresión, mientras que no se realiza ninguna acción sobre el resto de señales que no lo sobrepasan.
- **Tiempo de ataque** (*attack time*). Determina el tiempo de reacción del compresor una vez que la señal ha sobrepasado el umbral, de manera que a partir de ese momento empieza a actuar el procesador.
- **Tiempo de mantenimiento** (*hold time*). Tiempo que debe pasar desde que la señal decae por debajo del umbral, para que el procesador deje de actuar. Su función es evitar que el procesador deje de actuar cuando la señal decaiga momentáneamente por debajo del umbral.
- **Tiempo de relajación** (*release time*). Tiempo que tarda el compresor en dejar de aplicar la limitación de ganancia una vez que la señal pasa por debajo del nivel umbral. Durante este tiempo la señal va recuperando progresivamente su nivel original dejando de actuar el compresor.
- **Enlace estéreo** (*stereo link*). Este conmutador permite aplicar la misma configuración a dos canales de manera simultánea para procesar señales estéreo.
- **Modo automático.** Permite la posibilidad de que los parámetros se configuren de manera automática en función de las características de la señal de entrada.
- **Relación de compresión** (*compression ratio*). Cantidad de compresión (atenuación) que se aplicará a la señal cuyo nivel sobrepase el umbral especificado. La Figura 5.28 muestra la relación entre la señal de entrada y de salida de un compresor para diferentes relaciones de compresión. Algunos ejemplos típicos de compresión son:
  - **1:1.** En este caso el compresor no actúa.
  - **4:1.** Cuando la señal de entrada sobrepasa el umbral en 4 dB, el nivel de salida del procesador es de 1 dB por encima del umbral.

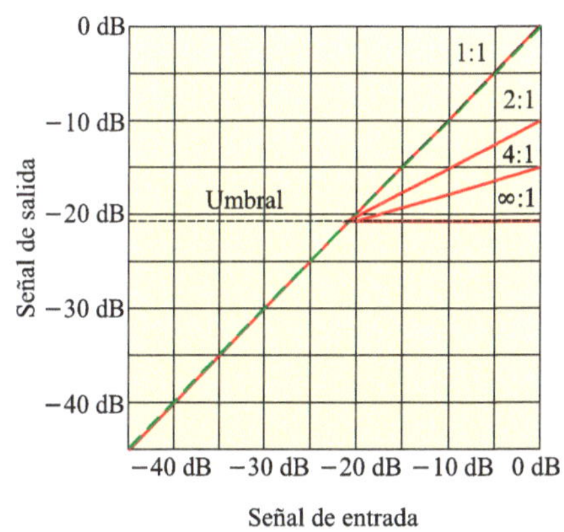

Figura 5.28. Relación entre la señal de entrada y de salida de un compresor para diferentes relaciones de compresión.

  - **∞:1.** Para esta relación de compresión el compresor funciona como limitador, ya que el nivel de señal que sobrepasa el umbral se atenúa completamente.

- **Ganancia de salida** (*output gain*). Debido a que durante la compresión se reduce el nivel de salida, este control permite restituir el nivel máximo de salida.

SABÍAS QUE...

Si la señal de entrada de un compresor no supera el nivel de umbral, esta no se procesa. En cambio, si se supera este umbral, se aplicará una reducción de ganancia en una cantidad determinada por la relación de compresión (ratio) configurada. Cuanto mayor sea, más reducción se aplicará.

5.3.2. Limitador

Un **limitador** es un compresor cuyo nivel de salida máximo está fijado en un punto, por encima del cual la salida es independiente del nivel de entrada y esta permanece constante. Tal y como se muestra en la Figura 5.29 los limitadores aplican una compresión total por encima del umbral.

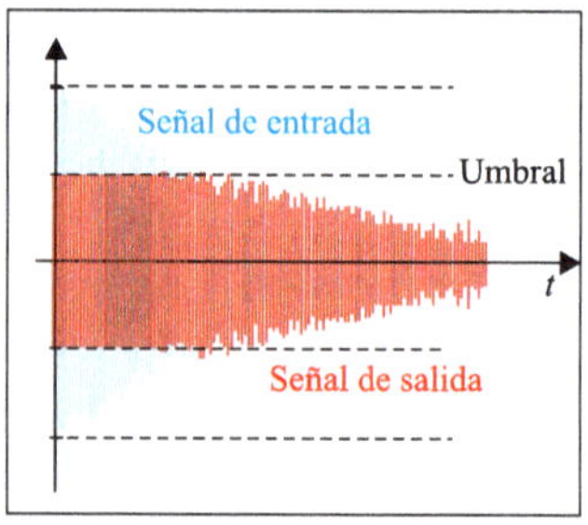

Figura 5.29. Utilización de un limitador. Un limitador es un compresor que utiliza una relación de compresión de ∞:1.

En la Figura 5.30 se muestra la relación entre la señal de entrada y de salida de un limitador. El **ratio de compresión ∞:1** de un compresor se comporta como un limitador de señal. Cuando la señal sobrepasa el umbral, su nivel de salida se recorta abruptamente para que no se supere en ningún caso.

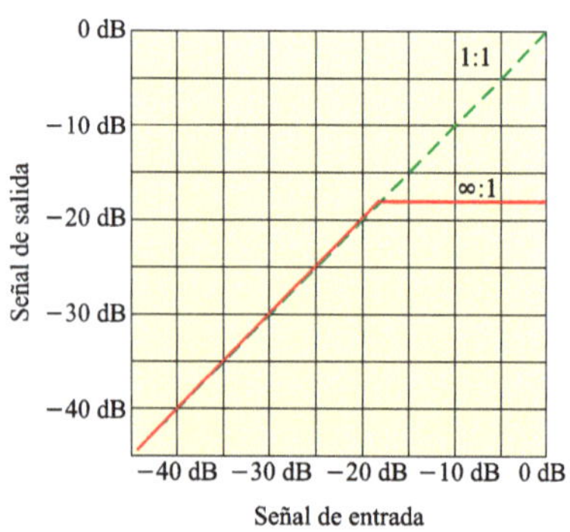

Figura 5.30. Relación entre la señal de entrada y de salida de un limitador.

La sección del limitador de un equipo lleva asociado un indicador de tipo led (*peak limiter*) que se ilumina cuando entra en acción el limitador, de manera que el usuario puede saber cuándo la señal de entrada sobrepasa el umbral establecido.

5.3.3. Expansores de dinámica

Los **expansores de dinámica** actúan de manera inversa a los compresores, es decir, aumentan la relación entre los sonidos más fuertes y los más débiles. La aplicación típica de este tipo de procesador es aumentar el margen dinámico de fuentes de sonido que tienen un margen dinámico reducido, como por ejemplo, las señales procedentes de discos de vinilo o de cintas magnéticas.

En la Figura 5.31 se muestra el funcionamiento de un expansor. El expansor actúa a partir del valor umbral configurado. Cuando los niveles de la señal están por encima del umbral, el nivel de salida se mantiene igual al de entrada, aumentando las diferencias de nivel cuando estos caen por debajo del umbral. Al aplicar la expansión aumenta la diferencia entre dos señales de amplitud diferente, aumentando el margen dinámico de la señal.

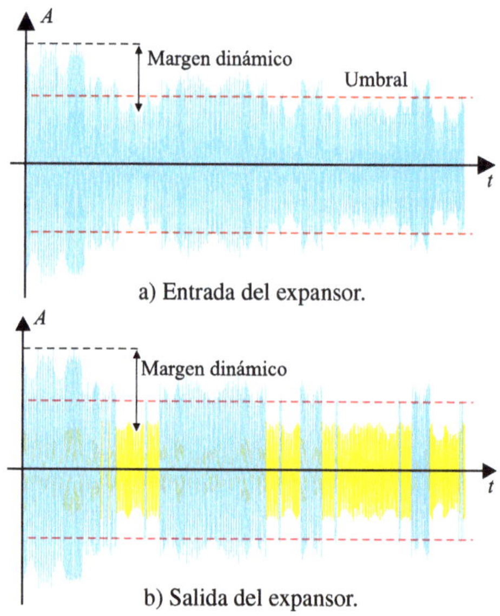

Figura 5.31. Ejemplo de funcionamiento de un expansor.

En la Figura 5.32 se muestran diferentes curvas de expansión en función de la relación de expansión seleccionada.

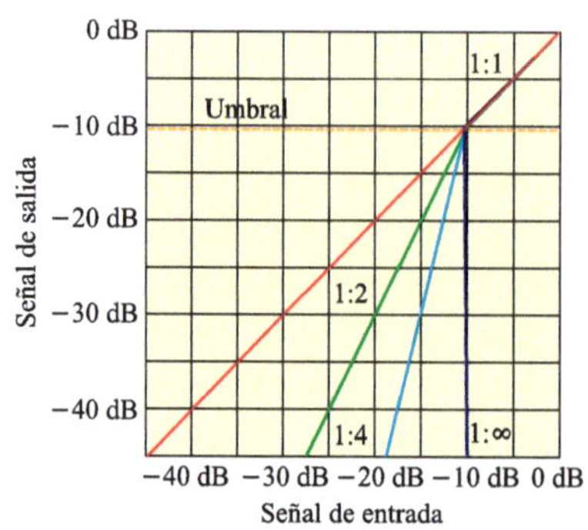

Figura 5.32. Relación entre la señal de entrada y la de salida para diferentes relaciones de expansión.

5.3.4. Puertas de ruido

Las **puertas de ruido** impiden el paso de la señal hasta que esta no supere un determinado umbral fijado por el usuario.

Las puertas de ruido son útiles cuando existen muchas fuentes que pueden captar sonidos indeseados, de manera que solo se permite el paso de la señal cuando el nivel de sonido es suficientemente alto como para que el ruido sea enmascarado. De esta manera, en los momentos cuando más se puede notar el ruido, como no se supera el umbral prefijado, el sonido no será procesado por la cadena de audio y su señal no será amplificada.

Ejemplo 5.6.

Comportamiento de una puerta de ruido.

En la Figura 5.33 se muestra un ejemplo de procesado que realiza una puerta de ruido. El umbral se configura para que la señal con nivel inferior al configurado sea eliminada, ya que se considera ruido.

El pico (1) es eliminado ya que, a pesar de que supera el umbral, es de corta duración y no es capaz de abrir la puerta debido a que su duración es inferior al tiempo de ataque configurado.

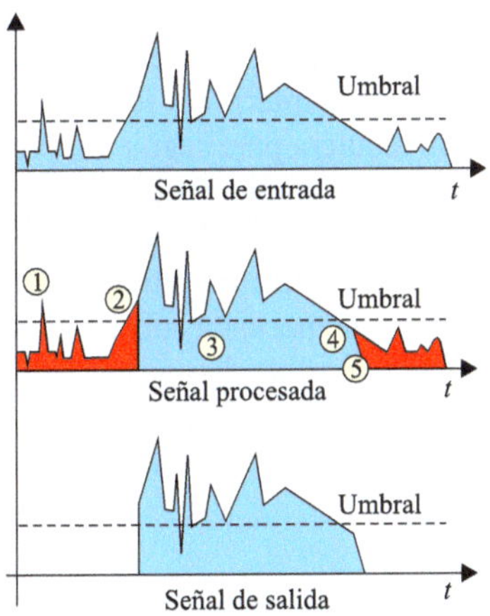

Figura 5.33. Funcionamiento de una puerta de ruido.

La señal se deja pasar solo después de que la señal de entrada supere el umbral el tiempo de ataque configurado (2). El pico de bajada (3), a pesar de que está por debajo del umbral, se deja pasar, y la puerta no se cierra, ya que es de corta duración y no ha transcurrido el tiempo de mantenimiento.

Una vez que la señal decae por debajo del umbral (4) un tiempo suficiente (tiempo de mantenimiento) la señal se atenúa (5) hasta que la puerta se cierra completamente (tiempo de relajación).

5.4. Mezcladores

Un **mezclador** o mesa de mezclas es un equipo formado por un conjunto de canales amplificadores, donde se trata la señal procedente de diferentes fuentes de sonido, de manera que se pueden agrupar a voluntad del usuario, para su procesado conjunto y posterior combinación para su suministro a otro equipo externo, como puede ser un amplificador o un equipo de grabación (Figura 5.34).

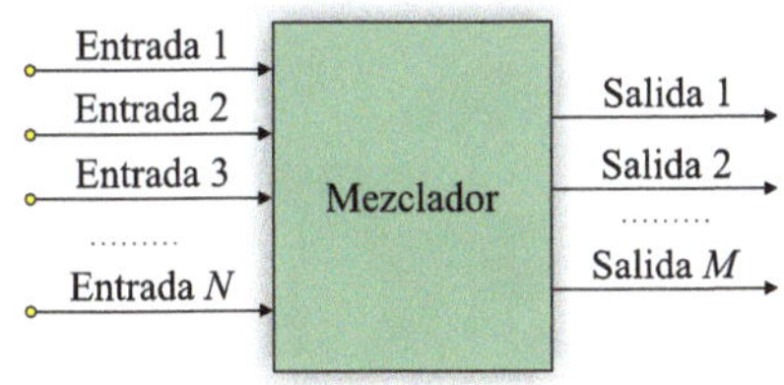

Figura 5.34. El mezclador.

Para realizar esta función, los mezcladores, tal y como se observa en la Figura 5.35, disponen de infinidad de controles.

Figura 5.35. Controles asociados a un mezclador.

5.4.1. Funcionamiento básico

La función principal de un mezclador es la de combinar la señal de diferentes fuentes de sonido. Para ello, el equipo realiza las siguientes operaciones básicas:

- Recibe la señal de audio de diferentes dispositivos externos: micrófonos, procesadores, magnetófonos u otros equipos de sonido.
- Realiza un procesado básico independiente sobre cada uno de los canales a mezclar: graduación del volumen, ecualización, etcétera.
- Combina el sonido de las diferentes fuentes, una vez procesadas, y manda el sonido a través de sus salidas a otro dispositivo externo, como puede ser un amplificador o un equipo de grabación.

SABÍAS QUE...

Un ejemplo típico de mezcla es el proceso realizado en un estudio de sonido: todas las grabaciones aisladas que se han realizado durante el proceso de rodaje (música, ruidos, diálogos, etc.) se graban juntas en una sola pista de sonido.

Ejemplo 5.7.

Ejemplo de utilización de un mezclador.

La Figura 5.36 muestra un ejemplo de aplicación de un mezclador. Las diferentes señales, después de ser procesadas en el mezclador, se mezclan y se envían al equipo de amplificación que se encarga de excitar los altavoces.

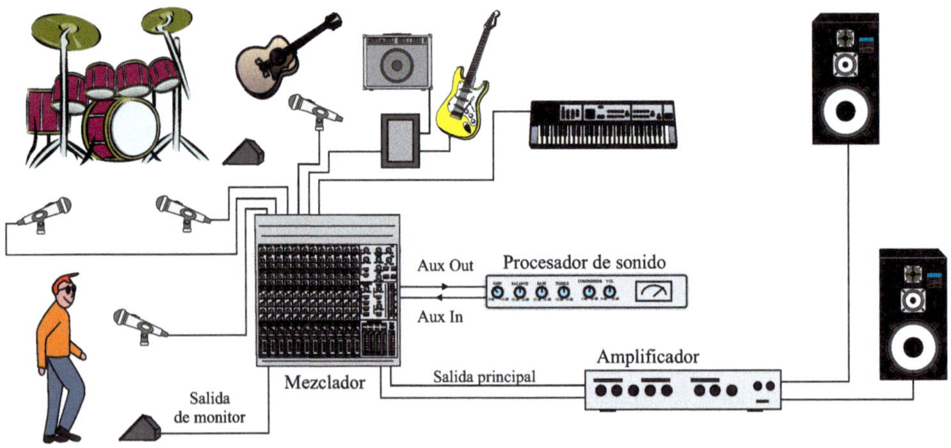

Figura 5.36. Ejemplo típico de utilización de un mezclador.

5.4.2. Tipos de mezcladores

En el mercado existen diferentes **tipos de mesas de mezclas** en función de la aplicación a la que están destinadas. En la Figura 5.37 se muestran ejemplos de mezcladores de sonido diferentes. La diferencia entre cada tipo de mezclador radica en el número de canales de entrada y sobre todo en el número de agrupaciones y vías auxiliares de que disponen.

Figura 5.37. Mezcladores de sonido para diferentes aplicaciones.

Según la función que desempeñan, las mesas de mezclas se pueden clasificar de la manera siguiente:

- **Mesas de estudio** (*in-line*). Tipo de mesa que se utiliza en estudios de grabación, que dispone de una salida por cada una de las entradas a grabar para su conexión con un grabador multipista.
- **Mesas PA** (*Public Address*). Mesa de mezclas utilizada para sonorizar actuaciones en directo.
- **Mesas de monitores o de escenario.** La mesa de mezclas de monitores permite el control del sonido que recibe cada intérprete en un escenario (Figura 5.38). A cada intérprete se le envía la mezcla de la señal que requiera para seguir sin problemas la actuación. Así, por ejemplo, un cantante necesita escuchar bien a los músicos que le marcan el ritmo y la armonía que debe seguir, mientras que otros intérpretes, como el bajista, necesita sobre todo oír al batería. De esta manera, la mesa dispone de diferentes salidas de envío auxiliares, que se entregan a cada músico con la mezcla correspondiente, que se reproduce en los altavoces de monitor.

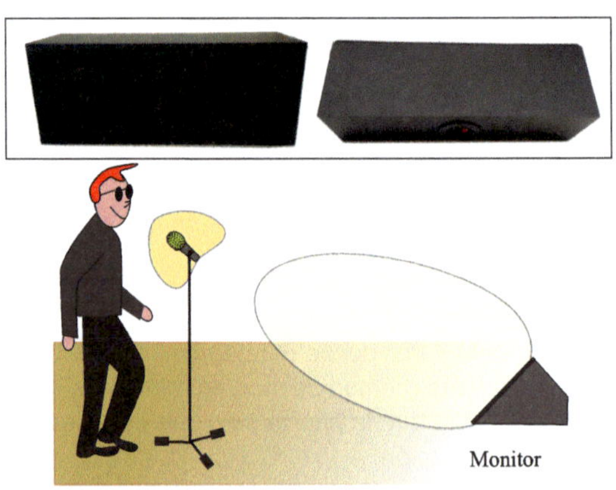

Figura 5.38. Monitor.

- **Mesas especializadas.** Existen otros tipos de mezcladores orientados a necesidades específicas. Por ejemplo, las **mesas de mezclas DJ** son aquellas dedicadas a la reproducción musical en bares y discotecas, las cuales poseen pocos canales de entrada.

SABÍAS QUE...

Los altavoces que se dirigen al público en una actuación en directo están delante de los intérpretes, por lo que dificulta el seguimiento de la actuación ya que el sonido directo se oye vagamente. Los monitores son altavoces que se colocan dentro del escenario en dirección a los intérpretes, con el objetivo de que estos escuchen con claridad lo que están recitando.

5.4.3. Estructura básica de un mezclador

La estructura de una mesa genérica aparece representada en la Figura 5.39:

- **Canales de entrada.** Reciben la señal de audio de las distintas fuentes, ajustan su nivel de entrada y direccionan las señales a etapas posteriores. Un mezclador dispone de diferentes tipos de entradas: entradas de canal, entradas auxiliares, etcétera.
- **Salidas.** El principal objetivo de un mezclador es combinar la señal de entrada una vez tratada para ser suministrada a través de la salida de mezcla principal, que constituye la principal salida del mezclador. Además, esta puede disponer de otras salidas: auxiliares, de grupo, etcétera.

SABÍAS QUE...

La salida de mezcla principal generalmente recibe el nombre de máster.

- **Sistema de monitorización.** Permite visualizar el nivel de la señal en unos indicadores de nivel o escuchar las señales sin afectar a las salidas.

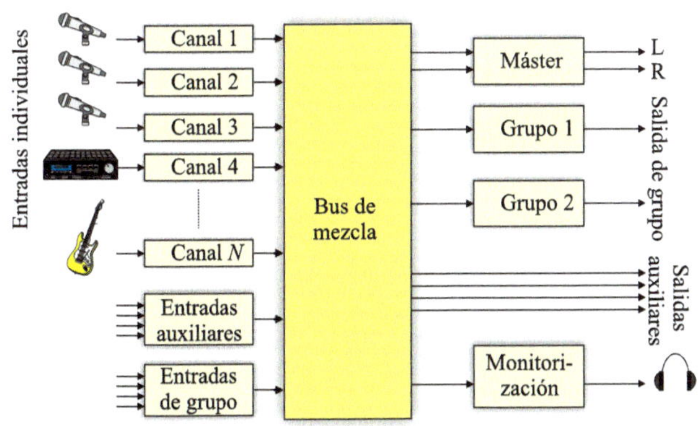

Figura 5.39. Estructura de un mezclador.

El procesado que sufre la señal de sonido en un mezclador se puede agrupar de la manera siguiente:

- **Procesado individual.** Procesa y gradúa el nivel de señal de cada uno de los canales de entrada de manera independiente.
- **Procesado de grupo.** Las señales de diferentes entradas se tratan de manera conjunta. Este procesado puede realizarse en el mismo equipo o enviarse a un equipo externo, el cual devuelve la señal al mezclador una vez realizado el procesamiento.
- **Procesado conjunto.** El objetivo principal de una mesa de mezclas es agrupar todas las señales individuales y de grupo seleccionadas, para una vez mezcladas, ser distribuidas a un equipo externo a través de la línea de salida principal (máster).

SABÍAS QUE...

Un mezclador dispone de conexiones que facilitan el envío y retorno de cualquier señal o mezcla de señales, a equipos de procesado externos al mezclador.

5.4.4. Conexiones de entrada de una mesa de mezclas

En el panel de conexiones de una mesa de mezclas, como el mostrado en la Figura 5.40, se encuentran, como mínimo, dos tipos de entradas bien diferenciadas:

- **Entrada de micrófono** (*mic*): para la conexión de dispositivos de bajo nivel y baja impedancia, caso de un micrófono. Normalmente, dispone de una conexión XLR balanceada. Mediante un interruptor se puede aplicar la alimentación fantasma que necesitan los micrófonos de condensador a través del propio cable de conexión.
- **Entrada de línea** (*line*): las entradas de línea son de alto nivel (baja sensibilidad) y alta impedancia y permiten la conexión de otros equipos con el mezclador (reproductor de CD, magnetófono, etc.). Este tipo de entrada normalmente utiliza un conector *jack*.

SABÍAS QUE...

Aunque menos habitual, podemos encontrar una entrada de *phono* en los mezcladores, para la conexión de un plato giradiscos, que incorpora un preamplificador RIAA. La entrada de *phono* se encuentra generalmente en las mesas de mezclas DJ, y rara vez en el resto de mezcladores profesionales.

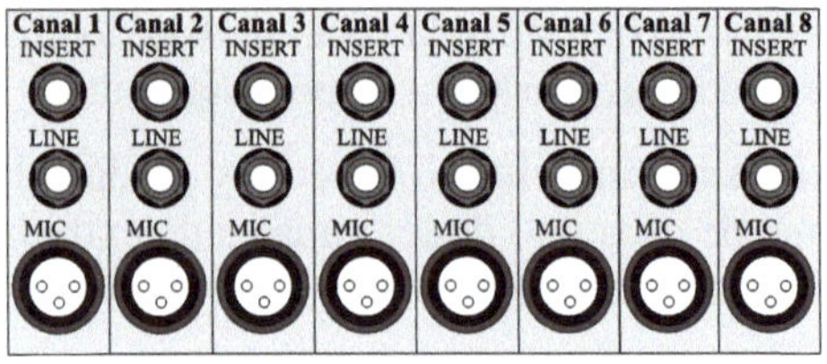

Figura 5.40. Entradas típicas de un mezclador.

SABÍAS QUE...

Las fuentes de audio que pueden conectarse a las entradas de línea de un mezclador son innumerables: salidas estéreo de un reproductor de CD, salida de una batería electrónica, salida de un procesador estéreo para guitarra, etcétera.

En la Figura 5.41 se muestra el aspecto externo de las entradas de línea y de micrófono de un mezclador convencional. Por cada canal de entrada normalmente hay disponibles dos conexiones: una *jack* y otra XLR.

Figura 5.41. Entradas de un mezclador.

Puntos de inserción

Un **punto de inserción** (*insert*) es una conexión (Figura 5.42.a) que se utiliza en un mezclador para establecer un circuito de salida y entrada de la señal correspondiente a un determinado canal o subgrupo de canales. Esto permite enviar la señal (*send*) a uno o varios procesadores externos y ser devuelta al mezclador (*return*) una vez procesada. La Figura 5.42.b muestra el funcionamiento típico de esta conexión. Dependiendo del tipo de conector y del grado de inserción de este, la señal de cada canal sigue su ruta o es reemplazada por la señal devuelta por el procesador externo.

Para la conexión del mezclador con el equipo externo se utiliza el **cable de inserción** que se muestra en la Figura 5.43. Está formado por un conector *jack* estéreo de 6,3 mm por un lado y dos conectores *jack* mono en el otro extremo.

SABÍAS QUE...

Los puntos de inserción se utilizan para expandir las capacidades de procesamiento de un mezclador: permiten insertar un procesador de sonido para tratar la señal de un único canal, sin afectar al resto de señales presentes en el mezclador.

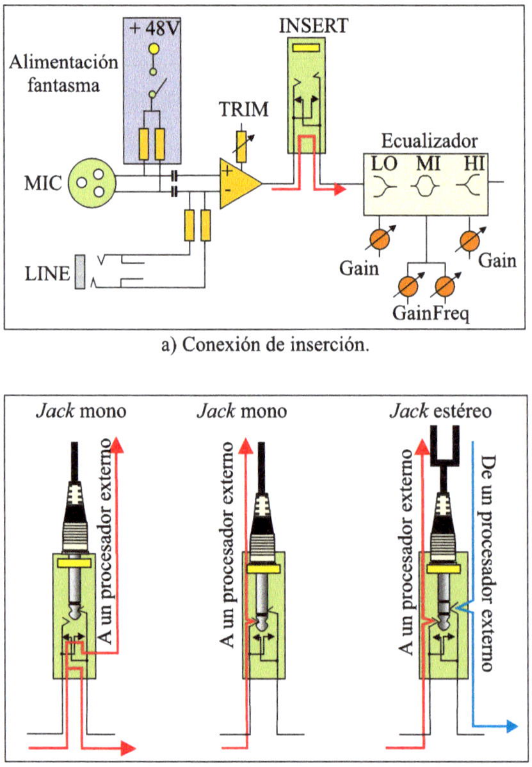

a) Conexión de inserción.

b) Funcionamiento.

Figura 5.42. Conexión *insert*.

SABÍAS QUE...

El cable de inserción estándar permite la conexión de dos equipos, por ejemplo un procesador y un mezclador.

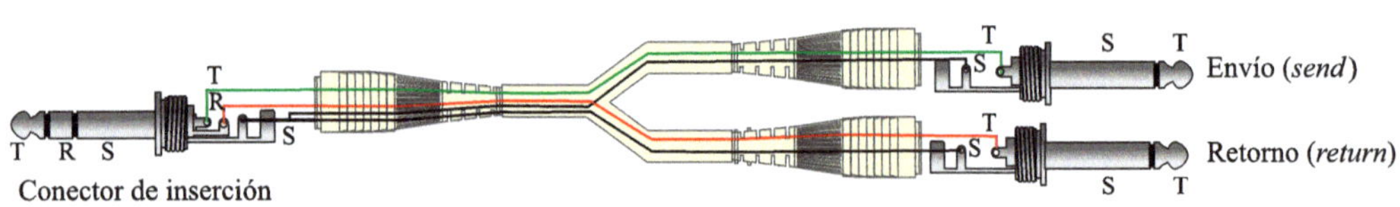

Figura 5.43. Cable de inserción.

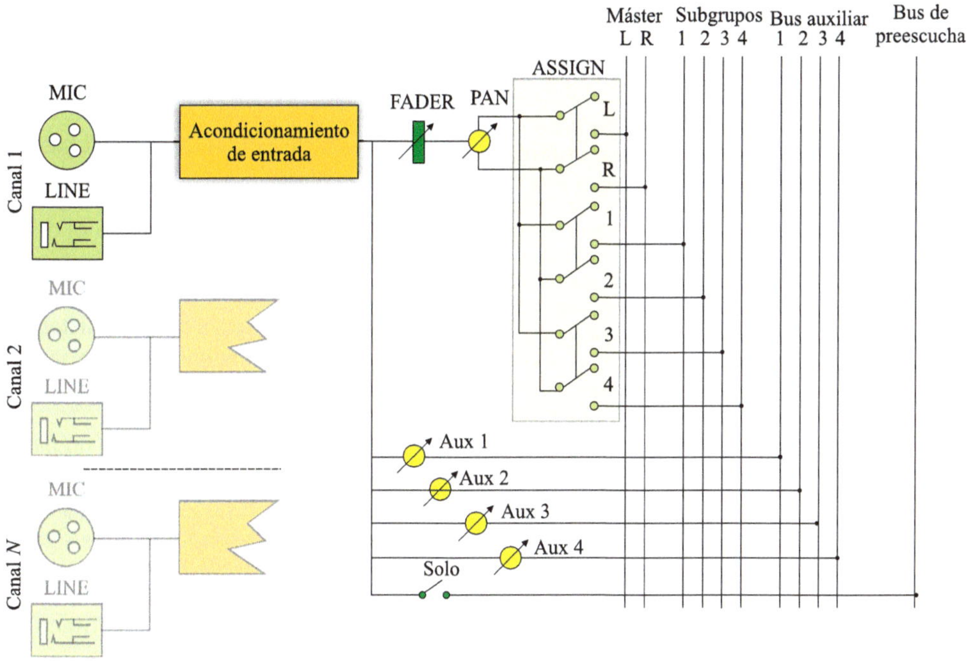

Figura 5.44. Diagrama de bloques típico de los canales de entrada de un mezclador.

5.4.5. Buses del mezclador

El **bus** es un conjunto de líneas que sirven de puntos de mezcla que combinan las señales de diferentes entradas. La Figura 5.44 muestra la estructura típica de una mesa de mezcla, donde se muestran los diferentes buses que la forman:

- **Bus de mezcla principal** (máster). El bus de mezcla principal (canal máster) recoge la mezcla de las señales asignadas al bus, permite el control del nivel de señal y la suministra a la salida principal (L, R).
- **Buses de subgrupos.** Un grupo es un punto de mezcla intermedio entre los canales de entrada y la salida principal. La agrupación de diferentes canales en un grupo simplifica el control mediante un solo *fader* (Figura 5.45), ya que se pueden tratar de manera conjunta todas las señales asociadas al subgrupo. Una vez regulada la señal del subgrupo, se envía al bus de mezcla principal, donde se combina con el resto de señales.

SABÍAS QUE...

El *fader* es un potenciómetro deslizante que regula la cantidad de señal que se envía a las etapas posteriores.

- **Buses auxiliares.** La función de los buses **auxiliares** es procesar un conjunto de señales de forma externa a la mesa. Para ello, la señal de un canal se deriva, de manera independiente y sin afectar a la señal principal, hacia los buses auxiliares. Normalmente, los buses auxiliares disponen de **salidas de envío** (*send*) y **entradas de retorno** (*return*) para que la señal de los canales auxiliares sea tratada por un procesador externo que realice el tratamiento deseado y, una vez efectuado, sea devuelta al mezclador como una señal más.

SABÍAS QUE...

Un envío auxiliar, también denominado envío de efectos, se utiliza típicamente para enviar el sonido desde un canal hacia un procesador externo, con el objetivo de procesar la señal para crear efectos. De manera similar a los subgrupos, cada canal se asigna a una línea auxiliar del bus, actuando como mezclador de señales, es decir, en cada línea del bus auxiliar dispondremos de la señal de los canales asignados al bus.

Figura 5.45. *Fader.*

- **Buses de preescucha y de monitor.** Normalmente, las mesas de mezcla disponen de un bus de preescucha o de monitorización para que el técnico pueda escuchar la mezcla de los canales en diferentes puntos de la consola. Este bus se conecta con una salida de altavoz o con una salida de auriculares para comprobar el resultado obtenido.

Ejemplo 5.8.

Creación de subgrupos.

Es posible asignar a un solo bus de subgrupo los canales de entrada del mezclador destinados a una batería (Figura 5.46).

Los niveles de cada canal en el bus dependerán de los ajustes del nivel de cada canal individual, pero el nivel del volumen del sonido de la batería completa puede ser incrementado o reducido desde un único control (*fader*).

Figura 5.46. Creación de subgrupos.

5.4.6. Canales de entrada

Cada **canal de entrada** recoge la señal de la fuente correspondiente y dispone de controles que permiten modificar las características de la señal hasta que se mezcla en uno de los buses.

En la Figura 5.47 se muestra el diagrama de bloques típico de la sección de entrada de un mezclador. Aunque generalmente los mezcladores combinan señales de entrada monofónicas (Figura 5.47.a) existen otros que disponen de entradas para el tratamiento de señales estéreo (Figura 5.47.b).

En la Figura 5.48 se muestra un panel de control típico de un canal de entrada. Cada consola de mezcla dispondrá de tantos paneles como entradas de mezcla tenga. Los controles típicos asociados son los siguientes:

a) **Alimentación fantasma.** Un mezclador puede suministrar la tensión de alimentación en corriente continua (CC) que necesitan los micrófonos de condensador a través del mismo cable que lleva la señal de audio. Para ello, existe un interruptor que controla el suministro de esta tensión. Para mostrar el estado de la alimentación fantasma, el mezclador dispone de un indicador luminoso asociado que se enciende cuando la línea suministra esta tensión.

b) **Conmutador PAD.** Algunos mezcladores disponen de un atenuador que añade una atenuación fija adicional, típicamente de 20 dB, a la señal de entrada cuando se actúa sobre él. Se utiliza cuando el nivel de señal de entrada es muy elevado.

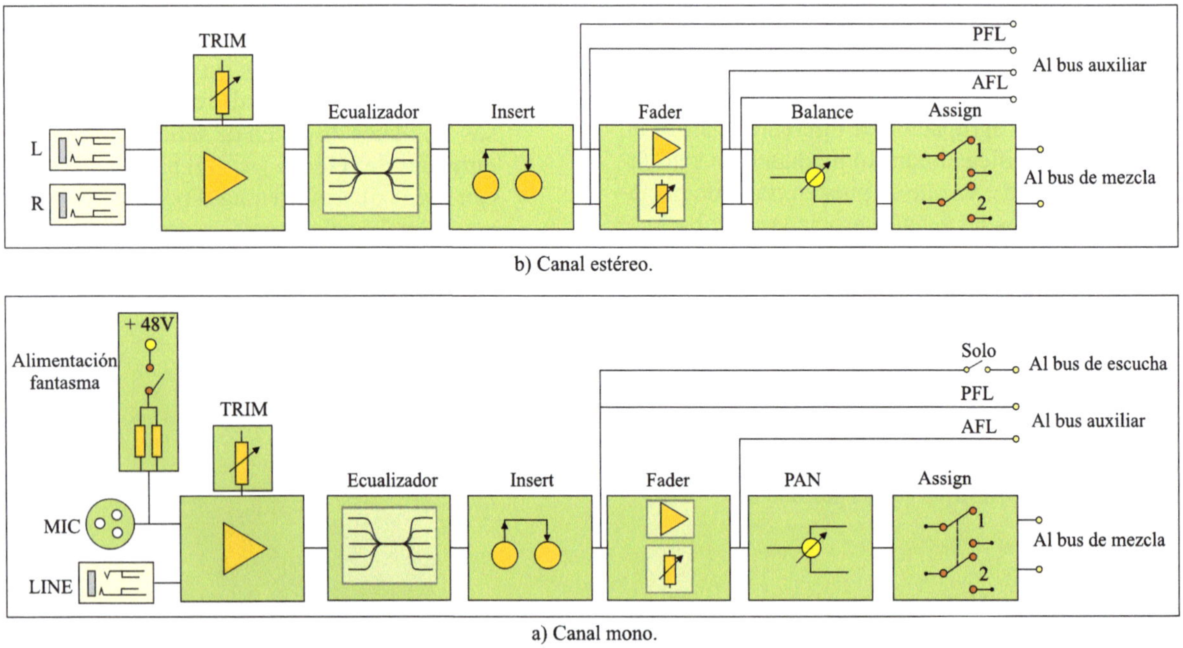

Figura 5.47. Tipos de canales de un mezclador.

c) **Inversión de fase.** En ocasiones, el canal de entrada de un mezclador también dispone de un conmutador de fase, que invierte la señal de entrada con solo actuar sobre el mando.

d) **Ganancia (*trimer*).** El control de ganancia ajusta la sensibilidad de las entradas MIC y LINE, para adecuar el nivel óptimo de la señal de entrada.

e) **Envíos auxiliares (AUX).** Recoge una pequeña muestra de la señal del canal y se asigna a uno de los buses auxiliares.

f) **Ecualizador (EQ).** Cada canal de entrada de un mezclador tiene asociado un ecualizador que permite modificar la respuesta en frecuencia de la señal aplicada. Normalmente, la etapa de ecualización está formada por un ecualizador de tres bandas, que permite modificar el espectro de los tonos graves, medios y agudos, realzando o atenuando la señal en el margen de ± 15 dB aproximadamente.

g) **Filtro pasa alto (*low cut*).** La mayoría de mezcladores incorporan un filtro paso alto, con una frecuencia de corte baja (75 Hz) y una pendiente muy abrupta, que permite atenuar las señales de baja frecuencia que en ocasiones pueden resultar molestas.

h) ***Fader*.** Potenciómetro deslizante que regula la cantidad de señal que se envía a las etapas posteriores. En su posición superior añade ganancia a la señal, la central no modifica el nivel, mientras que en el extremo inferior se atenúa completamente la señal.

Recuerda

La señal procesada por un equipo externo se puede retornar al mezclador a través de un canal de entrada o por una sección del canal auxiliar denominado retorno.

i) **Silenciado (*mute*).** El interruptor de silenciado anula la señal de un canal.

j) **Control panorámico (*pan*).** El control panorámico o de panorama permite crear una imagen estéreo a partir de una fuente mono. Con este control, la señal de un canal se reparte en dos de diferentes proporciones, graduando el nivel de envío a los diferentes canales seleccionados en la etapa de asignación. En los canales estéreo en lugar del control panorámico encontraremos un **control de balance.**

k) **Encaminamiento o asignación (*assign*).** La asignación o encaminamiento consiste en la selección, mediante conmutadores, de la ruta de salida de la señal de cada canal. Los mandos de asignación de

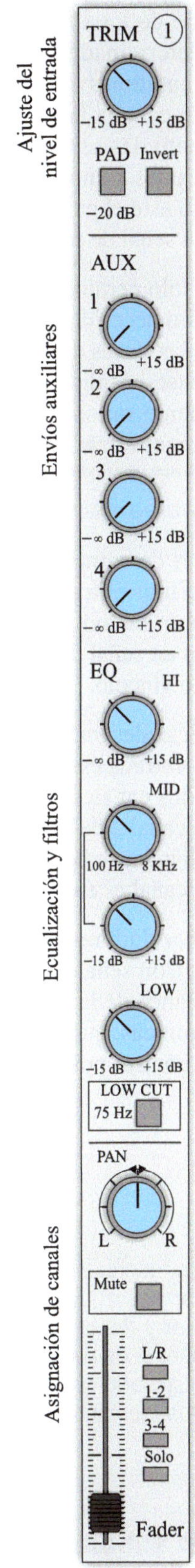

Figura 5.48. Controles típicos asociados a un canal de entrada de un mezclador.

canal, junto con los controles panorámicos determinan el destino de la señal de cada canal. Este mando permite asociar un canal de entrada a la salida principal o a uno de los subgrupos. Para crear un subgrupo con determinados canales, es necesario activar los conmutadores correspondientes, en lugar de asignar el canal a la mezcla principal. Tras el encaminamiento, las señales que se envían desde diferentes canales a un mismo bus se suman en él, constituyendo este el punto de comienzo para el tratamiento de la señal de salida.

l) **Solo.** El control solo permite enviar la señal a la salida de monitor sin necesidad de asignar el canal de entrada a una de las líneas de bus, sin interrumpir la señal hacia los buses o salidas. Se pueden seleccionar simultáneamente varios canales, la suma de los cuales se podrá monitorizar en el bus de escucha.

Vinculación de canales estéreo

Típicamente los canales de entrada de un mezclador son monofónicos. Para facilitar el tratamiento de señales de entrada estéreo, existe un método que permite el control conjunto de dos fuentes de señal de dos canales contiguos de entrada, denominado vínculo.

Un **vínculo** son dos canales trabajando juntos como uno solo para procesar una entrada estéreo. Normalmente, los vínculos se asignan a dos canales de entradas contiguos, es decir, el canal 1 y el canal 2 de entrada se pueden tratar como dos canales mono independientes o, mediante el vínculo, tratarlos como un canal estéreo.

También existen mezcladores que procesan directamente canales estéreo. Con señales estéreo, el control de panorama ajusta el balance de la señal estéreo, mientras que con señales monofónicas, que provienen por ejemplo de un micrófono, este control posiciona la fuente sonora en la imagen estéreo.

Recuerda

Cuando se conectan fuentes estéreo a un mezclador, las señales de los canales izquierdos se deben conectar en un canal impar y los del derecho en un canal par adyacente. El control de panorama de cada canal debe ajustarse al límite según la señal sea del canal izquierdo (L) o del canal derecho (R).

5.4.7. Sección de salida de un mezclador

La sección de salida de un mezclador se encarga básicamente de realizar las siguientes funciones:

Ejemplo 5.9.

Asignación de canales y control de panorama.

En el ejemplo de la Figura 5.49.a, con el mando panorámico (PAN) colocado en su posición central, la señal de entrada se reparte por igual entre los canales izquierdo y derecho del bus de mezcla principal, ya que el conmutador de asignación asigna el canal al bus máster (L/R).

En el ejemplo de la Figura 5.49.b, se asigna el canal de entrada al subgrupo 2, ya que el canal se asigna al subgrupo 1-2, pero el mando panorámico (PAN) reparte toda la señal hacia el lado correspondiente, en este caso el derecho, al subgrupo 2.

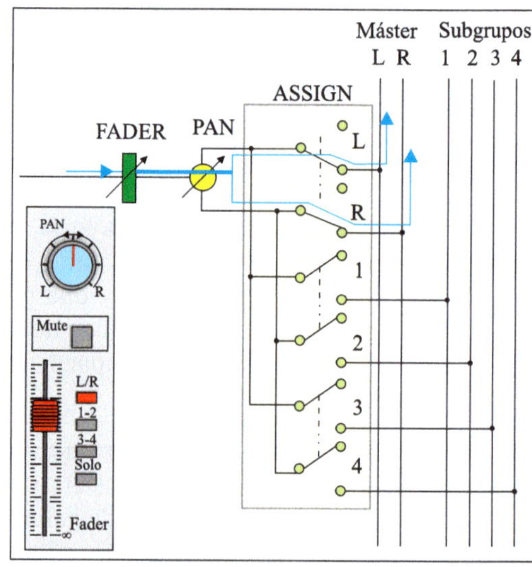

a) Asignación al bus de mezcla principal.

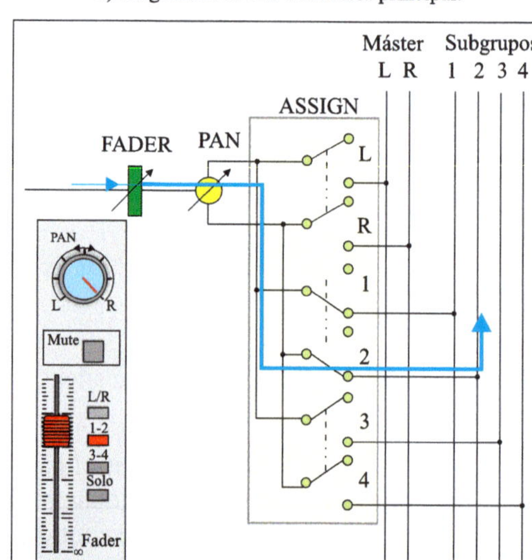

b) Asignación al subgrupo 1-2.

Figura 5.49. Ejemplo de asignación de canales y control de panorama.

- Control de nivel y asignación de grupos al bus de mezcla principal.

- Control de las señales de envío y de retorno a través de las salidas auxiliares.
- Control de las señales de monitorización.

Recuerda

Cuando es necesario un mayor control sobre más de un par de canales estéreo, en lugar de vincular dos canales para formar un canal estéreo, se puede utilizar la función de grupo para controlar múltiples canales.

Asociados a estas funciones, existen diferentes puntos de conexión de la consola de mezclas. A modo de ejemplo, se muestran en la Figura 5.50 algunos de estos:

- **Salida directa (*direct out*).** Esta salida envía la misma señal que hay en un canal o subgrupo correspondiente sin interrumpir la señal que está siendo enviada a la etapa principal del mezclador.

SABÍAS QUE...

Cada canal de un mezclador tiene el mismo aspecto y funciona de manera similar, aunque normalmente algunos de los canales no tienen conexiones de salida directa.

- **Salida auxiliar de envío (*aux send*).** Permite conectar la señal de salida de uno de los buses auxiliares a procesadores externos.
- **Entrada auxiliar de retorno (*aux return*).** Estas entradas recogen la señal procesada por los procesadores externos, una vez tratada la señal suministrada por la salida auxiliar de envío.
- **Salida de subgrupo (*sub out*).** Proporciona la señal de varios canales de sonido que previamente han sido agrupados. Estas salidas se suelen conectar a las entradas de un grabador multipistas.
- **Punto de inserción principal (*main insert*).** Punto de inserción de la salida principal, utilizada para aplicar efectos en un procesador externo antes de suministrar la señal a la salida principal.
- **Salida principal (*main out*).** La salida principal es el resultado de la mezcla de los diferentes canales de entrada procesados en el mezclador (Figura 5.51). La salida principal está formada por un canal estéreo (L, R), aunque normalmente también se dispone de una salida mono, mezcla de la señal de los canales izquierdo y derecho. Normalmente, esta salida tiene asociado un mando de regulación que permite atenuar la señal de salida.

Figura 5.51. Salida principal de un mezclador.

- **Salida de sala de control (C-R Out).** La salida de la sala de control normalmente se conecta a las entradas de un amplificador o a un sistema de distribución de auriculares, para funciones de monitorización y control.

SABÍAS QUE...

C-R OUT (*Control Room Out*): salida de sala de control.

- **Salida de auriculares (*phono output*).** Permite la conexión de un auricular estándar.
- **Salida de magnetófono (*tape output*).** Salida que permite la conexión de un equipo de grabación externo.
- **Entrada de magnetófono (*tape input*).** Permite añadir a la mezcla principal la señal que proviene de un reproductor externo.

Control de la mezcla principal

La sección de salida principal de un mezclador se encarga básicamente de controlar el nivel de la señal de salida del bus de mezcla principal, así como de los controles necesarios para asociar los subgrupos creados a la mezcla. Los controles asociados a esta etapa se muestran en la Figura 5.52:

- **Conmutadores de asignación de salida.** Permiten asignar la señal de cada subgrupo al bus de mezcla

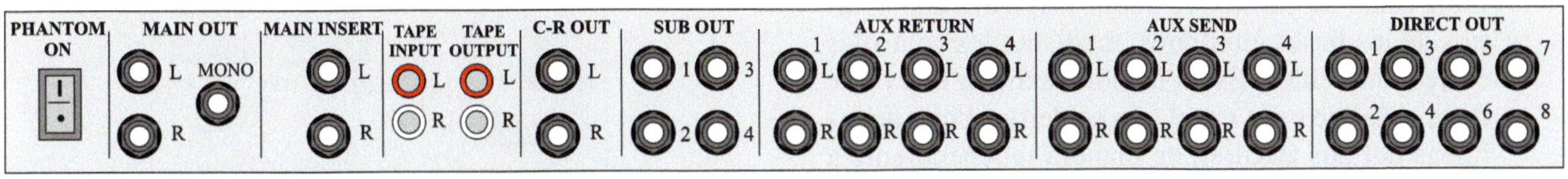

Figura 5.50. Otras conexiones de la mesa de mezclas.

principal (máster), permitiendo que la señal se asocie al canal de salida izquierdo (L), derecho (R) o a ambos de manera simultánea si se mantienen ambos conmutadores activados.

- ***Fader* de subgrupo.** Cada grupo dispone de un *fader* de subgrupo que permite ajustar el nivel de mezcla de dichas señales. De esta manera, todos los canales asociados al mismo subgrupo se pueden amplificar de manera simultánea.
- ***Fader* de mezcla principal.** Todos los canales y retornos auxiliares y subgrupos asignados al bus de mezcla principal que no estén anulados o al mínimo de nivel, aparecerán en la salida principal. El *fader* de mezcla principal controla los niveles de las señales enviadas a las salidas principales.

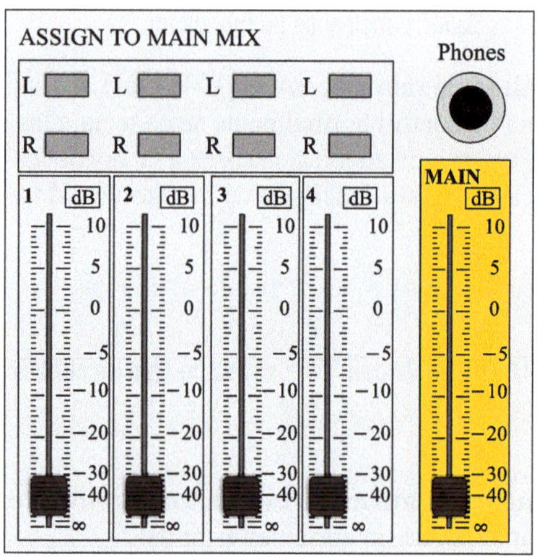

Figura 5.52. Controles de salida.

5.4.8. Procesado externo de las señales del mezclador

En ocasiones, la señal de un mezclador es necesario procesarla con un equipo externo, por ejemplo, para aplicar una serie de efectos que no es posible realizarlos en el mismo equipo. Para ello se utilizan los **buses auxiliares.** Tal y como se muestra en la Figura 5.53 la señal asignada al bus auxiliar se deriva a través de una salida (*auxiliar send*) a un equipo externo, para ser devuelta una vez procesada (*auxiliar return*) y combinada con la señal de salida.

La Figura 5.54 muestra los controles asociados a la sección de envíos y retornos del bus auxiliar de una mesa de mezclas. En el proceso se diferencian tres fases:

- Cada canal de entrada se puede asignar a uno o varios de los buses auxiliares, mediante los controles correspondientes. Estos mandos extraen una parte de la señal de cada canal que se deriva a una de las líneas del bus auxiliar, de manera independiente a la señal principal, y se mezcla con el resto de las señales asignadas al bus. La señal mezclada se envía a las salidas auxiliares (*aux send*).
- El nivel de cada una de las señales derivada al bus auxiliar se puede graduar, antes de ser enviada al equipo externo a través de la salida de envío auxiliar. La señal de salida se procesa en paralelo por un equipo externo.
- La señal procesada se devuelve a la mesa de mezclas por un canal de entrada o por una de las entradas de retorno (*aux return*). Una vez recibida la señal procesada por las entradas de retorno auxiliares, se puede asignar a un subgrupo o directamente a la mezcla principal, controlando el nivel de la señal que se mezcla con la etapa seleccionada.

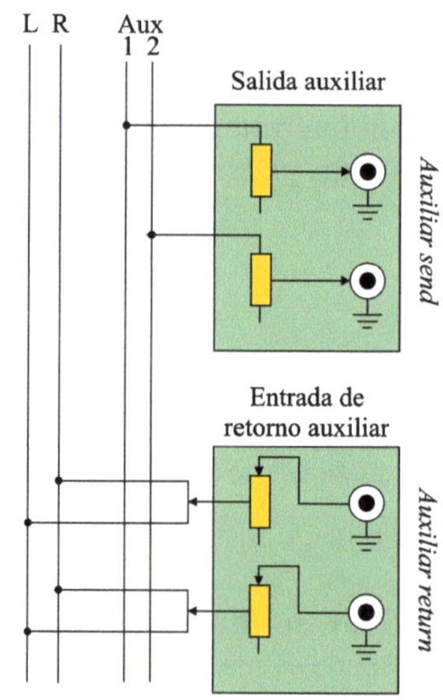

Figura 5.53. Estructura de las salidas auxiliares.

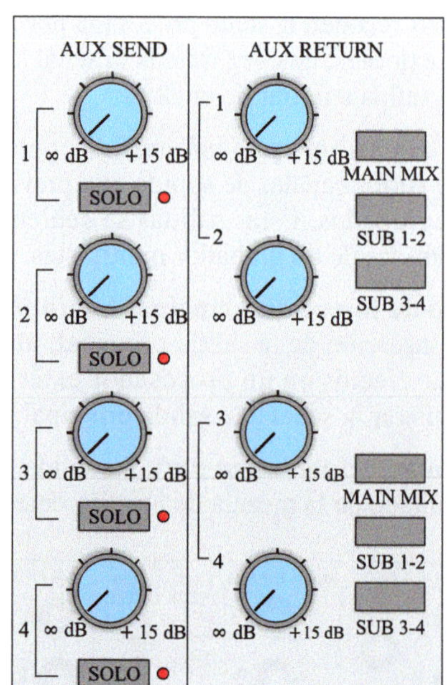

Figura 5.54. Controles de envío y retorno auxiliares.

La señal enviada a través de la salida auxiliar, dependiendo de la aplicación, puede ser devuelta o no hacia la entrada de retorno auxiliar. Si retorna a la mesa lo más habitual es asignar dicha señal hacia el bus de mezcla principal, regulando la cantidad de sonido devuelta.

Un ejemplo en que la señal que sale no retorna hacia la mesa es, por ejemplo, el envío de esa señal hacia los monitores de escenario en un espectáculo musical.

5.4.9. Monitorización

Para el control de la mezcla de los diferentes canales se hace necesario que el técnico pueda monitorizar la señal, en diferentes puntos de la mezcla, para comprobar si los resultados son los esperados. Por ello, es posible la monitorización acústica y visual de las señales en diferentes puntos de la consola:

- La **monitorización visual** consiste en la presentación del nivel de la señal en un medidor de audio. Los dispositivos de medida típicos son el vúmetro, que presenta la lectura mediante una aguja móvil sobre una escala graduada, los detectores de pico y los medidores electrónicos de barra.
- La **monitorización acústica** consiste en la escucha de las diferentes señales que existen en diferentes puntos de la mesa de mezcla. Para ello, las consolas profesionales incorporan una salida denominada de monitor o sala de control (C-R Out), que se encarga de llevar la señal del bus seleccionado a unos altavoces externos, una vez amplificada la señal. También es común una salida para la conexión de unos auriculares externos (*phono*) con el mismo propósito.

Recuerda

El objetivo de la monitorización de una señal es comprobar que el resultado del proceso de ajuste y mezcla sea el adecuado.

De manera genérica, podemos llamar a la línea que recoge las diferentes señales que se monitorizarán como **bus de preescucha.** La mayoría de los mezcladores disponen de un conmutador que permite asignar a este bus las señales que serán monitorizadas (Tape, Sub12, Sub34, mezcla principal, etc.) en la sala de control. En la Figura 5.55 se muestran los controles que permiten modificar las señales que se deben monitorizar.

SABÍAS QUE...

Los mezcladores disponen de ledes de indicación para que el técnico sea consciente en cada momento de las señales que se monitorizan y los controles que están activados.

SABÍAS QUE...

La consola de mezclas dispone de múltiples pilotos luminosos que indican la activación de alguna de las funciones del sistema. Por ejemplo, Phantom, Solo, Mute, OL (sobrecarga), etcétera.

Como excepción, existe un conmutador en cada canal de entrada, denominado **solo,** que, cuando se activa, en la sala de control se sustituye la fuente de sonido que se monitoriza por la señal de los canales seleccionados mediante dicho conmutador. La señal monitorizada se puede obtener de dos puntos diferentes:

- **PFL** (*Pre-Fader List*). La escucha antes del *fader* (PFL) se corresponde con la señal que existe antes del *fader* del canal de entrada, de manera que el técnico puede escuchar la señal que existe en un canal de manera independiente a la posición de los controles existentes en un momento determinado.
- **AFL** (*After Fader List*). En la escucha después del *fader* (AFL), la señal de un canal se envía directamente a las salidas de monitor (C-R Out, *phone* y a los medidores), tal y como sonaría en la asignación de canal.

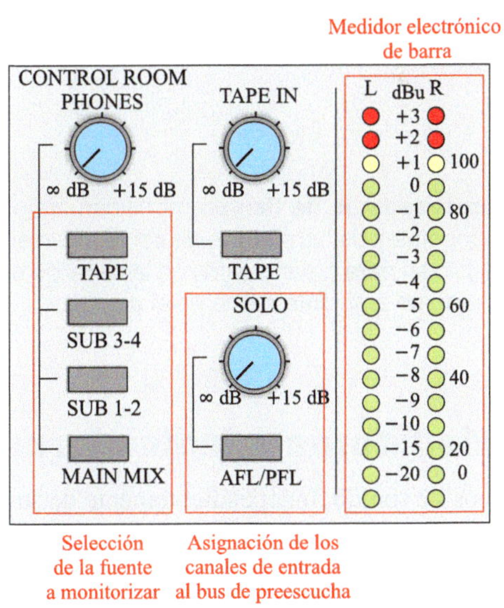

Figura 5.55. Controles de monitorización.

5.5. Procesadores de tiempo

Los **procesadores de tiempo** generan diversos tipos de retardos a partir de la señal original, mezclándolos entre sí o con la señal original para lograr variados efectos:

- **Reverberación.** El registro de las señales normalmente se realiza en un estudio, en un ambiente poco

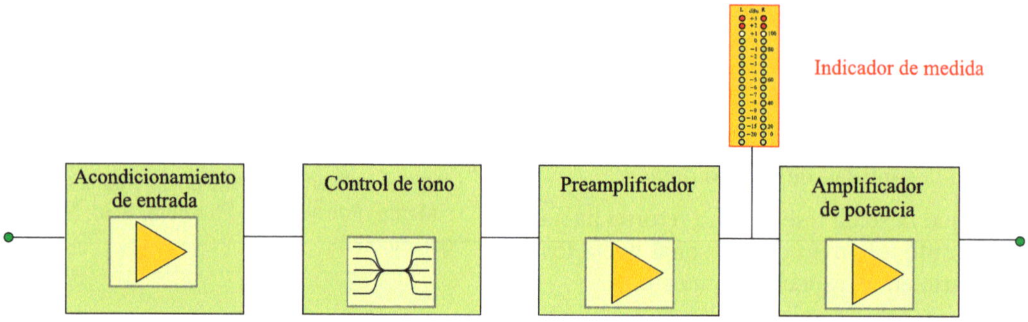

Figura 5.56. Indicador de medida de un equipo.

reverberante. En el estudio es necesario procesar la señal para recrear el ambiente más adecuado. Los equipos de procesado temporal permiten modificar las características temporales de la señal de audio, añadiendo eco o reverberación.

- **Retardo (*delay*).** Retrasa en el tiempo una copia del sonido original. Las líneas de retardo ofrecen muchas posibilidades a la hora de manipular el sonido y crear distintos efectos:
  - Los retardos inferiores a 10 ms permiten básicamente el posicionamiento estéreo de la señal de sonido.
  - Los retardos entre 10 ms y 50 ms reportan efectos variados al sonido.
  - Los retardos superiores a 50 ms generan eco.

Recuerda

Los **procesadores de tiempo** modifican los parámetros temporales de las señales de sonido. Generalmente, se utilizan para crear efectos en la señal de entrada, recreando un ambiente diferente al original.

5.6. Medidores e indicadores

Los equipos de sonido, independientemente de su función, están equipados con algún sistema de medición que permite monitorizar la intensidad de las señales registradas o procesadas por el equipo o indicar alguna situación que merece la atención del técnico (Figura 5.56). Los tipos de medidores más utilizados para estos propósitos son:

- Medidor de unidades de volumen (vúmetro).
- Picómetro.
- Medidores electrónicos de barra.
- Indicador de saturación.
- Luz de activación.

SABÍAS QUE...

Los objetivos de los sistemas de medida para el monitorizado visual de los niveles de señal en las distintas secciones son el control de la relación S/N, evitar distorsión por saturación y verificar posibles fallos en los conectores, etcétera.

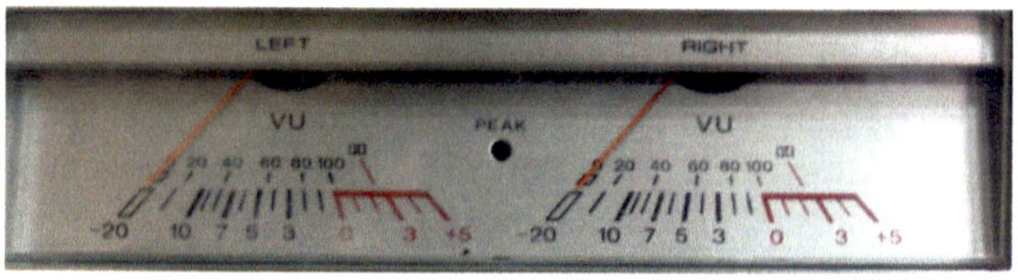

Figura 5.57. Vúmetro.

5.6.1. VU

El **medidor VU** (*volumen unit*) o vúmetro es un dispositivo de medida que indica el nivel de la señal de salida de un equipo. Este tipo de medidor tiene una escala graduada en unidades de volumen, tal y como se muestra en la Figura 5.57. Las unidades VU coinciden en dB para una señal sinusoidal, pero la escala de medición de un vúmetro está diseñada para representar el porcentaje de sonoridad de una señal, medido en unidades de volumen. Comprende un margen de −20 VU, que se corresponde con un nivel de señal excesivamente bajo, a +3 VU, que indica un nivel muy alto. Algunos medidores señalan además el nivel correspondiente a +5 VU. El nivel nominal se corresponde a 0 VU. Normalmente, una segunda escala graduada indica el porcentaje de modulación de 0 % al 100 %, con el 100 % coincidiendo con 0 VU.

El tiempo de reacción de los medidores VU es lento, similar al tiempo de integración del oído para la percepción del nivel sonoro. Esto provoca que el medidor responda aproximadamente al nivel eficaz de la señal, pero no es capaz de indicar los picos de la señal.

5.6.2. Picómetro

En determinadas aplicaciones, por ejemplo en las transmisiones de radiodifusión, es necesario evitar sobre todo que la señal que se transmite sature a los equipos emisores. En este caso es necesario utilizar indicadores que midan la señal de pico en lugar de los valores medios o eficaces asociados a la sonoridad. Para realizar medidas en estos sistemas se han desarrollado los picómetros.

Los **medidores ppm** (*peak program meter*) o **picómetros** indican la amplitud de pico de la señal. Estos medidores presentan un tiempo de subida pequeño (típico de 10 ms) y un tiempo de caída largo (típico de 2 a 3 s), hecho que permite que el instrumento de medida responda a los picos de señal que es incapaz de detectar el vúmetro, a la vez que facilita su lectura al mantenerlos el tiempo suficiente en el medidor.

5.6.3. Medidores electrónicos de barra

La respuesta de los medidores de aguja es lenta, ya que son sistemas mecánicos en los que el tiempo máximo de subida de los medidores está limitado por la inercia de la aguja. Otro inconveniente de este tipo de medidores es que ocupan bastante espacio.

Los **medidores electrónicos de barra** (Figura 5.58) solucionan los problemas anteriores, pero tienen el inconveniente de que la lectura es discontinua, ya que se realiza por saltos. En cambio, en los medidores mecánicos el recorrido de la aguja es continuo.

Figura 5.58. Medidor electrónico de barra.

5.6.4. Indicador de saturación

Un **indicador de saturación** consiste en un diodo led que se ilumina cuando el nivel de pico de la señal es suficientemente elevado como para introducir distorsión apreciable. Cuando este indicador se ilumina de forma continuada, indica que se está produciendo una gran cantidad de distorsión por saturación, siendo preciso reducir el nivel de señal. En cambio, es permisible que estos indicadores se iluminen en algunas ocasiones.

5.6.5. Luz de activación

La luz de activación indica que un control del equipo está activado.

5.7. Conexionado de equipos

Como norma general los equipos de procesado de sonido tienen entradas y salida de sonido analógicas estándares, normalmente balanceadas, como las conexiones XLR o *jack*.

Los equipos de procesado digital incorporan funciones DSP (*Digital Signal Processing*) que mediante conversores A/D de entrada y D/A de salida procesan las señales de audio de manera digital y añaden múltiples funciones, tales como ecualizadores gráficos y paramétricos, retardos de señal, filtros, puertas de ruido, compresores, limitadores...

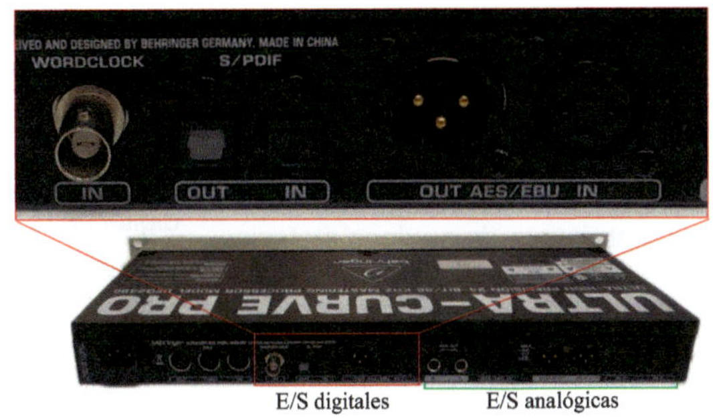

Figura 5.59. Entradas y salidas típicas de los equipos de procesado digital.

Cuando los equipos realizan el tratamiento de la señal de manera digital es común también la presencia de entradas y salidas digitales estandarizadas, basadas en algún estándar como los siguientes:

- **AES/BSU** (*Audio Engineering Society/European Broadcasting Union*): se utiliza sobre todo en entornos de estudio y radio profesional y permite la transmisión de señales digitales a grandes distancias. La conexión se realiza a través de cables XLR balanceados de hasta 100 m, pero también puede realizarse mediante la interfaz S/PDIF.
- **S/PDIF** (*Sony/Philips Digital Interface Format*). La interfaz S/PDIF se basa en el estándar AES y permite la conexión entre equipos mediante cable coaxial (conectores de tipo BNC o RCA) o fibra óptica (conectores TOSLINK).

La Figura 5.60 muestra una configuración típica de las conexiones de entrada y de salida de un equipo de procesado digital.

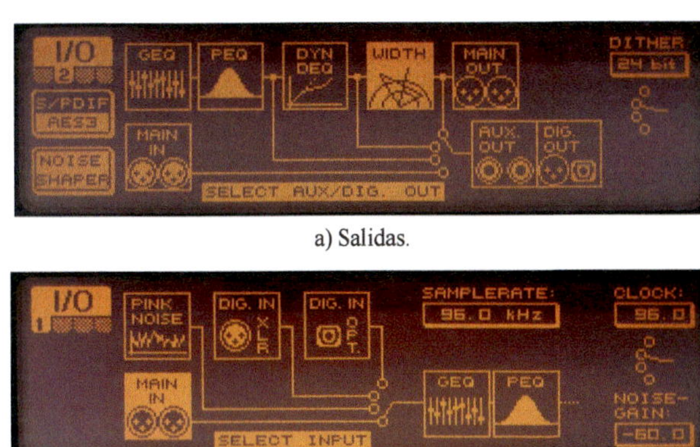

a) Salidas.

b) Entradas.

Figura 5.60. Ejemplo de configuración.

Cuando se conectan varios equipos en un sistema digital todos los equipos digitales deben sincronizarse con una señal de reloj, que generalmente se extrae de la propia señal digital, pero en ocasiones puede requerirse que un equipo externo suministre la señal de reloj (WORDCLOCK).

Páginas web de interés

Equipos y fabricantes

Ecler. Fabricante de mezcladores de sonido, amplificadores y altavoces.

www.ecler.es

Yamaha. Fabricante de equipos profesionales de sonido entre los que se incluyen los mezcladores.

es.yamaha.com/es

PIONNER. Fabricante de mesas de mezcla para DJ, entre otros equipos.

www.pioneer.eu

Lynx Pro Audio. Cajas acústicas y procesadores digitales.

www.lynxproaudio.com

BSS Audio profesional. Procesamiento digital de la señal de sonido (en inglés).

www.bssaudio.com

BEHRINGER. Empresa alemana de electrónica especializada en equipamiento para el sonido de eventos y estudio.

www.behringer.com

Herramientas útiles

Doctor Pro-Audio. Incluye calculadora que permite la conversión de diferentes unidades de medida.

www.doctorproaudio.com

Calculadora de conversión.

www.sengpielaudio.com/calculator-db-volt.htm

Actividades de comprobación

5.1. ¿Qué factor de calidad (Q) típico tienen los filtros paso banda que forman parte de un ecualizador gráfico de una octava?

a) 1. **b)** 1,41.

c) 2,87. **d)** 4,32.

5.2. ¿Qué ventaja tiene un amplificador de potencia de clase A respecto de otros tipos de amplificadores?

a) Rendimiento muy alto.

b) Respuesta lineal.

c) Poco consumo.

d) Apenas disipa potencia en ausencia de señal de entrada.

5.3. ¿Qué unidad de medida se utiliza habitualmente en los equipos domésticos?

a) dBw. **b)** dBu.

c) dBv. **d)** dBm.

5.4. ¿Qué tipo de bus de un mezclador proporciona la salida de mezcla principal de la mesa?

a) Máster.

b) Subgrupo.

c) Auxiliar.

d) Monitor.

5.5. ¿Qué clase de amplificador presenta menor distorsión?

a) Clase A.

b) Clase B.

c) Clase A/B.

d) Clase D.

5.6. ¿Cuál de los siguientes dispositivos es adecuado para modificar el margen dinámico de una señal?

a) Mezclador.

b) Ecualizador.

c) Compresor.

d) Amplificador.

5.7. ¿Qué margen de niveles puede medirse con un vúmetro?

a) 0 VU a +3 VU. **b)** −20 VU a 0 VU.

c) −20 VU a +3 VU. **d)** 0 VU a +100 VU.

5.8. ¿Qué dispositivo se utiliza para aumentar el margen dinámico de la señal que suministra una fuente con bajo margen dinámico?

a) Limitador.

b) Compresor.

c) Expansor.

d) Puerta de ruido.

5.9. ¿Qué dispositivo se utiliza para corregir la respuesta en frecuencia de un recinto?

a) Mezclador.

b) Procesador de dinámica.

c) Ecualizador.

d) Amplificador.

5.10. ¿Qué tipo de procesador es un ecualizador?

a) Procesador de frecuencia.

b) Procesador de tiempo.

c) Procesador de dinámica.

d) Mezclador.

5.11. ¿Qué dispositivo permite controlar de manera automática el nivel de señal de entrada de un amplificador para evitar que se sature?

a) Mezclador.

b) Procesador de dinámica.

c) Amplificador.

d) Ecualizador.

5.12. ¿Qué bus de un mezclador recoge la mezcla de las señales y la suministra a la salida principal?

a) Bus de mezcla principal (máster).

b) Bus de subgrupo.

c) Bus auxiliar.

d) Bus de preescucha.

5.13. ¿Qué tipo de filtro se utiliza en los circuitos de control de tono?

a) Filtro paso bajo.

b) Filtro paso alto.

c) Filtro paso banda.

d) Filtro *shelving*.

5.14. ¿Cómo se denomina la diferencia entre el nivel de señal más intenso y el nivel de señal más débil de un sonido?

a) Margen dinámico.

b) Respuesta en frecuencia.

c) Diafonía entre canales.

d) Distorsión.

5.15. ¿Cuántos filtros tiene típicamente un ecualizador de una octava?

a) 10. **b)** 15.

c) 20. **d)** 25.

5.16. ¿Qué procesador de dinámica impide el paso de la señal hasta que esta no supere un determinado umbral fijado por el usuario?

a) Expansor.

b) Compresor.

c) Limitador.

d) Puerta de ruido.

5.17. ¿Qué tipo de ecualizador divide el espectro en diferentes segmentos cada uno de ellos regulado por un filtro paso banda sintonizado a una frecuencia diferente?

a) Ecualizador gráfico.

b) Ecualizador paramétrico.

c) Ecualizador semiparamétrico.

d) Todas las respuestas anteriores son correctas.

5.18. ¿Qué nivel de señal de línea utilizan normalmente los equipos profesionales?

a) 0 dBu.

b) 4 dBu.

c) 0 dBv.

d) −10 dBv.

Actividades de aplicación

5.19. Corrección de salas de escucha (ecualización). En todos los recintos existen frecuencias propias de resonancia, que resaltan o atenúan algunas frecuencias. Para mejorar la audición es necesario el análisis de la respuesta en frecuencia de la sala, para proceder a su ecualización, con el objetivo de conseguir una respuesta plana en todo el margen de frecuencias audibles. Realiza la corrección de la respuesta en frecuencia del aula taller, siguiendo la secuencia propuesta siguiente:

a) Obtención de la respuesta en frecuencia del recinto. En sistemas estereofónicos, la ecualización debe realizarse primero para un canal y luego para el otro. Las señales de prueba se pueden obtener de un CD de test, los cuales generalmente incluyen diferentes tonos de prueba, además de la señal de ruido rosa útil en la ecualización de recintos.

b) Ecualización del recinto. Una vez analizada la respuesta en frecuencia se debe proceder a la ecualización inversa, es decir, se modifican los controles de un ecualizador hasta conseguir una respuesta plana a todas las frecuencias.

5.20. Mezcla de diferentes fuentes de sonido. Con la ayuda de un mezclador combina la señal de diferentes fuentes de sonido y comprueba el funcionamiento de los controles asociados al mezclador, según se muestra en la Figura 5.61. Para ello:

a) Conecta las fuentes de sonido al mezclador utilizando las conexiones adecuadas. Suministra la alimentación fantasma en el caso de utilizar micrófonos de condensador.

b) Realiza los ajustes necesarios en cada canal de entrada para obtener unos niveles de señal adecuados.

c) Realiza la asignación de los canales de los micrófonos al mismo grupo. Comprueba cómo se puede controlar de manera conjunta la señal asignada a cada subgrupo.

d) Asigna a la salida principal la señal de salida del subgrupo y la de la fuente de sonido externa.

SABÍAS QUE...

En el proceso de ecualización de un recinto es necesario utilizar un analizador de espectros. Si no se dispone de este instrumento, es posible obtener la respuesta en frecuencia mediante un sonómetro y un generador de baja frecuencia, midiendo el nivel de señal para cada una de las frecuencias de interés. También es posible obtener la respuesta en frecuencia a partir de una aplicación móvil (*app*), aunque su utilización no está recomendada a nivel profesional.

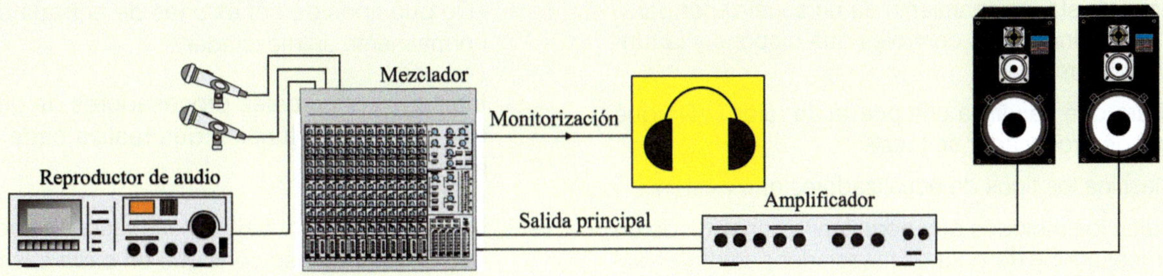

Figura 5.61. Tratamiento de la señal de sonido.

e) Monitoriza a través del bus de escucha el resultado de la mezcla.

f) Comprueba el resultado de la mezcla a través de la salida principal del mezclador.

5.21. Procesado dinámico de diferentes fuentes de sonido. Comprueba el funcionamiento de los diferentes efectos de un procesador de dinámica. Para ello, a partir de la fuente de sonido disponible, relaciona los efectos observados en la señal cuando se aplica la expansión, la compresión y la limitación de la señal de entrada. Así mismo, comprueba el funcionamiento de la puerta de ruido.

Actividades de refuerzo

5.22. Indica el tipo de ecualizador representado en la Figura 5.62 y completa la Tabla 5.2 con las frecuencias centrales de cada una de las bandas.

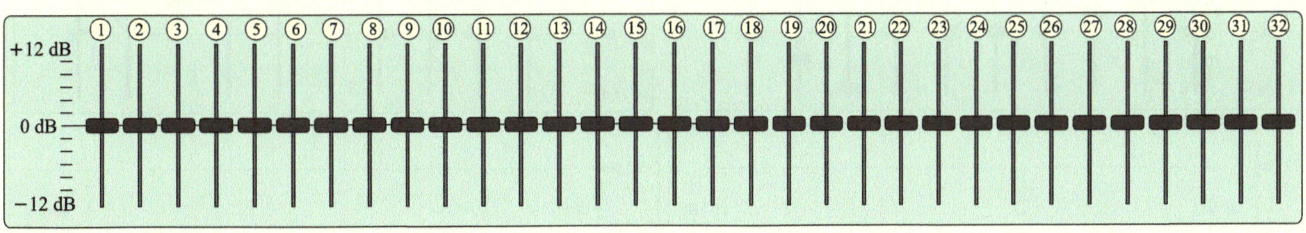

Figura 5.62. Ecualizador gráfico.

Tabla 5.2. Frecuencias centrales del ecualizador gráfico

1		**5**		**9**		**13**		**17**		**21**		**25**		**29**	
2		**6**		**10**		**14**		**18**		**22**		**26**		**30**	
3		**7**		**11**		**15**		**19**		**23**		**27**		**31**	
4		**8**		**12**		**16**		**20**		**24**		**28**		**32**	

5.23. Indica la principal función de cada uno de los filtros que pueden aparecer en un equipo de sonido:

- Tono.
- Compensador acústico (*loudness*).
- Ecualizador.
- Filtro ranura.

5.24. Clasifica las entradas de un amplificador en función de su nivel de entrada.

5.25. Enumera los diferentes tipos de amplificadores en función de la configuración de su etapa de salida (clase de amplificador).

5.26. ¿Qué control de un amplificador, cuando se activa, funciona de manera automática en función del nivel de señal presente? ¿Para qué se utiliza?

5.27. Calcula el factor de calidad del filtro paso banda de un ecualizador de 1/3 de octava.

5.28. Resume el funcionamiento de un ecualizador paramétrico. Indica los controles que dispone y la función que realizan.

5.29. ¿Para qué se utiliza una puerta de ruido? ¿De qué tipo de procesador se trata?

5.30. Clasifica los tipos de ecualizadores que existen.

5.31. Indica los métodos que permiten la conexión de un procesador externo a un mezclador para tratar externamente la señal mezclada.

5.32. ¿De qué tipos de conexiones de entrada dispone normalmente un mezclador?

5.33. Indica los principales procesadores de dinámica que existen y la función que realiza cada uno de ellos.

5.34. Indica en la Figura 5.63 la respuesta en frecuencia aproximada que se consigue en cada caso según la posición de los cursores del ecualizador gráfico.

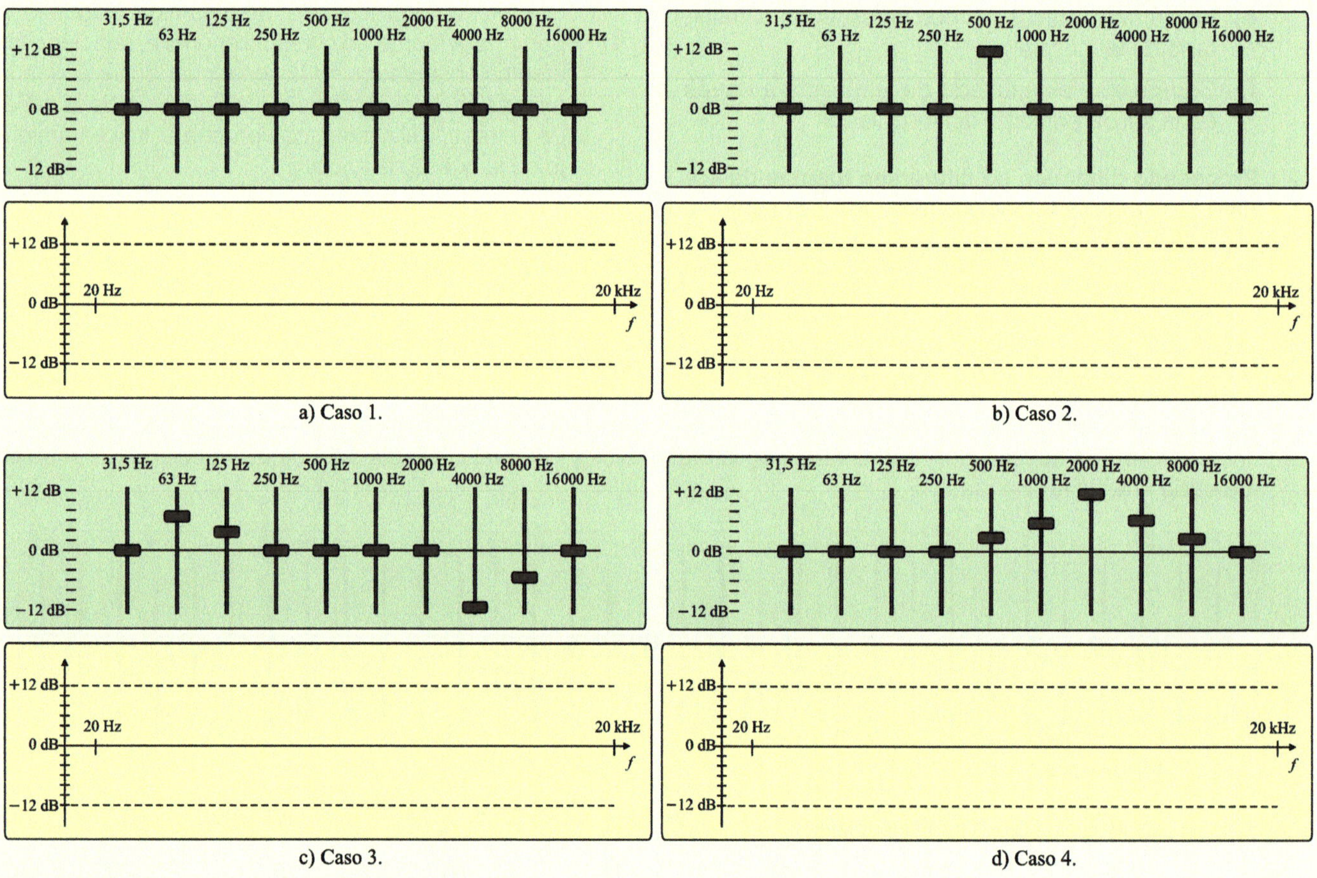

Figura 5.63. Respuesta en frecuencia de la ecualización.

5.35. Justifica el tipo de micrófono que utilizarías en la medida durante el proceso de ecualización de un recinto.

5.36. Indica sobre la Figura 5.64 el efecto que provocaría de manera aproximada en la señal la aplicación de los efectos indicados.

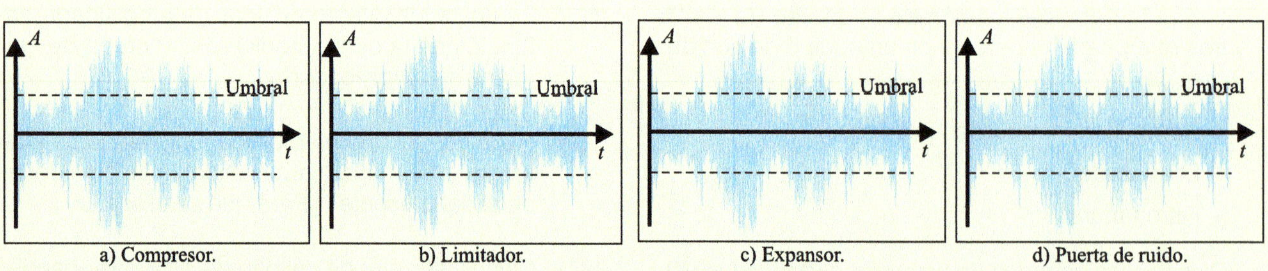

Figura 5.64. Procesado de la señal.

5.37. La Figura 5.65 muestra la estructura simplificada de una mesa de mezcla:

- **a)** ¿Qué tipo de conectores permite la conexión de la fuente de entrada al mezclador?
- **b)** Indica la función de cada uno de los buses presentes en el esquema.
- **c)** ¿Qué función realiza la salida de monitor de un mezclador?
- **d)** ¿Para qué sirve la salida de subgrupos?
- **e)** ¿Cómo se denomina la salida principal de un mezclador? ¿Qué conjunto de señales incorpora esta salida?

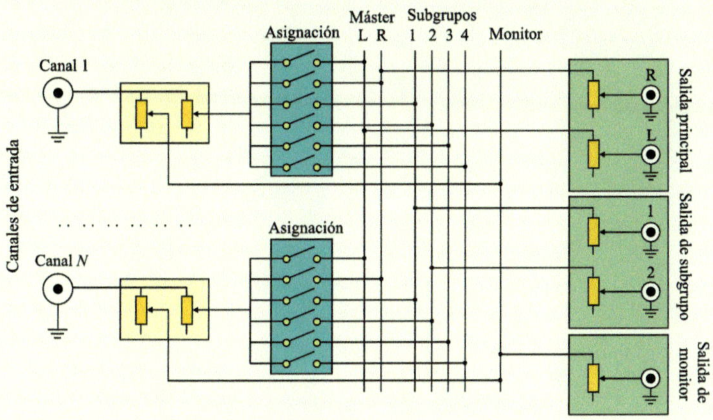

Figura 5.65. Estructura simplificada de un mezclador.

5.38. Enumera los medidores e indicadores que podemos encontrar en un equipo de sonido.

5.39. La Figura 5.66 muestra el procesado de la dinámica que se realiza a diferentes señales. Indica el tipo de procesado que se realiza en cada uno de los casos. Todos estos procesados se pueden realizar de manera digital con programas de edición gratuitos.

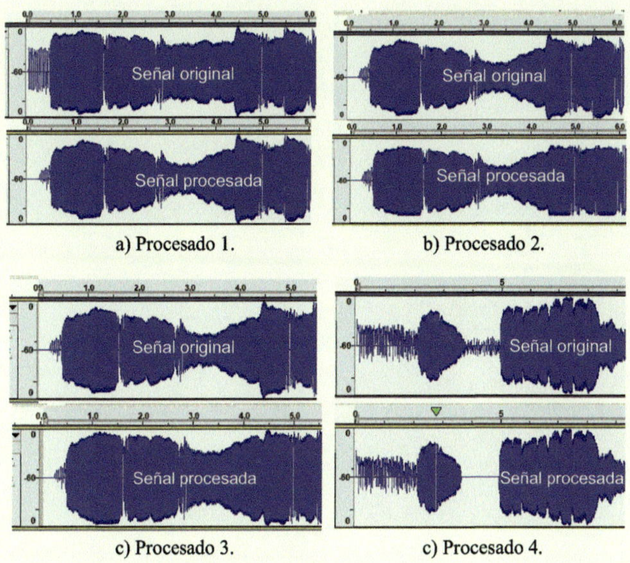

Figura 5.66. Ejemplos de procesado de la señal.

6 Instalaciones electroacústicas

Contenidos

Objetivos

- Interpretar las características técnicas de los equipos de las instalaciones de megafonía y sonorización, a partir de la documentación técnica proporcionada por el fabricante.
- Clasificar las instalaciones electroacústicas según su tipología.
- Realizar el diseño y seleccionar los equipos y materiales de las instalaciones electroacústicas en función de las especificaciones proporcionadas por el cliente.
- Ejecutar las operaciones necesarias para el montaje de instalaciones electroacústicas.
- Diagnosticar y realizar las operaciones necesarias para la localización de averías en instalaciones de sonido.

La principal aplicación de las instalaciones electroacústicas es la sonorización de recintos cerrados o espacios al aire libre, con el objetivo de proporcionar un nivel sonoro adecuado en todos los puntos de escucha.

Las instalaciones de megafonía y sonorización abarcan desde los tradicionales sistemas centralizados a los actuales sistemas de control distribuido.

6.1. Sistemas de sonorización

Una de las principales aplicaciones de las instalaciones electroacústicas es la sonorización tanto de recintos cerrados como de espacios al aire libre, con el objetivo de proporcionar un nivel sonoro adecuado. Las instalaciones de sonorización permiten:

- **Reforzar la señal acústica** (Figura 6.1) en ambientes donde sea necesario:
  - En recintos amplios, el sonido directo puede resultar insuficiente, por lo que es necesario amplificar la señal acústica para reforzar la señal de la fuente sonora.
  - En recintos con elevado ruido ambiente, es necesario que el nivel de la señal de la fuente sonora sea lo suficientemente elevado en todos los puntos.

Figura 6.1. Ejemplo de sonorización de un salón de actos.

- **Distribuir el sonido en recintos diferentes** a los que se encuentra la fuente sonora (Figura 6.2.a). En ocasiones, la señal de la fuente sonora se debe distribuir a puntos alejados de donde se generó, como por ejemplo la distribución de música ambiente por diferentes zonas de un edificio.
- **Distribuir señales de alarma de voz y avisos** en instalaciones de seguridad (Figura 6.2.b). Un sistema de alarma de voz es un sistema de alarma que utiliza mensajes de voz almacenados electrónicamente, conjuntamente o no con otras señales acústicas, con el objetivo de emitir una alarma en caso de emergencia.

a) Hilo musical de un centro comercial.

b) Sistema de avisos y alarma por voz.

Figura 6.2. Ejemplos de instalaciones de megafonía y sonorización.

6.1.1. Instalaciones electroacústicas

Hasta ahora, el equipo de tratamiento de la cadena de sonido (mezclador, procesador, etc.) modificaba las características de diferentes fuentes de sonido para ser amplificadas por un único amplificador. En las instalaciones electroacústicas, en ocasiones será necesario distribuir la señal a diferentes amplificadores, cada uno de los cuales será el encargado de sonorizar una zona determinada.

Las instalaciones electroacústicas están formadas por los elementos que se muestran en la Figura 6.3: una fuente de sonido (micrófono, reproductor de CD, etc.), la matriz de audio que incorpora los elementos de control que adaptan, controlan y gestionan las señales que se enviarán a cada uno de los amplificadores, y los altavoces.

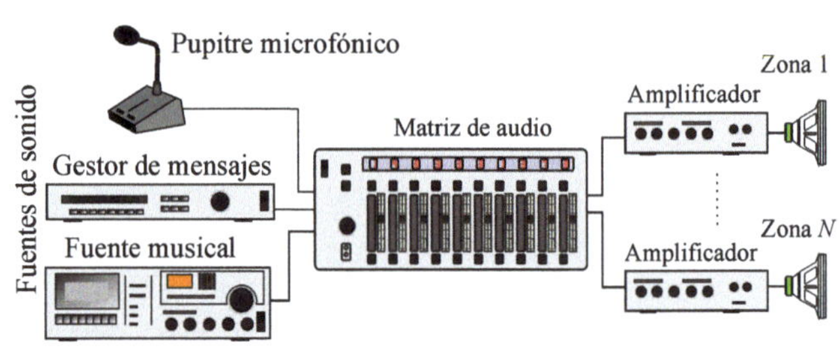

Figura 6.3. Componentes de una instalación de sonido básica.

Dentro de estas instalaciones aparecen nuevos equipos de sonido que facilitan la gestión del sistema (matriz de audio) y nuevas fuentes de sonido, que permiten la reproducción automática de mensaje grabados en memoria (reproductor de mensajes).

Recuerda

Una zona es cualquier parte de una instalación donde se distribuye la señal de una fuente de sonido.

Matriz de audio

Una **matriz de audio,** como la que se muestra en la Figura 6.4, realiza funciones de control sobre las señales que se aplicarán a la etapa de amplificación. Las funciones que realiza las podemos clasificar según los criterios siguientes:

- **Funciones de audio:** asignación de entradas/salidas con funciones de mezcla o de matriz, aplicación de procesado dinámico (compresor, limitador y expansor), ecualización, etcétera.
- **Reproducción de mensajes:** capacidad de almacenamiento de archivos de audio en formato digital.
- **Funciones de control remoto:** contactos de entrada y salida programables, control desde pupitres microfónicos digitales, control desde ordenador o desde la red mediante conexión Ethernet TCP/IP y control desde panel frontal.

SABÍAS QUE...

La matriz de audio puede estar incluida en el propio amplificador, cuando este dispone de varios canales.

Gestor de mensajes

Un **gestor de mensajes** es un reproductor independiente que almacena mensajes pregrabados, en formato de audio estándar (WAV, MP3...). Se utiliza generalmente en aplicaciones que van desde anuncios en centros comerciales hasta mensajes de aviso y evacuación en situaciones de emergencia.

El gestor de mensajes, mostrado en la Figura 6.5.a, reproduce los mensajes que se envían a un sistema de megafonía a través de entradas de activación, botones manuales o según el horario programado.

Estos sistemas son configurables, mediante *software* que permite la grabación de mensajes y la asignación de las entradas y las salidas de control, de forma que de manera manual o remota, por ejemplo desde la central de un sistema de alarmas, se reproducen los mensajes en la zona configurada.

La función de **temporizador horario** es un temporizador para sistemas de megafonía, ideal para colegios, centros comerciales y otros lugares en los que es necesario emitir mensajes u otras señales a determinadas horas.

a) Controles frontales.

b) Conexiones traseras.

Figura 6.4. Ejemplo de matriz de audio.

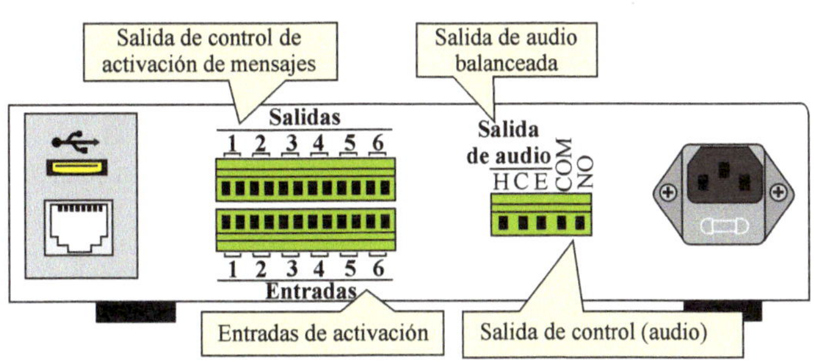

a) Gestor de mensajes.

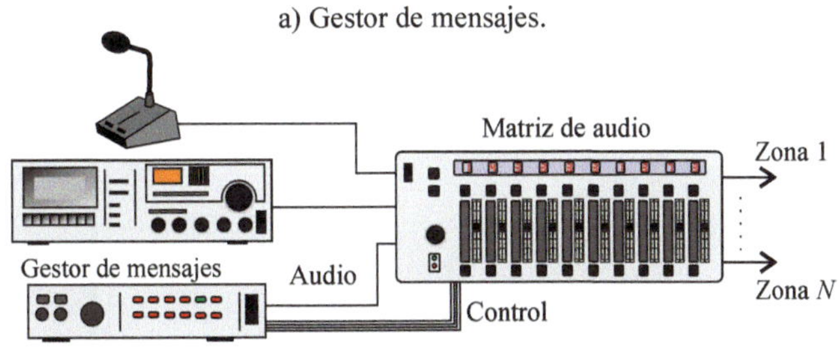

b) Ejemplo de utilización.

Figura 6.5. Reproductor de mensajes.

Las salidas de control que dispone (Figura 6.5.b), permiten mediante programación configurar eventos, como por ejemplo:

- Emisión por la salida de audio de un carrillón musical preprogramado.
- Conexión o desconexión de la música de fondo (BGM).
- Reproducir mensajes de aviso cuando se activan las entradas de activación

La activación del contacto de salida del gestor de mensajes, conectado a la matriz de sonido, distribuye la señal de sonido a la zona de altavoces adecuada.

6.1.2. Ubicación de los altavoces

Para reforzar o distribuir la señal de sonido, es necesaria la ubicación de los altavoces de manera adecuada por el espacio a sonorizar. En función del criterio de ubicación de los altavoces, las instalaciones se pueden clasificar de tres maneras diferentes:

- **Sistema centralizado o concentrado.** El sistema concentrado más simple es el que se muestra en la Figura 6.6.a, formado por un único altavoz que sonoriza toda una instalación. En este caso, el nivel de presión sonora en un punto se debe únicamente a la influencia de un único altavoz.

SABÍAS QUE...

También se considera un sistema concentrado cuando se agrupan diferentes altavoces muy juntos, siendo la distancia de separación entre ellos menor que la longitud de onda difundida por los altavoces.

- **Sistema zonal.** Sistema formado por diferentes sistemas concentrados, donde cada uno de ellos sonoriza una parte separada de la instalación. Como se muestra en la Figura 6.6.b, el nivel de presión sonora de cada zona solo depende de su sistema de sonorización, excepto en los límites, donde existe influencia entre cada uno de ellos.
- **Sistema distribuido.** En este sistema, los altavoces se distribuyen de manera uniforme por toda la instalación, como se muestra en la Figura 6.6.c, siendo la distancia entre ellos mayor que la longitud de onda de las señales difundidas. Su principal característica es que el nivel de presión sonora en cada punto del sistema sonorizado dependerá de la acción conjunta de todos o un conjunto de los altavoces.

SABÍAS QUE...

Normalmente, los sistemas distribuidos se utilizan cuando no es necesario localizar la fuente sonora, como por ejemplo en la distribución de música ambiente.

6.1.3. Sonorización de espacios abiertos

Para sonorizar espacios abiertos se utilizan fundamentalmente los sistemas concentrados y los zonales:

- **Sonorización de espacios abiertos mediante sistemas concentrados.** Normalmente, se utiliza una bocina de boca redonda, que es un elemento muy directivo y con sensibilidad elevada. Para cubrir grandes distancias es conveniente apilar dos o más bocinas orientadas hacia la zona más lejana. La disposición en abanico de la Figura 6.7 permite aumentar la cobertura horizontal de la agrupación.

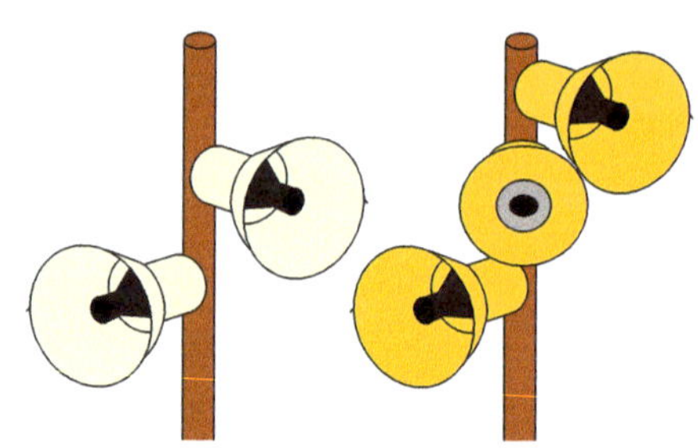

Figura 6.7. Colocación de bocinas en abanico.

- **Sonorización de espacios abiertos mediante sistemas zonales.** Dentro de los sistemas de

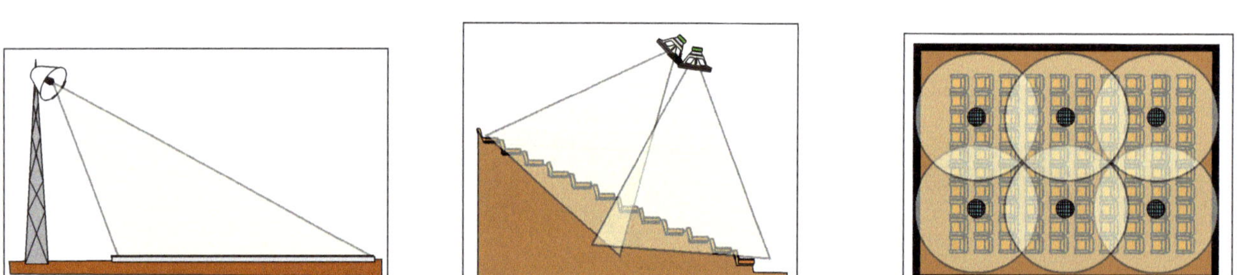

a) Sistema concentrado. b) Sistema zonal. c) Sistema distribuido.

Figura 6.6. Sistemas de distribución de los altavoces.

sonorización de espacios abiertos por sistemas zonales, cabe diferenciar dos tipos: los sistemas lineales y los sistemas espaciales. Los sistemas lineales se caracterizan por la necesidad de sonorizar áreas largas y estrechas, como por ejemplo una calle (Figura 6.8.a). Los sistemas espaciales, en cambio, se caracterizan porque la superficie a sonorizar es grande. En la Figura 6.8.b se muestra la sonorización de un patio de colegio mediante un sistema zonal espacial.

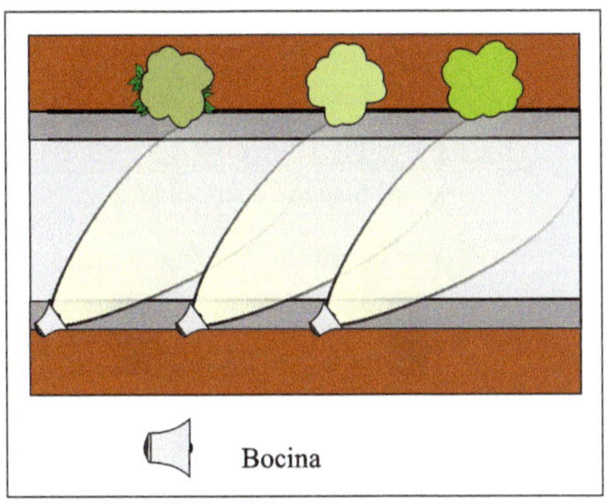

a) Sistema lineal.

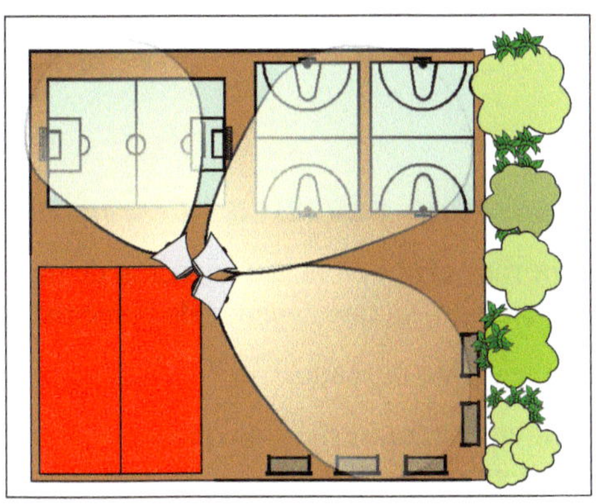

b) Sistema espacial.

Figura 6.8. Sonorización mediante sistemas zonales.

SABÍAS QUE...

Tienen la consideración de espacios abiertos las calles, plazas, estadios deportivos, parques, aparcamientos al aire libre, etcétera.

Aunque los efectos de eco, reflexiones y viento pueden estar presentes en una instalación exterior, su planificación es más sencilla que la de un espacio interior, ya que, como norma general, el nivel de presión sonora (L) en un punto vendrá determinado por la reducción de la intensidad sonora con el cuadrado de la distancia:

$$L(\text{dB}) = S(\text{dB/1 W/1 m}) - 20 \log D + 10 \log P$$

donde S es la sensibilidad del altavoz, D es la distancia entre el altavoz y el oyente, en metros, y P es la potencia eléctrica que se aplica al altavoz, en vatios.

Recuerda

En las instalaciones en exteriores, además de la atenuación por la distancia debido a la divergencia geométrica, es necesario tener en cuenta otras atenuaciones como la debida a la absorción atmosférica, el efecto del suelo y otros fenómenos.

Ejemplo 6.1.

Nivel de presión acústica en el espacio libre.

El fabricante de una bocina especifica una sensibilidad de 102 dB/W/m. Cuando se alimenta a una potencia de 30 W, el nivel de presión sonora a una distancia de 70 m es de 79,87 dB:

$$L(\text{dB}) = S(\text{dB/1 W/1 m}) - 20 \log D + 10 \log P =$$
$$= 102 - 20 \log 70 + 10 \log 30 = 79{,}87 \text{ dB}$$

6.1.4. Sonorización de espacios cerrados

Los sistemas de sonorización más utilizados es los espacios cerrados son los concentrados y los distribuidos:

- **Sonorización de espacios cerrados mediante sistemas concentrados.** Para la sonorización de espacios sonoros normalmente se utilizan las columnas acústicas: el eje de la columna debe orientarse al oyente más alejado (Figura 6.9). Esta solución garantiza una sonorización uniforme cuando la anchura del recinto no supera los 10 m. Cuando la columna no se puede situar en el centro del escenario, se pueden utilizar dos columnas sonoras, una a cada lado del escenario.

Recuerda

La sensibilidad de un altavoz es el nivel de presión sonora que se genera a un metro de distancia cuando se alimenta con una potencia de 1 W.

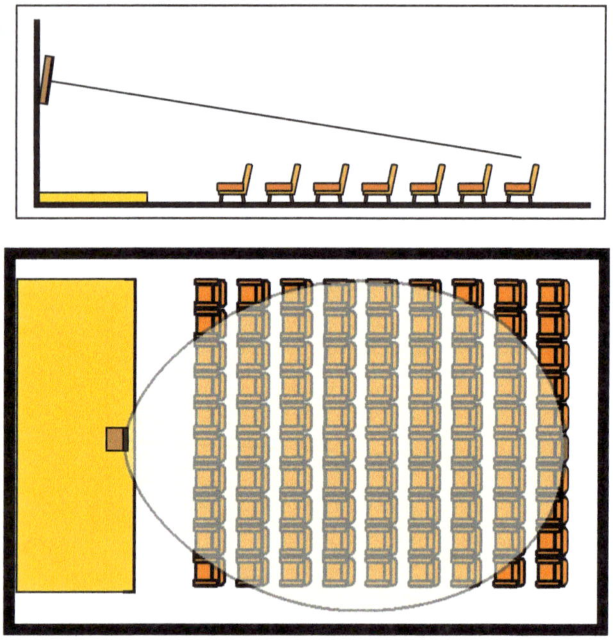

Figura 6.9. Sonorización de espacios cerrados mediante sistemas concentrados. Sonorización mediante columnas.

- **Sonorización de espacios cerrados mediante sistemas distribuidos.** En este sistema los altavoces se distribuyen por todo el recinto, difundiendo un nivel homogéneo en toda la superficie del mismo. Si los altavoces se distribuyen en línea, el conjunto se denomina **cadena** (Figura 6.10.b), mientras que si estos se distribuyen por toda la superficie, se denomina **rejilla** (Figura 6.10.a).

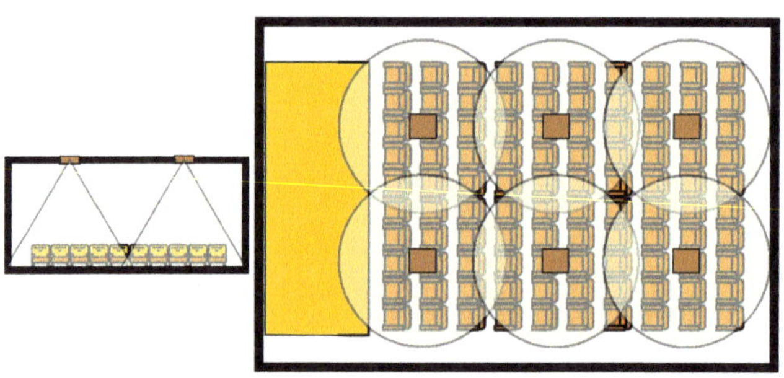

a) Rejilla de techo.

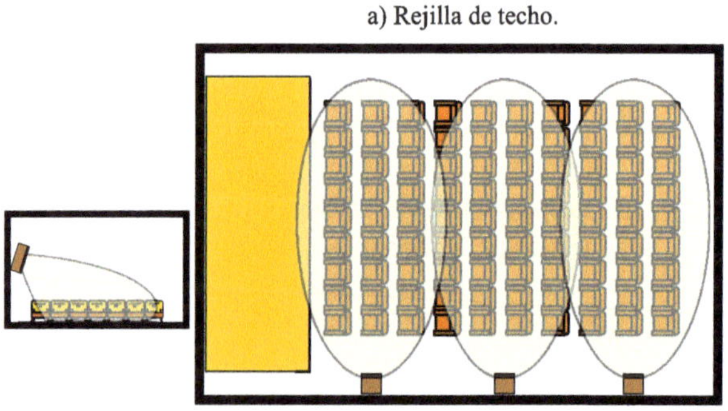

b) Cadenas de pared.

Figura 6.10. Sonorización de espacios cerrados mediante sistemas distribuidos.

Ejemplo 6.2.

Sonorización de un espacio cerrado.

En la Figura 6.11 se muestra la sonorización de un salón de actos utilizando dos sistemas diferentes: uno distribuido y otro concentrado.

a) Sistema distribuido.

b) Sistema concentrado.

Figura 6.11. Ejemplo de sonorización de espacios cerrados.

6.1.5. Potencia acústica necesaria

La **potencia requerida** en la sonorización de un recinto es de difícil valoración, ya que depende de numerosos factores:

- Nivel acústico deseado.
- Volumen y características de los materiales de la sala a sonorizar.
- Nivel de ruido de fondo.
- Rendimiento acústico de los altavoces.
- Rendimiento eléctrico de la red de distribución de la instalación.

SABÍAS QUE...

La potencia eléctrica que debe suministrarse a la instalación de sonido depende del nivel de sonorización ambiente deseado.

Como criterio general, consideraremos que el **nivel de presión sonora** debe ser superior en 10 dB como mínimo al nivel de ruido y, además, no debe existir mucha diferencia de niveles en toda el área a sonorizar.

Relación señal/ruido

Un sistema de megafonía debe garantizar la inteligibilidad de los mensajes emitidos por el sistema. Como criterio general, para obtener un buen nivel acústico, es necesario que el nivel de la presión sonora esté por encima del nivel de ruido por lo menos 10 dB. Este criterio se basa en la relación señal/ruido (*S/N*):

$$SNR = S/N = \frac{\text{Nivel de presión sonora}}{\text{Nivel de presión sonora ruido}} =$$
$$= L(\text{dB}) - N(\text{dB}) > 10 \text{ dB}$$

SABÍAS QUE...

La norma **EN 54** sobre Sistemas de detección y alarma de incendio, es una norma europea adoptada en nuestro país bajo la norma UNE 23007, que cubre aspectos que dan cobertura a los sistemas de evacuación por voz.

Ejemplo 6.3.

Nivel de señal necesario para garantizar la inteligibilidad de los mensajes.

En un local comercial con un nivel de ruido de 75 dB, el nivel de presión sonora (*L*) debería ser como mínimo 10 dB superior al del ruido (*N*), es decir, 85 dB:

$$S/N = L(\text{dB}) - N(\text{dB}) > 10 \text{ dB}$$

$$L(\text{dB}) > 10 \text{ dB} + N(\text{dB}) = 75 \text{ dB} + 10 \text{ dB} = 85 \text{ dB}$$

Desequilibrio en el nivel sonoro

Un criterio fundamental que afecta a la calidad del sonido es el desequilibrio en los niveles de presión sonora en los diferentes puntos de un recinto. Es decir, en el interior de un recinto se deben evitar diferencias elevadas del nivel acústico entre dos puntos cualesquiera, procurando que estas sean inferiores a 6 dB.

Por ello, el criterio básico para conseguir un nivel sonoro uniforme se basa en instalar los altavoces a una distancia entre sí constante y que la zona de cobertura de cada uno de ellos se solape entre sí, tal y como se muestra en la Figura 6.12.a. Una distribución de los altavoces no uniforme, como la mostrada en la Figura 6.12.b, puede provocar grandes desequilibrios sonoros.

6.2. Tipos de instalaciones

En función de la disposición de sus elementos, las instalaciones de sonorización se clasifican en los siguientes grandes grupos:

- Amplificación y control centralizado.
- Amplificación centralizada y control distribuido.
- Amplificación y control distribuidos.
- Instalaciones mixtas.

6.2.1. Amplificación y control centralizado

En un **sistema de amplificación y control centralizado** el conjunto de amplificadores y el sistema de control del

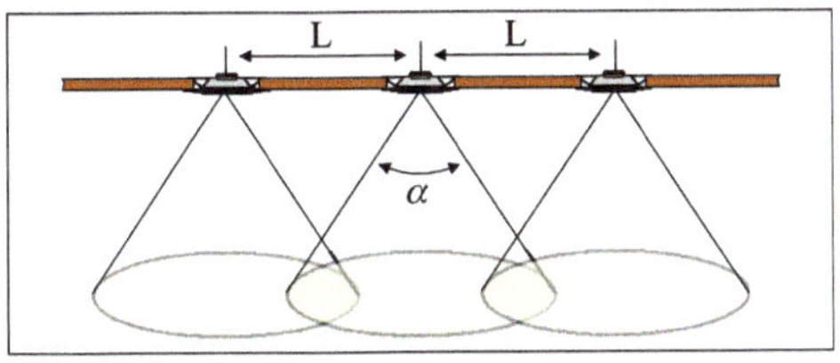

a) Distribución uniforme del sonido.

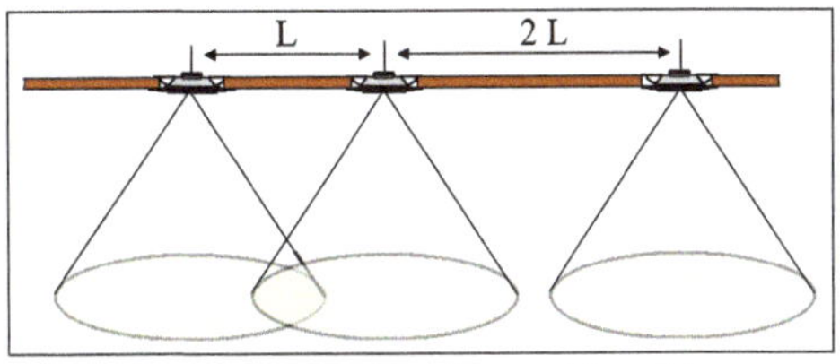

b) Distribución no uniforme del sonido.

Figura 6.12. Desequilibrio en el nivel sonoro.

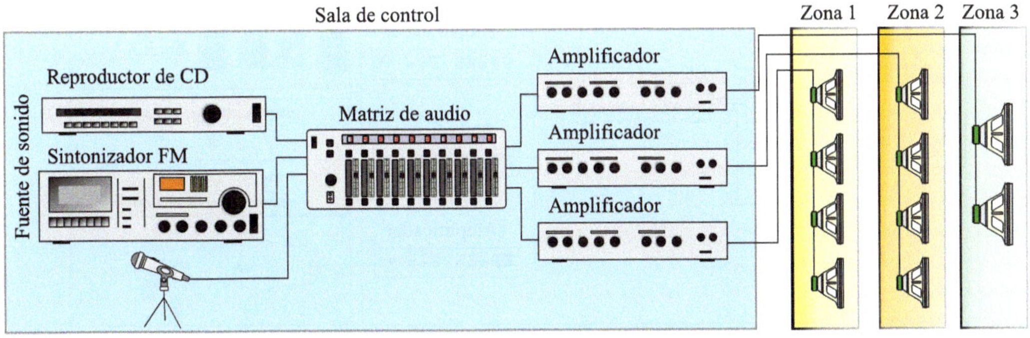

Figura 6.13. Instalación con amplificación y control centralizado.

sonido (control de volumen, activación de zonas de distribución), así como las fuentes de sonido, se encuentran físicamente en la misma localización, mientras que los altavoces se encuentran distribuidos por las diferentes zonas de sonorización de la instalación (Figura 6.13). El control de la instalación se realiza de manera centralizada en la sala de control y no es posible el control local desde cada una de las zonas que forman la instalación.

Recuerda

En un sistema de amplificación y control centralizado tanto los dispositivos de gestión como los de control y amplificación se sitúan en el mismo punto físico (sala de control), los cuales se encargan de distribuir la señal amplificada hasta los altavoces de cada zona.

Dentro de este sistema se pueden diferenciar dos tipos de distribución de la señal: en baja impedancia o en alta impedancia.

En la **distribución en baja impedancia** (Figura 6.14.a), los altavoces se conectan directamente a los amplificadores de la instalación. Este sistema se utiliza cuando los altavoces se encuentran relativamente cerca del punto de centralización y la potencia transmitida es pequeña. Si concurre la circunstancia opuesta, es decir, los altavoces están muy alejados o la potencia es elevada, es conveniente realizar una instalación con **distribución en alta impedancia** (Figura 6.14.b).

SABÍAS QUE...

Este tipo de instalación es de los más utilizados en la sonorización de locales públicos: en un armario se ubican todos los componentes de la instalación (amplificadores, equipos de reproducción, etcétera).

En este sistema, la señal de sonido se distribuye por la línea de distribución a través de transformadores de audio: uno situado en el amplificador, generalmente integrado en el propio equipo, y otro situado en el altavoz.

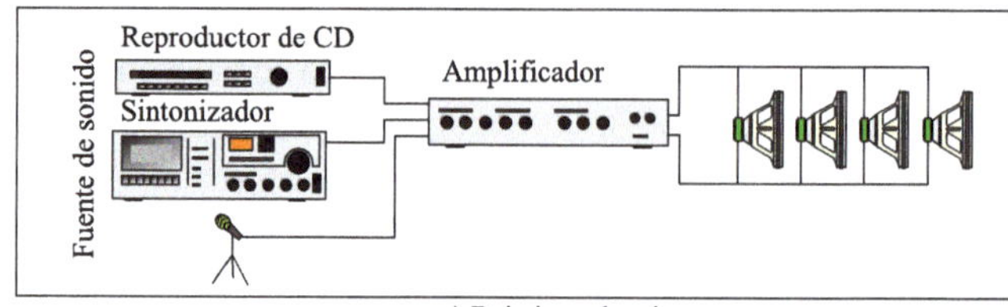

a) Baja impedancia.

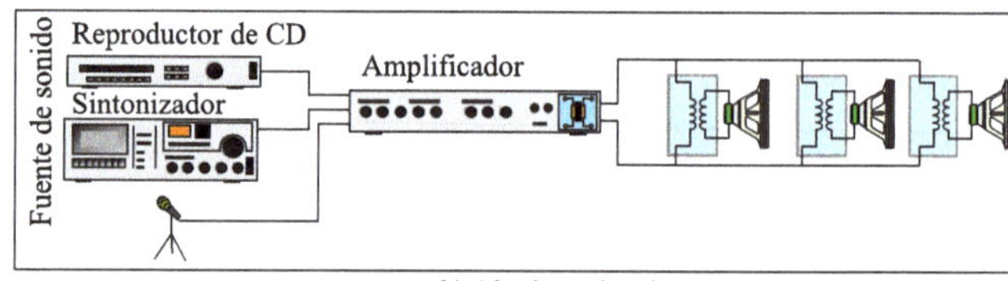

b) Alta impedancia.

Figura 6.14. Sistema de amplificación y control centralizado.

Ejemplo 6.4.

Sistema de amplificación y control centralizado.

La Figura 6.15 muestra un sistema de amplificación y control centralizado, donde es posible el control individualizado de cada una de las zonas. Las fuentes de sonido se conectan a una matriz de sonido o a un preamplificador, que dispone de los controles generales de la instalación (volumen, canal, etc.). A su salida tiene conectados diferentes amplificadores, uno por cada zona a sonorizar. De esta manera es posible el control independiente de cada una de las zonas. Tanto la matriz de sonido como los diferentes amplificadores se encuentran situados en un sitio centralizado (sala de control), normalmente alojados en un bastidor de sonido como el mostrado en la Figura 6.16.

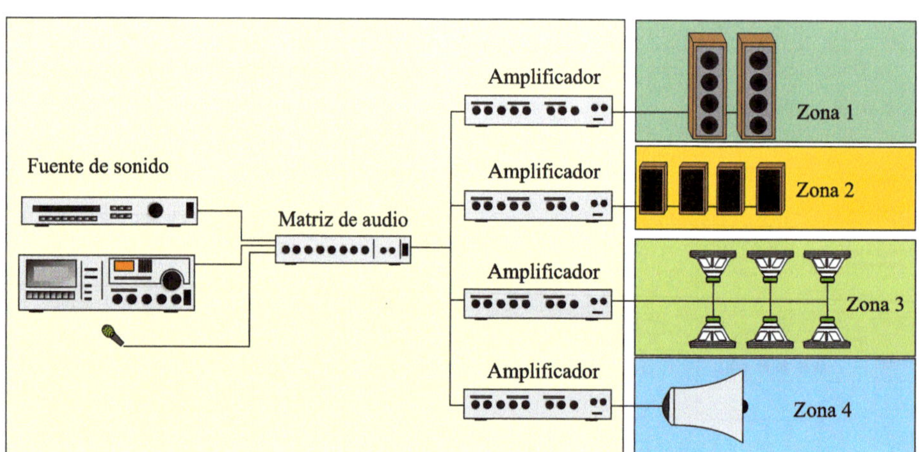

Figura 6.15. Ejemplo de sistema de amplificación y control centralizado.

SABÍAS QUE...

En la instalación de la Figura 6.15, un fallo en uno de los amplificadores solo afecta a los altavoces que alimenta, ya que estos son independientes del resto de la instalación.

Figura 6.16. Bastidor de sonido.

6.2.2. Amplificación centralizada y control distribuido

Una instalación de amplificación centralizada que tiene situados todos sus equipos amplificadores en un mismo punto, pero, sin embargo, permite el control de volumen y la activación o desactivación de la fuente de sonido, individualizada y de manera local en cada una de las zonas sonorizadas mediante dispositivos de control, recibe el nombre de **sistema de amplificación centralizada y control distribuido.**

En cada uno de los locales o estancias que se desee sonorizar, tal y como se muestra en la Figura 6.17, es necesario instalar interruptores, módulos de atenuación y módulos de selección de canales para el control de la instalación.

6.2.3. Amplificación y control distribuidos

En los **sistemas de amplificación y control distribuido** (sistemas descentralizados) el elemento fundamental de la instalación es una **central de sonido,** cuya principal función es adaptar las características de cada una de las señales que provienen de las fuentes de sonido, para que puedan distribuirse por la línea de distribución de la instalación sin que sean perturbadas por interferencias externas y afectadas por el ruido a lo largo de su recorrido.

SABÍAS QUE...

En los sistemas descentralizados, la distribución de la señal de audio se realiza con señales de bajo nivel a través de la instalación, con menos pérdidas a lo largo del recorrido del cableado de la línea de distribución, garantizándose una señal con mayor calidad.

En la Figura 6.18 se muestra el principio de funcionamiento de este tipo de sistema: tanto el control como la amplificación están descentralizados, ya que no existe un amplificador central de gran potencia, sino un número

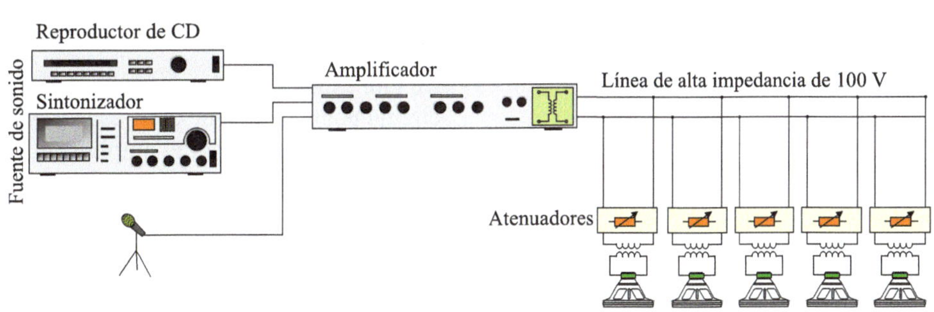

Figura 6.17. Ejemplo de sistema de amplificación centralizada y control distribuido.

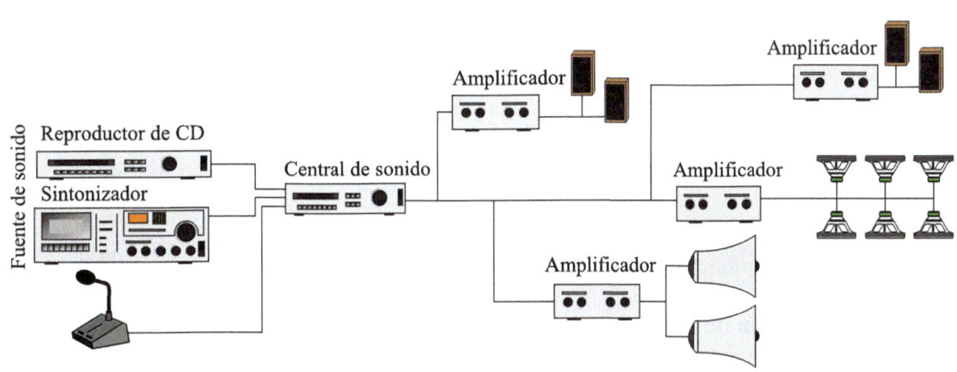

Figura 6.18. Sistema de amplificación y control distribuidos (sistema descentralizado).

variado de amplificadores de pequeña potencia distribuidos por toda la instalación. Tanto la amplificación como el control se realizan en cada una de las zonas de sonorización y la potencia necesaria de los amplificadores de la instalación es reducida, ya que amplifica la señal de pocos altavoces. La gran ventaja de este sistema consiste en la posibilidad de controlar la instalación en el lugar de escucha.

SABÍAS QUE...

Los sistemas descentralizados son los más instalados en viviendas, ya que no requieren una instalación compleja.

6.2.4. Instalación mixta

Una **instalación mixta** combina partes de instalación con amplificación centralizada, pero descentraliza la amplificación en aquellas zonas donde es posible, dependiendo de las necesidades de la instalación. Normalmente, este tipo de instalación también permite el control distribuido.

6.3. Distribución de la señal de audio a baja impedancia

En el **acoplamiento directo** la conexión entre el amplificador y el altavoz se realiza directamente, para la distribución de la señal de audio a baja impedancia.

Este tipo de conexión también recibe el nombre de **conexión a impedancia constante,** ya que el valor total de la impedancia de los altavoces conectados al amplificador debe ser el especificado por el amplificador como impedancia mínima de carga.

La potencia entregada por un amplificador dependerá de la impedancia del altavoz o conjunto de altavoces conectados a su salida. La relación entre la tensión de salida del amplificador (V_0) y su potencia nominal (P_0) se puede evaluar mediante la expresión:

$$P_0 = \frac{V_0^2}{Z_0}$$

donde Z_0 es la impedancia nominal de carga del amplificador especificada por el fabricante.

Recuerda

Valores típicos de impedancia de carga de un amplificador son 4 Ω, 8 Ω, 16 Ω o 32 Ω.

La **adaptación de la impedancia** de los altavoces conectados a un amplificador se realiza asociando estos utilizando alguna de las configuraciones siguientes:

- Serie.
- Paralelo.
- Mixta.

Ejemplo 6.5.

Magnitudes de salida asociadas a un amplificador.

El amplificador de la Figura 6.19 tiene una potencia nominal de 60 W para una carga de salida de 8 Ω. Para estas condiciones la tensión de salida del amplificador es de 21,9 V.

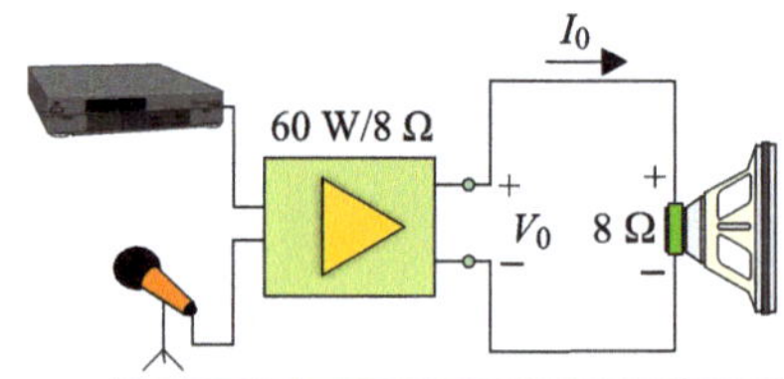

$$V_0 = \sqrt{P_0 \cdot Z_0} = \sqrt{60 \cdot 8} = \sqrt{480} = 21{,}9\ \text{V}$$

$$I_0 = \frac{V_0}{Z_0} = \frac{21{,}9\ \text{V}}{8\ \Omega} = 2{,}74\ \text{A}$$

Figura 6.19. Cálculo de las magnitudes eléctricas asociadas al altavoz.

La corriente de salida se puede evaluar mediante la ley de Ohm, sabiendo que la tensión aplicada a la impedancia de 8 Ω del altavoz es de 21,9 V. En todo caso se cumple que la potencia disipada por el altavoz es igual a la potencia nominal del amplificador (P_0):

$$P_{\text{ALTAVOZ}} = P_0 = V_0 \cdot I_0 = 21{,}9 \cdot 2{,}74 = 60\ \text{W}$$

6.3.1. Asociación de altavoces en serie

En una **asociación de altavoces en serie** la corriente que circula por cada uno de ellos es la misma y se corresponde con la suministrada por el amplificador. En cambio, la tensión que aplica el amplificador se reparte entre cada uno de los altavoces. La **impedancia total** de la conexión será igual a la suma de cada una de las impedancias parciales de cada altavoz (Figura 6.20).

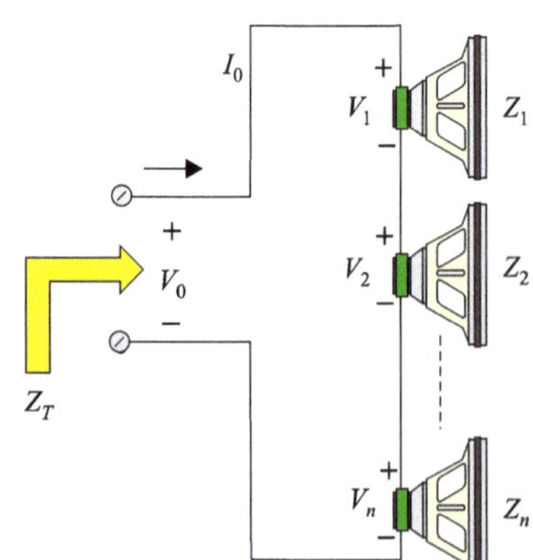

$$Z_T = Z_1 + Z_2 + \ldots + Z_n$$

$$V_0 = V_1 + V_2 + \ldots + V_n$$

$$I_0 = I_1 = I_2 = \ldots = I_n$$

$$P_0 = P_1 + P_2 + \ldots + P_n$$

Figura 6.20. Asociación de dos altavoces en serie.

Recuerda

Una asociación de altavoces se comporta de la misma manera que una asociación de resistencias, por lo que los mecanismos utilizados para calcular las diferentes magnitudes eléctricas de cada altavoz son los mismos que los utilizados en los circuitos eléctricos con resistencias.

Ejemplo 6.6.

Asociación serie de altavoces.

En el ejemplo de la Figura 6.21, un amplificador de 2 W e impedancia de carga de 8 Ω alimenta dos altavoces de impedancia nominal de 4 Ω. La impedancia equivalente (Z_T) de la asociación es de 8 Ω. La tensión que proporciona el amplificador es de 4 V, independientemente de la carga conectada:

$$V_0 = \sqrt{P_0 \cdot Z_0} = \sqrt{2 \cdot 8} = 4 \text{ V}$$

La corriente que suministra el amplificador (I_0) depende de la carga conectada (Z_T) y de la tensión suministrada (V_0):

$$I_0 = \frac{V_0}{Z_T} = \frac{4}{8} = 0{,}5 \text{ A}$$

La potencia disipada por cada altavoz depende de la corriente que circula por él y de su impedancia. Como los dos altavoces son iguales, la potencia disipada en cada uno de ellos también lo será:

$$P_1 = I_0^2 \cdot Z_1 = 0{,}5^2 \cdot 4 = 1 \text{ W}$$

$$P_2 = I_0^2 \cdot Z_2 = 0{,}5^2 \cdot 4 = 1 \text{ W}$$

$$P_1 = P_2$$

Observar que la potencia nominal del amplificador (P_0) se reparte entre todos los altavoces de la instalación:

$$P_0 = P_1 + P_2 = 1 + 1 = 2 \text{ W}$$

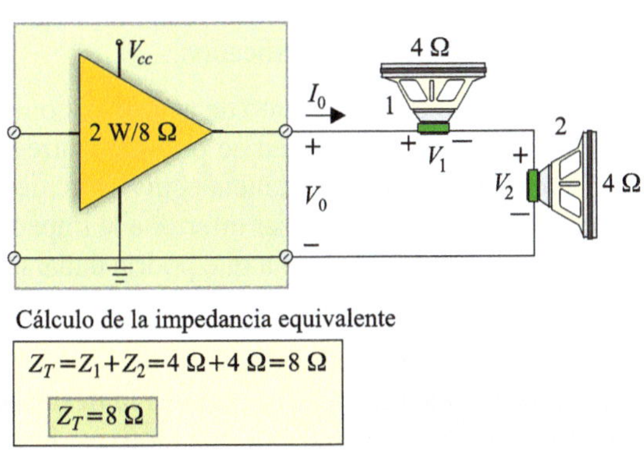

Figura 6.21. Ejemplo de asociación de altavoces en serie.

6.3.2. Asociación de altavoces en paralelo

En una **asociación de altavoces en paralelo** la tensión aplicada a cada uno de ellos es la misma, mientras que la corriente que suministra el amplificador se divide entre cada uno de los altavoces. La inversa de la **impedancia total** de la conexión es igual a la suma de la inversa de las impedancias parciales de cada altavoz (Figura 6.22).

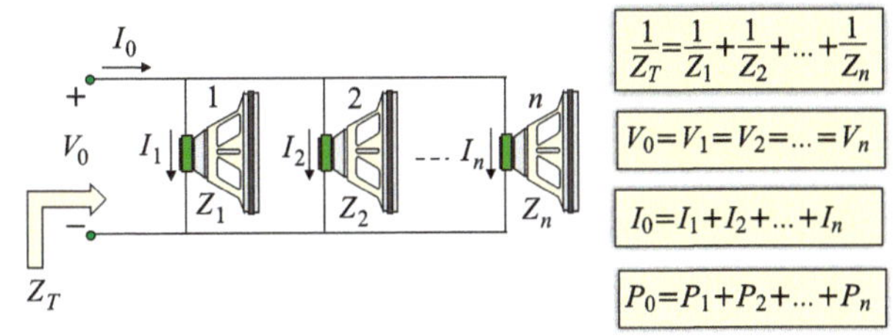

Figura 6.22. Asociación de altavoces en paralelo.

Recuerda

Para la conexión entre el amplificador y los altavoces se utiliza cable paralelo polarizado (rojo-negro).

Ejemplo 6.7.

Asociación en paralelo de altavoces.

Al amplificador de la Figura 6.23 se conectan dos altavoces de 16 Ω en paralelo. La impedancia equivalente de la asociación es de 8 Ω (Z_T), por lo que se adapta la impedancia del amplificador, que también es de 8 Ω (Z_0). La tensión que proporciona el amplificador es de 4 V:

$$V_0 = \sqrt{P_0 \cdot Z_0} = \sqrt{2 \cdot 8} = 4 \text{ V}$$

Al estar los dos altavoces en paralelo con el amplificador, la tensión suministrada por este se aplica directamente a cada uno de ellos, por lo que la potencia disipada por cada altavoz dependerá de la tensión aplicada y de su impedancia. Como los dos altavoces son iguales, la potencia disipada en cada uno de ellos también lo será:

$$P_1 = \frac{V_0^2}{Z_1} = \frac{4^2}{16} = 1 \text{ W}$$

$$P_2 = \frac{V_0^2}{Z_2} = \frac{4^2}{16} = 1 \text{ W}$$

$$P_1 = P_2$$

La potencia nominal del amplificador se reparte entre todos los altavoces de la instalación:

$$P_0 = P_1 + P_2 = 1 + 1 = 2 \text{ W}$$

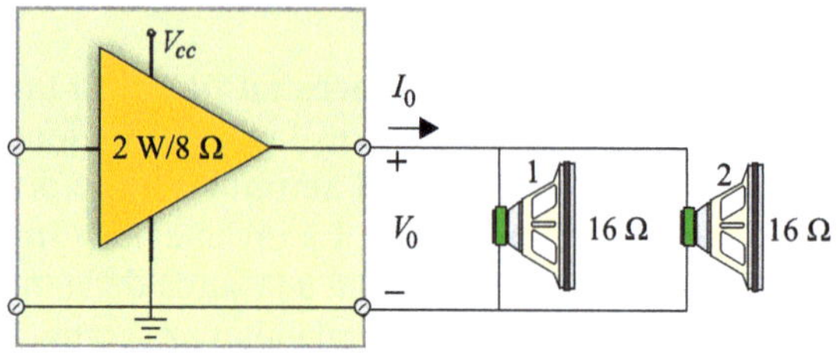

Cálculo de la impedancia equivalente

$$\frac{1}{Z_T}=\frac{1}{Z_1}+\frac{1}{Z_2}=\frac{1}{16\ \Omega}+\frac{1}{16\ \Omega}=\frac{1}{8\ \Omega}$$

$$Z_T=8\ \Omega$$

Figura 6.23. Ejemplo de asociación de altavoces en paralelo.

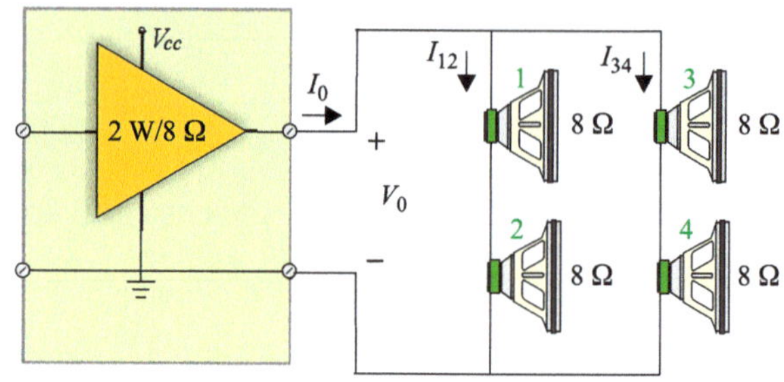

Cálculo de la impedancia equivalente

$$Z_{12}=Z_{34}=Z_1+Z_2=16\ \Omega$$

$$\frac{1}{Z_T}=\frac{1}{Z_{12}}+\frac{1}{Z_{34}}=\frac{1}{16\ \Omega}+\frac{1}{16\ \Omega}=\frac{1}{8\ \Omega}$$

$$Z_T=8\ \Omega$$

Figura 6.24. Ejemplo de asociación mixta de altavoces.

6.3.3. Asociación de altavoces mixta

Una **asociación mixta de altavoces** está formada por la combinación de diferentes asociaciones de altavoces en serie y en paralelo.

Ejemplo 6.8.

Asociación mixta de altavoces.

Al amplificador del ejemplo de la Figura 6.24 se conectan en paralelo dos asociaciones en serie de altavoces de 8 Ω. La impedancia equivalente de la asociación (Z_T) es de 8 Ω, por lo que el amplificador está adaptado en impedancia, ya que también es de 8 Ω (Z_0). La tensión que proporciona el amplificador es de 4 V. La corriente que circula por cada rama de altavoces en serie es de 0,25 A:

$$I_{12}=\frac{V_0}{Z_{12}}=\frac{4}{16}=0{,}25\ \text{A}$$

$$I_{34}=\frac{V_0}{Z_{34}}=\frac{4}{16}=0{,}25\ \text{A}$$

La potencia disipada por cada altavoz depende de la corriente que circula por él y de su impedancia. Como los altavoces son iguales, la potencia disipada en cada uno de ellos también lo será:

$$P_1=I_{12}^2\cdot Z_1=0{,}25^2\cdot 4=0{,}5\ \text{W}$$

$$P_2=I_{12}^2\cdot Z_2=0{,}25^2\cdot 4=0{,}5\ \text{W}$$

$$P_3=I_{34}^2\cdot Z_3=0{,}25^2\cdot 4=0{,}5\ \text{W}$$

$$P_4=I_{34}^2\cdot Z_4=0{,}25^2\cdot 4=0{,}5\ \text{W}$$

$$P_1=P_2=P_3=P_4$$

6.3.4. Desadaptación de impedancias

Un amplificador se comporta como una fuente de tensión, de baja impedancia de salida. De esta manera la tensión entregada a la salida es independiente del valor de la carga conectada.

SABÍAS QUE...

Los amplificadores actuales incorporan protecciones contra la temperatura y cortocircuitos que desconectan el amplificador cuando se calienta.

En la Figura 6.25 se muestra el comportamiento de un amplificador con la impedancia. Un amplificador está diseñado para entregar la máxima potencia sobre cierta carga. La máxima cantidad de energía que entrega el amplificador se consigue cuando existe **adaptación de impedancia,** es decir, cuando la impedancia de los altavoces conectados al amplificador coincide con la impedancia mínima de carga especificada por el fabricante del amplificador.

Si la impedancia del conjunto de altavoces conectados a un altavoz es mayor, la cantidad de potencia entregada será menor. En todo caso, la impedancia equivalente de los altavoces conectados nunca debe ser inferior a la impedancia de carga del amplificador, debido a que podría dañarse, ya que entregará mayor potencia que para la que ha sido diseñado.

Los principales problemas de la conexión directa a un amplificador de los altavoces se deben a la **desadaptación de impedancias** provocadas por dos motivos: la carga conectada es mayor que la especificada por el amplificador y la resistencia que introduce el cableado de la instalación, debido a las pérdidas de la línea de distribución.

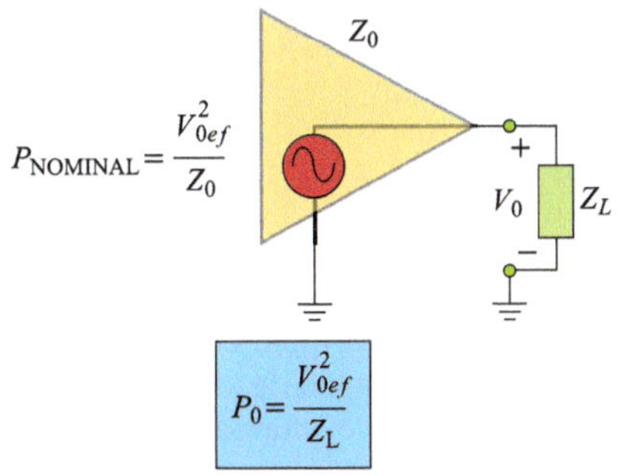

$Z_L = Z_0$ $P_0 = P_{NOMINAL}$ Adaptación de impedancias

$Z_L > Z_0$ $P_0 < P_{NOMINAL}$ Desadaptación de impedancias

$Z_L < Z_0$ $P_0 > P_{NOMINAL}$ Sobrecalentamiento

Figura 6.25. Comportamiento de un amplificador con la impedancia.

Desadaptación de la impedancia de la carga

Cuando la carga conectada al amplificador no se corresponde con la nominal especificada por el fabricante, este no puede entregar la potencia nominal.

Ejemplo 6.9.

Desadaptación de impedancias.

En el ejemplo de la Figura 6.26, un amplificador de potencia nominal de 60 W sobre una carga de 8 Ω se conecta a un altavoz de impedancia de 16 Ω. En estas condiciones el amplificador desarrolla 30 W de potencia, menos potencia que la nominal, ya que la impedancia de carga es mayor que la especificada por el amplificador.

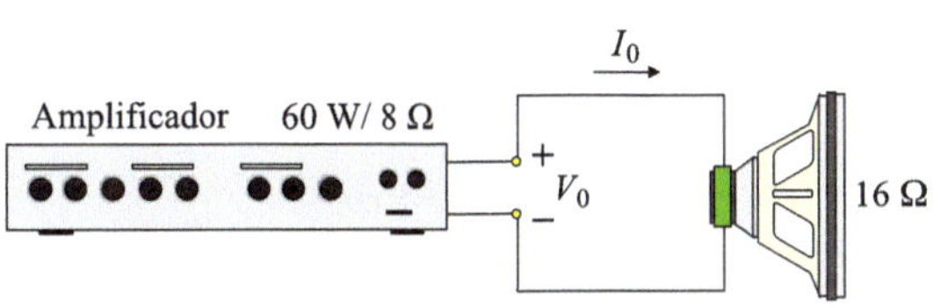

$$V_0 = \sqrt{P_0 \cdot Z_0} \quad \sqrt{60 \cdot 8} = 21{,}9 \text{ V}$$

$$I_0 = I_{ALTAVOZ} = \frac{V_0}{Z_{ALTAVOZ}} = \frac{21{,}9}{16} = 1{,}37 \text{ A}$$

$$P_{ALTAVOZ} = V_0 \cdot I_{ALTAVOZ} = 21{,}9 \cdot 1{,}37 = 30 \text{ W}$$

Figura 6.26. Ejemplo de desadaptación de impedancias.

Desadaptación de impedancia por efecto de la resistencia de los conductores

Debido a la baja impedancia de los altavoces, la influencia de la resistencia de los conductores que conectan estos con el amplificador puede afectar al rendimiento del sistema.

La **resistencia de la línea de transmisión** depende de la longitud total de la línea, así como de la sección del cable utilizado. Cuanto mayor es la longitud del cable y menor es su sección, mayores serán las pérdidas de la línea de transmisión. Las pérdidas se deben a que parte de la potencia entregada por el amplificador (P_0) se pierde en la línea de transmisión ($P_{línea}$), pero también debido a la desadaptación de impedancias motivada por un aumento en la resistencia de carga que ve el amplificador.

Recuerda

La resistencia (R) de un conductor eléctrico viene determinada por la expresión:

$$R = \rho \frac{l}{S}$$

donde ρ es la resistividad, l es la longitud del cable y S su sección. La resistividad para un conductor de cobre a una temperatura de 20 °C es aproximadamente:

$$\rho = 0{,}017 \frac{\Omega \cdot \text{mm}^2}{\text{m}}$$

Para reducir las pérdidas debido a la línea de transmisión es necesario elegir la sección del cable en función de la longitud total de la línea de transmisión. En la Tabla 6.1 se indican las secciones de cable recomendadas en función de la impedancia del altavoz y de la distancia de la línea de transmisión.

Recuerda

Las pérdidas de un cable conductor se pueden reducir aumentando su sección.

Tabla 6.1. Distancia máxima en metros de la línea del altavoz en función de la sección del cable utilizado

Impedancia	Sección (mm²)						
	0,75	1,5	2	3	6	8	16
2 Ω	—	5	12	20	40	50	100
4 Ω	10	17	25	40	75	100	210
8 Ω	20	35	50	75	160	200	400
16 Ω	40	65	95	140	300	375	750

Recuerda

Cuando no existe adaptación de impedancias, la potencia entregada por el amplificador es menor que la nominal y, en el caso de líneas con pérdidas, parte de la potencia se disipa en la línea de transmisión.

Ejemplo 6.10.

Efecto de la resistencia de los conductores.

En el ejemplo de la Figura 6.27, se conecta a un amplificador de 60 W/8 Ω un altavoz de impedancia nominal de 8 Ω. En situación ideal, cabe esperar que el amplificador desarrolle los 60 W de potencia nominal, pero en la práctica, parte de la potencia se disipará en forma de calor por la línea de transmisión debido a que su longitud es elevada. En estas condiciones, el conductor de 200 m y sección de 1,5 mm^2 tiene una resistencia (R) de 2,27 Ω para el camino de ida y otros 2,27 Ω para el camino de vuelta. La impedancia de carga del amplificador es la suma de la impedancia del altavoz y de la resistencia de la línea de transmisión:

$$Z_T = Z_{CABLE} + Z_{ALTAVOZ} = R + Z_{ALTAVOZ} + R = 2{,}27 + 8 + 2{,}27 = 12{,}54\ \Omega$$

La tensión de salida del amplificador es de 21,9 V (ejemplo 6.9). La corriente que suministra el amplificador depende de la impedancia conectada en sus bornes:

$$I_0 = \frac{V_0}{Z_T} = \frac{21{,}9}{12{,}54} = 1{,}75\ \text{A}$$

La potencia disipada por el altavoz (P_1) es de 24,5 W, mientras que la potencia total entregada por el amplificador (P_T) es de 38,2 W:

$$P_1 = I_0^2 \cdot Z_1 = 1{,}75^2 \cdot 8 = 24{,}5\ \text{W}$$

$$P_T = \frac{V_0^2}{Z_T} = \frac{21{,}9^2}{12{,}54} = 38{,}2\ \text{W}$$

Parte de la potencia desarrollada por el amplificador se pierde en los conductores:

$$P_{CABLE} = 2 \cdot I_0^2 \cdot Z_R = 2 \cdot 1{,}75^2 \cdot 2{,}27 = 13{,}7\ \text{W}$$

Según la Tabla 6.1, para un altavoz de 8 Ω y una distancia entre el amplificador y el altavoz de 200 m sería recomendable utilizar una línea de transmisión de sección de 8 mm^2. Para esta sección, la resistencia de cada tramo de la línea de transmisión se reduce a 0,425 Ω (Figura 6.28):

$$R = \rho\,\frac{l}{S} = 0{,}017\,\frac{200}{8} = 0{,}425\ \Omega$$

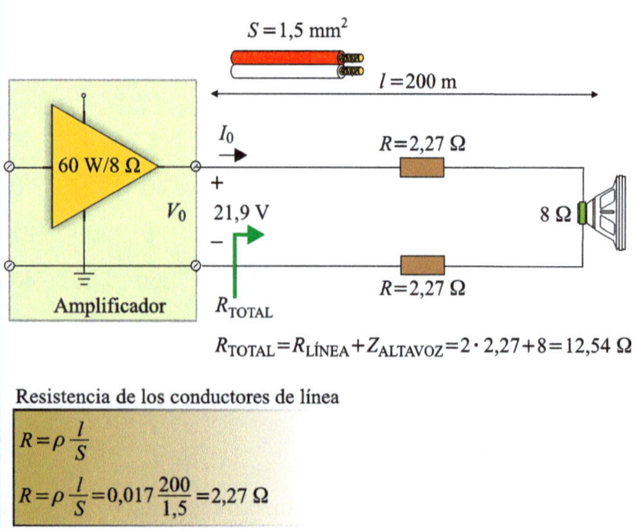

Figura 6.27. Efecto de la resistencia de la línea de transmisión.

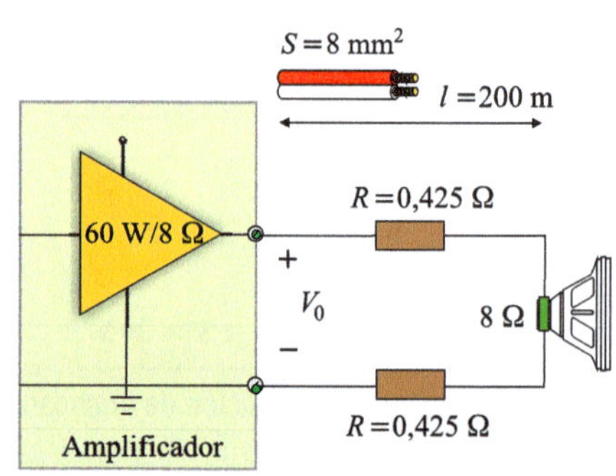

Figura 6.28. Resistencia de la línea de transmisión para una sección de cable de 8 mm^2.

6.4. Líneas de tensión constante

Con el objetivo de reducir las pérdidas en la línea de transmisión se utilizan las instalaciones con **líneas de alta impedancia,** que utilizan un nivel de **tensión de línea constante.** Este tipo de instalaciones (Figura 6.29) utiliza un transformador de audio incorporado en la salida del amplificador que eleva la tensión de salida a un nivel más alto: 50 V, 70 V o 100 V dependiendo del sistema utilizado.

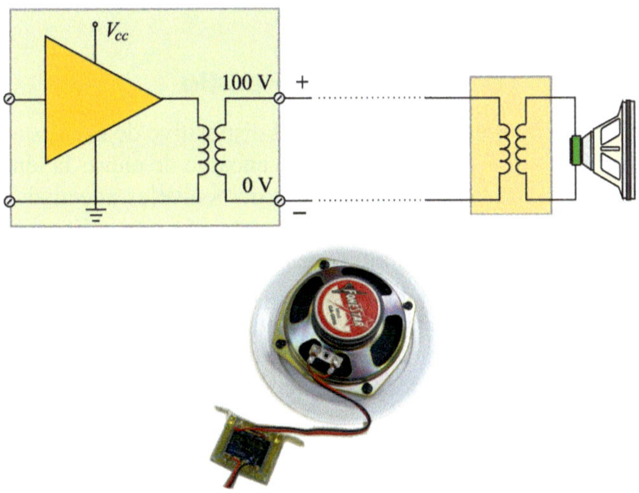

Figura 6.29. Línea de tensión constante.

SABÍAS QUE...

En Europa el sistema más utilizado en las instalaciones de sonido a tensión constante es el de 100 V.

Al aumentar la tensión de salida, se reduce la corriente que circula por la línea de transmisión y, por tanto, se reduce la potencia que se disipa por pérdidas en la línea. Lógicamente, en la conexión del altavoz se utiliza otro transformador que adapta la impedancia del altavoz o conjunto de altavoces.

Las líneas de tensión constante también se denominan de alta impedancia debido a que el transformador eleva la impedancia del altavoz, de manera que la resistencia de la línea de transmisión es despreciable en comparación con la de los altavoces conectados a la línea.

Figura 6.30. Salida del amplificador.

SABÍAS QUE...

Los transformadores de audio tienen una mala respuesta a las bajas frecuencias.

Ejemplo 6.11.

Conexión de altavoces en una línea de alta impedancia.

Normalmente, los amplificadores utilizados en este tipo de instalaciones tienen salidas de alta y baja impedancia, tal y como se muestra en la Figura 6.30. De esta manera podemos conectar los altavoces directamente, mediante una conexión en baja impedancia como la mostrada en la Figura 6.31.a (COM, 4 Ω) o conectar la línea de salida a tensión constante, como se muestra en la Figura 6.31.b seleccionando entre las diferentes tensiones disponibles: línea de 70 V (COM, 70 V) y línea de 100 V (COM, 100 V).

La potencia del amplificador es de 120 W, por lo que la potencia de los altavoces instalados está limitada.

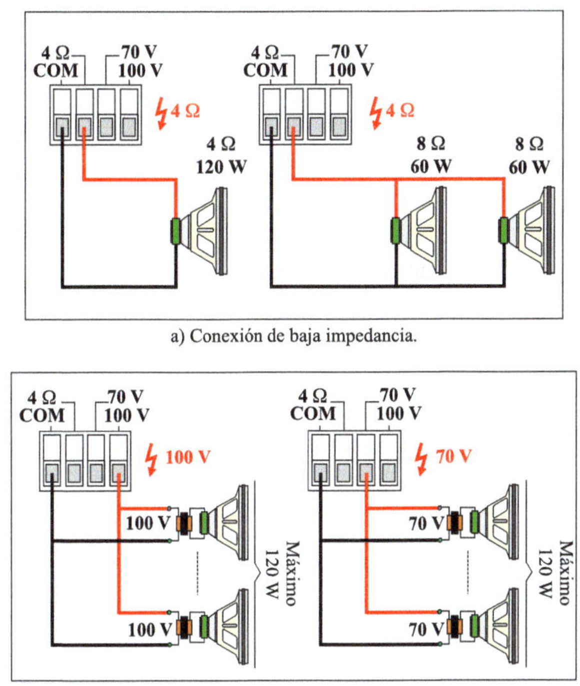

a) Conexión de baja impedancia.

b) Conexión de alta impedancia.

Figura 6.31. Conexión de los altavoces al amplificador.

SABÍAS QUE...

La línea de tensión constante se utiliza en instalaciones de megafonía donde las líneas de transmisión son de longitud elevada y, por tanto, las pérdidas que introducen son grandes. En estas instalaciones se utiliza un transformador a la salida del amplificador que modifica la impedancia de salida de la línea.

SABÍAS QUE...

Una línea de tensión constante es comparable a una línea de distribución de la corriente eléctrica: el consumo de los aparatos eléctricos que se conectan no debe superar una potencia determinada.

6.4.1. Potencia

Como norma general, los altavoces utilizados en este sistema no vienen designados por su impedancia, sino por la potencia absorbida a la tensión de la línea. De esta manera, se debe evitar que la potencia de todos los altavoces instalados a la salida del amplificador supere la potencia nominal de este para evitar su destrucción, es decir, la adaptación de impedancias se produce cuando la potencia del amplificador coincide con la potencia de los altavoces.

Recuerda

En las líneas de alta impedancia debemos evitar a toda costa que la suma de las potencias de los altavoces supere la del amplificador, pues en este caso se destruiría el amplificador. Por eso sería recomendable siempre dejar cierto margen de seguridad.

La utilización de líneas de tensión constante permite utilizar cable de sección más pequeña. En la Tabla 6.2 se especifica la sección del cable recomendado en una instalación a tensión constante en función de la potencia y la longitud de la línea de transmisión.

Tabla 6.2. Sección del cable utilizado en una instalación a tensión constante en función de la potencia y la longitud de la línea de transmisión

Potencia	Sección (mm^2)				
	0,5	0,75	1,0	1,5	2
60 W	270	425	550	700	1000
120 W	130	200	270	350	500

Ejemplo 6.12.

Adaptación de impedancias.

En la Figura 6.32 un amplificador de 120 W y salida de tensión constante 100 V alimenta seis altavoces de 20 W cada uno.

Como la potencia del conjunto de altavoces conectados al altavoz es de 120 W, que se corresponde con la potencia nominal del amplificador, existe adaptación de impedancias.

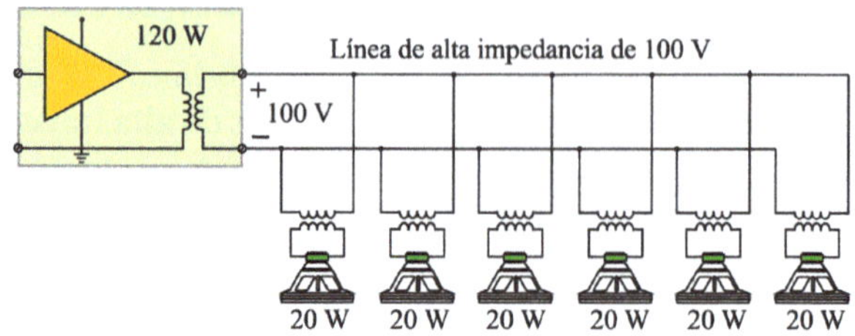

Figura 6.32. Ejemplo de instalación a tensión constante.

6.4.2. Transformador de audio

El **transformador de audio** es el dispositivo de una instalación a tensión constante que se encarga de elevar la tensión de salida del amplificador a unos niveles adecuados (50 V, 70 V o 100 V) para su transmisión por la línea de distribución hasta los altavoces. Los altavoces utilizados en las instalaciones de megafonía normalmente disponen de varias tomas de potencia (Figura 6.33), aprovechando puntos de interconexión intermedios en el bobinado del secundario del transformador que incorpora.

De esta manera el instalador puede elegir la conexión de la potencia que mejor se adapte a una instalación, en función de la presión acústica deseada.

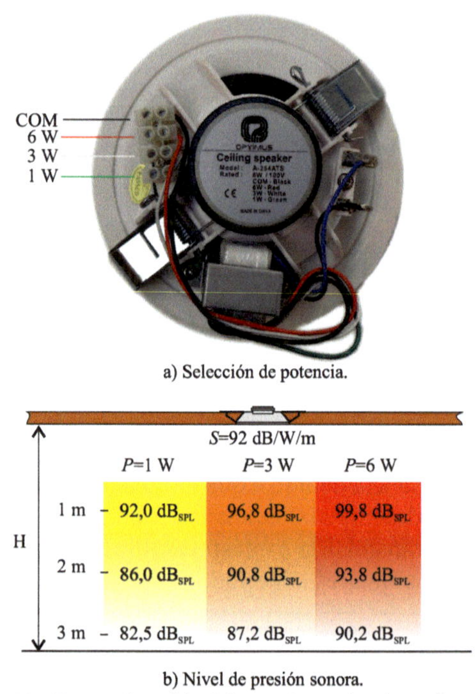

Figura 6.33. Tomas de salida del transformador de audio.

Al elevar la tensión y mantener la potencia transmitida, se consigue reducir la corriente que circula y, por tanto, las pérdidas debidas a la línea se reducen. La tensión de la línea, en el altavoz, se restaura a su valor original mediante otro transformador de audio, en este caso reductor de tensión.

El funcionamiento de un transformador de audio no difiere de un transformador convencional aunque se construye con unas características que lo hacen adecuado para el margen de frecuencias de la señal audible. Aun así, debido a que por factores prácticos se fabrican de tamaño reducido, tienen una respuesta pobre a bajas frecuencias, por lo que en general no es adecuado en instalaciones donde se requiera una calidad de sonido excelente, aunque sí en instalaciones de megafonía y sonorización ambiente.

Recuerda

El principio de funcionamiento del transformador se basa en la inducción electromagnética. La potencia aplicada al primario del transformador se mantiene en el secundario, de manera que modificando el número de espiras de los bobinados se consigue aumentar o disminuir la tensión de salida.

El transformador de audio, tal y como se muestra en la Figura 6.34, está constituido por dos devanados: el primario y el secundario. El primario está formado por diferentes tomas, donde se selecciona la potencia que la línea suministrará al altavoz y, si es el caso, en el secundario, las diferentes tomas permiten seleccionar la impedancia del altavoz conectado.

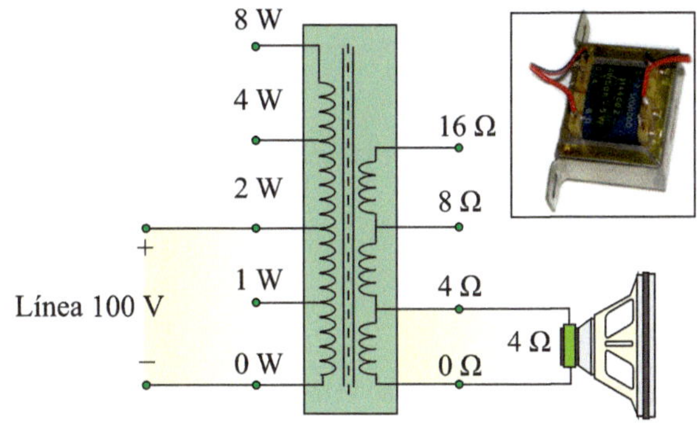

Figura 6.34. Transformador de audio.

Debido al efecto del transformador reductor, la impedancia del altavoz vista desde el primario del transformador es mucho más elevada.

Ejemplo 6.13.

Impedancia de línea de un altavoz.

En el ejemplo de la Figura 6.35.a se muestra el selector rotativo de un proyector de sonido que permite seleccionar la potencia del altavoz. Dependiendo de la tensión de la línea y de la selección de la toma del transformador, la potencia y la impedancia del altavoz se modifican.

En la Figura 6.35.b se comprueba que cuando un altavoz de potencia de 20 W se conecta a una línea de transmisión de 100 V, la impedancia que presenta el altavoz a la línea de transmisión es de 500 Ω.

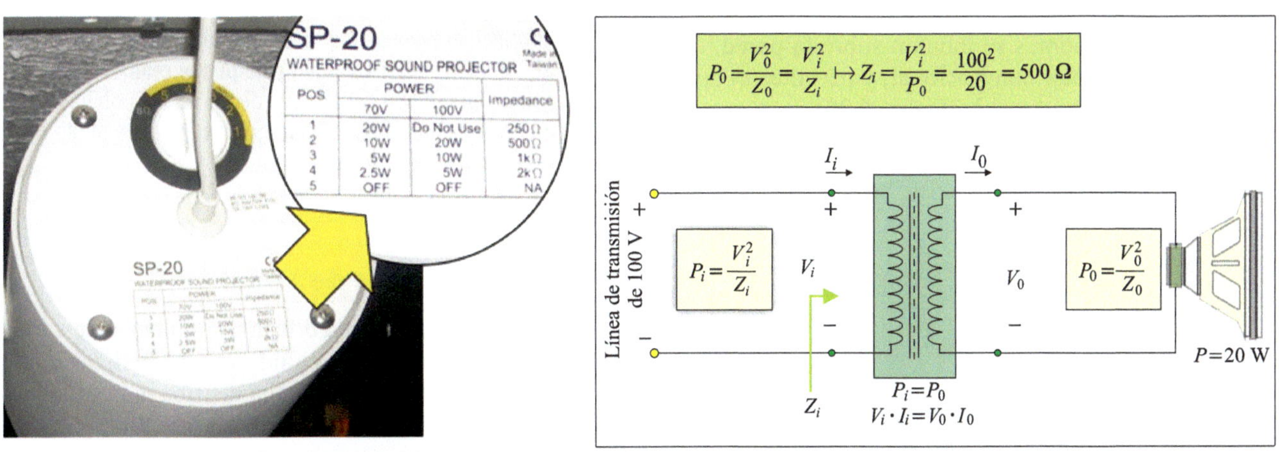

a) Selección de la potencia del altavoz.

b) Impedancia de entrada del altavoz.

Figura 6.35. Funcionamiento del transformador de audio.

Debido a la alta impedancia que presenta el altavoz en la línea de transmisión (500 Ω), las pérdidas debidas a la línea de transmisión ($R_{LÍNEA}$) se reducen. En la Figura 6.36 se muestra cómo la resistencia de cada tramo de la línea de transmisión (R) de la instalación del Ejemplo 6.10 es despreciable respecto de la impedancia del altavoz si se utilizan líneas de tensión constante:

$$R_{LÍNEA} = 2 \cdot R = 2 \cdot 2{,}27 = 4{,}54\ \Omega \ll Z_{ALTAVOZ} = 500\ \Omega$$

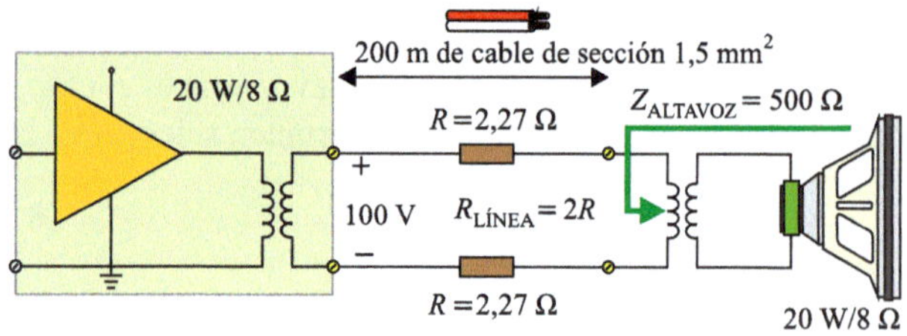

Figura 6.36. Reducción de las pérdidas en la línea.

SABÍAS QUE...

Los altavoces que existen en el mercado para instalaciones de tensión constante llevan incorporado en su propia estructura el transformador de audio.

6.4.3. Control de volumen

En aquellas zonas donde es necesario regular el volumen del local, es necesario utilizar un **atenuador de línea** que, conectado entre la línea de 100 V y el transformador, permita reducir la potencia aplicada a los altavoces (Figura 6.37).

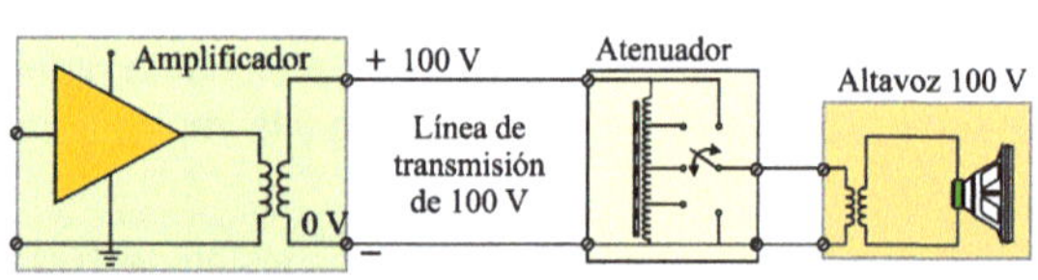

Figura 6.37. Instalación de un atenuador en una línea de tensión constante.

Estos componentes se montan sobre la pared, como cualquier interruptor convencional, y permiten el control del volumen de una estancia (Figura 6.38).

a) Atenuador.

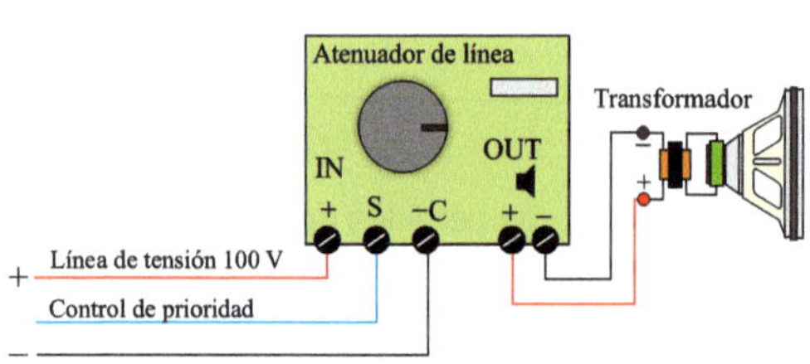

b) Esquema eléctrico.

Figura 6.38. Módulo de atenuación de línea.

En la Figura 6.39 se muestra el principio de funcionamiento de un atenuador inductivo formado por un autotransformador con diferentes tomas de salida, que permite seleccionar mediante un conmutador la atenuación deseada.

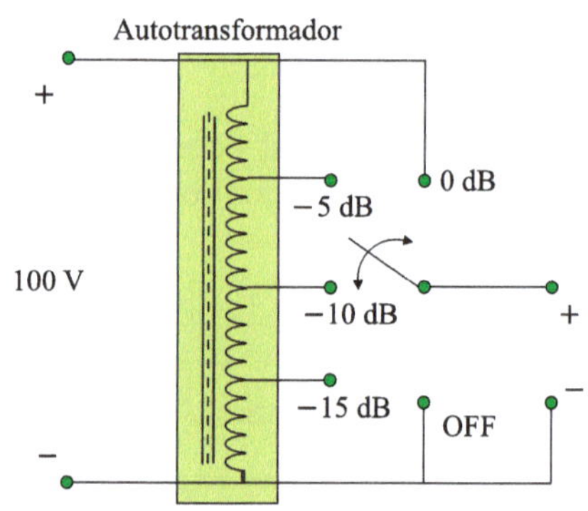

Figura 6.39. Funcionamiento de un atenuador de línea.

SABÍAS QUE...

El principal inconveniente de los módulos de atenuación es que el control del volumen solo puede realizarse mediante saltos, en función del número de tomas del bobinado, por lo que en ocasiones es difícil regular el nivel de audio confortable en cada situación.

6.4.4. Selector de canal

En las instalaciones con difusión simultánea de varios programas, el **selector de canal** permite realizar localmente la selección del circuito que distribuye la señal deseada por el usuario.

6.4.5. Control de avisos

Una aplicación típica de los sistemas de sonorización, además de la distribución de sonido ambiente por diferentes zonas de una instalación, es la de permitir el envío de mensajes o **señales de aviso.** En este caso, cuando se utilizan atenuadores, el nivel de sonoridad está ajustado a las necesidades o gustos de cada usuario.

Ejemplo 6.14.

Selección de un canal.

En la Figura 6.40 se muestra la utilización de un selector de canal para la elección de uno de los cuatro programas que se distribuyen por la instalación.

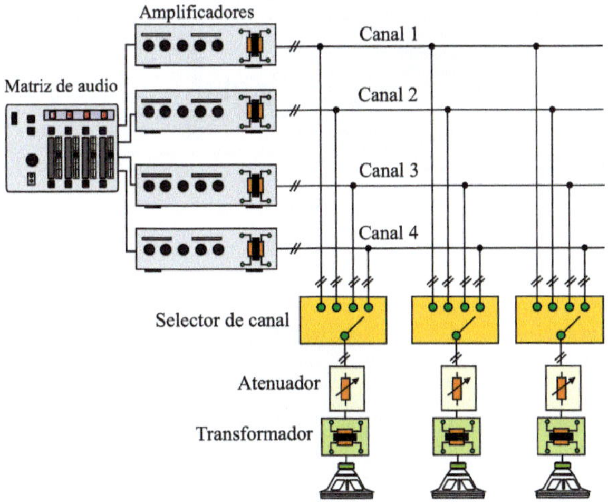

Figura 6.40. Selector de canal.

Es necesario que cuando se genere un mensaje de aviso, el nivel de señal se restaure al máximo para la correcta recepción por los oyentes del mensaje.

La Figura 6.41.a muestra la estructura interna de un atenuador que incorpora un sistema de prioridad para el control de avisos. El atenuador de línea regula el volumen del nivel de la señal de sonido ambiente y permite también su eliminación total. Incluye una segunda entrada de control que activa un circuito a relé que restaura el nivel de atenuación a 0 dB. Cuando se está reproduciendo el sonido de ambiente y se requiere enviar un mensaje, el equipo anulará la señal de ambiente musical y dejará paso a la señal de aviso, que se reproducirá por todos los altavoces de la instalación.

La conexión de este sistema se realiza a tres (Figura 6.41.b) o cuatro hilos (Figura 6.41.c). Cuando se utilizan tres cables, uno de ellos es común para las dos señales (audio y avisos). Una vez enviado el mensaje, se restituye el valor de atenuación a la última selección realizada por el usuario.

SABÍAS QUE...

Las salidas de control se utilizan para enviar señales a otros equipos para desencadenar acciones.

6.5. NTE-IAM

La **NTE-IAM** es la normativa técnica básica sobre edificación que define las características que deben reunir las instalaciones audiovisuales de megafonía. Está normativa es un buen punto de partida para el diseño de un sistema de sonorización de amplificación centralizada, ya que permite el cálculo de los diferentes componentes que forman un sistema de sonorización: número de altavoces, potencia de los amplificadores, sección de la línea de distribución, diámetro de los tubos, etcétera.

SABÍAS QUE...

La normativa NTE-IAM está regulada por la orden de 28 de junio de 1977 por la que se aprueba la Norma Tecnológica NTE-IAM/1977 «Instalaciones Audiovisuales: Megafonía». La normativa NTE-IAM no es de obligado cumplimiento pero sirve de referente para el diseño de instalaciones de megafonía.

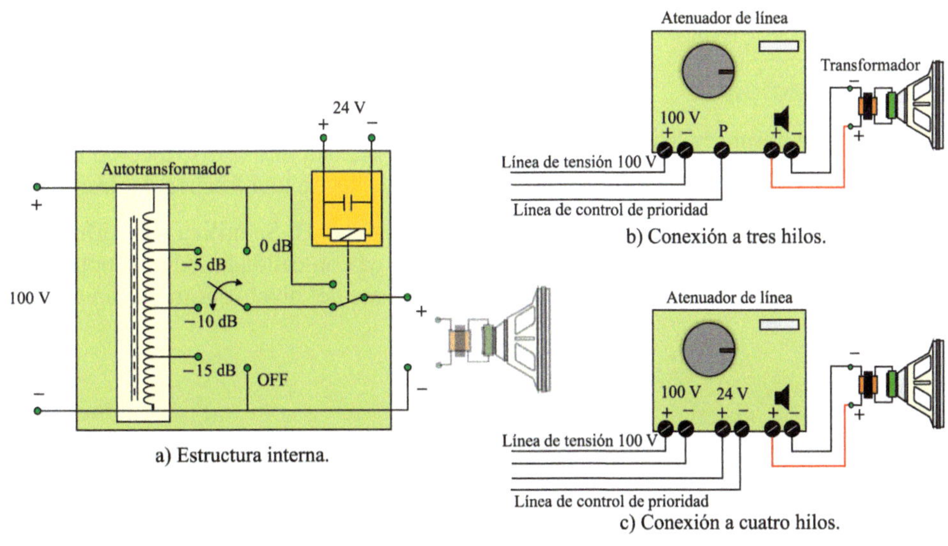

Figura 6.41. Estructura interna de un atenuador de línea con control de avisos.

Ejemplo 6.15.

Control de avisos.

En el ejemplo de la Figura 6.42 se aprovechan las salidas de control de la matriz de audio o del equipo de control del sistema para inhabilitar el atenuador de línea cuando sea necesario enviar señales de aviso.

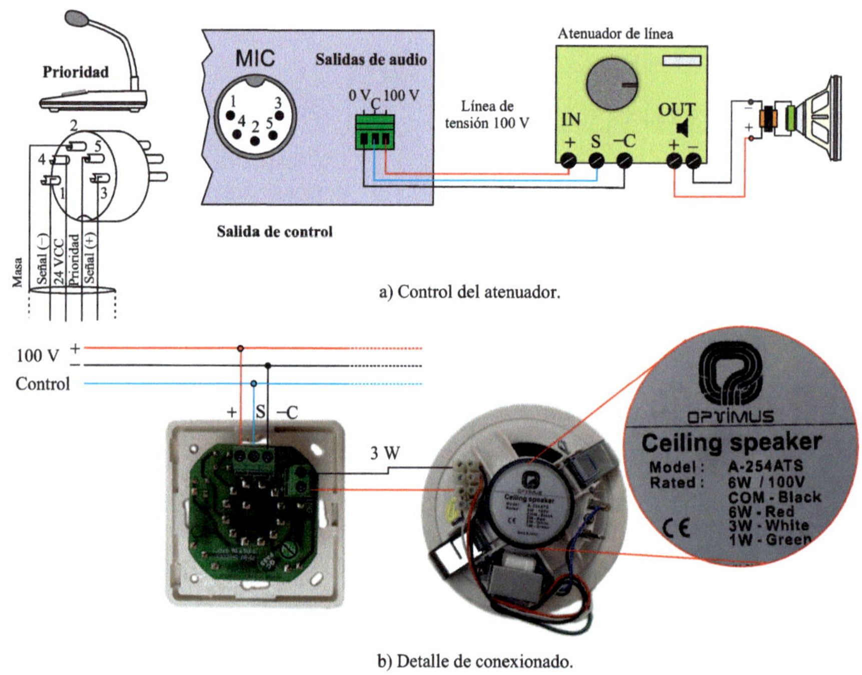

Figura 6.42. Control del atenuador de línea.

SABÍAS QUE...

La normativa NTE-IAM se aplica en instalaciones con amplificación centralizada con líneas de tensión constante (alta impedancia) y control distribuido.

6.5.1. Ámbito de aplicación

El ámbito de aplicación de esta norma es la instalación de sistemas de megafonía y de sonorización de uso general, con **equipos amplificadores centralizados y distribución en alta impedancia,** en locales de altura no superior a 4 m, de superficies no reflectantes, en edificios públicos y de vivienda. Dentro del ámbito de aplicación están los recintos de una absorción media del 30 %, que no precisan tratamiento específico.

6.5.2. Niveles de sonorización

Para el cálculo del número de altavoces necesarios para la sonorización de un recinto se establecen los siguientes **niveles de sonorización:**

- **Nivel I.** Se utiliza para la difusión solo de la palabra: supone la distribución uniforme del nivel sonoro hasta una frecuencia de 3 kHz.
- **Nivel II.** Se utiliza para difusión de palabra y música con calidad media: supone la distribución uniforme del nivel sonoro hasta una frecuencia de 5 kHz.

Recuerda

El ámbito de aplicación de la norma NTE-IAM excluye los recintos con predominio de superficies de revestimiento de naturaleza reflectante, como los alicatados y solados muy pulimentados o vitrificados, ya que la sonorización de los mismos precisa de estudios específicos y el empleo de elementos difusores de sonido con características direccionales.

- **Nivel III.** Se utiliza para difusión de música con alto nivel de calidad: supone la distribución uniforme del nivel sonoro para frecuencias superiores a 5 kHz.

6.5.3. Tipos de locales en función del nivel de ruido

El tipo de local se puede clasificar tomando como base el **nivel de ruido** ambiente medio, sin tomar en consideración valores de pico producidos por ruidos esporádicos. Desde este punto de vista existen tres **tipos de locales:**

- **Locales silenciosos.** Locales con niveles de ruido comprendidos entre 40 dB y 50 dB. Dentro de esta categoría se pueden considerar los locales de vivienda en zona residencial, las zonas de paso de poco tráfico o las zonas silenciosas de un hospital.
- **Locales normales.** Locales con niveles de ruido comprendidos entre 50 dB y 65 dB, como los locales de vivienda en zona urbana de tráfico medio, las zonas de paso con tráfico de personas y las zonas de oficina sin ruido de mecanografía.
- **Locales ruidosos.** Locales con niveles de ruido comprendidos entre 65 dB y 80 dB, como los locales de oficina con ruido mecanográfico, comercios y establecimientos públicos.

6.5.4. Partes de una instalación

En una instalación se distinguen las siguientes partes:

- **Equipos amplificadores centrales y fuentes de programa.** Las unidades amplificadoras de la instalación junto con los equipos fuentes de programa se instalarán en un local exclusivo, de fácil acceso, situado en un lugar del edificio que simplifique el trazado de la red de distribución.

SABÍAS QUE...

Se considera un **programa** a un conjunto de señales de megafonía difundidas por la instalación en su conjunto o por un sector de la misma, incluyendo en la secuencia la ausencia de señal.

- **Red general de distribución.** La red de distribución es la parte de una instalación que enlaza los equipos amplificadores centrales con cada uno de los altavoces de la instalación.
- **Altavoces** y **elementos complementarios** de actuación local.

SABÍAS QUE...

Como datos de partida para el diseño de este tipo de instalaciones es necesario conocer las plantas y secciones acotadas del edificio donde se indiquen los recintos o locales a sonorizar y sus usos respectivos. También es necesario conocer la situación de las conducciones de electricidad y otros servicios previstos en el edificio, con el objetivo de delimitar posibles fuentes de interferencias.

6.5.5. Tipo de instalaciones

En base a los circuitos que la constituyen, una instalación puede encuadrarse en una de las categorías siguientes:

- **Un programa y un circuito.** Constituye el caso principal aplicable a instalaciones con potencia inferior a 200 W. Dispone de una sola unidad amplificadora (Figura 6.43.a).

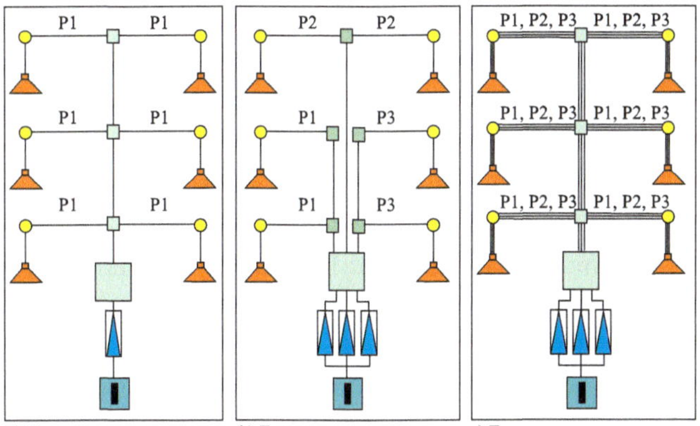

a) Un programa y un circuito. b) Tres programas independientes, tres circuitos. c) Tres programas simultáneos, tres circuitos.

Figura 6.43. Circuitos y programas de una instalación.

- **Un programa y varios circuitos.** La existencia de los diversos circuitos está motivada por la potencia a distribuir, o por la localización de los recintos a sonorizar. En este caso, aun siendo varios los circuitos físicos constituyen un solo circuito funcional. Se puede disponer de una o varias unidades amplificadoras.
- **Varios programas independientes y varios circuitos.** El establecimiento de circuitos viene impuesto tanto por criterios de potencia y localización como por la existencia de varios programas difundidos por la instalación. Dispone necesariamente de varias unidades amplificadoras. En la Figura 6.43.b se muestra una instalación en la que se distribuyen tres programas independientes y tres circuitos.
- **Varios programas simultáneos y varios circuitos.** Los circuitos se establecen por el número de programas existentes y por la potencia a distribuir. En la

Figura 6.43.c se muestra una instalación en la que se distribuyen tres programas simultáneos y tres circuitos. Las instalaciones con difusión simultánea de varios programas a un mismo local precisan de selectores locales de programa para cada altavoz o grupo de ellos, en las que los circuitos comparten los mismos altavoces, que se asignan a uno o a otro mediante el selector mencionado.

- **Instalaciones mixtas.** Engloban subsistemas encuadrados en alguna de las categorías anteriores.

SABÍAS QUE...

Cuando hay varios programas y varios circuitos, los circuitos comparten los mismos altavoces, disponen de selector de programas y las redes de distribución de los distintos circuitos se superponen totalmente, se requieren necesariamente varias unidades amplificadoras.

Número de circuitos de una instalación

Dependiendo de sus características, una instalación puede estar formada por uno o varios circuitos, siendo doble el criterio para su establecimiento:

- Desde el **punto de vista funcional** se debe establecer un circuito para cada uno de los programas que simultáneamente se difundan por la instalación y por cada grupo de altavoces que se regulen de manera independiente.
- Desde el **punto de vista de la potencia distribuida** no se establecerá ningún circuito que acumule una potencia superior a 200 W, desglosando, si es preciso, un mismo circuito funcional en varios circuitos diferentes. En consecuencia, cada circuito dará servicio a un conjunto de altavoces que dentro de la instalación difunden siempre el mismo programa.

Cada uno de los circuitos establecidos constará de altavoces y elementos complementarios propios, líneas de distribución específicas y, generalmente, equipo amplificador propio.

6.5.6. Red de distribución

La **red de distribución** es la parte de una instalación que enlaza los equipos amplificadores centrales con cada uno de los altavoces de la instalación. Como se muestra en la Figura 6.44, está formada por tres tramos diferentes:

- **Línea principal de distribución.** Esta línea parte de la caja general de distribución, situada en el local que aloja las unidades amplificadoras centrales y hace llegar las señales de megafonía de los distintos programas a puntos del edificio situados convenientemente, para desde ellos continuar la distribución a áreas o recintos definidos del edificio. En dichos puntos se disponen cajas de distribución a partir de las cuales se inician los ramales de distribución. La disposición de las líneas principales de distribución dependerá de la constitución del edificio y del número y localización dentro del mismo de los recintos a cubrir por la instalación de megafonía.
- **Ramales de distribución.** Se inician en las cajas de distribución donde se conectan con la línea principal, estando constituidos por las líneas de los distintos circuitos establecidos que dan servicio a un área o local definidos del edificio, como puede ser el conjunto de habitaciones de una planta. Se incluirán cajas de derivación que servirán para la conexión y comienzo de las líneas terminales, intercalándose eléctricamente, mediante cajas de derivación, los reguladores locales de volumen o selectores de programa que la instalación pueda requerir.
- **Líneas terminales.** Se inician en las cajas de derivación y realizan la distribución final, llegando a alcanzar directamente un altavoz. En estas líneas, y al igual que en los ramales, se intercalarán, por medio de cajas de derivación o de mecanismos, los elementos complementarios, selectores de programa o reguladores de volumen, que la instalación pueda requerir.

SABÍAS QUE...

La separación entre la red de distribución del sistema de megafonía y la red de distribución de energía eléctrica no deberá ser menor de 20 cm en cualquier punto.

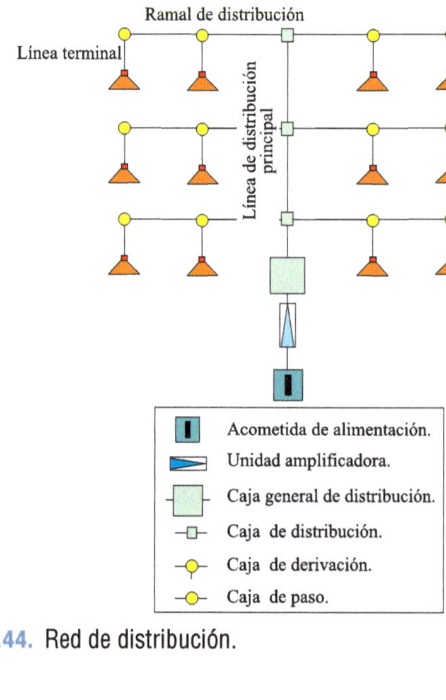

Figura 6.44. Red de distribución.

Además de la red de distribución, en una instalación de megafonía se pueden diferenciar los siguientes elementos:

- **Acometida de alimentación.** La acometida de alimentación posibilita el suministro al equipo amplificador de energía eléctrica procedente de la instalación de baja tensión del edificio y para la conexión de dicho equipo a la red de puesta a tierra.
- **Unidad amplificadora.** Permite la amplificación de señales procedentes de los equipos fuente de programa. Estará formada por una o varias unidades amplificadoras según la naturaleza, características y dimensiones de la instalación, complementadas con los preamplificadores, selectores o reguladores adecuados al número y tipo de las fuentes de programa empleadas. La conexión de la salida del equipo amplificador con la red de distribución se realizará en la caja general de distribución.

SABÍAS QUE...

En los casos en los que el equipo esté constituido por varias unidades, se procurará fijarlas a un bastidor, junto con los equipos fuentes de programa y auxiliares, a fin de facilitar la interconexión de los distintos elementos respetando en todo caso las condiciones señaladas por el fabricante en cuanto a refrigeración y ventilación de los equipos.

- **Caja general de distribución.** Como punto de partida de la red de distribución y como enlace entre el equipo amplificador y dicha red se instala la caja general de distribución. Se situará en el local que aloje los equipos amplificadores.
- **Caja de distribución.** La caja de distribución facilita las ramificaciones de la red de distribución y sirve como punto de prueba para el mantenimiento de la red.
- **Caja de derivación.** Estas cajas facilitan las ramificaciones terminales de la línea de distribución o introducen puntos de seccionamiento en el conjunto de la instalación.
- **Caja de paso.** La caja de paso es un elemento auxiliar para el tendido de las líneas que se intercalan en las canalizaciones, cuando la longitud de un tramo entre cajas de distribución o derivación sea superior a 20 m.

Para el control de la instalación, es posible la utilización de diferentes elementos, los símbolos normalizados de los cuales se muestran en la Figura 6.45:

- **Interruptor.** Permite silenciar la instalación de un recinto determinado sin afectar al resto de la misma. Se intercala en el ramal de distribución que dé servicio a los altavoces del recinto, llevando indicación de su función que permita diferenciarlo de los interruptores del sistema de alumbrado.
- **Regulador del nivel sonoro o atenuador.** Regula el nivel sonoro de un determinado recinto sin afectar al resto de la instalación. Se intercala en el ramal de distribución que dé servicio a los altavoces del recinto, debiendo incluir la posibilidad de silenciado o corte total. Su empleo está indicado en los recintos de escucha individual y en los locales que presenten variaciones importantes en el nivel del ruido ambiente.
- **Selector de programa.** En las instalaciones con difusión simultánea de varios programas, se utiliza para realizar localmente la selección de los mismos. Se utiliza un único selector por recinto situado preferentemente en el interior del mismo, siendo por sus características adecuado al número de programas a seleccionar.

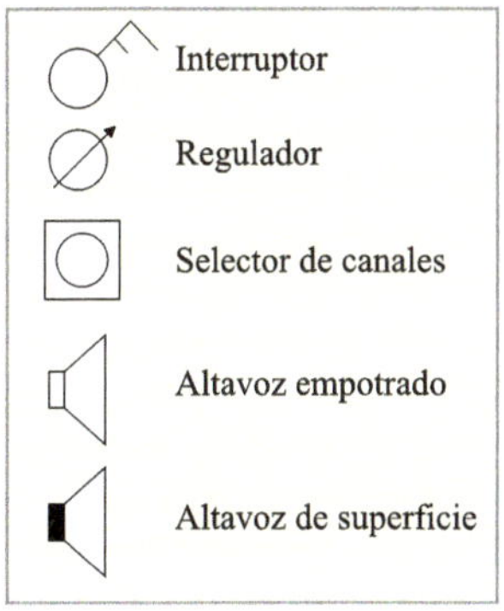

Figura 6.45. Símbolos.

6.5.7. Instalación de los altavoces

Los altavoces se instalarán en el techo o en las paredes.

Altavoces situados sobre el techo

La **instalación de los altavoces en el techo** constituye la solución general válida para cualquier recinto, independientemente de su forma y dimensiones. Los altavoces se situarán en número dado por cálculo, formando una retícula uniforme, tal y como se muestra en la Figura 6.46, siendo preciso conocer de antemano un estudio conjunto de la disposición general del techo que incluya todos los elementos en él ubicados, como difusores de aire acondicionado, luminarias y detectores de incendio, para eliminar posibles incompatibilidades entre los mismos o entre sus conductores.

Altavoces situados en las paredes

Los altavoces se dispondrán en las paredes exclusivamente en los recintos en los que una de las dimensiones de su

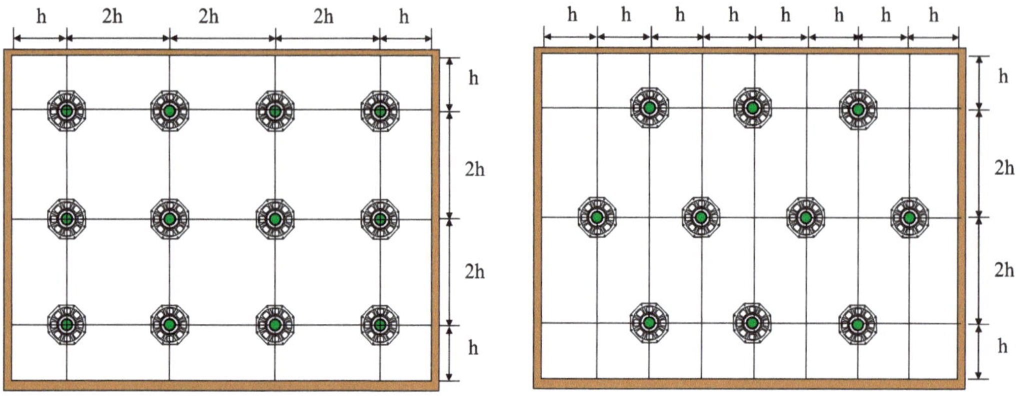

a) Espacio cuadrado. b) Espacio alterno.

Figura 6.46. Instalación general de altavoces en el techo.

planta no supere los 10 m, empleándose dos hileras de altavoces, una en cada pared y situando en ellas los altavoces al tresbolillo (Figura 6.47.a). Si la dimensión es inferior a 5 m podrá disponerse una sola hilera (Figura 6.47.b).

Como caso particular, en locales con dimensiones de planta superiores a las indicadas y provistos de columnas, se podrán emplear altavoces adosados a las mismas, siempre que se respeten las distancias establecidas en el criterio anterior (Figura 6.47.c).

6.5.8. Cálculo del número (*n*) de altavoces de un local

En la Tabla 6.3 se determina la separación máxima *L*, en m, entre los altavoces y la superficie *S* en m^2, cubierta por cada altavoz, tomando como base el nivel de calidad de sonorización previsto y la altura *H*, en m, del local a sonorizar. El número total de altavoces necesarios (*n*) para sonorizar un local se obtiene dividiendo la superficie total del local a sonorizar (S_L) por el valor (*S*) obtenido en la citada tabla.

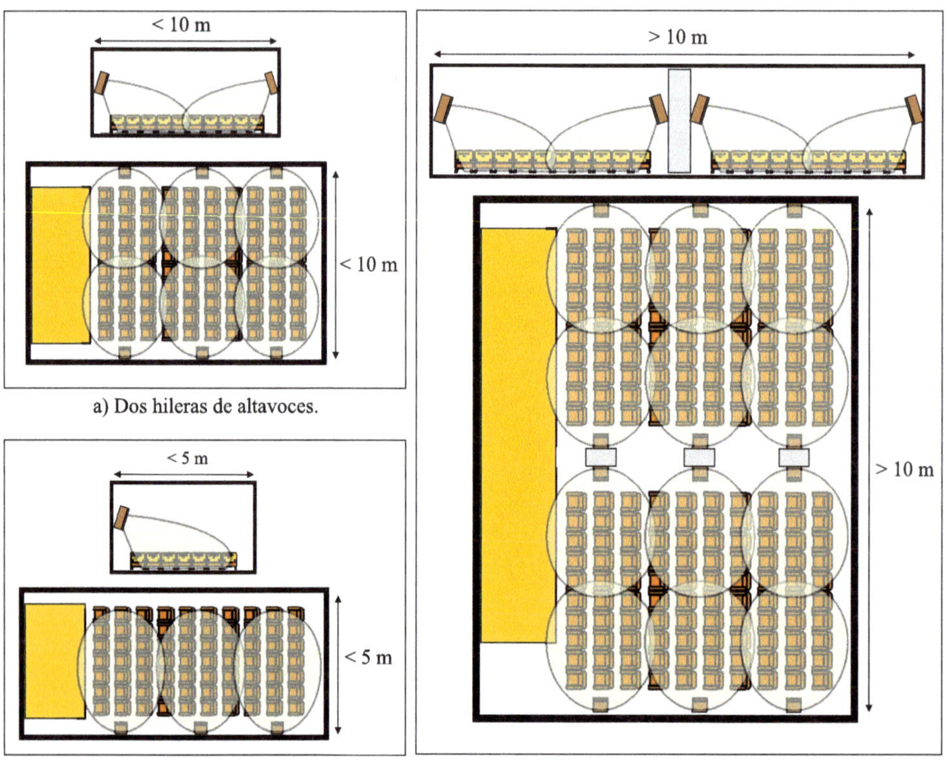

a) Dos hileras de altavoces.

b) Una hilera de altavoces.

c) Utilización de columnas.

Figura 6.47. Instalación de altavoces en las paredes.

Tabla 6.3. Separación máxima entre altavoces y superficie cubierta por cada altavoz

		Nivel de calidad I		Nivel de calidad II		Nivel de calidad III	
		L (m)	S (m²)	L (m)	S (m²)	L (m)	S (m²)
Altura H del local en (m)	2,5	5,50	30,00	3,60	12,00	2,50	6,00
	3,0	9,00	81,00	5,00	25,00	3,50	12,00
	3,5	12,00	144,00	7,00	49,00	5,00	25,00
	4,0	15,00	225,00	9,00	81,00	6,00	42,00

Cuando se tengan que escoger los altavoces, estos deben garantizar la superficie de cobertura (S). Esta superficie, que se muestra en la Figura 6.48, también se denomina **plano de sonorización** y viene determinada por el ángulo de cobertura del altavoz (α), la distancia entre los altavoces (L) y la altura (H) del techo donde se instalan los altavoces.

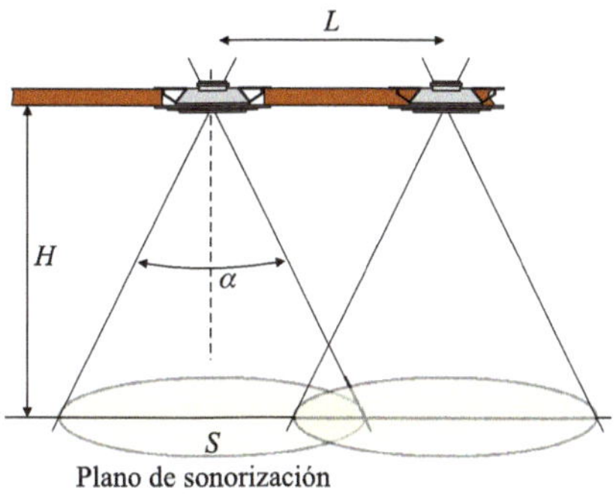

Figura 6.48. Plano de sonorización de un altavoz. Cuanto mayor es la separación entre altavoces, mayor será la superficie cubierta por cada uno de ellos y como resultado el nivel de sonoridad será menor.

Ejemplo 6.16.

Cálculo del número de altavoces necesarios.

Se desea sonorizar el local comercial de dimensiones 25 m × 10 m × 3,5 m que se muestra en la Figura 6.49, para la difusión de música con alto nivel de calidad (nivel de sonoridad III). El nivel de ruido de fondo del local es elevado, ya que se trata de un local comercial con gran afluencia de público, por lo que se puede considerar que el nivel de ruido es de aproximadamente 80 dB (local ruidoso).

Se desea realizar el diseño de un sistema con equipos amplificadores centralizados y distribución en alta impedancia, con línea de tensión constante de 100 V.

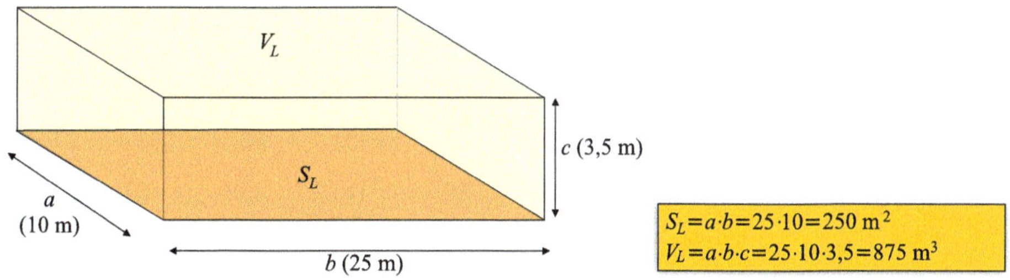

Figura 6.49. Recinto a sonorizar.

La superficie del local a sonorizar (S_L) es de 250 m². La superficie (S) cubierta para cada uno de los altavoces de nuestra instalación, para un nivel de calidad III, cuando los altavoces se sitúan a una altura de 3,5 m (H) según la Tabla 6.3 es de 25 m². Para conseguir el nivel de sonoridad establecido, la separación máxima (L) entre altavoces debe ser de 5 m. Para cubrir toda la superficie del local es necesario utilizar 10 altavoces (n):

$$n = \frac{S_L}{S} = \frac{250}{25} = 10 \text{ altavoces}$$

En la Figura 6.50 se muestra la distribución elegida para los altavoces en el local.

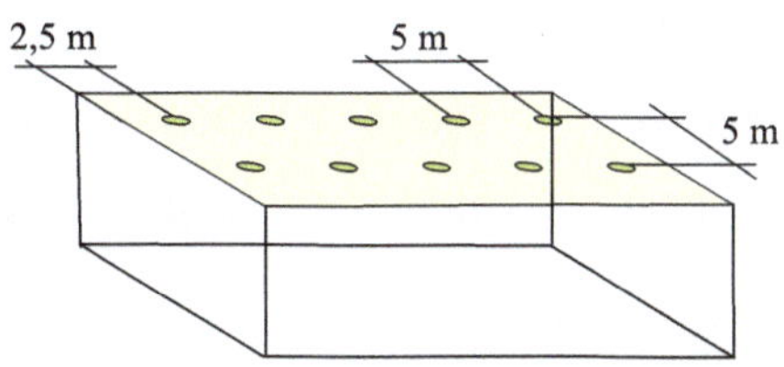

Figura 6.50. Situación de los altavoces del ejemplo.

SABÍAS QUE...

La interpolación lineal es un método utilizado para estimar valores intermedios (x, y) entre dos valores conocidos (x_0, y_0) y (x_1, y_1). Estos puntos definen una recta que tiene la siguiente ecuación:

$$y = y_0 + \frac{y_1 - y_0}{x_1 - x_0}(x - x_0)$$

A partir de un valor conocido de x se puede obtener el valor y buscado.

Recuerda

Como interpolación lineal también podemos utilizar una regla de tres, escogiendo el volumen del local más próximo. En el Ejemplo 6.17, el valor de la potencia (W_L) necesaria es:

$$800\ \text{m}^3 \rightarrow 32\ \text{W}$$

$$875\ \text{m}^3 \rightarrow W_L$$

Donde el valor de W_L se corresponde con:

$$W_L = \frac{875 \cdot 32}{800} = 35\ \text{W}$$

6.5.9. Potencia eléctrica W_A de altavoces

La potencia eléctrica total W_L en vatios necesaria para sonorizar un local se determina en la Tabla 6.4 en función del volumen V_L en m^3 del local a sonorizar y del nivel de ruido existente.

La potencia W_A, en vatios por altavoz, se obtiene dividiendo la potencia total por el número de altavoces determinados en el apartado anterior:

$$W_A = \frac{W_L}{n}$$

La Tabla 6.4 también posibilita el cálculo del volumen (V_L) del local a partir de su superficie (S_L), en m^2, y la altura (H) del local, en m. Para valores intermedios se debe interpolar linealmente.

6.5.10. Impedancia Z del transformador de un altavoz

En la Tabla 6.5 se determina la impedancia Z, en ohmios, que debe presentar a la línea el primario del transformador para proporcionar al altavoz una potencia W, en vatios, a partir de una línea con tensión de distribución T, en voltios conocida.

Tabla 6.4. Potencia eléctrica de los altavoces (W_L), en vatios

		Superficie S_L del local (m^2)									
Altura H del local en (m)	2,5	16	32	64	112	160	320	640	1120	1600	3200
	3,0	13	23	53	93	133	267	533	933	1333	2670
	3,5	11,50	23	45	80	115	228	457	800	1150	2285
	4,0	10	20	40	70	100	200	400	700	1000	2000
Volumen (V_L) del local (m^3)		**40**	**80**	**160**	**280**	**400**	**800**	**1600**	**2800**	**4000**	**8000**
Nivel de ruido en dB	50	0,002	0,004	0,007	0,012	0,018	0,035	0,065	0,12	0,16	0,30
	65	0,06	0,12	0,22	0,39	0,53	1,00	2,00	3,50	4,80	9,00
	80	2,00	3,80	7,20	12,50	18,00	32,00	60,00	100,00	140,00	270,00

Tabla 6.5. Impedancia Z del primario del transformador (Ω)

		Potencia W del altavoz (en vatios)							
		6	**5**	**4**	**3**	**2**	**1**	**0,5**	**0,25**
Tensión de distribución T en voltios	100	1600	2000	2500	3300	5000	10000	20000	40000
	70	830	1000	1250	1600	2500	5000	10000	20000
	50	415	500	625	830	1250	2500	5000	10000
	35	210	250	315	415	625	1250	2500	5000

Ejemplo 6.17.

Potencia eléctrica de los altavoces.

Para un local de dimensiones 25 m × 10 m × 3,5 m, su superficie es de 250 m^2 y su volumen es de 875 m^3. Conocido el nivel de ruido de fondo, de 80 dB, y el volumen del local, en la Tabla 6.4 se observa que la potencia eléctrica (W_L) del conjunto de altavoces debe estar comprendida entre 32 W para un local de volumen de 800 m^3 y 60 W para un local de 1600 m^3.

Para el cálculo de la potencia eléctrica para un volumen de 875 m^3 debemos interpolar, ya que este valor no se encuentra en la tabla. Conocemos la potencia W_L para un volumen de 800 m^3 (800 m^3, 32 W) y para un volumen de 1600 m^3 (1600 m^3, 60 W):

$$y = y_0 + \frac{y_1 - y_0}{x_1 - x_0}(x - x_0) =$$

$$= 32 + \frac{60 - 32}{1600 - 800}(875 - 800) =$$

$$= 32 + 2{,}65 = 34{,}65 \text{ W} \approx 35 \text{ W}$$

La potencia eléctrica más adecuada para nuestro local es de 35 W:

$$W_L = 35 \text{ W}$$

Como el número de altavoces de nuestra instalación es de 10, la potencia eléctrica de cada uno de ellos, escogiendo un valor entero próximo, es de aproximadamente 4 W:

$$W_A = \frac{W_L}{n} = \frac{35}{10} = 3{,}5 \text{ W} \approx 4 \text{ W}$$

Ejemplo 6.18.

Elección del transformador.

La distribución de la señal de sonido se realiza mediante una línea de alta impedancia a tensión constante de 100 V. Según la Tabla 6.5 para una línea de distribución de T = 100 V, para una potencia del altavoz de 4 W, la impedancia del primario del transformador debe ser de 2500 Ω.

La elección del transformador no debe suponer ningún problema, ya que este viene con diferentes tomas que permiten elegir la potencia aplicada sobre el secundario. La elección de la toma del primario adecuada influirá en la impedancia del transformador. La Figura 6.51 muestra dos configuraciones del transformador de línea utilizando altavoces de 4 Ω y 8 Ω. En ambos casos, la impedancia del primario del trasformador es de 2500 Ω.

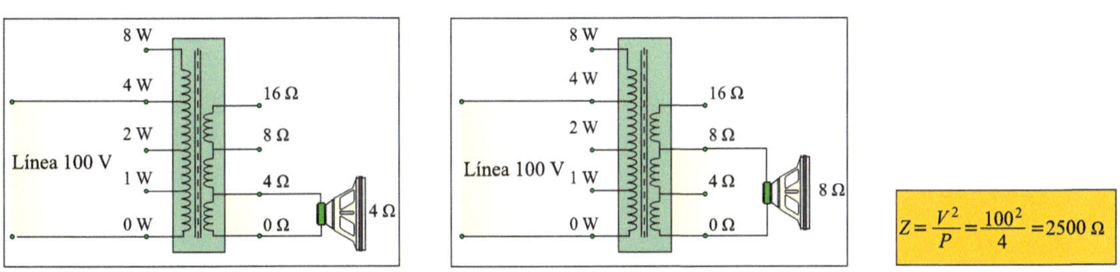

Figura 6.51. Elección del transformador.

6.5.11. Sección S de las líneas

La Tabla 6.6 determina para una línea de tensión de 100 V la sección S, en mm^2, de cada uno de los conductores de la línea, en función de la potencia transmitida W, en vatios, y de la longitud del tramo en estudio L, en m y del tipo de conductor.

Tabla 6.6. Sección S del conductor en mm²

T = 100 V		Longitud L del tramo en m									
		25	50	75	100	150	200	250	300	350	Tipo de conductor
Potencia W demandada al tramo en vatios	10	0,75	0,75	0,75	0,75	0,75	0,75	0,75	0,75	0,75	Bifilar
		0,40	0,40	0,40	0,40	0,40	0,40	0,40	0,40	0,40	Multipar
	20	0,75	0,75	0,75	0,75	0,75	0,75	0,75	0,75	0,75	Bifilar
		0,40	0,40	0,40	0,40	0,40	0,40	0,40	0,40	0,40	Multipar
	30	0,75	0,75	0,75	0,75	0,75	0,75	0,75	0,75	0,75	Bifilar
		0,40	0,40	0,40	0,40	0,40	0,40	0,40	0,40	0,40	Multipar
	40	0,75	0,75	0,75	0,75	0,75	0,75	0,75	0,75	0,75	Bifilar
		0,40	0,40	0,40	0,40	0,40	0,40	0,40	0,40	0,60	Multipar
	50	0,75	0,75	0,75	0,75	0,75	0,75	0,75	0,75	0,75	Bifilar
		0,40	0,40	0,40	0,40	0,40	0,40	0,40	0,60	0,60	Multipar
	60	0,75	0,75	0,75	0,75	0,75	0,75	0,75	0,75	0,75	Bifilar
		0,40	0,40	0,40	0,40	0,40	0,60	0,60	0,60	0,80	Multipar
	80	0,75	0,75	0,75	0,75	0,75	0,75	0,75	1,50	1,50	Bifilar
		0,40	0,40	0,40	0,60	0,40	0,60	0,80	0,80	1,00	Multipar
	100	0,75	0,75	0,75	0,75	0,75	0,75	1,50	1,50	1,50	Bifilar
		0,40	0,40	0,40	0,60	0,60	0,80	0,80	1,00	1,50	Multipar
	120	0,75	0,75	0,75	0,75	0,75	1,50	1,50	1,50	1,50	Bifilar
		0,40	0,40	0,40	0,60	0,60	0,80	1,00	1,00	1,50	Multipar
	140	0,75	0,75	0,75	0,75	0,75	1,50	1,50	1,50	2,50	Bifilar
		0,40	0,40	0,40	0,60	0,80	1,00	1,50	1,50	2,00	Multipar
	160	0,75	0,75	0,75	0,75	1,50	1,50	1,50	1,50	2,50	Bifilar
		0,40	0,40	0,40	0,60	0,80	1,50	1,50	2,00	2,00	Multipar
	180	0,75	0,75	0,75	0,75	1,50	1,50	1,50	2,50	2,50	Bifilar
		0,40	0,40	0,60	0,60	1,00	1,50	1,50	2,00	2,00	Multipar
	200	0,75	0,75	0,75	0,75	1,50	1,50	2,50	2,50	2,50	Bifilar
		0,40	0,40	0,60	0,80	1,00	1,50	2,00	2,00	—	Multipar

Ejemplo 6.19.

Sección de las líneas.

La Figura 6.52 muestra la distribución de la red de distribución de sonido de la instalación del ejemplo. La sala de control de la instalación, que incluye los amplificadores y las fuentes de programa, se sitúa en un local adyacente al local a sonorizar a una distancia de 12,5 m. Debido a que solo se distribuye un programa, la línea de distribución principal y el último ramal de distribución (tramo 6-7) coinciden. Cada línea terminal (tramo 1-2) distribuye la misma potencia, de 4 W. Los tramos intermedios del ramal de distribución acumulan la potencia eléctrica de cada línea terminal que conecta. Por ejemplo, el tramo 2-3 acumula 8 W, 4 W de cada una de las líneas terminales más alejadas del amplificador. Por último, la línea de distribución principal debe soportar la suma total de las potencias de cada una de las líneas terminales del local. A partir de estos datos, en la Tabla 6.6 podemos calcular la sección de cada tramo en función de la potencia que debe distribuir y de la longitud del tramo. En este caso, la sección de todos los tramos coincide y puede realizarse con cable bifilar de sección de 0,75 mm^2.

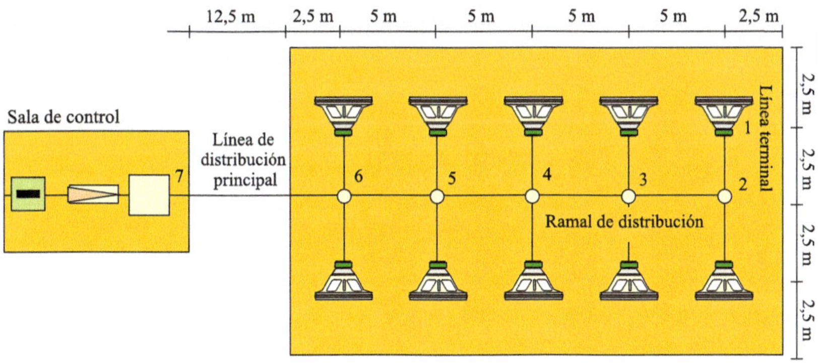

Sección de las líneas			
Tramo	Longitud L (m)	Potencia W (W)	Sección S (mm^2)
1-2	2,5	4	0,75 Bifilar 0,40 Multipar
2-3	5,0	8	0,75 Bifilar 0,40 Multipar
3-4	5,0	16	0,75 Bifilar 0,40 Multipar
4-5	5,0	24	0,75 Bifilar 0,40 Multipar
5-6	5,0	32	0,75 Bifilar 0,40 Multipar
6-7	15	40	0,75 Bifilar 0,40 Multipar

Figura 6.52. Características de los diferentes tramos de la red de distribución.

SABÍAS QUE...

La normativa incluye tablas para el cálculo de la sección de los conductores para diferentes tensiones de línea. En este texto solo se incluye la tabla de cálculo de una línea de 100 V por ser la más utilizada.

Para el cálculo de la **potencia transmitida** en cada tramo es necesario tener en cuenta las consideraciones siguientes:

- En las **líneas terminales** la potencia W será la suma de las potencias unitarias de los altavoces conectados a ellas.
- En los **ramales de distribución** la potencia W será la suma de las potencias correspondientes a las líneas terminales conectadas a ellos.
- En las **líneas principales de distribución** la potencia W será la suma de las correspondientes a los ramales de distribución que en ellas comienzan.

En cualquier caso, la sección mínima utilizada será de 0,75 mm^2 en líneas con conductor bifilar y de 0,40 mm^2 en líneas con conductor multipar.

6.5.12. Diámetro *D* de los tubos

Los cables que forman la red de distribución de una instalación deben alojarse en el interior de un tubo de protección. El diámetro del tubo utilizado depende del número de cables que debe alojar. En las Tablas 6.7 y 6.8 se determina el diámetro D del tubo de protección en función de la sección S en mm^2 del conductor, del número de pares que pasan por cada tubo y del tipo de conductor.

Tabla 6.7. Diámetro D del tubo en mm^2 (líneas con conductor multipar)

Líneas con conductor multipar		Número de pares					
		3	4	5	6	7	8
Sección del conductor en mm^2	0,4	13	13	16	16	16	23
	0,6	13	13	16	16	23	23
	0,8	13	16	16	16	23	29
	1,0	16	16	23	23	29	29
	1,5	16	23	23	29	36	36
	2,0	23	23	29	29	36	36

Tabla 6.8. Diámetro *D* del tubo en mm² (líneas con conductor bifilar)

Líneas con conductor bifilar		Número de pares							
		1	2	3	4	5	6	7	8
Sección del conductor en mm²	0,75	9	11	16	23	29	29	36	36
	1,5	9	11	16	23	29	29	36	36
	2,5	11	11	16	23	29	29	36	36

Ejemplo 6.20.

Elección del diámetro de los tubos de la instalación.

Si la instalación se realiza con cables bifilares, la sección de estos debe ser de 0,75 mm². Nuestra instalación de ejemplo es muy sencilla, ya que solo está formada por un circuito y un programa, por lo que la red de distribución está formada por un par de cables. En este caso, según la Tabla 6.7, el diámetro de los tubos que se debe utilizar para alojar el cable es de 9 mm².

Potencia de la unidad amplificadora

La potencia de la unidad amplificadora se calcula sumando las potencias correspondientes a cada uno de los recintos que estén conectados a su circuito de distribución. En los casos de unidades que den servicios a circuitos de distribución de varios programas simultáneos, la potencia correspondiente a los mismos podrá reducirse según el coeficiente de simultaneidad dado en la Tabla 6.9.

Tabla 6.9. Coeficiente de simultaneidad

N.º de programas simultáneos	2	3	4
Coeficiente de simultaneidad	0,6	0,4	0,3

SABÍAS QUE...

El coeficiente de simultaneidad se aplica en aquellos circuitos donde no es previsible que todos los usuarios utilicen a la vez el mismo circuito de sonido.

Ejemplo 6.21.

Elección de la potencia del amplificador.

La unidad amplificadora debe proporcionar la potencia necesaria a todos los altavoces del local. En el ejemplo, la potencia de cada uno de los 10 altavoces de la instalación es de 4 W, por lo que la unidad amplificadora debe suministrar 40 W. En este caso no se puede aplicar el coeficiente de simultaneidad, ya que el número de programas simultáneos solo es de 1.

6.6. Sistemas de amplificación y control distribuido

La arquitectura de un **sistema de amplificación y control distribuido** se basa en la utilización de un bus que distribuye por la instalación diferentes programas de audio independientes, así como otras señales de control: avisos y comunicación digital entre módulos. Además, por el bus también se distribuye la tensión de alimentación que alimenta el resto de componentes que forman una instalación.

SABÍAS QUE...

Debido a que la señal de audio que se transporta por la línea de distribución principal es de baja potencia, la sección de los cables utilizados es pequeña (típicamente de 0,1 mm² a 0,75 mm²) sin necesidad de apantallamiento.

En la Figura 6.53 se muestra el principio de funcionamiento de este tipo de instalaciones.

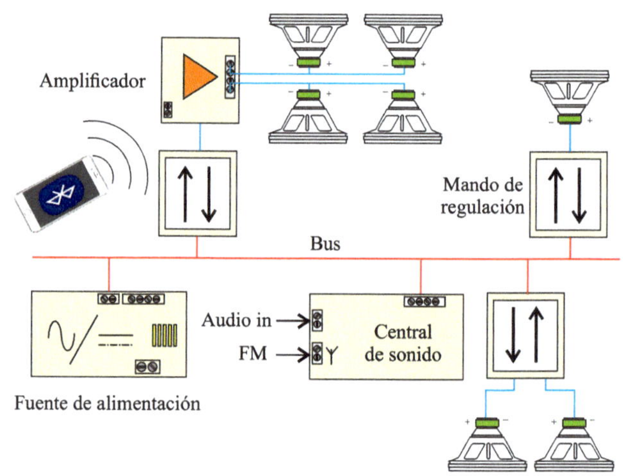

Figura 6.53. Sistema de amplificación y control distribuido.

SABÍAS QUE...

Los sistemas actuales de control distribuido incluyen funciones adicionales que permiten integrarlos dentro de la red de gestión, control y seguridad (RGCS) de un hogar digital: de esta manera algunos sistemas incluyen funciones de intercomunicación, domótica (gestión de luces, persianas...) y gestión de alarmas (intrusión, gas, inundación...).

Una **instalación básica** se compone de una central, un mando de regulación por zona a sonorizar y diferentes altavoces por cada mando, normalmente uno o dos altavoces según se desee sonido ambiental mono o estéreo. Cuando se necesita más potencia se añade un amplificador conectado a la red eléctrica.

Cada zona tiene un mando que selecciona la fuente de sonido (reproductor, radio FM, *bluetooth*...) y regula el volumen de su zona.

La principal aplicación de estos sistemas es la música ambiental, pero según la configuración se pueden establecer también funciones de aviso por zonas.

La conexión entre la central de sonido y los mandos se realiza mediante un **cable de bus,** que realiza la función de línea general de distribución. Este bus está formado por diferentes hilos según las prestaciones que se deseen en el sistema.

Actualmente, la mayoría de estos sistemas incluyen receptores *bluetooth,* de manera que desde el propio dispositivo *bluetooth* del usuario (teléfonos móviles, reproductores, etc.) puede transmitirse la señal de audio a reproducir.

Recuerda

Los sistemas de gestión, control y seguridad deben seguir las prescripciones establecidas en la ITC-BT-51 del REBT sobre instalaciones de sistemas de automatización, gestión técnica de la energía y seguridad para viviendas y edificios.

6.6.1. Bus del sistema

La línea de distribución de un sistema de amplificación y control distribuido está formada por un conjunto de conductores que recibe el nombre de **bus del sistema.** El bus se encarga de distribuir las señales de audio a baja tensión (en torno a 3V), la alimentación de energía para el resto de componentes (12-16 V dependiendo del sistema) y diferentes señales de control. La amplificación de la señal de audio no se realiza en la central de sonido, sino que se realiza en el lugar donde sea necesario, es decir, próximo a los altavoces de la estancia a sonorizar. Por tanto, no existe un amplificador central de gran potencia, sino un número variado de amplificadores de pequeña potencia distribuidos por toda la instalación.

Las características del bus dependerán del sistema comercial utilizado, pero en general todos ellos son muy parecidos. En la Figura 6.54 se muestra un bus típico de 8 líneas. La función de cada una de las líneas que forman el bus es:

- **Tensión de alimentación de CC (+, –).** Tensión de alimentación de corriente continua (CC) regulada, en el margen de 12 V a 16 V, que permite la alimentación remota de otros componentes instalados en el bus.
- **Señal de audio (L1, R1, L2, R2).** Para el caso de la señal de audio estéreo se utilizan dos hilos, tomando como referencia de masa para cada canal la misma que la de la tensión de alimentación de CC. Cuando es necesario distribuir la señal de varias fuentes de sonido de manera simultánea, el bus dispondrá de dos líneas independientes (L, R) por cada canal de sonido. En el caso de distribuir la señal de sonido monofónica solo es necesario utilizar un hilo del bus, siempre tomando como referencia de masa la misma que la de la tensión de alimentación de CC.

SABÍAS QUE...

El número de hilos del bus varía en función de las prestaciones del sistema.

- **Señal de intercomunicación (A).** Los sistemas de sonorización se aprovechan para poder emitir mensajes de aviso por la instalación (función de intercomunicación). En esta línea se transmite la señal de audio para intercomunicación general y para avisos por zonas.

Recuerda

Una zona es cada uno de los espacios que deben considerarse a efectos de recepción de un mensaje.

- **Señales digitales (D).** Existen equipos que incorporan una línea de control digital, utilizada sobre todo para funciones de intercomunicación. Mediante esta línea se pueden activar los mandos de regulación que deben responder a una emisión de avisos.

6.6.2. Central de sonido

La **central de sonido** es el componente principal de un sistema de amplificación distribuido. Básicamente está formada por un preamplificador cuya función es adaptar las características de la señal que suministra una fuente de sonido externa.

La central de sonido suministra un nivel de salida de sonido de baja tensión y baja impedancia a la línea (3 V-0,1 Ω). En ocasiones, la propia central proporciona la tensión de alimentación (12-16 V CC) para el resto de elementos de la instalación.

La principal clasificación de las centrales de sonido se establece en función del número de canales de sonido que distribuye. Por ejemplo, la central de la Figura 6.54 es una central de sonido de dos canales estereofónicos y funciones de intercomunicación, mientras que la central de la Figura 6.55 es una central de sonido de un canal estéreo.

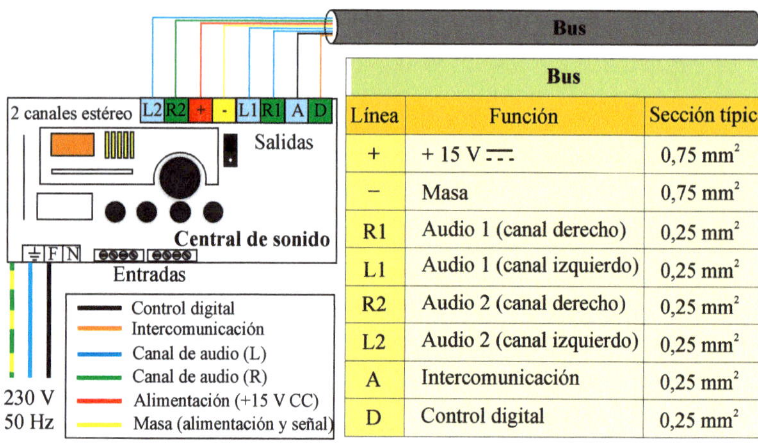

Bus		
Línea	Función	Sección típica
+	+ 15 V ⎓	0,75 mm²
–	Masa	0,75 mm²
R1	Audio 1 (canal derecho)	0,25 mm²
L1	Audio 1 (canal izquierdo)	0,25 mm²
R2	Audio 2 (canal derecho)	0,25 mm²
L2	Audio 2 (canal izquierdo)	0,25 mm²
A	Intercomunicación	0,25 mm²
D	Control digital	0,25 mm²

a) Ejemplo.

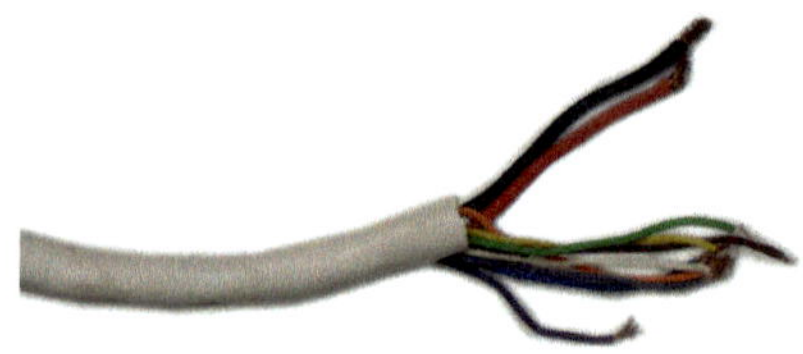

b) Cable bus.

Figura 6.54. Ejemplo de bus de sistema.

Ejemplo 6.22.

Utilización de una central de sonido en una instalación descentralizada.

La Figura 6.55 muestra un ejemplo de utilización de una central de sonido que distribuye un canal de sonido estereofónico. La fuente de sonido es externa, de manera que puede conectarse a diferentes equipos de sonido: micrófono, reproductor de CD/MP3, sintonizador de FM, etcétera.

Para alimentar los dispositivos de la instalación es necesario utilizar una fuente de alimentación que suministre la tensión de alimentación que se distribuirá por el bus.

En este ejemplo, la central de sonido incorpora en el propio dispositivo la fuente de alimentación, por lo que se alimenta de la red eléctrica y alimenta a baja tensión el resto de componentes de la instalación. El consumo de los equipos que alimenta debe ser inferior a la capacidad de suministro de corriente de la central.

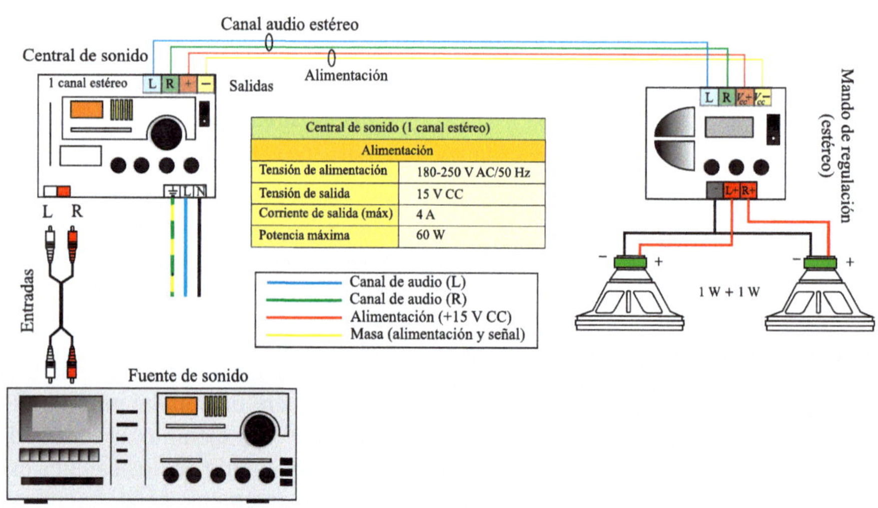

Central de sonido (1 canal estéreo)	
Alimentación	
Tensión de alimentación	180-250 V AC/50 Hz
Tensión de salida	15 V CC
Corriente de salida (máx)	4 A
Potencia máxima	60 W

Figura 6.55. Utilización de una central de sonido en una instalación descentralizada.

6.6.3. Mandos de regulación

Un **mando de regulación** es un dispositivo con capacidad de amplificar la señal de sonido que llega por el bus, que incluye funciones de regulación: encendido y apagado, control de volumen, selección de canal, etc. Normalmente, se clasifican en función del número de canales y el tipo de señal que amplifica: estéreo o mono (Figura 6.58).

Ejemplo 6.23.

Utilización de un mando de regulación.

En el ejemplo de la Figura 6.56, la central de sonido distribuye un canal de sonido estéreo. El mando de regulación se alimenta de la propia central de sonido a través de la línea de alimentación. Un canal estéreo está formado por dos señales (L y R), aunque solo es necesario utilizar dos cables del bus de comunicaciones, ya que como referencia de masa para la señal de sonido se toma el terminal negativo de la línea de alimentación, que se distribuye de manera conjunta por toda la instalación. El mando de regulación monofónico solo amplifica la señal de un canal, para ser distribuido a un único altavoz.

El mando de regulación se encarga de recoger la señal de baja tensión de audio, que se distribuye a baja tensión (normalmente 3 V), y amplificarla para ser aplicada al conjunto de altavoces que se le conectan. Observar cómo estos dispositivos no son de potencia elevada. En el ejemplo, la potencia nominal del mando de regulación estéreo es de 1 W por canal (1 W + 1 W), mientras que la potencia del mando monofónico es de 1 W.

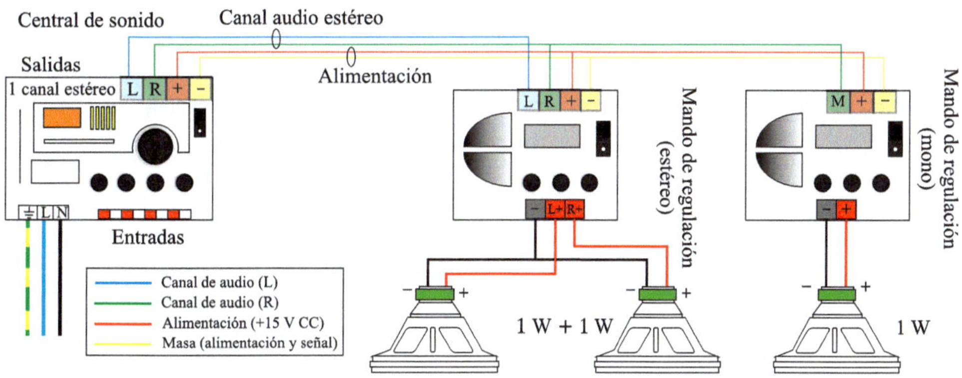

Figura 6.56. Utilización de un mando de regulación.

Ejemplo 6.24.

Utilización de amplificadores.

En la Figura 6.57 se muestra un módulo de amplificación de 20 W (10 W + 10 W), que amplifica la señal de audio de salida del mando de regulación. La salida del mando de regulación que habitualmente se utiliza para la conexión de altavoces de potencia baja alimenta el módulo de amplificación. De esta manera se puede controlar el mismo amplificador desde el mando de regulación.

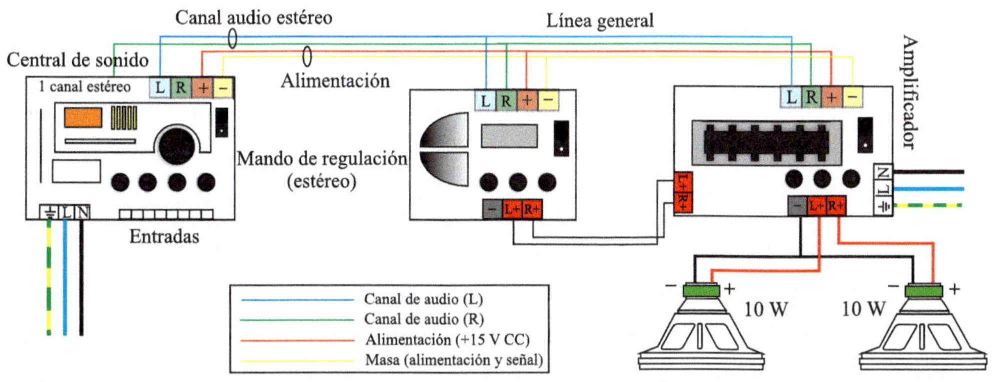

Figura 6.57. Amplificador.

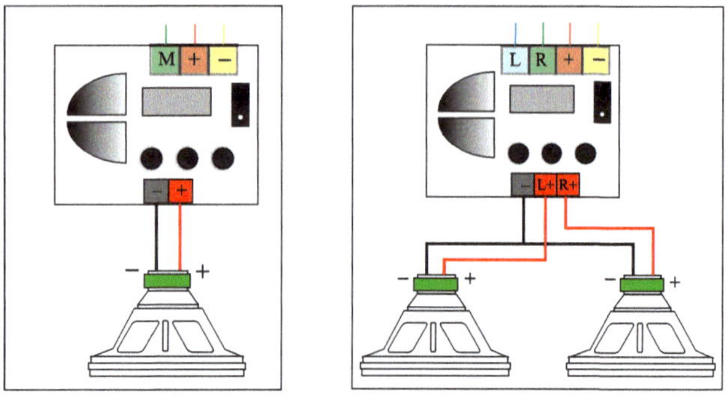

a) Mando de regulación mono. b) Mando de regulación estéreo.

Figura 6.58. Tipos de mandos de regulación.

El objetivo básico de este dispositivo es amplificar la señal distribuida por el bus, de manera descentralizada a donde se originó, por lo que los requerimientos de potencia son reducidos, normalmente en torno a 1 W por canal.

En función de las prestaciones que incluya un mando de regulación, se podrán realizar desde él funciones avanzadas de control. Por ejemplo, existen módulos que incluyen las prestaciones siguientes:

- Control de volumen y balance.
- Control remoto de la fuente sonora: permite la conexión de la fuente de sonido, el cambio de las emisoras de radio en el caso de que el sintonizador sea compatible con el módulo, reproducción *bluetooth,* etcétera.
- Función de autoapagado, para la desconexión del módulo una vez transcurrido el tiempo configurado.
- Salida para auriculares, que desconectan los altavoces.
- Entrada para señal de audio exterior para su amplificación a través de los altavoces.

Estos dispositivos se diseñan para instalarse con montajes empotrados, de superficie o para montarse en *rack*, aunque normalmente se instalan en caja universal de mecanismos, de manera que son fácilmente manipulables por el usuario.

SABÍAS QUE...

Cuando es necesario conseguir potencias superiores existen también módulos de amplificación.

SABÍAS QUE...

Muchos mandos de regulación del mercado incorporan salida de auriculares que desconecta la señal de los altavoces y permite la escucha personal.

6.6.4. Amplificadores

Un **amplificador** se utiliza para aumentar la potencia de sonido de una determinada zona a niveles elevados, por encima del que puede amplificar un mando de regulación convencional, cuando se desean conectar a la instalación cajas acústicas o una agrupación de muchos altavoces.

Recuerda

Un amplificador se debe utilizar cuando la salida de audio de un mando de regulación es insuficiente, bien porque la potencia suministrada debe ser elevada o bien porque la capacidad de carga (número de altavoces que debe regular) es grande.

SABÍAS QUE...

Debido a que los amplificadores se alimentan de la red de corriente eléctrica, el consumo de la carga conectada a ellos no se debe tener en consideración a la hora de planificar el consumo de la instalación.

6.6.5. Otros dispositivos

Normalmente, en los sistemas comerciales existen diferentes módulos adicionales que permiten ampliar las posibilidades del sistema:

- **Previo de micrófono.** Mando intercomunicador que dispone de una entrada para la conexión de un micrófono que permite la emisión de avisos.
- **Mando de control remoto.** Mando a distancia que permite el control de un mando de regulación a distancia.
- **Sintonizador FM.** Módulo independiente que permite la sintonización de un canal de radio para su distribución por la instalación.
- Etcétera.

6.6.6. Fuente de alimentación

Los módulos de una instalación de sonido (mandos de regulación, módulos de intercomunicación, etc.) se alimentan de la central de sonido a través de la línea de alimentación (Figura 6.60.a). Cuando el número de elementos que la central de sonido debe alimentar es elevado no es suficiente con la energía suministrada por una única central de sonido. En grandes instalaciones, se puede utilizar una **fuente de alimentación** independiente como fuente auxiliar, que alimenta una parte de la instalación en combinación con una o varias centrales de sonido (Figura 6.60.b). En la tabla de la

Ejemplo 6.25.

Instalación interior de una vivienda.

La Figura 6.59 muestra el plano de canalizaciones de la instalación de sonido distribuido de una vivienda.

En el salón se instala la central de sonido, donde se conectan las diferentes fuentes de sonido, y se distribuye la señal por el resto de la vivienda. Cada estancia de la vivienda dispone de un mando de regulación que permite el control del sonido de manera local.

Para interconectar el bus a los diferentes dispositivos se intercalan las cajas de derivación que permiten, mediante bornes de conexión, realizar las derivaciones necesarias en la línea.

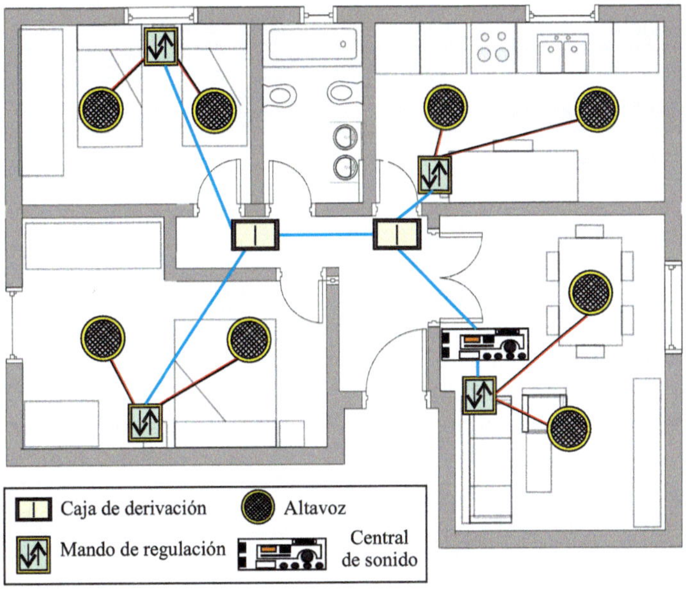

Figura 6.59. Instalación interior de una vivienda.

Figura 6.61 se muestran las características de una fuente de alimentación externa. Estos dispositivos se conectan a la red de distribución de la corriente eléctrica (tensión de alimentación) y su principal característica viene determinada por la potencia máxima capaz de suministrar. En este ejemplo, la potencia máxima es de 60 W, que lógicamente dependerá de la tensión de salida suministrada y vendrá limitada por la corriente máxima que es capaz de suministrar.

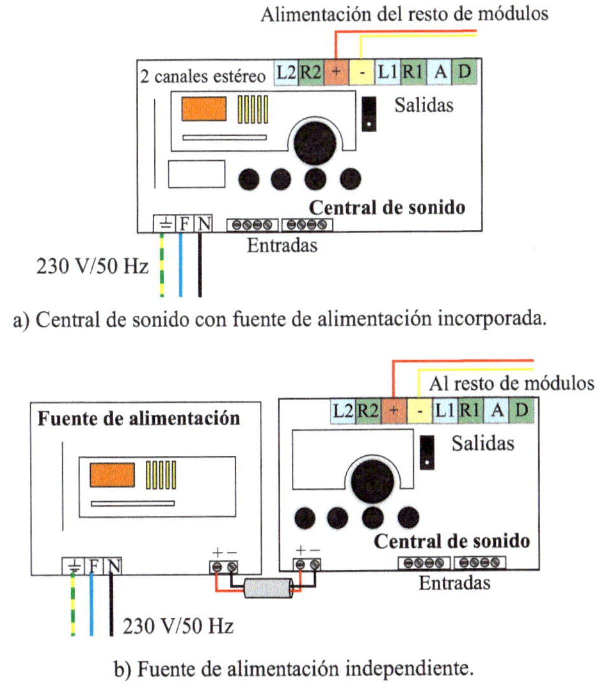

Figura 6.60. Fuente de alimentación.

Recuerda

El consumo de cada módulo dependerá del sistema utilizado, por ello es necesario consultar el manual del fabricante.

Nota

Las fuentes de alimentación son fuentes de alimentación conmutadas que incorporan protección electrónica contra cortocircuitos y sobrecargas en la salida y fusibles internos de protección de la fuente de alimentación.

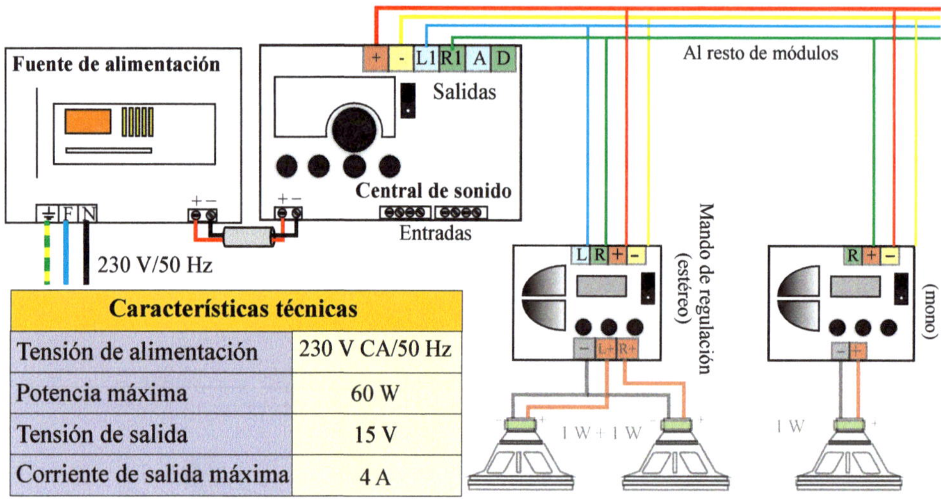

Características técnicas	
Tensión de alimentación	230 V CA/50 Hz
Potencia máxima	60 W
Tensión de salida	15 V
Corriente de salida máxima	4 A

Figura 6.61. Utilización de una fuente de alimentación.

Cada uno de los módulos que forman una instalación de sonido tiene un consumo determinado. La mayoría de los elementos de control (que no incluyen amplificación), tienen un consumo bajo en ocasiones despreciable. El consumo del resto de módulos vendrá determinado por su potencia nominal, además del consumo propio del módulo. En la Tabla 6.10 se muestran los consumos típicos de diferentes módulos.

Tabla 6.10. Consumo típico de algunos dispositivos

Dispositivo	Potencia	Consumo máximo
Mando de regulación (1 W)	1 W	240 mA
Mando de regulación (1,5 W)	1,5 W	325 mA
Mando de regulación (2 W)	2 W	340 mA
Mando de regulación (5 W)	5 W	540 mA
Mando de regulación (1 W + 1 W)	1 W + 1 W	380 mA
Central de sonido	—	70 mA

Ejemplo 6.26.

Diseño de la fuente de alimentación.

Teniendo en cuenta los consumos de la Tabla 6.10 y las características de una fuente de alimentación típica, como la de Figura 6.61 (60 W/4 A), se pueden alimentar aproximadamente 10 mandos de regulación estéreo de 1 W por canal que consumen 380 mA cada uno (I_0) y una central de sonido ($I_{central}$) que consume 70 mA:

$$I_{MÁX} = 4\ A > n \cdot I_0 + I_{central} = 10 \times 0,38\ A + 0,07\ A = 3,87\ A$$

La misma fuente de alimentación puede alimentar 16 mandos de regulación mono de 1 W, los cuales tiene un consumo unitario (I_0) de 240 mA y la propia central de sonido ($I_{central}$), con un consumo de 70 mA:

$$I_{MÁX} = 4\ A > n \cdot I_0 + I_{central} = 16 \times 0,24\ A + 0,07\ A = 3,91\ A$$

Si el consumo de los componentes de una instalación es superior al que puede suministrar una única fuente de alimentación, se puede sustituir esta por una de mayor potencia o añadir una fuente de alimentación adicional.

6.7. Diseño de instalaciones con sistemas de amplificación y control distribuido

Los criterios básicos de diseño de una instalación de sonido distribuido son los mismos que los utilizados en la normativa NTE-IAM: mantener el nivel de presión sonoro deseado, de manera uniforme y suficientemente por encima del nivel de ruido de fondo en las zonas de escucha de los oyentes.

El **diseño de una instalación** viene determinado por el nivel de presión sonora que se desea en el punto de escucha de los oyentes, el cual vendrá determinado fundamentalmente por el nivel de ruido ambiente. En este tipo de instalaciones la potencia se reparte entre los diferentes mandos de regulación, con potencia distribuida.

Con el objetivo de reducir el número de altavoces instalados y permitir un mayor nivel sonoro, el haz sonoro de los altavoces debe limitarse a la zona ocupada por los oyentes. La **elección de los altavoces** se basa en el área de sonorización que cubren. En la Figura 6.62 se muestra la relación entre diferentes alturas y el ángulo de cobertura de cada uno de ellos para cubrir la misma superficie de sonorización.

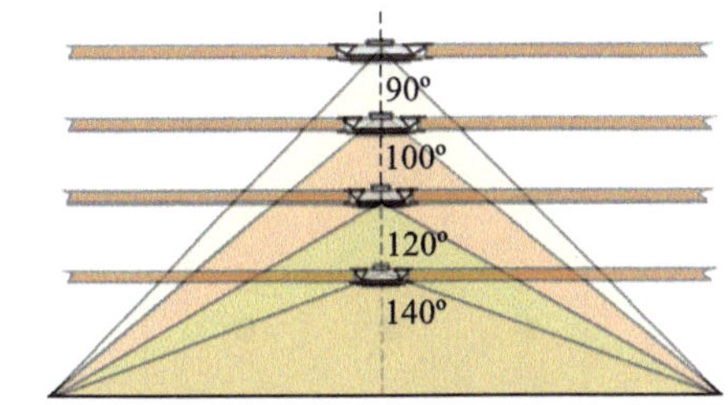

Figura 6.62. Superficie de sonorización de los altavoces de techo.

Ejemplo 6.27.

Instalación de altavoces en las instalaciones domésticas.

En las instalaciones de control y amplificación distribuida suele ser suficiente con instalar uno o dos puntos de sonorización por recinto, sobre todo en instalaciones domésticas, donde un módulo de regulación controla el sonido ambiente de una habitación (Figura 6.63).

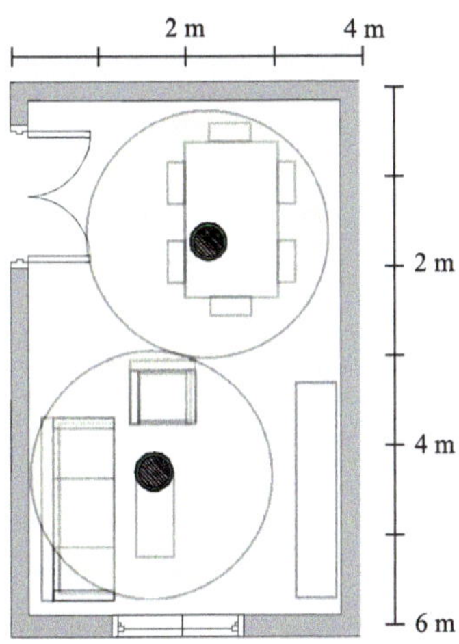

Figura 6.63. Sonorización de una habitación.

Un criterio de elección de los altavoces es considerar que el plano de sonorización se encuentra a la altura del oído del oyente, en lugar de considerar la superficie del suelo tal y como lo hace la normativa NTE-IAM. Para ello debemos diferenciar dos casos (Figura 6.64):

- **Oyente sentado:** altura del oído a 1,2 m del suelo.
- **Oyente de pie:** altura del oído a 1,8 m del suelo.

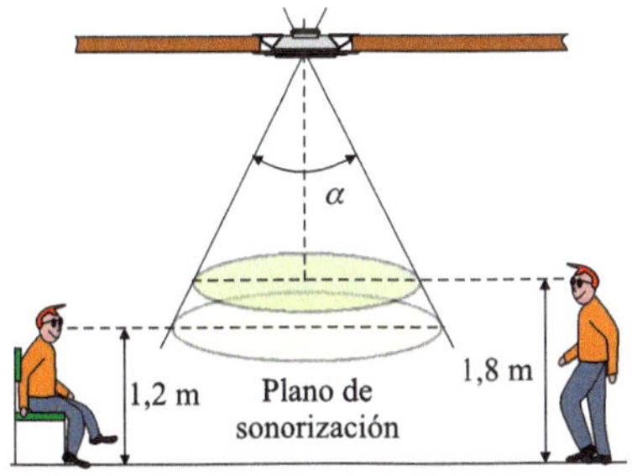

Figura 6.64. Plano de sonorización en función de la altura de un oyente.

El número y distribución de los altavoces de la instalación dependerá de si estos se instalan en el techo o en la pared.

6.7.1. Altavoces de techo

La superficie de sonorización que cubre un único altavoz de techo, teniendo en cuenta el ángulo de cobertura (α) y la distancia entre el altavoz y el oyente, es:

$$S_{ALTAVOZ} = \pi\left[(h_t - h_0)\,\text{tg}\,\frac{\alpha}{2}\right]^2$$

donde h_t es la altura de los altavoces respecto del suelo y h_0 es la altura del oído del oyente respecto del suelo.

Ejemplo 6.28.

Cálculo de la superficie que cubre un altavoz.

La superficie que cubre el altavoz de techo de la Figura 6.65 es de 10,17 m^2.

$$S_{ALTAVOZ} = \pi\left[(h_t - h_0)\,\text{tg}\,\frac{\alpha}{2}\right]^2 =$$

$$= \pi\left[(3 - 1{,}2)\,\text{tg}\,\frac{90}{2}\right]^2 = 10{,}17\ \text{m}^2$$

En esta área, el nivel de presión sonora se mantiene uniforme y solo se pierden 6 dB en los límites de la superficie debido al ángulo de cobertura del altavoz.

Cuando el altavoz, de sensibilidad (*S*) de 92 dB/W/m, se alimenta a una potencia (*P*) de 1 W ejerce un nivel de presión sonora de 86,9 dB en el eje principal del plano de sonorización.

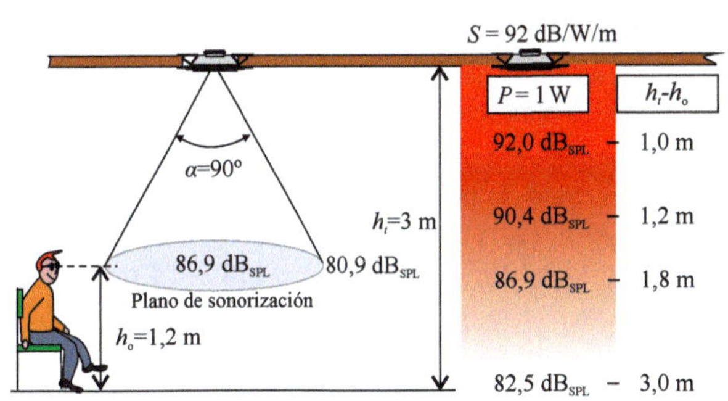

Figura 6.65. Sonorización de un único altavoz.

Cobertura para altavoces de techo

La normativa NTE indica un criterio para el cálculo del número de altavoces de una zona de sonorización. Este criterio no tiene en cuenta las características de los altavoces utilizados (ángulo de cobertura) ni la altura de escucha del oyente. Teniendo en cuenta el plano de sonorización de un único altavoz ($S_{ALTAVOZ}$) y de la superficie del recinto a sonorizar (*S*), se puede calcular el número de altavoces necesario:

$$n = \frac{S}{S_{ALTAVOZ}} = \frac{S}{\pi\left[(h_t - h_0)\,\mathrm{tg}\,\frac{\alpha}{2}\right]^2}$$

donde h_t es la altura del techo del local en metros, h_0 es la altura del oído del oyente (1,2 m sentado y 1,8 m de pie) en metros y α es el ángulo de cobertura del altavoz en grados.

6.7.2. Altavoces suspendidos

Cuando la altura del techo sea superior a 5 m, si es factible, se deben suspender los altavoces del techo hasta situarlos a una altura entre 2,5 m y 4 m del suelo, tal y como se muestra en la Figura 6.69.

Ejemplo 6.29.

Cálculo del número de altavoces necesarios.

Se desea sonorizar un local de dimensiones 25 × 10 × × 3,5 m, en el que los oyentes permanecen sentados (h_0 = = 1,2 m). El ángulo de cobertura (α) de los altavoces es de 90°. Para esta instalación (Figura 6.66), el número de altavoces recomendados es de 15, los cuales se distribuirán en el techo en forma de rejilla para mantener un nivel sonoro uniforme:

$$n = \frac{S}{\pi\left[(h_t - h_0)\,\mathrm{tg}\,\frac{\alpha}{2}\right]^2} = \frac{250}{\pi\left[(3{,}5 - 1{,}2)\,\mathrm{tg}\,\frac{90}{2}\right]^2} =$$

$$= 15{,}04 = 15 \text{ altavoces}$$

El mismo local de superficie de 250 m², pero de una altura del techo de 4 m, requerirá menos altavoces de las mismas características, ya que cada uno cubrirá más superficie (Figura 6.67). En este caso, considerando que los oyentes permanecen sentados y que el ángulo de cobertura de los altavoces utilizados es de 90°, el número de altavoces necesario es:

$$n = \frac{S}{\pi\left[(h_t - h_0)\,\mathrm{tg}\,\frac{\alpha}{2}\right]^2} = \frac{250}{\pi\left[(4 - 1{,}2)\,\mathrm{tg}\,\frac{90}{2}\right]^2} =$$

$$= 10{,}15 = 10 \text{ altavoces}$$

Si el ángulo de cobertura de los altavoces aumenta, también lo hará el área de cobertura, por lo que el número de altavoces a instalar disminuirá (Figura 6.68). Por ejemplo, si utilizamos altavoces con ángulo de cobertura de 120°, el número de altavoces necesarios es de aproximadamente 4:

$$n = \frac{S}{\pi\left[(h_t - h_0)\,\mathrm{tg}\,\frac{\alpha}{2}\right]^2} = \frac{250}{\pi\left[(4 - 1{,}2)\,\mathrm{tg}\,\frac{120}{2}\right]^2} =$$

$$= 3{,}38 = 4 \text{ altavoces}$$

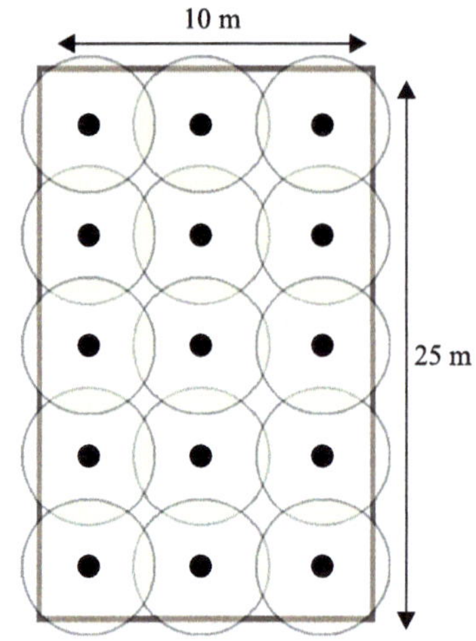

Figura 6.66. Número de altavoces (α = 90°) para una altura de 3,5 m.

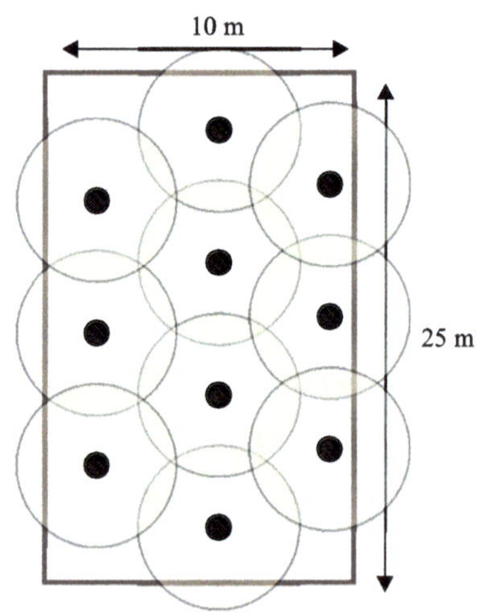

Figura 6.67. Número de altavoces (α = 90°) para una altura de 4 m.

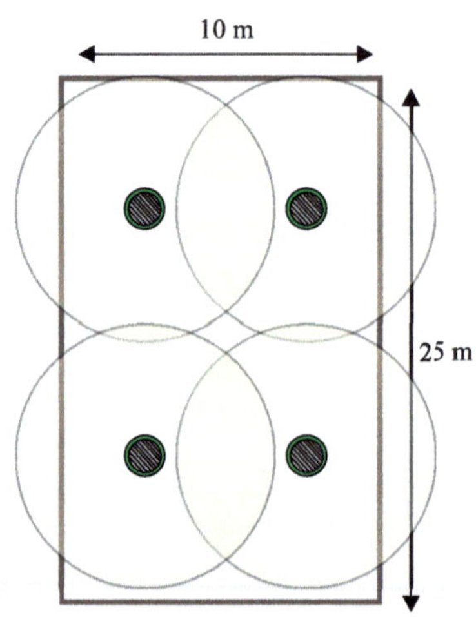

Figura 6.68. Número de altavoces (α = 120°) para una altura de 4 m.

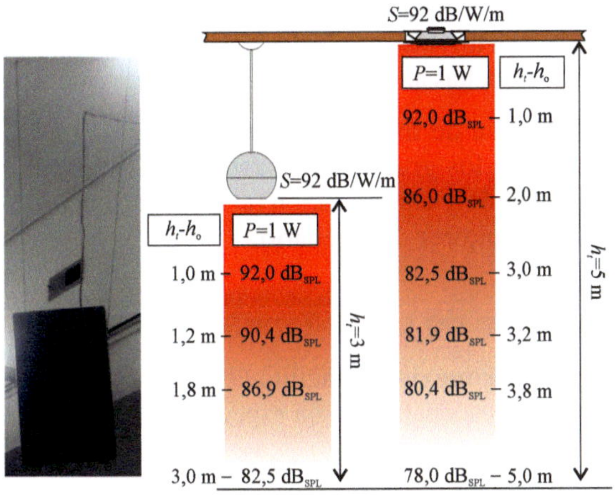

Figura 6.69. Altavoz suspendido del techo.

6.7.3. Altavoces en paredes

En el caso de que no sea posible instalar los altavoces en el techo a una altura comprendida entre 2,5 m y 4 m, se pueden instalar columnas de altavoces en las paredes (Figura 6.70). Cada columna se encarga de sonorizar una zona, evitando que una misma zona esté cubierta por más de una columna.

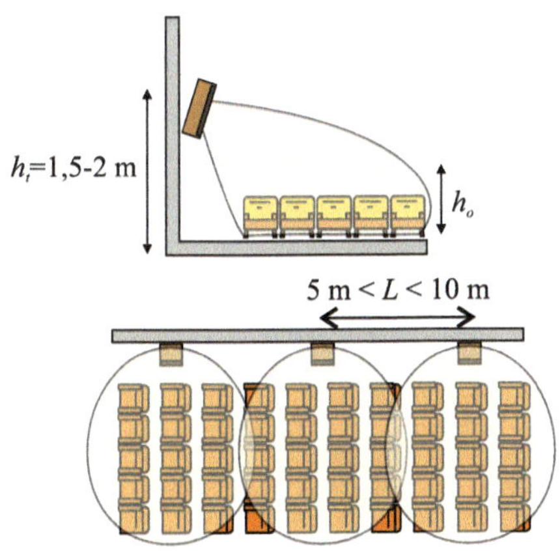

Figura 6.70. Separación entre columnas acústicas instaladas en la pared.

Las columnas acústicas se instalan en recintos con una anchura no superior a los 10 m, disponiendo dos hileras de altavoces en cada pared orientados hacia los oyentes. La separación recomendada de los altavoces (L) varía entre 5 y 10 m y la altura de colocación (h_t), como norma general, será entre 1,5 m y 2 m, cercana a la altura de escucha de los oyentes (h_o).

6.8. Sonorización de espectáculos

La tarea de sonorización de un espectáculo (Figura 6.72) es compleja ya que se deben tener en cuenta diferentes detalles:

Ejemplo 6.30.

Cálculo del número de columnas necesarias.

La Figura 6.71 muestra las dimensiones de un local que se debe sonorizar. Debido a que la altura del techo es excesiva, se recurre a utilizar columnas acústicas instaladas en la pared.

Debido a que la anchura del recinto es de 8 m, superior a 5 m, se recurre a instalar columnas en las dos paredes.

El número de columnas necesarias (N) en cada pared, para una separación entre columnas (L) de 5 m, conocida la longitud de la pared (l), es de 4:

$$N = \frac{l}{L} = \frac{20 \text{ m}}{5 \text{ m}} = 4 \text{ columnas}$$

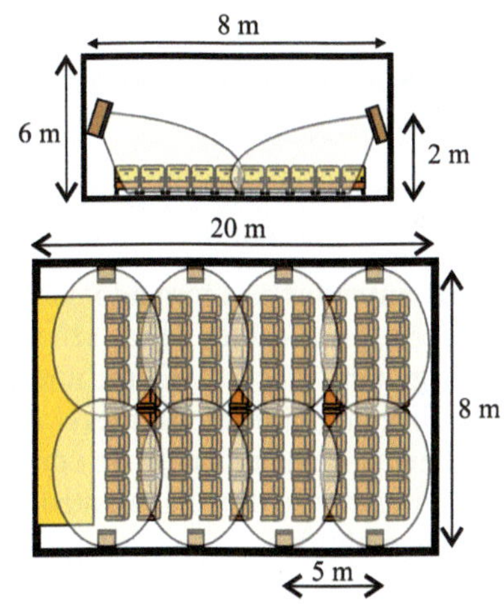

Figura 6.71. Ejemplo.

- **Tipo de recinto:** al aire libre, espacio cerrado, semicubierto. Esta característica afectará a la difusión del sonido.
- **Dimensiones:** la superficie a sonorizar y la altura del techo es un factor que afectará a la potencia necesaria.
- **Elementos arquitectónicos y mobiliarios:** puedan afectar a la absorción y reflexiones de las señales.

Estos sistemas son de gran potencia, ya que es necesario cubrir todo el espacio dedicado al público general, adaptándose a la acústica propia del recinto, así como compensar las pérdidas por absorción debidas al propio público asistente.

Recuerda

Un sistema PA (*Public Address System*) es un sistema de refuerzo sonoro (megafonía) utilizado para dirigir el sonido principal de un espectáculo o concierto al público asistente en una sala o recinto.

Figura 6.72. Sonorización de espectáculos.

6.8.1. Instalaciones de sonorización de espectáculos

La Figura 6.73 muestra el esquema simplificado de un sistema de potencia para la sonorización de espectáculos.

El **grupo de entradas** está formado por los micrófonos de voces y batería, y los cables de las señales directas del teclado, bajo o guitarra eléctrica. Como norma general, estos cables se dirigen a la **mesa de mezclas** mediante cables independientes, hasta una **caja de conexiones** donde los cables se agrupan y se distribuyen mediante una **manguera de cables** multifilar.

En la mesa de mezclas, si es necesario, los envíos auxiliares se envían a **un *rack* de efectos** donde las señales son procesadas y devueltas al mezclador por los retornos de auxiliar.

De la mesa de mezclas se envía la señal mezclada por un lado a los grupos de **altavoces principales,** previa ecualización y amplificación (etapa de potencia), y por otro a los monitores de escenario.

6.8.2. Caja de conexiones

Las **cajas de conexiones** facilitan el conexionado del cableado de los escenarios de un espectáculo (Figura 6.74).

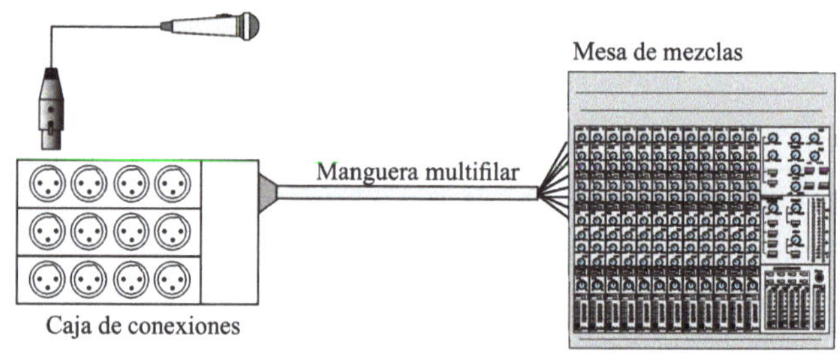

Figura 6.74. Esquema de una caja de conexiones.

Estas cajas de conexión, como la base **Snake** que se muestra en la Figura 6.75, están formadas por una base donde por un lado confluyen los conectores XLR individuales de cada canal y por otro lado una manguera de cables de audio balanceados y blindados por cada canal (Figura 6.76). Esta manguera unifica todas las entradas en un único cable, destino normalmente de la mesa de mezclas.

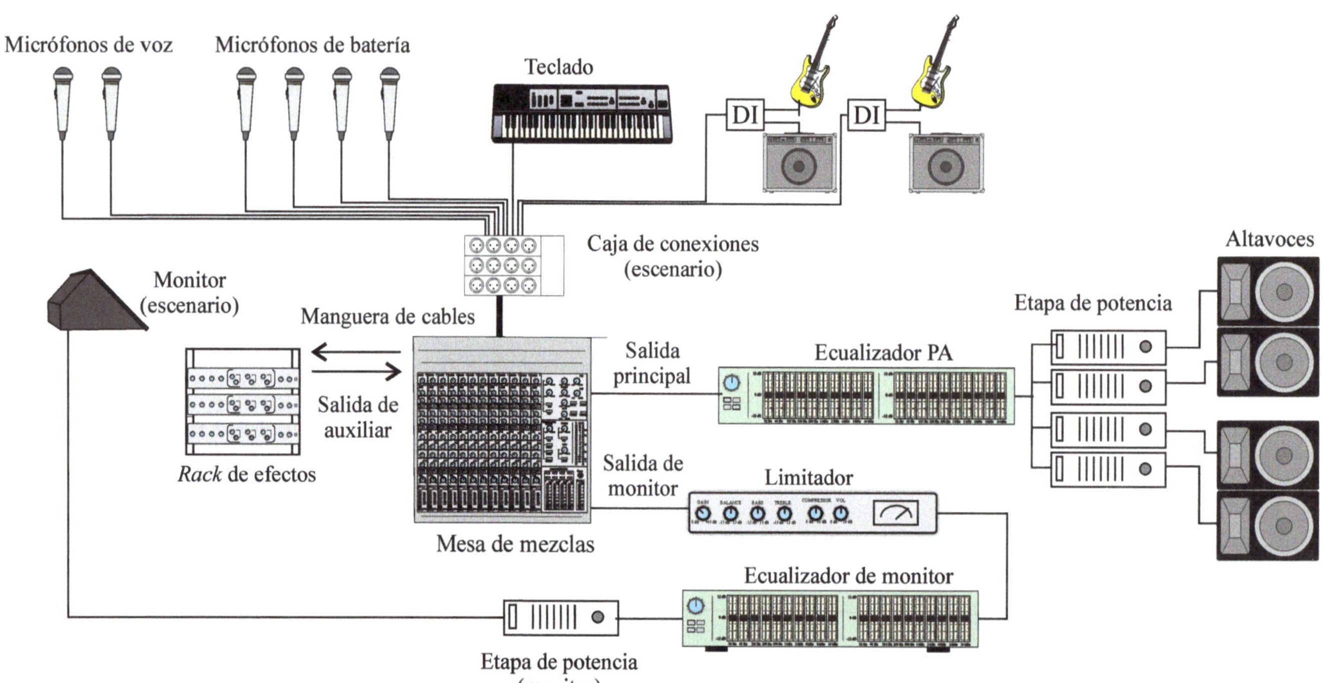

Figura 6.73. Instalación simplificada de una instalación de sonorización de un espectáculo.

Figura 6.75. Base Snake.

Figura 6.76. Cable profesional de audio Snake.

6.8.3. Sistema de monitorización

El **sistema de monitorización** tiene como objetivo que cada uno de los músicos o participantes de un espectáculo escuche su propia música y normalmente un porcentaje de la del resto de integrantes, sin verse afectado por el sonido proyectado sobre los espectadores.

Los sistemas de monitorización tradicionales están basados en cajas acústicas con forma de cuña (Figura 6.77) y cajas acústicas en los laterales del escenario. Estas cajas acústicas pueden ser activas (incluyen una etapa de amplificación) o pasivas, en cuyo caso reciben la señal de una etapa de potencia.

Figura 6.77. Altavoces monitores.

El control de la señal que se suministra a cada monitor se puede realizar desde la mesa de mezclas principal (salida de monitores) o de una mesa de mezcla de monitores específica: mesa de monitores.

En la **mesa de mezclas de monitores** se realiza la mezcla de las señales de los diferentes instrumentos de entrada para presentarla en cada una de las salidas de la mesa de monitores a la escucha de la monitorización de los intérpretes. Esta mezcla es independiente de la mezcla que se realiza en la **mesa de mezclas principal,** en la que se procesa la señal para presentarse directamente al público.

Los **sistemas de monitorización inalámbricos** (In-Ear), formados por un transmisor, un receptor y unos auriculares conectados al receptor, evitan las realimentaciones que se producen en los sistemas tradicionales. En estos sistemas, el propio intérprete puede ajustar el sonido recibido, aumentando la inteligibilidad del escenario, ya que se elimina el sonido de los altavoces de monitor.

6.8.4. Amplificadores para instrumentos musicales

Los instrumentos musicales eléctricos, tales como guitarras y bajos, necesitan un amplificador independiente conectado a unos altavoces para poder escuchar el sonido que generan.

Los **amplificadores de instrumentos** tienen dos formatos básicos:

- Formato combo (Figura 6.78), formado por un amplificador con altavoz incorporado.
- Amplificador independiente que puede funcionar con diferentes sistemas de altavoces.

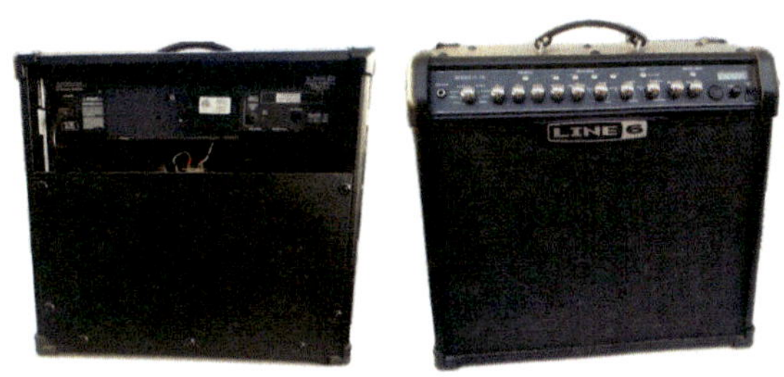

Figura 6.78. Amplificador de guitarra.

Caja de inyección directa

Una **caja de inyección directa** (DI) permite la conexión de instrumentos musicales con conexión de alta impedancia no balanceada a mezcladores con entrada de baja impedancia balanceada (Figura 6.79). Debido a la conexión balanceada es posible la conexión de cables de longitud elevada con el mezclador.

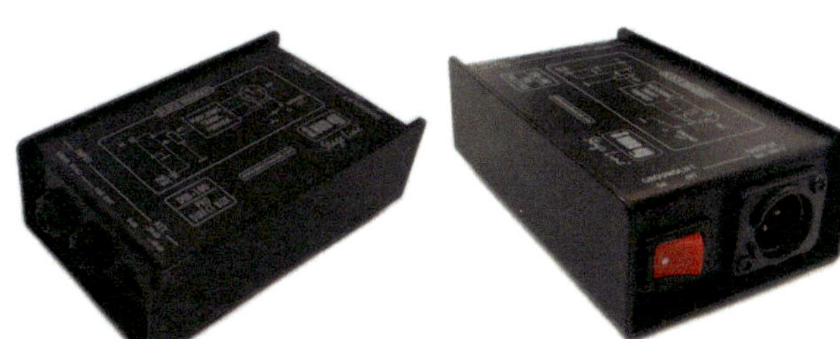

Figura 6.79. Caja de inyección directa.

La caja DI permite también la conexión a la **salida de altavoz** de un amplificador de instrumento, tal y como se muestra en la Figura 6.80.

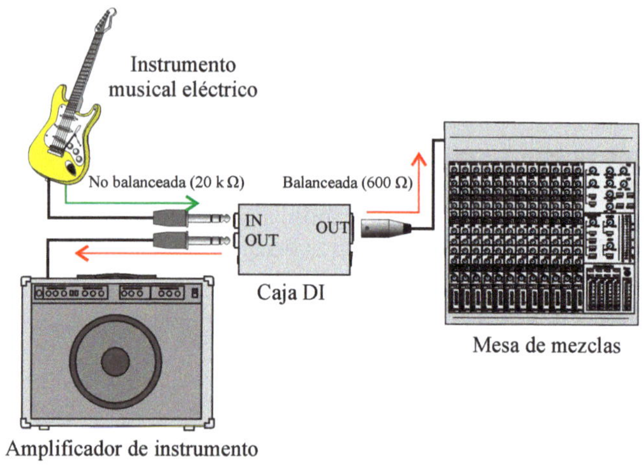

Figura 6.80. Conexión de una caja DI.

6.8.5. Etapa de potencia

Normalmente la potencia requerida en la sonorización de espectáculos es elevada, por lo que la mayoría de etapas de potencia (amplificadores) y cajas acústicas utilizan conexiones de tipo **Speakon.**

Estos conectores, que se muestran en la Figura 6.81, están preparados para la transmisión de las elevadas potencias que se distribuyen entre las salidas de los amplificadores y la entrada de las cajas acústicas, evitan la desconexión accidental debido al tipo de cierre que asegura una doble sujeción y evitan la confusión con cualquier otro tipo de conector. También evitan cualquier contacto eléctrico fortuito del operador con los cables de conexión.

Figura 6.81. Conector Speakon.

6.8.6. Apilamiento de altavoces

La **disposición de los altavoces** en la sonorización de un espectáculo dependerá de las características del recinto a sonorizar, pero en general una disposición típica es la del agrupamiento de los altavoces que se muestra en la Figura 6.82.

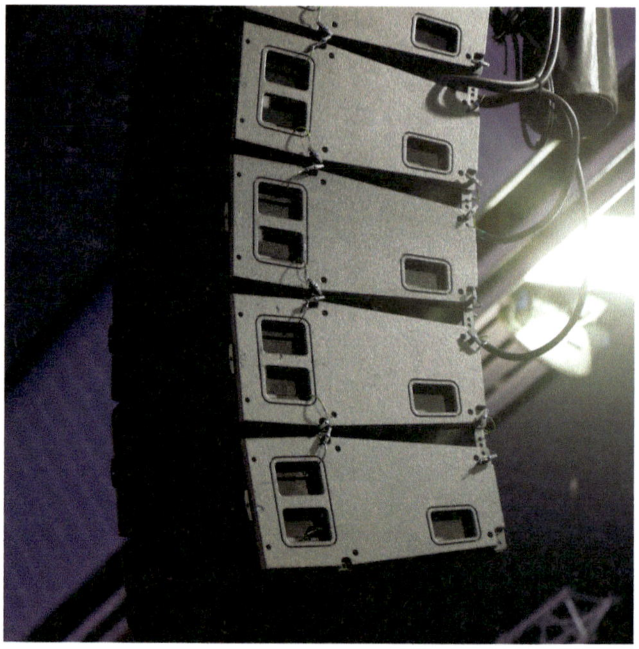

Figura 6.82. Agrupamiento de altavoces.

El **agrupamiento de altavoces** (Figura 6.83.a) consiste en apilar un conjunto de altavoces idénticos en una estructura en línea (*line array*) o compacta (*compact array*) de manera que el conjunto casi se comporta como una fuente lineal de sonido y con un diagrama de radiación del conjunto más uniforme. De esta manera, tal y como se muestra en la Figura 6.83.b, se consigue un diagrama de radiación más estrecho, enfocado hacia el público y evitando la pérdida de energía que en caso contrario se produciría por encima de la audiencia.

Cada unidad del agrupamiento está formada por cajas acústicas con forma rectangular que contienen altavoces de 2 vías (graves y agudos) o de 3 vías (graves, medios y agudos) y los filtros de cruce correspondientes.

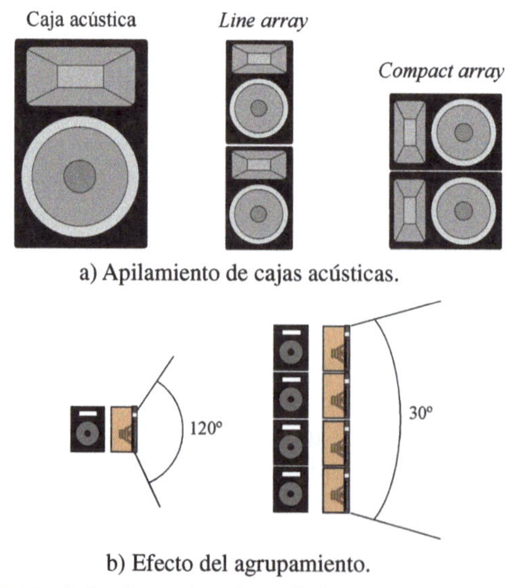

Figura 6.83. Apilamiento de cajas acústicas.

6.9. Sistemas de sonido en el automóvil

En la Figura 6.84 se muestra el esquema general de la instalación de sonido de un automóvil. Los principales elementos que intervienen son:

- Sistema de alimentación (batería).
- Unidad principal o autorradio.
- Amplificador externo o etapa de potencia.
- Altavoces.
- Otros elementos: filtros de cruce, ecualizadores, etcétera.

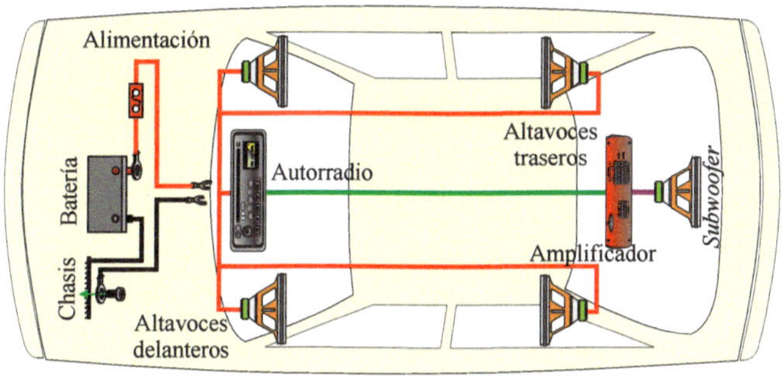

Figura 6.84. Esquema general de la instalación de sonido en un vehículo.

6.9.1. Autorradio

El **autorradio** es la unidad principal del sistema de sonido de un automóvil (Figura 6.85). Un autorradio es un receptor de radio pensado para el automóvil, motivo por el cual funciona con una tensión de 12 V de CC, ya que se alimenta de la batería del automóvil.

Figura 6.85. Unidad principal (autorradio) de un sistema de sonido de automóvil.

En Europa, los autorradios tienen un tamaño de carcasa normalizado (Figura 6.86) que caben exactamente en el hueco correspondiente de la consola central del vehículo.

Habitualmente, el autorradio cuenta con un sintonizador de radio con antena exterior para recibir la señal de radio FM, conexión USB y receptor *bluetooth* para la reproducción de música, entre otras opciones.

Figura 6.86. Carcasa normalizada de la unidad principal (autorradio).

6.9.2. Conectores ISO 10487

Los autorradios utilizan conectores estandarizados para evitar que cada fabricante de automóviles utilice conexiones de audio y de alimentación diferentes que dificulten la conexión de equipos de distintas marcas.

La **norma ISO 10487** recoge la estructura mecánica, las dimensiones y la asignación de las conexiones de estos conectores. Esta norma contempla cuatro conectores diferentes, según la Figura 6.87, de los cuales dos de ellos son necesarios para el funcionamiento básico del autorradio y que incorporan la mayoría de equipos (conector A y B). Estos conectores son los siguientes:

- **Conector ISO A.** Conector de alimentación. Se utiliza para proporcionar la alimentación y alguna señal de control al autorradio.
- **Conector ISO B.** Conector de altavoces.
- **Conector ISO C.** Miscelánea. Conector de 20 pines, que puede estar formado por tres bloques separados y ensamblables. Este conector se utiliza para conectar al autorradio diferentes dispositivos externos: ecualizadores amplificadores, cargadores de CD, etcétera.
- **Conector ISO D.** Navegación. Conector de 10 pines que se utiliza en autorradios con sistema de navegación por satélite.

Los conectores A y B, que se muestran en la Figura 6.88, son prácticamente iguales y solo se diferencian por la pestaña lateral que se utiliza para encajar el conector macho con el hembra, con el fin de evitar errores de conexionado.

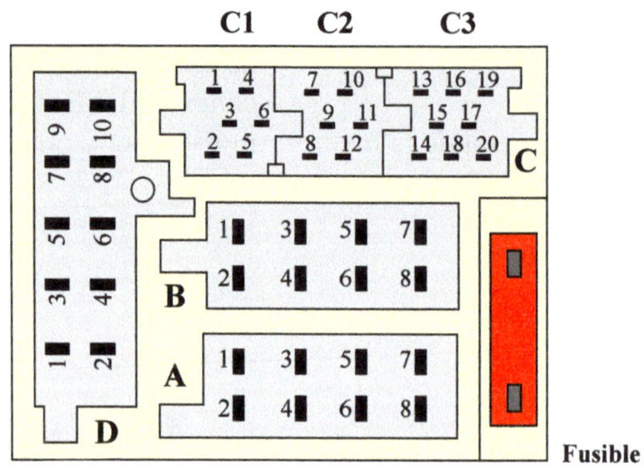

Conector ISO B
1. SVC (*Speed Controlled Volume*).
2. Silenciado (*mute*).
3. NC (no conectado).
4. Entrada de +12 V permanentes.
5. Salida de +12 V conmutados (*remote*).
6. Entrada de iluminación de 12 V (opcional).
7. Entrada de +12 V conmutados.
8. Masa o chasis.

Conector ISO A
1. SVC (*Speed Controlled Volume*).
2. Silenciado (*mute*).
3. NC (no conectado).
4. Entrada de +12 V permanentes.
5. Salida de +12 V conmutados (*remote*).
6. Entrada de iluminación de 12 V (opcional).
7. Entrada de +12 V conmutados.
8. Masa o chasis.

Figura 6.87. Conector ISO 10487.

Figura 6.88. Conector ISO A y B.

SABÍAS QUE...

Hay fabricantes que no siguen la norma ISO 10487 en su totalidad e incorporan conectores propios.

Ejemplo 6.31.

Conexiones principales de una unidad principal.

La Figura 6.89 muestra un ejemplo de la vista posterior de un autorradio. Además de las conexiones ISO, que alimentan la unidad (conector A) y proporcionan una señal de salida de alto nivel para los altavoces (conector B), que el propio autorradio amplifica, la unidad dispone de salidas RCA (L+R) para la conexión de un amplificador externo y una salida RCA para la conexión de un *subwoofer.*

Las salidas RCA (*pre-out*) proporcionan una señal de bajo nivel que normalmente se aplica a una etapa de amplificación externa. Esta señal se extrae antes del amplificador interno del autorradio, para proporcionar una señal de bajo nivel sin distorsión para etapas de potencia externas.

También dispone de una conexión de antena para la recepción de la señal de radio FM a través de una antena externa y de una antena *bluetooth* para la conexión de fuentes de audio de dispositivos externos, tales como teléfonos móviles.

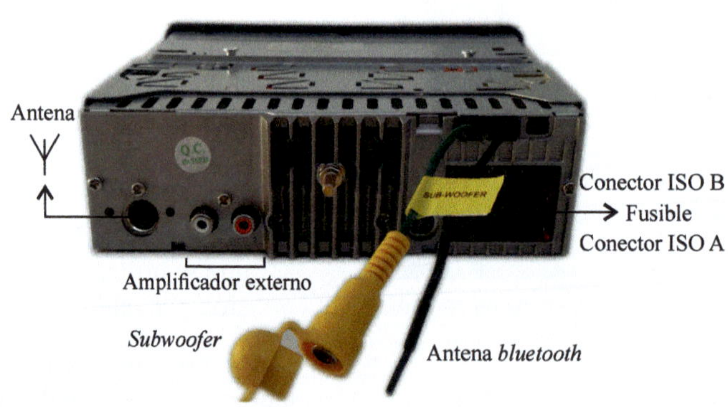

Figura 6.89. Vista de los conectores en el panel trasero del autorradio.

6.9.3. Conexión de la antena de radio FM

Para escuchar las emisiones de radio FM es necesario la utilización de una antena exterior, como la mostrada en la Figura 6.90. La antena va conectada al autorradio a un conector DIN mediante un único cable de señal, de tipo coaxial, que suministra la señal captada por la antena al receptor de radio que incorpora la unidad principal.

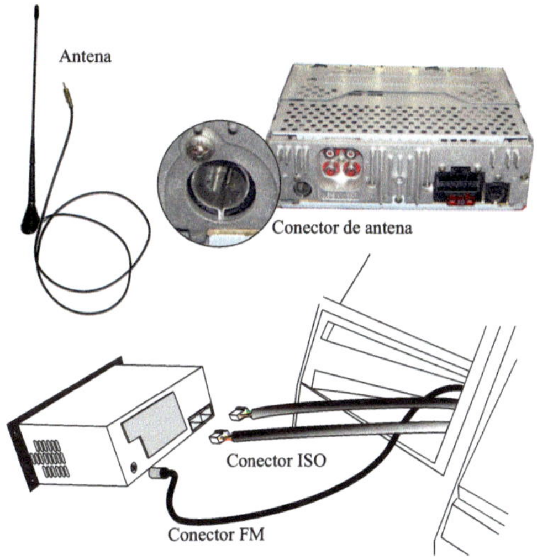

Figura 6.90. Conexión de antena.

6.9.4. Sistema de alimentación

La alimentación de los diferentes equipos electrónicos que forman parte de la instalación de sonido del automóvil se realiza a través de la batería de este, a una tensión de 12 V CC. La batería debe estar protegida por un fusible del calibre adecuado, en función de la corriente que esté previsto que circule por la línea de alimentación.

El positivo de la unidad principal se conecta a un portafusibles o distribuidor de corriente o, según el caso, a la batería directamente. La masa se conecta al chasis del vehículo, o directamente al negativo de la batería, a través de un distribuidor de tierra, según sea el caso.

Cualquier línea de alimentación que salga de la batería, por ejemplo hacia el autorradio o un amplificador externo, necesita un fusible propio instalado lo más cerca posible de la batería.

Recuerda

Cuando se trabaje en la instalación de sonido del vehículo es necesario desconectar la batería antes de iniciar los trabajos.

Ejemplo 6.32.

Alimentación de la unidad principal.

En la Figura 6.91 se muestra la conexión de la alimentación de la unidad principal de un vehículo:

- **El terminal 8** (masa) se conecta al negativo de la batería o al chasis del vehículo, a través del cable de color negro.
- **El terminal 4** (entrada de 12 V permanentes) se conecta directamente al terminal positivo de +12 V de la batería, con un cable de color amarillo.
- **El terminal 7** (entrada de 12 V conmutados) se conecta al terminal positivo de +12 V de la batería, a través de la llave de contacto, por medio del cable de color rojo.
- **El terminal 5** (salida de 12 V conmutados/*remote*), conectado con cable de color azul, suministra +12 V, normalmente para activar y controlar el encendido de otros equipos, como filtros activos, etapas de potencia, etcétera.

Algunos de los terminales del conector A habitualmente no se utilizan, o no están relacionados directamente con una instalación de sonido básica.

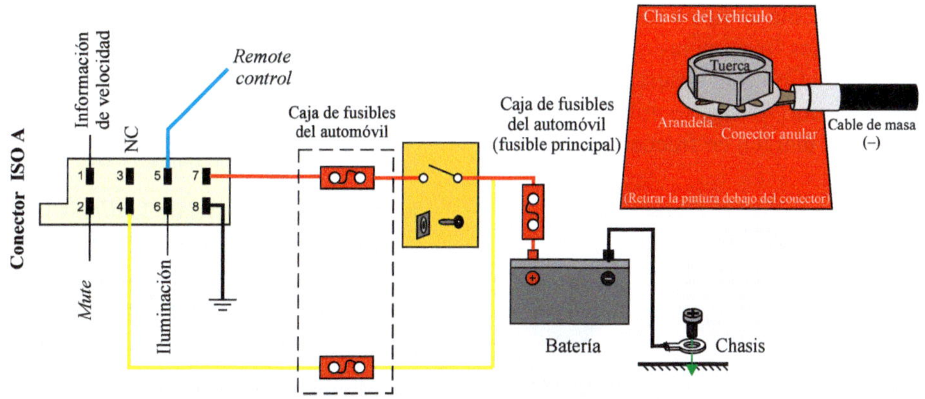

Figura 6.91. Conexión de la alimentación del autorradio a través del conector ISO A 10487.

6.9.5. Altavoces

La **elección de los altavoces** es determinante para la obtención de una calidad de sonido adecuada: los factores principales que determinan su elección son el rango de frecuencias que pueden reproducir, la potencia máxima de estos y su sensibilidad.

En las instalaciones de sonido del automóvil se utilizan de diferentes tipos:

- **Altavoces de amplio espectro** (Figura 6.92). Reproducen todo el margen de frecuencias audible. Según su forma constructiva, se pueden diferenciar los tipos siguientes:
  - **Altavoces de doble cono.** El altavoz de doble cono es como un altavoz convencional de un único cono, pero con un diafragma de menor tamaño añadido en su parte central.
  - **Altavoz coaxial.** Este tipo de altavoces incorporan dos, tres o cuatro altavoces en una sola unidad, con sus correspondientes filtros, montados sobre un mismo eje.
  - **Elíptico.** Un altavoz elíptico es el resultado de la combinación de dos altavoces de diámetros diferentes: uno de diámetro mayor para los sonidos graves y otro de menor diámetro para los sonidos agudos.

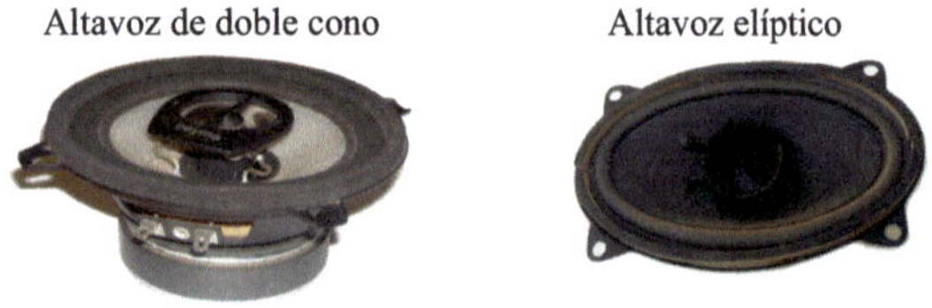

Figura 6.92. Altavoces de amplio espectro.

- **Altavoces de vías separadas** (Figura 6.93). Sistema formado por varios altavoces diferentes, cada uno de los cuales reproduce un margen de frecuencias específico. Este conjunto de altavoces se puede encontrar normalmente de dos o tres vías: un ***woofer,*** para los sonidos bajos, un altavoz de medios (*squawker*) y un ***tweeter*** para la reproducción de los sonidos agudos. Se debe añadir al sistema un **filtro de cruce** para seleccionar las diferentes frecuencias que se aplican a cada tipo de altavoz. Con este sistema se obtiene la mejor calidad de sonido, ya que se utilizan altavoces diferentes para cada margen de frecuencias.

Figura 6.93. Altavoces de vías separadas.

- ***Subwoofer.*** Reproduce señales de baja frecuencia monofónicas. La utilización de un *subwoofer* en un coche, como el mostrado en la Figura 6.94, refuerza las bajas frecuencias que el resto de altavoces no reproducen. El *subwoofer* puede ir montado en una caja, ya sea sellada o *bass reflex* o montado al aire (bafle infinito).

Figura 6.94. *Subwoofer* para el automóvil.

Filtros de cruce

Cuando se utilizan altavoces de vías separadas, los **filtros de cruce** (***crossover***) permiten adecuar el margen de frecuencias que llega a la entrada de cada altavoz, ya que cada uno de ellos normalmente solo reproduce una gama de frecuencias determinada: bajas, medias o altas. En función de los componentes internos que los forman, podemos clasificarlos en **filtros pasivos,** que no necesitan alimentación eléctrica, y **filtros activos,** que necesitan su alimentación eléctrica.

La Figura 6.95 muestra la utilización de un filtro pasivo de dos vías para la alimentación de dos altavoces de vías separadas.

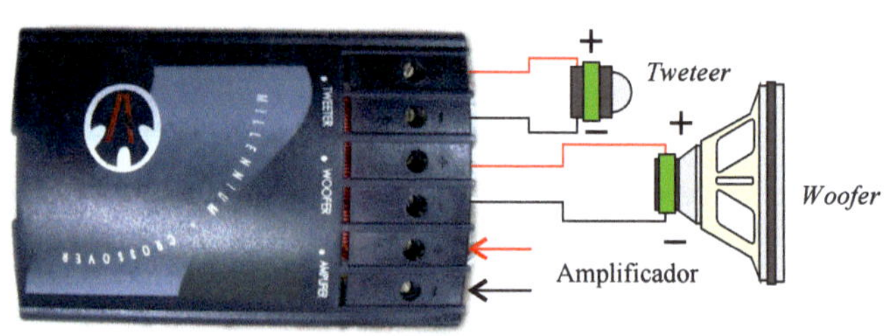

Figura 6.95. Filtro pasivo de dos vías.

6.9.6. Conexionado de los altavoces

El principal objetivo de la disposición de los altavoces es obtener un escenario estéreo donde la percepción de la procedencia del sonido por parte del usuario sea frontal. Para ello, la configuración básica utilizada está formada por dos canales de sonido traseros y por dos delanteros.

El **conector ISO B** del autorradio se utiliza para la conexión de los altavoces. Como se muestra en la Figura 6.96,

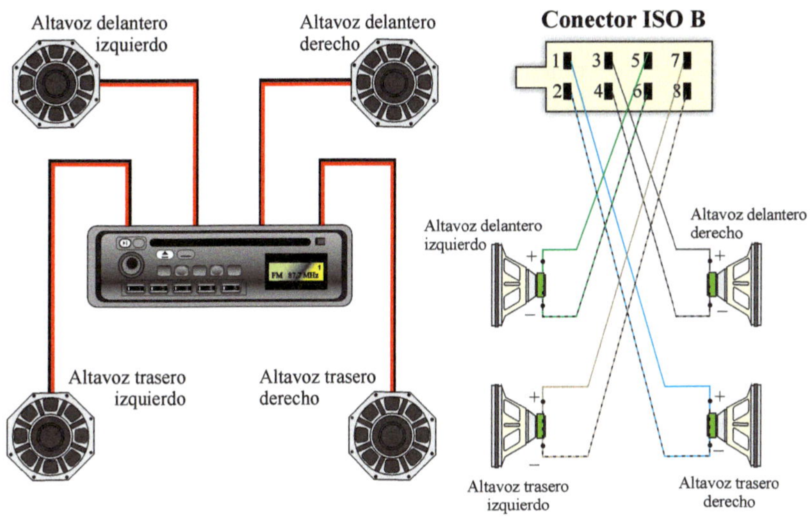

Pin	Color	Función
1		Altavoz derecho trasero (+)
2		Altavoz derecho trasero (–)
3		Altavoz derecho delantero (+)
4		Altavoz derecho delantero (–)
5		Altavoz izquierdo delantero (+)
6		Altavoz izquierdo delantero (–)
7		Altavoz izquierdo trasero (+)
8		Altavoz izquierdo trasero (–)

Figura 6.96. Conexión de los altavoces al conector B ISO 10487.

cada altavoz se conecta con un par de hilos identificados por el mismo color a través de dos terminales de conexión del conector B: los dos hilos de conexión del mismo altavoz se identifican con un color homogéneo para la conexión positiva (+) y el mismo color marcado con franjas negras para la conexión negativa (–).

Se deben utilizar altavoces que posean la impedancia de salida especificada por el amplificador o la etapa de salida de la unidad principal. Los altavoces se deben conectar todos en fase, respetando la polaridad de las conexiones.

6.9.7. Etapa de potencia. Amplificadores

Existen diferentes tipos de etapas de potencia (Figura 6.97), independientes de la unidad principal, que amplifican la señal de salida de esta cuando es necesario alimentar altavoces de gran potencia. El criterio de elección de la etapa de potencia depende del número de altavoces que se desea instalar, la potencia de estos, así como del tipo de salidas que dispone la unidad principal.

Figura 6.97. Amplificador de potencia de *car audio.*

Ejemplo 6.33.

Instalación típica sin amplificación externa.

La instalación de audio estándar de la mayoría de los automóviles cuando se adquieren es la que se muestra en la Figura 6.98. Normalmente está formada por un sistema de dos vías separadas para la parte delantera y una pareja de altavoces coaxiales para la parte trasera. Todos los elementos de la instalación admiten poca potencia de entrada y se alimentan directamente del amplificador interno de la unidad principal.

Utilizar altavoces de vías separadas permite posicionar los altavoces de manera independiente y con mayor precisión, lo cual ofrece mayor control sobre la imagen del sonido.

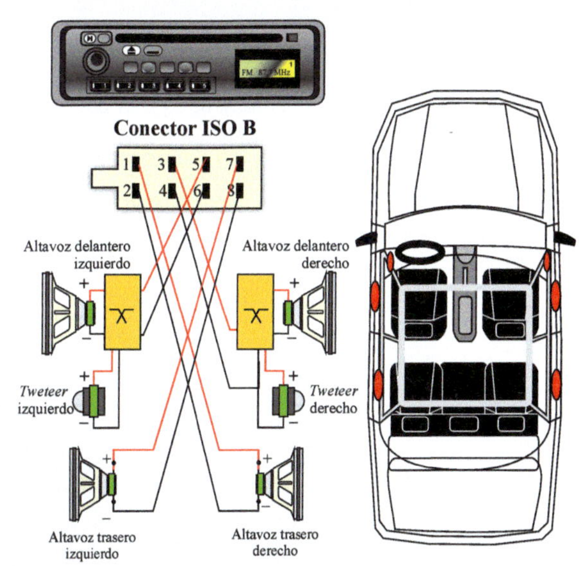

Figura 6.98. Instalación convencional sin amplificación externa.

SABÍAS QUE...

Si se utiliza un amplificador externo, es preferible utilizar la salida de bajo nivel RCA *pre-out* del autorradio, que se conectará a la entrada correspondiente del amplificador. Estas salidas son de bajo nivel y alta impedancia.

Instalación y conexión del amplificador de potencia

La **instalación de una etapa de potencia** se encuentra limitada, principalmente, por el espacio de montaje y por el calor que desprende, por lo que necesita espacio y ventilación. El amplificador de potencia, aunque dispone de controles para realizar ajustes, una vez instalado no es necesario que el usuario los modifique cuando está funcionando, por lo que este puede instalarse lejos del asiento del conductor, donde no moleste.

Un lugar habitual y adecuado para colocar el amplificador de potencia suele ser el maletero, aunque también se puede instalar en otras ubicaciones, como por ejemplo debajo de los asientos.

La etapa de potencia tiene dos partes claramente diferenciadas: una es la de alimentación eléctrica y la otra es la de sonido.

Alimentación eléctrica de la etapa de potencia

Las etapas de potencia se alimentan de manera independiente de la batería del automóvil, con corriente continua de 12 V, y protegida por su propio fusible. Las diferentes conexiones que se pueden encontrar en una etapa de potencia, tal y como se muestra en la Figura 6.99, son las de alimentación (+ y –) que provienen de la batería y la de *remote,* para la conexión automática de la etapa, desde la unidad principal.

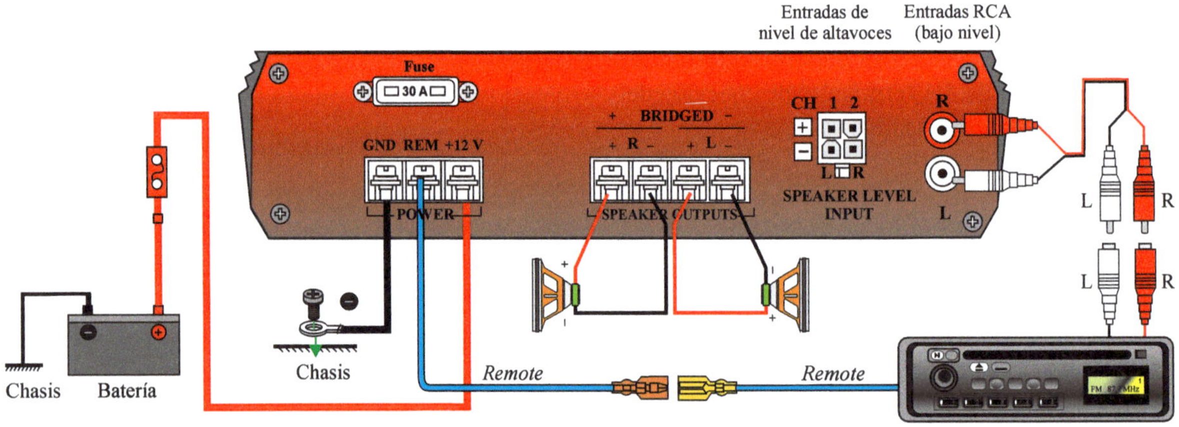

Figura 6.99. Conexión de un amplificador de dos canales.

Ejemplo 6.34.

Amplificador de cuatro canales.

Con un amplificador de 4 canales, de 100 W por canal y de impedancia de salida de 2 Ω como el de la Figura 6.100.a, se pueden alimentar los altavoces de la parte delantera y de la parte trasera del automóvil, ya que cada parte necesita dos canales de sonido: el izquierdo y el derecho.

En la Figura 6.100.b se utiliza la posibilidad de puentear las salidas (*bridged*) que este amplificador permite. De esta manera, además de alimentar una de las partes del automóvil, normalmente la trasera, con los dos canales libres en modo puente, utilizando su potencia combinada, se puede alimentar un *subwoofer.*

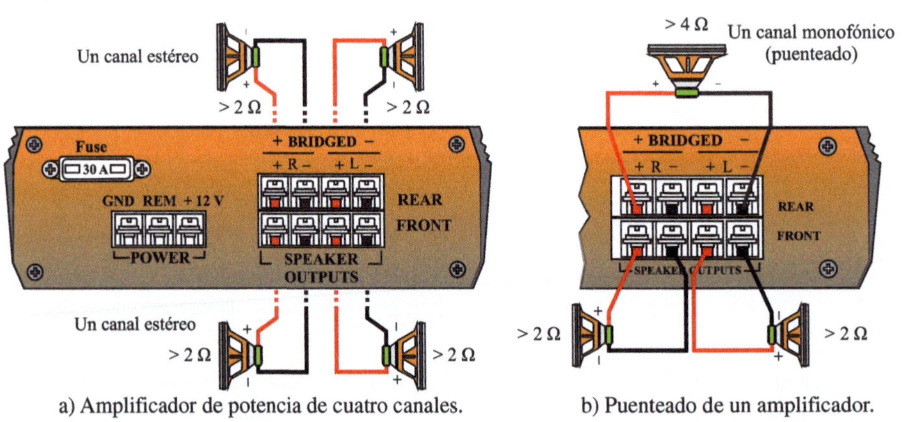

Figura 6.100. Ejemplo de amplificador de 4 canales.

Ejemplo 6.35.

Instalación típica con amplificación externa.

En el ejemplo de la Figura 6.101.a se utilizan altavoces de dos vías en la parte delantera y altavoces todo rango en la parte trasera, todos ellos amplificados por una etapa de potencia de 4 canales.

La utilización de la amplificación externa se ve claramente necesaria cuando se instala un *subwoofer,* tal y como se muestra en la Figura 6.101.b.

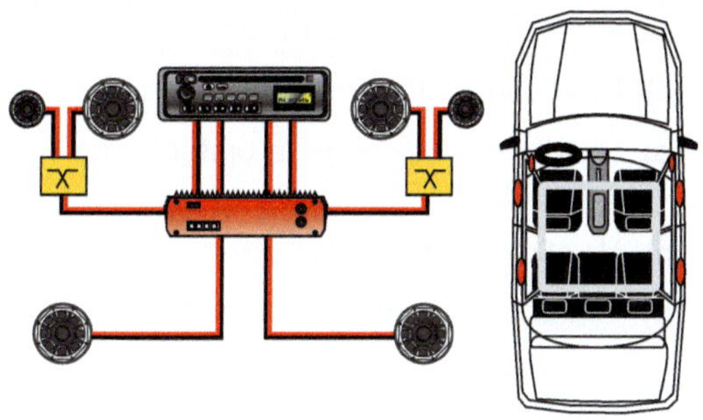

a) Amplificación de 4 canales de audio, altavoces coaxiales traseros.

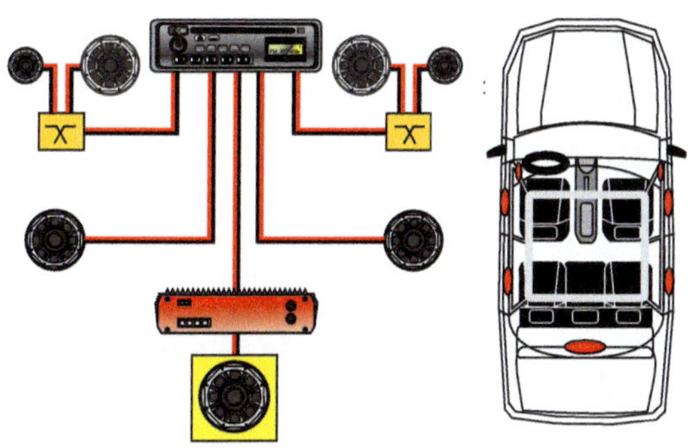

b) Amplificación del *subwoofer*.

Figura 6.101. Ejemplo de instalación con amplificación externa.

Conexión de las entradas de la señal de sonido

La etapa de potencia dispone de las entradas de la señal de sonido que será amplificada. La conexión de estas entradas, procedentes del filtro activo o de la unidad principal, se puede realizar de dos maneras diferentes:

- **Entradas de bajo nivel,** donde se conectan las salidas RCA que provienen del preamplificador de la unidad principal (autorradio). Esta conexión ofrece una calidad superior.
- **Entradas de alto nivel,** donde se conectan las salidas de los altavoces de la unidad principal del autorradio, normalmente del bloque B del conector ISO 10487.

La conexión de los altavoces

En función del número de canales del amplificador, este dispondrá de las salidas adecuadas para la conexión directa de los altavoces: dos terminales de salida por canal, positivo (+) y negativo (−).

6.9.8. Cableado

El **cableado** es el encargado de transportar la señal de audio a los altavoces y el suministro de corriente de la batería a los amplificadores y el resto de equipos activos de la instalación.

Para el correcto funcionamiento del sistema es necesario garantizar que tanto la sección del cableado de alimentación como la de sonido sean las adecuadas.

Utilizar un cable de sección insuficiente, además de provocar una caída de tensión excesiva, puede provocar su destrucción por el sobrecalentamiento provocado por la corriente que circula por él.

Páginas web de interés

Equipos y fabricantes

Sonelco. Empresa que comercializa diferentes sistemas de sonorización.

www.sonelco.com

UDE. Empresa que comercializa una amplia gama de equipos (amplificadores, etapas de potencia, sistemas de control, altavoces, etc.) y sistemas que cobren cualquier necesidad en los sistemas de intercomunicación, interfonía y sonorización en general.

www.udeaudio.com

EGI. Empresa que comercializa diferentes sistemas de sonorización.

www.egiaudio.com

Optimus, sonido y comunicación. Fabricante de sistemas de megafonía y sonorización.

www.optimusaudio.com

Pioneer. Fabricante de productos de entretenimiento para el automóvil.

www.pioneer.eu

Alpine. Fabricante de autorradios y diferentes equipos para sistemas de sonido en el automóvil.

www.alpine-europe.com

Kenwood. Fabricante de equipos para instalaciones de sonido en el automóvil.

www.kenwood.es

Beyma. Fabricante de altavoces, amplificadores, filtros y otros accesorios para instalaciones de sonido en el automóvil.

www.beyma.com

JBL. Fabricante de equipos para instalaciones de sonido.

www.jbl.com

Actividades de comprobación

6.1. ¿Qué tipo de instalación se considera de alta impedancia?

a) Tensión constante.

b) Impedancia constante.

c) Control descentralizado.

d) Corriente constante.

6.2. ¿Qué nivel de sonorización según la NTE-IAM se utilizará para la difusión de palabra y música con calidad media, que supone la distribución uniforme del nivel sonoro hasta una frecuencia de 5 kHz?

a) Nivel I. **b)** Nivel II.

c) Nivel III. **d)** Nivel IV.

6.3. ¿Qué altura media del oído de un oyente se estima como criterio para el cálculo del plano de sonorización de un altavoz?

a) 1,2 m cuando está sentado y de 1,8 m cuando permanece de pie.

b) 1,2 m cuando está de pie y de 1,8 m cuando permanece sentado.

c) 1,2 m en ambos casos.

d) 1,8 m en ambos casos.

6.4. ¿Para qué sistemas es adecuada la utilización de la normativa NTE-IAM como referencia para el diseño de una instalación?

a) Sistemas de sonorización de amplificación centralizada.

b) Sistemas de sonorización de amplificación y control distribuido.

c) Sistemas de sonorización mediante sistemas concentrados.

d) Ninguna de las respuestas anteriores es correcta.

6.5. Según la normativa NTE-IAM, ¿qué tipo de local tiene unos niveles de ruido comprendidos entre 65 dB y 80 dB?

a) Locales silenciosos. **b)** Locales normales.

c) Locales ruidosos. **d)** Locales muy ruidosos.

6.6. ¿Cuándo se deben instalar los altavoces en la pared?

a) Cuando la altura del techo sea superior a 4 m.

b) Cuando la anchura del recinto sea superior a 5 m.

c) Cuando la altura del techo sea superior a 6 m.

d) Cuando la anchura del recinto sea superior a 10 m.

6.7. ¿Cuál es la potencia máxima que puede acumular un circuito según la normativa NTE-IAM?

a) 20 W. **b)** 100 W.

c) 200 W. **d)** 500 W.

6.8. ¿Qué criterio de diseño es necesario utilizar en los sistemas de sonorización?

a) Nivel sonoro 10 dB por encima del nivel de ruido.

b) Distribución del sonido uniforme en la zona de escucha.

c) Nivel de inteligibilidad adecuado.

d) Todas las anteriores son respuestas correctas.

6.9. ¿Qué dispositivo se utiliza en una instalación de control y amplificación distribuida para amplificar la señal de sonido?

a) Central de sonido.

b) Mando de regulación.

c) Módulo de intercomunicación.

d) Todas las respuestas anteriores son correctas.

6.10. ¿Cuántos conductores como mínimo debe tener el bus de una instalación de sonido con control y amplificación distribuido si se debe suministrar dos canales de sonido estéreo?

a) 2. **b)** 4.

c) 6. **d)** 8.

6.11. ¿Qué tipo de conector normalmente integran los altavoces utilizados en la sonorización de espectáculos?

a) RCA.

b) XLR.

c) Speakon.

d) Todas las respuestas anteriores son correctas.

6.12. ¿Qué terminal se utiliza en la etapa de potencia para conectar el amplificador únicamente cuando entre en funcionamiento la unidad principal del sistema?

a) *Remote.*

b) Entrada de iluminación de 12 V conmutados.

c) Entrada de 12 V constantes.

d) SVC (*Speed Controlled Volume*).

6.13. ¿Qué dispositivo permite la conexión de un instrumento musical a la mesa de mezclas y un amplificador externo?

a) Caja de inyección.

b) Caja de conexiones.

c) Ecualizador.

d) Sistema In-Ear.

6.14. ¿Cuántos canales serían necesarios en la etapa de potencia para amplificar la señal que se aplica a los altavoces delanteros y traseros de un vehículo, además de un *subwoofer*?

a) 1 canal.

b) 3 canales.

c) 4 canales.

d) 5 canales.

6.15. ¿Qué tipo de altavoces se utilizan habitualmente en el interior de un vehículo?

a) Altavoces de doble cono.

b) Altavoces coaxiales.

c) Altavoces de vías separadas.

d) Todas las respuestas anteriores son correctas.

6.16. ¿Qué bloque de conexiones del conector ISO proporciona las salidas de los altavoces?

a) Bloque A.

b) Bloque B.

c) Bloque C.

d) Bloque D.

6.17. ¿Qué tipo de filtro de cruce se alimenta desde la batería de un automóvil?

a) Activo.

b) Pasivo.

c) Los dos tipos.

d) Ninguno de los dos.

6.18. ¿Qué salidas de la unidad principal de un vehículo proporcionan una mejor calidad de señal cuando se alimenta una etapa de potencia?

a) Salida de bajo nivel de la conexión RCA (*pre-out*).

b) Salida de alto nivel procedente de conector ISO.

c) Salida de altavoces procedente del conector ISO.

d) Todas las respuestas anteriores son ciertas.

Actividades de aplicación

6.19. En la Figura 6.102 se muestra el diseño de una instalación de megafonía de tres programas simultáneos en un edificio de oficinas formado por una planta baja y dos plantas superiores, con dos locales independientes por planta. El nivel de ruido presente en los locales es de 80 dB. Los niveles de sonoridad que se pretenden diseñar son nivel III en la planta baja y nivel II en las plantas 1.ª y 2.ª. Las dimensiones de los locales son:

- PB: dos recintos de dimensiones: 25 m × 10 m × × 3,5 m.
- P1 y P2: dos recintos de dimensiones: 25 m × × 10 m × 3,0 m.

Recuerda

Como existen tres programas simultáneos, se deben instalar los equipos de selección de canal y si es necesario los atenuadores.

Se pide realizar el diseño de la instalación siguiendo como criterio la normativa NTE-IAM:

a) Número *n* de altavoces por local.

b) Potencia eléctrica de los altavoces.

c) Impedancia del primario del transformador.

d) Sección de los tramos de la línea de distribución.

e) Diámetro D de los tubos.

f) Potencia de la unidad amplificadora.

g) Como existen tres programas simultáneos, ¿dónde instalarías los equipos de selección de canal y, si es necesario, los atenuadores?

6.20. En la Figura 6.103 se muestra el plano de un local musical. La altura del local es de 4 m. Propón diferentes configuraciones que se ajusten a las características acústicas del local, tipo de instalación, relacionando los materiales y equipos necesarios:

a) Realiza los cálculos (potencias, sección de conductores, impedancias, etc.) necesarios para la configuración de la instalación.

b) Selecciona a partir de catálogos técnico-comerciales los equipos y materiales que cumplan las especificaciones establecidas.

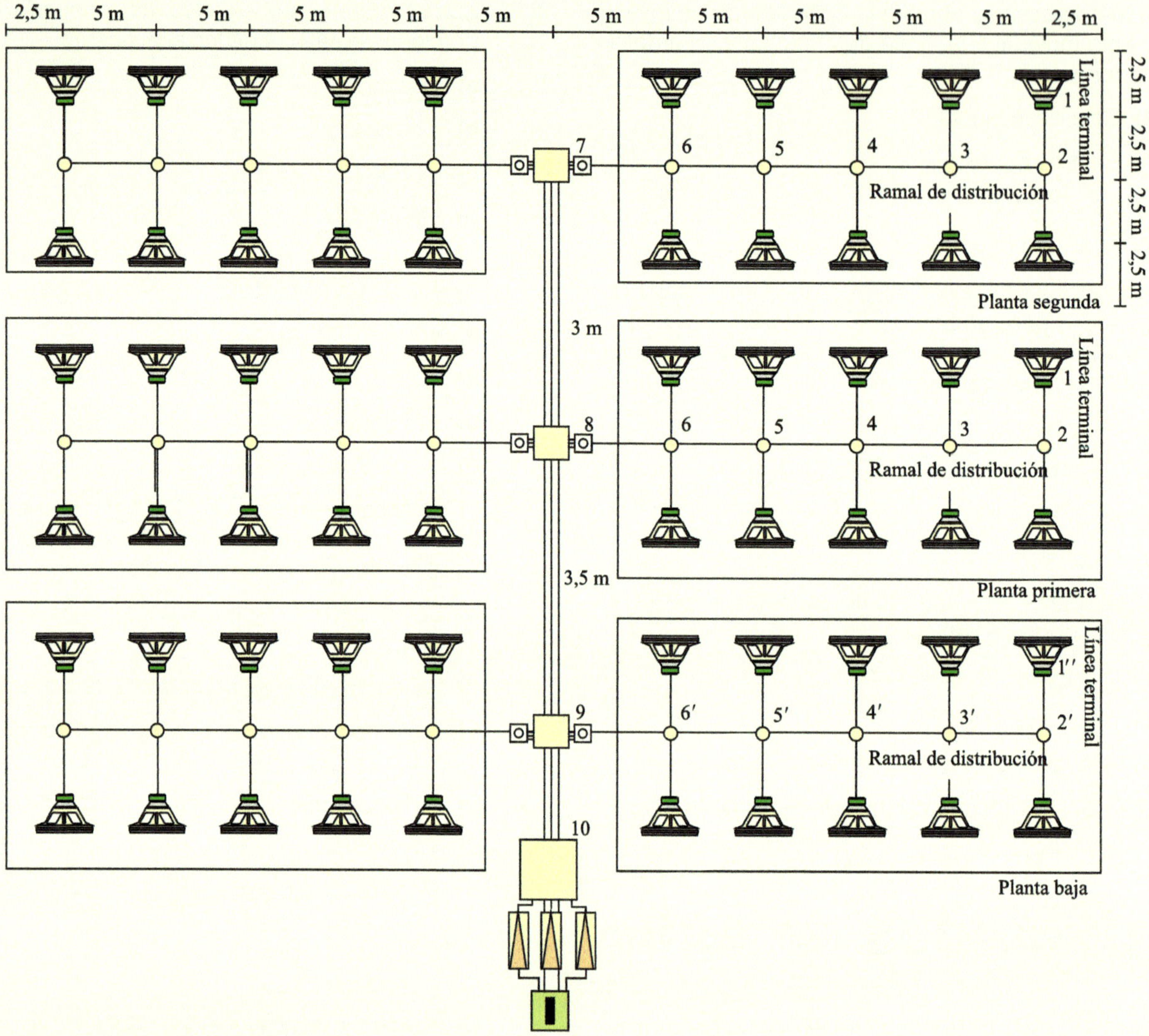

Figura 6.102. Instalación de la Actividad 6.11.

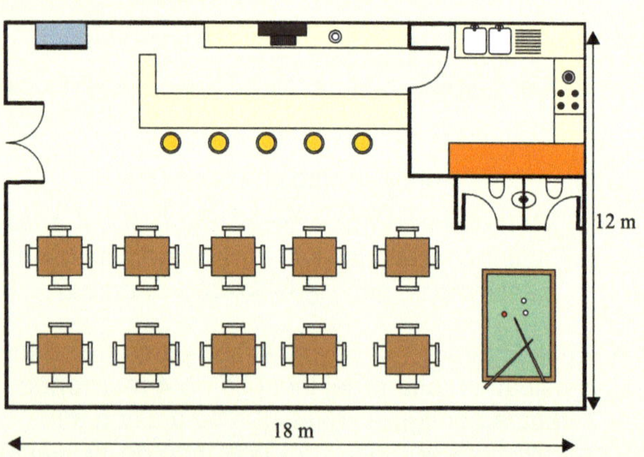

Figura 6.103. Local musical.

c) Documenta el proceso que se debe seguir en el montaje de la instalación configurada:

- Planos.
- Esquemas.
- Pruebas y ajustes.
- Lista de materiales.
- Plan de montaje.

d) Elabora la documentación que se debe entregar al cliente:

- Presupuesto.
- Instrucciones de funcionamiento y mantenimiento.

6.21. En la Figura 6.104 se muestra el plano de una vivienda que se desea sonorizar. Se desean distribuir dos canales de sonido estéreo por la instalación. A partir de un sistema comercial o de los materiales disponibles en el aula taller:

a) Selecciona a partir de catálogos técnico-comerciales los equipos y materiales que cumplan las especificaciones de la instalación.

b) Documenta el proceso que se debe seguir en el montaje de la instalación.

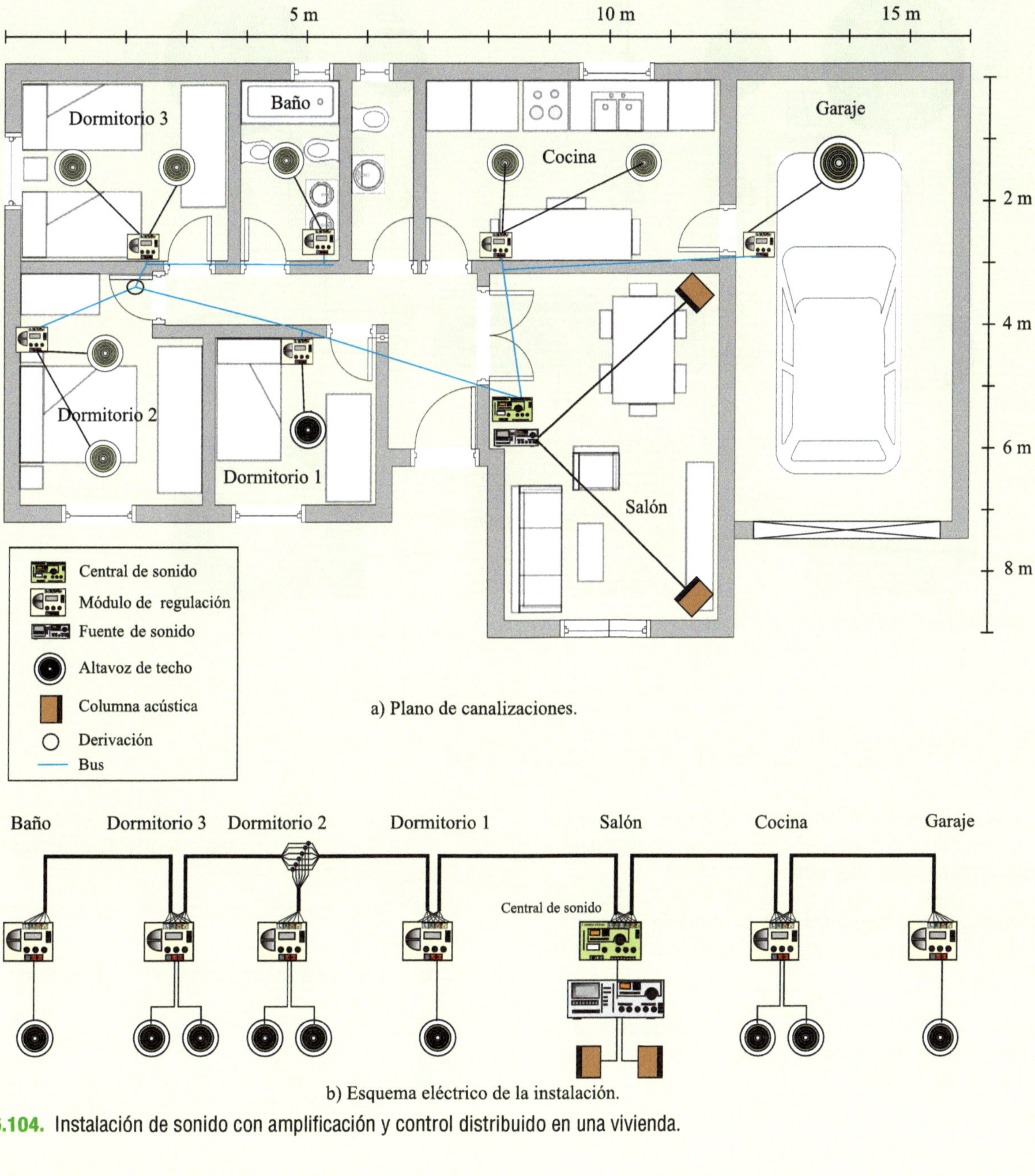

Figura 6.104. Instalación de sonido con amplificación y control distribuido en una vivienda.

c) Realiza el montaje y la puesta en marcha de la instalación.

d) Elabora la documentación que se debe entregar al cliente.

e) Elabora el manual de instrucciones y mantenimiento para un cliente hipotético.

6.22. Instalación de un sistema de sonido para vehículo. Realiza la instalación completa de todos los elementos que componen la instalación de audio en un vehículo. La Figura 6.105 muestra una propuesta de instalación:

a) Identifica los componentes utilizados en la instalación.

b) Tomando como base la instalación, elabora el presupuesto seleccionando en los catálogos de fabricantes los materiales necesarios, anotando las principales características de cada uno de ellos.

c) Identifica el tipo de conexiones que se utilizan para conectar cada uno de los componentes de la instalación.

d) Realiza la instalación y verifica el correcto funcionamiento de cada una de las etapas.

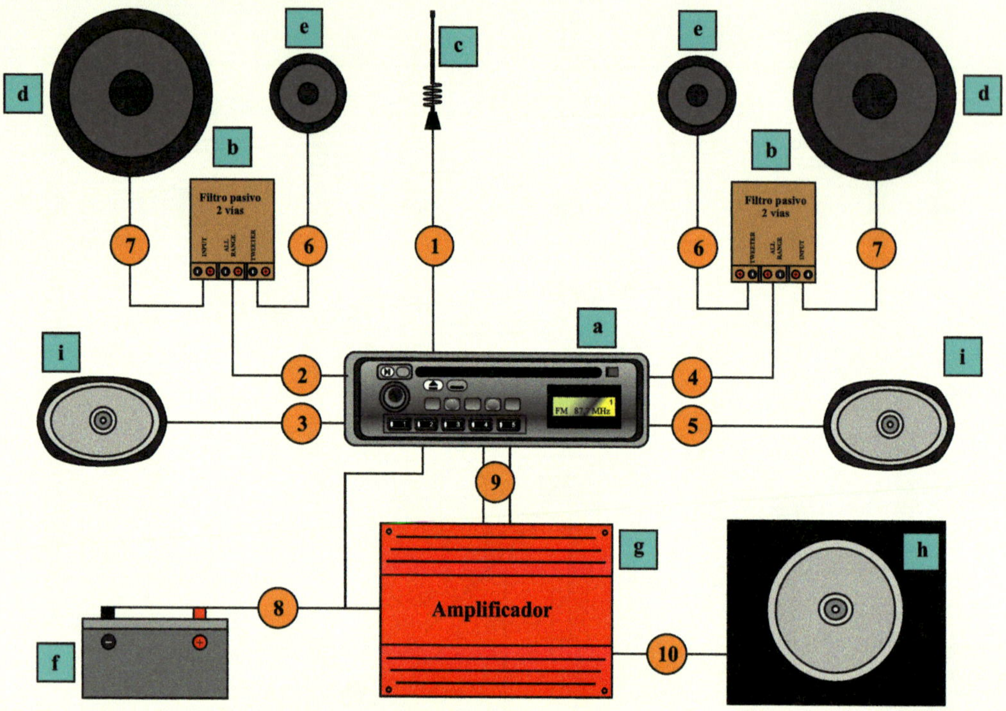

Figura 6.105. Análisis y montaje de una instalación de sonido del automóvil.

Actividades de refuerzo

6.23. Clasifica las instalaciones de megafonía y sonorización en función del criterio de ubicación de los amplificadores y los elementos de control.

6.24. Clasifica las instalaciones de megafonía y sonorización en función del criterio de ubicación de los altavoces.

6.25. Indica el tipo de asociación de altavoces que se puede utilizar en cada uno de los sistemas de sonorización estudiados:

a) Línea de impedancia constante.

b) Línea de tensión constante.

6.26. ¿Qué dos parámetros eléctricos son los más importantes que se deben considerar en la elección de un altavoz para una línea de tensión constante?

6.27. ¿Qué criterio se utiliza para determinar el número máximo de altavoces que se pueden conectar a un amplificador con línea de tensión constante?

6.28. ¿Qué ventajas y desventajas presentan las instalaciones de impedancia constante? ¿Y las de tensión constante?

6.29. En una instalación de sonorización exterior, un amplificador de 300 W como el de la Figura 6.106 está conectado a un altavoz de sensibilidad 90 dB/1 W/1 m. Calcula cuando se alimenta a la potencia nominal:

a) Tensión en bornes del altavoz y corriente que circula por él.

b) Nivel de presión sonora a 1 m de distancia del altavoz.

c) Nivel de presión sonora a 100 m del altavoz.

d) ¿Qué sucedería si se conecta un altavoz de 4 Ω al amplificador? ¿Y si se conecta un altavoz de 16 Ω?

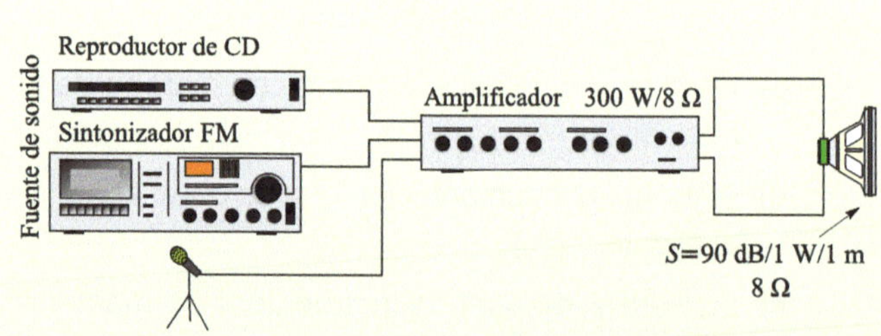

Figura 6.106. Instalación de altavoces en exteriores.

6.30. En la instalación de la Figura 6.107 se utiliza acoplamiento directo entre el altavoz y el amplificador. Ambos elementos están separados una distancia de 100 m. Justifica la respuesta de las cuestiones siguientes:

a) Si consideramos la línea de transmisión ideal, ¿qué potencia disipará el altavoz? ¿Se puede considerar que existe adaptación de impedancias en este caso? ¿Por qué?

b) Si consideramos el efecto de la línea de transmisión, ¿qué resistencia presenta esta si se utiliza cable de sección de 1 mm^2? ¿Qué potencia disipa en estas condiciones el altavoz?

c) ¿Cómo disminuirías las pérdidas que se producen en el caso anterior debidas a la línea de transmisión?

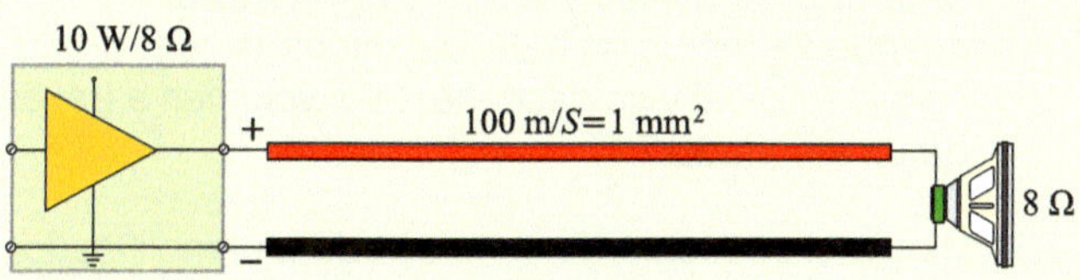

Figura 6.107. Conexión directa de altavoces.

6.31. Calcula la impedancia de la asociación de altavoces conectada al amplificador en cada uno de los casos indicados en la Figura 6.108.

Justifica si el amplificador está adaptado en impedancia o no y las consecuencias que produce cada asociación en el amplificador.

Calcula también, cuando sea posible, la potencia disipada por cada altavoz.

6.32. Indica en cuál de los casos de la Figura 6.109 existe adaptación de impedancias. En caso contrario, explica qué pasaría.

6.33. ¿Cuál crees que es el principal problema de los transformadores de audio utilizados en las instalaciones de tensión constante?

6.34. ¿Qué potencia (*P*) máxima debe tener el altavoz de la Figura 6.110 para que el amplificador no sobrepase la potencia máxima que puede suministrar?

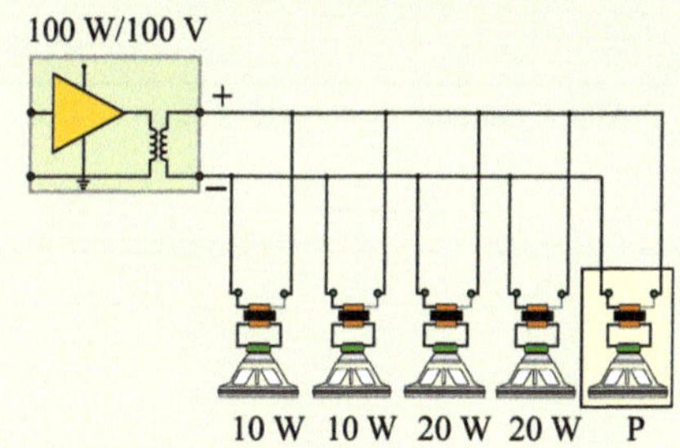

Figura 6.110. Adaptación de impedancias en líneas de tensión constante.

6.35. Según la normativa NTE-IAM, contesta las siguientes cuestiones:

a) ¿Para qué tipo de instalaciones es adecuada?

b) ¿Qué niveles de ruido son los habituales en los locales?

c) ¿En qué niveles de calidad se clasifican las instalaciones?

6.36. En base a la Figura 6.111, justifica, cuando se utilizan altavoces de techo, cómo influye la altura de un recinto en el nivel de sonoridad. ¿Y el ángulo de cobertura del altavoz? ¿Cómo influyen los parámetros anteriores en la separación adecuada de los altavoces?

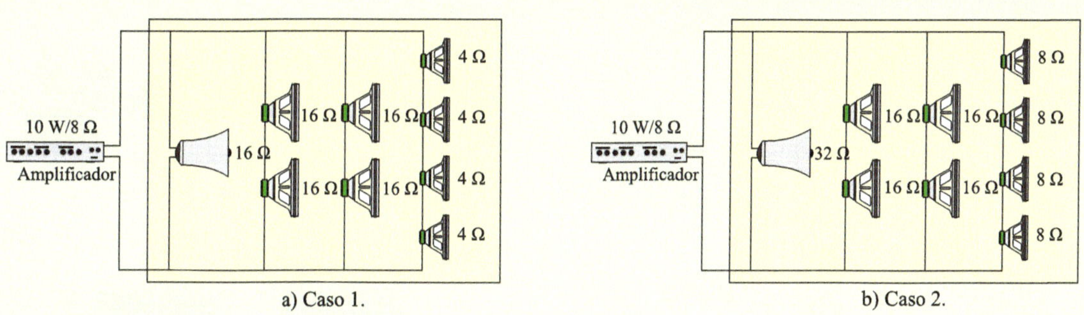

Figura 6.108. Asociación de altavoces.

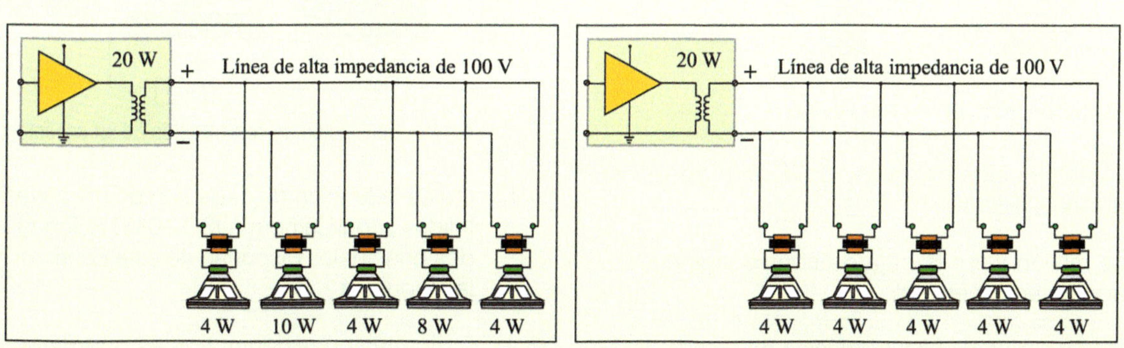

Figura 6.109. Instalación de altavoces en una línea de tensión constante de 100 V.

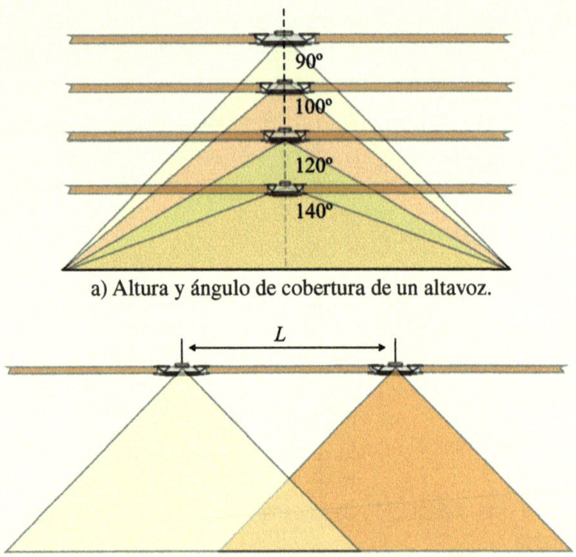

a) Altura y ángulo de cobertura de un altavoz.

b) Distancia de separación entre altavoces.

Figura 6.111. Cobertura de un altavoz.

6.37. ¿Qué superficie respecto del suelo cubre un altavoz con ángulo de cobertura de 90° a una altura de 3 m? ¿Y si se considera que los oyentes permanecen sentados? ¿Y si estos están de pie?

6.38. Evalúa el número de altavoces necesarios para obtener un nivel de sonoridad uniforme en toda la estancia de la Figura 6.112, si se utilizan altavoces con un ángulo de cobertura de 100° y la altura del techo es de 3 m.

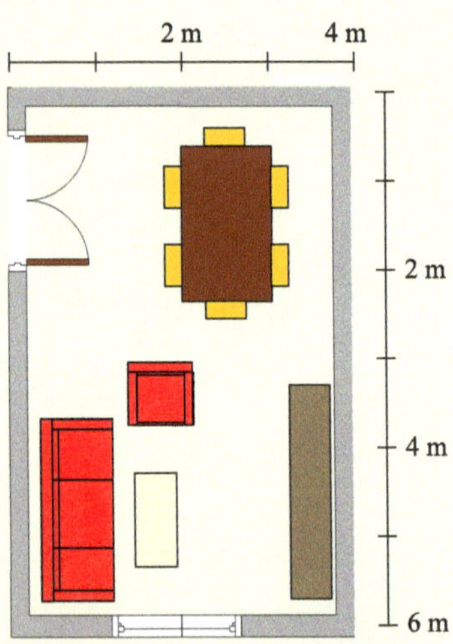

Figura 6.112. Sonorización de una sala de estar.

6.39. ¿Qué es una caja de inyección (DI)? ¿Cuándo es necesario utilizarla?

6.40. ¿Qué misión tiene la caja de conexiones del cableado de un escenario?

6.41. ¿Qué dispositivo de una instalación de amplificación y control distribuido amplifica la señal de sonido?

6.42. Indica la función de cada uno de los elementos siguientes que forman parte de una instalación de amplificación y control distribuido:

a) Bus del sistema.

b) Central de sonido.

c) Mandos de regulación.

d) Amplificadores.

e) Fuentes de alimentación.

6.43. ¿Qué diferencia existe entre un sistema que utiliza prioridad de avisos y otro sin prioridad de avisos, cuando se recibe un mensaje mientras se reproduce hilo musical y se desconecta el volumen a través de un atenuador?

6.44. Dibuja el esquema de conexión de un amplificador, un altavoz y un atenuador con prioridad de avisos de 3 hilos en una línea de tensión constante de 100 V.

6.45. Realiza el esquema de un sistema de sonorización centralizado con línea de 100 V, en el cual consten los siguientes elementos:

- Amplificador de 100 W.
- Micrófono.
- Fuente de sonido.
- 10 altavoces.

6.46. Identifica en el esquema de la Figura 6.113 los principales elementos que integran una instalación para la sonorización de un espectáculo.

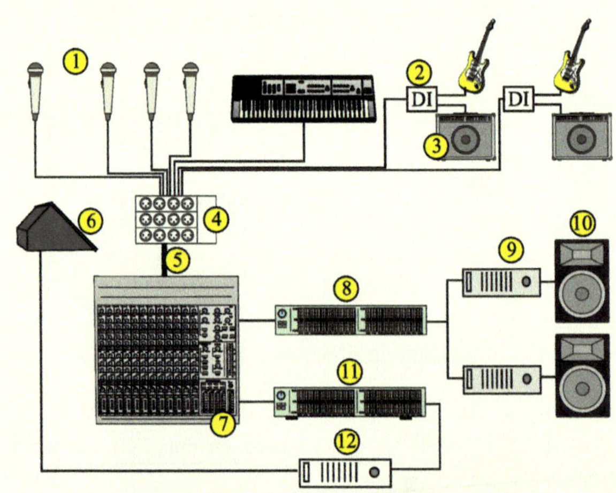

Figura 6.113. Instalación de sonorización de un espectáculo.

6.47. Indica la función de cada uno de los conectores definidos según la norma ISO 10487. ¿Todas las unidades principales disponen de este conector? Justifica la respuesta.

6.48. Indica las conexiones típicas que dispone la unidad principal del equipo de sonido de un vehículo.

6.49. Especifica en la Figura 6.114 dónde se conectan cada uno de los terminales del conector B definido en la norma ISO 10487.

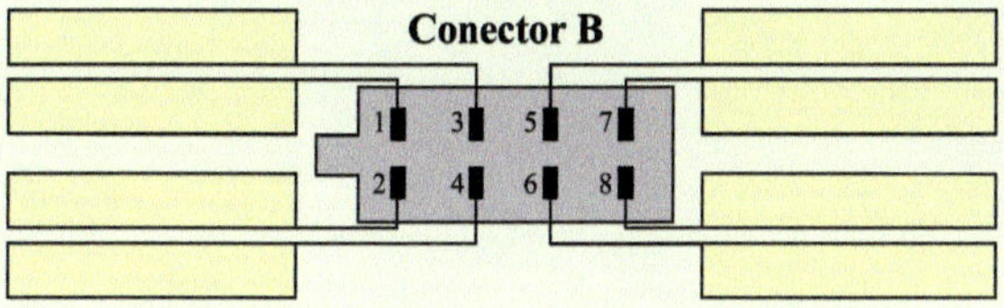

Figura 6.114. Conector B definido en la norma ISO 10487.

6.50. ¿Qué función tiene la conexión *remote* que acompaña a la alimentación de un amplificador de la etapa de potencia de un automóvil? ¿De dónde proviene esta entrada?

6.51. Indica en la Figura 6.115 una disposición típica de altavoces utilizada en el interior de un vehículo. Especifica los tipos de altavoz más adecuados en función de su ubicación y los elementos auxiliares necesarios para instalarlos. Indica también cuándo puede ser necesaria en la instalación propuesta la utilización de una etapa de potencia.

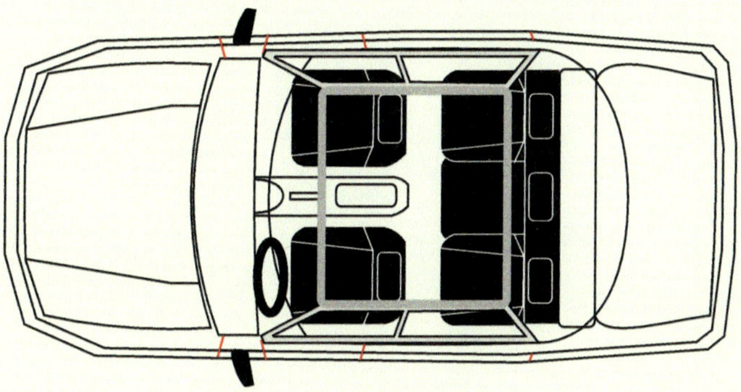

Figura 6.115. Ubicación típica de los altavoces en un vehículo.

6.52. En la Figura 6.116 se muestra un ejemplo típico de instalación de sonido, que proporciona una calidad de sonido excelente. Contesta las cuestiones siguientes:

a) Identifica los componentes que forman la instalación.

b) ¿Qué tipo de altavoces se utilizan? ¿En qué parte del automóvil deben instalarse?

c) ¿Cuántos canales debe tener cada una de las etapas de potencia utilizadas?

d) Indica para cada equipo las conexiones de alimentación que disponen.

Figura 6.116. Esquema de una instalación de sonido en el automóvil.

7 Megafonía de seguridad y emergencia

Contenidos

Objetivos

- Identificar los elementos, componentes y partes que componen las instalaciones de megafonía de alarma por voz y relacionarlos con la función que realizan dentro de una instalación de megafonía de seguridad y emergencia.
- Interpretar la documentación técnica de los sistemas de alarma por voz proporcionada por el fabricante.
- Configurar pequeñas instalaciones de alarma por voz, seleccionando los equipos y elementos más adecuados según las características de la instalación.

El principal objetivo de los sistemas de alarma es salvar vidas, siendo indispensable avisar lo antes posible de la situación de peligro. Los dispositivos convencionales como las sirenas son económicos, pero las personas apenas siguen estas señales y suelen ignorarlas por desconocimiento de su significado.

Por ello, cada vez es más común la utilización de megafonía de seguridad y emergencia basada en sistemas de alarma por voz, los cuales emiten mensajes de emergencia hablados cuando se detecta una alarma.

7.1. Sistemas de alarma

La Figura 7.1 representa de manera simplificada el **proceso de evacuación** de un edificio.

SABÍAS QUE...

Una alarma es una señal, o condición, de advertencia de una emergencia.

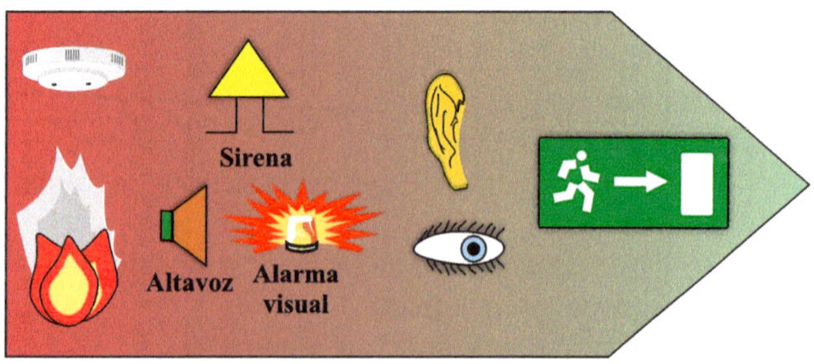

Figura 7.1. Proceso de evacuación.

Los sistemas de seguridad y emergencia, como por ejemplo los sistemas de detección de incendios, que disponen edificios industriales, establecimientos comerciales, oficinas, etc., emiten una **alarma** en caso de peligro, como, por ejemplo, cuando se origina y se detecta un incendio.

Los **sistemas de transmisión de alarma** se pueden clasificar en dos categorías diferentes:

- Sistemas de indicación acústica o sirenas.
- Sistemas de alarma por voz.

Las personas que ocupan un recinto deben tener conocimiento del significado de la señal de alarma y deben estar preparadas para actuar, hasta evacuar el edificio si es necesario. Esto requiere, como norma general, entrenamiento y realización de simulacros.

En ocasiones, cuando a una persona se le informa de una situación de emergencia mediante una alarma acústica, queda confundida por el desconocimiento de la situación que indica (evacuación, incendio, confinamiento...). Esto ocurre, por ejemplo, entre las personas ajenas a la edificación, como puede ser el público de un espectáculo o las personas que visitan un centro comercial. En estas circunstancias puede ser más efectiva la utilización de **mensajes de aviso hablados** en lugar de alarmas acústicas o visuales.

Los sistemas de alarma tradicionales basados en sirenas e indicadores acústicos o visuales, actualmente se están remplazando por sistemas de megafonía de seguridad y emergencia basados en sistemas de alarma por voz.

SABÍAS QUE...

En ambientes muy ruidosos, con un nivel acústico ambiental superior a los 90 dBA o donde se utilicen cascos de protección, se deben instalar dispositivos de alarma visual, en número suficiente para poder visualizarlos en toda el área protegida.

7.1.1. Sistemas de alarma por voz

Un **sistema de alarma por voz** es un sistema de alarma que utiliza mensajes de voz almacenados electrónicamente o emitidos de manera directa por un supervisor, conjuntamente o no con otras señales acústicas, con el objetivo de emitir una alarma en caso de emergencia.

Los sistemas de evacuación por voz deben poder emitir señales de alerta y mensajes de voz a una o más áreas de forma simultánea y, además, realizar la emisión inteligible de información sobre las medidas a tomar para la protección de la vida de las personas.

Por tanto, además de las señales acústicas equivalentes a las sirenas, estos sistemas permiten la emisión de mensajes de voz.

SABÍAS QUE...

Una de las ventajas de los sistemas de alarma por voz es que las personas afectadas, en lugar de ser únicamente alertadas, reciben información inmediata sobre la acción correcta que deben realizar.

Para garantizar la eficacia ante una emergencia, los sistemas de alarma por voz, tal y como se muestra en la Figura 7.2, se pueden activar de manera manual o automática:

- **Activación automática.** Cuando se activa una alarma, por ejemplo del sistema de detección de incendios (SDI), el sistema opera de manera automática, iniciando un proceso de evacuación preprogramado, que normalmente consiste en una señal acústica de alarma, seguido por un mensaje de voz grabado en la memoria del sistema, el cual transmite instrucciones habladas directamente a las zonas de altavoces, previamente configuradas, del edificio.
- **Activación manual.** Una vez iniciado el modo de funcionamiento automático, es común que personal autorizado, como por ejemplo los bomberos, proporcionen instrucciones individuales adaptadas a la situación de peligro, las cuales se transmiten

habladas a través de un micrófono del sistema de alarma.

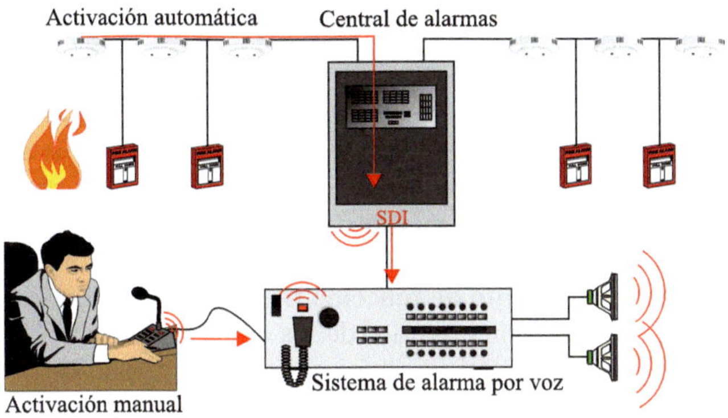

Figura 7.2. Activación de las alarmas.

Los sistemas de alarma por voz, con frecuencia, también se utilizan como sistemas de megafonía para otros fines de comunicación distinta a la emisión de alarmas, como por ejemplo la transmisión de música de fondo y avisos generales. Sin embargo, uno de los requisitos de los sistemas de seguridad es que, en caso de emergencia, tenga prioridad la alarma por voz.

7.1.2. Normativa de referencia aplicable en los sistemas de alarma por voz

En la Tabla 7.1 se resumen las principales normas de referencia aplicables en los sistemas de evacuación por voz y detección de incendios.

La norma **UNE-EN 50849,** sobre Sistemas de sonido para servicios de emergencia, define los requisitos que deben cumplir tanto los equipos utilizados como su instalación en los sistemas electroacústicos para servicios de seguridad y emergencia. Esta norma queda restringida a sistemas de megafonía en situaciones de emergencia que no sean parte del sistema de evacuación en caso de incendio.

La norma **EN 54,** sobre Sistemas de detección y alarma de incendio, es una norma europea adoptada en nuestro país bajo la norma UNE 23007, que cubre aspectos que dan cobertura a los sistemas de evacuación por voz, debido a la creciente tendencia en la integración de los sistemas de detección de incendio con estos sistemas. Por lo tanto, los sistemas de alarma por voz para uso en caso de incendios deben cumplir el conjunto de normas EN 54.

Recuerda

La norma EN 54 se ha adoptado en nuestro país como norma UNE 23007.

El **Documento Básico de Seguridad en caso de Incendio** (DB-SI) del **Código Técnico de la Edificación (CTE)** tiene por objeto establecer reglas y procedimientos que permiten cumplir las exigencias básicas de seguridad en los edificios en caso de incendio, definiendo, entre otros, los sistemas de detección y alarma de incendios que deben disponer los edificios o establecimientos en función de su uso.

En el **RD 513/2017** se aprueba el **Reglamento de Instalaciones de Protección Contra Incendios (RIPCI),** el cual determina las condiciones y los requisitos exigibles al diseño, instalación/aplicación, mantenimiento e inspección de los equipos, sistemas y componentes que conforman las instalaciones de protección activa contra incendios.

En su anexo I se especifican las características y las condiciones de instalación de los equipos y sistemas de protección contra incendios y se incluyen algunas referencias a las características que deben reunir los equipos y sistemas de protección activa contra incendios, relacionados con los sistemas de alarma por voz, así como sus partes o componentes, haciendo referencia a la norma EN 54:

Tabla 7.1. Principales normas de referencia en los sistemas de evacuación por voz y detección de incendios

Norma		Descripción
CTE. DB-SI		Código Técnico de la Edificación. Documento Básico de Seguridad en caso de Incendio.
RD 513/2017		Reglamento de Instalaciones de Protección Contra Incendios (RIPCI).
UNE-EN 50849		Sistemas de sonido para servicios de emergencia.
EN 54. Sistemas de detección y alarma de incendio.	EN 54-4	Equipos de suministro de alimentación.
	EN 54-16	Control de la alarma por voz y equipos indicadores.
	EN 54-24	Componentes de los sistemas de alarma por voz. Altavoces.
	EN 54-32	Instalación, diseño y mantenimiento de las instalaciones de evacuación por voz.
UNE-EN 50575		Cables de energía, control y comunicación. Cables para aplicaciones generales en construcciones sujetos a requisitos de reacción al fuego.

- **EN 54-4.** El equipo de suministro de alimentación deberá llevar el marcado CE, de conformidad con la norma EN 54-4, adoptada como UNE 23007-4.
- **EN 54-16.** Los sistemas de control de alarma de incendio por voz y sus equipos indicadores deberán llevar el marcado CE, de conformidad con la norma UNE-EN 54-16.
- **EN 54-24.** Los altavoces del sistema de alarma de incendio por voz deberán incorporar el marcado CE, de conformidad con la norma UNE-EN 54-24.
- Los sistemas electroacústicos para servicios de emergencia, serán conformes a lo establecido en la norma UNE-EN 50849.

SABÍAS QUE...

Los componentes de los sistemas automáticos de detección de incendios y alarma de incendio deberán llevar el marcado CE, de conformidad con las normas de la serie UNE-EN 54.

7.1.3. Lugares de pública concurrencia

En **lugares de pública concurrencia** donde existe un gran número de personas, tales como centros comerciales, hospitales, etc., es importante contar con un sistema de avisos y evacuación que, ante situaciones de emergencia, garantice el desalojo rápido y ordenado del edificio.

La **ITC-BT 28** del REBT se aplica a las instalaciones eléctricas en los locales de pública concurrencia, como por ejemplo locales de espectáculos y actividades recreativas y locales de reunión, trabajo y usos sanitarios. Esta instrucción tiene por objeto garantizar la correcta instalación y funcionamiento de los servicios de seguridad, en especial aquellos dedicados a alumbrado que faciliten la evacuación segura de las personas o la iluminación de puntos vitales de los edificios.

Para los servicios de seguridad la **fuente de energía** debe ser elegida de forma que la alimentación esté asegurada durante un tiempo apropiado. La alimentación de los servicios de seguridad debe proceder de las siguientes fuentes:

- Baterías de acumuladores.
- Generadores independientes (grupo electrógeno).
- Derivaciones separadas de la red de distribución, efectivamente independientes de la alimentación normal. Es decir, centro de transformación diferente al que alimente el local en condiciones normales.

Los **cables eléctricos** destinados a circuitos de servicios de seguridad no autónomos o a circuitos de servicios con fuentes autónomas centralizadas, deben mantener el servicio durante y después del incendio, siendo conformes a las especificaciones de la norma UNE-EN 50200 y tendrán emisión de humos y opacidad reducida.

Los cables que se utilizan en cualquier receptor conectado a una central de detección de incendios, así como los de la megafonía de seguridad para sistemas de alarma en locales de pública concurrencia, deben cumplir las prescripciones del **Reglamento de Productos de la Construcción** (CPR) e incluir el marcado CE, en relación con su **comportamiento de reacción frente al fuego.** Los cables instalados en el interior de los edificios (Figura 7.3) deben cumplir los niveles mínimos obligatorios de la clasificación **Cca-s1b, d1, a1.**

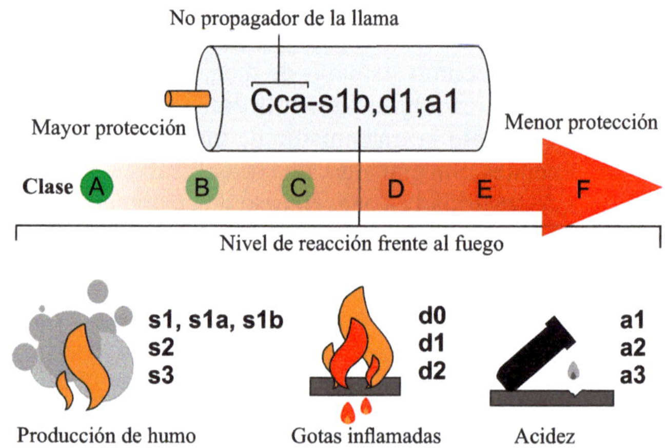

Figura 7.3. Reacción frente al fuego de los cables.

En edificios de uso hospitalario y en edificios de pública concurrencia para más de 500 personas, los cuales abarcan los de uso cultural (restauración, espectáculos, reunión, deporte, auditorios...), religioso y de transporte de personas, es obligatorio un sistema de alarma de incendios combinado con un sistema de alarma por voz, certificado según la norma EN 54.

7.2. Sistemas de alarma por voz

Un sistema de alarma por voz se utiliza cuando se requiere transmitir una alarma mediante mensajes de voz, de manera automática, por lo que este se comunica con la central de detección de alarmas a la espera de que ocurra una situación de emergencia.

La Figura 7.4 presenta los principales componentes que forman parte de este tipo de sistemas. Están constituidos como mínimo por una unidad de control (central de gestión) y amplificadores de sonido asociados a un conjunto de altavoces.

El sistema de alarma por voz está protegido contra el fallo de la alimentación, por lo que debe incluir un sistema de alimentación de emergencia (baterías).

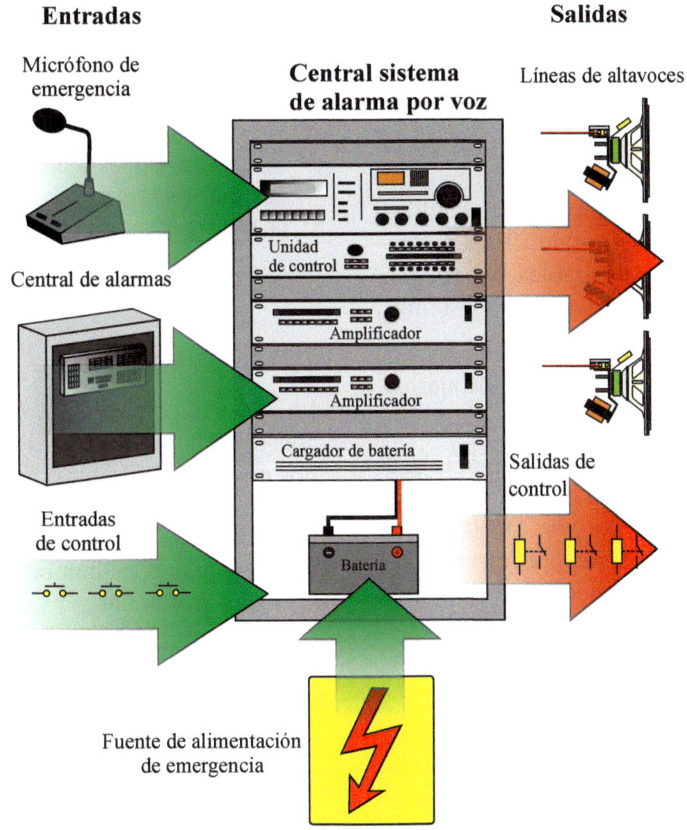

Figura 7.4. Arquitectura típica de un sistema de evacuación por voz.

La comunicación de los diferentes componentes que forman el sistema de alarma puede realizarse mediante protocolos de comunicaciones o a través de los contactos de control de entrada y salida que disponen la mayoría de los dispositivos.

7.2.1. Requisitos de los sistemas de megafonía de seguridad y emergencia

La normativa **UNE-EN 50849** define los requisitos que deben cumplir los sistemas de sonido para servicios de seguridad y emergencia.

La norma especifica las características que deben reunir los equipos utilizados en la instalación, pero también establece una serie de aspectos que son responsabilidad del instalador y del usuario final, ya que define las bases del diseño de la instalación, su instalación, así como su mantenimiento y explotación.

Los sistemas de alarma por voz para uso en caso de incendios deben cumplir el conjunto de normas EN 54.

7.2.2. Central de detección de alarmas

Los **sistemas de alarma** se basan en la utilización de diferentes detectores, por ejemplo de incendio, distribuidos por todo el edificio, los cuales están conectados a una **central de detección de alarmas,** como la de la Figura 7.5, la cual es capaz de activar sirenas u otros dispositivos de aviso cuando se activa uno de estos detectores.

Figura 7.5. Central de detección de alarmas.

En los **sistemas de alarma por voz,** la central de detección de alarmas se comunica directamente con el sistema de megafonía de seguridad y emergencia. La asociación de un sistema de megafonía con el panel de control de una central de alarmas permite la identificación individual de los detectores y su estado, permitiendo ante una situación de alarma disponer de información en tiempo real, de manera que es posible dirigir a la zona afectada los mensajes de alarma de voz grabados en el sistema.

7.2.3. Comunicación del sistema de megafonía con la central de alarmas

Algunos sistemas permiten la integración de las señales procedentes de la central de detección de alarmas con las centrales de evacuación y alarma por voz mediante protocolos de comunicaciones digitales. Esta posibilidad simplifica de manera notable el cableado y proporciona flexibilidad a la interconexión de ambos sistemas.

La comunicación entre los dos sistemas (Figura 7.6) permite básicamente la transmisión de señales de alarma, pero también otra **información de control:**

- **Alarma ON.** En caso de emergencia, desde la central dc detección de alarmas se envían señales de control al sistema de alarma por voz. Dependiendo de la información proporcionada por la central de detección de alarmas, que dependerá de si la alarma es colectiva o solo afecta a una zona de detectores, el sistema de alarma por voz transmitirá los mensajes de alarma a las zonas afectadas.
- **Alarma OFF.** Desde la central de alarmas también se transmitirán otras señales de control, para poder interrumpir la transmisión de los mensajes de alarma, si es necesario: finalización de la emergencia, desactivación de detectores, etcétera.
- **Rearme.** En ocasiones se producen falsas alarmas, que requieren el rearme de la central de detección de alarmas. Si la central de detección de alarmas se rearma de manera satisfactoria y la situación que dio origen a la alarma desaparece, el sistema de alarma por voz debe rearmarse también automáticamente.
- **Monitorización.** Cualquier avería que se produzca en el sistema de alarma por voz o en la central de detección de alarmas debe avisarse, informando al operador de control del mal funcionamiento del sistema.

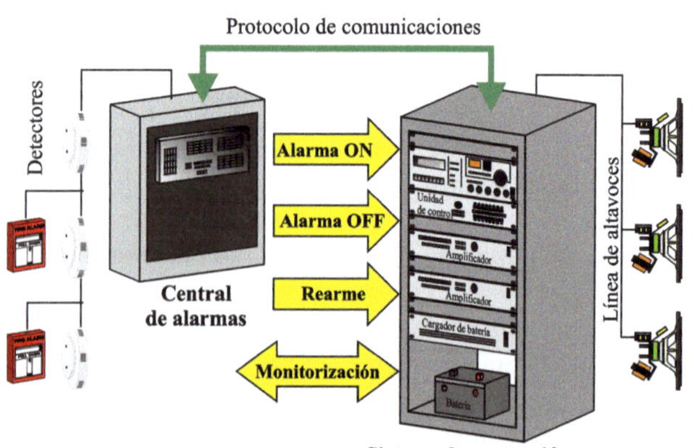

Figura 7.6. Comunicación de la central de incendios con el sistema de alarma por voz.

SABÍAS QUE...

Las líneas de comunicación entre el sistema de gestión y el sistema de alarmas deben estar supervisadas y monitorizadas, de manera que cualquier fallo en la conexión se indique de manera adecuada en ambos sistemas.

7.2.4. Sistemas de alarma por voz

La evacuación tiene una importancia fundamental para conseguir la seguridad personal y la limitación de los daños materiales. Mientras que una evacuación rápida y sin pánico tiene un impacto directo en la seguridad personal, la finalización del proceso de evacuación es un requisito previo para que los bomberos comiencen la mitigación de los daños materiales.

Los **sistemas de alarma por voz** (VA) permiten emitir tanto señales de voz a través de un micrófono como mensajes grabados de voz a cualquier zona o conjunto de zonas de un edificio, por lo que son útiles para informar sobre el tipo de incidencia y realizar una evacuación dirigida, según el plan de evacuación de cada edificio, indicando el camino más rápido y seguro hacia la salida.

SABÍAS QUE...

Los sistemas de evacuación por voz también se conocen como sistemas VA (*Voice Alarm*).

El **plan de evacuación** establecido en el plan de emergencia de un edificio puede exigir la división de los altavoces del sistema de alarma por voz en diferentes zonas.

SABÍAS QUE...

El plan de emergencia es un conjunto de medidas destinadas a hacer frente a situaciones de riesgo en un edificio, minimizando los efectos que se pudieran derivar sobre las personas y sobre los bienes materiales, garantizando además la evacuación segura de sus ocupantes, si fuese necesaria.

El nivel de prioridad de los mensajes emitidos a cada zona dependerá del riesgo de las personas que ocupan el edificio. Se deben establecer como mínimo tres **niveles básicos de prioridad,** los cuales son, por orden de prioridad: evacuación, alerta y no emergencia.

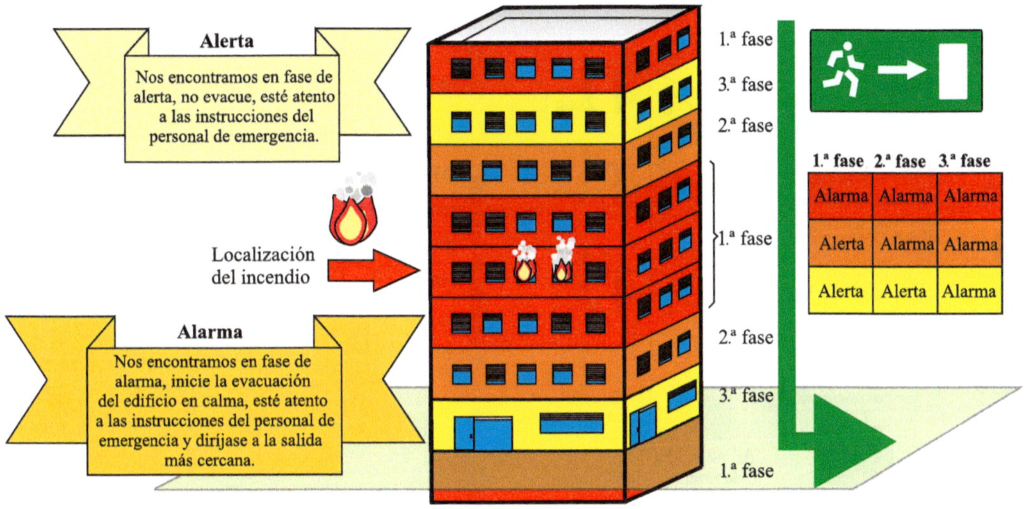

Figura 7.7. Evacuación de un edificio por fases.

La Figura 7.7 muestra el principio de evacuación por fases de un edificio. El sistema de alarma por voz debe permitir enviar múltiples mensajes a diferentes áreas o zonas. De este modo, un edificio puede beneficiarse de la evacuación por fases donde las personas que corren mayor riesgo se evacuan en primer lugar, mientras que las personas que están en zonas más seguras pueden ser informadas del suceso, pero se les advierte de que permanezcan donde están, a la espera de más información.

> **Recuerda**
>
> Los criterios para la definición de las zonas de altavoces y detección deberá estar siempre de acuerdo con las normativas de seguridad vigentes y con el plan de evacuación del edificio.

La señal acústica transmitida por el sistema de comunicación de alarma de incendio permitirá diferenciar si se trata de una alarma por emergencia parcial o por emergencia general, y será preferente el uso de un sistema de megafonía.

7.2.5. Alimentación de los servicios de seguridad

Además de la alimentación principal a través de la red de alimentación eléctrica, para poder garantizar el servicio en caso de fallo de esta, los sistemas de alarma por voz disponen de una fuente de alimentación auxiliar de emergencia.

> **Recuerda**
>
> Los sistemas de alarma por voz se consideran servicios de seguridad, por lo que deben disponer de un sistema de alimentación alternativo a la alimentación principal.

La fuente de alimentación auxiliar, constituida generalmente por baterías de acumuladores, tal y como se muestra en la Figura 7.8, garantizará el funcionamiento del sistema de alarma por voz en caso de fallo de la alimentación eléctrica.

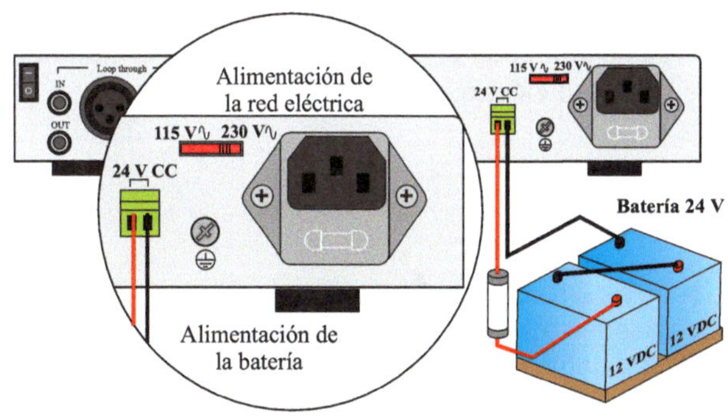

Figura 7.8. Ejemplo de alimentación desde baterías.

7.3. Arquitectura y componentes de un sistema de alarma por voz

La Figura 7.9 muestra la arquitectura típica de un sistema de evacuación por voz. Los elementos básicos que lo forman son los siguientes:

- **Red de micrófonos.** Para la emisión de mensajes hablados directos, existiendo como mínimo un micrófono de emergencia en el centro de control (estación de llamada).
- **Unidad de control o sistema central de gestión.** Es el principal componente del sistema, ya que es el responsable de la comunicación con la central de detección de alarmas y de la generación de los mensajes pregrabados. También se encarga de controlar y supervisar el correcto funcionamiento de todos los componentes que forman el sistema.

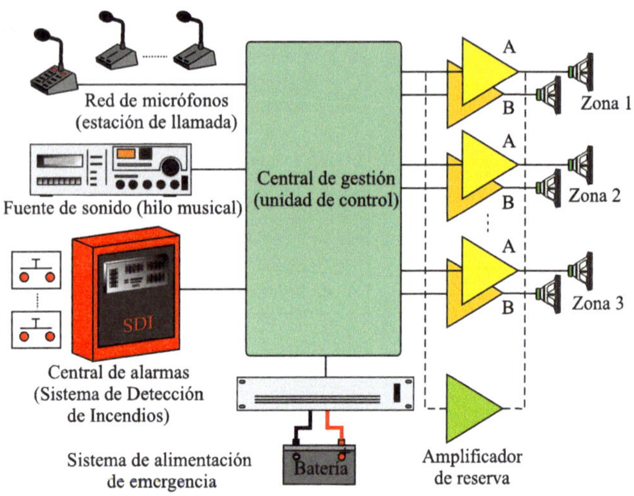

Figura 7.9. Arquitectura típica de un sistema de evacuación por voz.

- **Amplificadores.** Se encargan de adecuar la señal de sonido a los requerimientos de los altavoces.
- **Altavoces.** Se encargan de la reproducción de los mensajes hablados y de otras señales.
- **Sistema de alimentación de emergencia.** Se encarga de alimentar el sistema cuando falla el suministro de la red eléctrica.

Recuerda

A un sistema de megafonía de seguridad y emergencia se pueden conectar también otras fuentes de sonido estándar, como por ejemplo, reproductores de CD, sintonizadores de radio, así como reproductores de mensajes digitales con mensajes pregrabados.

7.3.1. Altavoces

Los **altavoces** de un sistema de evacuación (Figura 7.10) se encargan de difundir el sonido a todos los puntos de un recinto.

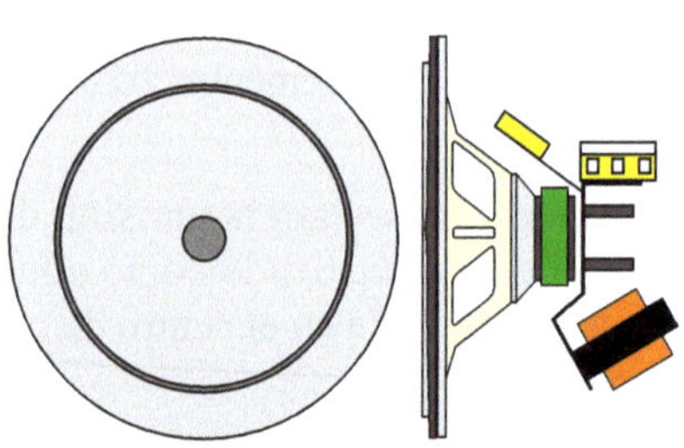

Figura 7.10. Altavoz de emergencia.

El requisito básico en la elección de los altavoces a utilizar en un sistema de alarma por voz es que el altavoz sea de evacuación (EVAC), según la norma EN 54-24. Las principales diferencias con los altavoces convencionales se resumen en la Figura 7.11: el terminal de conexiones es de material cerámico para soportar altas temperaturas y, además, cuenta con un fusible térmico y una cúpula ignífuga para evitar la propagación del incendio.

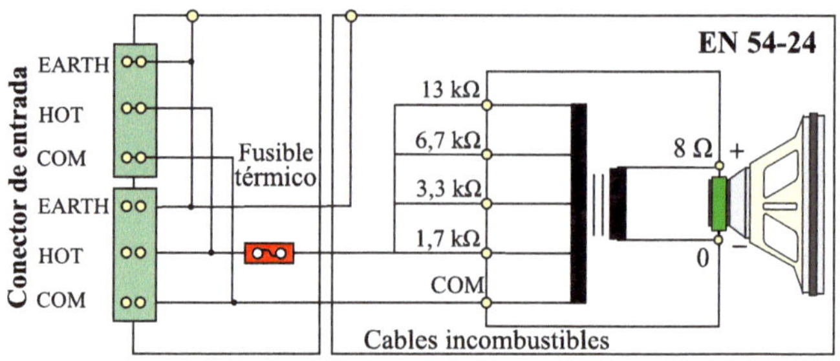

Figura 7.11. Esquema típico de un altavoz de evacuación.

Recuerda

La norma EN 54-24, sobre Componentes de los sistemas de alarma por voz (Altavoces), recoge los requisitos que deben cumplir los altavoces utilizados en los sistemas de detección y alarma de incendios.

7.3.2. Sistema central de gestión o unidad de control

El **sistema central de gestión** del sistema de megafonía, también denominado unidad de control, es el responsable de generar los mensajes pregrabados y de la comunicación con el sistema de detección de incendios.

SABÍAS QUE...

Algunas de las funciones asociadas a la unidad de control pueden estar incorporadas en dispositivos independientes, los cuales se comunican con la unidad. En ocasiones, una unidad de control puede ampliar sus capacidades mediante tarjetas de expansión.

Una matriz de audio interna se encarga de la gestión de la prioridad de señales y dirigir las señales de alerta y los mensajes de voz a cada una de las zonas de altavoces de emergencia. Ante una situación de emergencia, es decir, cuando se detecta una alarma, el sistema de gestión debe deshabilitar inmediatamente cualquier función no relacionada con la función de emergencia, dando prioridad a los mensajes y avisos que indican dicha situación.

También se encarga de controlar y supervisar las zonas de megafonía, los cableados, los micrófonos y el estado de los amplificadores. A diferencia de los sistemas de megafonía convencionales, los de evacuación por voz deben indicar claramente el estado de disponibilidad del sistema y cualquier condición de fallo.

SABÍAS QUE...

La supervisión del sistema normalmente la realiza la unidad de control, aunque en ocasiones puede estar formada por un módulo independiente conectado con esta.

7.3.3. Amplificadores

La unidad de control gestiona la salida de los mensajes de voz hacia la zona adecuada, pero suele carecer de la capacidad suficiente para excitar directamente a los altavoces. Por ello se recurre normalmente a la utilización de **amplificadores externos.**

El fallo de un amplificador no debe provocar la pérdida total del servicio en la zona de altavoces cubierta. Por ello, los amplificadores de un sistema de evacuación por voz funcionan como principales o de respaldo para garantizar la potencia de sonido requerida.

Los **amplificadores principales** se encargan de alimentar a una zona de altavoces determinada, mientras que los **amplificadores de respaldo** entran en acción solo cuando uno de los amplificadores principales tiene un funcionamiento defectuoso.

7.3.4. Red de micrófonos y estación de llamada

En un sistema de evacuación por voz debe existir una red de micrófonos para mensajes directos hablados. Algunos de ellos no dispondrán de capacidades de control, como el mostrado en la Figura 7.12, pero en general dispondrán de mandos de control que se comunicarán con la central de gestión. Como es posible la emisión simultánea por diferentes micrófonos, debe configurarse la prioridad, de manera que en caso de emergencia la prioridad del micrófono de emergencia sea máxima, anulándose las señales del resto de los micrófonos.

Figura 7.12. Micrófono convencional.

Una **estación de llamada** es la unidad encargada de realizar llamadas de forma general, a través del micrófono que incorpora, además de otras funciones relacionadas con el sistema de evacuación por voz. Así, por ejemplo, debe ser posible realizar llamadas generales, y preseleccionar zonas, individuales o agrupadas, a las que dirigir los mensajes. La estación de llamada, tal y como se muestra en la Figura 7.13, consta de un micrófono para realizar llamadas, botones con funciones especiales, botones de activación y desactivación del modo de emergencia y botones de activación de mensajes pregrabados de emergencia, además de indicadores visuales y acústicos de fallo.

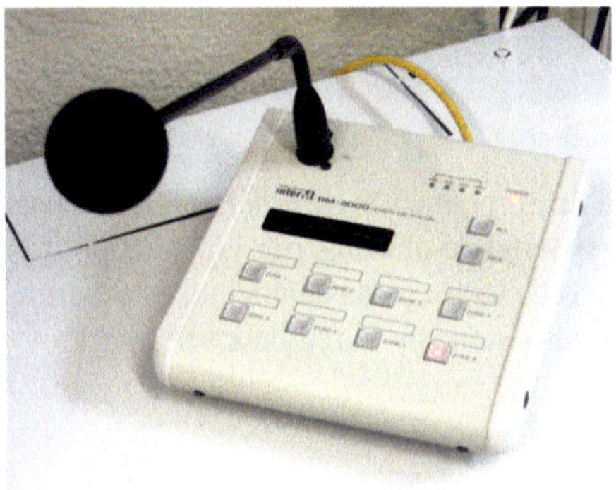

Figura 7.13. Ejemplo de estación de llamada.

La **conexión de la estación de llamada** con la unidad de control requiere la transmisión de la señal de sonido que proviene del micrófono y de datos de control entre ambos sistemas, para informar, entre otros, de las zonas seleccionadas o de la activación de llamadas generales. La estación de llamada se alimenta directamente de la unidad de control, eliminando la necesidad de la conexión con la red eléctrica. Normalmente, la conexión se realiza con un cable de enlace específico que depende del fabricante. La Figura 7.14 muestra la conexión de enlace de una estación de llamada con la central de gestión, que utiliza un cable de red de par trenzado UTP como el de la Figura 7.15.

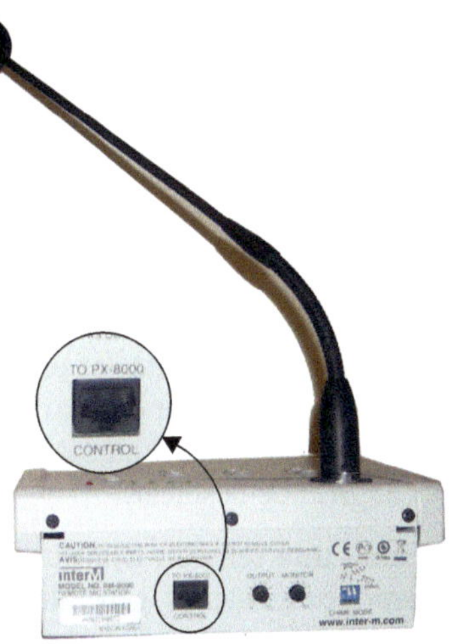

Figura 7.14. Conexión de enlace de la estación de llamada.

Figura 7.15. Cable de red.

7.3.5. Sistema de alimentación de emergencia

El sistema de alimentación de emergencia se encarga de alimentar el sistema de alarmas por voz cuando falla el suministro de la red eléctrica. Básicamente, está formado por dos elementos: las baterías y el regulador de carga.

Recuerda

Los sistemas de alarma por voz requieren de un sistema de alimentación alternativo para el caso en el que falle la alimentación principal, garantizando el funcionamiento del sistema, si es necesario, durante el tiempo que dura la alarma.

Las **baterías** alimentan al sistema de evacuación por voz cuando falla el suministro eléctrico, garantizando una tensión de alimentación de corriente continua. Estas baterías deben tener la capacidad suficiente para alimentar todo el sistema durante el tiempo necesario.

Recuerda

La norma EN 54-4, sobre Equipos de suministro de alimentación, especifica los criterios de funcionamiento para el equipo de suministro de energía de detección de incendios y los sistemas de alarma contra incendios instalados en los edificios.

El **regulador de carga** se alimenta de la red eléctrica y se encarga de mantener las baterías en plena carga, garantizando que se puedan utilizar cuando sea necesario alimentar los equipos del sistema. Entre las **funciones de un regulador de carga** cabe destacar:

- **Proporciona una tensión fija** (fuente de alimentación) a partir de las baterías, generalmente de 24 V CC, de manera ininterrumpida durante el tiempo exigido por la normativa.

SABÍAS QUE...

Algunos sistemas utilizan una tensión nominal de 48 V, en lugar de 24 V.

- Incorpora **funciones de monitorización:** detección de fallos de la batería, temperatura interna, resistencia interna, estado de los fusibles de salida, etcétera.
- **Protección contra sobrecargas de la batería:** controla la carga de la batería, desconectando la batería del circuito de carga si esta está completamente cargada, evitando su sobrecarga.
- **Protección contra sobredescargas:** detecta el estado de carga de la batería, desconectándola de forma automática si la tensión alcanza su nivel final de descarga.

En la Figura 7.16 se muestra el ejemplo de conexiones típicas de un regulador de carga. Dispone de conexión con la red de alimentación eléctrica (entrada de CA), de donde se alimenta en condiciones normales para proporcionar la energía necesaria para cargar las baterías. Permite la conexión con la unidad de supervisión del sistema o la unidad de control (*link*) y regula la carga de la batería que tiene conectada (*BATTERY POWER IN*).

Cuando falla el suministro eléctrico, el regulador de carga suministra al resto de dispositivos del sistema (unidad de control, amplificadores, etc.) la alimentación de corriente continua a través de sus salidas de alimentación (*DC POWER OUT*).

La unidad incorpora fusibles para la protección del regulador y uno por cada una de las salidas.

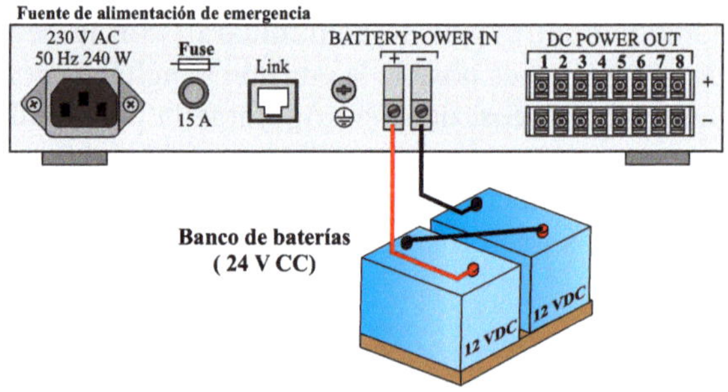

Figura 7.16. Regulador de carga de la batería.

SABÍAS QUE...

La alimentación de los servicios de seguridad requiere disponer de un suministro complementario de los definidos en el artículo 10 del REBT, que en el caso de los sistemas de alarma por voz se realiza con baterías de acumuladores con la autonomía de funcionamiento requerida.

Ejemplo 7.1.

Ejemplo de sistema de alarma por voz.

La Figura 7.17 muestra un sistema básico de alarma por voz que alimenta cuatro zonas de altavoces. El administrador de todo el sistema es la central de gestión (unidad de control), la cual asigna las señales de entrada a los diferentes buses de audio (zonas) y controla todo el sistema. Como se observa, realiza las mismas funciones que una matriz de audio, pero incorpora funciones específicas de los sistemas de alarma por voz.

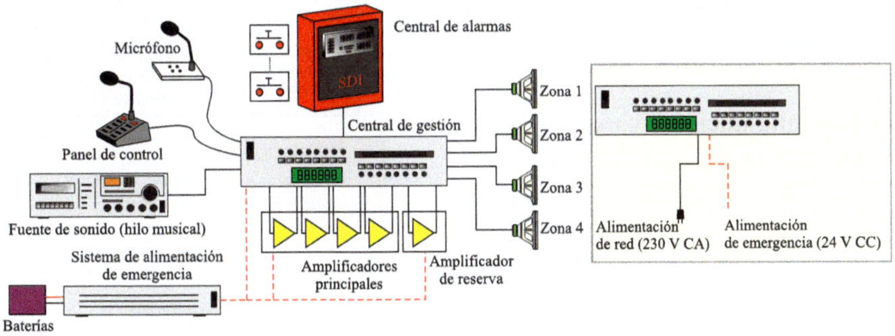

Figura 7.17. Sistema de seguridad y evacuación por voz.

La comunicación con el sistema de alarmas permite la gestión automática de las situaciones de emergencia por parte de la central de gestión.

Los micrófonos y otros componentes que actúan como fuentes de sonido se conectan a los módulos de entrada o conexiones de la central de gestión. Las fuentes de audio disponibles en la central de gestión son, además de la estación de llamada, que dispone de funciones avanzadas que modifican el comportamiento de la central de gestión, una fuente de sonido para la emisión de hilo musical y otros micrófonos sin funciones de gestión.

Los amplificadores de potencia amplifican la señal que proporciona la central de gestión y la retornan una vez amplificada, para que la central la suministre a la línea de altavoces correspondiente. El sistema, además, dispone de un amplificador de reserva que entrará en acción en caso de que falle uno de los amplificadores principales.

Tanto la central de gestión como los amplificadores se alimentan de la red eléctrica, pero disponen de conexiones para una fuente de alimentación de emergencia a 24 V CC.

El regulador de carga de la batería del sistema de alimentación de emergencia mantiene las baterías en perfecta carga, de manera que cuando se produzca un fallo en el suministro eléctrico, estas alimentarán a los equipos que forman el sistema de evacuación por voz. Cuando se interrumpa el suministro eléctrico, la fuente de alimentación de reserva se conectará automáticamente.

En la Figura 7.18 se amplían las capacidades del sistema, conectando tres centrales de gestión entre sí. La conexión entre centrales requerirá de las conexiones de enlace establecidas por el fabricante. De esta manera, se cubren hasta 12 zonas diferentes.

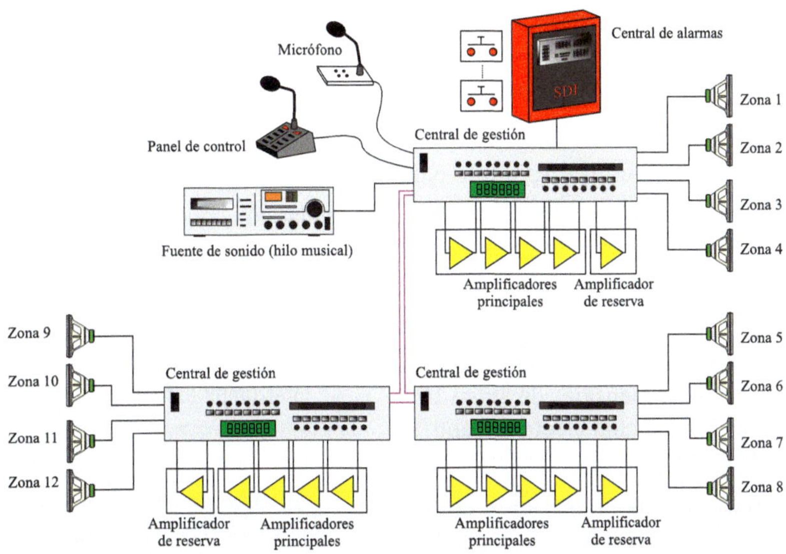

Figura 7.18. Ampliación de un sistema de seguridad y evacuación por voz.

7.3.6. *Software* de configuración

Este tipo de sistemas viene acompañado de *software* de configuración, diseñado para su funcionamiento en un ordenador, el cual se utilizará para la programación de los ajustes de funcionamiento necesarios del sistema.

Este *software,* normalmente incluye una función de registro de sucesos que almacena los diferentes eventos críticos que se van produciendo, permitiendo su comprobación posterior y siendo una ayuda imprescindible para el mantenimiento del sistema.

Una vez realizada la configuración y cargados los datos en los diferentes dispositivos del sistema, este funcionará de acuerdo con los ajustes configurados.

7.4. Principios de diseño de un sistema de megafonía de seguridad y emergencia

Las funciones que proporcionan los sistemas de alarma de voz requieren un alto grado de fiabilidad contra fallos, ya que deben estar disponibles en cualquier momento.

La instalación, diseño y mantenimiento de las instalaciones de evacuación por voz queda definida en la norma **EN 54-32.** Además, la **norma EN 54-16,** sobre control de la alarma por voz y equipos indicadores, especifica los requisitos y criterios de comportamiento para el equipo de control e indicación de alarma por voz, para su utilización en sistemas de detección y de alarma de incendios.

Recuerda

Las funciones que proporcionan los sistemas de alarma de voz requieren un alto grado de fiabilidad contra fallos, ya que deben estar disponibles en cualquier momento.

7.4.1. Disponibilidad de las funciones del sistema

El sistema de alarma por voz debe estar disponible para la emisión de alarmas lo antes posible. Entre los requisitos que se deben cumplir están los siguientes:

- **Disponibilidad continuada.** El sistema, una vez puesto en marcha, debe estar siempre disponible.
- **Disponibilidad inmediata.** El sistema debe estar a disposición de poder emitir mensajes de aviso 10 s después de aplicar la alimentación eléctrica, tanto la principal como la de respaldo.
- **Respuesta inmediata.** Desde la aparición de una alarma, el tiempo máximo del inicio de la primera señal de emergencia debe ser de 3 s.

7.4.2. Intervención manual del usuario

Un sistema de alarma por voz está preparado para funcionar de manera automática en caso de emergencia. Aun así, la intervención manual del usuario siempre tiene preferencia.

La Figura 7.19 muestra el orden de preferencia de los diferentes tipos de avisos y mensajes en un sistema de alarma por voz.

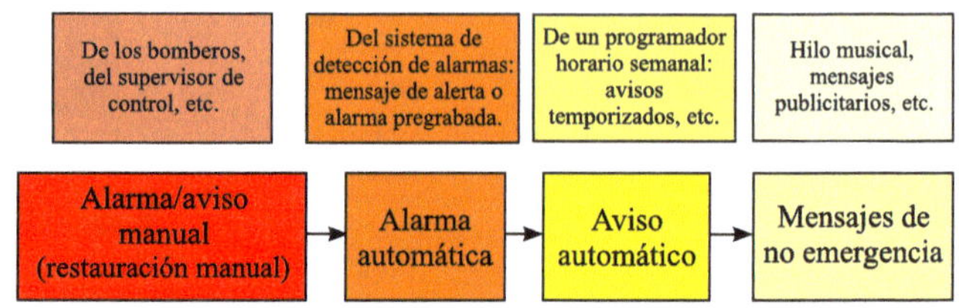

Figura 7.19. Prioridad de emergencia en un sistema de alarma por voz.

En caso de emergencia, tiene máxima prioridad la alarma, ya sea manual o automática, siendo necesario que se deshabiliten todas las funciones ajenas a la de emergencia. Tal y como se muestra en la Figura 7.20, cuando la central de detección activa una alarma se deshabilitan el hilo musical y los avisos de voz no prioritarios, habilitando los mensajes de emergencia almacenados en la central de gestión.

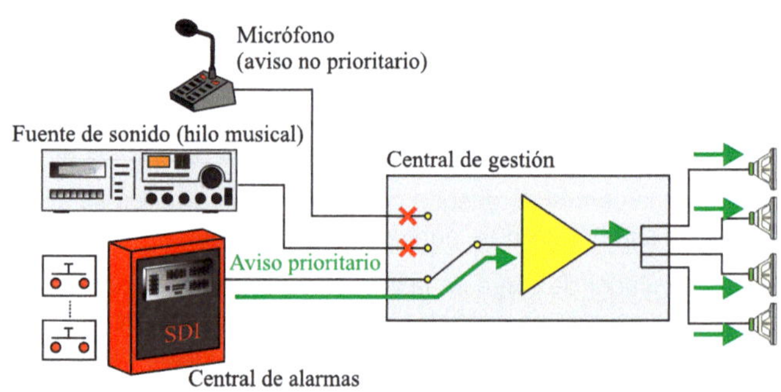

Figura 7.20. Prioridad máxima de la alarma.

7.4.3. Camino crítico

El **camino crítico,** tal y como se refleja en la Figura 7.21, es el recorrido de la señal desde el punto donde se originan los mensajes, incluido el enlace con la central de alarma, hasta los altavoces, es decir, todos los elementos que intervienen en las emisiones de los mensajes de emergencia.

SABÍAS QUE...

El camino crítico debe estar continuamente supervisado sin interrumpir el funcionamiento normal del sistema.

El sistema de monitorización de la central de gestión debe supervisar el camino crítico, indicar el estado del sistema y señalizar los fallos producidos.

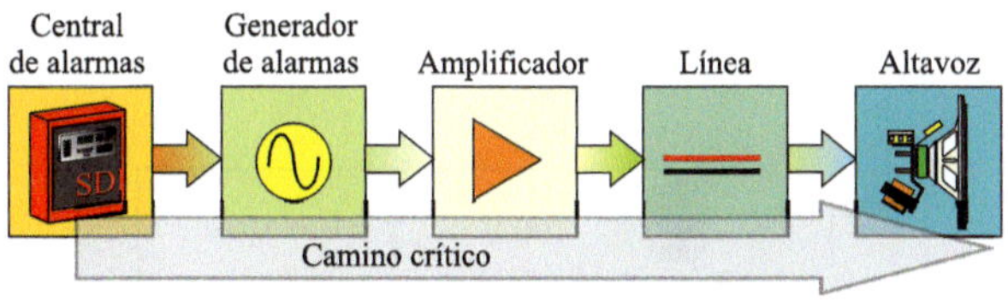

Figura 7.21. Camino crítico de la señal en un sistema de evacuación por voz.

Los componentes principales del camino crítico de la señal que deben supervisarse son los siguientes: el enlace entre el sistema de megafonía y el sistema de detección de alarmas, los micrófonos, los amplificadores, el sistema de almacenamiento de los mensajes pregrabados, la línea de altavoces y los enlaces de datos y sonido entre los diferentes dispositivos del sistema.

Supervisión no interruptiva

Cada 100 s, como mínimo, debe supervisarse el camino crítico de la señal. Esta función de supervisión no debe interrumpir el funcionamiento normal del sistema y las tareas habituales que desarrolla, como, por ejemplo, la difusión de música y el envío de avisos.

Indicación de estado y monitorización de fallos

Uno de los requisitos que debe cumplir un sistema de alarma por voz es la monitorización de los elementos del sistema, indicando su estado e informando de los fallos producidos en el sistema de alarma por voz.

Recuerda

Los fallos deben estar señalizados claramente en los lugares especificados, como, por ejemplo, en la central de gestión del sistema.

La indicación del estado del sistema se señaliza normalmente mediante pilotos luminosos.

7.4.4. Monitorización del micrófono

Los micrófonos de emergencia, tal y como se muestra en la Figura 7.22, deben monitorizarse: se supervisan tanto las señales acústicas (correcto funcionamiento del micrófono) como la alimentación eléctrica del equipo.

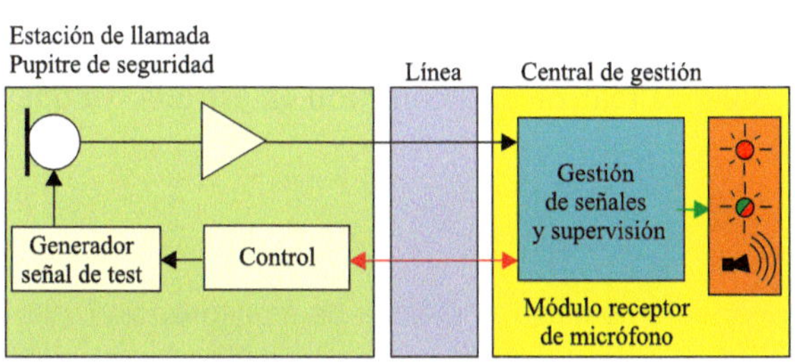

Figura 7.22. Monitorización del micrófono.

7.4.5. Monitorización de la línea de altavoces

Las líneas de altavoces están permanentemente supervisadas frente a cortocircuitos, cortes de línea, derivaciones a tierra, falta de tierra y variaciones de impedancia provocadas por un mal funcionamiento de los altavoces.

Recuerda

El camino crítico finaliza en el conector del altavoz.

Para la **monitorización de la línea de altavoces** existen diferentes métodos, cada uno de ellos caracterizado por tener unas ventajas y unos inconvenientes:

- Monitorización con corriente continua.
- Monitorización por impedancia.
- Monitorización por tono piloto.
- Monitorización por detección de fin de línea.

Recuerda

El altavoz debe cumplir con la normativa de evacuación: terminales de conexión cerámicos, fusible térmico para desconexión, cúpula metálica antifuego y cables ignífugos.

Monitorización con corriente continua

La Figura 7.23 muestra un ejemplo de monitorización de la línea de altavoces utilizando el método de corriente continua. Para ello es necesario que el sistema de gestión inyecte a la línea una señal de corriente continua que no afecte al sistema de gestión ni a los altavoces. Este método requiere incorporar un condensador de desacoplo de CC en los altavoces.

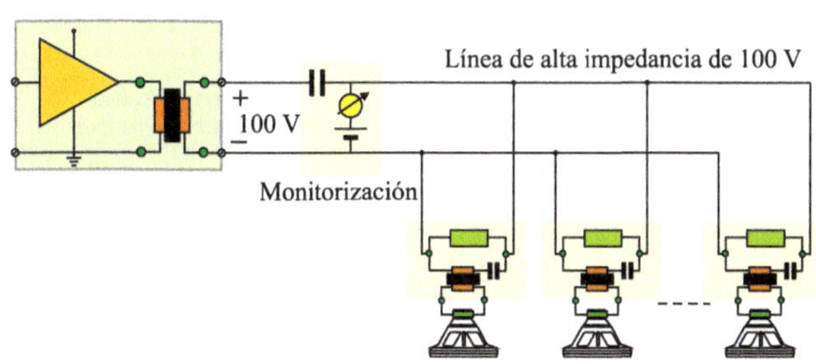

Figura 7.23. Monitorización con corriente continua.

El sistema de monitorización con corriente continua mide la impedancia del conjunto de altavoces mediante la inyección de una corriente a la línea. Como se trata de corriente continua (CC), los condensadores de desacoplo que

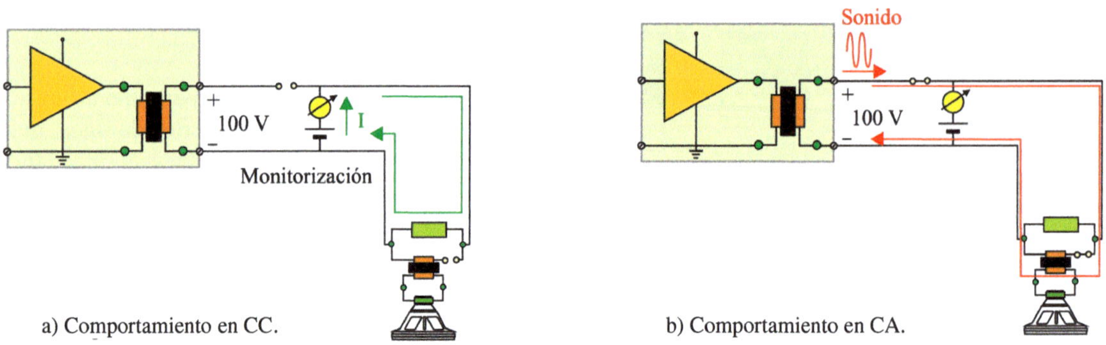

Figura 7.24. Principio de funcionamiento.

se incorporan en cada altavoz evitan que la corriente les afecte (Figura 7.24.a). La salida de audio del amplificador, de corriente alterna, llega al altavoz debido al comportamiento del condensador con la frecuencia (Figura 7.24.b), el cual no influye debido a su baja impedancia.

> **Recuerda**
>
> Comportamiento del condensador en función de la frecuencia:
>
> - En CC el condensador se comporta como un circuito abierto.
> - En CA, a partir de una determinada frecuencia, el condensador se comporta como un cortocircuito.

Cuando el sistema funciona de manera correcta (Figura 7.25.a) el sistema de monitorización presenta una resistencia determinada. Cuando se produce un defecto en la línea (Figura 7.25.b), por ejemplo por rotura o desconexión de altavoces, la resistencia varía, siendo interpretado por el sistema de monitorización como una avería.

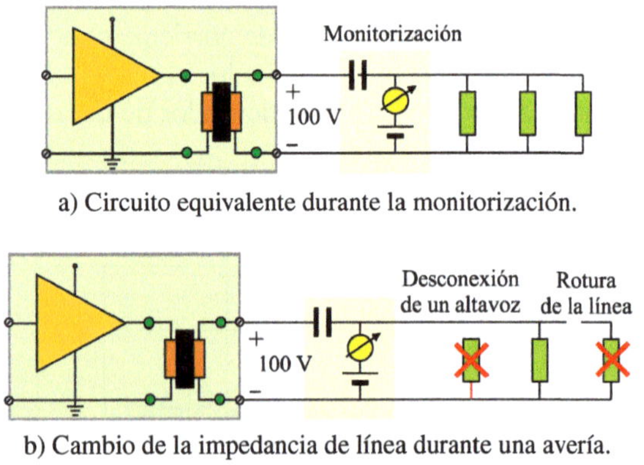

Figura 7.25. Monitorización de la línea de altavoces.

La principal ventaja de este tipo de monitorización es que permite la conexión de altavoces en estrella, siendo el principal inconveniente la necesidad de utilizar altavoces especiales o modificar los altavoces convencionales, por lo que el sistema no es adecuado para instalaciones ya existentes.

Monitorización por impedancia

El principio de funcionamiento de este método de monitorización es el mismo que el de monitorización con corriente continua, pero se utiliza una señal de baja frecuencia (típicamente de 20 Hz) para medir la impedancia de la línea en lugar de su resistencia, la cual no interfiere con la señal de sonido. Tal y como se muestra en la Figura 7.26, el medidor de impedancia se encarga de detectar las variaciones de impedancia de la línea.

Como principal ventaja de este tipo de monitorización está que permite la conexión en estrella de altavoces, aunque sean de diferentes tipos. Su principal inconveniente es que solo se detectan variaciones grandes de la impedancia, por lo que puede no detectar la desconexión de unos pocos altavoces en una línea muy cargada.

Monitorización por tono piloto

En la monitorización por tono piloto que se muestra en la Figura 7.27, se suministra junto a la señal de audio una señal de alta frecuencia (típicamente 20 kHz), fuera del margen audible, que no interfiere la señal de sonido. Un circuito detector se encarga de comprobar la existencia de esta señal en la línea de altavoces. En caso contrario, cabe suponer que ha habido un problema o avería de la línea de altavoces.

Como principal ventaja de este tipo de monitorización cabe destacar su seguridad, pero, por el contrario, no se puede realizar una conexión en estrella, ya que los

> **Recuerda**
>
> En la monitorización por tono piloto es necesario instalar una línea de retorno hacia el sistema de monitorización, por lo que será necesario instalar cuatro cables por cada línea de altavoces.

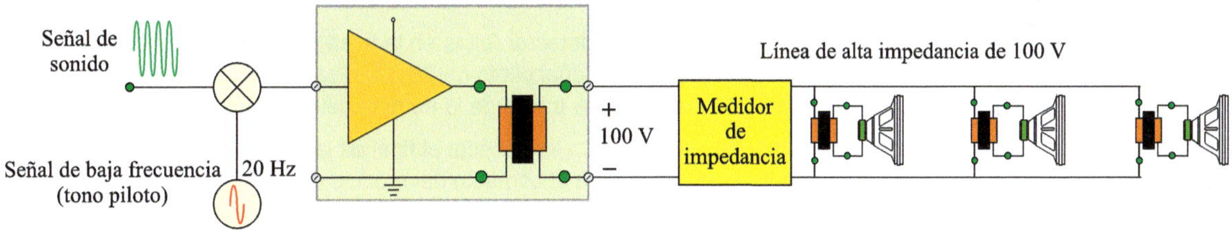

Figura 7.26. Monitorización por impedancia.

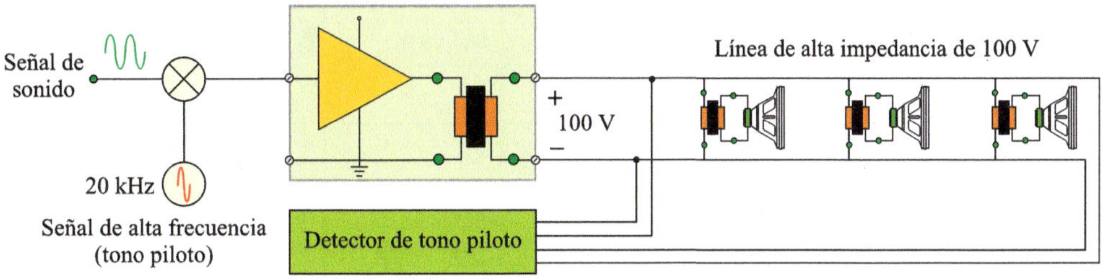

Figura 7.27. Monitorización por tono piloto.

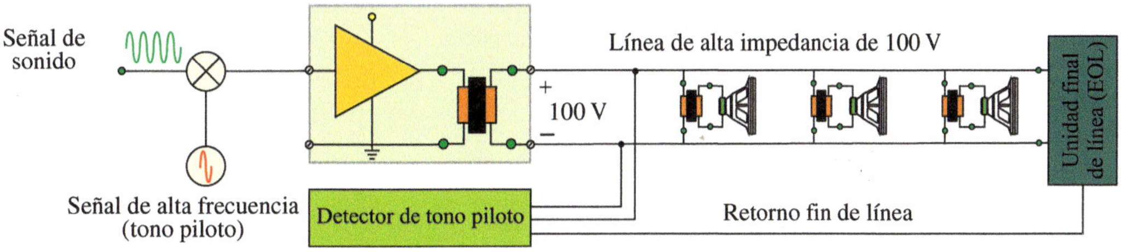

Figura 7.28. Monitorización por detección de fin de línea.

altavoces deben estar conectados en paralelo, por lo que dificulta su utilización en sistemas antiguos con conexión en estrella, ya que es necesaria una línea de retorno.

Monitorización por detección de fin de línea

Una variante de la monitorización por tono piloto es la que se muestra en la Figura 7.28, la cual utiliza una unidad de fin de línea (del inglés *End of Line*, EOL).

Una **unidad de fin de línea** es un módulo diseñado para detectar el tono piloto de 20 kHz generado por un sistema de alarma por voz supervisado. El módulo activa un interruptor sin tensión en presencia de la señal de tono piloto, que la retorna al módulo de supervisión del sistema (detector de tono piloto), a partir de una línea de retorno, que puede ser el propio apantallamiento del cable de altavoces si está disponible o una línea independiente. Este método, prácticamente presenta las mismas características que la monitorización por tono piloto.

SABÍAS QUE...

EOL (*End Of Line*): fin de línea.

Ejemplo 7.2.

Métodos de monitorización de la línea de altavoces.

Los módulos de supervisión de los sistemas de alarma por voz pueden utilizar más de un método de monitorización, configurando el más apropiado en función de las características de la instalación.

El módulo de detección de impedancia de la central de gestión de la Figura 7.29.a compara las impedancias para detectar fallos en la línea de altavoces. En la línea de altavoces se superpone una señal piloto de 20 Hz para medir la impedancia de la línea y compararla con la impedancia definida inicialmente, para detectar la presencia de fallos.

El módulo de detección de tono piloto de la Figura 7.29.b puede detectar fallos en la línea de altavoces utilizando un tono piloto de alta frecuencia. Sobre la línea de altavoces se superpone una señal piloto de 20 kHz. Para detectar fallos en la línea de altavoces, la unidad de supervisión comprueba el retorno de esta señal a través de la entrada de monitorización de línea (*line monitor*).

En la Figura 7.29.c se utiliza un módulo de fin de línea. Este módulo se conecta al final de la línea de altavoces y detecta la señal piloto de 20 kHz. Si la señal del tono piloto está presente, se cierra el contacto del módulo que retorna la señal al sistema de supervisión (*shield*). Si el tono piloto no se detecta con motivo de una avería, como por ejemplo un cortocircuito de la línea, el contacto se abre. Si el contacto se abre, el retorno del tono piloto no se produce y la central de gestión detecta la avería.

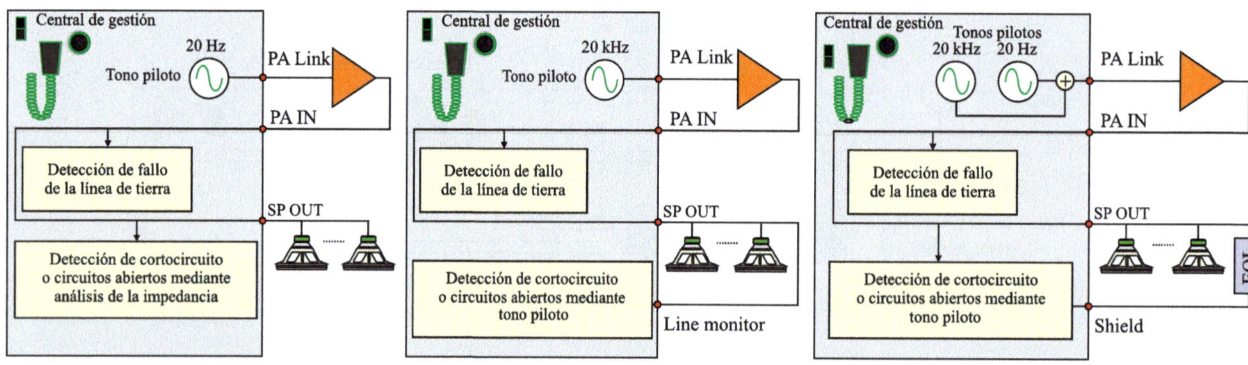

a) Monitorización por impedancia. b) Monitorización por tono piloto. c) Monitorización por detección de fin de línea.

Figura 7.29. Ejemplo de monitorización de los altavoces.

7.4.6. Redundancia del amplificador

Los sistemas de alarmas por voz disponen de amplificadores redundantes, de manera que en caso de avería de un amplificador principal, se pone en servicio de manera automática, sin necesidad de la intervención del operador, un amplificador de reserva.

La conmutación, tal y como se muestra en la Figura 7.30, se lleva de forma totalmente automática desde la unidad de control: en caso de fallo de alguno de los amplificadores principales, el amplificador de reserva reemplaza de manera dinámica al amplificador defectuoso.

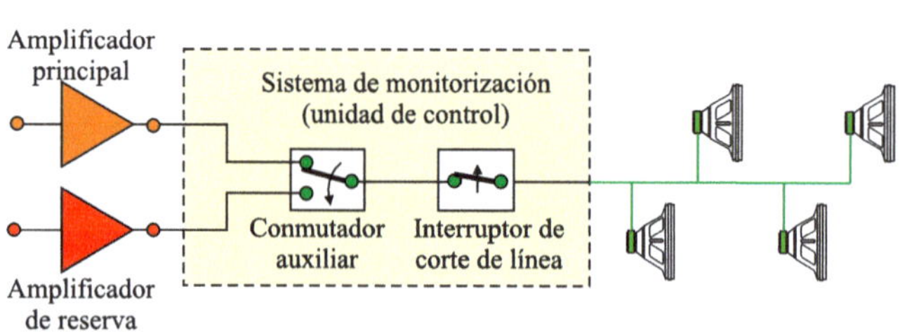

Figura 7.30. Amplificación redundante. Principio de funcionamiento.

SABÍAS QUE...

Para evitar daños cuando se detectan cortocircuitos en la línea, el sistema de monitorización desconecta los circuitos de salida del amplificador (interruptor de corte de línea).

Ejemplo 7.3.

Actuación del amplificador de reserva.

En la Figura 7.31, cuando el sistema de monitorización de la central de gestión detecta un fallo en el amplificador A3, este amplificador es sustituido automáticamente por el amplificador de reserva R. En este instante, el sistema de monitorización indica visualmente que el amplificador de reserva está en funcionamiento, mostrando una luz verde fija en lugar de la luz roja, mientras que otro led indica que el amplificador principal A3 ha dejado de funcionar.

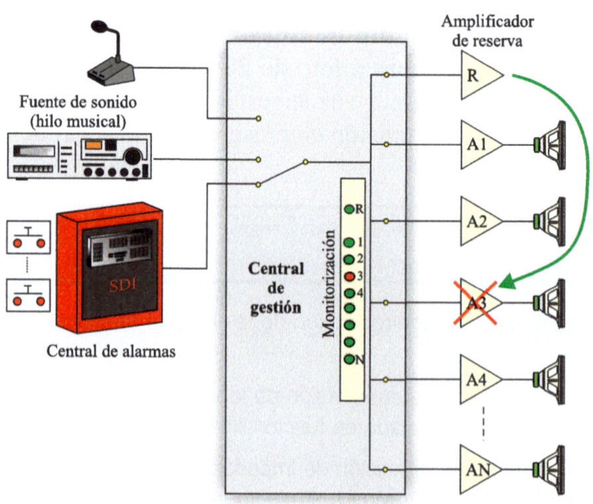

Figura 7.31. Actuación del amplificador de reserva.

7.4.7. Cableado de línea de altavoces

La Figura 7.32.a muestra el típico cableado utilizado en instalaciones de megafonía, denominado **cableado de clase B:** se caracteriza por su sencillez, pero por el contrario no tiene ni redundancia ni seguridad contra fallos. Cuando se produce un circuito abierto o un cortocircuito en la línea, se interrumpe la señal a través de toda la línea de altavoces.

Una alternativa es utilizar un cableado como el mostrado en la Figura 7.32.b, denominado **cableado de clase A,** en el cual un circuito abierto no perjudica el funcionamiento del resto de los altavoces de la línea, pero, por el contrario, un cortocircuito produce la avería de todo el circuito de altavoces.

Los sistemas de alarma por voz exigen la utilización del cableado mostrado en la Figura 7.32.c, denominado **cableado de clase A/B:** uno de cada dos altavoces se conecta a un circuito de altavoces diferente. Aun en el caso de una avería en una de las líneas (circuito abierto o cortocircuito), seguirá estando disponible el otro circuito y, por tanto, la mitad de los altavoces funcionando.

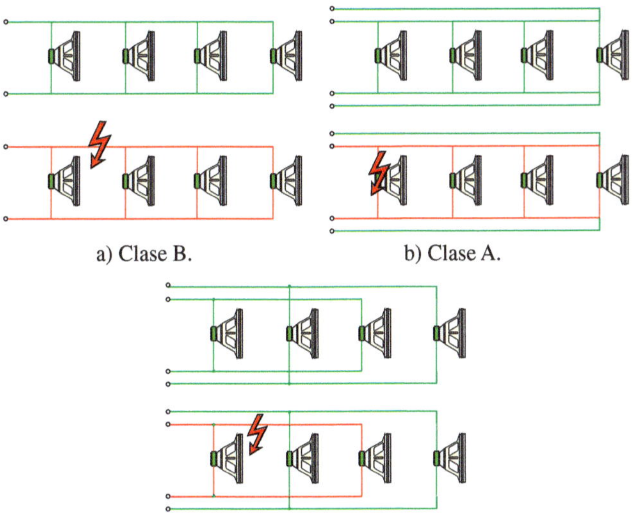

a) Clase B. b) Clase A.

c) Clase A/B.

Figura 7.32. Clases de cableado y comportamiento ante fallos en caso de circuito abierto o cortocircuito.

SABÍAS QUE...

Con el cableado de clase A/B la intensidad de sonido se verá reducida en caso de avería, ya que un grupo de altavoces dejará de actuar.

La conexión A/B puede realizarse con dos amplificadores, tal y como se muestra en la Figura 7.33.a, o con un único amplificador que disponga salida para dos grupos diferentes, tal y como se muestra en la Figura 7.33.b.

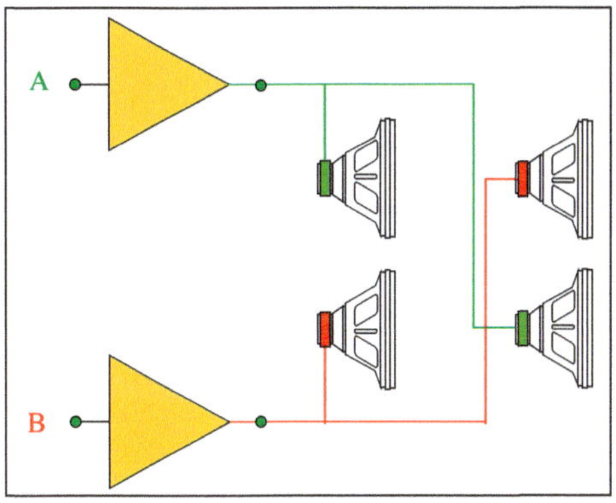

a) Conexión A/B con dos amplificadores.

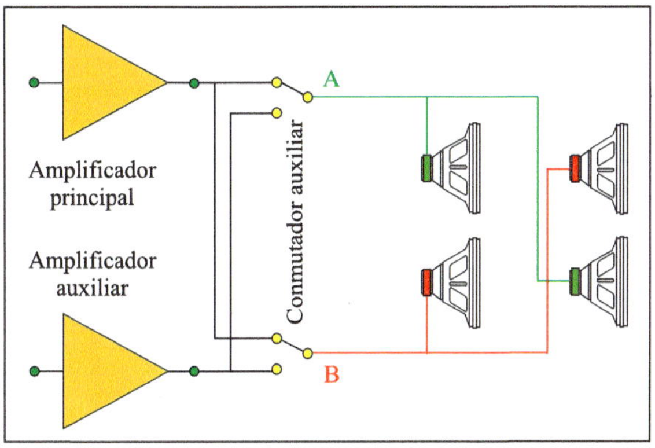

b) Conexión A/B con amplificador auxiliar.

Figura 7.33. Amplificación de cableado A/B de la línea de altavoces.

Ejemplo 7.4.

Cableado de clase A/B con un único amplificador.

El amplificador de la Figura 7.34 tiene salidas de altavoz de grupo A y de grupo B para el mismo canal de amplificación, con protección individual contra sobrecarga por grupo. En caso de sobrecarga, el amplificador identifica el grupo sobrecargado y lo desconecta de la línea, manteniendo en funcionamiento el otro grupo.

El amplificador también incorpora un sistema de supervisión que controla las condiciones de funcionamiento y la carga conectada: supervisa las líneas de altavoces mediante unidades de supervisión de fin de línea.

A las salidas del amplificador, tanto del grupo A como del grupo B, se han conectado altavoces de la misma área o zona. Este método garantiza la redundancia del sistema de alarma por voz, ya que si un grupo de altavoces falla, seguirá el otro grupo operativo.

El amplificador también incorpora un relé para conectar automáticamente la línea de altavoces a un amplificador de reserva en caso de fallo del amplificador principal.

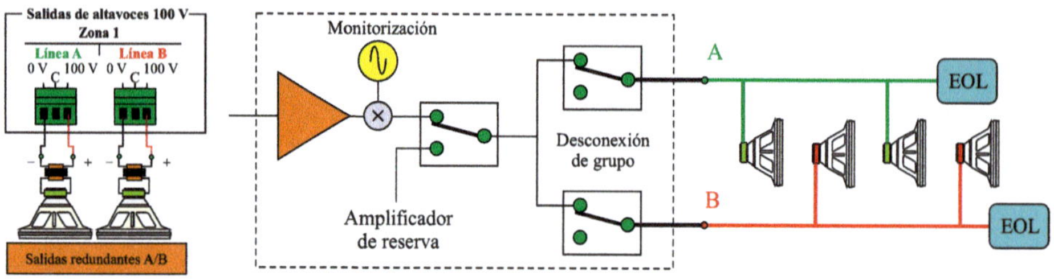

Figura 7.34. Cableado A/B de la línea de altavoces.

Ejemplo 7.5.

Ejemplo de sonorización de un pasillo.

En la Figura 7.35 se muestra una solución acústica para líneas de altavoces redundantes en la sonorización de un pasillo. Los altavoces se conectan de manera alternativa a las salidas de las líneas A y B.

En caso de fallo en una de las líneas de altavoces, la intensidad de sonido se verá reducida, ya que aunque el área de altavoces continúa cubierta, se producirán pequeños vacíos de cobertura.

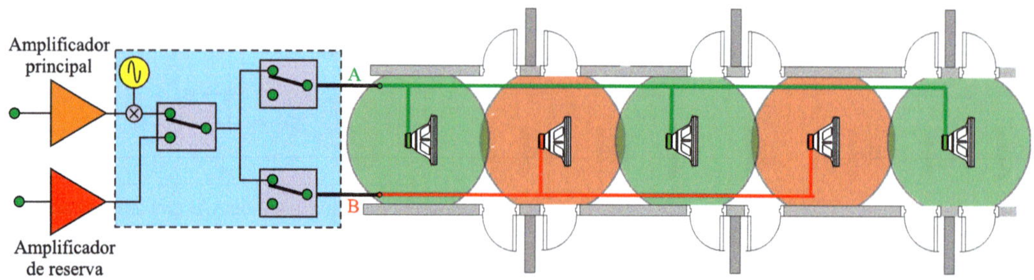

Figura 7.35. Ejemplo de sonorización de un espacio estrecho (pasillo).

7.4.8. Alimentación auxiliar

Cuando falla la fuente de alimentación primaria, es decir, el suministro de corriente eléctrica de la compañía, la fuente de alimentación auxiliar alimenta todo el sistema de alarma por voz. En este caso, la alimentación auxiliar debe garantizar el funcionamiento del sistema durante un tiempo determinado, en función de la situación de emergencia requerida:

- En caso de ser necesaria una evacuación del edificio, debe mantener el sistema en modo de emergencia durante un mínimo de 30 minutos. Aun así, el tiempo mínimo de funcionamiento en emergencia dependerá del tiempo de evacuación establecido en el plan de emergencia del edificio.

SABÍAS QUE...

Como requisito mínimo, la duración de la batería debería ser el doble del tiempo estimado de evacuación del plan de emergencia del edificio, con un mínimo de 30 minutos.

- En caso de que no sea necesario evacuar el edificio, debe mantener el sistema en funcionamiento de bajo consumo como mínimo durante 24 horas, tras lo cual las baterías deben mantener suficiente capacidad para generar mensajes de alarma durante al menos 30 minutos.
- Si un edificio permanece desocupado durante varios días, por ejemplo el fin de semana, se debe asegurar que como mínimo el sistema puede operar en modo de emergencia durante 30 minutos (0,5 h) si el edificio se ocupa de nuevo.

Reducción automática de la potencia

El sistema de alarma por voz debe garantizar la difusión de alarmas y alertas, por lo que cuando entra en acción la alimentación auxiliar, algunos de los equipos que alimenta pueden tener deshabilitadas ciertas funciones, con el objetivo de disminuir el consumo y alargar el tiempo de vida de las baterías. Ejemplo de dispositivos que reducirán su consumo son los amplificadores, que se desactivarán a la espera de que se produzca una alarma, momento en el cual se volverán totalmente operativos para la emisión de los mensajes de alarma.

Cálculo de la capacidad de la batería del sistema de alarma de voz

El consumo de los equipos que forman el sistema dependerá de su modo de funcionamiento:

- Cuando están conectados a la red eléctrica, se hace un uso de todas las funciones del sistema, por lo que el consumo de cada equipo es mayor. En este caso, como se alimentan de la red eléctrica su consumo no es determinante para el cálculo de la capacidad de las baterías.
- Cuando falla la red eléctrica, los equipos entran en modo de funcionamiento de reposo, reduciendo el consumo a costa de disminuir su funcionalidad.

Recuerda

Es común en estos sistemas que, en caso de fallo de la alimentación, el sistema entre en un modo de funcionamiento que reduce el consumo de las baterías, manteniendo disponibles las prestaciones mínimas del sistema para garantizar la evacuación por voz. De esta manera se alarga el tiempo de suministro de la alimentación de emergencia y se reduce el tamaño de las baterías necesarias.

- El consumo aumenta cuando se produce una alarma, ya que se activa la evacuación y de nuevo se utilizan todas las funciones del sistema.

La **capacidad del sistema de baterías** debe ser tal que se cumpla la relación siguiente:

$$\text{Capacidad total batería (A} \cdot \text{h)} = \text{CTR} \cdot 24 \text{ horas} + \text{CTE} \cdot \text{tiempo de evacuación (horas)}$$

Donde:

CTR = consumo total de los equipos en modo de reposo.

CTE = consumo total de los equipos durante la fase de evacuación.

Recuerda

El fabricante especifica el consumo de sus equipos en modo de reposo y a plena carga.

Ejemplo 7.6.

Cálculo de la capacidad de la batería del sistema de alarma por voz.

El sistema representado en la Figura 7.36 se utiliza en un sistema de alarma por voz. Está formado por una unidad de control (central de gestión) que incluye funciones de supervisión de los amplificadores y de la línea de altavoces.

Además, la central de gestión tiene asociada una estación de llamada, la cual se alimenta directamente a través de ella. Los amplificadores alimentan las dos zonas de altavoces que tiene configurado el sistema.

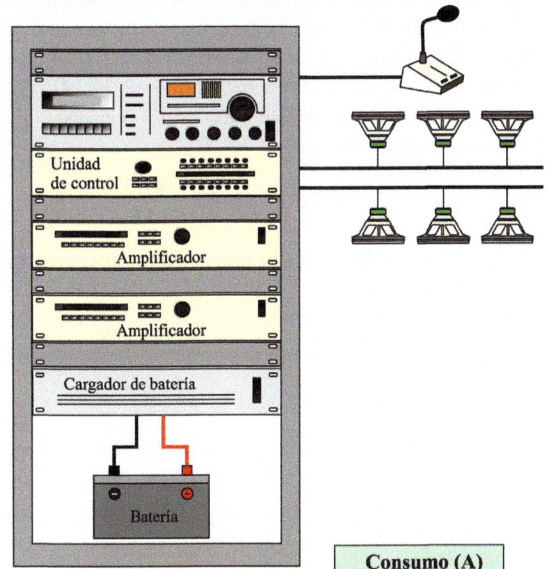

Dispositivo	Consumo (A) Reposo	Máximo
Unidad de control + pupitre de seguridad	1 A	1 A
Amplificador	0,3 A	4 A

Figura 7.36. Cálculo de la capacidad de las baterías.

Para el cálculo de las baterías debemos considerar dos estados diferentes: cuando el sistema entra en modo de reposo y el momento en el cual el sistema tiene todas sus funciones activadas (evacuación) y, por tanto, el sistema trabaja a plena carga:

$$\text{Capacidad total batería (A} \cdot \text{h)} = \text{CTR} \cdot 24 \text{ horas} + \text{CTE} \cdot \text{tiempo de evacuación (horas)}$$

El consumo total en reposo (CTR) es de 1,6 A:

$$\text{CTR} = \text{Consumo central de sonido (en reposo)} + \text{Consumo amplificadores (en reposo)} \times \text{N.º amplificadores}$$

$$\text{CTR} = 1 \text{ A} + 0{,}3 \text{ A} \times 2 \text{ amplificadores} = 1{,}6 \text{ A}$$

El consumo total a plena carga durante la evacuación (CTE) es de 9 A:

$$\text{CTE} = \text{Consumo central de sonido (en evacuación)} + \text{Consumo amplificadores (en evacuación)} \times \text{N.º amplificadores}$$

$$\text{CTE} = 1 \text{ A} + 4 \text{ A} \times 2 \text{ amplificadores} = 9 \text{ A}$$

La capacidad total útil mínima de las baterías debe ser de 42,9 Ah:

$$\text{Capacidad total batería (A} \cdot \text{h)} = 1{,}6 \text{ A} \cdot 24 \text{ horas} + 9 \text{ A} \cdot 0{,}5 \text{ horas} = 42{,}9 \text{ Ah}$$

La capacidad calculada es la capacidad útil de las baterías.

Las baterías no pueden descargarse completamente, por lo que el fabricante indica en sus características la profundidad de descarga máxima (*PD*), es decir, el porcentaje de la capacidad nominal especificada que puede suministrar sin deteriorarse. Por eso, la capacidad nominal de la batería (C_N) escogida será mayor que la capacidad útil calculada (C_U). Si suponemos que la profundidad de descarga de las baterías escogidas es del 60 % (0,6), la capacidad nominal de las baterías de nuestro sistema debería ser superior a 71,5 Ah:

$$C_U = C_N \cdot PD \rightarrow C_N = C_U / PD = \frac{42{,}9}{0{,}6} = 71{,}5 \text{ Ah}$$

Por tanto, se debe escoger una batería cuya capacidad nominal sea superior a 71,5 Ah.

Recuerda

En los sistemas de alarma por voz, la capacidad de la batería debe calcularse de manera que al final del funcionamiento en modo de reposo, la batería pueda continuar la señalización de la alarma durante como mínimo 30 minutos.

SABÍAS QUE...

Las especificaciones de las baterías indican su capacidad nominal (C_N); por tanto, será necesario tener en cuenta las características de la batería para seleccionar la más adecuada para nuestra instalación. La relación entre la capacidad nominal (C_N) y la capacidad útil (C_U) de una batería viene determinada por su profundidad de descarga (*PD*):

$$C_U = C_N \cdot PD$$

La profundidad de descarga de una batería es el porcentaje disponible de capacidad de la batería que puede utilizarse sin afectar su rendimiento.

7.4.9. Diseño acústico

Los altavoces son los dispositivos que se encargan de suministrar los mensajes de información que se generan en los sistemas de evacuación por voz. La distribución de los altavoces se realizará de manera que se cubran uniformemente las zonas a las que dan servicio, con el objetivo de garantizar un mensaje:

Ejemplo 7.7.

Niveles de presión sonora.

En la Figura 7.37 se muestran los requerimientos establecidos para garantizar el funcionamiento de un sistema de evacuación. En el ejemplo, tanto los mensajes de voz como las señales acústicas de alarma (sirenas) se emiten a la misma potencia por los altavoces del sistema de alarma por voz.

En presencia de ruido importante, se debe garantizar que el nivel de presión sonora sea superior siempre en más de 5 dB para las señales de aviso y 10 dB para los mensajes de voz (Figura 7.37.a). Por tanto, como la potencia de emisión es igual para los dos tipos de mensajes, necesitaremos una relación señal/ruido superior a 10 dB, por lo que ante la presencia de un ruido de fondo de 80 dBA, será necesario que el nivel de presión sonora en la zona de escucha sea como mínimo de 90 dBA.

En cuanto a los niveles de presión sonora, se observa en el ejemplo de la Figura 7.37.b que en la habitación A, debido a las pérdidas producidas en las puertas y paredes, no se cumplen los requerimientos de nivel de presión, ya que la señal acústica del pasillo queda muy atenuada. Como mínimo, en la zona de descanso debe haber un nivel mínimo de 75 dBA y en el resto de áreas un mínimo de 65 dBA. En la habitación B se soluciona el problema añadiendo un altavoz en el interior de dicha habitación.

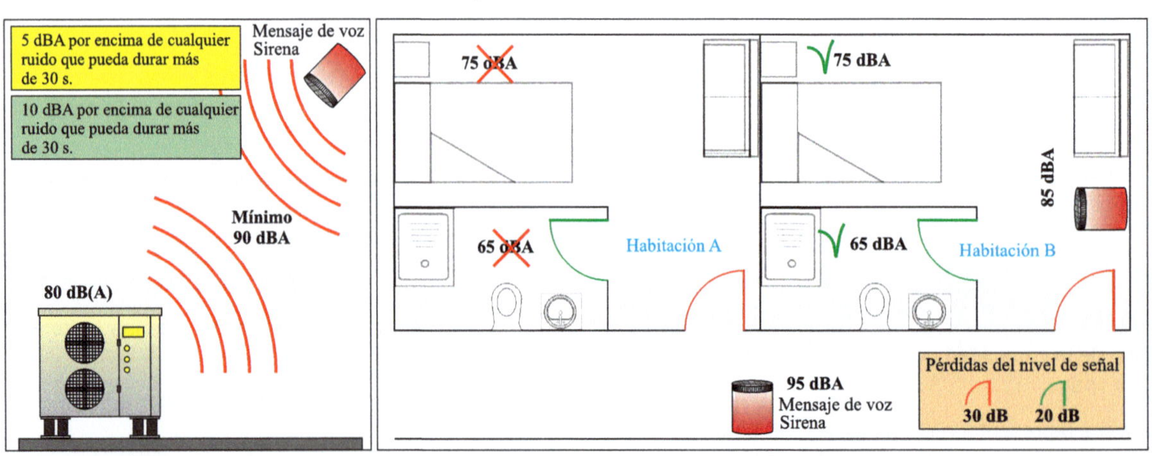

a) Relación señal/ruido. b) Niveles de señal.

Figura 7.37. Requerimientos mínimos en el interior de un recinto.

- **Audible.** Es fundamental que el nivel del sonido sea más alto que el nivel de ruido de fondo. Para ello es necesario cuantificar el nivel de presión sonora que el sistema distribuye a las zonas que da servicio.
- **Inteligible.** Para que el mensaje sea comprendido, además de audible, el sonido debe estar libre de distorsión y ser perfectamente inteligible por el usuario.

En los sistemas de emergencia y evacuación se utilizan dos tipos de mensajes de alarma: señales acústicas en general, equivalentes a las sirenas, y los mensajes de voz. Normalmente, antes de emitir un mensaje de voz, se emitirá una señal acústica para llamar la atención de los ocupantes de un recinto.

SABÍAS QUE...

Las señales de aviso previas a los mensajes deben estar todas documentadas y deben ser claramente diferenciadas. Por ejemplo, la señal de alarma de incendio debe ser diferente a la señal de alarma de confinamiento.

Nivel de presión sonora

Los niveles de señal exigibles para las **señales acústicas** en general son los siguientes:

- Mayor de 65 dBA como norma general o 75 dBA en zonas de descanso, donde sea necesario despertar a las personas que se encuentren durmiendo, como por ejemplo residencias u hoteles.
- El nivel máximo de presión sonora en cualquier punto situado a más de un metro del foco de sonido (altavoz o sirena) debe ser de 120 dBA.
- Las señales acústicas deben estar entre 5 dB y 20 dB por encima del ruido ambiental (5 dB < *S/N* < 20 dB).

Recuerda

Los mensajes de voz de alarma van precedidos de una señal acústica de aviso.

Inteligibilidad

Los **mensajes de voz** deben ser claros y precisos. Para garantizar su inteligibilidad, en las emisiones de mensajes de voz se deben cumplir los siguientes requisitos:

- Las señales acústicas deben estar 10 dB por encima del ruido ambiental (*S/N* > 10 dB).
- Intervalo entre mensajes sucesivos menor de 30 s.
- El índice de inteligibilidad medio en el 90 % de cada área acústica distinguible (ADA) debe ser superior a 0,50 en la escala STI, siendo el valor STI mínimo de 0,45.

7.5. Planificación e instalación del sistema

Para que el funcionamiento de un sistema de megafonía se ajuste a la normativa correspondiente es necesario que tanto los equipos del propio sistema, como su instalación y el usuario final cumplan los requisitos definidos por ella.

7.5.1. Planificación de un sistema de alarma por voz

La planificación de un sistema de alarma por voz requiere tener en cuenta una serie de aspectos:

- Definir las zonas de alarma, teniendo en cuenta el plan de emergencia del edificio y las vías de evacuación.
- Determinar el nivel de ruido de cada zona, para calcular el nivel de presión sonora requerido.
- Tener en cuenta los factores que influyen en la acústica de la sala (tiempo de reverberación, eco y retardos), que puedan afectar a la inteligibilidad de los mensajes de voz.
- Calcular el área de cobertura de los altavoces utilizados.
- Determinar el número de altavoces necesarios y la potencia de amplificación requerida.
- Determinar los equipos necesarios según el modelo y el fabricante del sistema de evacuación por voz elegido.

7.5.2. Configuración de los sistemas de alarma por voz

Los sistemas de alarma por voz pueden configurarse como un sistema centralizado, o bien distribuyendo los diferentes componentes que lo forman a través de una red, reduciendo de esta manera el coste de cableado, además de aumentar la integridad del sistema en caso de desastre.

SABÍAS QUE...

Durante la instalación debe garantizarse su conexión con el sistema de alarmas y la verificación final de los niveles acústicos, de inteligibilidad y cobertura de los altavoces.

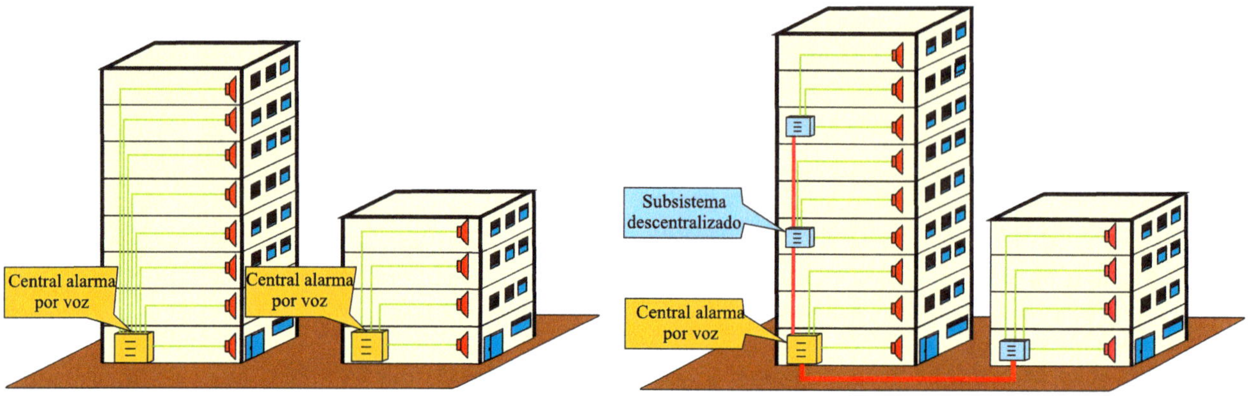

Figura 7.38. Comparación entre los sistemas centralizados y los distribuidos.

Desde este punto de vista, podemos clasificar los sistemas de alarma por voz en dos categorías diferentes:

- **Sistemas con amplificación centralizada** (Figura 7.38.a). Las fuentes de sonido (hilo musical, mensaje de aviso o mensaje de evacuación), la unidad de control y el conjunto de amplificadores se sitúan en una ubicación centralizada, desde donde se distribuye la señal a los grupos de altavoces de cada zona. Este tipo de amplificación tiene la ventaja de su facilidad de configuración, pero, sin embargo, la longitud necesaria de la línea para el cableado de los altavoces repercute de manera importante en el coste de la instalación.
- **Sistemas con amplificación distribuida** (Figura 7.38.b). En los sistemas distribuidos, se reparten por diferentes puntos de la instalación una unidad de control y los amplificadores que dan servicio a las zonas de altavoces más cercanas. En una configuración descentralizada, los subsistemas se interconectan, y se comunican entre sí, formando una red.

Las instalaciones complejas de sistemas de alarma de voz, normalmente se diseñan como redes distribuidas por

Ejemplo 7.8.

Selección de la potencia del altavoz para garantizar el nivel de presión sonora.

El parámetro de sensibilidad del altavoz utilizado, así como la potencia de entrada, permite ajustar el nivel de presión sonora requerido para sonorizar un recinto.

En el ejemplo de la Figura 7.39, la sensibilidad del altavoz utilizado es de 90 dB/W/m , y se muestra el nivel de presión sonora a la altura media de un oyente, considerando esta de 1,5 m (media de altura entre un oyente sentado a 1,2 m y un oyente de pie a 1,8 m), para una potencia de entrada suministrada de 1 W, 2 W y 10 W respectivamente.

Si el nivel de ruido ambiente es de aproximadamente 80 dBA, para cumplir con los criterios que especifica la normativa, el nivel de presión sonora de los mensajes de alarma debería estar por encima de los 90 dB, es decir, por lo menos 10 dB por encima del ruido. Tanto si se alimenta el altavoz a 1 W como si se alimenta a 2 W este requisito no queda garantizado, aunque se cumple el requisito de nivel de presión superior a 65 dBA.

En cambio, cuando se alimenta el altavoz a una potencia de 10 W, se consigue un nivel medio de presión sonora de 12 dB por encima del nivel de ruido, es decir, 92 dBA.

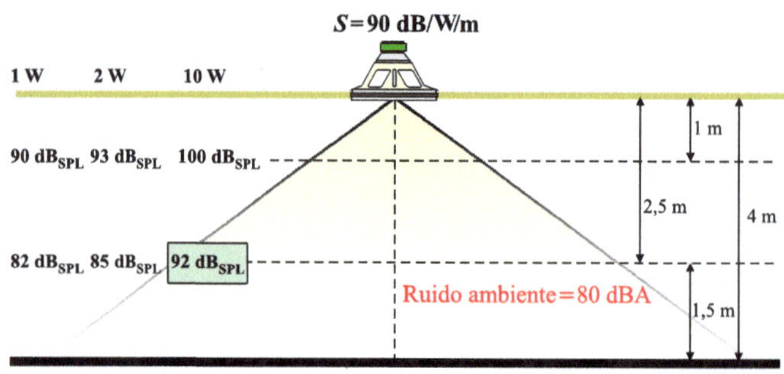

Figura 7.39. Nivel de presión sonora.

todo el edificio, con sistemas descentralizados en los cuales cada subsistema es el responsable de un conjunto de altavoces que controlan una o varias zonas.

7.5.3. Selección de altavoces

El ángulo de cobertura de los altavoces determina el área de irradiación. Cuanto mayor es este ángulo, mayor es el área que un único altavoz puede cubrir, pero por el contrario se reduce la inteligibilidad del mensaje, ya que la reflexión del sonido aumenta.

Recuerda

El nivel de presión sonora en un punto depende de la sensibilidad del altavoz (*S*), de la distancia (*d*) y de la potencia aplicada (*P*) al mismo:

$$L(\text{dB}) = S(\text{dB/W/m}) - 20 \log d + 10 \log P$$

Irradiación de sonido total o parcial

Idealmente, es deseable que los altavoces cubran totalmente de sonido todas las zonas de aviso. La **irradiación de sonido total** es una solución que aumenta de manera considerable los costes de la instalación.

En ocasiones, se opta por la **irradiación de sonido parcial,** de forma que solo se cubren de manera directa determinadas zonas pero con niveles de intensidad suficiente para que los mensajes de voz lleguen a otras zonas no sonorizadas.

Recuerda

Con la irradiación parcial debe tenerse en cuenta que las salas individuales a prueba de sonido, como las salas de conferencias, se irradien directamente.

7.5.4. Potencia de los amplificadores

En función de la potencia aplicada a cada altavoz y del número de altavoces que requiere cada zona, calcularemos los requerimientos de potencia de amplificador de cada línea de altavoces.

Ejemplo 7.9.

Irradiación parcial en un centro educativo.

En la Figura 7.40 se muestra un ejemplo de irradiación parcial en las aulas de un centro educativo.

Se irradian los pasillos y la intensidad de sonido se eleva a un nivel tal que las personas situadas en las aulas escuchen los mensajes de alarma. Para ello es necesario tener en cuenta la atenuación que sufre la señal al atravesar las paredes y las puertas. En este ejemplo, el valor de absorción de sonido de las puertas es de 20 dBA aproximadamente.

Lógicamente, para conseguir el nivel de sonido adecuado en el interior de las aulas, será necesario aumentar de manera significativa la intensidad de los altavoces del pasillo, siempre teniendo en cuenta que la intensidad de sonido en los pasillos no llegue a unos niveles excesivamente altos, nunca superiores a 120 dBA.

Consideramos un nivel de ruido bajo, alrededor de 55 dBA, y un nivel mínimo de presión sonora deseado de 65 dBA.

La sensibilidad de los proyectores utilizados es de 105 dB/W/m y se alimentan a una potencia de 20 W.

La distancia más alejada del altavoz es de 15 m y el diagrama de cobertura indica unas pérdidas de 5 dB para un ángulo de propagación de 45°, dirección aproximada de las aulas.

El nivel de presión sonora en el espacio libre, a una distancia del altavoz (*d*) de 15 m, será la siguiente:

$$L(\text{dB}) = S(\text{dB/W/m}) - 20 \log d + 10 \log P =$$
$$= 105 - 20 \log 15 + 10 \log 20 =$$
$$= 105 - 23{,}5 + 13 = 94{,}5 \text{ dB}$$

El ángulo de cobertura añade a 45° unos 5 dB adicionales de atenuación, que se acumulan a los 20 dB de atenuación de paredes y puertas, por lo que en el interior de las aulas se obtiene un nivel mínimo de 69,5 dBA, suficiente para garantizar el nivel exigido por la normativa. Además, como el nivel de ruido es bajo (55 dBA) se garantiza una relación señal/ruido superior a los 10 dB.

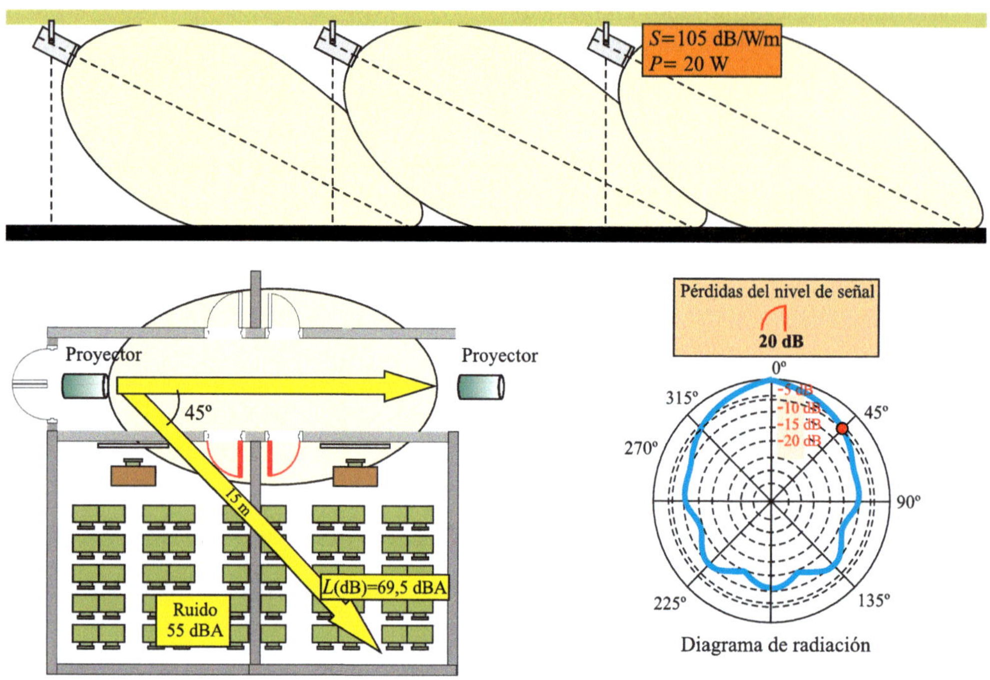

Figura 7.40. Ejemplo de sonorización parcial en un pasillo de un colegio.

Páginas web de interés

Equipos y fabricantes

Notifier. Fabricante en sistemas de detección y alarma de incendios, además de sistemas de evacuación por voz, en aplicaciones industriales, corporativas o en edificios singulares.

www.notifier.es

CTE. Código Técnico de la Edificación.

www.codigotecnico.org

Optimus, sonido y comunicación. Fabricante de sistemas de megafonía y sonorización.

www.optimusaudio.com

Bosch Security Systems. Proveedor global e innovador en productos de comunicación y alarma por voz.

www.boschsecurity.com/es

LDA Audio Tech. Compañía española especializada en la fabricación de sistemas de megafonía y evacuación por voz.

www.lda-audiotech.com

EGI. Fabricante de equipos de sonido entre los que se encuentran los sistemas de evacuación por voz.

www.egiaudio.com

Actividades de comprobación

7.1. ¿Cuál es una de las condiciones que se debe cumplir para que los mensajes de voz sean claros y precisos y se garantice la inteligibilidad?

a) SNR > 0 dBA.

b) SNR > 5 dBA.

c) SNR > 10 dBA.

d) SNR > 20 dBA.

7.2. ¿Qué tipo de cableado garantiza la redundancia de los altavoces de un sistema de alarmas por voz?

a) Clase A. **b)** Clase B.

c) Clase A/B. **d)** Clase C.

7.3. Indica el método que utilizan los sistemas de alarma por voz para la monitorización de la línea de altavoces:

a) Con corriente continua.

b) Por impedancia.

c) Por tono piloto.

d) Todas las respuestas anteriores son correctas.

7.4. ¿Qué elementos de los siguientes intervienen en el camino crítico de la señal en un sistema de evacuación por voz?

a) Micrófonos.

b) Amplificadores.

c) Línea de altavoces.

d) Todas las respuestas anteriores son correctas.

7.5. En el sistema de monitorización por impedancia de la línea de altavoces, ¿qué tipo de tono se necesita para detectar las variaciones de impedancia de la línea?

a) Una señal de baja frecuencia, como por ejemplo 20 Hz.

b) Una señal de alta frecuencia, como por ejemplo 20 kHz.

c) Dos señales: una de baja y otra de alta frecuencia.

d) No necesita la ayuda de ningún tono piloto.

7.6. Cuando falla la fuente del suministro de corriente eléctrica, ¿cuánto tiempo como mínimo debe alimentar la fuente de alimentación auxiliar el sistema de alarma por voz?

a) Debe mantener el sistema en funcionamiento durante 2 horas como mínimo.

b) Debe mantener el sistema en funcionamiento de reposo como mínimo durante 24 horas y durante un mínimo de 30 minutos en situación de emergencia.

c) Debe garantizar, en caso de evacuación, el sistema en funcionamiento durante 1 hora cómo mínimo.

d) Ninguna de las respuestas anteriores es correcta.

7.7. ¿Cuál debe ser la inteligibilidad mínima media de los mensajes en la escala STI?

a) 0,1. **b)** 0,5.

c) 0,7. **d)** 1.

7.8. ¿Cuál es el nivel máximo de presión sonora admisible en cualquier punto situado a más de un metro de los altavoces de un sistema de alarma por voz?

a) 65 dBA. **b)** 100 dBA.

c) 120 dBA. **d)** 150 dBA.

7.9. ¿Qué tensión utilizan habitualmente los sistemas de evacuación cuando se alimentan de las baterías?

a) 12 V CC. **b)** 24 V CC.

c) 12 V CA. **d)** 24 V CA.

7.10. ¿Qué diferencia un altavoz convencional de uno de evacuación?

a) El terminal de conexiones es de material cerámico para soportar altas temperaturas.

b) Cuenta con un fusible térmico.

c) Tiene una cúpula ignífuga para evitar la propagación del incendio.

d) Todas las respuestas anteriores son correctas.

7.11. ¿Qué sistema de alimentación de emergencia se utiliza en los sistemas de alarma por voz?

a) Grupos electrógenos.

b) Baterías.

c) Aparatos autónomos.

d) Derivaciones separadas de la red de distribución, independientes de la alimentación normal.

7.12. ¿Con qué intervalo de tiempo mínimo se deben repetir los mensajes de alarma por voz?

a) 3 s. **b)** 10 s.

c) 30 s. **d)** 60 s.

7.13. ¿Qué norma deben cumplir los altavoces del sistema de alarma de incendio por voz?

a) EN 54-4. **b)** EN 54-14.

c) EN 54-16. **d)** EN 54-24.

7.14. ¿Qué conjunto de normas deben cumplir los sistemas de alarma por voz para su uso en caso de incendios?

a) EN 54. **b)** EN 50849.

c) ITC-BT 28. **d)** REBT.

7.15. ¿Qué clase de reacción al fuego mínima deben tener los cables de una instalación de megafonía de seguridad?

a) Cca-s1b,d1,a1.

b) Dca-s2,d2,a2.

c) Eca-s3,d3,a3.

d) No es necesario que cumplan ningún requisito especial de reacción frente al fuego.

Actividades de aplicación

7.16. **Cableado de la línea de altavoces.** La Figura 7.41 representa el cableado de la línea de altavoces que alimenta el sistema de alarmas por voz del restaurante de un centro comercial. Indica:

a) Tipo de cableado utilizado.

b) Propón una configuración de amplificadores que permita la redundancia del cableado de la línea en caso de avería. Justifica qué sucede cuando se produce un cortocircuito en una de las líneas, en la configuración escogida.

c) Indica los tipos de monitorización que se pueden utilizar en la línea de altavoces.

d) ¿Qué otros componentes son necesarios para integrar la instalación en un sistema de alarmas por voz?

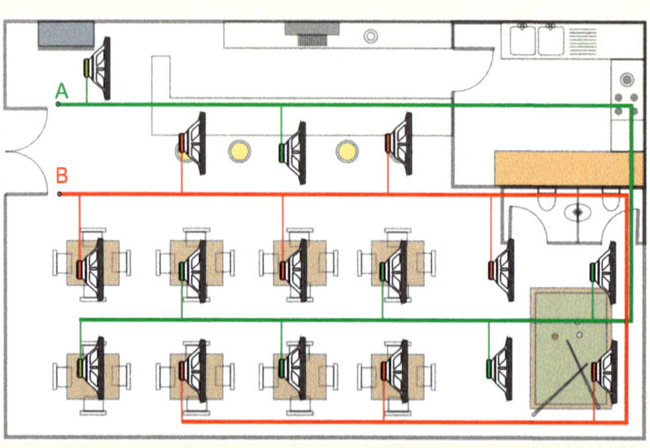

Figura 7.41. Ejemplo de sonorización de una zona amplia (local).

7.17. **Requerimientos de nivel de presión sonora establecidos por la normativa.** El ruido presente en el recinto de la Figura 7.42 es de 80 dB. Los altavoces utilizados tienen una sensibilidad de 94 dB/W/m. Calcula el nivel de presión sonora y justifica si los niveles de señal presentes a la altura media de escucha de las personas cumplen los requerimientos especificados por la normativa. ¿Cuál crees que es la potencia de alimentación más adecuada para obtener los niveles de presión sonora establecidos por la normativa?

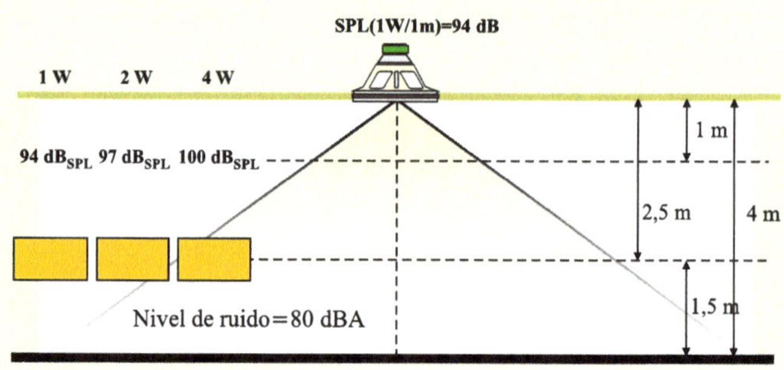

Figura 7.42. Nivel de presión sonora de los altavoces utilizados en la instalación.

7.18. **Plan de evacuación.** Analiza el plan de evacuación establecido en tu centro docente. Justifica la respuesta a las preguntas siguientes:

a) Indica el procedimiento establecido en caso de evacuación.

b) ¿Qué tipo de sistema de emergencia se utiliza? ¿Con sirena, por megafonía, con un timbre, otros sistemas? Indica si crees que es adecuado para el tipo de edificio que protege.

c) Indica la señal acústica establecida en caso de evacuación, así como los mensajes de alarma y alerta establecidos.

7.19. **Sistema de alarma y evacuación por voz.** La instalación de la Figura 7.43 muestra una instalación de megafonía y emergencia por voz, que cubre diferentes zonas de altavoces.

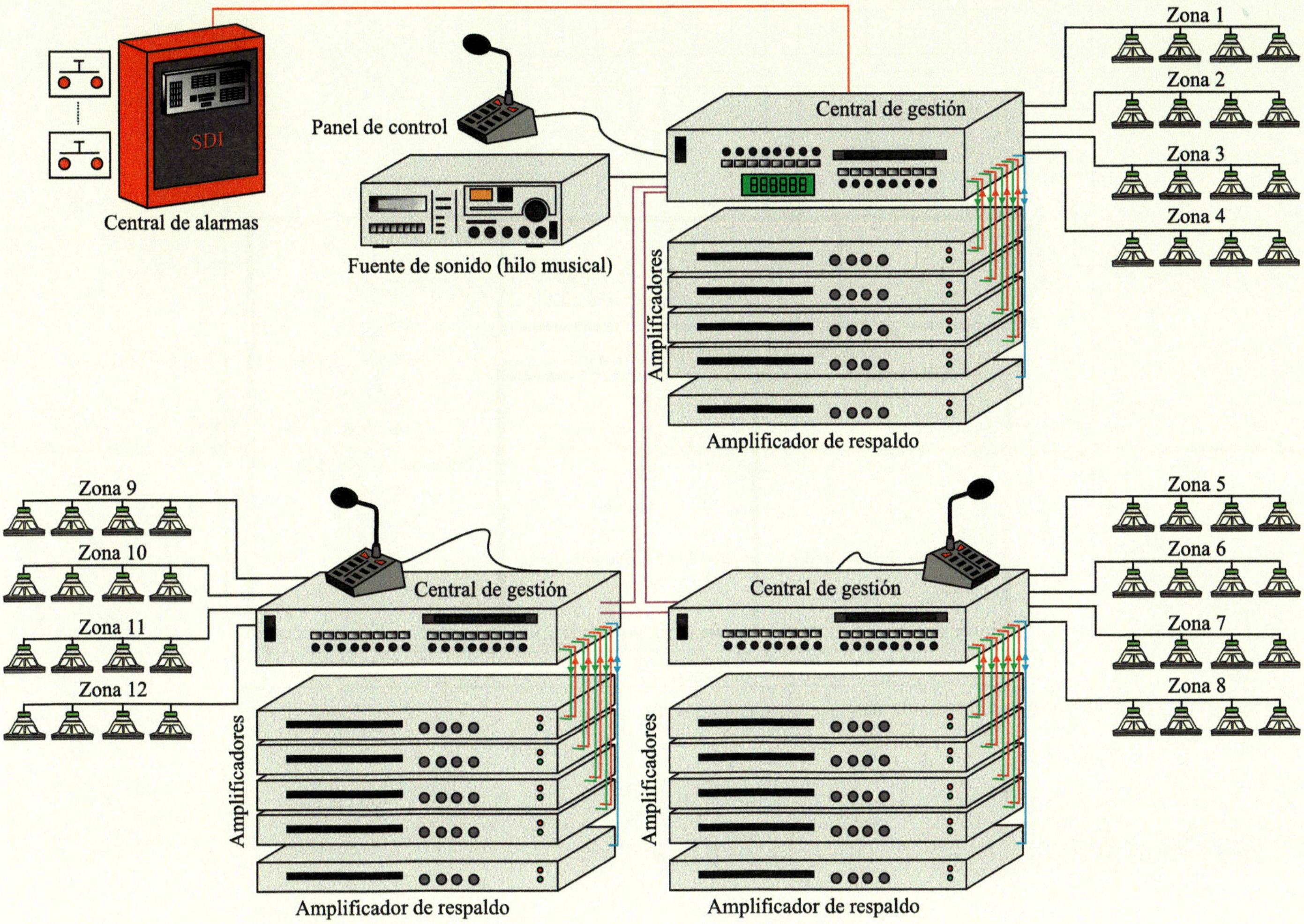

Figura 7.43. Instalación de alarma por voz.

a) ¿A cuántas zonas da servicio la instalación?

b) ¿Es posible en esta instalación la emisión de hilo musical para ambientación?

c) ¿Cuántos amplificadores principales son necesarios? ¿Y de respaldo?

d) ¿Qué dispositivo realiza la monitorización del camino crítico de la señal?

e) ¿Qué función realizan los paneles de control dentro de la instalación?

f) A partir de un fabricante de sistemas de evacuación por voz, escoge los equipos y materiales necesarios para realizar una instalación con las mismas funcionalidades que la instalación propuesta.

7.20. Planificación de un sistema de alarma y evacuación por voz. La Figura 7.44 muestra la distribución de planta de un edificio en el cual se desea realizar la instalación de un sistema de alarma por voz. La planificación de uno de estos sistemas requiere tener en cuenta una serie de aspectos. Contesta a las cuestiones siguientes:

a) ¿Cuántas zonas debe tener el sistema de sonorización?

b) A partir del ruido de fondo, determina el nivel de presión sonora requerido para los mensajes de alarma en cada área a sonorizar.

c) Selecciona el tipo de altavoz más adecuado para cada zona, y calcula el área de cobertura de los altavoces utilizados para determinar el número de altavoces necesarios.

d) Calcula la potencia de amplificación requerida para cada zona de altavoces.

e) Determina los equipos necesarios según el modelo y el fabricante del sistema de evacuación por voz elegido.

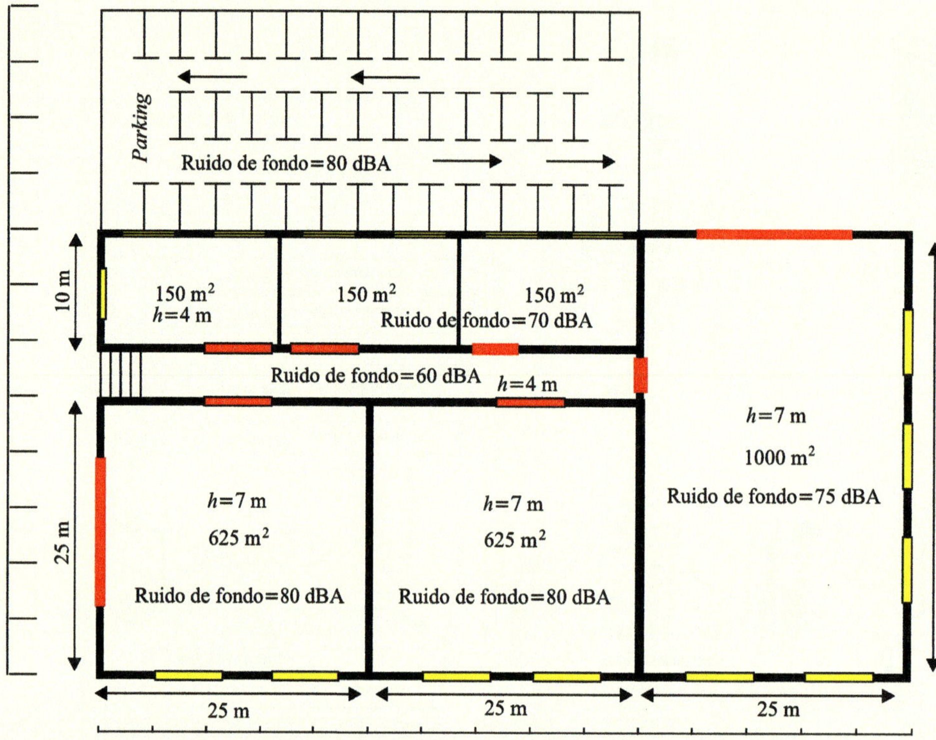

Figura 7.44. Planificación de un sistema de alarma y evacuación por voz.

Actividades de refuerzo

7.21. ¿Es realmente efectiva una sirena en caso de alarma? ¿Por qué?

7.22. Enumera los elementos que forman el camino crítico de la señal en un sistema de evacuación por voz.

7.23. Enumera tres de las diferencias fundamentales entre un sistema de alarma por voz y un sistema de megafonía convencional.

7.24. ¿Qué es la prioridad de avisos de un sistema de evacuación por voz?

7.25. Además de la emisión de alarmas por voz, ¿para qué otras aplicaciones se pueden utilizar estos sistemas?

7.26. Ordena, de mayor a menor prioridad, los siguientes tipos de mensajes en un sistema de alarma por voz: mensaje de alarma grabado, mensaje de alarma manual, hilo musical, mensaje de aviso temporizado.

7.27. ¿Cuáles crees que son las principales ventajas de la evacuación por fases frente a la tradicional evacuación en un único paso?

7.28. ¿Qué diferencia un altavoz convencional de un altavoz de evacuación (EVAC)?

7.29. Enumera los diferentes métodos para la monitorización de la línea de altavoces que se utilizan en los sistemas de alarma por voz.

7.30. Explica las diferencias entre los dos tipos de cableados que se muestran en la Figura 7.45. Indica cuál de ellos se utiliza preferentemente en los sistemas de evacuación por voz.

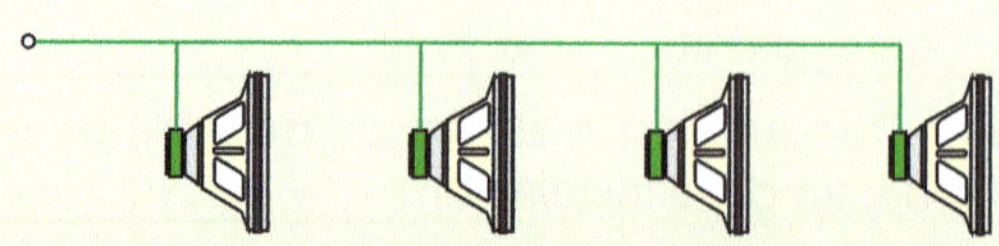

a) Instalación de cableado de altavoces 1.

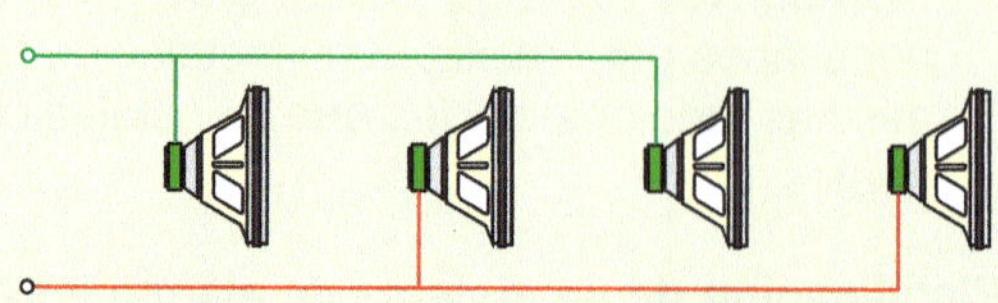

b) Instalación de cableado de altavoces 2.

Figura 7.45. Sistemas de cableado de la línea de altavoces.

7.31. La Figura 7.46 representa el nivel de presión sonora que los usuarios de una instalación reciben en función de la potencia aplicada a los altavoces. El ruido presente en esta zona es de aproximadamente 80 dB. Indica qué potencia mínima aplicada al altavoz permite cumplir los requerimientos establecidos por la normativa. Anota, para cada posición del lugar y para esta potencia, el nivel de señal esperado.

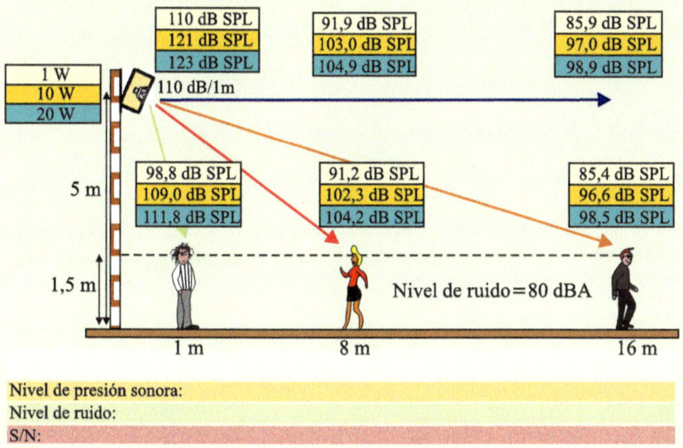

Figura 7.46. Cálculo de la potencia aplicada a los altavoces para cumplir la normativa.

7.32. ¿Por qué crees que la normativa especifica que el nivel de presión sonora en cualquier punto de un recinto a más de un metro de la fuente de sonido no debe superar los 120 dBA?

7.33. Identifica, a partir del manual del sistema de megafonía de seguridad y emergencia disponible en el aula taller, el tipo de monitorización de la línea de altavoces utilizado.

7.34. Indica, con ayuda de la Figura 7.47, los niveles de presión sonora y relación señal/ruido que especifica la normativa en los sistemas de evacuación por voz.

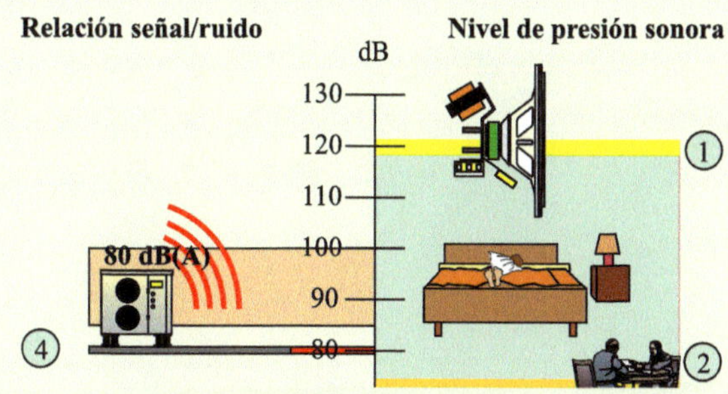

Figura 7.47. Nivel de presión sonora y relación señal/ruido de los mensajes de un sistema de alarma por voz.

7.35. ¿Qué niveles de presión sonora son exigibles para las señales acústicas en general y para los mensajes por voz en un sistema de megafonía de seguridad y emergencia? ¿Qué otros criterios deben cumplirse para estas señales?

7.36. La Figura 7.48 muestra un cable destinado a instalaciones de megafonía que cumple la normativa del reglamento de productos de la construcción (CPR). Indica el significado de las características grabadas sobre el cable.

Figura 7.48. Designación de cables según el CPR.

8 Sistemas de megafonía IP

Contenidos

Objetivos

- Identificar los elementos, materiales y dispositivos utilizados en una instalación de megafonía IP, relacionándolos con las funciones que realizan.
- Relacionar las características de las redes de área local con las necesidades de transmisión de los sistemas de megafonía IP.
- Interpretar la documentación técnica de los dispositivos utilizados en una instalación de megafonía IP.
- Configurar y seleccionar los dispositivos que forman parte de pequeñas instalaciones de megafonía IP.

Hasta hace poco tiempo, quienes trabajaban en las instalaciones de sonorización y megafonía, realizaban toda la instalación, desde los dispositivos (procesadores, amplificadores, mezcladores...) hasta el cableado que une a los mismos.

Actualmente, ha nacido una nueva filosofía donde se compaginan dos tecnologías diferentes: las instalaciones de sonido y las redes de comunicaciones. Esta nueva tecnología se denomina megafonía de voz por IP.

8.1. Aplicaciones de megafonía IP

La evolución tecnológica ha permitido dotar a los sistemas de megafonía de capacidades cada vez mayores y aplicaciones cada vez más versátiles, de manera que hoy en día es posible instalar un sistema de megafonía donde la información asociada de voz y datos puede transmitirse a través de una red de transmisión de datos, como por ejemplo las redes TCP/IP (Figura 8.1).

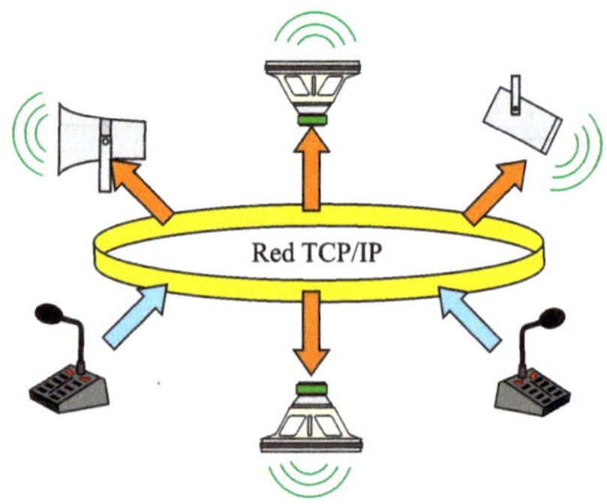

Figura 8.1. Tecnología de voz y audio sobre IP.

Esta tecnología permite la gestión centralizada, generación y transmisión de mensajes de sonido, de diferente naturaleza por su origen (micrófono, reproductor de música, mensajes pregrabados...) hacia diferentes emplazamientos mediante la utilización de tecnologías de voz y audio sobre IP en redes de comunicaciones.

8.1.1. Tecnologías

Existen diferentes tecnologías que permiten la distribución de señales de audio a través de redes IP. Cada tecnología está formada por un conjunto de normas, dispositivos y protocolos que permiten enviar la señal de sonido de manera digital, en forma de datos a través de una red de comunicaciones, en lugar de enviarla de manera analógica a través de una línea de megafonía convencional.

La señal de audio digital utiliza la misma infraestructura que el resto de datos digitales de la red (datos de internet, correos electrónicos, etc.) por lo que no se requieren líneas separadas para los mensajes de voz ni el hilo musical.

Entre estas **tecnologías** destacan las siguientes:

- **VoIP** (*Voice over IP*, voz sobre IP). Esta es la principal tecnología que permite transmitir voz sobre el protocolo IP. VoIP es un estándar definido por la UIT (Unión Internacional de Telecomunicaciones) y proporciona a los fabricantes un conjunto de normas que garantizan el desarrollo de dispositivos compatibles entre sí. Aunque la principal aplicación de la tecnología VoIP es la telefonía IP, ya que la calidad del sonido se limita al nivel de voz, también puede utilizarse en aplicaciones de megafonía IP.
- **AoIP** (*Audio over IP*, audio sobre IP). es una tecnología de transmisión en tiempo real de señales de audio digital de alta fidelidad a través de una red IP, que se puede aplicar a diferentes campos de sonido profesionales, incluidos los sistemas de megafonía PA y VA.
- **Sistemas IP propietarios.** Muchos fabricantes diseñan sus propios protocolos para la transmisión de señal de voz y audio de manera que se ajustan a las aplicaciones y equipos que comercializan. Al no utilizar protocolos estandarizados, el sistema solo funciona con los equipos que comercializan.

SABÍAS QUE...

Una red TCP/IP es una red de transmisión de paquetes de datos que utiliza como protocolos de comunicaciones los definidos según la pila de protocolos TCP/IP.

8.1.2. Ventajas de los sistemas de megafonía IP

Los sistemas de megafonía IP presentan las ventajas siguientes:

- No es necesaria una instalación de sonorización propia, ya que se integra fácilmente en una infraestructura de comunicaciones TCP/IP ya existente, como por ejemplo una red de área local (LAN) basada en el estándar Ethernet.

Recuerda

LAN (*Local Area Network*). Red de área local.

- Integra diferentes fuentes de sonido: permite la emisión de voz de manera directa a través de micrófonos y pupitres de control, grabados en memoria, mediante síntesis de voz de mensajes de texto, etcétera.
- Utiliza protocolos estándares, de la pila de protocolos que utilizan las redes TCP/IP, para la interconexión de los componentes del sistema.
- En ocasiones, es posible utilizar componentes de diferentes fabricantes. Los equipos de red son elementos independientes y complementarios de la etapa analógica de sonido, formada por amplificadores, altavoces, micrófonos, etc. Las etapas de sonido a menudo utilizan interfaces estándar de audio que se pueden integrar con equipos de fabricantes diferentes.
- Es un sistema modular y escalable. A medida que aumentan las necesidades es fácil integrar nuevos elementos en la instalación.

- Al ser altamente eficientes las redes TCP/IP, los servicios soportados por estas redes también lo son.

8.1.3. Aplicaciones

La principal aplicación de la tecnología de megafonía IP es la sonorización de grandes superficies, orientado principalmente a soluciones de megafonía en donde la distribución geográfica de los puntos de emisión y recepción es una característica relevante, tal y como se muestra en la Figura 8.2. Por tanto, entre las principales aplicaciones destacan los sistemas de sonorización y megafonía de emergencia de:

- Aeropuertos, estaciones de trenes y autobuses, metro, etcétera.
- Centros comerciales, hospitales y grandes superficies.
- Sistemas de megafonía embarcados en el interior de vehículos, como por ejemplo autobuses, trenes, etcétera.

8.2. Redes de área local

Una **red de área local** (LAN) es un conjunto de equipos que pertenecen a la misma organización, es decir, de ámbito privado, que están conectados dentro de un área geográfica pequeña a través de una red de comunicaciones, generalmente con la misma tecnología, siendo la más utilizada actualmente Ethernet.

8.2.1. Redes Ethernet

Una de las principales tecnologías de red de área local (LAN) es **Ethernet.** Ethernet admite diferentes configuraciones y puede utilizar diferentes soportes físicos, como el cable de par trenzado UTP y STP o la fibra óptica, así como utilizar como medio de propagación el espacio radioeléctrico utilizando tecnologías inalámbricas, como las desarrolladas por el estándar IEEE 802.11, conocidas como redes wifi.

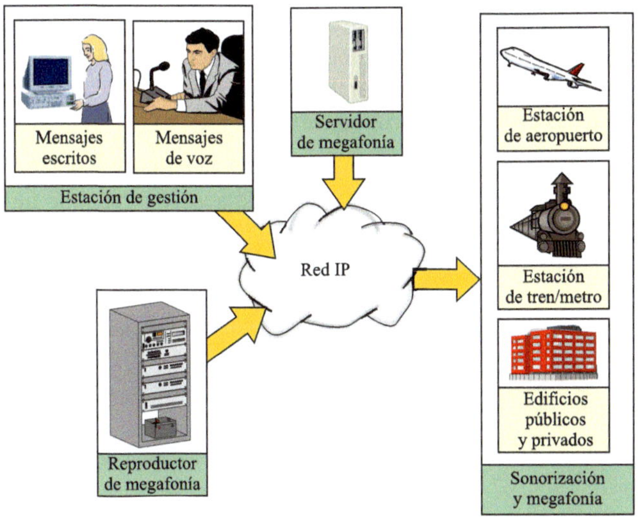

Figura 8.2. Principales aplicaciones de los sistemas de megafonía IP.

SABÍAS QUE...

Existen diferentes tecnologías Ethernet, que se diferencian por el medio de transmisión utilizado (cable de par trenzado o fibra óptica) y las velocidades de trasmisión: 10 Mbps (Ethernet), 100 Mbps (Fast Ethernet) y 1000 Mbps (Gigabit Ethernet).

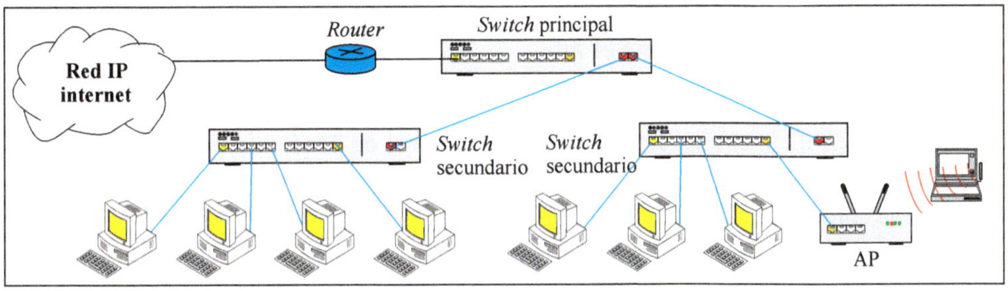

a) Topología de una red Ethernet.

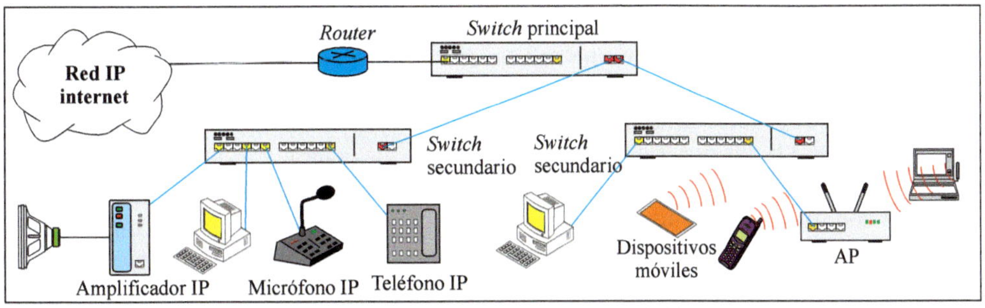

b) Convergencia de servicios en una red Ethernet.

Figura 8.3. Estructura en estrella jerárquica de una red Ethernet.

La **estructura física de la red** se muestra en la Figura 8.3.a: topología física en estrella jerárquica donde todos los dispositivos de la red están conectados a través de un concentrador de red, que normalmente es un *switch* (Figura 8.4.a). Utilizando puntos de acceso inalámbricos (AP), como el mostrado en la Figura 8.4.b, también es posible el acceso a la red de dispositivos móviles, como por ejemplo ordenadores portátiles, teléfonos móviles, etc. Las capacidades de la red pueden ampliarse conectando estos concentradores entre sí en forma de árbol.

La tecnología Ethernet que se utiliza en las redes LAN se basa en un protocolo de la capa de acceso a red, que tiene como función permitir la comunicación entre todos los dispositivos de una misma red LAN.

a) *Switch.*

b) Punto de acceso inalámbrico (AP). c) *Router.*

Figura 8.4. Dispositivos de red.

Cuando es necesario comunicarse con otras redes locales, o con redes externas, como por ejemplo internet, se debe utilizar un protocolo de capa superior, como el protocolo IP de la capa internet, que forma parte del conjunto de protocolos TCP/IP. La red Ethernet utiliza un enrutador (*router*) que realiza las funciones de puerta de enlace de la red (Figura 8.4.c): la utilización de una **puerta de enlace predeterminada** permite la comunicación con otras redes locales e internet, por lo que la transmisión de voz y datos no queda restringida a la propia localización física de una sola LAN.

Las redes de datos actuales crecen hacia la convergencia de servicios, de manera que a través de una red de datos IP estándar se puede establecer cualquier tipo de comunicación: voz, datos, vídeo, telefonía, etc. Tal y como se muestra en la Figura 8.3.b, las redes de datos se han convertido en redes multiservicios, ya que una misma red de datos se comparte con diferentes equipos y servicios: ordenadores, dispositivos móviles (teléfonos móviles, terminales multimedia, ordenadores portátiles…), y, también, dispositivos de megafonía IP (amplificador IP, micrófono IP…).

El sistema de megafonía IP más sencillo puede estar formado por dos equipos, tal y como se muestra en la Figura 8.5. Un emisor codifica la señal analógica de sonido y la transmite por la red, de manera que el emisor descodifica esta señal y la entrega al altavoz que reproducirá el sonido transmitido.

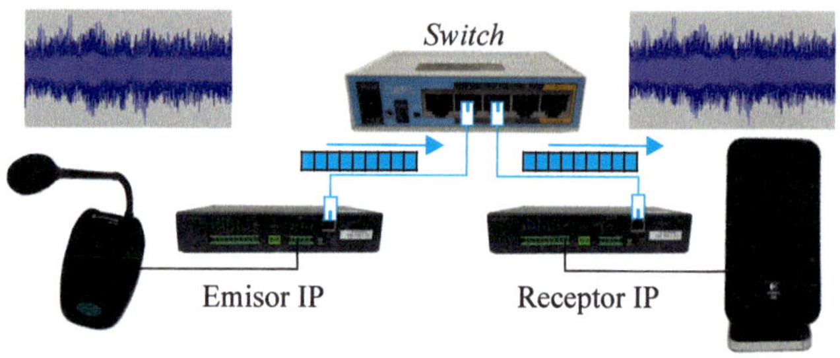

Figura 8.5. Codificación digital de la señal de sonido.

8.2.2. Pila de protocolos TCP/IP

La pila de **protocolos de comunicaciones TCP/IP** es un conjunto de protocolos estandarizados que permiten la comunicación y transmisión de datos a través de una red de comunicaciones. La ventaja de este conjunto de protocolos es que la mayoría son independientes del soporte físico utilizado, por lo que se puede utilizar en redes que utilizan tecnologías diferentes: Ethernet, ATM, wifi, etcétera.

> **Recuerda**
>
> El protocolo de comunicaciones TCP/IP es la base de internet.

Para que la comunicación entre los diferentes dispositivos que forman una red sea posible es necesario que todos ellos utilicen los mismos protocolos de comunicaciones. Entre estos protocolos se encuentran el Protocolo de Control de Transmisión (TCP) y el Protocolo de Internet (IP), que son la base del establecimiento de conexiones y la transmisión de datos a través de redes de comunicaciones.

Dentro de la misma familia, además, existen otros protocolos que realizan funciones concretas. Como ejemplo, en la Figura 8.6 se muestran algunos de los protocolos típicos utilizados en las comunicaciones de datos y en los sistemas de megafonía IP:

- **HTTP** (*HyperText Transfer Protocol*) y **HTTPS** (*HTTP Secure*). Protocolo utilizado para acceder a un servidor web, para la visualización de páginas HTML. En los sistemas de megafonía IP se utiliza para el acceso remoto en tareas de configuración y supervisión desde un navegador web.
- **FTP** (*File Transfer Protocol*) y **TFTP** (*Trivial File Transfer Protocol*). Protocolos utilizados para la

transferencia de archivos. En los sistemas de megafonía IP se utilizan para la transferencia de archivos de configuración de los equipos almacenados en un servidor FTP o TFTP.

- **Telnet** (*TELecommunication NETwork*) y **SSH** (*Secure SHell*). Protocolos de emulación de terminal que permiten a un dispositivo acceder remotamente mediante una red a otro dispositivo. También se utilizan para el acceso remoto a los dispositivos de megafonía IP.

- **Protocolos VoIP.** Aquí se engloban todos los protocolos de la capa de aplicación que utilizan los sistemas de megafonía IP. Estos protocolos permiten la codificación y decodificación del sonido y definen la manera como se transmitirán los datos de voz por la red:

  – **SIP** (*Session Initiation Protocol*) es el protocolo que se utiliza para establecer las conexiones VoIP, es decir, es un protocolo de control de la capa de aplicación que se encarga de crear, modificar y terminar sesiones entre los diferentes dispositivos que participan en una comunicación.

  – **RTP** (*Real Time Transport Protocol*) es el protocolo que define un formato de paquete estándar para el envío de audio y video sobre la red. Este protocolo se utiliza junto al protocolo **RTCP** (*Real Time Transport Control Protocol*), para supervisar las estadísticas de transmisión y calidad de servicio (QoS) y ayuda a la sincronización de múltiples flujos de datos.

- **TCP** (*Transmission Control Protocol*). TCP es un protocolo de la capa de transporte que se encarga de establecer conexiones lógicas entre diferentes dispositivos a través de los cuales se transmitirá el flujo de datos. Este protocolo garantiza que los datos serán entregados a su destino sin errores y en el mismo orden en que se transmitieron. También proporciona un mecanismo para distinguir distintas comunicaciones dentro de un mismo dispositivo, mediante la utilización de diferentes puertos en la comunicación.

SABÍAS QUE...

Un puerto, junto con la dirección IP, identifica de manera inequívoca una comunicación de la red.

- **UDP** (*User Datagram Protocol*). Protocolo de la capa de transporte que permite la comunicación entre dos dispositivos de la red sin que se haya establecido previamente una conexión. Este protocolo no permite el control de flujo ni es fiable, es decir, no establece mecanismos de retrasmisión ni de corrección de errores. Su principal ventaja respecto a TCP es la rapidez, por lo que lo hace especialmente útil en la transmisión de voz de los sistemas de megafonía IP.

- **IP** (*Internet Protocol*). Protocolo de la capa de red que permite la transmisión de datos entre dispositivos

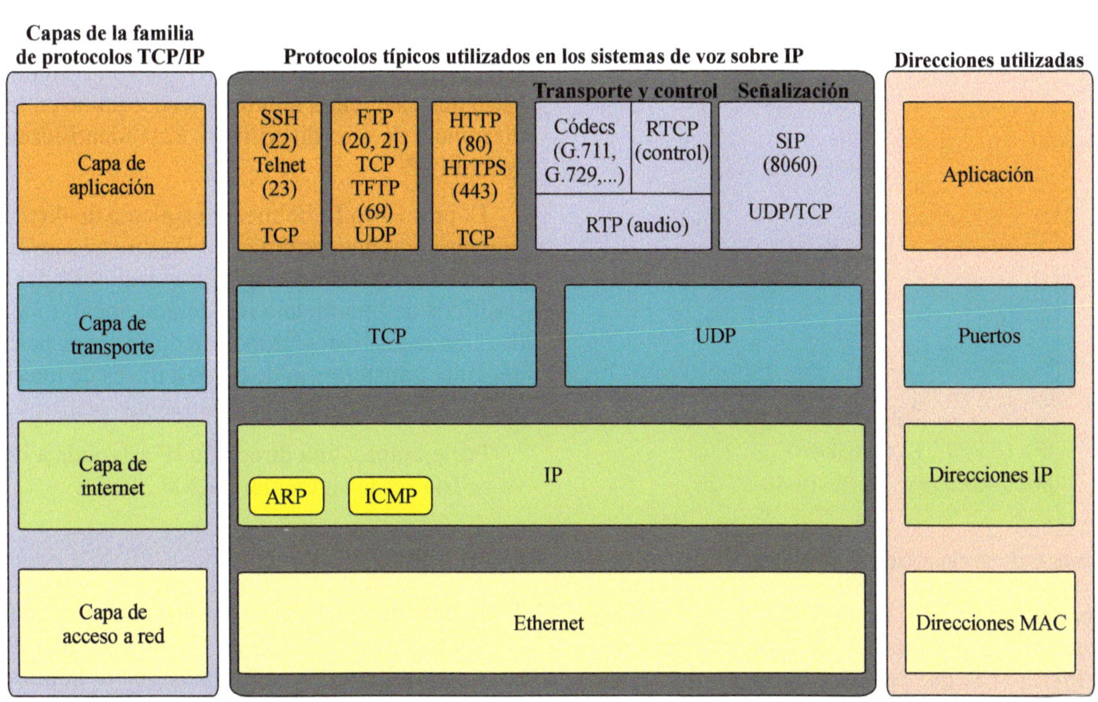

Figura 8.6. Pila de protocolos TCP/IP.

de redes diferentes. Es un protocolo no orientado a la conexión, utilizado para la comunicación de datos a través de redes de paquetes.

- **Ethernet.** Protocolo de la capa de acceso a red que establece los mecanismos de comunicaciones entre los dispositivos que pertenecen a una misma red.

SABÍAS QUE...

El modelo de comunicaciones TCP/IP está dividido en capas, para facilitar todo el proceso de comunicación. De esta manera cada capa se encarga de realizar una función concreta dentro de la comunicación.

8.2.3. Direccionamiento de red

Para que la comunicación entre diferentes dispositivos sea posible es necesario utilizar direcciones que identifiquen los equipos que se comunican a través de la red: una de destino y otra de origen.

Dentro del direccionamiento (Figura 8.7), podemos diferenciar dos tipos de direcciones:

- **Dirección física** (MAC). La dirección MAC o dirección física de un dispositivo solo tiene alcance local, en la propia red, para identificar el dispositivo dentro de la red de área local. No existen dos direcciones MAC idénticas en el mundo.

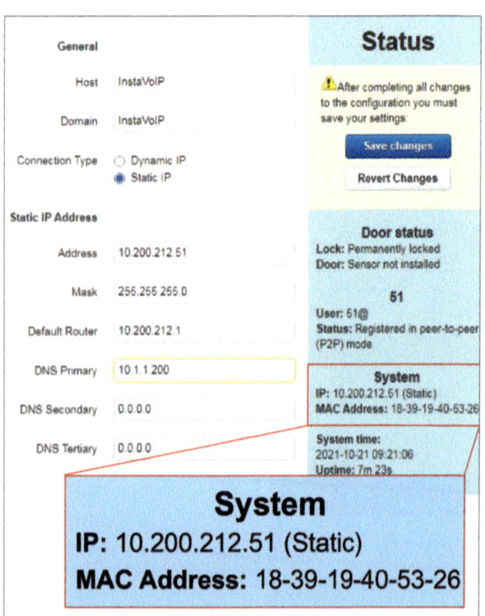

Figura 8.7. Ejemplo de configuración IP de un dispositivo VoIP.

- **Dirección lógica** (IP). La mayoría de aplicaciones utilizadas hoy en día están basadas en el protocolo TCP/IP, por lo que para la comunicación eficiente entre dispositivos es necesaria la utilización de las direcciones lógicas que utiliza este protocolo: las direcciones IP. Estas direcciones permiten la comunicación entre dispositivos que pertenecen tanto a la misma red, como a redes diferentes.

Direccionamiento MAC

Dentro de un ámbito local, la comunicación entre dispositivos se realiza mediante las direcciones físicas que tienen asignadas los dispositivos de la red. Estas direcciones se denominan direcciones MAC y las establece el fabricante durante el proceso de fabricación.

La **dirección MAC** es un identificador de 48 bits, normalmente expresado en notación hexadecimal, que identifica de forma única a un dispositivo de la red. Se conoce también como **dirección física** y es única para cada dispositivo.

Por ejemplo, una dirección MAC podría ser la siguiente: 18-39-19-40-53-26.

En la mayoría de los casos no es necesario conocer la dirección MAC de un dispositivo, aunque sea necesario para la comunicación a través de la red Ethernet. Son los propios protocolos de red, como el **protocolo ARP,** los encargados de reconocer las direcciones físicas de los dispositivos de red conectados a una LAN.

SABÍAS QUE...

El protocolo ARP (*Address Resolution Protocol*) se utiliza para la resolución de direcciones IP en direcciones MAC.

Direccionamiento IP

Para identificar un dispositivo dentro de una red es necesario que este tenga un identificador único en la red que lo diferencie de otro dispositivo. Este identificador es su **dirección IP.**

El protocolo IP define un esquema de direccionamiento jerárquico que permite que las direcciones individuales se asocien de forma conjunta y sean tratadas como dispositivos de una misma red de área local, independientes de otras redes. Estos grupos de direcciones posibilitan una eficiente transferencia de datos a través de internet y de las aplicaciones utilizadas en una LAN.

Por ejemplo, una dirección IP asignada a un dispositivo podría ser la siguiente: 10.200.212.51.

8.2.4. Dirección IP

Todo dispositivo dentro de una red debe tener una dirección IP única y diferente a la de otro dispositivo dentro de la misma red. Esta dirección la asigna el administrador de la red, según la planificación establecida.

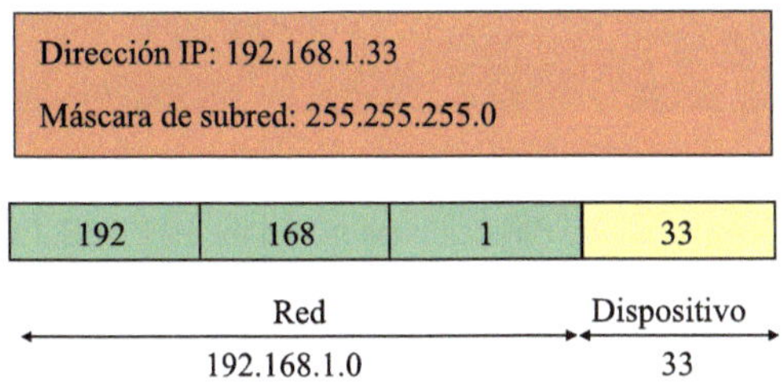

Figura 8.8. Ejemplo de dirección IP.

La estructura de una **dirección IP** es la que se muestra en la Figura 8.8, formada por 4 octetos (8 bits) donde cada octeto varía de 0 a 255. La dirección IP consta de dos partes:

- La primera parte identifica la red donde se conecta el dispositivo.
- La segunda parte identifica un dispositivo en particular de una red.

Para identificar cada una de estas partes de una dirección IP se utiliza la **máscara de subred.** Su estructura es similar a la de una dirección IP e indica, según el número de unos en binario que contenga, la parte de la dirección IP que se corresponde a la red y la parte que identifica al dispositivo dentro de la red. Es decir, una máscara de subred está formada por un conjunto de unos consecutivos seguido de ceros, hasta completar la secuencia de 4 octetos de una dirección IP.

Mediante la máscara de red, un dispositivo puede determinar si una dirección IP pertenece a la misma red, ya que en caso contrario los paquetes de datos se enviarán a la puerta de enlace predeterminada (*router*), en lugar de enviarlos directamente al dispositivo destino.

Ejemplo 8.1.

Máscara de subred en binario.

La máscara de subred asociada a la dirección IP 192.168.1.33 de la Figura 8.8 es 255.255.255.0. La representación común de una dirección IP se realiza asociada a la máscara de subred utilizada, de la manera siguiente:

192.168.1.33 /255.255.255.0

La máscara de subred 255.255.255.0, expresada en binario, es 11111111. 11111111. 11111111.00000000. Esta máscara nos indica que los 3 primeros bytes definen a la red y el último byte al dispositivo. La dirección IP 192.168.1.33 se corresponde con el dispositivo 33 de la red 192.168.1.0.

SABÍAS QUE...

Las direcciones IP reciben el nombre de direcciones jerárquicas porque contienen diferentes niveles: una dirección IP combina la dirección de red con la del dispositivo dentro de la red.

8.2.5. Direcciones IP reservadas

Ciertas direcciones IP están reservadas y no se pueden asignar a ningún dispositivo de la red. Por ejemplo, dos direcciones IP que no se pueden utilizar son las siguientes:

- **Dirección de red.** Se utiliza para identificar la red en sí misma. Esta dirección se corresponde con la dirección IP, en la que los bits de la parte que identifica al dispositivo son todos cero. En el ejemplo de la Figura 8.9 la dirección de la red es 192.168.1.0.
- **Dirección de *broadcast*.** Se utiliza para identificar a todos los dispositivos de una red. Esta dirección se corresponde con la dirección IP en la que los bits de la parte que identifica al dispositivo son todos unos. La dirección de *broadcast* en el ejemplo de la Figura 8.9 es 192.168.1.255.

Dirección IP: 192.168.1.33
Mascara de subred: 255.255.255.0

Dirección IP	192	168	1	33
Máscara de subred (formato decimal)	255	255	255	0
Máscara de subred (formato binario)	11111111	11111111	11111111	00000000
Dirección de red	192	168	1	0
Dirección de *broadcast*	192	168	1	255

Figura 8.9. Direcciones IP reservadas.

8.2.6. Direcciones IP públicas y privadas

Todos los dispositivos de una red deben tener una IP diferente para hacer posible la comunicación. Internet es una red grande que requiere identificadores de red únicos para poder transmitir los datos de una red a otra. Por tanto, es necesario un procedimiento que asegure que las direcciones sean exclusivas, ya que, en caso contrario, la repetición de direcciones IP comprometería la comunicación entre las redes y sus dispositivos.

SABÍAS QUE...

La conexión de una red que utiliza direcciones privadas a internet requiere de un proceso de conversión que se conoce como traducción de direcciones de red (NAT). En este proceso el *router* cambia la dirección privada del equipo que desea acceder a internet por una dirección pública.

Ejemplo 8.2.

Ejemplo de direccionamiento IP de una red de área local.

La Figura 8.10 muestra un ejemplo de direccionamiento IP de una red de área local. La dirección de la red es 192.168.1.0 y utiliza la máscara de subred 255.255.255.0. Las direcciones IP disponibles para asignarlas a los dispositivos de la red son de 192.168.1.1 a 192.168.1.254. La última dirección de la red no se puede asignar a ningún dispositivo, ya que representa a toda la red, y se denomina dirección de *broadcast*, la cual se corresponde con la dirección IP 192.168.1.255.

Todos los dispositivos de la red tienen una dirección IP diferente. Además de los ordenadores, los *switches* utilizan una dirección IP con fines administrativos.

El *router* tiene asignadas dos direcciones de red: una dirección privada para comunicarse con los dispositivos de la red local y una dirección pública para acceder a otras redes externas e internet.

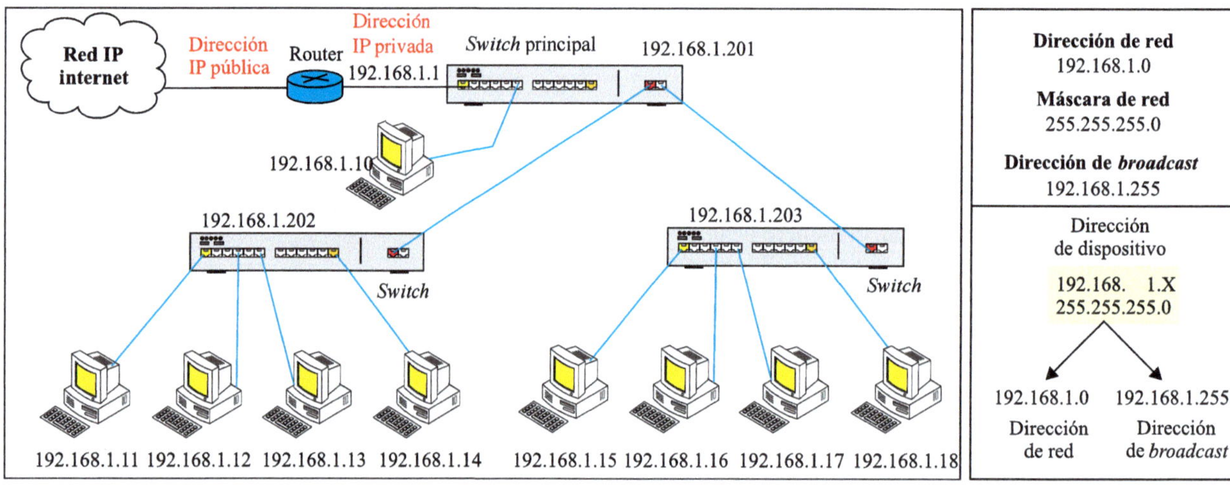

Figura 8.10. Ejemplo de direccionamiento IP de una red de área local.

Para ello, existen dos tipos de direcciones IP:

- **Direcciones IP públicas.** Estas direcciones IP son exclusivas y las administra una organización como IANA que las otorga a otras organizaciones como pueden ser los proveedores de servicios y estos a su vez a otras organizaciones más pequeñas o a clientes particulares. De esta manera, dos dispositivos que se conectan a una red pública nunca tendrán la misma dirección IP, ya que las direcciones IP públicas son globales y están estandarizadas.

- **Direcciones IP privadas.** Estas direcciones permiten aprovechar mejor las direcciones IP disponibles y fue una de las soluciones adoptadas para solucionar el problema del agotamiento de las direcciones IP públicas. Las redes privadas que no están conectadas a internet o se conectan a través de un *router* pueden utilizar cualquier dirección de IP, dentro del rango de direcciones privadas, siempre que cada dispositivo dentro de la red privada sea exclusivo (no existan direcciones IP repetidas). Las direcciones IP reservadas para uso privado se muestran en la Tabla 8.1.

Tabla 8.1. Direcciones IP reservadas para su uso privado

Clase	Rango de direcciones IP
A	10.0.0.0-10.255.255.255
B	172.16.0.0-172.31.255.255
C	192.168.0.0-192.168.255.255

Los *routers* intercambian inmediatamente las direcciones privadas por las direcciones públicas que tienen configuradas, cuando un dispositivo necesita acceder a internet o a otras redes LAN.

8.2.7. Puerta de enlace predeterminada

Una **puerta de enlace predeterminada** es el dispositivo de una red que sirve de enlace entre dos redes locales o entre una red local e internet. Normalmente, el dispositivo que realiza estas funciones en una LAN es el *router*.

Cuando un dispositivo de la red quiere establecer una comunicación con un dispositivo externo a la red, utiliza la puerta de enlace predeterminada como intermediario

Ejemplo 8.3.

Configuración de la dirección IP de un dispositivo VoIP.

La modificación de la configuración TCP/IP de la mayoría de los dispositivos de megafonía IP puede realizarse con un navegador web a través de la dirección IP por defecto que llevan de fábrica. Una vez que se ha accedido al dispositivo, se puede establecer su nueva configuración IP.

En la Figura 8.11 la configuración IP del dispositivo se realiza de manera estática y el administrador de red asigna la dirección IP 10.200.212.51 y una máscara de subred 255.255.255.0. Esta dirección es el identificador del equipo en la red.

La configuración adicional TCP/IP incluye la dirección de la puerta de enlace predeterminada (*default router*) y los servidores DNS.

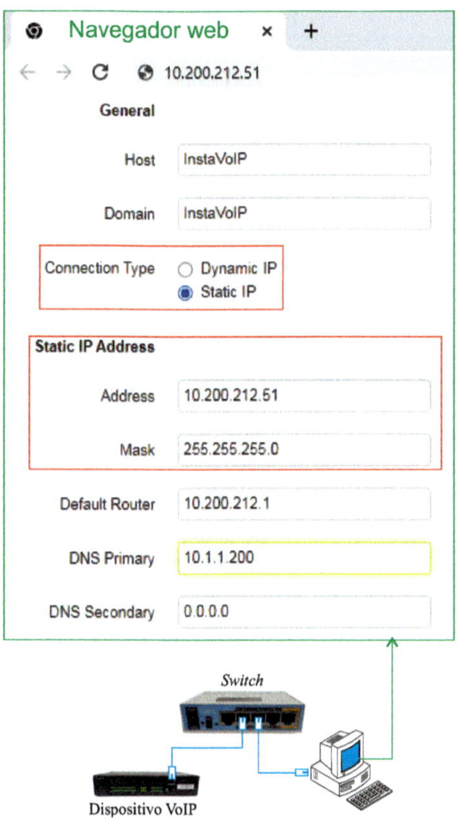

Figura 8.11. Configuración IP de un dispositivo VoIP.

para realizar la conexión. Este dispositivo, como está conectado por lo menos a dos redes diferentes, dispondrá de dos interfaces con dos direcciones IP diferentes:

- Una **dirección IP privada,** interna de la LAN, que sirve para identificarse con los dispositivos dentro de la red local.
- Una **dirección IP pública,** que sirve para identificarse en la red exterior.

8.2.8. Asignación de direcciones IP

Los administradores de red utilizan dos métodos para asignar las direcciones IP a un dispositivo:

- **Asignación estática.** La asignación estática de una dirección IP la realiza de forma manual el administrador de la red para cada uno de los dispositivos de la LAN. La asignación estática es adecuada en las redes pequeñas, que requieren pocos cambios, ya que es necesario tener cuidado de no repetir ninguna dirección IP en la red.
- **Asignación dinámica.** El Protocolo de Configuración Dinámica de *Host* (DHCP) permite que un dispositivo obtenga la dirección IP de manera automática sin la intervención del administrador de la red, es decir, no es necesario configurar cada dispositivo individual de la red. En este caso, un servidor DHCP tiene un rango definido de direcciones IP que suministra a los dispositivos de la red cuando se conectan, momento en el cual solicitan una dirección IP al servidor. El servidor DHCP elige una dirección IP libre y se la concede al dispositivo durante el tiempo previamente configurado.

8.2.9. Tipos de comunicaciones en una red

El flujo de datos de voz sobre una red IP puede ser transmitido de diferentes maneras, dependiendo de la configuración de los equipos. Podemos diferenciar tres tipos de comunicaciones básicas:

- *Unicast.*
- *Broadcast.*
- *Multicast.*

Unicast (punto a punto)

En una comunicación *unicast* el flujo de datos de voz se envía a un único dispositivo de la red, definido por su dirección IP. En el ejemplo de la Figura 8.12 la dirección IP de destino es 192.168.0.52. La interfaz de audio IP decodifica el flujo de datos correspondiente y lo convierte en una señal de sonido analógica que reproduce la señal de la zona correspondiente.

La comunicación de un dispositivo no está limitada a un único flujo de datos. De manera simultánea, por la red pueden viajar datos cuyos destinatarios son diferentes. Esto es posible porque cada flujo de datos tiene asociada la dirección IP correspondiente, de manera que solo el equipo cuya dirección IP destino acompañe a los datos aceptará esa información. En la Figura 8.13 se producen varias comunicaciones *unicast* simultáneas. En este caso, cada dispositivo recibe su mensaje, diferente al resto, y lo reproduce por la zona requerida en la comunicación.

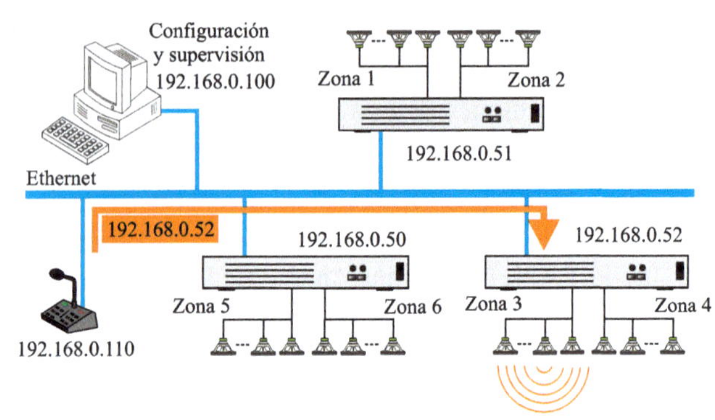

Figura 8.12. Comunicación *unicast.*

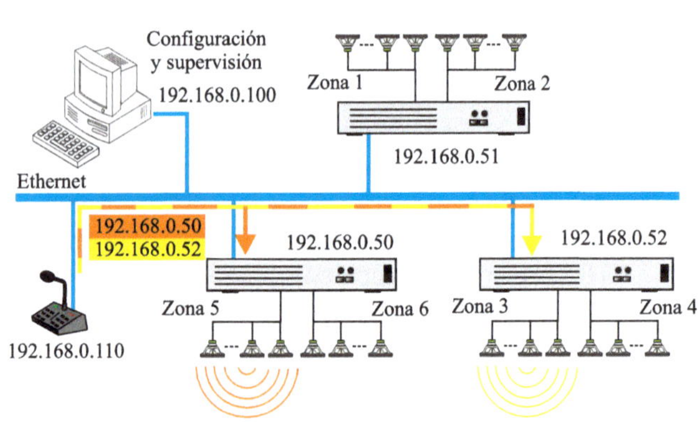

Figura 8.13. Varias comunicaciones *unicast* simultáneas.

Broadcast

En una comunicación *broadcast* (difusión) el flujo de datos va dirigido a todos los dispositivos de la red. Todas las redes tienen una dirección de *broadcast* única: en el ejemplo de la Figura 8.14, la dirección 192.168.0.255 designa a todos los dispositivos de la red, los cuales reciben el mismo mensaje.

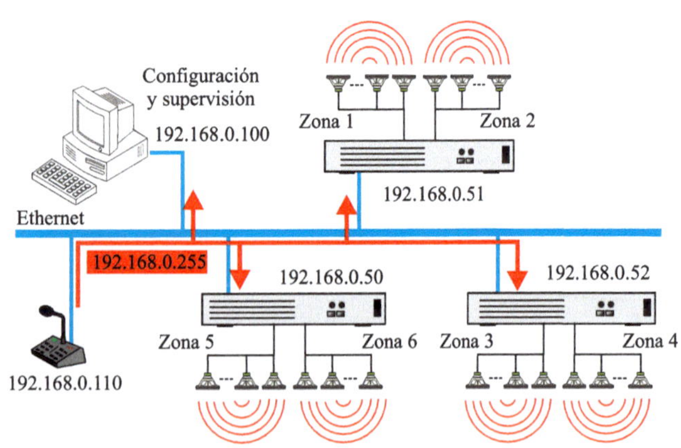

Figura 8.14. Comunicación *broadcast.*

Multicast

En una comunicación *multitcast*, a diferencia de la *broadcast*, solo unos equipos predefinidos aceptarán el flujo de datos. En una comunicación *multicast* solamente reciben el flujo de datos aquellos equipos asociados a esa dirección *multicast*. Las direcciones IP típicas asociadas a las comunicaciones *multicast* son las comprendidas entre 224.0.0.1 a 239.255.255.255.

El sistema de configuración debe permitir la asociación de equipos a diferentes direcciones *multicast* reservadas para propósitos específicos. En el ejemplo de la Figura 8.15, la estación de llamada establece una comunicación *multicast* a la dirección IP 224.1.0.14, a la que responden solamente dos de los equipos de la red, los cuales reciben el mismo mensaje.

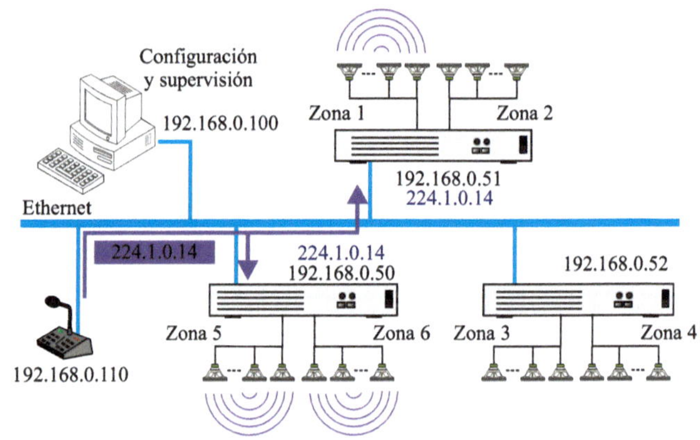

Figura 8.15. Comunicación *multicast.*

Ejemplo 8.4.

Tipos de comunicaciones en un sistema de megafonía IP.

Ejemplos de comunicaciones entre los sistemas de megafonía IP son los siguientes:

- Cuando una estación de llamada necesita comunicar un mensaje a una zona de altavoces, la realizará a la dirección IP del equipo asociado a esa zona.
- En cambio, cuando la estación de llamada realiza un mensaje de alerta o emergencia a diferentes zonas, utilizará una dirección *multicast.*
- Para una llamada de aviso general, que afecta a todas las zonas de la instalación, se puede recurrir a la dirección de *broadcast,* ya que afecta a todos los dispositivos de la red. En la práctica, en este caso también se utilizará una dirección *multicast,* asociada a una llamada de aviso general.

Muchas de las comunicaciones en los sistemas de megafonía IP utilizan *multicast*, ya que es el medio más eficiente para prestar servicios de tráfico de un emisor a varios receptores.

8.2.10. VLAN

Una **VLAN** (*Virtual LAN*) es un mecanismo que permite la creación de redes lógicas independientes dentro de una misma red física (Figura 8.16). De esta manera, diferentes VLAN pueden coexistir en una única red física, compartiendo *switches* y otros dispositivos de red.

SABÍAS QUE...

Una VLAN (*Virtual LAN*) es una red de área local virtual.

SABÍAS QUE...

Las VLAN son útiles para reducir el tráfico de la red y facilitan la administración de la red, separando segmentos lógicos de una red de área local, como departamentos de una empresa, que no deberían intercambiar datos usando la red local. Al dividir una red en redes más pequeñas, además aumenta la seguridad.

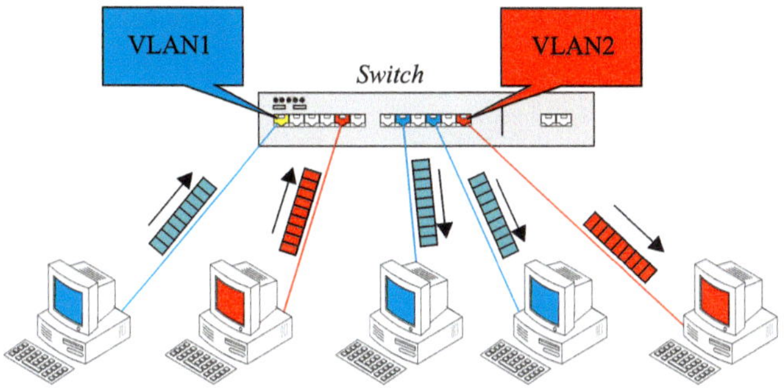

Figura 8.16. Principio de funcionamiento de las redes virtuales (VLAN).

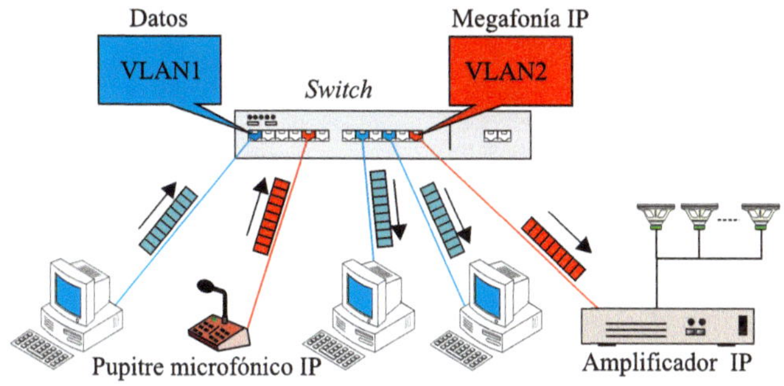

Figura 8.17. Separación de redes virtuales mediante VLAN.

En el caso de los sistemas de megafonía IP, se puede compartir una misma infraestructura física, aislando el tráfico de la red en función de la aplicación. En la red de área local de la Figura 8.17 se configuran dos VLAN diferentes: una para el tráfico de datos de la red y otra para el tráfico de voz sobre IP para el sistema de megafonía.

SABÍAS QUE...

Es necesario configurar una dirección IP diferente para cada interfaz Ethernet. Además, cada VLAN pertenece a redes diferentes, por lo que la IP asociada a cada interfaz debe pertenecer a la red de la VLAN a la que se conecta.

Ejemplo 8.5.

Las VLAN en los sistemas de megafonía IP.

La mayoría de los dispositivos de megafonía IP tienen dos enlaces de red Ethernet, de manera que es posible la comunicación de los dispositivos a través de dos VLAN diferentes, tal y como se muestra en la Figura 8.18.

Dentro de las comunicaciones de megafonía IP, la ventaja de utilizar dos VLAN diferentes en las transmisiones es que si una de las VLAN falla, la comunicación puede realizarse por la otra VLAN. Es decir, hemos conseguido redundancia en la comunicación para aumentar su fiabilidad.

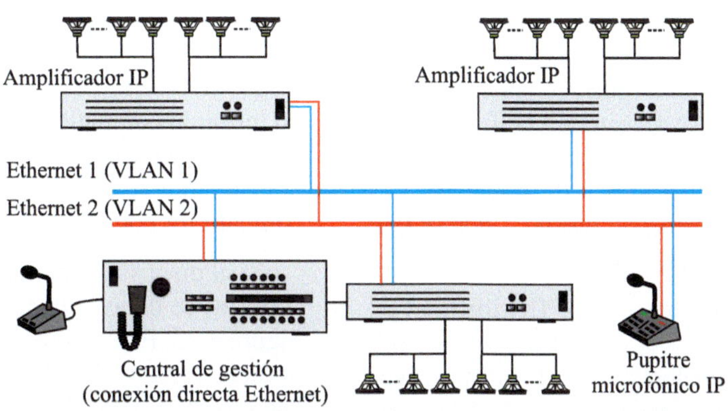

Figura 8.18. Principio de seguridad VLAN en los sistemas de megafonía IP.

8.2.11. Cableado de red

Los dispositivos de megafonía IP se conectan directamente a la red de área local, como si de un simple ordenador se tratase. Por tanto, el dispositivo IP se conecta con un cable de red a una toma de telecomunicaciones como la mostrada en la Figura 8.19. El cableado de red de la toma se conecta directamente con la ubicación de la red donde se encuentran el *switch* y el *router*.

Figura 8.19. Toma de telecomunicaciones de una red LAN.

La distancia máxima de un enlace Ethernet basado en cable de pares trenzados desde un equipo hasta el concentrador de la red, por ejemplo un *switch*, es de 100 m. Para aumentar las distancias será necesario recurrir a un *switch*, el cual realizando las funciones de repetidor de la señal ampliará la distancia de transmisión en otros 100 m. Como alternativa, es posible la utilización de conexiones de fibra óptica, las cuales permiten mayores velocidades y distancias de transmisión.

8.2.12. Códec de audio

Los **códecs de audio** codifican y comprimen la señal de sonido para su transmisión por una red IP. Según el códec utilizado la transmisión ocupará más o menos ancho de banda e influirá en la calidad de los datos transmitidos. Ejemplos de códecs utilizados en VoIP son G.711, G.722 y G.729.

La Figura 8.20 muestra un ejemplo de configuración de los códecs de un dispositivo VoIP.

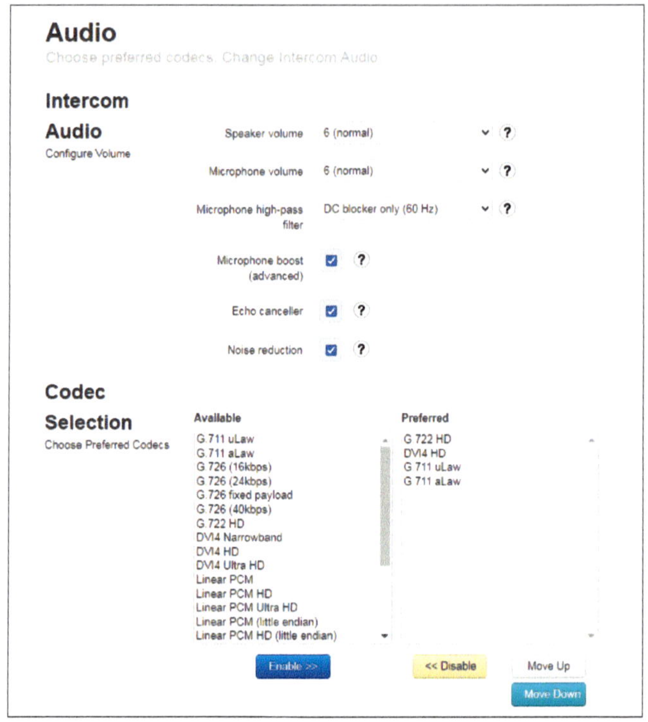

Figura 8.20. Códecs de audio.

8.2.13. PoE (*Power over Ethernet*)

Power over Ethernet (PoE) es una tecnología que permite que el *switch* suministre energía a un dispositivo por el cableado de red existente. Tal y como se muestra en la Figura 8.21, esta característica puede utilizarse para alimentar dispositivos de megafonía IP y otros dispositivos directamente. Los equipos dotados de conexión Ethernet que no soportan PoE se conectan a la red de distribución eléctrica.

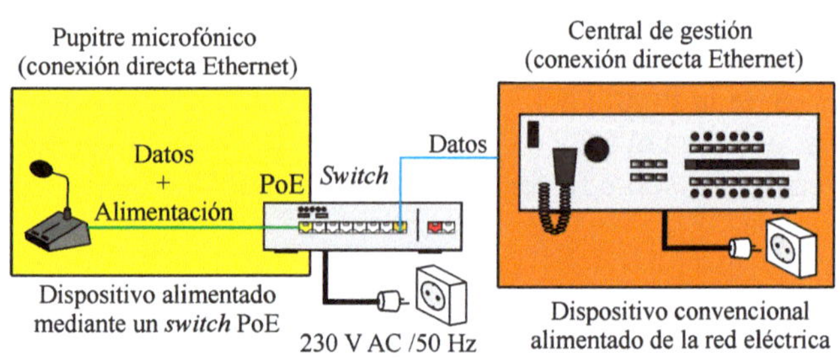

Figura 8.21. PoE (*Power Over Ethernet*).

Esta tecnología permite una mayor flexibilidad en el momento de instalar cualquier dispositivo, como por ejemplo altavoces y amplificadores IP y otros dispositivos de red como puntos de acceso inalámbricos, teléfonos IP, etc., ya que se pueden instalar en cualquier lugar donde exista una toma de datos Ethernet, sin tener que considerar cómo suministrar energía eléctrica al dispositivo.

Muchos dispositivos de red, como el *router/switch* de la Figura 8.22, permiten la alimentación eléctrica del dispositivo conectado a través de los propios puertos de red (PoE out). La corriente suministrada a través de la infraestructura LAN se activa de manera automática cuando el dispositivo de red que suministra la alimentación detecta un terminal compatible y se bloquea cuando los dispositivos que se conectan no son compatibles. De esta manera el instalador se despreocupa de la mezcla de dispositivos compatibles con PoE.

Si el dispositivo de red no admite la alimentación PoE (PoE in) se debe utilizar un **inyector PoE,** como el de la Figura 8.23. En cambio, si el dispositivo alimentado no soporta la alimentación PoE, es necesario utilizar un ***splitter*** que separe los datos y extraiga la alimentación eléctrica que será suministrada al dispositivo final.

a) Salida de alimentación PoE.

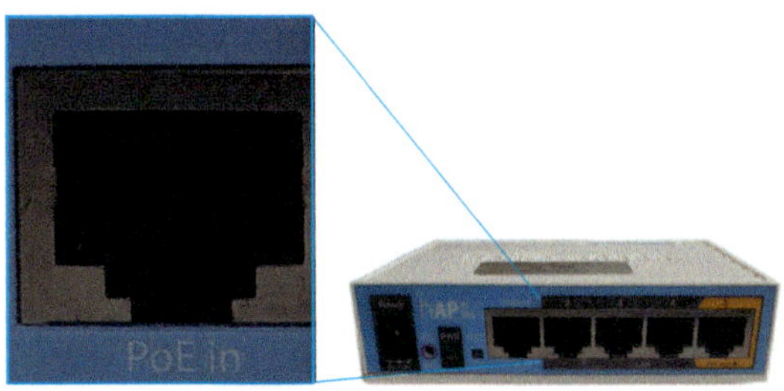

b) Entrada de alimentación PoE.

Figura 8.22. Puertos PoE de un dispositivo de red.

Figura 8.23. Inyector PoE.

En la Figura 8.24 se muestran diferentes situaciones de alimentación remota de los equipos mediante PoE.

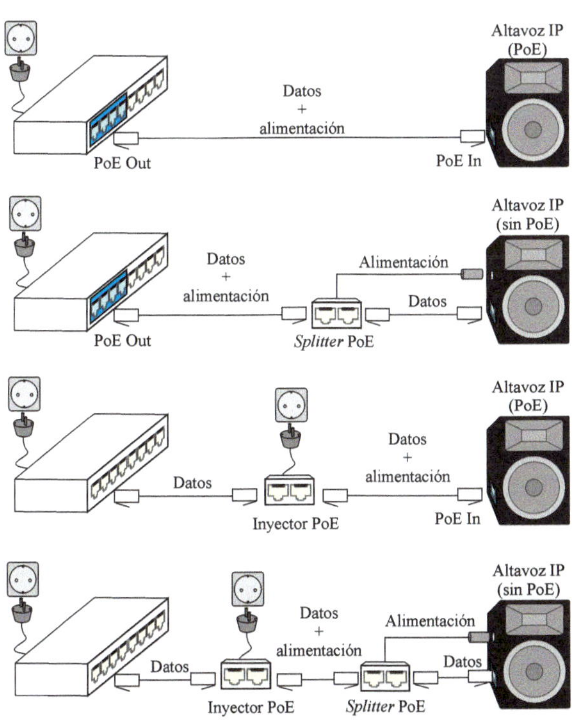

Figura 8.24. Diferentes casos de alimentación PoE.

8.2.14. Calidad de servicio (QoS)

La calidad del servicio se implementa mediante un conjunto de protocolos y estándares que aseguran la prestación de los diferentes servicios presentes en una red, desarrollados en los últimos años debido a la convergencia de redes, en las cuales se transmite información de diferente tipo (datos, vídeo, audio, control...) por la misma red.

Si la red está físicamente compartida con otras aplicaciones, es necesario utilizar una de las dos estrategias siguientes para garantizar la transmisión fiable de los datos de voz por la red:

- **Subdivisión en redes virtuales** (VLAN). Cada servicio prioritario debe utilizar su propia VLAN.
- Utilizar dispositivos de red que garanticen la **calidad de servicio** (QoS) necesaria para establecer prioridades entre los distintos servicios que utilizan la misma red. Estos mecanismos se implementan generalmente en los dispositivos de red, como por ejemplo los *switches*, los cuales toman decisiones relacionadas con la importancia de los paquetes de datos, dando salida a los más prioritarios y poniendo en la cola a los menos prioritarios. Estas herramientas permiten, por ejemplo, dar prioridad a los paquetes de audio, en lugar de a los paquetes de datos, ya que para garantizar la inteligibilidad de los mensajes de voz se requiere una transmisión en tiempo real, con poco retardo entre los paquetes que pertenecen al mismo mensaje de voz.

8.3. Sistemas de megafonía por IP

En la Figura 8.25 se muestra la arquitectura básica de un sistema de megafonía por IP.

Aunque el tipo de dispositivos y su forma de configuración dependen del sistema y fabricante utilizado en una instalación, los requerimientos y la funcionalidad de estos es muy parecida. En las instalaciones de megafonía IP encontraremos los siguientes dispositivos básicos:

- **Dispositivos de entrada.** Permiten la conexión de pupitres microfónicos, interfaces de entrada para dispositivos de sonido analógico, gestores de mensajes que almacenan mensajes de voz previamente grabados en su memoria, etc. La señal de sonido se transmite a través de la red junto con la información necesaria para establecer la comunicación con el receptor del mensaje.
- **Dispositivos de salida.** Reciben el tráfico de red asociado a la megafonía IP, decodifican los datos para extraer la señal de voz y la transmiten a las etapas analógicas del sistema. Incluyen los interfaces de salida necesarios para la conexión de otros equipos: amplificadores externos, altavoces, etcétera.

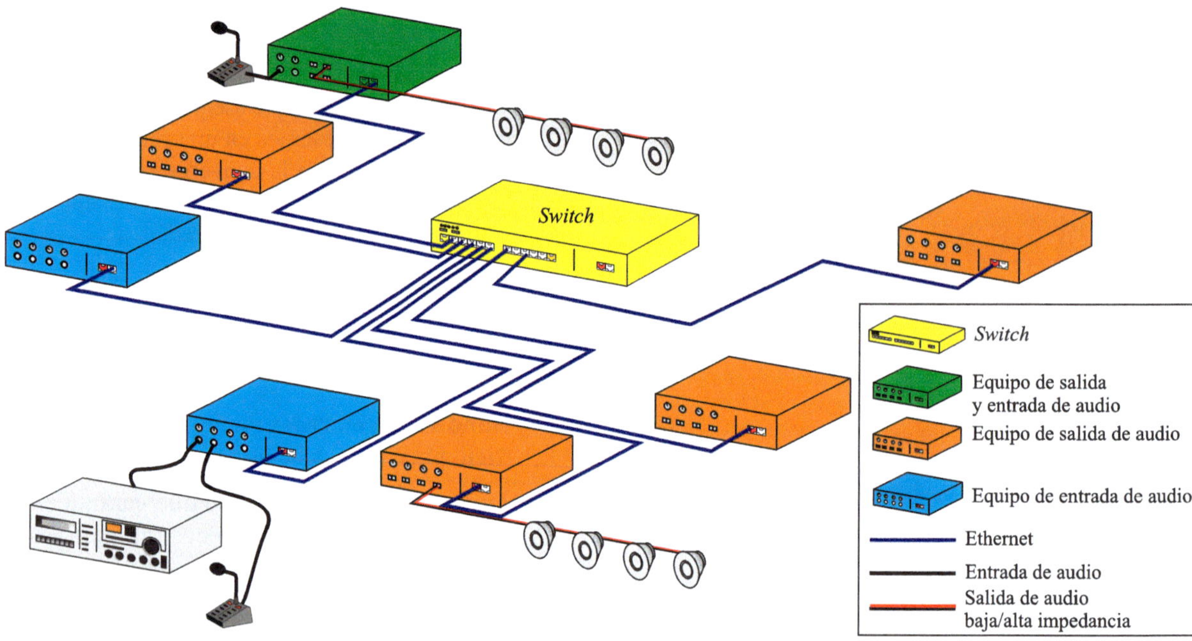

Figura 8.25. Sistema de megafonía IP.

- **Mixtos.** Estos dispositivos incorporan tanto la posibilidad de emisión como de recepción de la señal de sonido digital a través de la red. Normalmente también incorporan funciones de control del sistema.
- **Sistema de control** (centrales de megafonía IP). En ocasiones será necesario utilizar un dispositivo en la red que centralice la gestión del sistema de megafonía IP.

8.3.1. Especificaciones de red

Un sistema de megafonía IP transmite información por la red LAN de diferente naturaleza: mensajes de voz digitalizados, mensajes grabados, datos de control, etc. Este tráfico puede sobrecargar la red por lo que será necesario evaluar los requerimientos de ancho de banda del sistema de megafonía.

El **ancho de banda** necesario para un sistema de megafonía IP se evalúa en función del ancho de banda que necesita un canal de sonido y el número previsto de comunicaciones simultáneas. Dependiendo del ancho de banda de la red (100 Mbps o 1000 Mbps) según la tecnología Ethernet utilizada, y el ancho de banda necesario por cada canal de sonido, que dependerá del equipo de megafonía IP utilizado y de la codificación del sonido definida, se podrán establecer diferentes comunicaciones de sonido de manera simultánea.

Para un sistema de megafonía IP se recomienda la utilización de una VLAN dedicada, de manera que se aísla el tráfico de voz del resto de tráfico de la red.

8.3.2. Topología de las instalaciones de megafonía IP

Las instalaciones de megafonía IP tienen una estructura descentralizada, donde los dispositivos del sistema se pueden instalar en el sitio donde se necesiten, ya que solo es necesario disponer de una toma de red de datos para su instalación.

8.3.3. Dispositivos de un sistema de megafonía IP

En general, los dispositivos asociados a un sistema de megafonía IP no difieren de otros dispositivos de sonido, aunque necesariamente incluirán interfaces que permitan su conexión directa a las redes de área local. Una vez configurado el sistema y asignada una dirección IP a cada dispositivo, estos se podrán comunicar de manera eficiente entre ellos.

Fuentes de sonido

Los sistemas de megafonía IP admiten diferentes **fuentes de sonido:**

- Los **mensajes de voz** que se originan en micrófonos convencionales y, por tanto, necesitan de un dispositivo de megafonía IP que acepte sonido analógico para convertirlo en sonido digital, para que posteriormente se integre en la red Ethernet. De la misma manera podemos conectar fuentes de sonido convencionales, como reproductores de audio.

- Los **mensajes digitales grabados** en los propios equipos de megafonía IP o en dispositivos de gestión de mensajes no IP conectados a otros equipos de megafonía IP.

Recuerda

Normalmente los mensajes grabados en un sistema de megafonía IP tienen máxima prioridad en el sistema si son mensajes lanzados manualmente o de manera automática para dar aviso de emergencias.

- **Mensajes generados por servidores.** Generalmente, los grandes sistemas de megafonía utilizan un servidor con sistema de información al público, el cual se basa en servidores automáticos que transmiten mensajes pregrabados, que normalmente se emiten de forma reiterada, como, por ejemplo, el recordatorio de que está prohibido fumar y otros de similares características.

Dispositivos de entrada de sonido

Entre los dispositivos de entrada de los sistemas de megafonía IP, que disponen de conexión directa a una red Ethernet, cabe destacar los siguientes:

- **Pupitres microfónicos IP.** El pupitre microfónico permite la difusión de avisos a través de la red en tiempo real o avisos pregrabados en su propia memoria a las zonas de megafonía preseleccionadas. En ocasiones disponen de las mismas funcionalidades que una central de control, por lo que podremos conectar reproductores de música para la transmisión de hilo musical, micrófonos externos y entradas de activación de emergencia.
- **Unidad de entrada del sistema de megafonía IP.** Se comporta como una matriz de audio digital. Dispone de entradas de audio para la conexión de pupitres microfónicos con control remoto y de fuentes musicales. Se encarga de la conversión A/D y de la transmisión digital de las señales de audio con destino generalmente a los módulos de salida del sistema.
- **Gestor de mensajes pregrabados IP.** Este equipo reproduce los mensajes pregrabados y los envía, junto con las señales de control, a las etapas de salida a través del enlace a la red Ethernet.
- **Servidores de megafonía.** Ordenadores dedicados que transmiten mensajes pregrabados y disponen funciones de síntesis de voz, de manera que reproducen mensajes de texto sintetizados de manera electrónica.
- **Ordenadores.** Con aplicaciones *software* que los convierte en pupitres microfónicos virtuales.

Ejemplo 8.6.

Fuentes de entrada de un sistema de megafonía IP.

En el ejemplo de la Figura 8.26 se emiten mensajes de voz a través de un pupitre microfónico con conexión directa a la red Ethernet.

Además, se equipa a un ordenador de la red con una aplicación *software* que lo convierte en un pupitre microfónico virtual, de manera que a través de un micrófono convencional es posible enviar avisos de megafonía. El envío de la señal de sonido y de las señales de control se realiza con los mismos protocolos de audio sobre IP que utilizan el resto de componentes del sistema de megafonía IP.

El gestor de mensajes IP emite una comunicación de voz cuando se activa alguna de sus entradas de control o uno de sus botones de activación manual.

La unidad de entrada IP tiene conectada una fuente de sonido analógica, para hilo musical (reproductor de audio), y un micrófono.

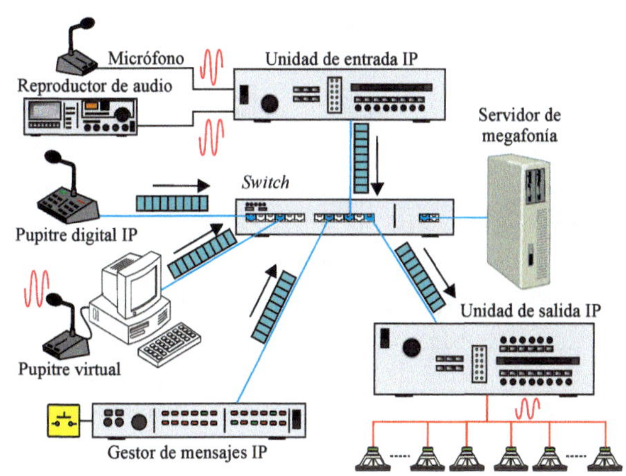

Figura 8.26. Configuración básica de fuentes de entrada de sonido.

Dispositivos de salida de sonido

Algunos ejemplos de dispositivos de megafonía IP con conexión directa a una red Ethernet, que recogen el tráfico de datos IP y lo convierten en una señal de sonido, son los siguientes:

- **Unidad de salida IP.** Dispositivo que recibe datos de audio por Ethernet y lo distribuye hacia las etapas de potencia analógicas de la instalación. Normalmente, están equipadas con un número determinado de salidas de audio a nivel de línea y permiten la conexión de etapas de potencia externa para la conexión de líneas de altavoces. Normalmente, también disponen de entradas de audio locales, donde añadir micrófonos u otros dispositivos.
- **Amplificador IP.** Amplificador multicanal con conexión de red Ethernet, que recibe audio por la red,

Ejemplo 8.7.

Dispositivos de salida de megafonía IP.

En el ejemplo de la Figura 8.27 se muestra la transmisión de voz desde un pupitre microfónico IP hacia los dispositivos de salida IP del sistema de megafonía.

Los amplificadores IP no necesitan amplificadores analógicos externos, por lo que distribuyen la señal de salida directamente a la línea de altavoces: en un caso se distribuye a una línea de altavoces de baja impedancia y en el otro caso a una línea de alta impedancia (línea de tensión constante de 100 V).

En cambio, las unidades de salida IP solo descodifican los datos y suministran la señal de sonido de salida a un nivel de línea que amplifica un amplificador externo. Este amplificador es convencional y no necesita ningún requerimiento de red especial.

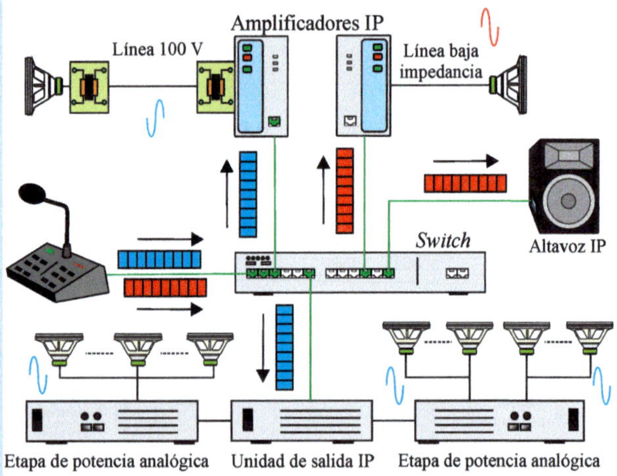

Figura 8.27. Utilización de sistemas de salida de megafonía IP con etapas analógicas.

Ejemplo 8.8.

Instalación de megafonía IP.

En el ejemplo de instalación de la Figura 8.28 se muestra una instalación de megafonía IP en una red corporativa. La disposición física de los dispositivos no es importante y los datos de voz IP viajan a través de la red de una ubicación a otra.

Desde un ordenador se configura, programa y supervisa toda la instalación. La central de megafonía utilizada combina una etapa de potencia y módulo de control con conexión directa a Ethernet. En este caso, el equipo dispone de entradas analógicas de audio y mensajes pregrabados con activación remota.

Las unidades de salida IP y los pupitres IP son un punto más de conexión a la red.

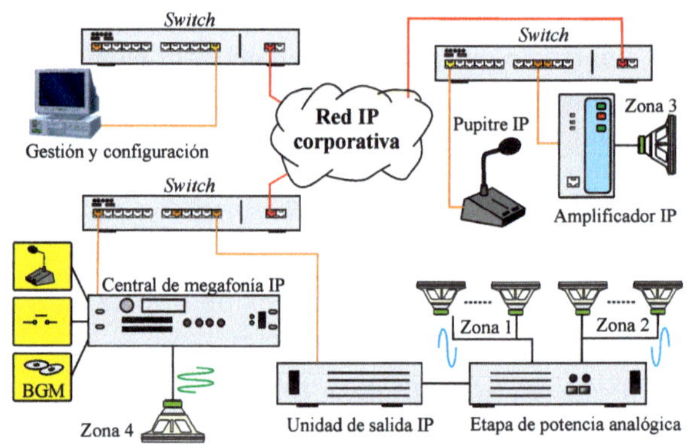

Figura 8.28. Instalación de megafonía IP.

lo descodifica y una vez amplificado suministra la señal de sonido a través de salidas de baja impedancia (4 Ω o 8 Ω) o a líneas de tensión constante (70 V o 100 V) a la línea de altavoces de la instalación.

Sistema de control (centrales de megafonía IP)

Algunos ejemplos de dispositivos de megafonía IP, que realizan funciones de control, los cuales disponen de conexión directa a una red Ethernet, son los siguientes:

- **Unidad de control del sistema de megafonía IP.** Realiza el enlace entre los diferentes equipos de red utilizando los protocolos TCP/IP. Se comunica con los equipos de entrada y salida de audio y de los pupitres microfónicos IP formando un sistema completo de megafonía con diferentes fuentes de entrada y de salida de sonido. Adicionalmente, disponen de conexiones directas de entrada y salida.
- **Centrales de potencia con audio y datos por IP.** Las centrales de megafonía normalmente combinan las funciones de control con una etapa de potencia de diferente capacidad (60 W, 120 W, 240 W, etc.). Mediante su conexión de red permiten la difusión de música y avisos a través de Ethernet en tiempo real, así como datos de control y configuración del equipo.

8.3.4. Compatibilidad con otros sistemas de megafonía

El sistema de megafonía IP se completa con equipamiento de amplificación y sonorización, es decir, con etapas analógicas de cualquier fabricante, pero que son sistemas independientes de la tecnología IP utilizada.

Los dispositivos de salida IP proporcionan una señal de sonido de nivel de línea o ya amplificado, dependiendo del sistema. Por tanto, en una red de megafonía IP (Figura 8.29) podemos encontrarnos diferentes tipos de señales:

- **Datos.** Procedentes de la red Ethernet y que contienen por un lado sonido digitalizado y por otro las órdenes que permiten el control del sistema.

- **Señales de control propietarias.** Para la conexión de los equipos entre sí sin recurrir a la red local, cada fabricante utiliza enlaces con los protocolos que facilitan la comunicación entre los equipos.
- **Señal de sonido de línea (0 dB).** Tanto los micrófonos convencionales, como algunos dispositivos de salida, suministran una señal analógica de bajo nivel.
- **Señal de sonido de línea (100 V).** En el caso de la señal de salida, una vez amplificada se distribuye por la instalación en alta impedancia, sobre una línea de 100 V.

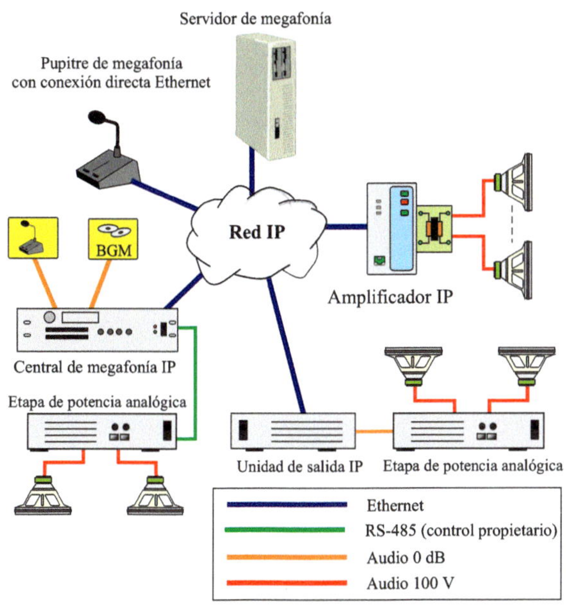

Figura 8.29. Tipos de señales presentes en una red de megafonía IP.

Recuerda

Un sistema de megafonía IP se completa, como norma general, con equipamiento de amplificación y sonorización de etapas analógicas de cualquier fabricante.

8.3.5. Sistemas de alarma por voz IP

Los sistemas de megafonía IP pueden utilizarse como sistema de evacuación por voz si la seguridad del sistema se basa en el estándar EN 54.

Además de los requisitos establecidos para una instalación convencional de alarma por voz, los sistemas de megafonía IP requieren una segunda conexión Ethernet para permitir la **redundancia de la red.** De esta manera se garantiza la comunicación cuando una de las líneas de comunicación no está disponible.

En la Figura 8.31 se muestra un sistema de megafonía IP integrado con una central de alarmas para su utilización como sistema de alarma por voz.

Ejemplo 8.9.

Integración de dispositivos convencionales en un sistema de megafonía IP.

En general, los fabricantes permiten la integración de sus sistemas de megafonía convencionales con sus sistemas de megafonía IP de manera que mediante las conexiones adecuadas se podrán conectar ambos sistemas para la ampliación de la red de megafonía.

Tal y como se muestra en la Figura 8.30, los sistemas de megafonía IP pueden utilizarse de manera conjunta con los sistemas convencionales de megafonía, mediante los enlaces de comunicación que cada fabricante utiliza en sus equipos, como, por ejemplo, el enlace RS-485.

La gestión de los equipos no IP, siempre que lo permita el equipamiento analógico local, puede completarse a través de los diferentes medios de comunicación: conexiones serie, por contactos de control, etc. En la unidad de salida del ejemplo el gestor de mensajes activa la emisión de avisos a través de contactos locales de control.

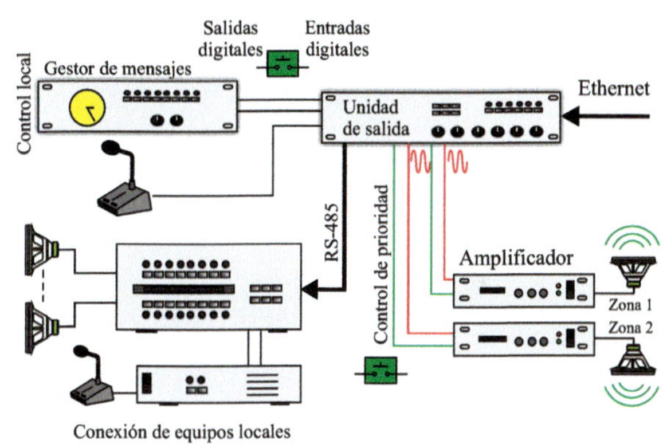

Figura 8.30. Integración de dispositivos convencionales en un sistema de megafonía IP.

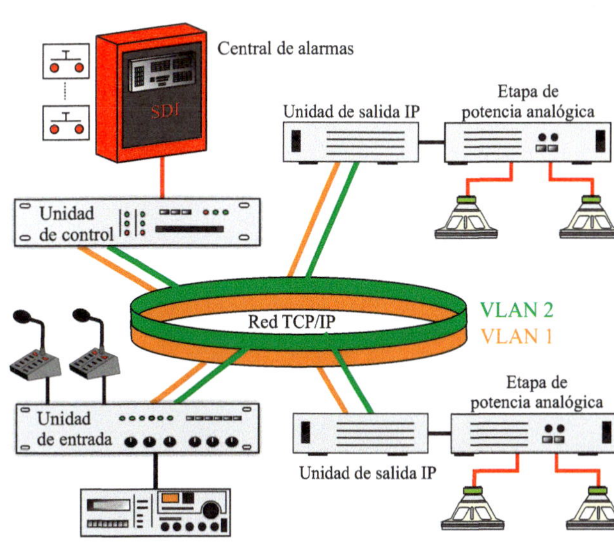

Figura 8.31. Integración de alarmas por voz en un sistema de megafonía IP.

Páginas web de interés

Bosch Security. Proveedor de productos de comunicación y seguridad, que desarrolla sistemas de megafonía IP

www.boschsecurity.com

EGI. Empresa que comercializa diferentes sistemas de sonorización.

www.egiaudio.com

FoneStar. Fabricante y distribuidor de equipos de sonorización, entre los que se encuentran micrófonos convencionales e inalámbricos.

www.fonestar.com

Optimus, sonido y comunicación. Fabricante de sistemas de megafonía y alarma por voz basados en la megafonía IP.

www.optimusaudio.com

Sonelco. Empresa que comercializa diferentes sistemas de sonorización.

www.sonelco.com

UDE. Empresa que comercializa una amplia gama de equipos en los sistemas de intercomunicación, interfonía y sonorización.

www.udeaudio.com

Actividades de comprobación

8.1. ¿Qué aplicaciones típicas utilizan sistemas de megafonía por IP?

a) Aeropuertos, estaciones de trenes y autobuses, metro, etcétera.

b) Centros comerciales, hospitales, grandes superficies.

c) Sistemas de megafonía inteligente para vehículos, como por ejemplo autobuses.

d) Todas las respuestas anteriores son correctas.

8.2. ¿Qué dispositivo de una red Ethernet realiza las funciones de puerta de enlace predeterminada, permitiendo el envío de mensajes de voz entre redes diferentes?

a) *Switch.*

b) Punto de acceso (AP).

c) *Router.*

d) Todas las respuestas anteriores son correctas.

8.3. ¿A qué dispositivo de red se conectarán los equipos de megafonía IP para poder comunicarse con el resto de los dispositivos de la red?

a) *Router.*

b) Puerta de enlace determinada.

c) *Switch.*

d) *Gateway.*

8.4. ¿Qué tecnología de red de área local es la más utilizada en la actualidad?

a) Ethernet.

b) Token-Ring.

c) Xerox.

d) Ninguna de las respuestas anteriores es correcta.

8.5. ¿Qué protocolo se encarga de transmitir datos entre diferentes redes?

a) Ethernet.

b) IP.

c) DNS.

d) FTP.

8.6. ¿Qué tipo de comunicación será requerida cuando se envía un mensaje de aviso a diferentes zonas?

a) *Unicast.*

b) *Multicast.*

c) *Broadcast.*

d) Ninguna de las respuestas anteriores es cierta.

8.7. ¿Qué protocolo de la capa de transporte se utiliza para la transmisión de la señal de sonido en una transmisión IP?

a) UDP.

b) TCP.

c) UDP o TCP.

d) Ninguna de las respuestas anteriores es correcta.

8.8. ¿Qué protocolo se encarga de crear, modificar y terminar sesiones entre los diferentes dispositivos que participan en una comunicación VoIP?

a) UDP.

b) SIP.

c) MAC.

d) TCP.

8.9. ¿Cuántas VLAN se utilizan típicamente en un sistema de megafonía IP para garantizar la redundancia de la red?

a) 1. **b)** 2.

c) 3. **d)** 4.

8.10. ¿Cuántas conexiones Ethernet disponen habitualmente los dispositivos de un sistema de megafonía IP?

a) 1. **b)** 2.

c) 3. **d)** 4.

8.11. ¿Qué tecnología de las siguientes permite la transmisión de voz por una red Ethernet?

a) PoE.

b) QoS.

c) VoIP.

d) VLAN.

8.12. ¿Qué dirección necesita un dispositivo de megafonía IP para identificarse en la red?

a) MAC.

b) IP.

c) Puerto.

d) *Socket.*

Actividades de aplicación

8.13. Busca a través de la red dos fabricantes que comercialicen sistemas de megafonía IP. Para cada uno de ellos clasifica los componentes que lo forman. Compara las diferencias entre los dos sistemas analizados e indica las ventajas y desventajas de cada uno de ellos.

8.14. La Figura 8.32 muestra el esquema de una instalación sencilla de megafonía IP:

a) Indica los dispositivos del sistema que son de megafonía IP.

b) ¿Cuáles de los dispositivos de la instalación son convencionales?

c) Indica los requisitos que debe cumplir el sistema para utilizarse como sistema de evacuación por voz.

d) Resume de manera breve la función que realiza cada dispositivo dentro de la instalación.

e) Selecciona a partir de catálogos de fabricantes los componentes necesarios para realizar una instalación que realice las mismas funciones que la de la figura.

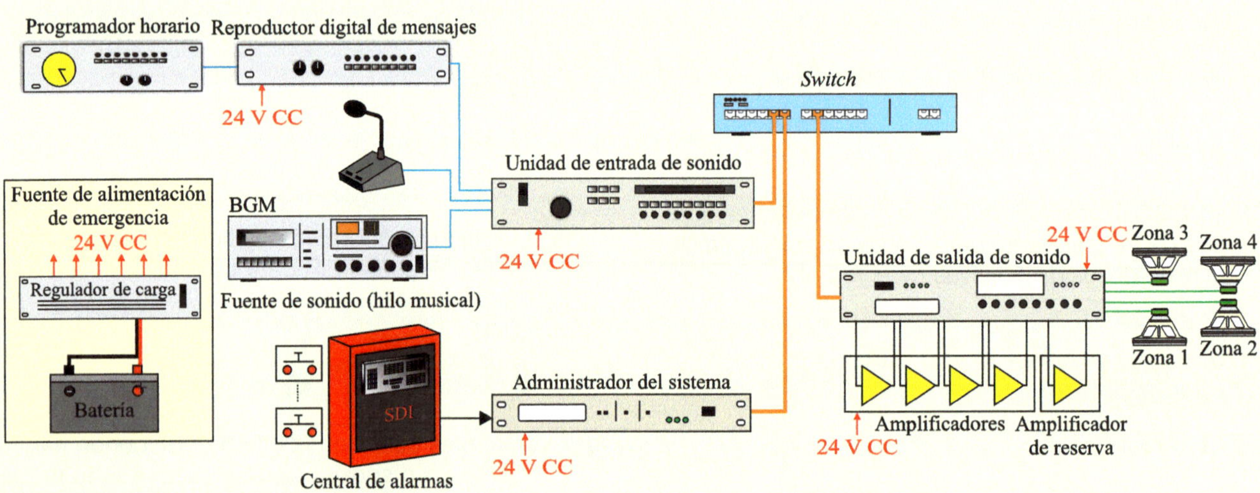

Figura 8.32. Sistema de megafonía IP.

Actividades de refuerzo

8.15. Realiza un esquema con la topología de una red Ethernet y resume la función de cada uno de los componentes que lo forman.

8.16. ¿Para qué sirve *Power Over Ethernet* (PoE)? ¿Cuándo es necesario utilizarse y qué ventajas presenta?

8.17. ¿Se puede utilizar la red de ordenadores de una empresa para enviar avisos de megafonía?

8.18. ¿Qué características deben reunir los sistemas de megafonía IP para utilizarse como sistemas de alarma por voz?

8.19. ¿Por qué los sistemas de megafonía IP disponen de dos interfaces Ethernet para conectar los dispositivos a la red de área local?

8.20. La Figura 8.33 muestra una instalación de megafonía IP:

a) Indica los posibles tipos de comunicación (*unicast*, *multicast* o *broadcast*) que se producirán cuando el pupitre de control con dirección IP 192.168.0.110 requiere enviar un mensaje de alerta a los dispositivos con direcciones IP 192.168.0.50, IP 192.168.0.51 e IP 192.168.0.52.

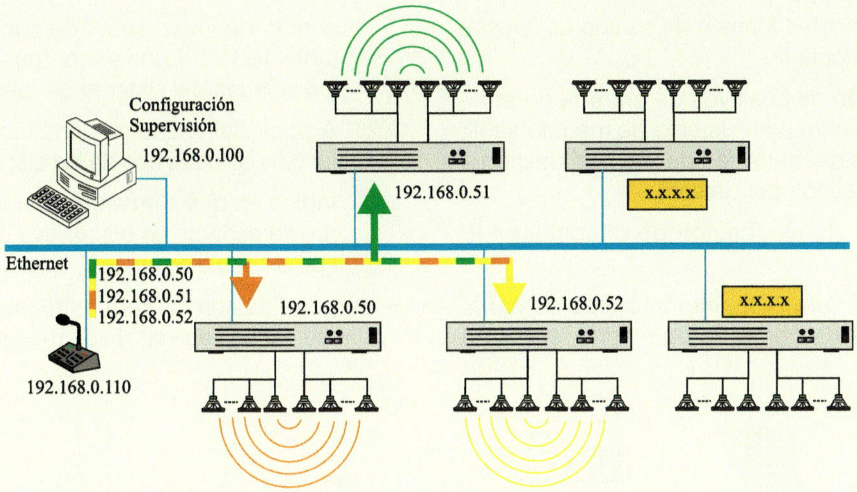

Figura 8.33. Comunicaciones en una instalación de megafonía IP.

b) ¿Cuál es la dirección de la red si la máscara de subred utilizada es 255.255.255.0?

c) Propón dos direcciones IP válidas para los dos dispositivos que necesitan la asignación de una dirección.

8.21. Explica las diferentes configuraciones que utilizarías para alimentar remotamente los dispositivos de megafonía IP que se muestran en la Figura 8.34.

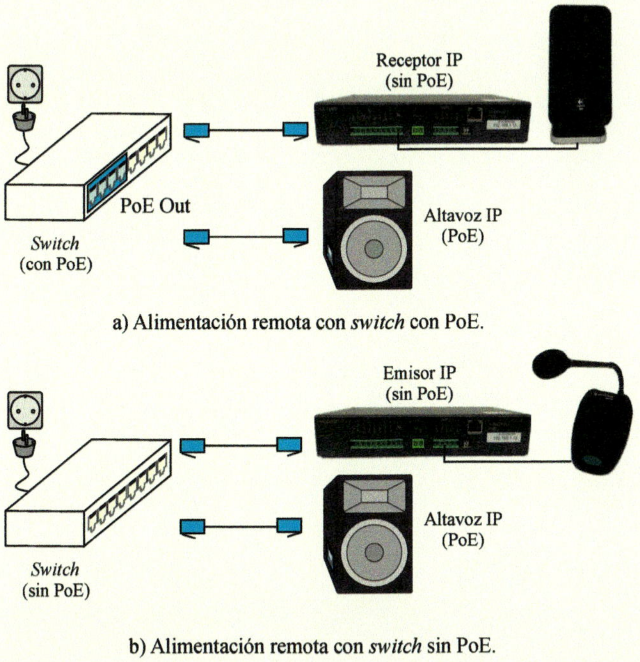

Figura 8.34. Alimentación remota de dispositivos de megafonía IP.

8.22. Clasifica los dispositivos básicos utilizados en los sistemas de megafonía IP.

8.23. Relaciona cada protocolo de red que se muestra en la Tabla 8.2 con la función que realiza.

Tabla 8.2. Protocolos de red

Protocolo	Función
a) HTTP	**1.** Protocolo de transferencia de archivos.
b) Ethernet	**2.** Protocolo de la capa de aplicación que se encarga de crear, modificar y terminar sesiones entre los diferentes dispositivos que participan en una comunicación VoIP.
c) TFTP	**3.** Protocolo utilizado para acceder a un servidor web.
d) Telnet	**4.** Protocolo de emulación de terminal que permite a un dispositivo acceder remotamente mediante una red a otro dispositivo.
e) SIP	**5.** Protocolo de la capa de transporte orientado a la conexión, que garantiza que los datos se entreguen a su destinatario sin errores y en el mismo orden en que se transmitieron.
f) TCP	**6.** Protocolo de la capa de transporte que permite la comunicación entre dos dispositivos de la red sin que se haya establecido previamente una conexión. No permite el control de flujo ni es fiable.
g) UDP	**7.** Protocolo de la capa de acceso a red que establece los mecanismos de comunicación entre los dispositivos que pertenecen a una misma red.
h) IP	**8.** Protocolo de la capa de red que permite la comunicación entre redes diferentes.

8.24. Indica las principales fuentes de sonido de los sistemas de megafonía IP.

8.25. Pon ejemplos de dispositivos de entrada de sonido que se conectan a un sistema de megafonía IP, para la emisión de mensajes de voz con destino a los equipos de salida del sistema.

8.26. ¿Qué métodos de asignación de direcciones IP existen?

8.27. A partir de la Figura 8.35, indica el tipo de señal (datos, señales de control propietarias, señal de sonido de línea, señal de sonido de tensión constante 100 V...) que encontraremos en cada uno de los enlaces del sistema de megafonía IP mostrado.

8.28. A partir del esquema de la Figura 8.35, identifica la función de cada uno de los dispositivos que aparecen.

8.29. Indica en qué elemento de la infraestructura de una red se conecta un dispositivo de megafonía IP. ¿Qué tipo de cable se utiliza?

8.30. ¿Cuáles son los requerimientos para poder implementar una aplicación de megafonía basada en VoIP?

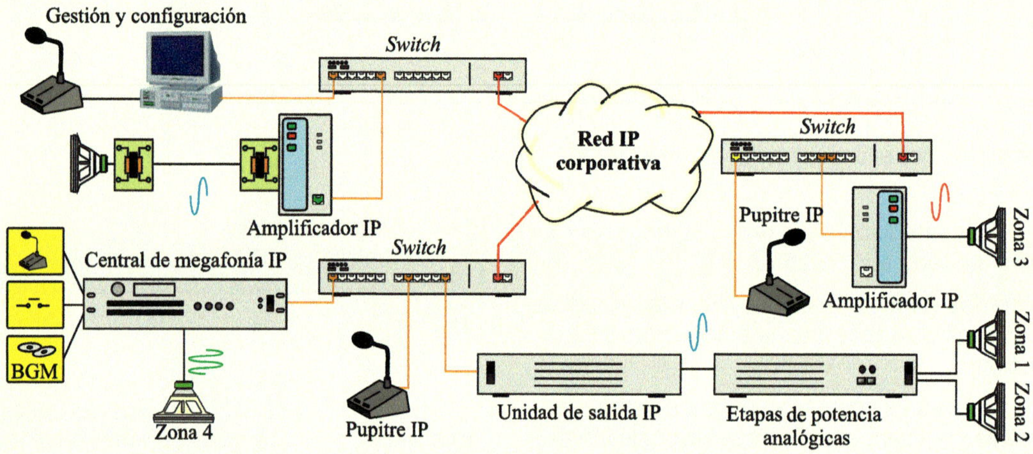

Figura 8.35. Tipos de señales presentes en una red de megafonía IP.

9 Montaje y mantenimiento de instalaciones electroacústicas

Contenidos

El montaje del cableado y los equipos de un sistema de megafonía y sonorización requiere seguir los procedimientos establecidos en la documentación técnica del proyecto, en condiciones de seguridad y cumpliendo la normativa vigente.

Objetivos

- Interpretar la documentación técnica de la instalación (planos, esquemas, reglamentación, etcétera).
- Montar las canalizaciones y el cableado de instalaciones de megafonía y sonorización aplicando técnicas de montaje, con interpretación de planos y esquemas.
- Realizar las pruebas funcionales y los ajustes necesarios en los equipos de la instalación correspondientes (amplificadores, ecualizadores, etcétera).
- Reparar averías y disfunciones en instalaciones de megafonía y sonorización aplicando técnicas de detección, teniendo en cuenta la relación entre la disfunción y su causa.

9.1. Replanteo de instalaciones

El montaje del sistema de cableado de una instalación de megafonía y sonorización requiere seguir los procedimientos establecidos en la documentación técnica del proyecto, en condiciones de seguridad y cumpliendo la normativa vigente. Las principales tareas relacionadas con el montaje son:

- Replanteo de las canalizaciones de la instalación respetando las prescripciones del plano de distribución.
- Comprobación de las características del material acopiado, tomando como referencia las especificaciones del fabricante.
- Distribución del material de las canalizaciones y cableado, cumpliendo en tiempo y forma el plan de montaje.
- Montaje de las canalizaciones con sus elementos de fijación, de acuerdo a las especificaciones del fabricante, asegurando la sujeción mecánica y la calidad estética.
- Tendido de los cables de la instalación sin modificar sus características, siguiendo el procedimiento establecido en el plan de trabajo.
- Etiquetado de los cables siguiendo el sistema de codificación establecido.
- Elaboración del informe del montaje desarrollado, documentando las modificaciones introducidas.

9.1.1. Replanteo

El **replanteo** de una instalación son las tareas que se realizan en el emplazamiento definitivo de una instalación antes del inicio de su montaje, para determinar las características de la instalación y su viabilidad.

El replanteo de una instalación es una visita previa, *in situ,* que se realiza en el lugar de instalación para determinar si es viable su ejecución, normalmente según la solución propuesta en el **proyecto técnico.**

Durante el replanteo de una instalación se plasman en el lugar de instalación los detalles representados en los planos del proyecto técnico, teniendo en cuenta las especificaciones que se indican en el resto de documentos del proyecto, en especial el pliego de condiciones.

Los datos obtenidos del **resultado del replanteo** de una instalación pueden utilizarse, según el resultado, para modificar el proyecto, el presupuesto de instalación, los materiales utilizados, etcétera.

9.1.2. Funciones del replanteo

El **instalador** o el director de obra (ingeniero responsable del proyecto), antes del comienzo de la ejecución de la instalación, debe revisar con detenimiento el proyecto técnico, comprobando que cumple con las normas técnicas y, sobre todo, la posibilidad técnica de instalar los diferentes elementos en los sitios planificados en el proyecto (Figura 9.1).

Entre las tareas que se realizan durante el replanteo de una instalación destacan las siguientes:

a) Se realiza el trazado de la instalación en la edificación, marcando el recorrido y la ubicación de los diferentes elementos de que consta.

b) Se comprueba si algún elemento constructivo del edificio dificulta la ejecución de la instalación.

c) Se comprueba que el trazado de la instalación no interfiere con otras instalaciones existentes o previstas en el edificio (eléctricas, agua…).

d) Se detectan posibles deficiencias en la solución planteada en el proyecto, por la falta de equipos o elementos no planificados.

e) Se realiza la medición de las longitudes reales del trazado de la instalación, con el objetivo de realizar el acopio y pedido de los materiales a instalar.

f) Se determina el momento adecuado para realizar la instalación de los diferentes elementos.

g) Etcétera.

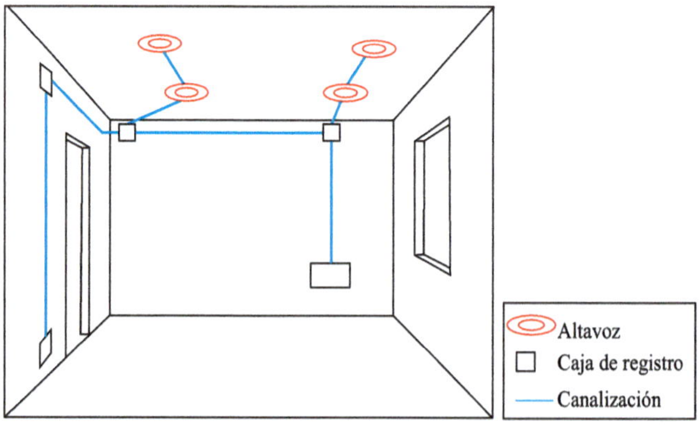

Figura 9.1. Croquis del recorrido de las canalizaciones de una instalación.

En ocasiones, durante el replanteo se identifican posibles contingencias, a las que deben plantearse soluciones por lo que, cuando se realicen cambios, se deberán actualizar los planos y esquemas de la instalación, incorporando las modificaciones que se produzcan.

9.1.3. Simbología normalizada

Para la representación de los circuitos eléctricos o los esquemas de las instalaciones se utilizan los símbolos electrónicos o eléctricos. Algunos de los símbolos están normalizados, como los que se muestran en la Figura 9.2.

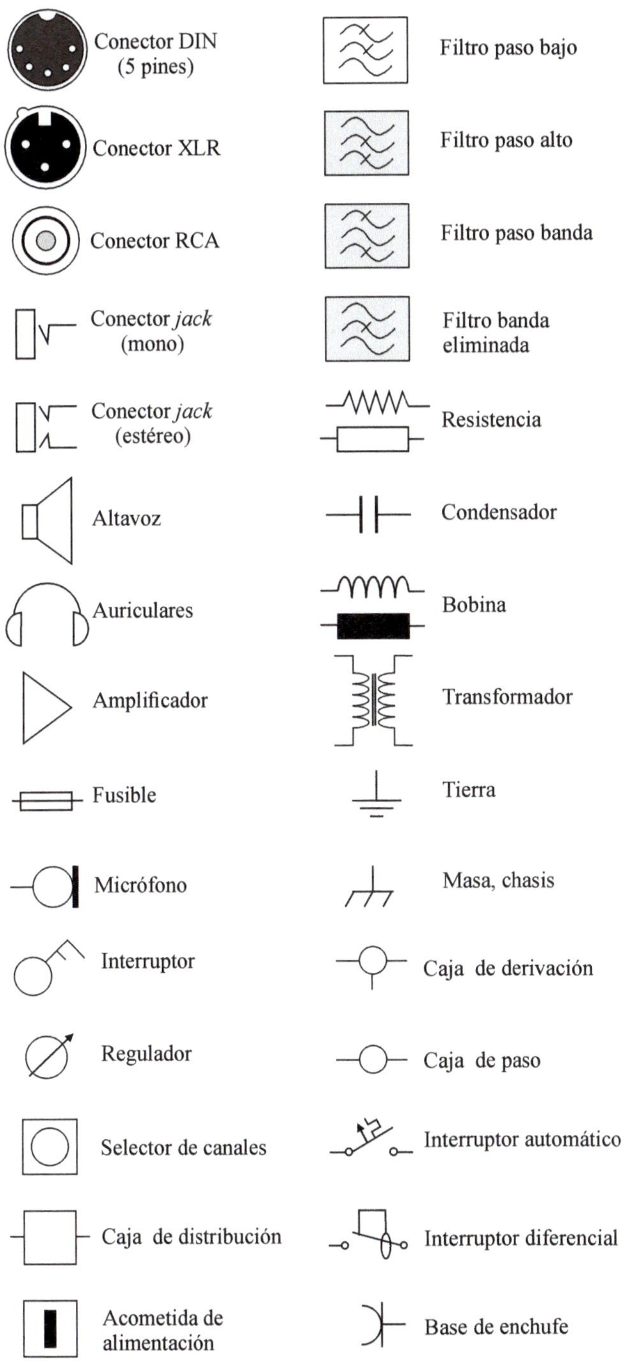

Figura 9.2. Ejemplo de símbolos normalizados.

La mayoría de dispositivos de una instalación no tienen un símbolo normalizado, por lo que en su lugar se utilizan los **símbolos funcionales** que representan el dispositivo en cuestión. Todos los planos vienen acompañados de su **leyenda,** con los símbolos funcionales que representan cada elemento. Como ejemplo, se muestran en la Figura 9.3 los símbolos funcionales que pueden acompañar a los planos de una instalación.

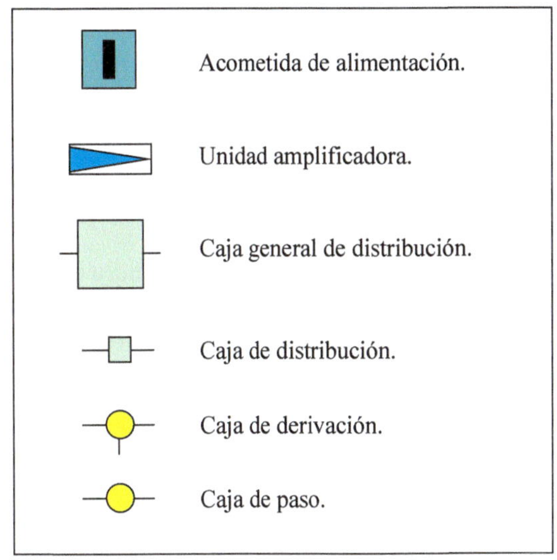

Figura 9.3. Ejemplo de leyenda de un esquema.

Recuerda

No existen símbolos normalizados de la mayoría de elementos de megafonía, por eso se utilizan símbolos funcionales que vendrán identificados en las leyendas de los planos y esquemas.

9.1.4. Planos y esquemas de principios

Los documentos básicos que permiten el replanteo de una instalación son los **planos.** Además, en el **pliego de condiciones** se detallan las características de los elementos que se deben utilizar y, según el caso, algunas consideraciones de instalación, mientras que en el **presupuesto y medidas** se detalla la cantidad de los componentes y la longitud de los cables y canalizaciones de cada unidad que forman la instalación.

En un proyecto técnico se diferencian los **tipos de planos** siguientes:

a) Plano general de situación.

b) Planos descriptivos.

c) Esquemas de principios.

d) Planos y esquemas de detalle.

e) Otros.

SABÍAS QUE...

Un proyecto técnico de telecomunicaciones está formado como mínimo por los siguientes documentos: memoria descriptiva, planos, pliego de condiciones y presupuesto. Como anexo además se acompaña de un estudio básico de seguridad y salud.

9.1.5. Plano general de situación del edificio

El **plano general de situación** de un edificio es un plano que muestra una visión general del edificio y su entorno. En este tipo de plano se detalla dónde limita un edificio y muestra las zonas de acceso y las calles adyacentes. Un ejemplo de plano general es el que se obtiene con herramientas como Google Maps, ejemplo del cual se muestra en la Figura 9.4.

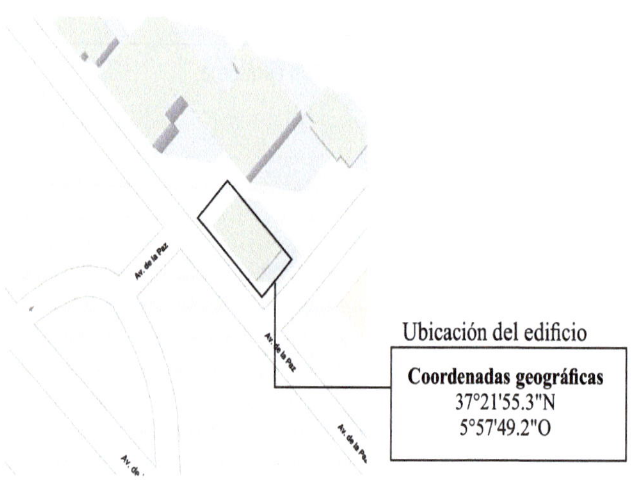

Figura 9.4. Ejemplo de plano de situación.

9.1.6. Planos descriptivos

Los **planos descriptivos** o **planos de distribución** son planos generales que informan de los elementos elegidos como solución en la memoria del proyecto, en los que se muestran de manera aproximada, a partir de los **planos arquitectónicos** de planta y de sección, la ubicación de los diferentes registros y armarios, así como la distribución de las canalizaciones. Los planos descriptivos se ejecutan en escala, normalmente a 1:50 o 1:100.

Los **planos de planta** (Figura 9.5) constituyen una herramienta en la que se detallan de manera simultánea la estructura y los elementos de albañilería del edificio y la ubicación de los elementos correspondientes de la instalación.

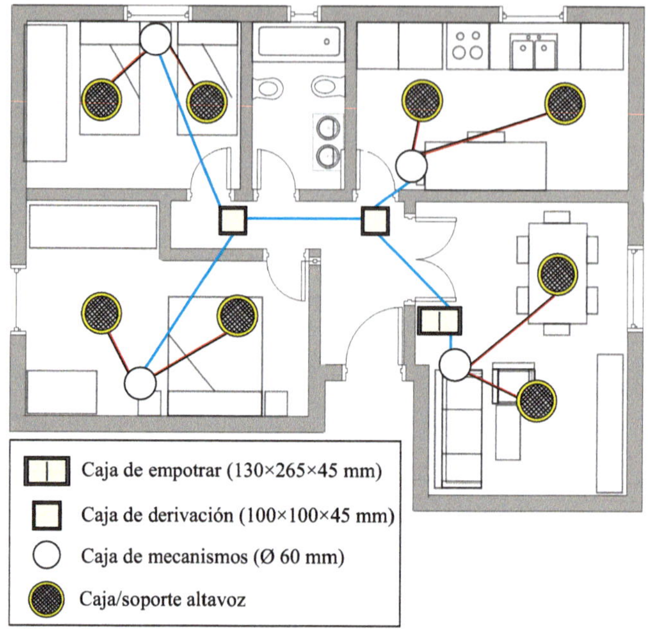

Figura 9.5. Plano de planta de la instalación de una vivienda.

9.1.7. Esquemas de principio

Los **esquemas de principios** (Figura 9.6) son la representación gráfica de los elementos que forman cada una de las partes de una instalación, con su identificación con relación a lo especificado en la memoria del proyecto técnico.

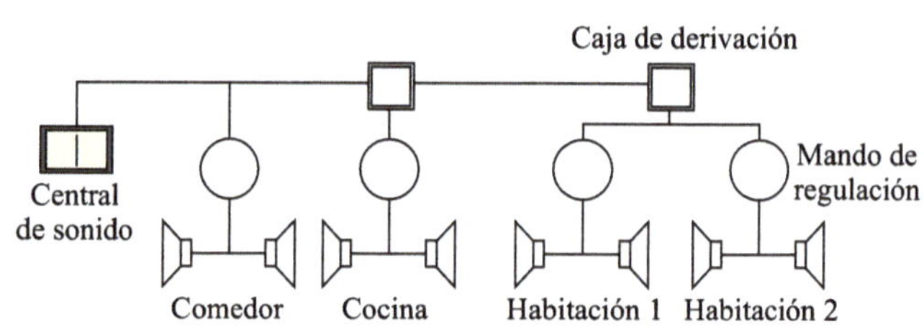

Figura 9.6. Esquema de principios de una instalación de megafonía.

9.1.8. Planos y esquemas de detalle

Los **planos y los esquemas de detalle** muestran elementos de la instalación que es necesario definir de manera precisa. Estos planos o esquemas complementan los planos descriptivos generales de manera más detallada y en una escala mayor, de manera que aportan datos exhaustivos y pormenorizados que facilitan el montaje de la instalación. Ejemplos de elementos que precisan una definición detallada pueden ser los siguientes:

- Detalles de las conexiones de instalación de las fuentes de sonido y los amplificadores, mezcladores, etcétera.
- Detalle de las conexiones entre los equipos.

- Detalles de instalación y montaje.
- Etcétera.

En la Figura 9.7 se muestra un ejemplo de detalle de la instalación de un altavoz de techo.

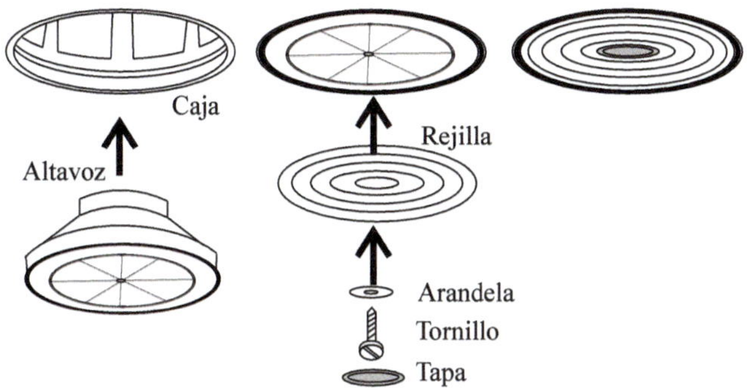

Figura 9.7. Instrucciones de montaje de un altavoz de techo.

9.1.9. Croquis

Un **croquis** (Figura 9.8) es un dibujo técnico realizado a mano alzada donde se representan de manera aproximada los elementos de una instalación.

Normalmente se realiza como un bosquejo preliminar donde se representa una primera acotación de la instalación y los componentes que se instalan, que puede servir para el estudio de la instalación y la realización de cálculos, que posteriormente se trasladará a un plano definitivo.

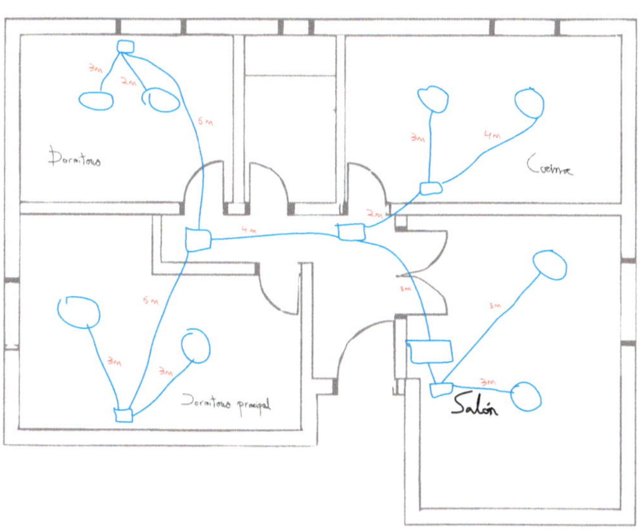

Figura 9.8. Croquis de la instalación de una vivienda.

Aunque un croquis no sustituye a los planos de la instalación de un proyecto, puede ser suficiente en pequeñas instalaciones o en ampliaciones o mantenimiento de instalaciones previas.

9.2. Infraestructura y canalizaciones

Las canalizaciones, cajas, registros, armarios, *racks* y otros accesorios, que alojan la instalación de megafonía y de sonorización de un recinto, local o edificio, se deben montar de acuerdo con el replanteo realizado, y siguiendo las instrucciones de montaje del fabricante, asegurando la sujeción mecánica y los criterios de calidad técnica y estética establecidos.

Estas canalizaciones se deben adecuar al trazado de la instalación mediante cortado, doblado, ingleteado, entre otras operaciones, siguiendo los planos e instrucciones de montaje, teniendo en cuenta la longitud y dirección de cada tramo, paso de muros y radios de curvatura, entre otros aspectos.

Los principales métodos de instalación utilizados en las instalaciones de megafonía y sonorización son los siguientes:

- Instalación mediante tubos, ya sea en superficie o empotrados.
- Instalación mediante canales o bandejas.
- Instalación en falso techo.

9.2.1. Instalación mediante tubos

La **canalización mediante tubos,** en cuyo interior se alojan los cables de la instalación, se puede realizar **en superficie** o **empotrada.**

El **diámetro del tubo** se selecciona para cada tramo de la canalización, dependiendo del número y del diámetro de los cables que vaya a alojar. Para la selección adecuada (Figura 9.9) se debe considerar una ocupación máxima de los tubos del 40 % en canalizaciones de superficie y un 33 % en canalizaciones empotradas.

Una canalización nunca debe ocuparse totalmente, ya que se deben garantizar las tareas de instalación y mantenimiento.

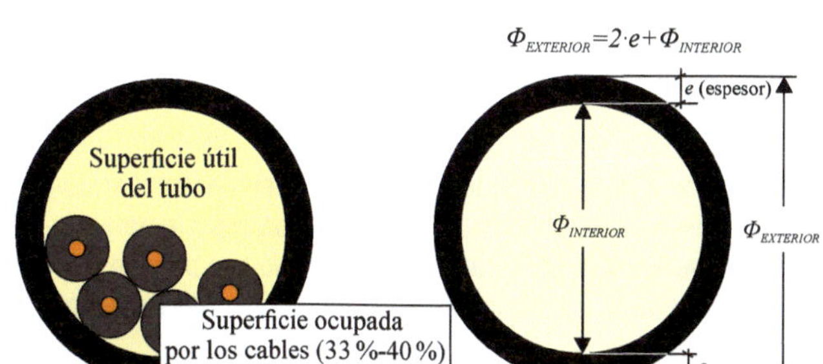

Figura 9.9. Diámetro de los tubos.

SABÍAS QUE...

El diámetro exterior de los tubos está normalizado, de manera que podemos encontrar tubos de diámetro exterior de 12 mm, 16 mm, 20 mm, 25 mm, 32 mm, 40 mm, 50 mm y 63 mm.

Canalización de superficie

En una **canalización de superficie** mediante tubos estos deberán ser preferentemente rígidos.

La canalización de superficie (Figura 9.10) se utilizará como canalización de las líneas principales y de los ramales de distribución, cuando estos discurran por el espacio existente, sobre falsos techos desmontables o por zonas de paso muy restringido. De igual modo, podrá utilizarse como canalización de las líneas terminales, cuando su tendido se realice por zonas de servicio del edificio como aparcamientos o almacenes.

Figura 9.10. Canalización de superficie de una línea terminal.

Los tubos se fijarán a las paredes o techos por medio de **bridas** o **abrazaderas** protegidas contra la corrosión y sólidamente sujetas. La distancia entre estas será, como máximo, de 0,5 m. Se dispondrán fijaciones de una y otra parte en los cambios de dirección, en los empalmes y en la proximidad inmediata de las entradas en cajas o aparatos.

SABÍAS QUE...

Los tubos rígidos son aquellos que requieren de técnicas especiales para su curvado. Están previstos para instalaciones superficiales y sus cambios de dirección se pueden realizar mediante accesorios específicos (curvas, derivaciones en T, etcétera).

En su recorrido, los tubos llevarán intercaladas las cajas de distribución y derivación necesarias (Figura 9.11), así como las cajas de paso precisas para evitar tramos de longitud superior a 20 m. Todas las cajas tendrán indicación visible de su función. Estas cajas por un lado facilitarán la conexión de los equipos con la línea y por otro su tendido.

Figura 9.11. Caja de derivación.

SABÍAS QUE...

Los registros podrán estar destinados únicamente a facilitar la introducción y retirada de los conductores en los tubos o servir al mismo tiempo como cajas de empalme o derivación.

Ejemplo 9.1.

Trazado de canalizaciones.

En la Figura 9.12 se muestra un ejemplo de trazado de canalizaciones y registros.

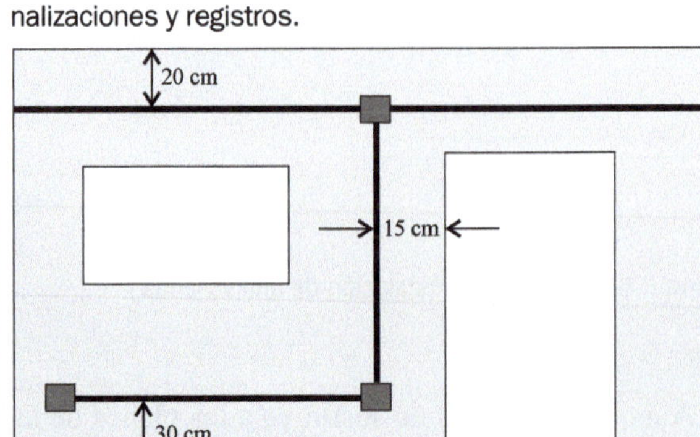

Figura 9.12. Ejemplo de trazado de las canalizaciones.

Canalización empotrada

La **canalización empotrada** (Figura 9.13) se utiliza generalmente como canalización de las líneas terminales, pudiendo utilizarse igualmente como canalización de los ramales de distribución o incluso de las líneas principales, cuando su trazado sea disperso y las obligue a atravesar zonas de paso continuado.

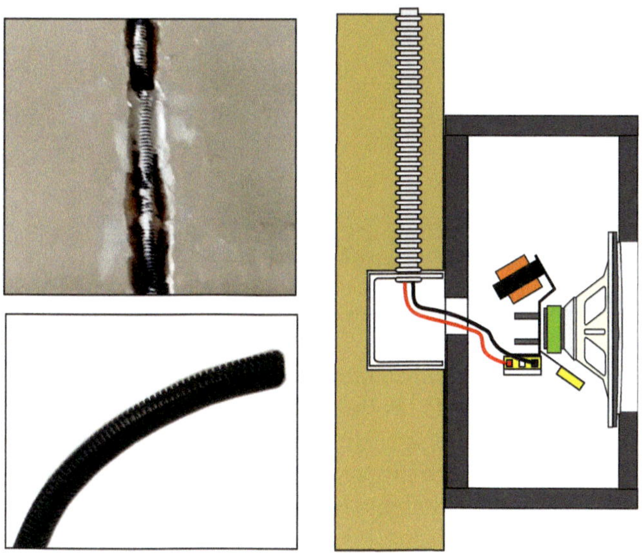

Figura 9.13. Canalización empotrada.

En su recorrido los tubos llevarán intercaladas las cajas de derivación, distribución y cajas de paso necesarias.

SABÍAS QUE...

Las canalizaciones ordinarias precableadas destinadas a ser empotradas en ranuras realizadas en obra de fábrica (paredes, techos y falsos techos) serán flexibles o curvables.

9.2.2. Cajas de registro y mecanismos

Existen diferentes **cajas de registro** normalizadas, tanto de montaje superficial como empotradas, donde se instalan los diferentes mecanismos de una instalación o realizan las funciones de distribución, derivación o paso (Figura 9.14). Aun así, los fabricantes de sistemas de sonido pueden comercializar cajas específicas donde instalar los componentes que fabrica, como por ejemplo mandos de regulación, centrales de sonido, atenuadores de línea, altavoces, etcétera.

En estas cajas de registro se pueden realizar las conexiones de los equipos a la línea con las regletas o bornes de conexión adecuadas (Figura 9.15).

Figura 9.14. Caja de registro y mecanismos.

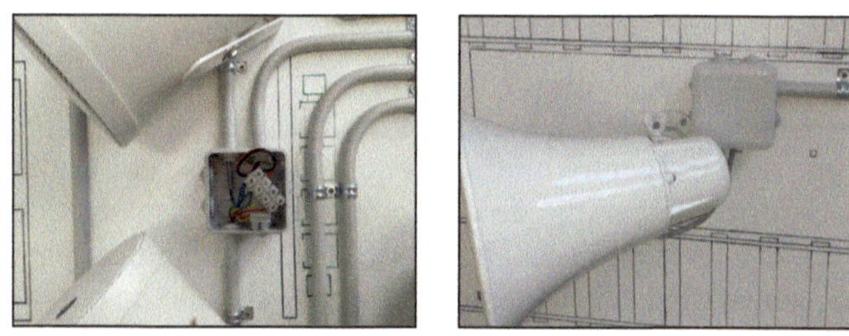

Figura 9.15. Caja de conexiones.

Ejemplo 9.2.

Instalación de un atenuador de línea.

En el interior de algunas cajas se pueden instalar mecanismos, como por ejemplo mandos de regulación, atenuadores de línea, etc. En la Figura 9.16 se muestra un ejemplo de instalación de un atenuador de línea en el interior de una caja de mecanismos.

Figura 9.16. Ejemplo de instalación de un atenuador de línea.

9.2.3. Instalación sobre canales y molduras

Los sistemas de **canales** para cables (Figura 9.17.a) son un conjunto constituido por un tramo recto de canal, junto con otros accesorios que forman parte del sistema, que proporcionan una envolvente para la colocación y el tendido de conductores aislados y cables.

Habitualmente las canales disponen de espacios independientes y separados para cada servicio. Los separadores permiten la instalación de diferentes tipos de instalaciones sobre la misma canal, tal y como se muestra en la Figura 9.17.b.

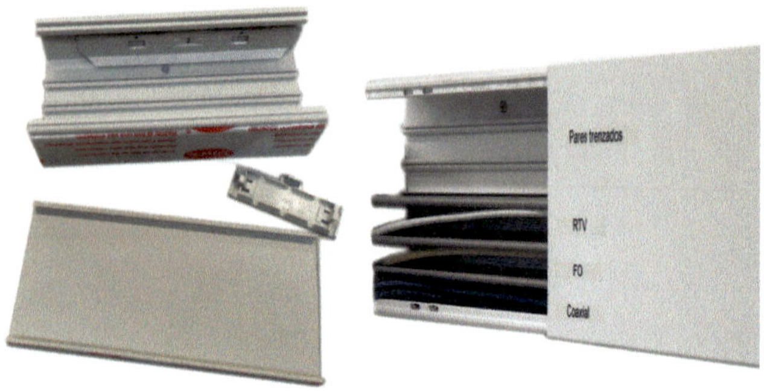

a) Canal. b) Separación de servicios.

Figura 9.17. Instalación con canales.

Cuando la canalización sea mediante **canales,** en los puntos de encuentro en tramos no alineados se colocarán accesorios de cambio de dirección y en los casos en que existan curvas en la canalización, estas se harán mediante los **accesorios** adecuados garantizando el radio de curvatura necesario de los cables.

Molduras

Las **molduras** son canales de pequeñas dimensiones, con tapa exterior y de montaje superficial sobre pared o techo, para la distribución de cables en instalaciones eléctricas y de comunicaciones en instalaciones interiores. Como norma general disponen de uno a tres compartimentos para separar los circuitos de los distintos servicios y permiten la adaptación de los diferentes mecanismos del mercado.

La Figura 9.18 muestra un ejemplo de moldura con algunos de los accesorios disponibles.

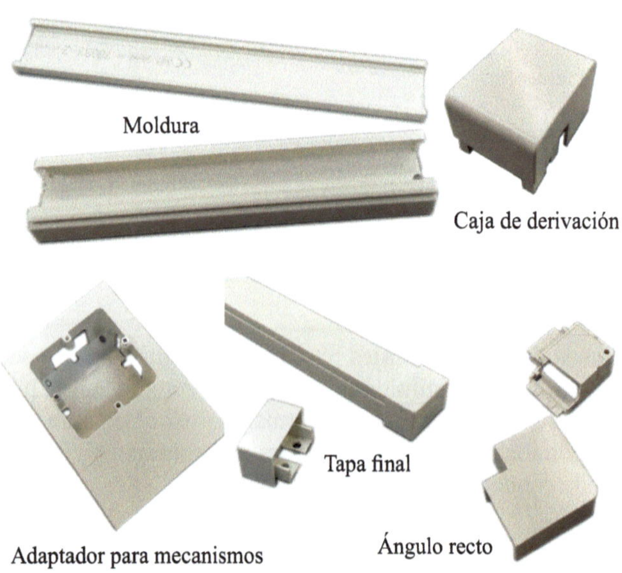

Figura 9.18. Moldura y accesorios.

9.2.4. Canalización sobre bandeja

Los **sistemas de bandejas** (Figura 9.19) son una canalización formada por una unidad o conjunto de secciones, con sus herrajes y accesorios que forman un sistema estructural utilizado para sujetar de forma segura y soportar cables.

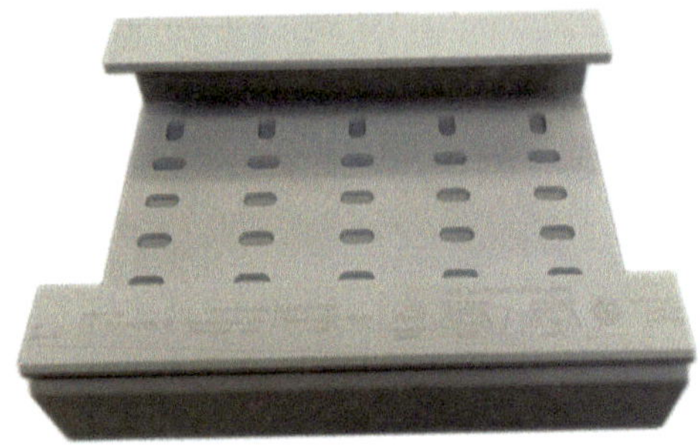

Figura 9.19. Bandeja.

La **canalización sobre bandejas** como conducción y soporte horizontal de las líneas de distribución se utilizará cuando el tendido se realice por zonas de paso muy restringido. Su empleo proporciona gran flexibilidad y facilidad en el establecimiento de circuitos, siendo igualmente adecuada en instalaciones con trazado complejo de circuitos o en las instalaciones en las que se prevean variaciones o ampliaciones futuras.

Dado que la principal finalidad de las bandejas es guiar o conducir los cables, y no la de protegerlos, las bandejas tienen que instalarse en lugares donde no exista riesgo de daño mecánico para los cables y estos no sean directamente accesibles a las personas en general.

Por esta razón suelen situarse en altura o en el interior de huecos de la construcción, falsos techos, etc. En la Figura 9.20 se muestra un ejemplo de utilización de bandejas para la conducción de los cables.

Figura 9.20. Canalización sobre bandeja.

Sus características le permiten compartir la distribución de megafonía con los tendidos de otros servicios como portero eléctrico, antena colectiva, redes, etcétera.

9.2.5. Montaje sobre falso techo

El **techo técnico** o **falso techo** es el conjunto de elementos que se instala a cierta distancia del techo real de un local o sala que tapan y transportan las canalizaciones de los diferentes servicios que se instalan.

Los **elementos** que forman un falso techo son los siguientes:

- **Estructura:** soporte o tirantes de anclaje donde se sitúan las guías de las placas de revestimiento.
- **Placas:** elementos visibles que se instalan sobre las guías de la estructura.
- **Bandejas:** elementos de la infraestructura utilizada para la canalización de los cables.

Este tipo de canalización (Figura 9.21) se realiza sobre todo en aquel tipo de local donde se instalan diferentes tipos de instalaciones (alimentación eléctrica, red, megafonía, etc.) y no es conveniente que las canalizaciones y cables sean visibles. Las aplicaciones típicas son oficinas, museos, bibliotecas, centros comerciales, etcétera.

Figura 9.21. Falso techo.

9.2.6. Tendido de cables sobre canalizaciones

La instalación de los cables en el interior de los tubos se realiza mediante la ayuda de guías pasahilos o hilos-guía. La instalación sobre bandejas y canales se simplifica, ya que las canalizaciones son accesibles en todo su recorrido.

Un **hilo-guía** o **guía pasacable** es un alambre de acero galvanizado o un hilo de nailon con un trenzado específico que lo dota de gran durabilidad, que se utiliza en el tirado de cables en las conducciones.

Los hilos-guía incluyen en un extremo un **cabezal flexible** unido al cuerpo del hilo que facilita su introducción en el tubo al mismo tiempo que reduce el rozamiento y facilita los giros en los cambios de dirección. En el otro extremo una **anilla de tiro** facilita el atado de los cables.

Ejemplo 9.3.

Tendido de cables en el interior de tubos.

Los **registros** de la instalación (cajas de paso, distribución, etc.) facilitan el tendido de los cables; por eso, cuando en un trazado existen muchos cambios de dirección o el trazado es muy largo se deben instalar registros adicionales que realizan la función de **registros de paso** y facilitan el tendido de los cables.

El procedimiento para pasar un cable por los tubos de las canalizaciones con ayuda del hilo-guía se resume en la Figura 9.22:

- Se introduce el hilo-guía en la canalización, por la parte del cabezal flexible (Figura 9.22.a).
- Se fija el cable en el extremo de la guía (anilla de tiro).
- Se estira el hilo-guía desde el otro lado de la canalización (Figura 9.22.b). Para facilitar la introducción del cable se recomienda recibir la ayuda de un compañero, que ira suministrando el cable a medida que se estira de él.

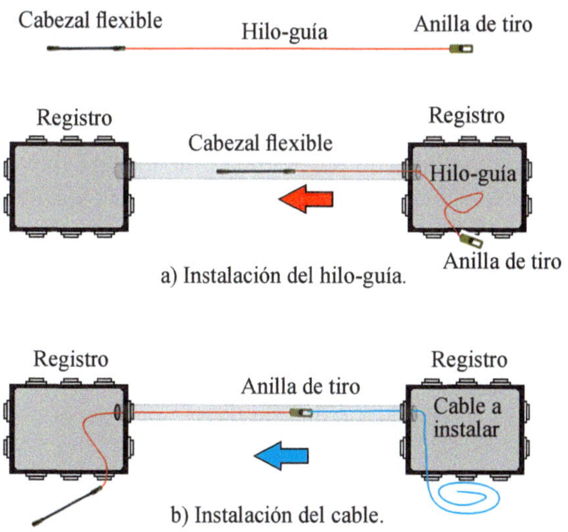

Figura 9.22. Utilización del hilo-guía.

9.2.7. Montaje de un armario distribuidor

Un **armario distribuidor** o **armario *rack*** tiene todas las facilidades necesarias para alojar en su interior los equipos de una instalación de sonido (Figura 9.23). Además de la fuente de sonido, en un armario se pueden alojar el mezclador, los amplificadores y otros componentes del sistema de sonorización, así como otros accesorios que facilitan la administración, entre los que destacan: placas de identificación, bandejas de soporte, equipos de ventilación, paneles con tomas de corriente, etcétera.

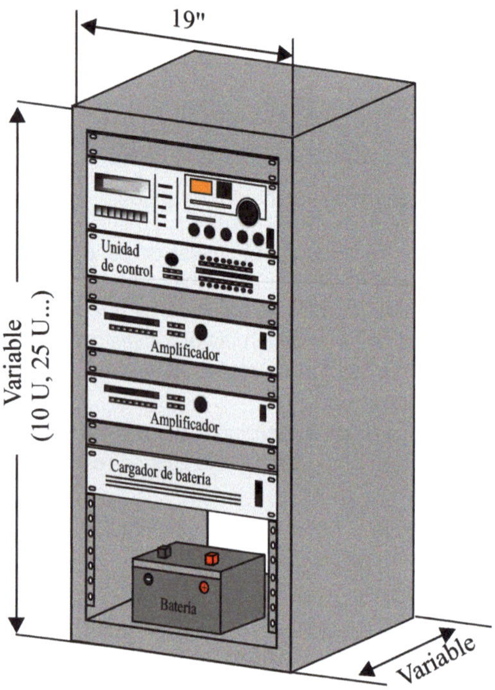

Figura 9.23. Ejemplo de distribución de equipos de sonido en un armario *rack*.

La **anchura** interna normalizada de los armarios es de 19 pulgadas (19"). Existen diferentes profundidades estándar y su altura se mide en unidades (U). También existen diferentes medidas de profundidad, de manera que el armario se ajusta al tamaño de los componentes instalados.

> **Recuerda**
>
> Las alturas normalizadas de los *racks* son 15 U, 25 U, 35 U y 40 U, aunque existen de otros tamaños.

La **fijación** de los equipos a las guías verticales (Figura 9.24.a) se realiza mediante tornillos de fijación, arandelas de plástico y tuercas enjauladas. Para ello, se pueden acoplar **escuadras** a los dispositivos (Figura 9.24.c) y para su fijación se selecciona la altura a la que se instalará la unidad, alineando los extremos de cada guía. La altura típica de los equipos de sonido es de una unidad U, que se corresponde con tres ranuras de fijación de la guía vertical (Figura 9.24.b), pero existen otros equipos con alturas diferentes (2U, 3U...).

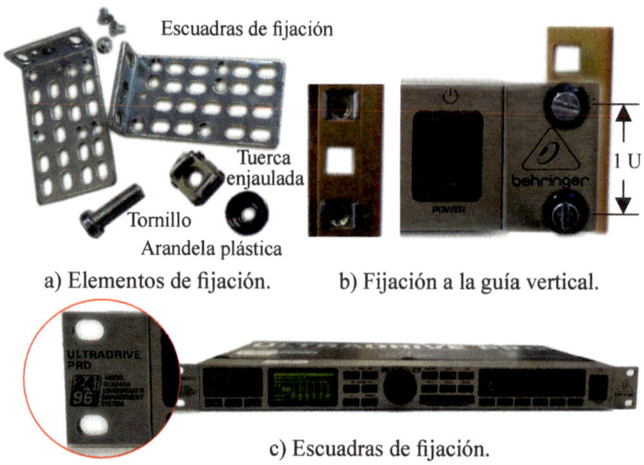

a) Elementos de fijación. b) Fijación a la guía vertical.

c) Escuadras de fijación.

Figura 9.24. Elementos de fijación en un armario de distribución.

> **Recuerda**
>
> 1 pulgada (1") = 2,54 cm
>
> Una unidad de altura *rack* (1 U) = 44,45 mm

Enfriamiento del *rack*

Al instalar un amplificador en un *rack* es necesario asegurarse de que la temperatura se mantiene en un nivel seguro.

Los amplificadores utilizan dos **técnicas de refrigeración,** que pueden requerir de diferentes técnicas de instalación para su mejor funcionamiento:

- **Amplificadores de potencia con ventiladores de refrigeración.** El amplificador induce aire fresco por la parte frontal y lo expulsa por los laterales o por la parte trasera. El interior del armario debe permitir la circulación del aire para su renovación. Esto exige separación entre las paredes laterales del *rack* y el chasis del amplificador.
- **Amplificadores con refrigeración por convección.** Algunos amplificadores funcionan con refrigeración por convección, sin ventilador. Estos amplificadores no necesitan ventiladores internos o rejillas de ventilación para enfriarse, asegurando un funcionamiento silencioso y fiable. Generan mucho menos calor, lo que los hace ideales para aplicaciones de montaje en *rack*.

Cuando sea necesario se pueden instalar en el armario unidades de ventilación adicionales. Una **unidad de ventilación** para *rack* es un panel que incorpora ventiladores con termostato. Se trata de una solución de bajo coste que ayuda a la eliminación del calor y normalmente se instala fácilmente en la parte superior del armario y expele el calor por el techo de este.

Ejemplo 9.4.

Instalación en un armario de distribución.

La Figura 9.25 muestra un ejemplo típico de distribución de componentes dentro de un armario, con ruedas, que facilita el traslado del conjunto de equipos.

Cuando los equipos del sistema de megafonía se instalan en un *rack* se puede provocar un sobrecalentamiento adicional en estos, debido sobre todo a la falta de ventilación. El sobrecalentamiento de un equipo puede estar motivado por alguna de las siguientes causas:

- Poca circulación de aire.
- Ambiente de temperatura alta.
- Sobresaturación de entrada de los amplificadores o cargas de muy baja impedancia.
- Otros.

Figura 9.25. Bastidor de sonido.

9.3. Montaje de instalaciones

La **instalación** de los equipos y elementos de un sistema de sonorización y megafonía requiere seguir los procedimientos establecidos en la documentación técnica del proyecto y manuales del fabricante, en condiciones de seguridad y cumpliendo la normativa vigente. Entre las principales tareas que requiere el montaje de una instalación destacan las siguientes:

- Distribuir el material cumpliendo en tiempo y forma el plan de montaje.
- Ubicar los equipos (pupitres microfónicos, grabadores/reproductores, amplificadores, receptores de micrófonos inalámbricos, etc.) y elementos difusores de señal (altavoces en techo, cajas y columnas acústicas, etc.) de la instalación.
- Montar los armarios con las tomas de corriente y los elementos requeridos para el montaje de los equipos, la refrigeración, las posibilidades de expansión y la organización del cableado.
- Instalar en el armario los equipos de la instalación ubicados en el mismo (reproductores, amplificadores, receptores inalámbricos, etcétera).
- Instalar los altavoces, asegurando la sujeción mecánica, la calidad estética y la orientación adecuada.
- Fijar los equipos de la instalación, no ubicados en el armario, como pueden ser pupitres microfónicos, siguiendo los planos y esquemas de distribución.
- Realizar la conexión de los equipos y los altavoces de la instalación.
- Etiquetar el cableado y los equipos de la instalación según el sistema de codificación establecido.
- Efectuar pruebas funcionales comprobando los parámetros acústicos (nivel sonoro, reverberación, etc.), verificando la transmisión de la señal y su calidad entre los equipos y los elementos de difusión.
- Elaborar el informe del montaje desarrollado, documentando las modificaciones introducidas.
- Etcétera.

9.3.1. Instalación de las fuentes de sonido

Las **fuentes de sonido** se conectan a los equipos de procesado de audio a partir de las conexiones que incorporan. Las principales fuentes de sonido a instalar son los micrófonos, los pupitres microfónicos y los reproductores.

La conexión habitual de los equipos de sonido, tales como micrófonos o reproductores de sonido, se realiza mediante conectores XLR, *jack* o RCA (Figura 9.26).

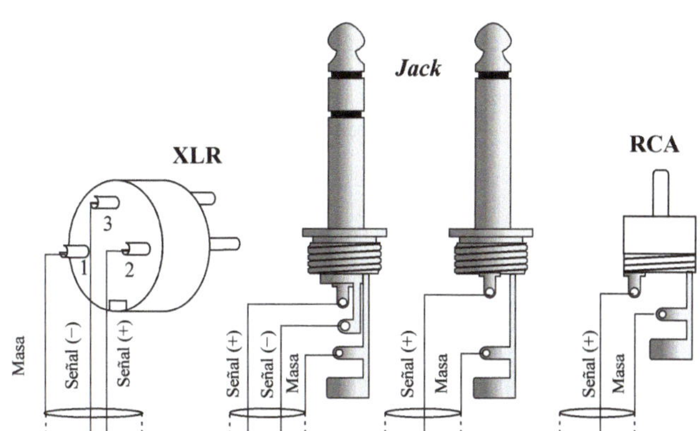

Figuras 9.26. Conexiones habituales de las fuentes de sonido.

Micrófonos

Los micrófonos habitualmente utilizan conectores XLR, y en ocasiones los de tipo *jack*.

Pupitres microfónicos

Los **pupitres microfónicos** (Figura 9.27.a) incorporan prestaciones adicionales a los micrófonos, por lo es necesaria la utilización de líneas adicionales para la activación de las prioridades, la selección de zonas o el control general de la instalación (configuración, selección...) a través del teclado que incorporan.

Estos dispositivos, por lo tanto, necesitan de un conexionado diferente al de un micrófono convencional:

- **Pupitres analógicos** (Figura 9.27.b): en el conexionado con la central de sonido se añaden un hilo para el control de prioridad y tantos hilos de comunicación como zonas a controlar.
- **Pupitres digitales** (Figura 9.27.c): utilizan hilos específicos para la transmisión de manera digital de los datos de control y de sonido. En los **pupitres IP,** tanto la señal de voz como las señales de control van multiplexadas por la línea de transmisión, formada por un conector RJ-45 y cable de par trenzado UTP.

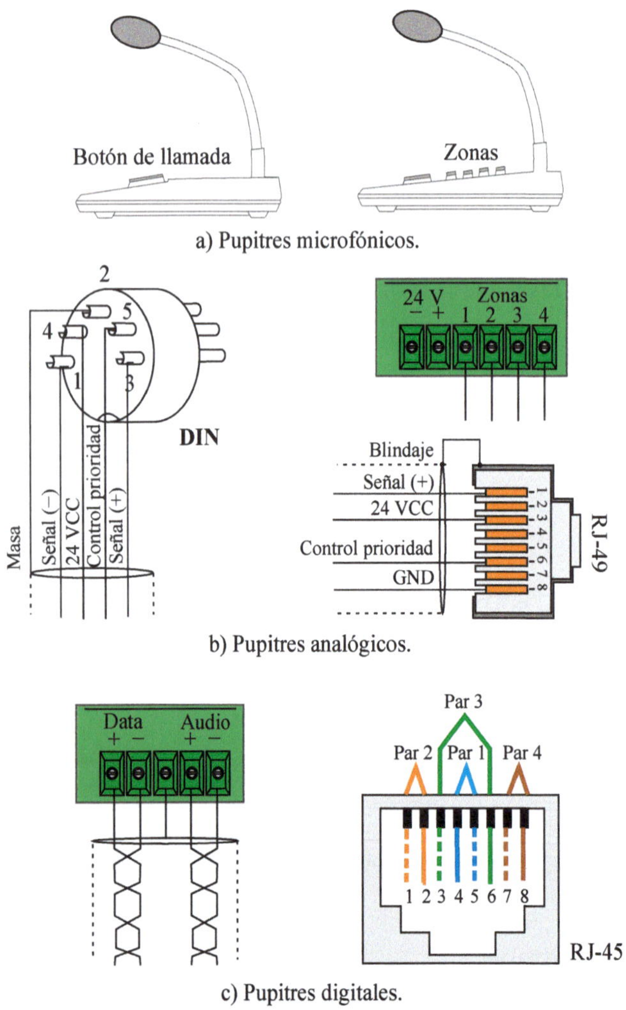

Figura 9.27. Conexión típica de pupitres microfónicos.

Ejemplo 9.5.

Conexión de un pupitre microfónico con función de llamada.

La Figura 9.28 muestra un ejemplo de instalación de un pupitre microfónico analógico, con botón de llamada a un equipo emisor de sonido IP. La conexión del pupitre se realiza mediante un conector DIN de 5 pines, mientras que en el equipo de sonido se utilizan regletas de conexión.

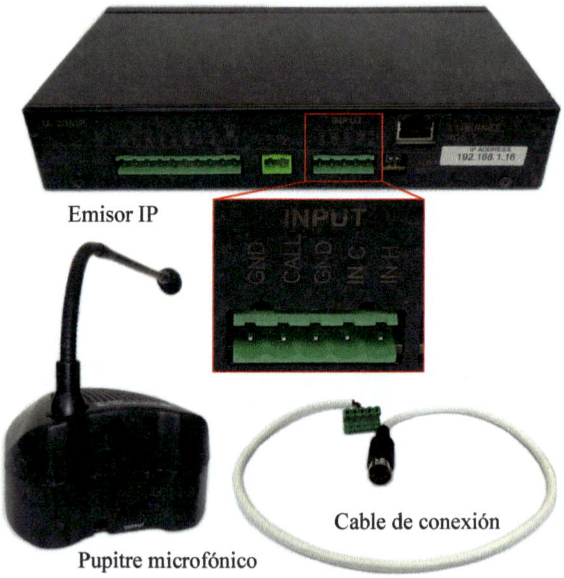

Figura 9.28. Conexión de un pupitre microfónico con función de llamada.

Otras fuentes de sonido

Otras **fuentes de sonido**, como por ejemplo los reproductores de música, proporcionan una señal de nivel de línea, siendo habitual la conexión mediante conectores RCA (Figura 9.29).

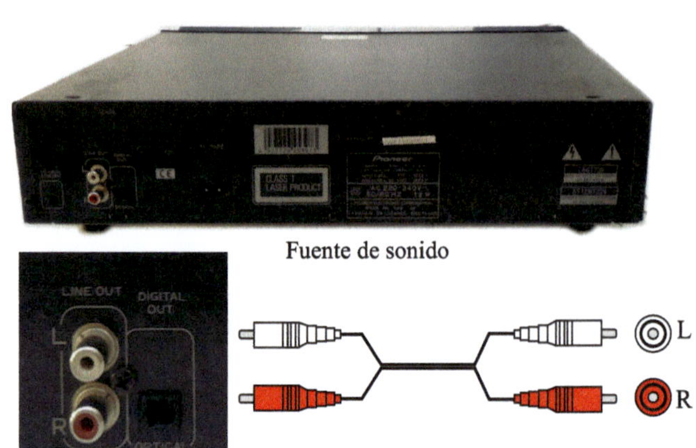

Figura 9.29. Conexión de una fuente de sonido.

Recuerda

Los reproductores de sonido y otros equipos pueden incluir dispositivos USB/SD/MP3/Bluetooth y sintonizadores de radio FM.

9.3.2. Instalación de amplificadores y otros equipos activos

Los **amplificadores** básicamente incorporan un preamplificador y una etapa de potencia. Dependiendo de la aplicación destinada, las prestaciones variarán según las necesidades.

En las instalaciones pequeñas el propio amplificador se encarga de gestionar las entradas/salidas del sistema. En cambio, en instalaciones más grandes, el amplificador formará parte de un sistema de zonas gestionado por una unidad de control más avanzada, como una matriz de sonido.

El amplificador de los equipos de megafonía PA, además de la mezcla de las señales ya amplificadas, se encarga de la gestión de las prioridades, a través de los contactos que incorpora el equipo, ya sea mediante regleta, conector DIN, conector RJ-45, etc. En los sistemas básicos normalmente se gestionan dos tipos de señales:

- **Entradas de programa:** normalmente la fuente de señal que suministra el hilo musical.
- **Entradas de prioridad:** para los mensajes generados en directo a través del pupitre microfónico o pregrabados a través de un gestor de mensajes (avisos).

El número y tipo de entradas y de salidas del amplificador dependerán de la aplicación y del tipo de amplificador:

- **Entradas de micrófono:** si existe más de una entrada de micrófono, estas pueden mezclarse y conectarse de manera simultánea, controlando el volumen de cada una de ellas.
- **Entradas auxiliares:** permiten la conexión de una fuente de sonido con salida de nivel de línea. Normalmente la conexión se realiza a través de entradas de tipo RCA.
- **Prioridad (entrada):** esta función atenúa de manera automática el volumen de las entradas auxiliares o de la fuente de sonido ambiental de manera que se pueden dar avisos a través del micrófono con prioridad cuando esta entrada está activada.
- **Prioridad (salida de activación):** esta salida proporciona una señal de 24 V para la activación de elementos externos. Esta salida permite el control, por ejemplo, de atenuadores de línea.
- **Salidas auxiliares:** se pueden utilizar para la grabación con un equipo externo o para suministrar la señal a otro amplificador.
- **Salida de la línea de altavoces:** para la conexión en baja o alta impedancia de los altavoces de la instalación.

La Figura 9.30 muestra un ejemplo de las conexiones que incorpora un amplificador.

9.3.3. Conexionado de los altavoces

La conexión entre los altavoces y el amplificador se realiza con un cable de dos hilos de la sección adecuada a la potencia de trabajo.

La **conexión de los altavoces a la línea** puede realizarse de diferentes maneras, tal y como se muestra en la Figura 9.31:

- **Conexión directa.** La mayoría de los equipos permiten la conexión directa de los altavoces,

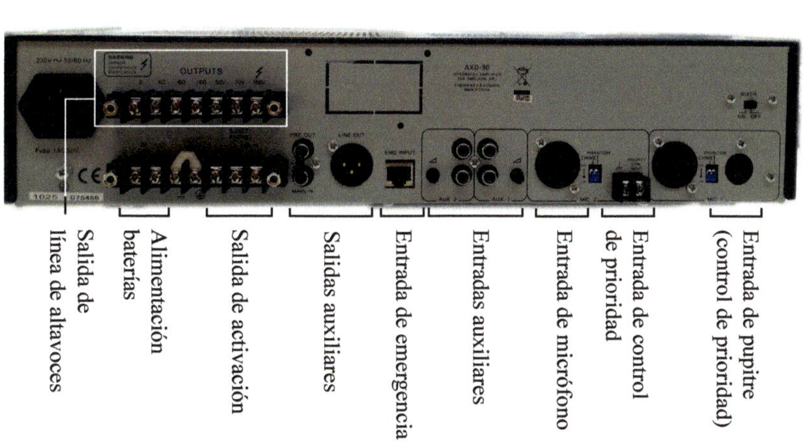

Figura 9.30. Ejemplo de conexiones de un amplificador.

simplemente pelando las puntas de los cables e insertándolos en los bornes destinados para este fin. En este caso la conexión depende del tipo de borne: de conexión rápida (presión), por roscado o mediante regletas de conexión.

- **Conectores Speakon.** Este tipo de conector se utiliza en sistemas profesionales de sonorización en la conexión de altavoces de gran potencia. Su sistema de cierre de seguridad evita la desconexión involuntaria del altavoz una vez insertado el conector.

Presión

Tornillo

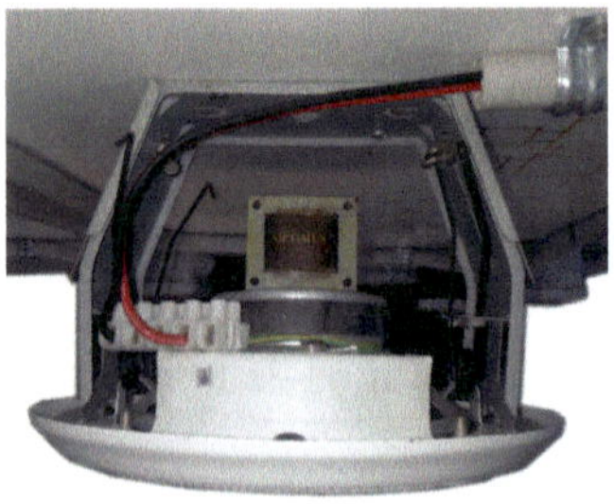
Bornes de conexión

Figura 9.31. Conexión de los altavoces.

9.3.4. Conexionado de la línea de altavoces en amplificadores de sonorización

El conexionado de la línea de altavoces dependerá del tipo de instalación:

- Los **amplificadores de baja impedancia** suelen disponer bornes en los que se puede realizar la conexión directa del cable de altavoces (Figura 9.32.a), ya sea por presión o roscado y en los amplificadores profesionales con conectores Speakon.
- Los **amplificadores de alta impedancia** (línea de 100 V) incorporan bornes de conexión (Figura 9.32.b) con diferentes posibilidades de conexión según se desea una tensión de línea diferente (50 V, 75 V, 100 V) y una o varias salidas de baja impedancia (4 Ω, 8 Ω…).

a) Baja impedancia.

b) Alta impedancia.

Figura 9.32. Salida de altavoz (amplificadores).

9.3.5. Montaje de un sistema de sonorización con altavoces de baja impedancia

Las **salidas de baja impedancia** de los amplificadores se utilizan cuando los altavoces no incorporan transformador de línea y las distancias de transmisión son cortas. Al utilizar altavoces convencionales, la respuesta en frecuencia obtenida es buena, por lo que la calidad de sonido es alta.

La impedancia de la línea de altavoces se escoge de manera que sea la misma que la impedancia de salida del amplificador. En ningún caso, la impedancia de la línea de altavoces debe ser menor a la de salida del amplificador, ya que este se sobrecargará.

Los altavoces se agrupan en asociaciones serie, paralela o mixta según la impedancia deseada, tal y como se muestra en la Figura 9.33, de manera que se cumpla la condición siguiente:

$$Z_{o\ AMPLIFICADOR} \leq Z_{i\ ALTAVOCES}$$

Amplificador integrado (2 canales).

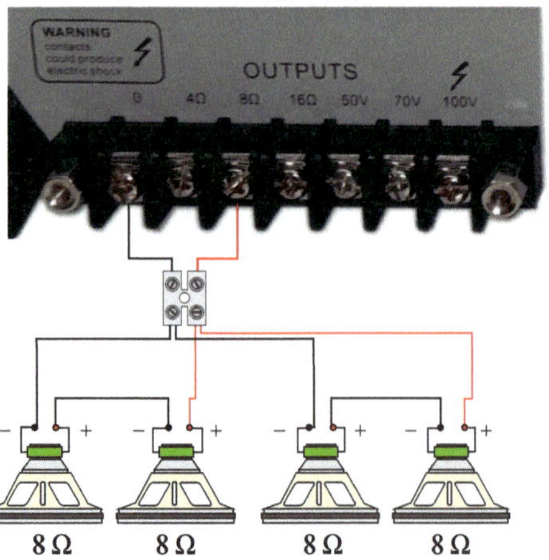

Figura 9.33. Salida de baja impedancia de un amplificador.

Ejemplo 9.6.

Conexión de baja impedancia de altavoces.

La Figura 9.34.a muestra un ejemplo de conexión de dos altavoces en paralelo y la Figura 9.34.b una conexión serie.

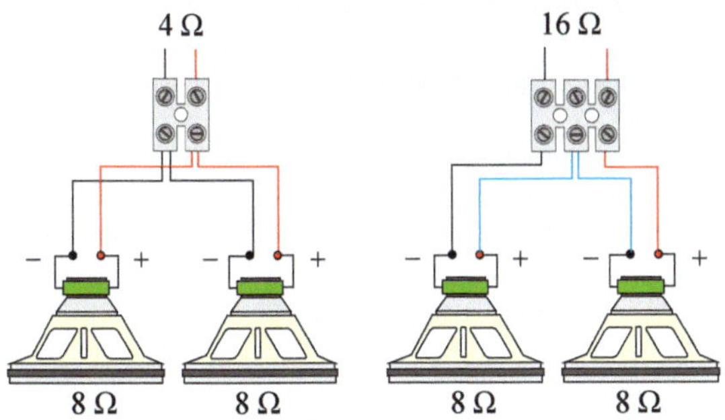

a) Conexión en paralelo. b) Conexión en serie.

Figura 9.34. Asociación de altavoces.

9.3.6. Montaje de un sistema de sonorización con línea de altavoces de 100 V

Cuando la instalación requiere un número de altavoces elevado conectados a la misma fuente de sonido y las distancias a cubrir son grandes, es necesario recurrir a las **líneas de alta impedancia,** donde los equipos utilizados incorporan transformadores.

Los **altavoces de alta impedancia** se conectan a una línea de 50 V, 70 V o 100 V que parte desde el amplificador.

La principal característica de este tipo de instalación radica en que todos los altavoces se conectan en paralelo con la línea, tal y como se muestra en la Figura 9.35, de manera que la suma de la potencia de los altavoces sea igual o menor a la potencia de salida del amplificador:

$$P_{i\,\text{ALTAVOCES}} \leq P_{o\,\text{AMPLIFICADOR}}$$

La conexión en paralelo garantiza que una avería o cualquier desconexión fortuita de un altavoz no afecta al resto de los altavoces conectados a la línea. Otra ventaja de este tipo de instalación es que mediante la utilización de atenuadores, instalados próximos a los altavoces controlados, se puede regular el volumen de la instalación de manera local.

Recuerda

Valores de tensión superiores a 50 V AC no se consideran de muy baja tensión. Por esta razón en el trabajo con líneas de altavoces de tensión de 100 V existe riesgo eléctrico para las personas.

Amplificador integrado (2 canales).

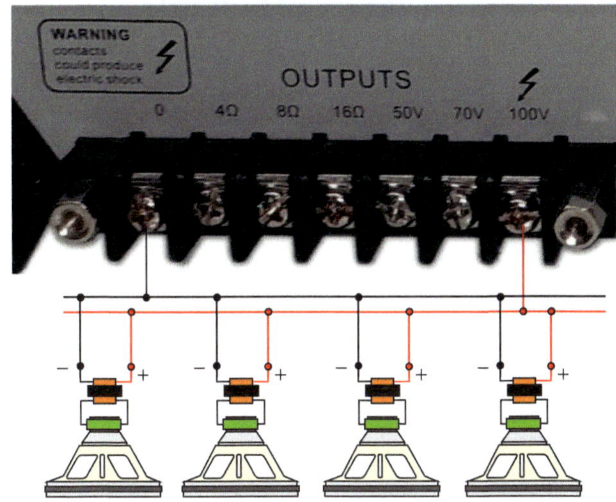

Figura 9.35. Instalación de altavoces en una línea de alta impedancia.

Ejemplo 9.7.

Potencia de conexión de una línea de alta impedancia.

La conexión de los altavoces a la línea debe realizarse en paralelo y puede efectuarse con regletas o bornes de conexión.

En el ejemplo de la Figura 9.36, la potencia de cada altavoz es de 8 W. Por lo tanto, la potencia total de la línea de altavoces es de 32 W. La potencia del amplificador utilizado deberá ser superior a 32 W para que no se sobrecargue.

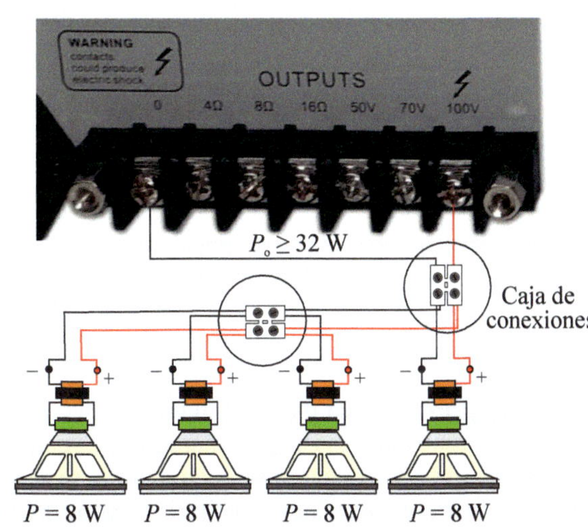

Figura 9.36. Conexión de una línea de alta impedancia.

Selección de la potencia de los altavoces

Como norma general, los altavoces para instalaciones de sonorización con línea de alta impedancia disponen de la posibilidad de seleccionar la potencia. La **selección de la potencia,** tal y como se muestra en la Figura 9.37, puede realizarse de diferentes maneras: selección del cable de conexión, selectores rotativos, mediante regletas, etc.

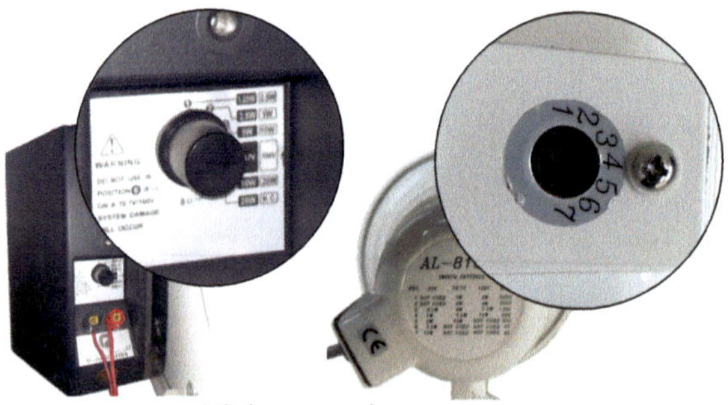

a) Selector rotativo.

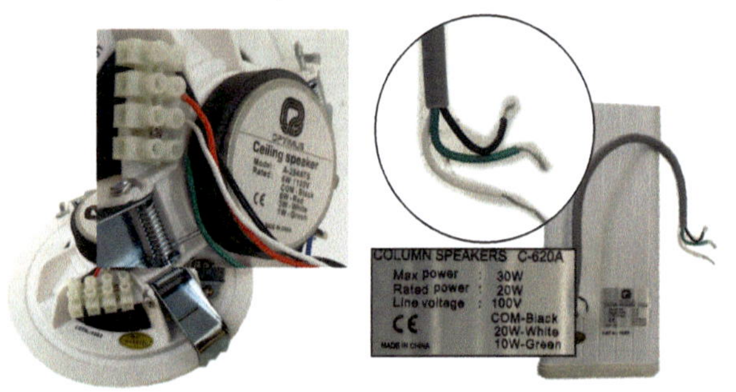

b) Regletas. c) Selección del cable de conexión.

Figura 9.37. Selección de la potencia del altavoz.

Los altavoces se deben conectar en paralelo con los terminales de la línea de salida correspondientes del amplificador, asegurándose de que todos los altavoces tengan la misma polaridad.

> **Recuerda**
>
> Como precaución, el cambio de la selección de potencia (cambio de la toma del transformador de sonido) no debe realizarse mientras el altavoz está en funcionamiento, por lo que es necesaria la desconexión de la línea de altavoces del amplificador.

Atenuadores

Los **atenuadores de línea** incorporan un sistema de prioridad para el control de avisos, de manera que cuando se activa se elimina la atenuación seleccionada, y se restituye el sonido para los mensajes prioritarios. Estos dispositivos se instalan empotrados en la pared, en caja universal o en superficie.

Dependiendo del atenuador de línea, tal y como se muestra en la Figura 9.38, la conexión se realiza a tres o cuatro hilos. Si no se instala atenuador de línea, no se puede realizar el control de volumen de manera local.

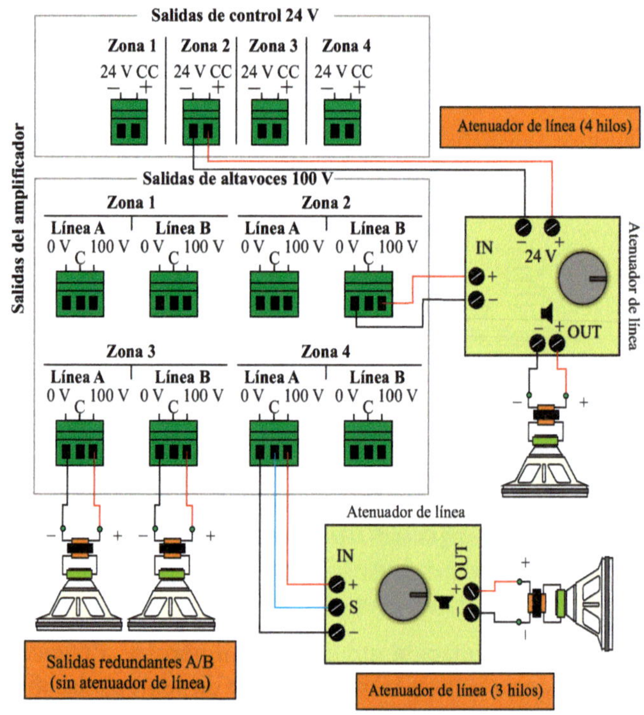

Figura 9.38. Ejemplo de conexionado de unos atenuadores de línea.

Ejemplo 9.8.

Instalación de un atenuador de línea.

La Figura 9.39 muestra un atenuador de línea para altavoces de alta impedancia, que incorpora un sistema de prioridad para control de avisos.

En el altavoz se selecciona una potencia de 3 W, la cual debe estar acorde con la potencia que soporta el atenuador de línea.

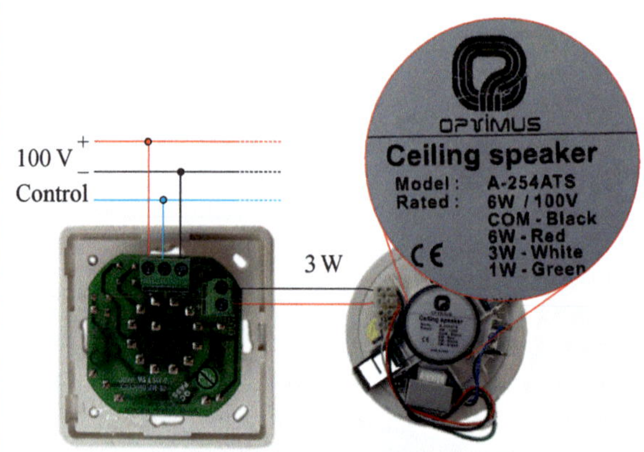

Figura 9.39. Instalación de un atenuador.

9.3.7. Instalación de altavoces

Los principales **tipos de altavoces** utilizados en las instalaciones de megafonía y sonorización son:

- Altavoces de techo.
- Altavoces exponenciales (megáfonos).
- Proyectores acústicos.
- Columnas y cajas acústicas.

Altavoces de techo

Los **altavoces de techo** (Figura 9.40) permiten distribuir el sonido sin obstáculos directamente sobre el oyente, ya que se instalan empotrados en el techo, a una altura relativamente baja. También hay modelos que pueden instalarse en superficie.

a) Altavoz de techo (de baja impedancia).

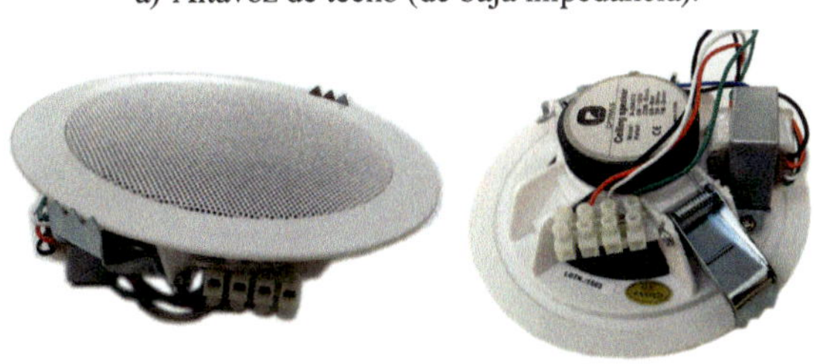

b) Altavoz de techo (de alta impedancia).

Figura 9.40. Altavoces de techo.

Su instalación se realiza fundamentalmente en edificios de oficinas, restaurantes, hoteles, supermercados, etcétera.

La altura de montaje típica está comprendida entre 2,5 y 4 m, espaciándolos una distancia aproximada de dos veces la distancia (*d*) al plano de sonorización (Figura 9.41). De esta manera cada altavoz cubre un área aproximada de unos 25 m^2, dependiendo del ángulo de cobertura (α) del altavoz. La potencia de estos altavoces oscila entre 1 W y 10 W.

SABÍAS QUE...

Cuando el techo del local a sonorizar es superior a 4 m se recurre a la utilización de otro tipo de altavoces, tales como cajas acústicas o esferas acústicas.

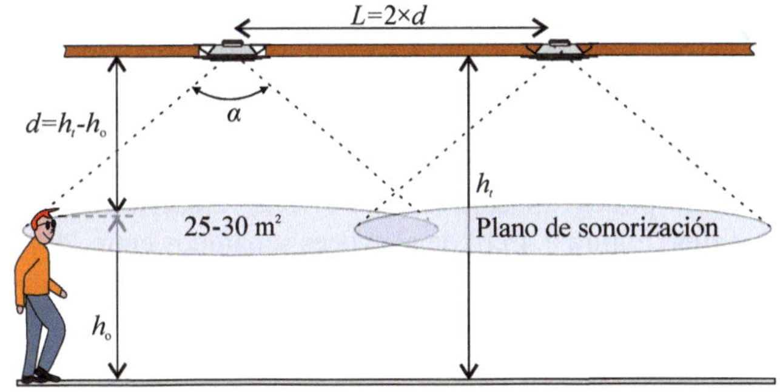

Figura 9.41. Ejemplo de distribución de altavoces de techo.

Ejemplo 9.9.

Montaje de un altavoz de techo.

Aunque existen diferentes sistemas de montaje para un altavoz de techo, normalmente están basados en muelles y garras que facilitan su montaje rápido, tal y como se muestra en la Figura 9.42.

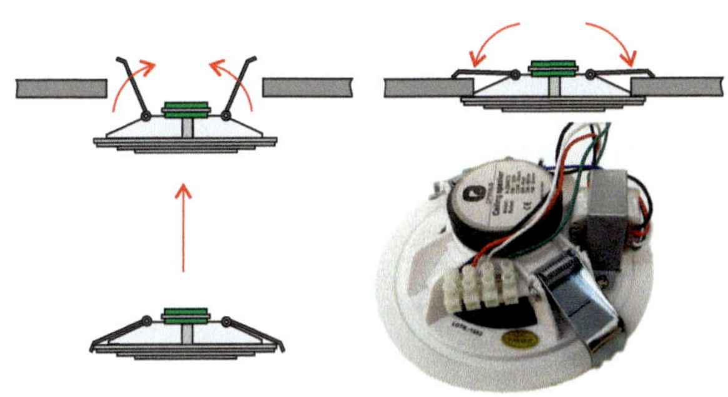

Figura 9.42. Ejemplo de instalación de un altavoz de techo.

Altavoces exponenciales

Los **altavoces exponenciales** son los altavoces que mayor sensibilidad tienen, por lo que son adecuados cuando se necesita una elevada presión acústica con poca potencia de amplificación, consiguiendo sonorizar grandes extensiones. Debido a su pobre respuesta en frecuencia, no son adecuados para la reproducción musical, pero se consigue una elevada inteligibilidad en recintos de dimensiones elevadas.

Ejemplo de instalaciones donde es habitual su utilización son fábricas, talleres, recintos industriales, zonas exteriores, etcétera.

La instalación de altavoces exponenciales es idónea en ambientes ruidosos, con niveles de ruido superiores a los 90 dB. Debido a su alta sensibilidad se recomienda su instalación a una altura superior a los 4 m para no dañar el oído humano.

Como criterio de diseño se puede establecer que un megáfono puede cubrir un área de unos 500 m^2 aproximadamente, en un ambiente ruidoso, cuando se instala a una altura de 4 m del suelo. Esto permite la creación de **agrupaciones** de 3 o más altavoces para cubrir áreas de hasta 2500 m^2 por agrupación (Figura 9.43.a) o **distribuciones lineales** (Figura 9.43.b) de altavoces separados entre 20 m y 30 m para obtener un alcance superior a los 40 m, cuando se instalan a una altura de 4 m.

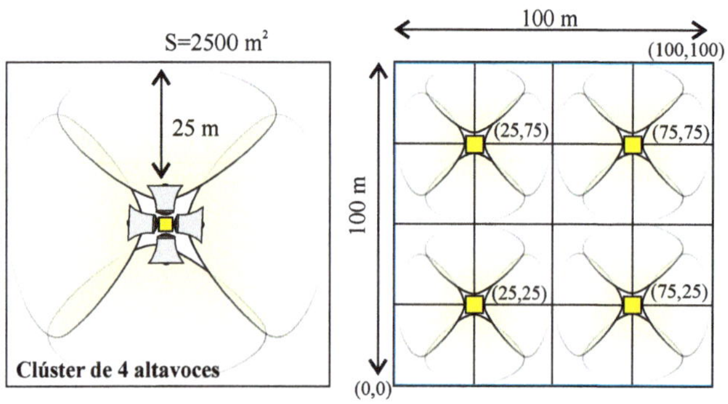

a) Agrupación.

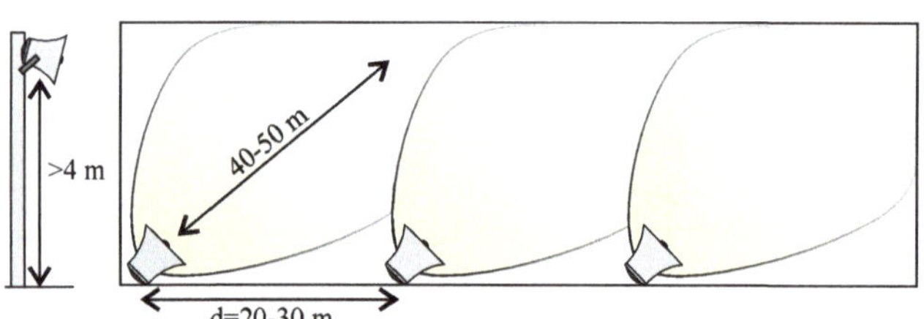

b) Lineal.

Figura 9.43. Ejemplo de disposición de megáfonos.

Ejemplo 9.10.

Instalación de megáfonos.

Los altavoces exponenciales (Figura 9.44) incluyen anclajes para su instalación en la pared o el techo y se pueden instalar en el exterior, ya que su grado de protección IP es elevado, típicamente IP66.

a) Megáfono.

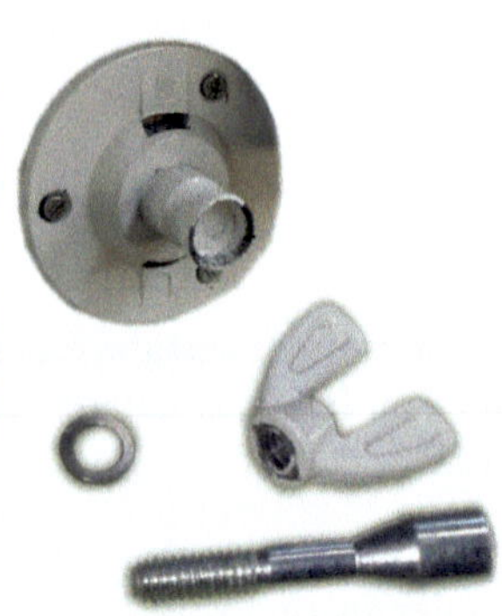

b) Elementos para el anclaje.

Figura 9.44. Ejemplo de anclaje de un altavoz exponencial.

SABÍAS QUE...

El **grado de protección IP** de un dispositivo es el nivel de protección que proporciona su envolvente contra el acceso a las partes peligrosas del equipo, contra la penetración de cuerpos sólidos extraños y contra la penetración de agua en su interior. Un grado de protección IP65 o IP66 asegura una protección completa frente a sólidos como el polvo y ante la lluvia.

Proyectores acústicos

Los **proyectores acústicos** son altavoces que combinan una alta sensibilidad y una buena respuesta en frecuencia, por lo que son adecuados en situaciones en las que se requiere una elevada presión acústica para la distribución de la señal musical. El alcance dependerá de la directividad y de la potencia del proyector, siendo las potencias típicas las comprendidas entre 10 W y 30 W.

Su utilización es común en recintos deportivos, estaciones de servicios públicos (tren, autobús, metro...) y aparcamientos.

La separación de instalación recomendada es de aproximadamente de 5 a 20 m, dependiendo de las condiciones de la zona a sonorizar, tal y como se muestra en la Figura 9.45.

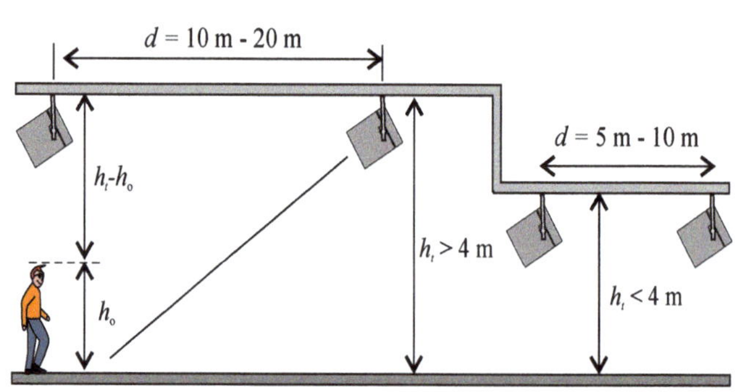

a) Fijación sobre el techo.

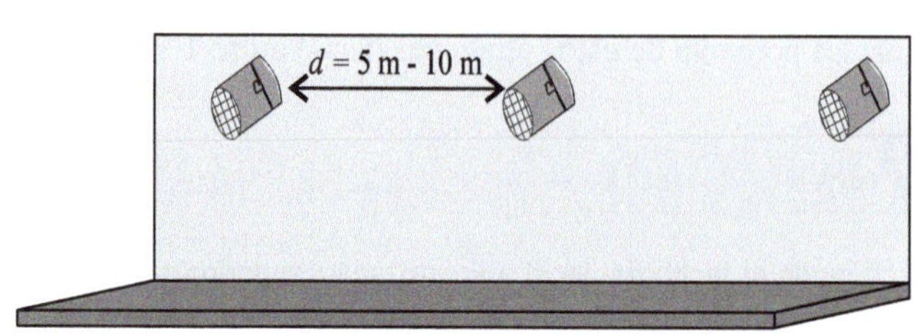

b) Fijación sobre la pared.

Figura 9.45. Instalación de proyectores.

Ejemplo 9.11.

Instalación de un proyector acústico.

Los proyectores acústicos incluyen anclajes (Figura 9.46) para su conexión a la pared o el techo y algunos modelos permiten su instalación en el exterior.

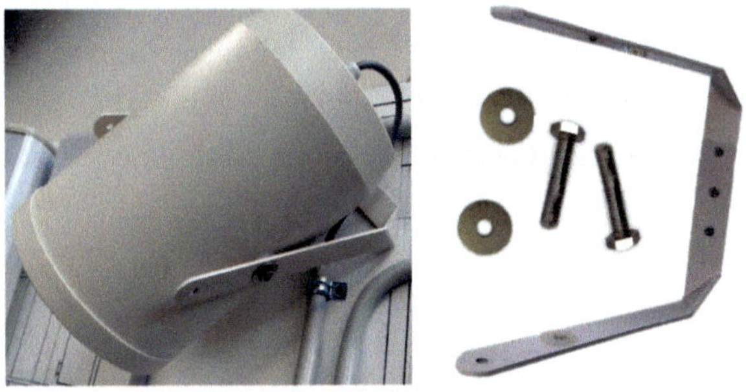

a) Proyector. b) Elementos de fijación.

Figura 9.46. Fijación de un proyector.

Columnas acústicas

Cuando el techo del local a sonorizar es superior a 4 m se puede recurrir a la utilización de cajas o columnas acústicas instaladas en la pared.

Típicamente las columnas acústicas se instalan en recintos con una anchura no superior a los 10 m, disponiendo dos hileras de altavoces en cada pared orientados hacia los oyentes. La separación típica entre altavoces varía entre 5 m y 10 m y la altura de colocación, como norma general, será como máximo de 2 m hasta la mitad de la columna (Figura 9.47).

La directividad de una columna acústica depende de su altura (h), por lo que el alcance ($d_{MÁX}$) que se consigue también lo hará.

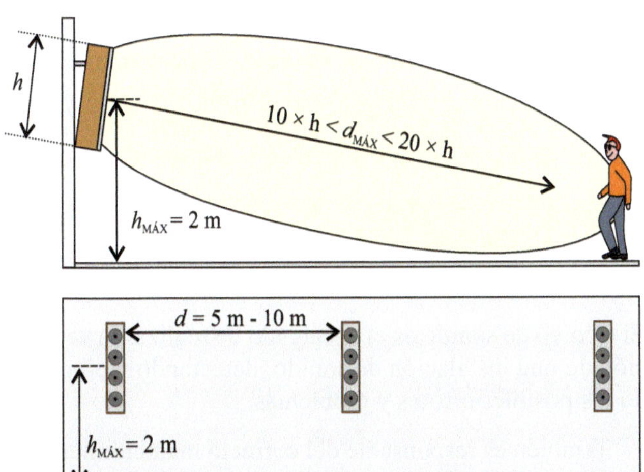

Figura 9.47. Instalación de columnas acústicas.

Ejemplo 9.12.

Fijación de una columna acústica.

La Figura 9.48 muestra la fijación de una columna acústica en la pared con la ayuda de los accesorios y elementos de sujeción adecuados.

a) Columna acústica. b) Elementos de fijación.

Figura 9.48. Fijación de una columna acústica.

Cajas acústicas

Las cajas acústicas están diseñadas para proporcionar una excelente respuesta en frecuencia (100 Hz-20 000 Hz) por lo que se utilizan para la distribución de sonido con calidad musical o alta fidelidad, según el caso. La gran variedad de potencias disponibles (10 W-300 W) las hacen adecuadas en diferentes situaciones: bares, hoteles, salones de actos, gimnasios, etcétera.

Se utilizan para la distribución de sonido en primer plano, a baja impedancia y gran potencia, pero también en instalaciones de alta impedancia, por lo que algunos modelos incluyen un transformador.

Los criterios de instalación son similares a los de una columna acústica, teniendo en cuenta que tienen un alcance menor debido a su directividad más pequeña, pero se pueden utilizar en zonas amplias con volúmenes elevados.

Ejemplo 9.13.

Fijación de una caja acústica.

La Figura 9.49 muestra un ejemplo de caja acústica con los accesorios necesarios para su instalación.

a) Caja acústica.

b) Elementos de fijación.

Figura 9.49. Fijación de una caja acústica.

9.3.8. Etiquetado e identificación

Para facilitar el mantenimiento de una instalación es importante etiquetar los cables y los equipos de una instalación siguiendo un **esquema de codificación** previamente establecido. Para ello se pueden utilizar etiquetas identificativas, bridas con etiquetas o anillas identificativas (Figura 9.50).

El esquema de codificación utilizado es libre, pero debe estar documentado para que cualquier técnico pueda identificar de manera clara los componentes de la instalación.

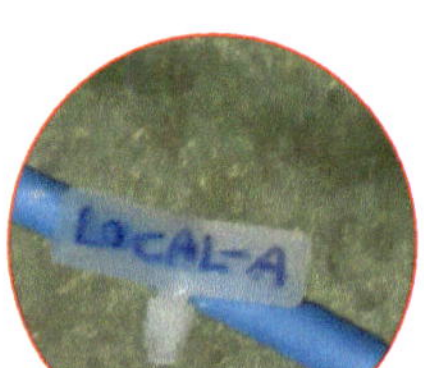

a) Bridas con etiqueta.

b) Anillas de identificación.

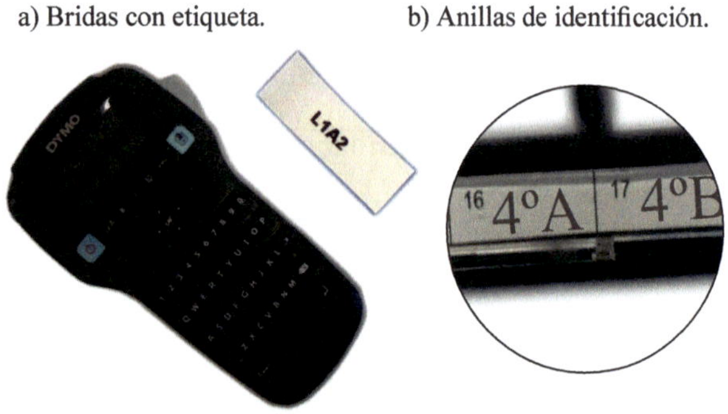

c) Etiquetas identificativas.

Figura 9.50. Etiquetadora y formas de etiquetado.

9.3.9. Verificación y puesta en marcha de una instalación

Las principales **verificaciones** a realizar antes de la puesta en marcha de una instalación, a modo de resumen, son las siguientes:

- Verificar cualquier defecto en los cables instalados.
- Verificar la línea de altavoces.
- Verificar que los altavoces del mismo tipo se conectan con la misma polaridad.
- Realizar una inspección visual de la conexión de la línea de altavoces y de la interconexión entre los equipos.
- Verificar que el material instalado no presenta daños visibles que puedan afectar a la seguridad de las personas y la estética del recinto.

La **puesta en marcha** del sistema requiere, entre otros:

- Situar los controles de las fuentes de sonido y de los amplificadores del sistema al mínimo antes de su conexión eléctrica.
- Conectados los equipos a la red eléctrica, verificar que los indicadores luminosos muestran un estado normal de funcionamiento.
- Actuar ligeramente sobre los controles para comprobar el funcionamiento del sistema y verificar que todos los altavoces funcionan de manera correcta. Verificar el correcto funcionamiento de las diferentes fuentes de sonido.
- Modificar los controles para ajustar el sistema a los niveles requeridos.

La propiedad debe recibir a la entrega de la instalación un **manual de usuario** con los planos definitivos del montaje de la instalación, así como diagramas esquemáticos de los circuitos existentes, con indicación de las zonas a las que prestan servicio, número y características de los altavoces conectados, codificación de identificación de sus líneas, códigos de identificación y localización de las cajas de distribución, derivación y seccionamiento, así como la tensión de distribución y la potencia de excitación.

9.4. Mantenimiento de instalaciones

El técnico de sonido es el encargado de realizar la verificación de una instalación de sonido, detectando y eliminando los posibles errores y problemas.

También es responsable del correcto mantenimiento de las instalaciones de megafonía y sonorización de acuerdo a los procedimientos establecidos, en el tiempo de respuesta requerido, en condiciones de seguridad y cumpliendo la normativa vigente. Entre las tareas que le corresponden, destacan las siguientes:

- Verificación de las indicaciones recogidas en el parte de mantenimiento, diagnosticando la disfunción o avería y los elementos afectados (cableado y equipos) mediante las medidas requeridas.
- Elaboración del presupuesto de la reparación, incluyendo materiales y tiempos de intervención estimados.
- Comprobación, en su caso, de que cada elemento a colocar cumple con las mismas especificaciones que el sustituido.
- Sustitución de los elementos requeridos (altavoces, equipos y cables) siguiendo las instrucciones del fabricante.
- Ajuste de los elementos sustituidos, comprobando su buen funcionamiento según los parámetros de referencia establecidos.
- Elaboración del informe de la reparación, documentando las modificaciones introducidas.

Aunque las pruebas y comprobaciones a realizar durante la puesta en marcha y mantenimiento dependerán del tipo de instalación (estudios, salas de conferencias, instalaciones PA, etc.), algunas comprobaciones pueden ser adecuadas a la mayoría de ellas:

- Mantenimiento preventivo.
- Comprobación de las conexiones de cableado.
- Medición de la impedancia de la línea de 100 V.
- Comprobación detallada de la polaridad de los altavoces.
- Comprobación de la acústica del recinto: niveles de presión sonora, tiempo de reverberación (RT60), etcétera.
- Etcétera.

9.4.1. Mantenimiento preventivo

El mantenimiento preventivo debe efectuarse de manera anual, realizando como mínimo la comprobación de los siguientes elementos:

- Funcionamiento de las unidades amplificadoras, teniendo especial cuidado en los aspectos siguientes:
  - Fijación de las distintas unidades.
  - Estado de los cables y las conexiones en las líneas de entrada y de salida.
  - Inspección y limpieza de rejillas de ventilación.
  - Comprobación de la puesta a tierra de los equipos.
- Fijación de bornes o regletas y comprobación del estado de las conexiones, así como el aislamiento entre líneas pertenecientes a circuitos distintos de la caja general de distribución.
- Fijación de las bases y de los soportes para sujeción de los tubos y estado de los distintos elementos que componen la instalación.
- Funcionamiento, fijación y estado de los mandos de actuación de interruptores, atenuadores de línea y selectores de programa.

9.4.2. Comprobación del cableado

En la conexión de los equipos de sonido se utilizan una gran variedad de cables con conectores diferentes: *jack*, XLR (fuentes de señal y micrófonos), Speakon (altavoces y amplificador), RCA (entrada y salida de señal), DIN (pupitres microfónicos), etcétera.

Normalmente estos cables de conexión se encuentran disponibles en el mercado, pero también es muy habitual que el técnico realice su fabricación a partir del cable y los conectores adecuados, tal y como se muestra en el ejemplo de la Figura 9.51.

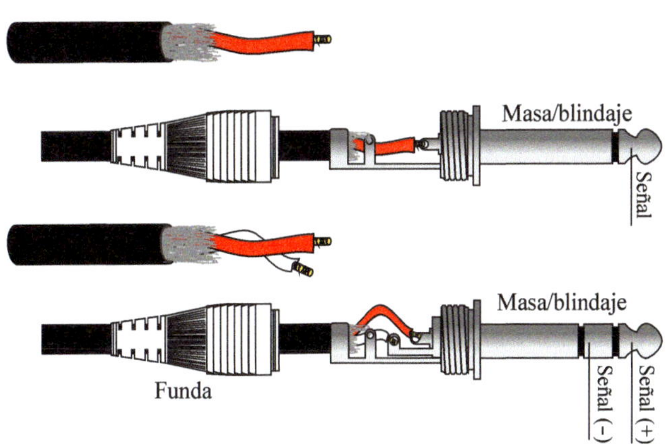

Figura 9.51. Fabricación de un cable de conexión.

Antes de la utilización de un cable de conexión o cuando se prevé que por su uso puede resultar defectuoso, puede ser necesario verificar su buen funcionamiento.

Recuerda

El conexionado del cable en muchos de los conectores se realiza mediante técnicas de soldadura blanda.

Comprobador de cables

Existen en el mercado **comprobadores de cableado** (Figura 9.52) que permiten verificar el estado de los cables utilizados en los sistemas de audio. Con estos dispositivos se pueden realizar las comprobaciones siguientes:

- **Asignación de pines.** En el modo de prueba de cables se indica la asignación de la conexión de los terminales de entrada con los de salida.
- Detección de **contactos intermitentes.**
- Localización de **cortocircuitos** en el cableado fijo y prueba de **continuidad.**
- Tono de prueba, para la comprobación del flujo de señal, así como la verificación de los niveles de señal.
- Detección de la **alimentación fantasma.**

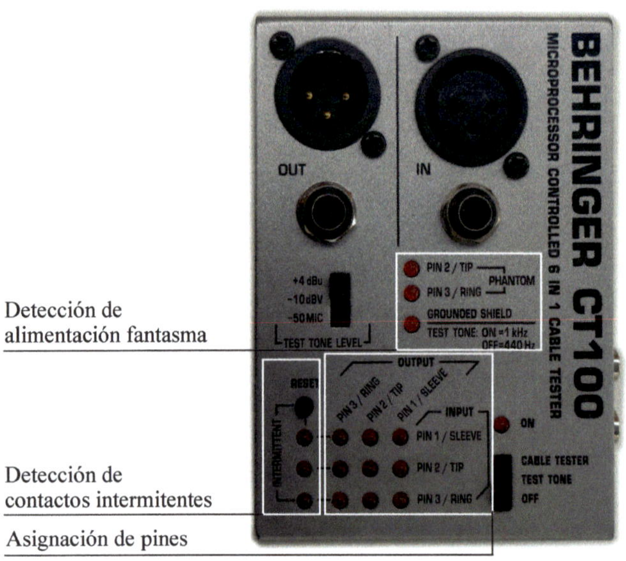

Figura 9.52. Comprobador de cables.

> **Recuerda**
>
> Las medidas básicas de continuidad se pueden realizar con un multímetro.

9.4.3. Verificación de la línea de altavoces

El **medidor de impedancias de audio,** como el que se muestra en la Figura 9.53, es un dispositivo de medida que permite la comprobación de los altavoces de los sistemas de megafonía y sonorización.

También permite la estimación de la potencia necesaria en una instalación para la adecuada elección del amplificador. Estos dispositivos disponen de diferentes escalas de medida (20 Ω, 200 Ω, 2 kΩ…) y la medida de la impedancia se realiza con una **frecuencia de test** de 1 kHz.

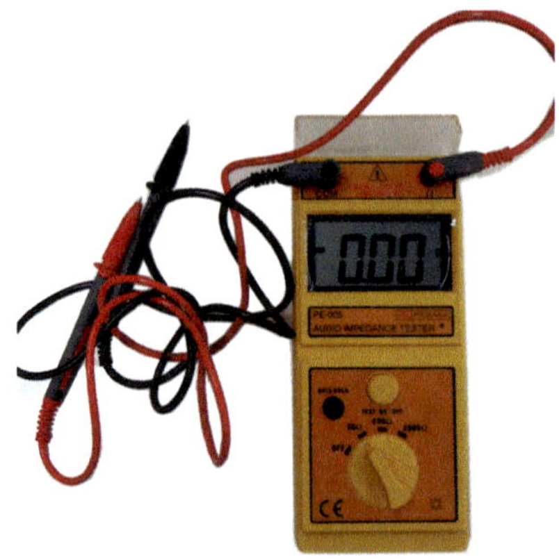

Figura 9.53. Medidor de impedancia de audio.

Este dispositivo permite comprobar la línea de altavoces y realizar la medida de la impedancia resultante, siendo útil en la resolución de algunos **problemas típicos** de instalación en la línea de altavoces de alta impedancia:

- Altavoz no conectado.
- Altavoz mal conectado.
- Conexión incorrecta en el transformador.
- Cortocircuito.
- Conexión incorrecta del cable.

> **Recuerda**
>
> Antes de realizar las comprobaciones en la línea con un medidor de impedancia es necesario desconectar el amplificador del sistema de altavoces bajo prueba.

Comprobación de un altavoz

El medidor de impedancias permite verificar el correcto estado de un altavoz:

- La impedancia de un altavoz varía entre 2 Ω y 16 Ω, por lo que la escala de medida adecuada es la de 20 Ω (Figura 9.54.a).
- Los altavoces de alta impedancia incluyen un transformador que lo conecta a las líneas de tensión constante (100 V), por lo que la escala más adecuada es la de 200 Ω o 2000 Ω, dependiendo del altavoz (Figura 9.54.b).

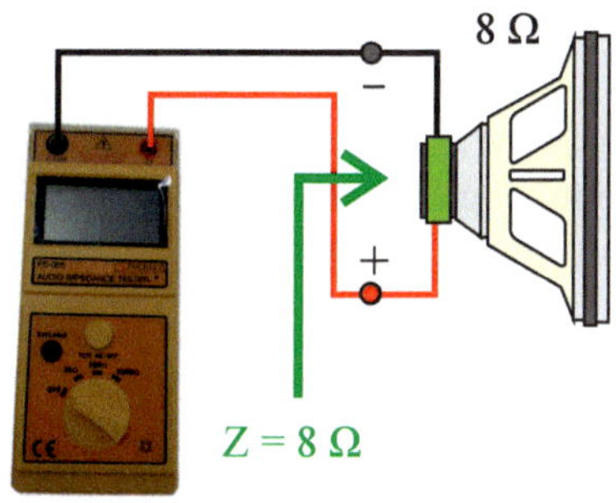

a) Altavoz de baja impedancia.

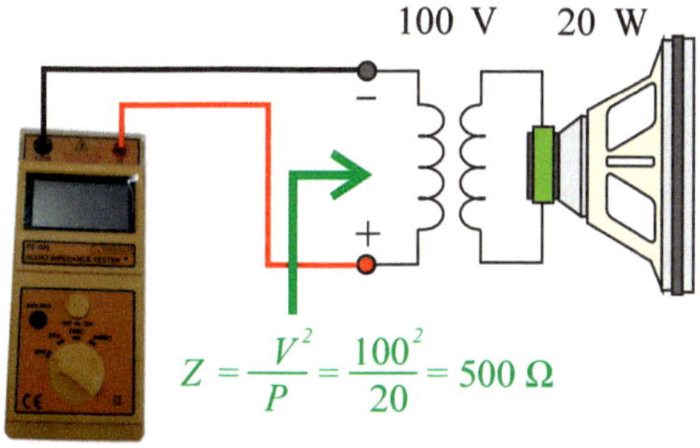

b) Altavoz de alta impedancia.

Figura 9.54. Medida de la impedancia de un altavoz.

Comprobación de un sistema de megafonía

El medidor de impedancias permite verificar el correcto estado de toda la línea de altavoces a partir de la impedancia equivalente de la asociación (Figura 9.55).

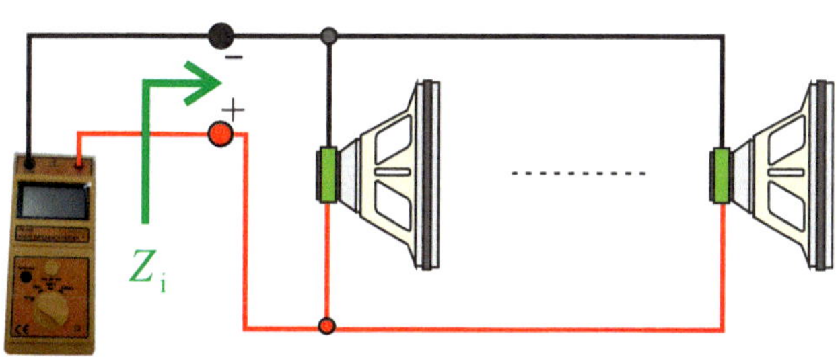

a) Línea de baja impedancia.

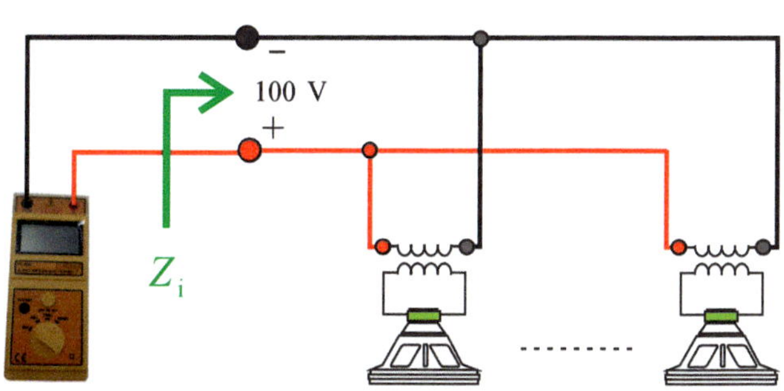

b) Línea de alta impedancia.

Figura 9.55. Comprobación de una línea de altavoces.

Ejemplo 9.14.

Comprobación de la línea de altavoces.

La Figura 9.56.a muestra la comprobación de una línea de altavoces de alta impedancia. La impedancia de la línea que cabe esperar medir es de aproximadamente 167 Ω:

$$Z = \frac{V^2}{P} = \frac{100^2}{20 + 20 + 20} = \frac{100^2}{60} = 167\ \Omega$$

Del resultado de la medida de la impedancia de una línea de altavoces se pueden extraer diferentes conclusiones:

- Si la impedancia medida es menor que la esperada, es necesario verificar la presencia de cortocircuitos en cables y conexiones de los altavoces o transformadores defectuosos (Figura 9.56.b).
- Si la impedancia medida es mayor, se debe comprobar la presencia de circuitos abiertos en el cableado o en los componentes (altavoces, transformadores o conexiones) o errores en el conexionado (Figura 9.56.c).

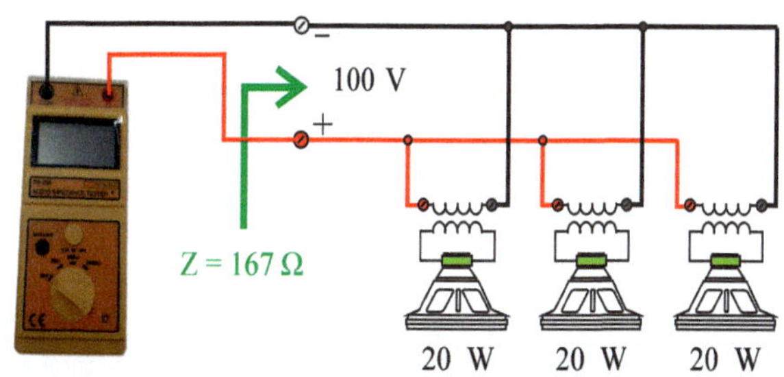

a) Línea de altavoces correcta.

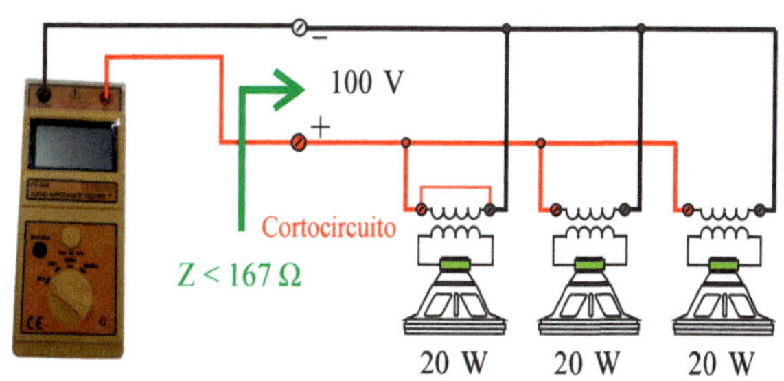

b) Cortocircuito.

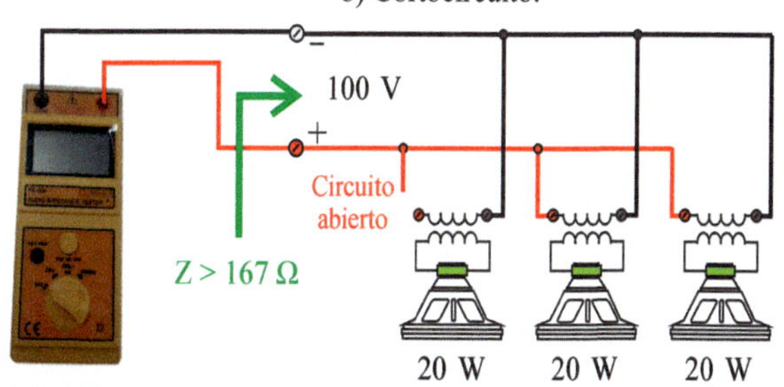

c) Circuito abierto.

Figura 9.56. Ejemplo de comprobación de una línea de altavoces.

Estimación de la potencia mínima de amplificación

La utilización de un medidor de impedancia facilita el cálculo de la **potencia mínima necesaria** que ha de tener un amplificador para poder alimentar una línea de altavoces, a partir de la impedancia medida.

En una instalación de megafonía, conocido el tipo de línea (100 V/70 V/50 V) y su impedancia, se puede estimar la potencia necesaria:

$$P = \frac{V^2}{Z}$$

Ejemplo 9.15.

Estimación de la potencia mínima de amplificación.

En la instalación de 100 V de la Figura 9.56.a del Ejemplo 9.14 la impedancia medida es de 167 Ω. La potencia mínima necesaria del amplificador debe ser aproximadamente de 60 W:

$$P = \frac{V^2}{Z} = \frac{100^2}{167} = 59{,}9 \text{ W}$$

9.4.4. Comprobación de la acústica de un recinto

La realización de los ajustes y comprobaciones de la acústica en un recinto dependerán de la finalidad de la instalación, pero las principales comprobaciones a realizar son comunes a la mayoría de ellas:

- **Verificación del nivel de presión sonora:** una vez ejecutada la instalación se comprobará que el nivel de presión sonora en diferentes puntos de la instalación cubre de manera uniforme los requisitos previstos en el proyecto de la instalación. Algunas medidas que pueden ayudar a descubrir deficiencias en la instalación son las siguientes:
  - Medida del nivel de presión sonora.
  - Medida del nivel de ruido.
  - Medidas del aislamiento acústico del recinto sonorizado.
- **Otros ajustes y verificaciones** que ayudan a mejorar la acústica de los recintos sonorizados:
  - Ecualización de los recintos.
  - Tiempo de reverberación (RT60).
  - Cuantificación de la inteligibilidad de la voz.

Páginas web de interés

EGI. Empresa que comercializa diferentes sistemas de sonorización.

www.egiaudio.com

LDA Audio Tech. Marca líder en el diseño y la fabricación de sistemas y productos de audio profesionales.

www.lda-audiotech.com

NTi Audio. Fabricante líder de instrumentos de medición y soluciones de medición para audio, acústica y vibraciones.

www.nti-audio.com

Optimus, sonido y comunicación. Fabricante de sistemas de megafonía y sonorización.

www.optimusaudio.com

Promax. Fabricante de instrumentos de medida para telecomunicaciones y electrónica profesional.

www.promax.es

Sonelco. Empresa que comercializa diferentes sistemas de sonorización.

www.sonelco.com

Tupersa. Fabricante de tubos para canalizaciones.

www.tupersa.com

UDE. Empresa que comercializa una amplia gama de equipos de sonorización en general.

www.udeaudio.com

Unex. Fabricante de canales y bandejas.

www.unex.net

Actividades de comprobación

9.1. Indica respecto de los esquemas de principio, cuál de las siguientes afirmaciones es cierta:

a) Son dibujos a escala.

b) Se utilizan símbolos normalizados.

c) Se necesita un esquema por cada planta del edificio.

d) Ninguna de las respuestas anteriores es correcta.

9.2. ¿Qué tipo de plano aporta datos exhaustivos y pormenorizados que facilitan la implementación de un proyecto?

a) Plano general de situación del edificio.

b) Plano descriptivo de la infraestructura.

c) Esquema de principios.

d) Plano de detalle.

9.3. ¿Cuál de los siguientes dibujos técnicos se realiza a mano?

a) Croquis.

b) Plano descriptivo de la infraestructura.

c) Esquema de principio.

d) Plano de detalle.

9.4. ¿Cuándo se realiza el replanteo de una instalación?

a) Antes de la realización del proyecto técnico.

b) En el momento del inicio de la instalación.

c) Durante la instalación de la infraestructura.

d) Una vez finalizada la instalación.

9.5. ¿Qué método de instalación proporciona soporte a los cables, pero no los protege?

a) Tubos.

b) Canales.

c) Molduras.

d) Bandejas.

9.6. ¿En qué tipo de canalización es necesario utilizar registros de paso?

a) Tubos.

b) Canales.

c) Bandejas.

d) Molduras.

9.7. ¿Cuál es la anchura normalizada de un armario *rack*?

a) 2,54 cm.

b) 19".

c) 24".

d) 10 U.

9.8. ¿Qué tipo de altavoz está disponible con mayor potencia?

a) Columna acústica.

b) Caja acústica.

c) Altavoz de techo.

d) Megáfono.

9.9. ¿Qué tipo de altavoz permite sonorizar un área más grande?

a) Altavoz de techo.

b) Altavoz exponencial.

c) Proyector acústico.

d) Columna acústica.

9.10. ¿Qué grado de protección IP tienen típicamente los altavoces preparados para su instalación en exteriores?

a) IP43.

b) IPX5.

c) IP45.

d) IP66.

9.11. ¿Qué tipo de errores se puede detectar con un comprobador de cableado?

a) Asignación de pines incorrecta.

b) Falta de alimentación fantasma.

c) Cortocircuitos.

d) Todas las respuestas anteriores son correctas.

9.12. ¿Qué condición se debe cumplir en una línea de altavoces de baja impedancia?

a) $Z_{o\,\text{AMPLIFICADOR}} \leq Z_{i\,\text{ALTAVOCES}}$.

b) $Z_{o\,\text{AMPLIFICADOR}} \geq Z_{i\,\text{ALTAVOCES}}$.

c) $P_{i\,\text{ALTAVOCES}} \leq P_{o\,\text{AMPLIFICADOR}}$.

d) $P_{i\,\text{ALTAVOCES}} \geq P_{o\,\text{AMPLIFICADOR}}$.

9.13. ¿Qué condición se debe cumplir en una línea de altavoces de alta impedancia?

a) $Z_{o\,\text{AMPLIFICADOR}} \leq Z_{i\,\text{ALTAVOCES}}$.

b) $Z_{o\,\text{AMPLIFICADOR}} \geq Z_{i\,\text{ALTAVOCES}}$.

c) $P_{i\,\text{ALTAVOCES}} \leq P_{o\,\text{AMPLIFICADOR}}$.

d) $P_{i\,\text{ALTAVOCES}} \geq P_{o\,\text{AMPLIFICADOR}}$.

9.14. ¿Qué dispositivo permite estimar la potencia mínima del amplificador de una línea de alta impedancia?

a) Comprobador de cableado.

b) Multímetro.

c) Medidor de impedancia de audio.

d) Osciloscopio.

9.15. ¿Qué precauciones deben tenerse en cuenta al instalar altavoces de alta impedancia?

a) Seleccionar la potencia adecuada.

b) Desconectar el amplificador de la línea de altavoces.

c) Asegurarse de que todos los altavoces tengan la misma polaridad.

d) Todas las respuestas anteriores son correctas.

Actividades de aplicación

9.16. Presupuesto. La Figura 9.57 muestra una instalación de megafonía y sonorización. Realiza lo siguiente:

a) Tipo de esquema/plano que representa.

b) Elabora la lista de materiales que forma la instalación.

c) Realiza un presupuesto aproximado de la instalación.

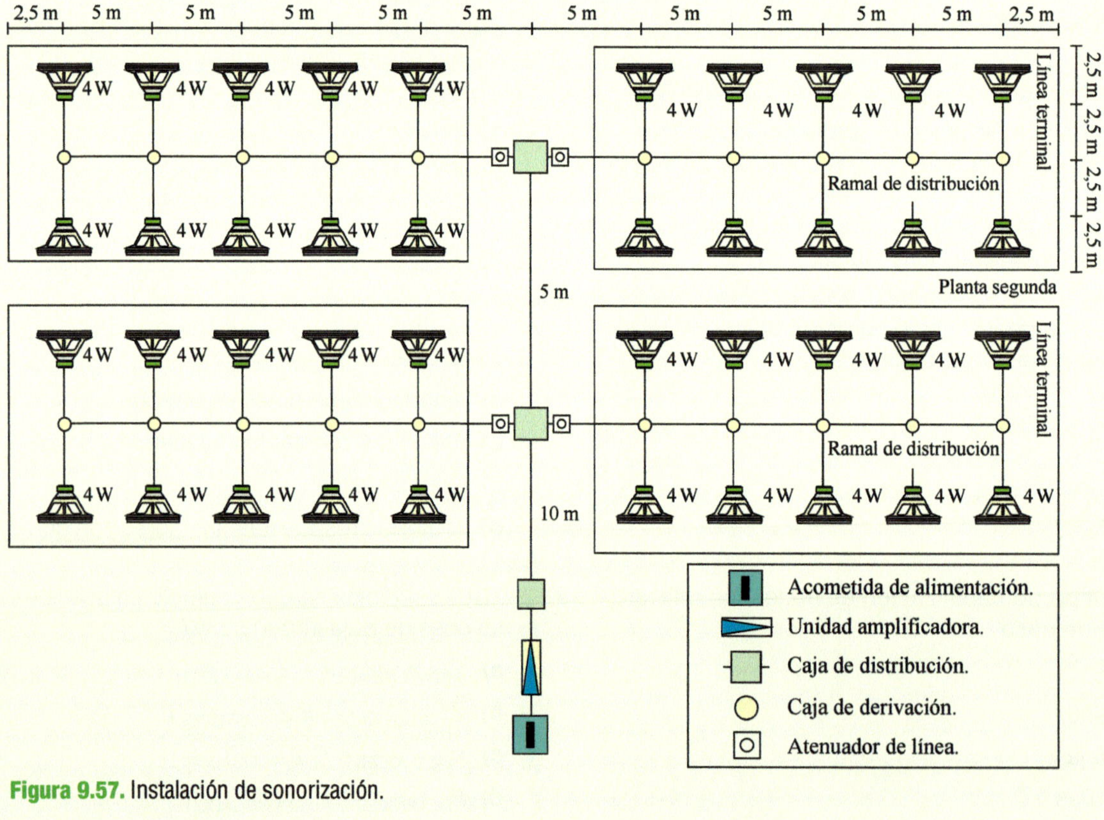

Figura 9.57. Instalación de sonorización.

9.17. Mediciones. Las mediciones consisten en la determinación de las cantidades o medida de cada unidad de obra de una instalación. Aunque las mediciones se pueden realizar sobre los planos definitivos de la instalación, durante el replanteo de la instalación se solventa cualquier incorrección o desviación de los planos. Realiza el replanteo de una instalación de sonido con amplificación distribuida en el plano de la vivienda de la Figura 9.58. Para ello:

a) Indica los elementos que se necesitan en la instalación (fuente de alimentación, central de sonido, mandos de regulación, etcétera).

b) Representa el esquema de principios de la instalación.

c) Indica los elementos de registro (distribución, paso, etc.) que se necesitan para facilitar el cableado y la instalación de los componentes del sistema.

d) Indica el recorrido más recomendable de la canalización de la instalación.

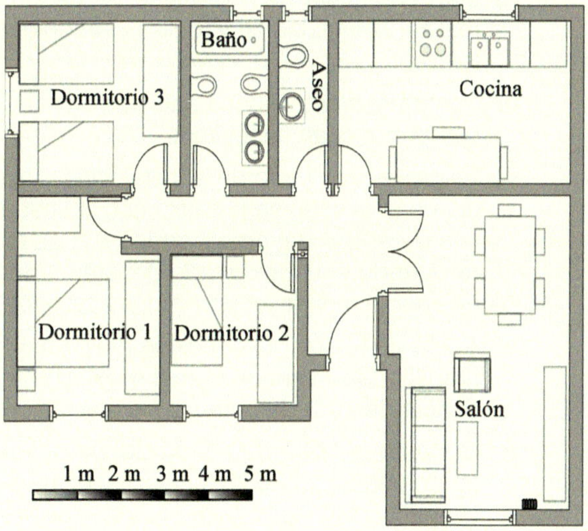

Figura 9.58. Replanteo de una instalación en una vivienda.

9.18. Medidor de impedancia de audio. Realiza la medida de la impedancia de un altavoz y de una línea de altavoces con un medidor de impedancia de audio y con un multímetro (en posición de medida de resistencia) y completa la Tabla 9.1. Para ello:

a) Dibuja el esquema de la línea bajo comprobación y evalúa la impedancia teórica que cabe esperar en la medida.

b) Desconecta la línea de la salida de los amplificadores antes de realizar las medidas.

c) Realiza las medidas de la impedancia y justifica las diferencias observadas.

Tabla 9.1. Comparación de medidas de la impedancia de una línea de altavoces

Línea de altavoces	Impedancia teórica	Impedancia medida (multímetro)	Impedancia medida (medidor de impedancia)
Altavoz único			
Línea de baja impedancia			
Línea de alta impedancia			

9.19. Instalación de amplificación centralizada de baja impedancia. La Figura 9.59 muestra el esquema de montaje propuesto de una instalación con altavoces de baja impedancia.

Realiza el montaje sobre tablero de la instalación siguiendo este proceso operativo:

a) Para el montaje de la instalación, ten en cuenta las siguientes precauciones:

- Consulta los manuales de usuario de los dispositivos utilizados en la instalación (amplificadores, altavoces, etc.) que proporciona el fabricante.

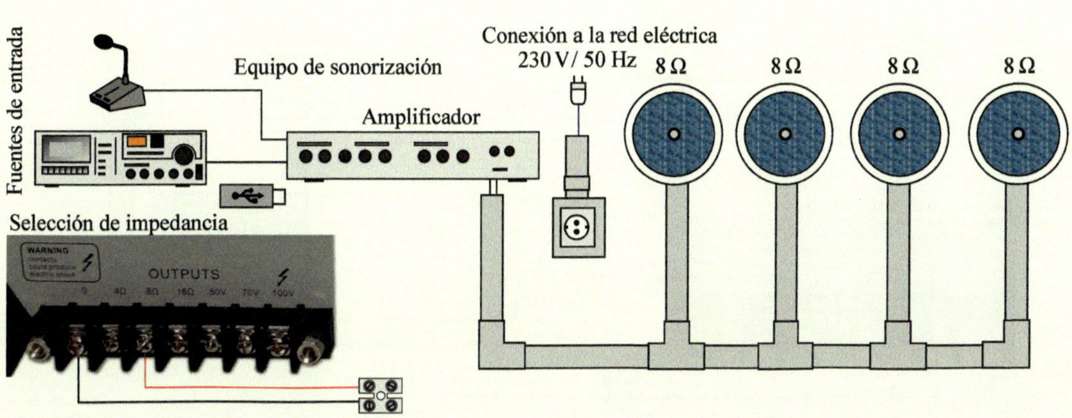

Figura 9.59. Instalación de baja impedancia propuesta.

- Verifica que la impedancia de salida del amplificador no supera la utilizada en la instalación.
- Comprueba el tipo de conexiones que se requieren para la conexión entre las fuentes de sonido y la línea de altavoces con el amplificador.

b) Elabora la lista de materiales necesarios para realizar la instalación y realiza el acopio de materiales.

c) Realiza el montaje con canales y los accesorios que sean necesarios.

d) Realiza el cableado de la instalación, conectando los altavoces en una conexión mixta, tal y como se muestra en la Figura 9.60. Modifica el conexionado si la impedancia obtenida no se corresponde con la del amplificador.

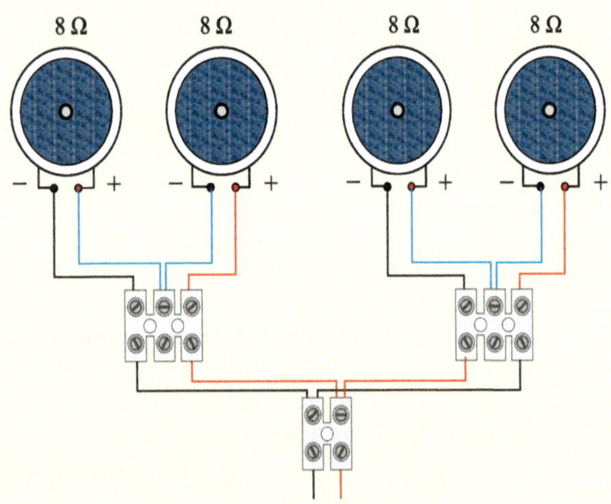

Figura 9.60. Conexionado de los altavoces.

e) Antes de realizar la conexión de la línea con el amplificador, verifica con el medidor de impedancia de audio la correcta instalación.

f) Conecta la línea de salida del amplificador y comprueba el correcto funcionamiento de la instalación, realizando los ajustes necesarios.

9.20. Instalación de amplificación centralizada de alta impedancia. La Figura 9.61 muestra el esquema de instalación propuesta de una instalación de línea de tensión constante de 100 V. Realiza el montaje sobre tablero de la instalación siguiendo este proceso operativo:

a) Para el montaje de la instalación, ten en cuenta las siguientes precauciones:

- Consulta los manuales de usuario de los dispositivos utilizados en la instalación (amplificadores, altavoces, atenuadores de línea, etc.) que proporciona el fabricante.
- Toma las precauciones adecuadas en el trabajo con líneas de 100 V, ya que esta tensión no se considera de seguridad.
- No utilices altavoces de baja impedancia en instalaciones con línea de 100 V.

b) Elabora la lista de materiales necesarios para realizar la instalación y realiza el acopio de materiales.

c) Realiza el montaje con canaleta y con los accesorios que sean necesarios.

d) Realiza el cableado de la instalación, conectando los altavoces en paralelo con la línea de salida de 100 V del amplificador y, si es el caso, realizando el conexionado del atenuador de línea por lo menos en uno de los altavoces.

e) Antes de realizar la conexión de la línea con el amplificador, verifica con el medidor de impedancia de audio la correcta instalación.

f) Conecta la línea de salida del amplificador y comprueba el correcto funcionamiento de la instalación.

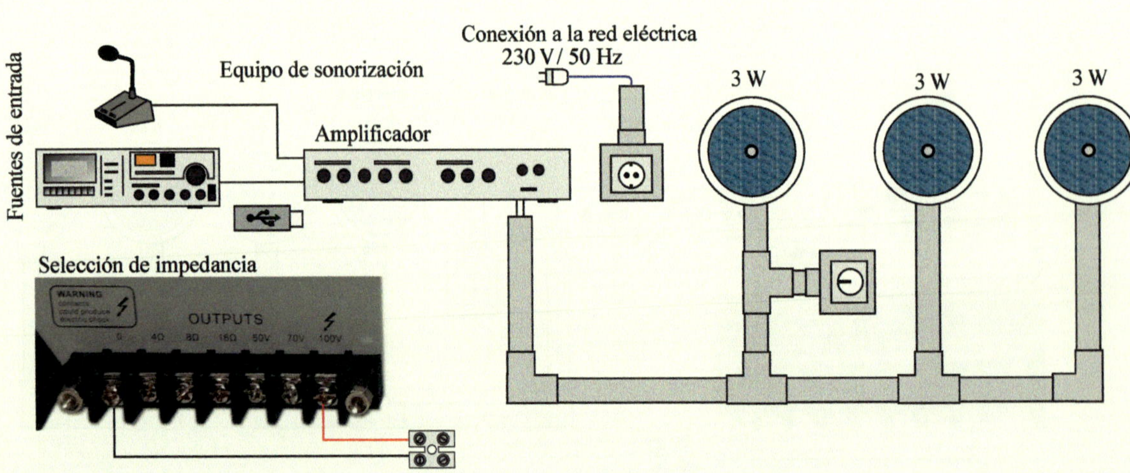

Figura 9.61. Instalación de alta impedancia propuesta.

Actividades de refuerzo

9.21. A partir de Google Maps, realiza la búsqueda del instituto donde estudias y guarda un detalle del plano general de situación.

9.22. Realiza un croquis del plano de tu vivienda y sitúa sobre él las instalaciones de telecomunicaciones que tengas instaladas.

9.23. Clasifica los métodos de instalación que se utilizan en las canalizaciones de las instalaciones de sonido.

9.24. Identifica en tu centro educativo los diferentes tipos de canalizaciones que se utilizan para la instalación de los diferentes servicios que incorpora.

9.25. Enumera diferentes accesorios utilizados en las canalizaciones realizadas con canales y molduras.

9.26. ¿Cuál es la principal diferencia que existe entre un altavoz de baja impedancia y uno de alta impedancia?

9.27. ¿Cuáles son los principales tipos de altavoces utilizados en las instalaciones de megafonía y sonorización?

9.28. Indica el tipo de altavoz más adecuado en las siguientes situaciones de sonorización:

a) Grandes extensiones con una potencia de amplificación pequeña y un coste bajo.

b) Instalaciones de exterior.

c) Locales con una altura del techo superior a los 4 m.

d) Sonido de alta calidad.

9.29. Enumera las diferentes maneras de conexión entre un altavoz y la línea.

9.30. Indica diferentes maneras de selección de la potencia de un altavoz de alta impedancia.

9.31. ¿Qué dispositivo permite la medida y comprobación de la impedancia de un altavoz? ¿Qué diferencia existe entre este dispositivo y el óhmetro de un multímetro?

9.32. Calcula la impedancia que se espera medir en la línea de altavoces de la Figura 9.62 y evalúa la potencia mínima del amplificador necesario.

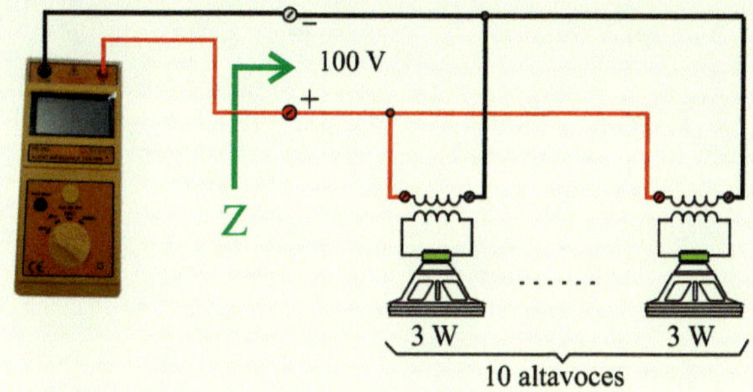

Figura 9.62. Comprobación de una línea de altavoces.

9.33. La impedancia medida en la línea de altavoces de la Figura 9.57 es de 500 Ω. Evalúa el estado de la línea y resume las comprobaciones que realizarías para solucionar el problema.

9.34. La Figura 9.63 muestra dos conexionados diferentes de altavoces de baja impedancia. Indica para cada uno de ellos:

a) Tipo de conexión que representa.

b) Impedancia equivalente que resulta de la asociación.

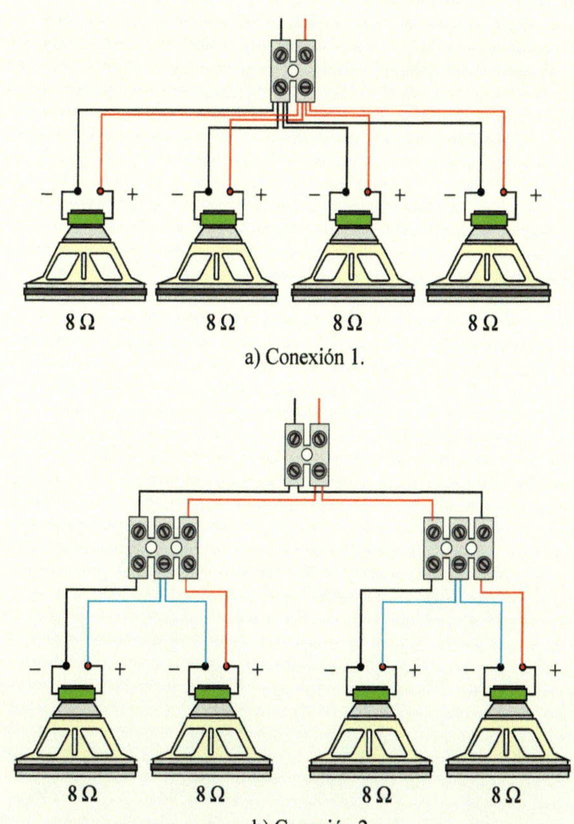

Figura 9.63. Asociación de altavoces.

10 Sonido digital

Contenidos

El sonido es una señal analógica, de onda continua, que requiere un proceso de digitalización para su almacenamiento, procesado e, incluso, su transmisión digital.

La utilización de sonido digital presenta innumerables ventajas, como por ejemplo, la posibilidad de realizar la edición y el tratamiento mediante técnicas digitales, lo que facilita de manera notable la aplicación de efectos y la corrección de deficiencias de la señal original. Existen muchas herramientas gratuitas que permiten la manipulación, edición y corrección del sonido digital mediante equipos informáticos.

Objetivos

- Identificar los problemas asociados a la digitalización de la señal de sonido.
- Relacionar los parámetros de digitalización de la señal de sonido con la calidad final obtenida y los requerimientos de espacio necesarios.
- Aprender a instalar sistemas de sonido envolvente en el ámbito doméstico.
- Configurar herramientas informáticas de edición de sonido.
- Realizar la edición de sonido digital, utilizando las herramientas adecuadas para el tratamiento de la señal requerido.

10.1. Digitalización de la señal de sonido

La naturaleza de la señal de audio es analógica, aun después de su conversión en una señal eléctrica a partir de un transductor electroacústico como el micrófono.

Para poder almacenar la señal en un soporte digital (disco compacto, disco duro, memoria, etc.) o realizar su procesado de manera digital, es necesario previamente realizar un proceso de conversión a un formato binario. El proceso básico de esta conversión, que se muestra en la Figura 10.1, es el muestreo de la señal analógica para posteriormente codificar las muestras obtenidas mediante la utilización de un convertidor A/D.

Una vez procesada la señal, es necesario convertir de nuevo la señal digital en una señal analógica para ser reproducida a partir de un transductor electroacústico como el altavoz, también de carácter analógico.

10.1.1. Muestreo de la señal de sonido

El primer paso para convertir una señal analógica en digital consiste en realizar el muestreo de la señal original, es decir, se toman muestras de diferentes puntos de la señal. Cuanto mayor sea el número de muestras tomadas, mayor calidad y fidelidad tendrá la señal digital resultante, ya que más se parecerá a la original.

Frecuencia de muestreo

La **frecuencia de muestreo** (f_m) es el parámetro que determina el número de muestras que se recogen cada segundo de la señal analógica para codificarlas en un formato digital (Figura 10.2).

Tabla 10.1. Frecuencia de muestreo utilizada en diferentes aplicaciones

Aplicación DVD/TV digital	f_m
DAT	48000 Hz
CD-DA	44100 Hz / 48000 Hz
Telefonía digital	8000 Hz

Las frecuencias de muestreo más utilizadas para la digitalización de la señal de audio se muestran en la Tabla 10.1. Por ejemplo, para obtener una señal con calidad vocal es suficiente con muestrear la señal a 8000 Hz, mientras que en aplicaciones que requieren una calidad superior, como el CD-DA y la TV digital, la señal se muestrea a una frecuencia de 48000 Hz.

SABÍAS QUE...

Para asegurar una correcta conversión A/D de las muestras es necesario que su valor permanezca estable durante todo el proceso. Por ello, el muestreo real se realiza mediante un proceso denominado muestreo y retención, donde la energía de cada una de las muestras se almacena en un condensador hasta que finaliza el proceso de conversión A/D.

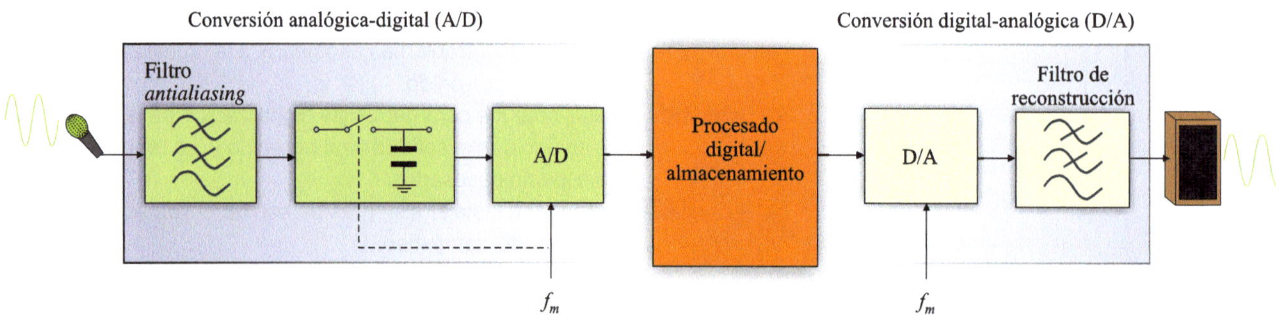

Figura 10.1. Cadena de sonido digital.

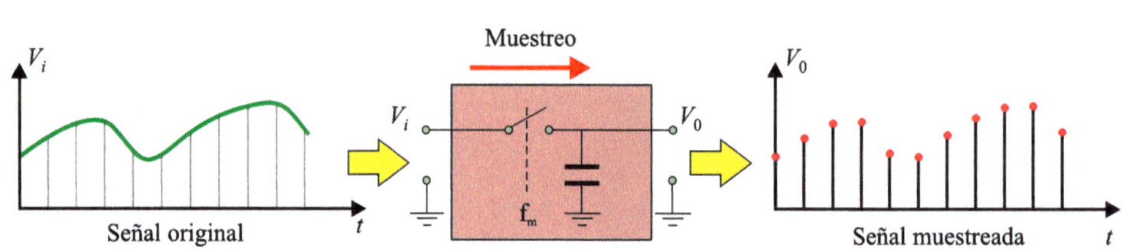

Figura 10.2. Proceso de muestreo de la señal de sonido.

Elección de la frecuencia de muestreo

La frecuencia de muestreo limita la frecuencia máxima del espectro de la señal original que podremos convertir. Cuando se muestrea una señal, su espectro en banda base se repite a unas frecuencias múltiplo de la frecuencia de muestreo, tal y como se muestra en la Figura 10.3. Esto da lugar a dos posibilidades:

Recuerda

La señal en banda base es la señal original, sin ningún tipo de tratamiento.

- Si la frecuencia de muestreo es mayor del doble del ancho de banda de la señal original ($f_m > 2B$), no se produce solapamiento de las bandas, por lo que la señal original se puede recuperar filtrando y eliminando las bandas de alta frecuencia (Figura 10.3.a).
- Si la frecuencia de muestreo es menor del doble del ancho de banda de la señal original ($f_m < 2B$), se produce un solapamiento de las bandas. En este caso no se puede recuperar la señal original, ya que existen señales de alta frecuencia que se mezclan con el espectro de la señal en banda base original (Figura 10.3.b). Este fenómeno se denomina *aliasing*.

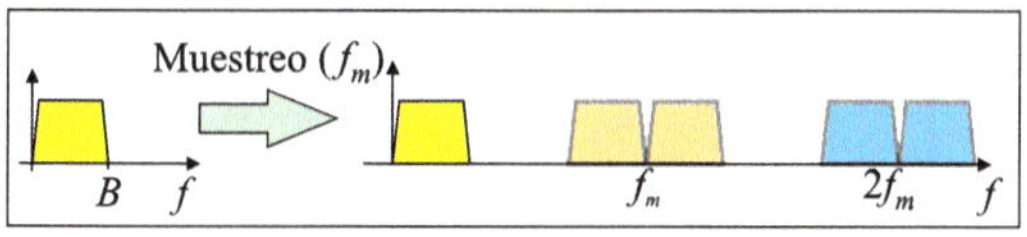

a) $f_m > 2B$.

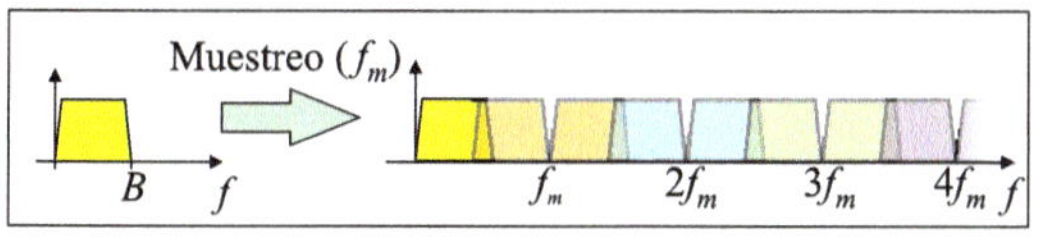

b) $f_m < 2B$.

Figura 10.3. Efecto del muestreo en el espectro de la señal de sonido.

Teorema de Nyquiest

Para evitar la pérdida de información audible debido al muestreo, el número de muestras de la señal de audio debe ser suficientemente elevado para poder recuperar la señal original sin pérdida de calidad. El **teorema de Nyquiest** especifica que la frecuencia de muestreo (f_m) de una señal debe ser superior a dos veces su ancho de banda (B), para poder reconstruir la señal original a partir de las muestras:

$$f_m > 2B$$

Ejemplo 10.1.

Frecuencias de muestreo.

Considerando que la frecuencia máxima que puede percibir el oído humano es de 20 kHz, es suficiente con muestrear la señal de sonido a 40000 Hz, para tener un sonido digitalizado de alta calidad:

$$f_m > 2B = 2 \cdot 20000 \text{ Hz} = 40000 \text{ Hz} = 40 \text{ kHz}$$

En aplicaciones de telefonía digital, como la señal de voz tiene un ancho de banda comprendido entre 300 Hz y 3400 Hz, es suficiente con utilizar una frecuencia de muestreo mínima de 6800 Hz:

$$f_m > 2B = 2 \cdot 3400 \text{ Hz} = 6800 \text{ Hz}$$

En este último caso la calidad obtenida es menor, pero suficiente para la calidad deseada. En la práctica se utilizan frecuencias de muestreo superiores: normalmente 48 000 Hz para calidad musical y 8000 Hz para calidad vocal, tal y como se puede comprobar en la Tabla 10.1.

Cuando la señal en banda base se muestrea a la frecuencia adecuada, la señal original, tal y como se muestra en la Figura 10.4, se puede recuperar filtrando la señal muestreada, ya que se eliminan las bandas de alta frecuencia.

Cuando se muestrea a la frecuencia correcta (Figura 10.5.a) existen suficientes muestras de la señal para recuperar la señal original. El límite de la frecuencia de muestreo se produce cuando la señal de muestreo es el doble de la frecuencia original (Figura 10.5.b). Cuando la frecuencia de

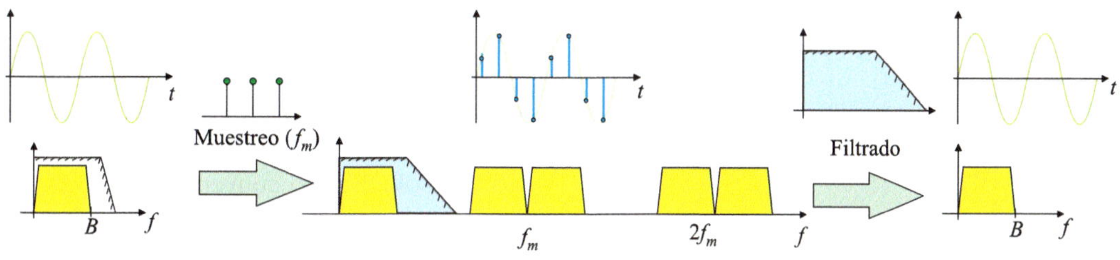

Figura 10.4. Recuperación de la señal original mediante filtrado.

muestreo no es lo suficientemente elevada (Figura 10.5.c), no se puede recuperar la señal original y la señal recuperada se corresponde con otra señal de menor frecuencia.

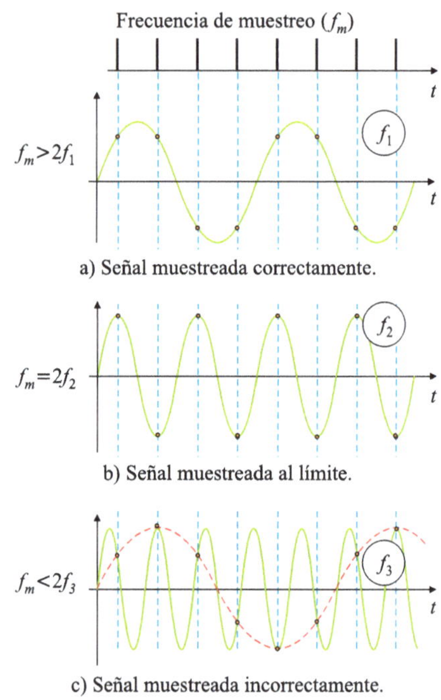

Figura 10.5. Proceso de muestreo.

10.1.2. Conversión A/D

La **conversión A/D** consiste básicamente en un proceso de cuantificación y codificación de las muestras recogidas durante la fase de muestreo.

Cuantificación

En el proceso de digitalización, durante el muestreo no se introduce ningún error si se muestrea a la frecuencia adecuada (teorema de Nyquiest). Lo que pasa es que las muestras siguen teniendo infinitos valores, ya que provienen de una señal de sonido analógica.

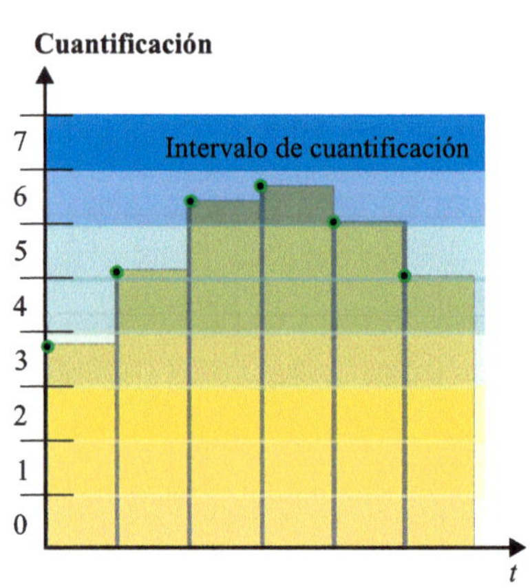

Figura 10.6. Proceso de cuantificación.

La **cuantificación** consiste en aproximar el valor de la señal muestreada por uno de los valores fijados en el convertidor A/D. Como se observa en la Figura 10.6, el margen de tensión de entrada se divide en diferentes intervalos y a cada uno de ellos se le asigna un valor diferente. Cuanto mayor sea el número de intervalos en que se divide la señal de entrada, menos error se producirá en la conversión. El número de intervalos de cuantificación *(N)* depende del número de bits utilizados en la conversión *(n)*:

$$N = 2^n$$

Ejemplo 10.2.

Cuantificación de ocho niveles.

En la Figura 10.7 se muestra un proceso de cuantificación de ocho niveles. La amplitud de la señal de entrada se divide en ocho intervalos diferentes. Las muestras de la señal dentro del mismo intervalo se asocian al mismo valor.

Esto provoca un error inherente al proceso de cuantificación, denominado **error de cuantificación**, ya que, como se observa, tres muestras de valor diferente se encuentran codificadas con el mismo valor (5). Este error como mucho se corresponde con el tamaño de medio intervalo de cuantificación con que se divide la señal de entrada. Por tanto, cuanto mayor sea el número de intervalos de cuantificación de la conversión, menor será el error introducido.

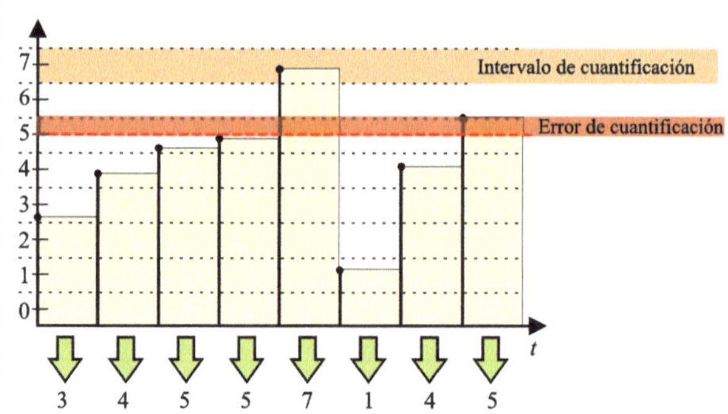

Figura 10.7. Ejemplo de cuantificación.

Codificación (profundidad de bits)

La **codificación** consiste en asignar a cada muestra cuantificada un código binario de salida, con el objetivo de convertirla en un flujo de bits. Durante la codificación, tal y como se observa en la Figura 10.8, se asigna a cada intervalo de cuantificación una palabra digital. El número de bits utilizado en la codificación dependerá de los niveles de cuantificación de la conversión, los cuales determinan la resolución del convertidor.

Los **bits de resolución** *(n)* del convertidor (profundidad de bits) son el número de bits con los que se codifica cada una de las muestras.

Por ejemplo, una resolución de 8 bits proporciona 256 niveles de cuantificación diferentes (2^8).

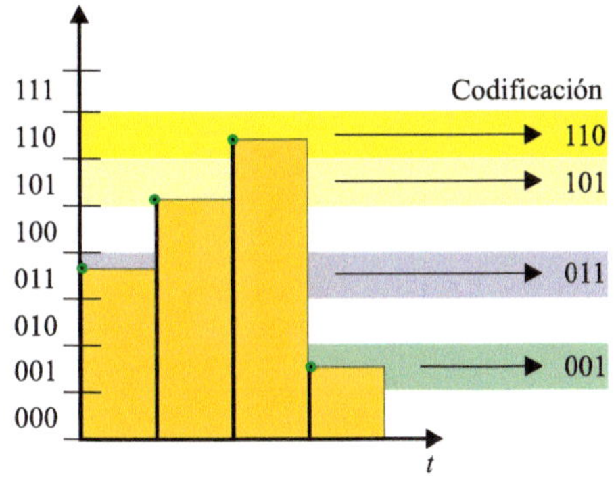

Figura 10.8. Proceso de codificación.

Ejemplo 10.3.

Resolución de los CD-DA.

En los CD-DA, el convertidor A/D transforma la señal analógica en digital utilizando una resolución de 16 bits. Con 16 bits, el número de niveles de cuantificación que resulta es de 65 536 (2^{16}), suficiente para obtener un ruido de cuantificación muy reducido y conseguir una señal de sonido de muy alta calidad. Con esta resolución, en teoría en la reproducción del sonido se podrían representar 65 536 niveles de volumen diferentes, entre el más bajo y el más alto.

Aun así, es habitual utilizar profundidades de 24 bits en aplicaciones de DVD y Blu-ray, que consiguen más de 16,7 millones de niveles de cuantificación, de manera que se corrigen problemas relacionados con el ruido y la saturación.

Aunque en la práctica una resolución de 16 bits es suficiente para una audición de calidad, con 24 bits aumenta la dinámica y aumentan los niveles de grabación de la señal, lo que permite añadir cierto margen de seguridad hasta llegar a la saturación (*headroom*).

10.1.3. Multiplexación

En ocasiones, la señal de sonido a digitalizar proviene de diferentes canales, caso de la señal de sonido estéreo.

Cuando es necesario obtener un único flujo de datos de varios canales de sonido, se utiliza el proceso de la **multiplexación.** La multiplexación indexa las muestras de cada uno de los canales para formar una única cadena de bits (Figura 10.9), que contiene la información de cada uno de los canales.

10.1.4. Problemas asociados al sonido digital

Asociados a la digitalización de la señal de sonido aparecen los siguientes problemas:

- *Aliasing.*
- Saturación.
- Inframuestreo.
- Ruido.

Aliasing

El *aliasing* se produce cuando la frecuencia de muestreo no es suficientemente alta para reproducir con fidelidad la forma de onda de la señal de entrada. Esto provoca que las señales de alta frecuencia no queden registradas, afectando a la señal muestreada.

Para evitar el *aliasing,* la señal de audio de cada canal se filtra antes de la fase de muestreo (Figura 10.10) para eliminar las posibles interferencias de frecuencia superior al margen audible o limitar el ancho de banda de la señal original a la frecuencia de muestreo utilizada en la conversión A/D.

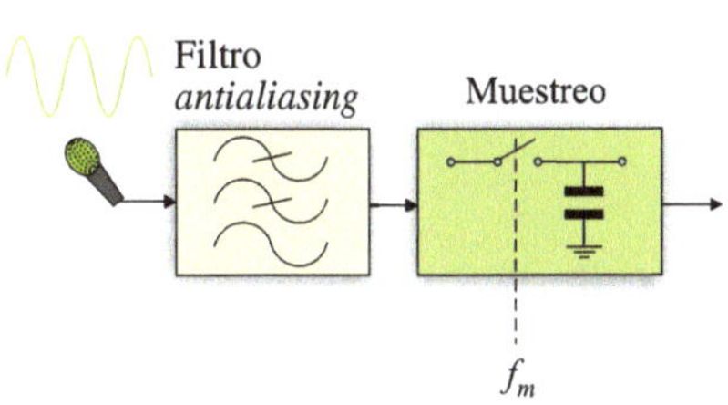

Figura 10.10. Filtro *antialiasing*.

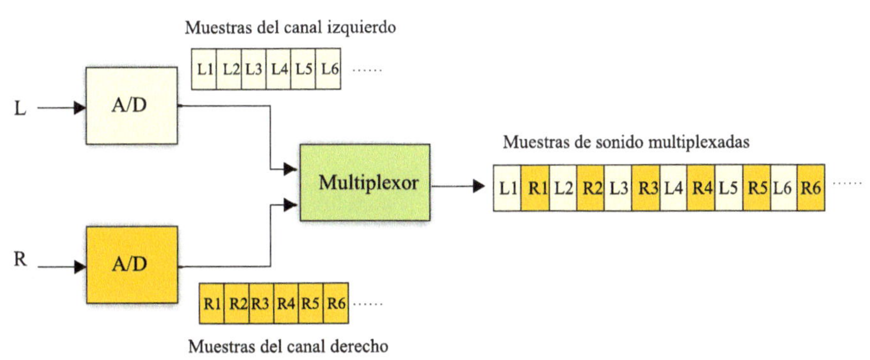

Figura 10.9. Multiplexación de muestras de sonido de diferentes canales.

Tal y como se muestra en la Figura 10.11.a, cualquier interferencia de alta frecuencia se convierte en una señal de baja frecuencia que se solapa con la señal original después del muestreo, que se traduce como un error que no puede eliminarse. Para evitar estas señales indeseables, se limita el margen de frecuencias de interés antes de muestrear la señal: el filtro *antialiasing* utilizado en la Figura 10.11.b elimina la interferencia, por lo que después del muestreo no existe solapamiento debido a señales de alta frecuencia.

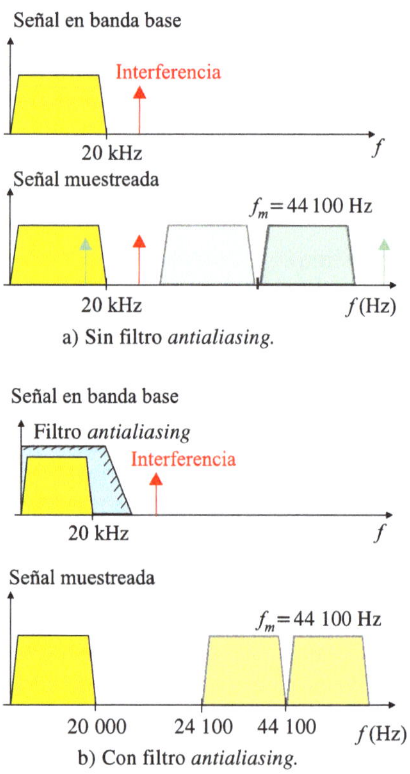

Figura 10.11. Eliminación de interferencias con el filtrado *antialiasing*.

Saturación *(clipping)*

La saturación se produce cuando el nivel de la señal de sonido analógica es superior a la tensión de fondo de escala del convertidor (máxima tensión admitida). En estos casos, la muestra se codifica con el valor máximo de codificación, lo que da a la forma de la onda un aspecto recortado, que auditivamente provoca un molesto ruido (Figura 10.12.a).

La saturación se puede controlar modificando el nivel de la señal de entrada, utilizando por ejemplo compresores de sonido antes de la conversión A/D o añadiendo un margen de seguridad (*headroom*) durante el procesado de la señal de sonido. El ***headroom*** (Figura 10.12.b) es el nivel de diferencia entre el nivel de señal nominal y el punto de saturación: este margen de seguridad evita que se alcancen picos de señal que provoquen distorsión.

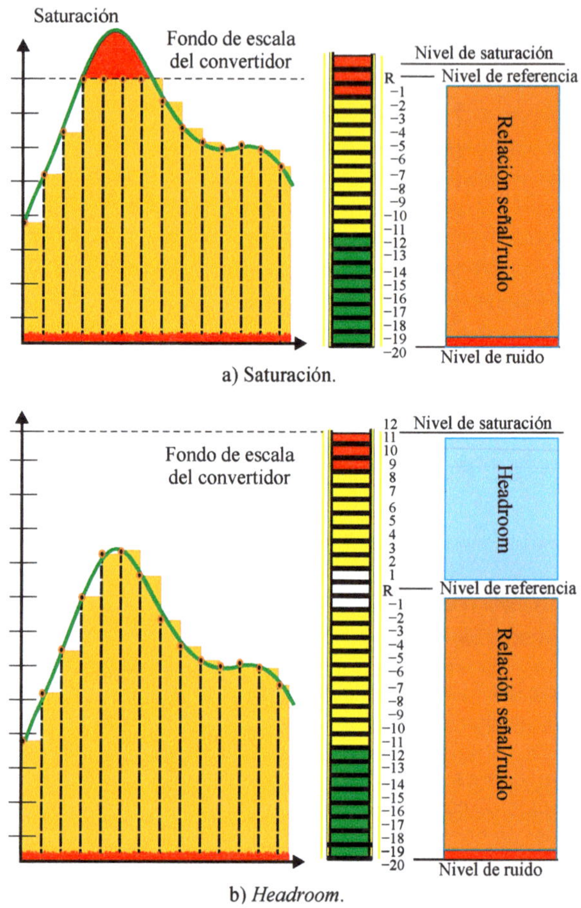

Figura 10.12. Nivel de saturación.

Inframuestreo

El **inframuestreo** se produce cuando al reproducir la señal de sonido digitalizada se notan los escalones de la digitalización, debido a que la frecuencia de muestreo es muy baja (Figura 10.13.a). La solución de este problema pasa por añadir muestras a la señal digital utilizando la **interpolación** cuando se reproduce la señal (Figura 10.13.b). La interpolación añade muestras nuevas entre dos muestras consecutivas, por lo que se modifica la frecuencia de muestreo efectiva.

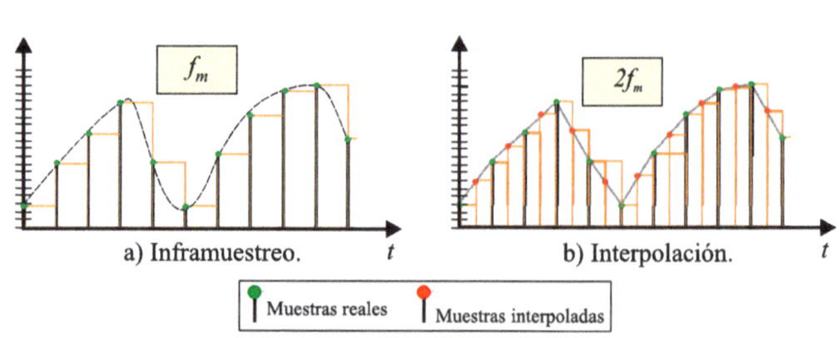

Figura 10.13. Inframuestreo.

Ruido

La calidad del sonido digital depende fundamentalmente de los parámetros de conversión utilizados: el número de bits por muestra determina un número de niveles de cuantificación y, por tanto, el error de cuantificación que se introduce durante la conversión.

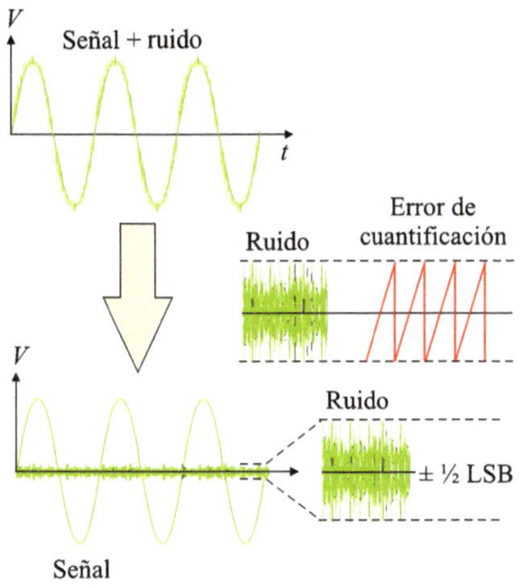

Figura 10.14. Relación entre el ruido de cuantificación y la relación S/N.

El error de cuantificación en la conversión A/D se traduce en una señal de ruido que degrada la calidad del sonido. Cuanto mayor sea el número de bits utilizados, menor será el error cometido y, por tanto, mayor la calidad final. La relación S/N se puede evaluar a partir de la resolución *(n)* del convertidor utilizado, mediante la expresión siguiente:

$$S/N\ (dB) = 20 \log 2^n + 1{,}76 = 6{,}02 \cdot n + 1{,}76$$

Escogiendo de manera apropiada la resolución del convertidor A/D, se puede enmascarar el ruido inherente que acompaña a cualquier señal (Figura 10.14): es deseable que el valor de pico a pico de la señal de ruido sea del orden de ±1/2 LSB (intervalo de cuantificación). De esta manera, el ruido de cuantificación se enmascara con el propio ruido de la señal y no se empeora la calidad del sonido en el proceso de digitalización.

Ejemplo 10.4.

Relación S/N.

El ruido propio de la cuantificación en algunos sistemas digitales, tales como el CD, se intenta eliminar a base de utilizar muchos bits para realizar la conversión A/D. Estos sistemas utilizan una resolución de 16 bits para cuantificar la señal. La relación S/N para esta resolución es de aproximadamente 98 dB:

$$S/N = 6{,}02 \cdot n + 1{,}76 = 6{,}02 \cdot 16 + 1{,}76 = 98{,}08\ dB$$

10.1.5. Clasificación de los sistemas de grabación digital

Cuando la señal de sonido digitalizada se debe registrar en un soporte para su almacenamiento, se pueden utilizar diferentes sistemas:

- **Sistemas de audio digitales realizados con tecnología óptica.** Las tecnologías ópticas más utilizadas son las siguientes:
  - **CD-DA.** Utiliza el disco compacto (CD-DA) para almacenar la información de sonido digitalizado.
  - **DVD-Audio.** Formato de DVD que permite almacenar audio de alta calidad.
- **Sistemas de audio digitales realizados con tecnología semiconductora.** Los reproductores portátiles actuales (reproductores MP3, teléfonos móviles, etc.) almacenan la información en un soporte magnético, tal y como lo hacen los ordenadores en los discos duros. En ocasiones, también se utilizan dispositivos de almacenamiento de estado sólido que utilizan memoria *flash*.

SABÍAS QUE...

La memoria ***flash*** es un tipo especial de memoria EEPROM de reducido tamaño y alta capacidad. Es una de las opciones de memoria que más se está imponiendo en la actualidad y se utiliza en dispositivos portátiles tales como los reproductores MP3.

10.2. Codificación de la señal de sonido digital

El **sonido digital** es la representación de la señal de audio mediante un conjunto de datos binarios, resultado del proceso de muestreo, cuantificación y codificación previo.

Una vez digitalizada la señal, la manera como se almacena en un soporte digital determina el formato de los datos de sonido. Los formatos de audio digital representan la señal de sonido digitalizada de una manera eficiente en función de la aplicación final que la utilizará.

10.2.1. Ficheros de sonido digital

El **formato de un fichero** de sonido se refiere a la estructura que mantienen los datos almacenados en su interior. Para almacenar estos datos, es necesario utilizar una codificación previa de los datos de sonido. En la Tabla 10.2 se relacionan los formatos más comunes y la codificación de sonido que utilizan, aunque existen infinidad de formatos más.

Tabla 10.2. Formatos de sonido digital más comunes

Tipo de archivo	Extensión	Codificación
CD audio (CD-DA)	.cda	PCM
MP3	.mp3	MPEG Audio Layer-III
Windows Media Audio	.wma	Propietaria (Microsoft)
QuickTime	.qt	Propietaria (Apple Computer)
RealAudio	.ra	Propietaria (Real Networks)
Ogg vorbis	.ogg	Vorbis (Ogg)
WAV	.wav	PCM y otros
MPEG-4	.m4a	AAC o ALAC

SABÍAS QUE...

El formato WAV soporta casi cualquier codificación de audio, pero normalmente se utiliza junto con el formato PCM (no comprimido), que no tiene pérdida de calidad.

10.2.2. Parámetros fundamentales de la señal de audio digital

Los principales parámetros de calidad asociados a un archivo de sonido son:

- **Número de canales:** un canal para sonido monofónico, dos para estéreo, cuatro para el sonido cuadrafónico, etcétera.
- **Frecuencia de muestreo (f_m):** número de muestras tomadas por segundo en cada canal.
- **Número de bits por muestra (profundidad de bits):** número de bits utilizados en la codificación, normalmente 8, 16, 20 o 24 bits.

En estos sistemas se puede definir la **tasa de bits,** que indica el número de bits que resulta por cada segundo de sonido digitalizado:

$$\text{Tasa de bits (PCM)} = \\ = \text{n.}^{\circ} \text{ de canales} \cdot f_m \cdot \text{n.}^{\circ} \text{ bits por muestra}$$

En los archivos de sonido comprimidos, la **tasa de bits** (*bitrate*) indica la tasa media de bits que se procesan por segundo.

10.2.3. PCM

El sistema de digitalización PCM (*Pulse Code Modulation*) es el método de codificación de la señal de sonido más sencillo, utilizado en sistemas como el CD-DA. En este

Ejemplo 10.5.

Proceso de codificación PCM.

En la Figura 10.15 se muestra el proceso de cuantificación y codificación de una señal analógica de audio estéreo utilizando la técnica PCM, con una resolución de 16 bits por muestra y una frecuencia de muestreo de 44 100 Hz. La tasa de bits que resulta es de 705 600 bps por canal, es decir, 1 411 200 bps en total una vez que los datos se multiplexan.

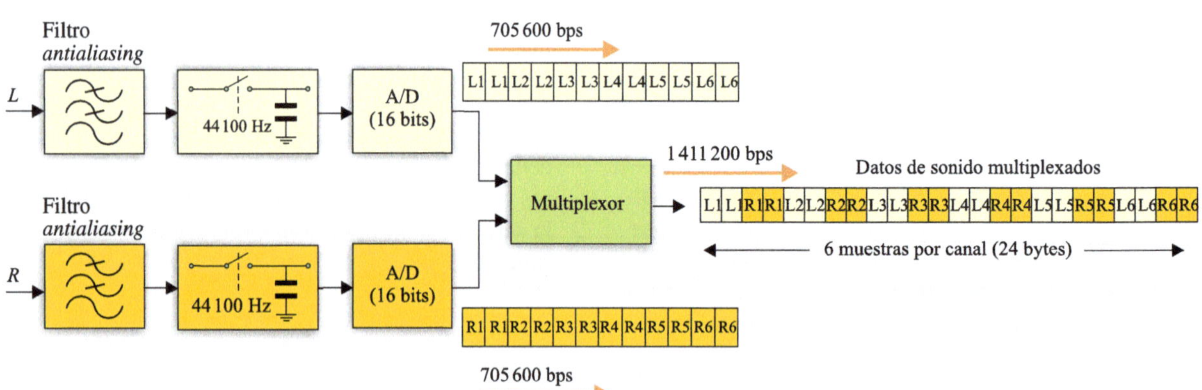

Figura 10.15. Proceso de codificación PCM.

sistema, la señal analógica se transforma directamente en una secuencia de bits, a partir de la codificación digital de las muestras de la señal de sonido.

SABÍAS QUE...

La señal digital PCM es el origen de todo proceso de compresión digital. La señal analógica se convierte a una señal digital a una frecuencia y con una cuantificación adecuadas que dependerán de la aplicación final. Debido a que con esta codificación resulta un tamaño de archivo considerable, a la señal PCM original normalmente se aplica un proceso de compresión que dependerá de la codificación final utilizada.

Para obtener sonido de alta calidad se utilizan frecuencias de muestreo de 44,1 kHz en el caso del CD y hasta 48 kHz, en el caso del DVD, utilizando resoluciones típicas de 16 bits por muestra. En el sonido codificado en Blu-ray se utilizan frecuencias de muestreo que varían entre 48 kHz y 192 kHz y una profundidad de bits de 16 bits a 32 bits.

La codificación **PCM** es uno de los sistemas más utilizados para digitalizar la señal analógica de audio. Este es un método de almacenamiento digital de alta calidad, no comprimido, que produce ficheros de gran tamaño. En la Tabla 10.3 se muestra la tasa de bits para diferentes codificaciones y tasas de muestreo.

Los archivos físicamente se almacenan en la unidad de almacenamiento en bytes (8 bits), de manera que el tamaño del archivo resultante se mide en bytes:

$$\text{Tamaño (bytes)} = \frac{\text{tasa de bits} \cdot \text{duración}}{8}$$

Recuerda

La tasa de bits se mide en bps (bits por segundo). Cuando trabajamos con tasas de bits elevadas se utilizan los múltiplos siguientes:

1000 bps = 1 kbps

1 000 000 bps = 1000 kbps = 1 Mbps

Ejemplo 10.6.

Tasa de bits de la codificación PCM.

Para una frecuencia de muestreo de 8000 Hz (calidad vocal) y una codificación de 8 bits por muestra, para una señal monofónica se obtiene una tasa de bits de 64 kbps:

$$\text{Tasa de bits (PCM)} =$$

$$= \text{n.º de canales} \cdot f_m \cdot \text{n.º bits por muestra} =$$

$$= 1 \cdot 8000 \cdot 8 = 64\,000 \text{ bps} = 64 \text{ kpbs}$$

Un minuto de sonido utilizando esta codificación ocupa un espacio en disco de:

$$\text{Tamaño (bytes)} = \frac{\text{tasa de bits} \times \text{duración}}{8} =$$

$$= \frac{64\,000 \times 60}{8} = 480\,000 \text{ bytes} =$$

$$= \frac{480\,000}{1024} \text{ kbytes} = 468{,}75 \text{ kbytes}$$

Tabla 10.3. Tasas de bits típicas del proceso PCM

Frecuencia	Muestra	Canales	Tasa de bits
8000 Hz	8 bits	Mono	64 kbps
8000 Hz	8 bits	Estéreo	128 kbps
8000 Hz	16 bits	Mono	128 kbps
8000 Hz	16 bits	Estéreo	256 kbps
22 050 Hz	8 bits	Mono	176,4 kbps
22 050 Hz	8 bits	Estéreo	352,8 kbps
44 100 Hz	16 bits	Mono	705,6 kbps
44 100 Hz	16 bits	Estéreo	1411,2 kbps

Recuerda

La información digital se almacena en grupos de 8 bits que se denominan bytes:

1 byte = 8 bits

Cuando se trata de cuantificar tamaños de archivo grandes, se utilizan los múltiplos siguientes:

1 kB = 2^{10} bytes = 1024 bytes

1 MB = 2^{20} bytes = 1024 kB

1 GB = 2^{30} bytes = 1024 MB

10.2.4. Técnicas de compresión

Los formatos de audio digital se pueden clasificar de manera general en las siguientes categorías:

- **Formatos sin compresión.** Almacenan directamente las muestras codificadas, sin realizar ningún tipo de procesado ni modificación de la señal muestreada. Desde el punto de vista de la calidad de sonido son los mejores, pero tienen el inconveniente de que producen archivos de enorme tamaño. Por ejemplo, la codificación PCM almacena las muestras sin realizar ningún tipo de compresión.
- **Formatos con compresión.** Para disminuir el tamaño del archivo final, las muestras de sonido se procesan para eliminar información redundante. Este tipo de formato produce una pérdida de calidad con respecto al sonido original, que será mayor cuanto mayor sea la compresión realizada. Ejemplos de formatos de sonido comprimidos son:
  - **ADPCM** (*Adaptative Differential Pulse Code Modulation*). Se trata de una codificación diferencial, ya que en lugar de codificar el valor absoluto de cada muestra de sonido, se codifica la diferencia de señal entre muestras consecutivas, que para señales de audio suele ser pequeña.
  - **MP3** (MPEG Audio capa 3). Formato de compresión de sonido con pérdidas, que consigue alta compresión en los datos y requiere de mucha potencia de cálculo, sobre todo en la codificación. La compresión que realiza se especifica en la capa 3 de los estándares multimedia MPEG-1 y MPEG-2.
  - **OGG Vorbis.** Formato de compresión de audio con pérdidas, similar a MP3, de código abierto y libre de patentes. Se desarrolló con el objetivo de reemplazar a otros formatos de sonido propietarios (MP3, WMA, etcétera).

SABÍAS QUE...

ADPCM se articula en el estándar CCITT G.726, que define tasas de bits de 16, 24, 32 y 40 kbps, que corresponden a tamaños de muestra de 2, 3, 4 y 5 bits respectivamente. Este estándar es de aplicación en la compresión de voz y de sonido para aplicaciones telefónicas.

10.3. Formatos de archivo

Del proceso de digitalización de la señal de sonido surge la velocidad de transferencia a la cual se generan los bits. Una vez digitalizada la señal, se requiere su almacenamiento para ser reproducida o tratada en el momento necesitado.

Los formatos de los ficheros de sonido indican la estructura con la que el sonido se almacena. Existen dos tipos de formatos básicos, que se muestran en la Figura 10.16:

- **Formatos de ficheros autodescriptivos.** Los formatos de fichero autodescriptivos contienen de forma explícita los parámetros de codificación en algún punto del fichero, normalmente en una cabecera que acompaña a los datos de sonido. La **cabecera** especifica información relacionada con la codificación, como por ejemplo la resolución, la frecuencia de muestreo, etc., y otro tipo de información que puede ser relevante para la interpretación de los datos almacenados.
- **Formatos de ficheros sin cabecera.** El archivo de sonido solo contiene las muestras de sonido digitalizadas, sin ninguna cabecera que explique la codificación de los datos que almacena. También se denominan archivos de tipo *raw*. Como el fichero no incluye información sobre la codificación utilizada, es necesario conocerla de antemano y, normalmente, lo utilizan algunos codificadores como punto de partida para la conversión de un formato a otro.

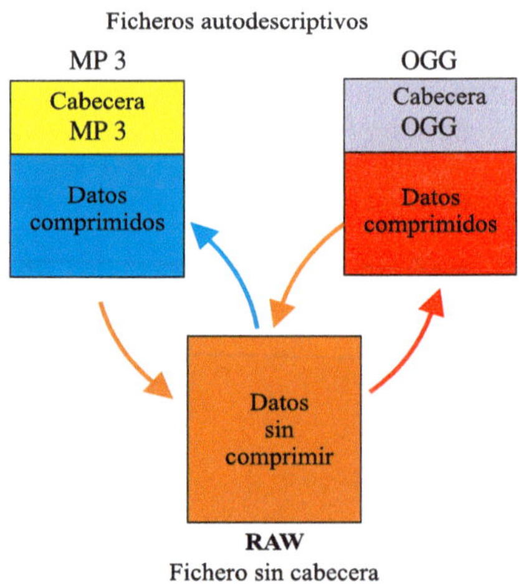

Figura 10.16. Tipos de archivo de sonido.

Ejemplo de formatos utilizados actualmente son WAVE, MP3 y un formato el cual no surge de la digitalización de las muestras del sonido original, que se denomina MIDI.

10.3.1. WAVE

El **formato WAVE** (*wav*) o archivo de forma de onda fue adoptado por Microsoft para su utilización en las aplicaciones multimedia para Windows. Se trata de un archivo de sonido autodescriptivo que tiene una estructura organizada que se denomina RIFF (*Resource Interchange File Format*, intercambio de recurso en formato de archivo). Un archivo WAVE es un caso particular de un archivo RIFF que se utiliza para almacenar sonido. En la Figura 10.17 se muestra la estructura de un archivo RIFF, formado por un encabezado que indica el tamaño del contenido y que se trata de un fichero de sonido en formato WAVE.

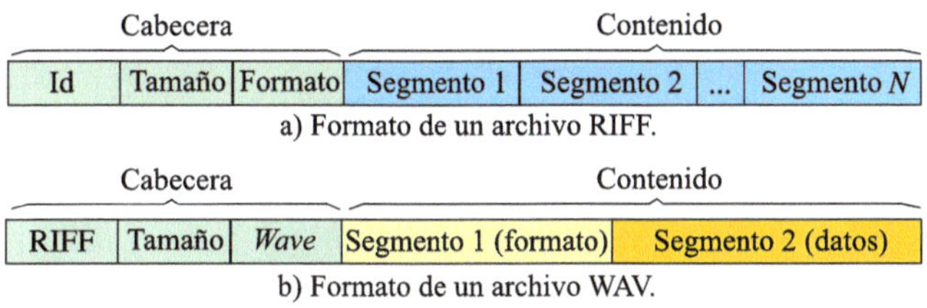

Figura 10.17. Formato de un archivo RIFF.

10.3.2. MP3

MP3 es un formato de archivo de sonido autodescriptivo y comprimido con pérdidas, que debe su nombre a un algoritmo de codificación llamado **MPEG Layer 3,** el cual permite la compresión de audio, aprovechando las deficiencias del oído humano para eliminar toda aquella información que no es capaz de percibir. De esta manera es posible almacenar sonido con una calidad similar a la de un CD con un índice de compresión muy elevado, en torno a 1:12. El sistema de codificación que utiliza MP3 es un **algoritmo con pérdidas,** es decir, el sonido del archivo que resulta de la compresión y el sonido original no son idénticos.

Actualmente han expirado todas las patentes relacionadas con el formato MP3 y, por tanto, no es necesario obtener licencia para el desarrollo de *software* y equipos que utilicen este formato.

Tasa de compresión

La **tasa de bits** es la velocidad de transferencia de datos que se debe utilizar para reproducir un archivo de sonido digital.

SABÍAS QUE...

La tasa de bits más utilizada en la compresión MP3 es la de 128 kbps debido a que es la que ofrece mejor relación calidad/compresión, llegando a reducir en 1/12 el tamaño de un archivo de sonido.

El formato MP3 permite diferentes tasas de compresión, obteniendo distintas calidades según la aplicación final a que está orientado el archivo de sonido. Los diferentes ratios de compresión que se muestran en la Tabla 10.4 se consiguen al utilizar diferentes parámetros de codificación y tasa de bits.

Ejemplo 10.7.

Ratio de compresión de un archivo MP3.

La señal PCM del sonido estéreo con calidad CD (44 100 Hz, 16 bits y 2 canales) presenta una tasa de bits de 1 411 200 bps. Si se utiliza una codificación MP3 con una tasa de bits de 128 kbps, se obtiene un ratio de compresión de 11:

$$\text{Ratio de compresión} = \frac{\text{tasa de bits original}}{\text{tasa de bits compresión}} =$$

$$= \frac{1\,411\,200}{128\,000} = 11$$

Un minuto de sonido utilizando esta codificación ocupa un espacio en disco de 937,5 kB:

$$\text{Tamaño (bytes)} = \frac{\text{tasa de bits} \times \text{duración}}{8} =$$

$$= \frac{128\,000 \times 60}{8} = 960\,000 \text{ bytes} =$$

$$= \frac{960\,000}{1024} \text{ kB} = 937{,}5 \text{ kB}$$

Tabla 10.4. Calidades de compresión típicas

Calidad del sonido	Ancho de banda	Número de canales	Tasa de bits	Ratio de compresión
Telefónica	2,5 kHz	mono	8 kbps	96:1
AM	7,5 kHz	mono	32 kbps	24:1
FM	11 kHz	estéreo	56...64 kbps	24:1
CD	20 kHz	estéreo	112...128 kbps	12:1

Tasa de bits variable

Los archivos MP3 tienen un encabezado individual para cada trama que contiene la información relevante de cada fragmento de sonido. Esto permite que en un archivo existan tramas codificadas a diferente tasa de bits, en función de las características del sonido, lo que posibilita mantener constante la calidad del sonido durante todo el archivo. A los archivos resultantes se denominan de **tasa de bits variable** (VBR, *Variable Bit Rate*).

Por el contrario, los archivos de sonido que mantienen una tasa de bits siempre igual, independiente de las características del sonido procesado, se denominan de **tasa de bits constante** (CBR, *Constant Bit Rate*).

10.3.3. MIDI

MIDI (*Musical Instrument Digital Interface*) o interfaz digital de instrumentos musicales es un protocolo estándar que permite la comunicación entre instrumentos musicales electrónicos y otros dispositivos. Actualmente, la mayoría de estos instrumentos incorporan una interfaz MIDI como estándar.

El **formato MIDI** no almacena muestras de sonido, sino la descripción musical del sonido. Por esto los archivos se caracterizan por ocupar muy poco espacio.

SABÍAS QUE...

Los archivos MIDI no pretenden ser un sustituto de otros archivos de sonido y deben considerarse como una tecnología complementaria.

La secuencia de música se graba como una serie de datos que describen el instrumento, la duración de la nota, su tono o timbre, etc. El dispositivo destino interpreta la serie de datos que recibe y sintetiza el sonido requerido. Este formato representa sonidos musicales, pero no los describe completamente y el sonido final dependerá del dispositivo reproductor MIDI utilizado.

En la Figura 10.18 se muestra la representación gráfica del contenido de un fichero MIDI. Los eventos indican la nota musical, el instante de tiempo en el que se debe ejecutar y su duración. Los diferentes colores indican instrumentos musicales diferentes.

La necesidad de intercambiar entre diferentes dispositivos la información MIDI dio lugar a la aparición de ficheros MIDI estándar, los cuales tienen la extensión *.mid* y pueden ser reproducidos en cualquier dispositivo MIDI compatible.

10.4. Sonido envolvente

Los **sistemas de sonido envolvente** intentan reproducir de la forma más real posible el sonido de una película o un concierto con el objetivo de generar una sensación en tres dimensiones. Para ello es necesario que el soporte de grabación incluya información sobre múltiples canales de sonido.

Figura 10.19. Sistema de sonido envolvente.

Las tecnologías de audio multicanal se han ido extendiendo poco a poco comenzando por el sistema estéreo pasando por los actuales sistemas 5.1, hasta llegar a sistemas de incluso más canales.

10.4.1. Sistemas de sonido envolvente

El **sonido envolvente** o ***surround*** utiliza múltiples canales de audio para provocar efectos de sonido que envuelven al oyente (Figura 10.19). El sonido envolvente se consigue añadiendo efectos de procesado de la señal de sonido y la colocación física de un conjunto de altavoces alrededor del oyente, de modo que se produzca una percepción psicoacústica en tres dimensiones. En la Figura 10.20 se muestran diferentes sistemas de sonido.

En función de la manera en que se distribuye el sonido, existen diferentes sistemas de sonido envolvente. Uno de los sistemas más utilizados es el denominado sistema 5.1.

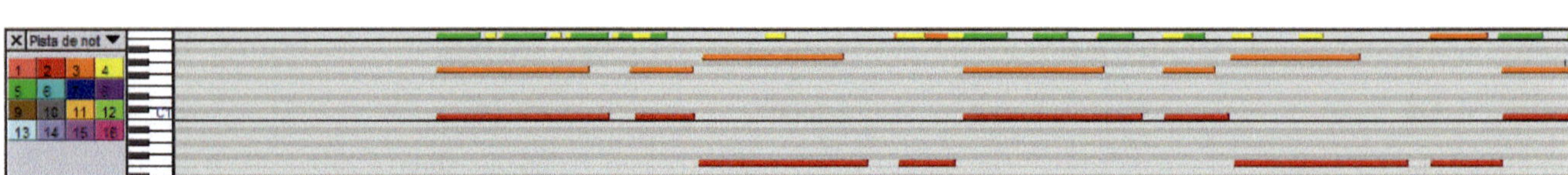

Figura 10.18. Representación gráfica de una secuencia MIDI.

10.4.2. Sistema de sonido 5.1

El sistema de sonido envolvente tradicional es el **sistema 5.1** (Figura 10.21.a), formado por seis canales de sonido. Los seis canales de sonido se denominan 5.1 debido a que existen 5 canales de sonido con ancho de banda completo (20 Hz-20 Hz) y un canal de efectos de baja frecuencia LFE (20 Hz-120 Hz):

SABÍAS QUE...

El sistema 5.1 es compatible con un menor número de canales, pudiendo ser reproducido en sistemas estéreo de dos canales e incluso monoaurales.

- El **altavoz central** (C) reproduce las frecuencias centrales y la voz, es decir, reproduce la mayor parte de los diálogos de las pistas de sonido.
- Los **altavoces laterales** (L y R) reproducen el mayor rango de frecuencias, excepto las frecuencias más bajas.
- Los **altavoces traseros** (L_s y R_s) reproducen el sonido ambiente.
- El **altavoz de efectos de baja frecuencia** LFE (*Low Frequency Effects*) es un *subwoofer* que reproduce los sonidos de frecuencias bajas, aproximadamente hasta los 120 Hz. Este canal se considera de apoyo, ya que solo reproduce un 10 % del ancho de banda total, aunque con una potencia mayor que el resto de canales.

Otros sistemas de sonido envolvente mejoran las características del sistema 5.1 añadiendo canales de sonido adicionales. Por ejemplo, el sistema 6.1 añade un canal extra trasero (Figura 10.21.b) y el sistema 7.1 (Figura 10.21.c) añade dos canales traseros adicionales. En el sistema 7.2 se añade un *subwoofer* en la parte posterior con respecto al sistema 7.1.

SABÍAS QUE...

De forma general, un sistema de sonido envolvente x.1 significa que tiene x canales de audio completos más uno de baja frecuencia (*subwoofer* o LFE).

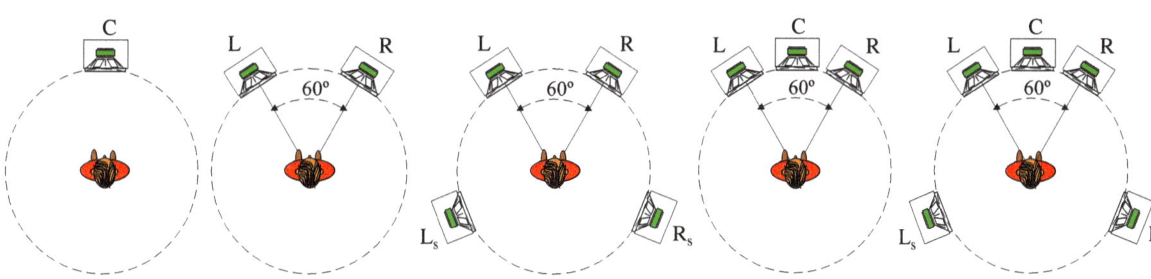

a) Mono. b) 2 canales estéreo. c) 2 canales estéreo + 2 *surround*. d) 3 canales estéreo. e) 3 canales estéreo + 2 *surround*.

Figura 10.20. Ejemplo de diferentes sistemas de sonido.

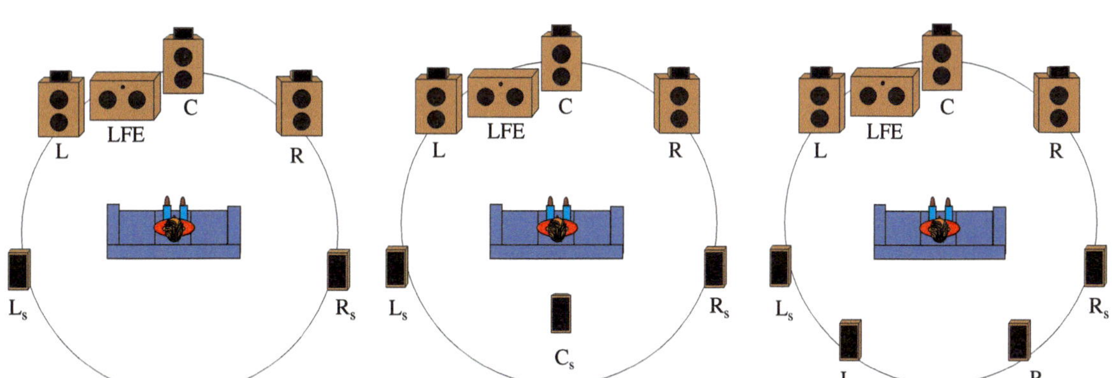

a) Sistema 5.1 b) Sistema 6.1 c) Sistema 7.1

Figura 10.21. Principales sistemas de sonido envolvente.

Emplazamiento de los altavoces

La Figura 10.22 muestra el emplazamiento típico de los altavoces de un sistema 5.1, teniendo en cuenta que el emplazamiento final dependerá de diferentes factores, tales como las dimensiones y características de la habitación. La Tabla 10.5 completa la disposición recomendada de cada uno de los altavoces: debido a la direccionalidad de las señales de baja frecuencia, solo es necesario un altavoz para el canal LFE y su disposición física no es importante, debido a la baja direccionalidad de las frecuencias bajas.

Tabla 10.5. Emplazamiento de referencia de los altavoces

Altavoz	Ángulo horizontal	Altura	Inclinación
C	0°	1,2 m	0°
L, R	30°	1,2 m	0°
L_s, R_s	100°-120°	> 1,2 m	0°-15° hacia abajo
LFE	—	—	—

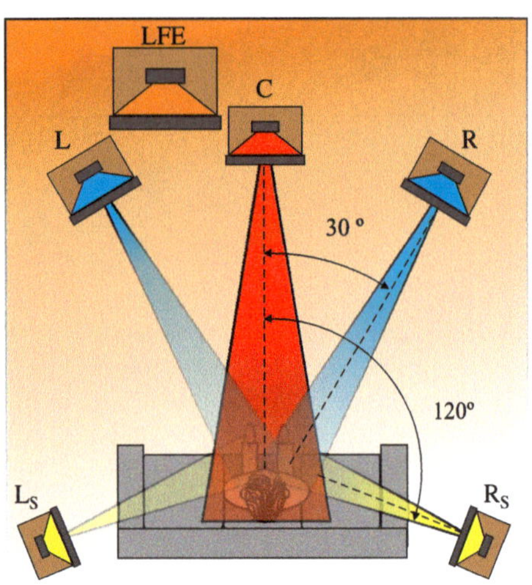

Figura 10.22. Emplazamiento de los altavoces.

Codificación multicanal

Debido al número elevado de canales que utiliza un sistema de sonido digital multicanal, es necesario utilizar técnicas de compresión, almacenamiento y transmisión efectivas.

Entre los **sistemas de codificación multicanal,** los más conocidos son Dolby Digital y DTS.

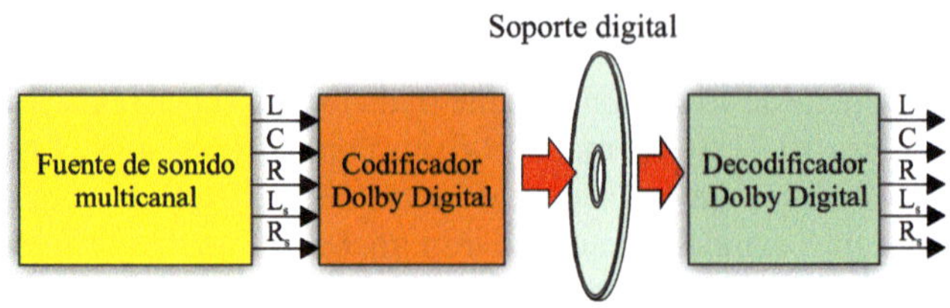

Figura 10.23. Codificación y decodificación Dolby.

10.4.3. Decodificación de sonido multicanal. Sistema *home cinema*

El **sistema de cine en casa** (*home cinema*) es un sistema multimedia compuesto de una fuente de imagen y sonido, generalmente un reproductor de vídeo (DVD, Blu-ray...), un receptor A/V (audio/vídeo) y altavoces.

Este sistema intenta recrear en el salón de casa el ambiente de un cine con una elevada calidad tanto de audio como de vídeo.

La principal **fuente de sonido** de los sistemas de cine en casa son los reproductores de DVD o Blu-ray. Los discos ópticos de estos sistemas pueden contener diferentes señales de audio (para diferentes idiomas) y cada una de ellas además puede incluir entre 2 y 8 canales de sonido, para sistemas estéreo y *surround* respectivamente. El propio reproductor de vídeo o un descodificador externo (receptor A/V) se encarga de decodificar la señal de audio según el formato incluido en el soporte, normalmente Dolby Digital o DTS.

En la Figura 10.24 se muestra una configuración típica.

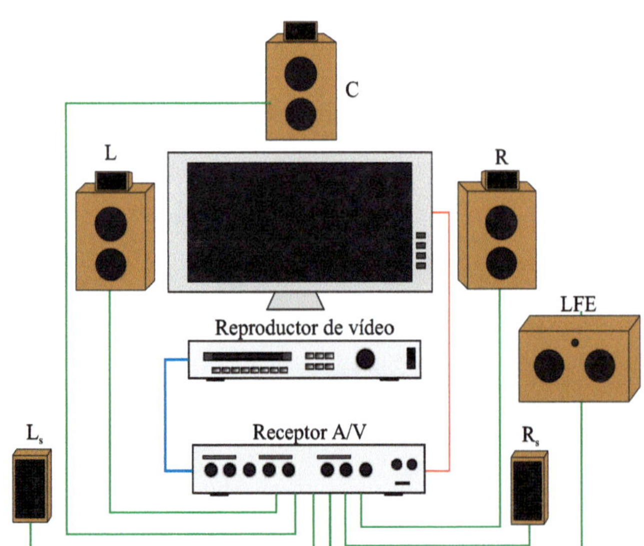

Figura 10.24. Componentes típicos de un sistema de cine en casa.

Reproductor de vídeo

El reproductor de vídeo (DVD/Blu-ray) tiene como misión leer el contenido grabado en el soporte óptico y enviarlo a la pantalla y a los altavoces a través de las correspondientes salidas.

En el reproductor de vídeo podemos encontrar diferentes conexiones de salida (Figura 10.25), tanto analógicas como digitales, que suministran la señal de audio que puede procesar un receptor A/V. Las más comunes son las siguientes:

- **HDMI** (*High-Definition Multimedia Interface*). Normalmente, la fuente de vídeo y audio se suministra al receptor de TV a través de un conector HDMI (Figura 10.26), que establece una conexión digital para la transmisión de audio y vídeo en alta definición, sin comprimir. Esta conexión también se puede suministrar al receptor A/V para procesar la señal de sonido.
- **Conexiones analógicas.** Las conexiones analógicas utilizan dos salidas RCA que suministran audio analógico (L y R) al propio TV o a un equipo de sonido externo.
- **Conexiones digitales óptica/coaxial.** Las salidas digitales (coaxial u óptica) permiten la conexión a un procesador A/V externo. Las conexiones ópticas y coaxiales transmiten todos los canales de audio (DTS, Dolby Digital, etc.) utilizando protocolos digitales por un único cable, simplificando así la instalación.

Figura 10.25. Conexiones típicas de un reproductor de vídeo.

Figura 10.26. Cable HDMI.

SABÍAS QUE...

HDMI (*High-Definition Multimedia Interface*) es una conexión digital para la transmisión de audio y vídeo en alta definición, sin comprimir.

Receptor A/V

El **receptor AV** es un dispositivo que se encarga de recibir, procesar y amplificar las señales de audio y vídeo de las diferentes fuentes disponibles (reproductor Blu-ray, receptor de TV, consola, etcétera).

Este dispositivo se encarga de la decodificación de las señales de audio digitales (Dolby/DTS), realizando el procesamiento, ecualización y amplificación necesarias para suministrar el sonido envolvente a los altavoces de un sistema de sonido multicanal.

Agrupadas por funciones, las entradas y salidas más importantes relacionadas con el sonido se muestran en la Figura 10.27:

- **Salida HDMI OUT.** Suministra la señal de vídeo y audio (si es necesario), normalmente al receptor de TV.
- **Entradas HDMI IN.** Para la conexión de dispositivos de reproducción compatibles con HDMI y la recepción de las señales de vídeo/audio.
- **Entradas digitales de audio.** Entradas digitales que permiten la conexión de una fuente de sonido digital con salida óptica o coaxial.
- **Entradas auxiliares y de línea.** Además de las entradas que proceden de un sistema de sonido envolvente, normalmente los decodificadores incluyen otras entradas de audio, que permiten la conexión de sintonizadores de radio, reproductores de CD, etcétera.
- **Salida de altavoces.** Los receptores A/V suelen incorporar amplificadores de potencia para alimentar directamente los altavoces conectados al mismo. En el caso de un sistema 5.1 incorpora cinco amplificadores (C, L, R, Ls, Rs). Normalmente, el altavoz LFE incorpora su propio amplificador integrado, por lo que no se dispone de salida amplificada.
- **Salida de subgraves** (*Subwoofer Out*). Al contrario que el resto de canales, normalmente no hay amplificador de potencia incorporado para la salida de subgraves. La salida de preamplificador de *subwoofer* permite la conexión de un altavoz LFE con su propio amplificador de potencia externo o integrado (altavoz *subwoofer* activo).

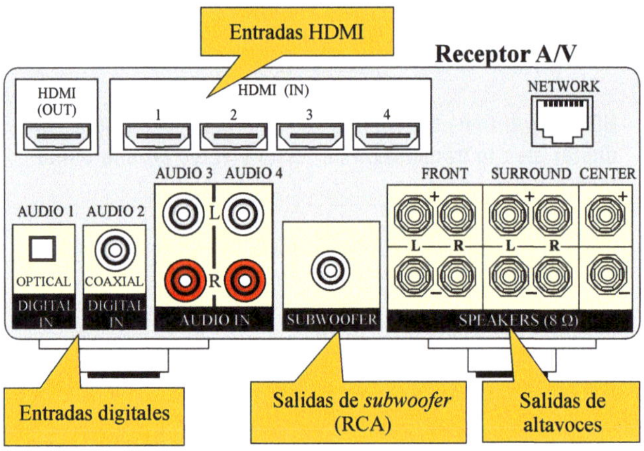

Figura 10.27. Conexiones típicas de sonido de un receptor multicanal.

Algunos receptores A/V disponen de salidas de sonido preamplificadas que se utilizan para excitar amplificadores de potencia externos. De este modo, se utilizan las funciones de control que proporciona el receptor, pero es el amplificador de potencia externo el que suministra la señal amplificada a los altavoces.

La Figura 10.28 muestra un ejemplo de conexiones de un receptor A/V comercial.

Figura 10.28. Receptor A/V.

Altavoces

Los altavoces son una de las etapas más importantes de la cadena de sonido. Los altavoces deben estar acordes a la potencia y la impedancia del amplificador.

Los altavoces de este sistema suelen ser de tamaño reducido debido al apoyo que ofrece el *subwoofer* a la hora de reproducir frecuencias graves (Figura 10.29.a). Muchas veces el *subwoofer* es un elemento activo que incorpora un amplificador integrado (Figura 10.29.b).

a) Altavoces de un sistema 5.1. b) *Subwoofer* activo.

Figura 10.29. Altavoces de un sistema 5.1.

10.5. Edición de sonido digital con ordenador. La tarjeta de sonido

La **tarjeta de sonido** de un ordenador (Figura 10.30) es una tarjeta de expansión que permite la entrada y salida de sonido bajo el control del sistema operativo o cualquier otra aplicación informática.

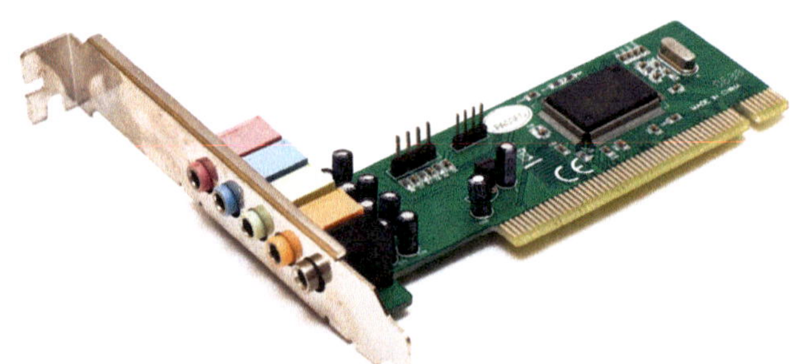

Figura 10.30. Tarjeta de sonido.

10.5.1. Conexiones

Los principales conectores disponibles en una tarjeta de sonido son:

- **Conector de salida de línea estéreo (*line-out*).** Se utiliza para enviar señales de sonido hacia un dispositivo externo, como por ejemplo los altavoces.
- **Conector de entrada de línea estéreo (*line-in*).** Permite conectar una fuente de sonido externa, con el objetivo de grabar o mezclar señales de sonido provenientes de un sistema estéreo, como por ejemplo una videograbadora.
- **Conector de salida de altavoces.** La mayoría de las tarjetas de sonido incluye un conector específico de altavoces. Cuando la tarjeta dispone de salida de línea y salida de altavoces, esta última proporciona una señal amplificada.

- **Conector de entrada de micrófono.** Se utiliza para conectar un micrófono para grabar.
- **S/PDIF in y S/PDIF out.** A nivel profesional se utilizan las entradas y salidas S/PDIF, también llamadas salidas ópticas digitales, que trabajan directamente con sonido digital, eliminando las pérdidas de calidad en las conversiones.
- **Conector interno de audio de DVD.** La mayoría de las tarjetas de sonido incorporan un conector interno utilizado para conectar la unidad de DVD interna directamente a la tarjeta de sonido.

SABÍAS QUE...

La **tarjeta de sonido** de un ordenador es una tarjeta de expansión que permite la entrada y la salida de sonido bajo el control del sistema operativo o de cualquier otro programa informático.

10.5.2 Codificación de colores

Los conectores de entrada de línea, de salida de línea y de altavoces utilizan el mismo tipo de conector (*minijack* de 1/8 de pulgada). Aunque estos conectores están etiquetados, en ocasiones resulta difícil leer estas etiquetas cuando es necesario realizar conexiones en la parte posterior del ordenador. Por esta razón, actualmente los conectores están codificados por colores, adoptando el estándar PC99 de Microsoft (Figura 10.31) que consiste en asignarle un color a cada conector externo, tal y como se muestra en la Tabla 10.6.

Tabla 10.6. Codificación de colores de los conectores de una tarjeta de sonido

Color	Función
Rosa	Entrada analógica para micrófono (MIC).
Azul	Entrada analógica (*line-in*).
Verde	Salida analógica para la señal estéreo principal (altavoces frontales).
Negro	Salida analógica para altavoces traseros.
Plateado	Salida analógica para altavoces laterales.
Naranja	Salida digital S/PDIF.

Figura 10.31. Conexiones de una tarjeta de sonido.

10.5.3. Mezclador de sonido

La tarjeta de sonido de un ordenador actúa como un mezclador de sonido: es posible reproducir de manera simultánea todas las señales de las fuentes de sonido conectadas y controlar el nivel de volumen de cada una de ellas de manera independiente (Figura 10.32).

10.6. Edición del sonido mediante herramientas informáticas

Existen innumerables herramientas informáticas que permiten la edición digital del sonido. Muchas son de pago y otras gratuitas, caso del programa Audacity.

10.6.1. Características básicas

Audacity es un editor de audio digital multipista que es capaz de trabajar con diferentes formatos de sonido (WAV, MP3, OGG, etc.), y permite realizar operaciones básicas de edición, tales como copiar, pegar, silenciar fragmentos de pista, etc. También ofrece la posibilidad de aplicar diferentes efectos a la señal de sonido: ecualización, eco, eliminación de ruidos, modificación de la frecuencia de muestreo, etcétera.

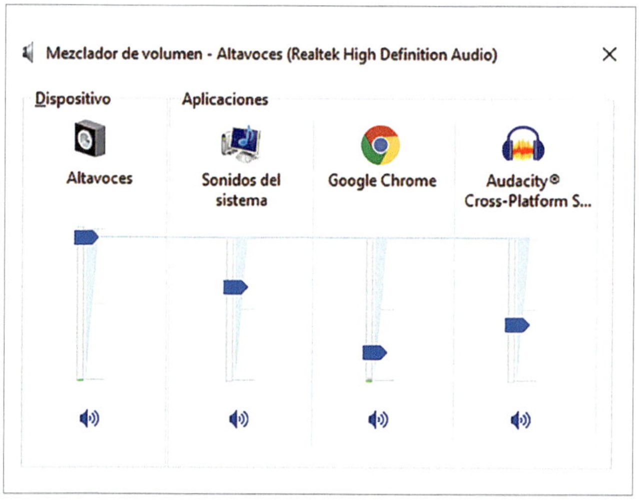

Figura 10.32. Control de sonido de una tarjeta de sonido.

Este programa de edición puede grabar sonidos directamente utilizando un micrófono o un mezclador y permite digitalizar grabaciones de cintas de casete, discos de vinilo u otras fuentes analógicas o digitales. La señal capturada se puede editar y combinar con otros archivos o nuevas grabaciones, para luego exportarlo a un formato de audio estándar.

10.6.2. Entorno de trabajo

La Figura 10.33 muestra el entorno de trabajo del programa, que resume las diferentes posibilidades de edición que incorpora. Además de los menús desplegables, el programa muestra una serie de barras que incorporan las herramientas más utilizadas.

10.6.3. Tipo de pistas de sonido

Audacity permite trabajar con diferentes tipos de pista, las cuales se muestran en la Figura 10.34:

- **Pistas de audio.** Las pistas de audio contienen sonidos muestreados digitalmente. Pueden ser monofónicas o estereofónicas.
- **Pistas de notas.** Las pistas de notas muestran datos cargados de un archivo MIDI.
- **Pistas de etiquetas.** Las pistas de etiquetas se utilizan para realizar anotaciones.
- **Pista de tiempo.** Esta pista es una regla graduada en unidades de tiempo que permite realizar un seguimiento temporal de las pistas de sonido. Indica, entre otras, la posición actual de la selección de una pista, y durante la reproducción y grabación indica, mediante un cursor, la posición actual.

Cada pista de audio (Figura 10.35) dispone de controles independientes:

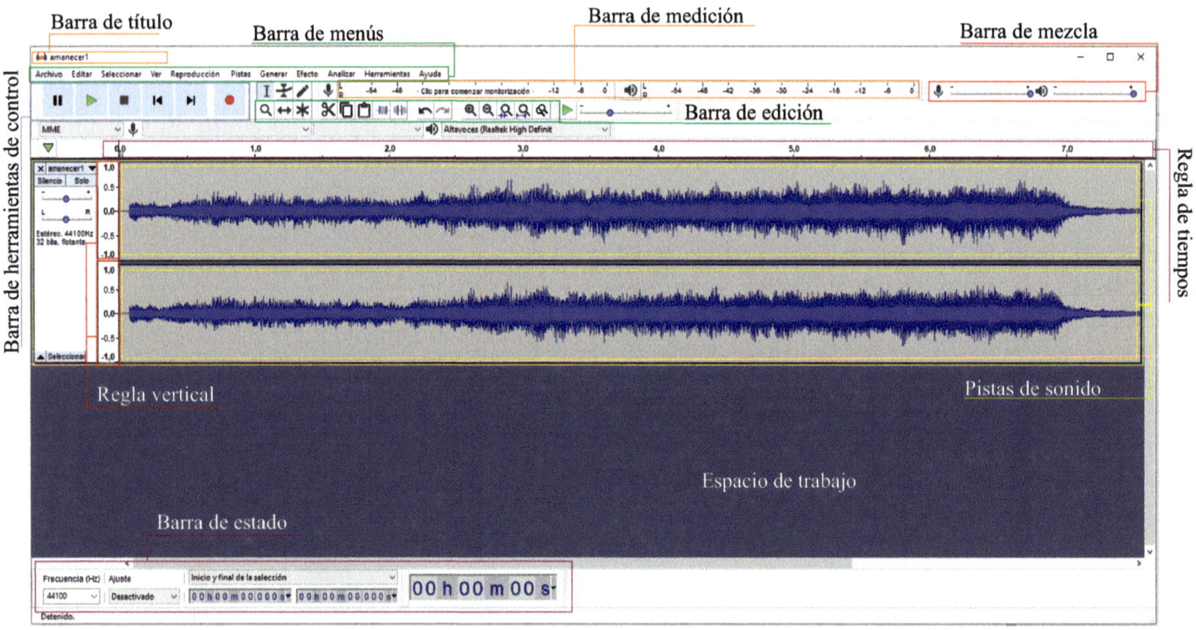

Figura 10.33. Entorno de trabajo.

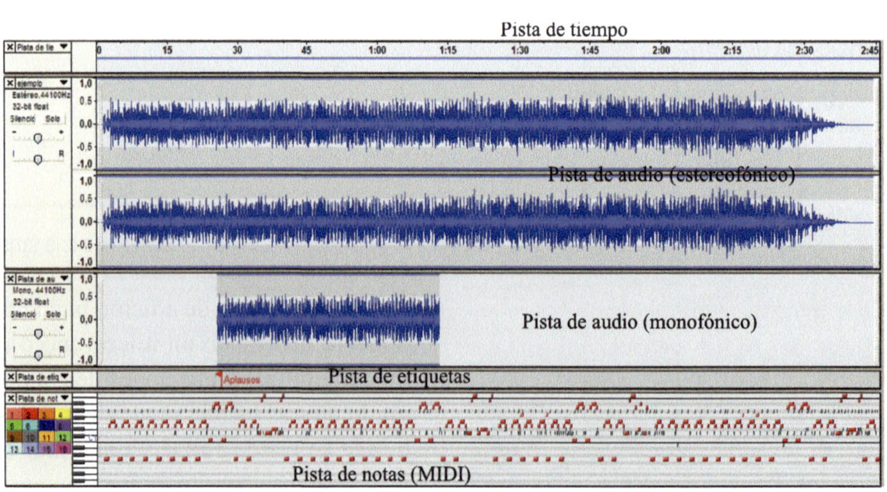

Figura 10.34. Tipo de pistas de Audacity.

- **Solo de pista.** En el modo solo, únicamente se escuchan las pistas que tienen el botón solo activado.
- **Silencio.** Enmudece una pista sin borrarla, de manera que no se reproduce.
- **Ganancia.** Modifica el volumen relativo de la pista.
- **Pan.** El control de panorama afecta al balance entre los altavoces izquierdo y derecho.
- **Borrar.** Borra la pista.

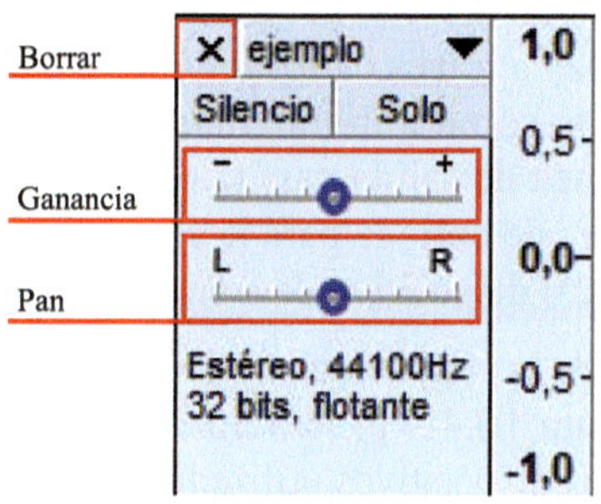

Figura 10.35. Control independiente de pista.

Además, cada pista de sonido dispone de un **menú desplegable de pista** que aparece cuando se selecciona una pista de sonido. El menú que aparece (Figura 10.36) permite acceder a comandos especiales que se aplican solamente a pistas individuales. Los más importantes son los siguientes:

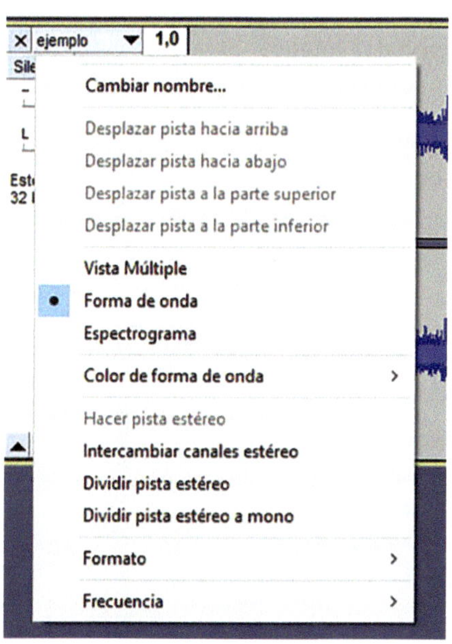

Figura 10.36. Menú desplegable de pista.

- **Cambiar nombre.** Permite modificar el nombre de la pista.
- **Desplazar pista** (hacia arriba, hacia abajo, etc.). Permite ordenar el conjunto de pistas que se visualizan en la pantalla, cambiando las pistas de orden.
- **Forma de onda.** Ajusta la señal visualizada a la pantalla.
- **Hacer pista estéreo.** Esta función junta dos pistas mono para crear una única pista estéreo.
- **Dividir pista estéreo** y **Dividir pista estéreo a mono.** Divide una pista estéreo en dos pistas separadas que pueden ser modificadas y editadas de manera independiente (Figura 10.37).
- **Formato.** Determina la calidad de los datos de audio, es decir, el número de bits por muestra (16, 24 o 32 bits).
- **Frecuencia.** Fija el número de muestras por segundo de la pista.
- Etcétera.

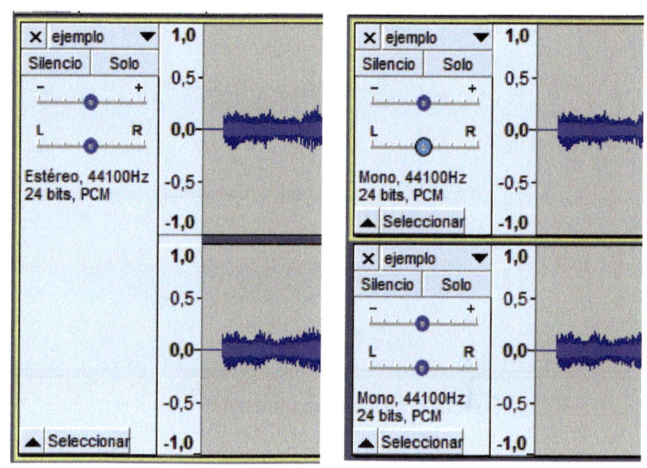

a) Una pista estéreo. b) Dos pistas mono.

Figura 10.37. Resultado de la división de una pista estéreo.

Regla horizontal

La **regla horizontal** (pista de tiempo) situada encima de las pistas de audio (Figura 10.38), mide el tiempo desde el inicio hasta el final de una pista. La regla puede mostrar diferentes símbolos en función del proceso de edición de sonido realizado:

- La **región seleccionada,** si existe, se muestra como una región sombreada en la regla.
- El **cursor estándar** siempre está presente cuando no hay ninguna región seleccionada. Se muestra como una línea vertical con un triángulo negro adjunto.
- El **cursor de reproducción:** durante la reproducción o pausa de una pista, el cursor se muestra como un triángulo verde.
- El **cursor de grabación:** durante la grabación o en pausa durante la grabación se muestra como un triángulo rojo.

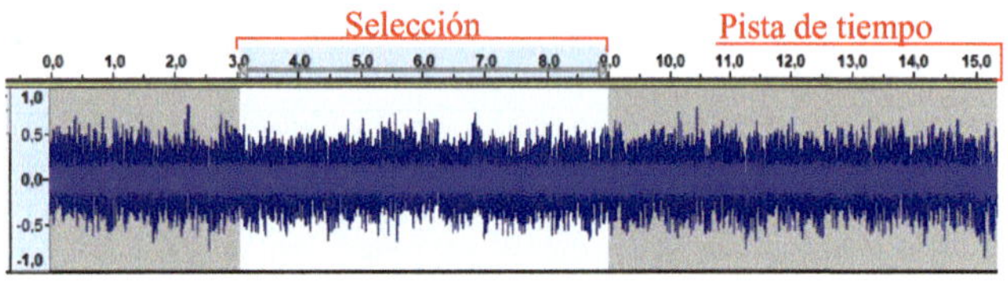

Figura 10.38. Regla horizontal (pista de tiempo).

La selección de un intervalo de tiempo en la regla provoca la reproducción rápida del tramo seleccionado, sin necesidad de activar el botón de reproducción. El tramo se selecciona arrastrando con el ratón la zona deseada, y se identifica por unas puntas de flecha con una línea que las conecta (Figura 10.39). Una vez seleccionado el tramo, la reproducción se inicia tan pronto como se suelta el ratón.

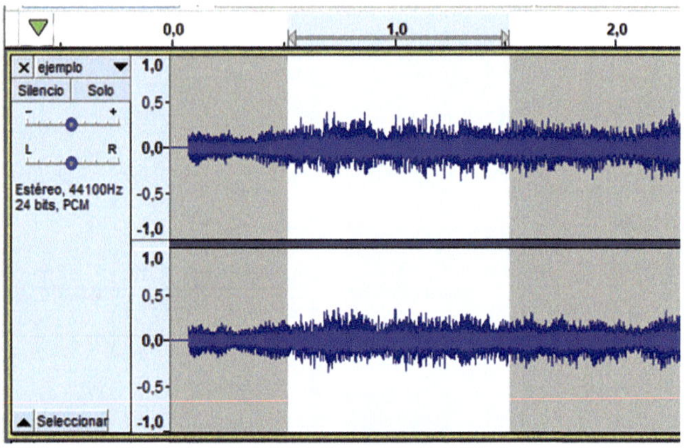

Figura 10.39. Selección con la regla horizontal.

10.6.4. Barras de herramientas

Las **barras de herramientas** permiten un acceso rápido a diferentes funciones de edición. Se puede personalizar el entorno de edición modificando las barras de herramientas que el usuario quiere que aparezcan en el entorno, en la opción **Barras de herramientas** del menú **Ver,** tal y como se muestra en la Figura 10.40.

Barra de herramientas de dispositivos

La comunicación entre el programa de edición y el ordenador se realiza a través de los diferentes dispositivos que este incorpora: como mínimo, la tarjeta de sonido incorporará una línea de salida para la conexión de los altavoces y una línea de entrada para la conexión del micrófono o cualquier otro dispositivo de sonido.

La **barra de herramientas de dispositivos,** que se muestra en la Figura 10.41, proporciona un modo sencillo de seleccionar los dispositivos utilizados para la reproducción y la grabación de sonidos, sin necesidad de abrir el menú **Preferencias** de Audacity del menú **Edición.**

En esta barra se diferencian cuatro apartados:

- **Servidor de audio.** Selecciona el servidor de audio del sistema operativo con el que el programa se comunica. Depende del sistema operativo utilizado.
- **Dispositivo de salida.** Selecciona el dispositivo instalado en el ordenador que se utilizará en la reproducción del sonido.

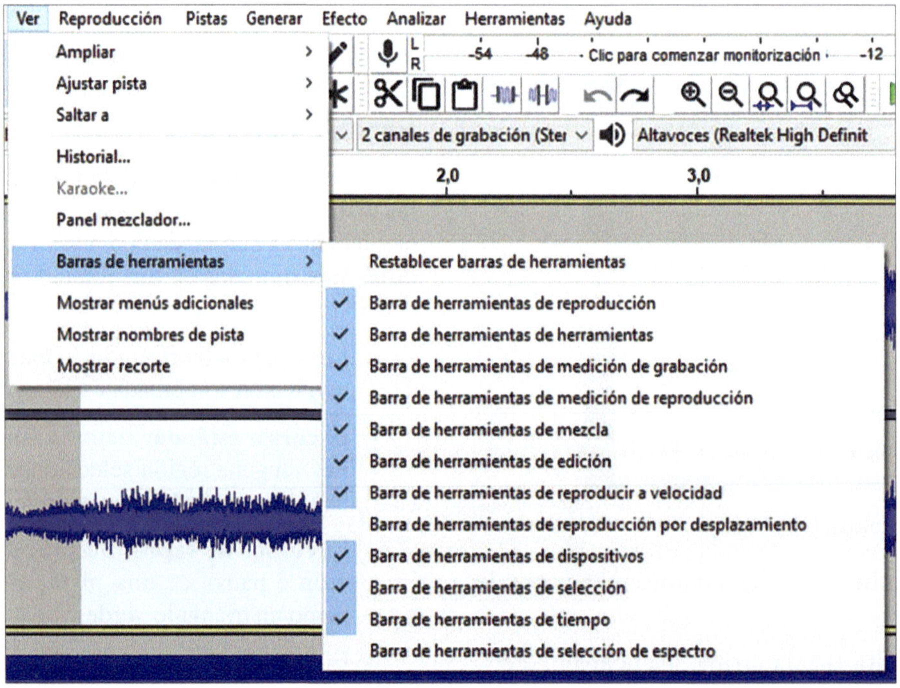

Figura 10.40. Barra de herramientas del menú Ver.

- **Dispositivo de entrada.** Selecciona el dispositivo instalado en el ordenador que se utilizará en la grabación del sonido.
- **Canales de entrada.** Selecciona el número de canales del dispositivo de grabación: típicamente 1 (mono) o 2 (estéreo).

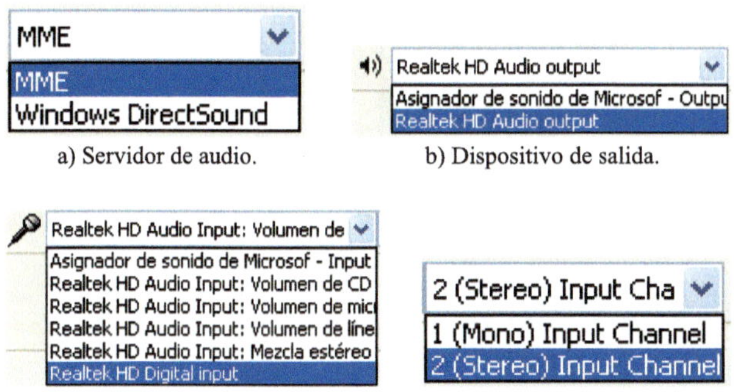

a) Servidor de audio. b) Dispositivo de salida.

c) Dispositivo de entrada. d) Canales de entrada.

Figura 10.41. Opciones de la barra de dispositivo.

Barra de herramientas de mezcla

La **barra de herramientas de mezcla** (Figura 10.42) controla, mediante deslizadores, el volumen de entrada y de salida de los dispositivos conectados al sistema.

Figura 10.42. Barra de herramientas de mezcla.

Barra de herramientas de selección

La **barra de herramientas de selección,** que se muestra en la Figura 10.43, incluye la tasa de muestreo del proyecto y permite ajustar con precisión la posición del cursor o la región de selección sin necesidad de utilizar el ratón para pulsar o arrastrar las pistas de sonido.

Barra de herramientas de medidores

Con los medidores de nivel (Figura 10.44) de la **barra de herramientas de medidores,** se puede monitorizar el volumen antes, durante y después de la grabación.

Barra de herramientas de reproducir a velocidad

La **barra de herramientas de reproducir a velocidad** tiene su propio botón de reproducción, que se muestra en la Figura 10.45. Permite modificar la velocidad de reproducción del audio mediante un deslizador.

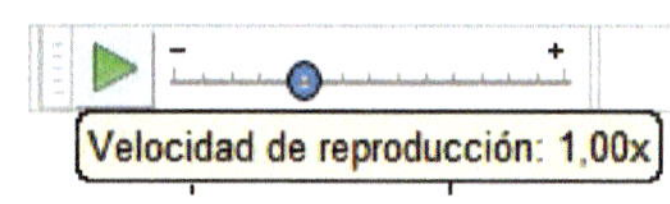

Figura 10.45. Barra de herramientas de transcripción.

Barra de herramientas de reproducción

Los botones de control de audio (Figura 10.46) de la **barra de herramientas de reproducción** representan los controles típicos de cualquier sistema de grabación y reproducción de sonido.

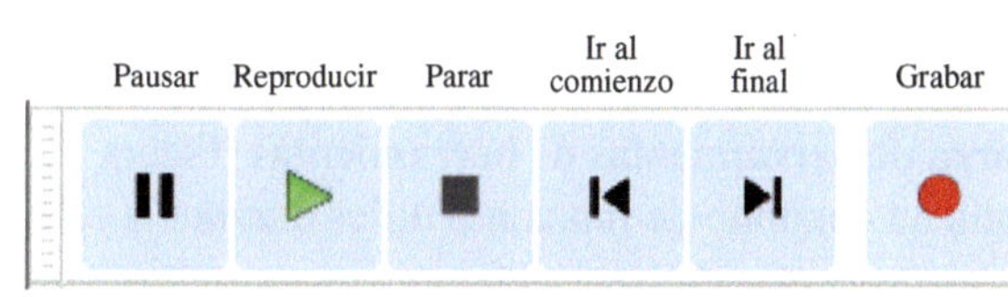

Figura 10.46. Botones de control de audio de la barra de herramientas de reproducción.

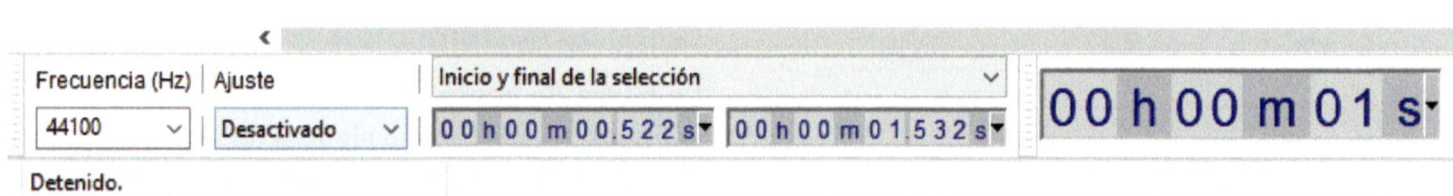

Figura 10.43. Barra de selección.

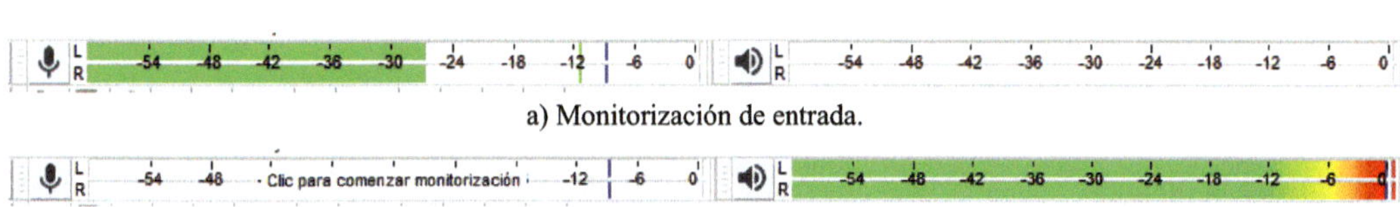

a) Monitorización de entrada.

b) Monitorización de salida.

Figura 10.44. Barra de medición.

Ejemplo 10.8.

Grabación de sonido con Audacity.

Con Audacity es posible grabar voces y otros sonidos, de manera sencilla, conectando un micrófono y seleccionando la fuente de entrada adecuada.

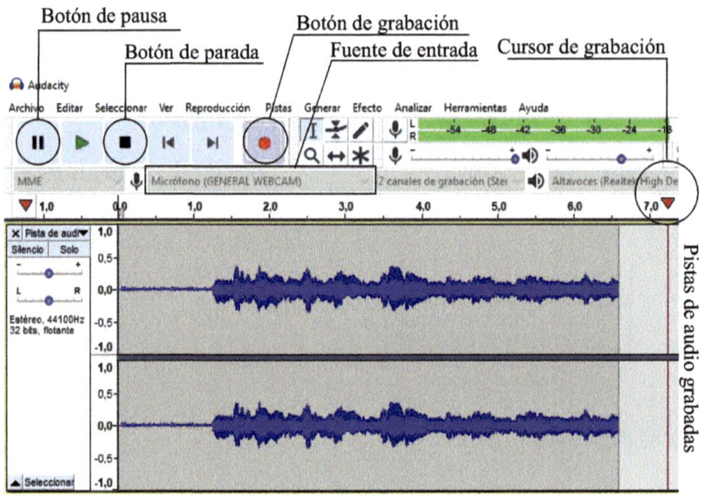

Figura 10.47. Grabación con Audacity.

Para iniciar el proceso se pulsa el botón de grabación y se finaliza pulsando el botón de parada. También se puede detener momentáneamente la grabación con el botón de pausa (Figura 10.47).

Barras de herramientas de herramientas

La **barra de herramientas de herramientas** (Figura 10.48) recopila un conjunto de funciones útiles durante la edición de las pistas de sonido:

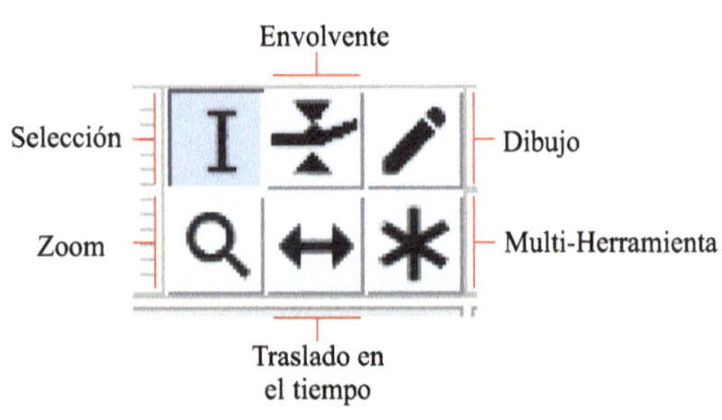

Figura 10.48. Barra de herramientas de herramientas.

- **Herramienta de selección.** Permite seleccionar el segmento de audio que se desea escuchar o editar.
- **Herramienta de envolvente.** Permite el control detallado del nivel de volumen de la señal directamente en la ventana de la pista.
- **Herramienta de dibujo.** Permite modificar muestras individuales.
- **Herramienta de zoom.** Aumenta o reduce el área de visualización temporal de las pistas de sonido.
- **Herramienta de traslado en tiempo.** Permite deslizar las pistas en relación unas con otras en el tiempo.
- **Modo de Multi-Herramienta.** Herramienta múltiple que permite acceder a todas las herramientas a la vez dependiendo de la ubicación del ratón y las teclas presionadas.

Barra de herramientas de edición

La **barra de herramientas de edición** que se muestra en la Figura 10.49 recopila algunas de las herramientas de edición que más se utilizan y como norma general son accesos directos de algunas de las acciones que se pueden encontrar en el menú de edición.

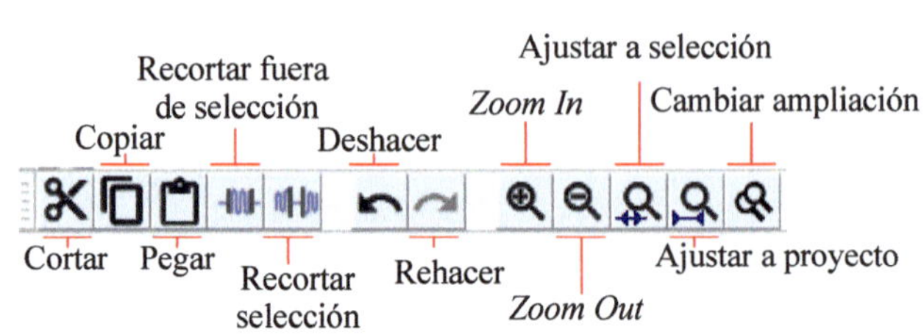

Figura 10.49. Panel de edición.

10.6.5. Edición de sonido con Audacity

El objetivo básico de la edición digital es la generación de pistas de sonido a partir de secuencias grabadas directamente, importadas de archivos externos o creadas a partir de las propias opciones del programa.

Una vez realizada la edición de las diferentes pistas del proyecto, con el objetivo de obtener el resultado esperado, es posible su exportación a un nuevo fichero de sonido estándar resultado de la mezcla de las pistas iniciales.

A partir de la barra de menús del programa, que se muestra en la Figura 10.50 podemos acceder a la mayor parte de capacidades de edición.

Menú de archivo

El menú de archivo permite crear, abrir y guardar archivos de sonido o proyectos de Audacity (Figura 10.51).

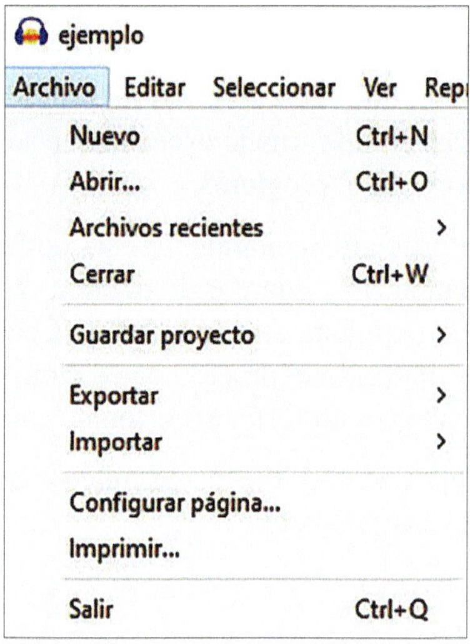

Figura 10.51. Menú de archivo.

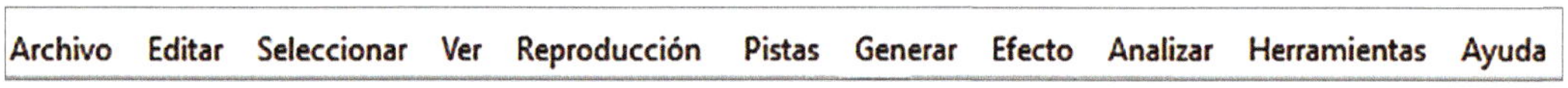

Figura 10.50. Barra de menús.

Ejemplo 10.9.

Gestión de proyectos y archivos.

Si creamos un proyecto (Figura 10.52.a) denominado **ejemplo,** la información general del proyecto se almacena en el fichero **ejemplo.aup3.**

También podemos guardar un archivo de sonido en un formato determinado mediante la opción de exportar (Figura 10.52.b), pudiendo elegir entre los diferentes formatos de sonido que ofrece el programa.

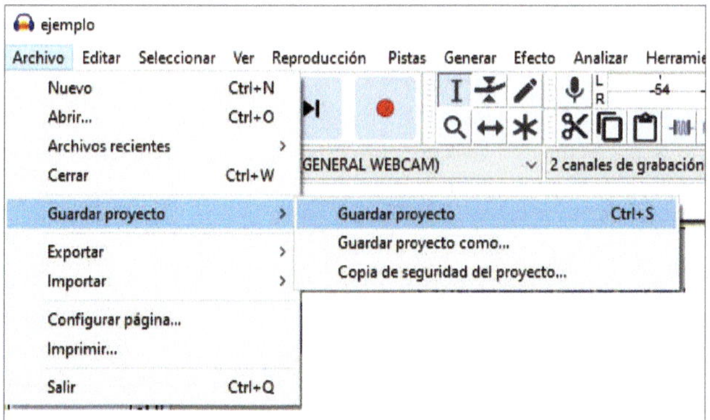

a) Proyecto.

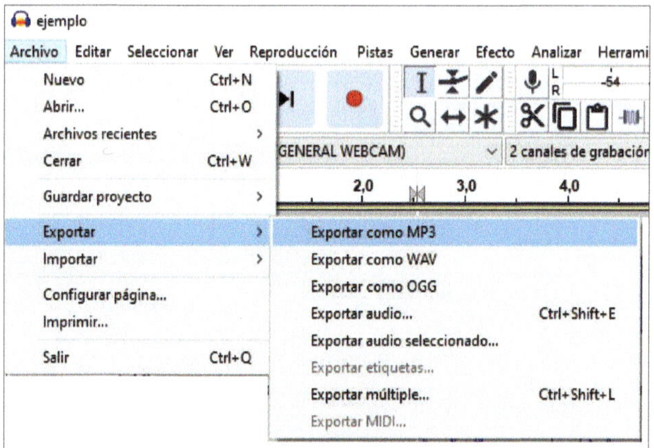

b) Exportación.

Figura 10.52. Exportación y creación de proyectos.

Un **proyecto Audacity** consiste en un fichero de proyecto que almacena la información general sobre el proyecto con extensión **.aup3.** Los archivos de proyecto de Audacity se guardan en un formato especial que solo interpreta de manera correcta el programa.

El formato de almacenamiento está optimizado para que se puedan abrir y guardar de manera rápida y no es compatible con ninguna otra aplicación de edición, por lo que una vez finalizado el proceso de edición, es necesario exportar el trabajo a un formato de sonido estándar.

Las opciones de importación permiten añadir una pista de audio nueva al proyecto.

Menú de edición

En el **menú de edición** que se muestra en la Figura 10.53 se encuentran las herramientas básicas que permiten editar las pistas de sonido.

Las más importantes están relacionadas con la copia, el pegado y la eliminación de pistas completas o trozos de pista seleccionados.

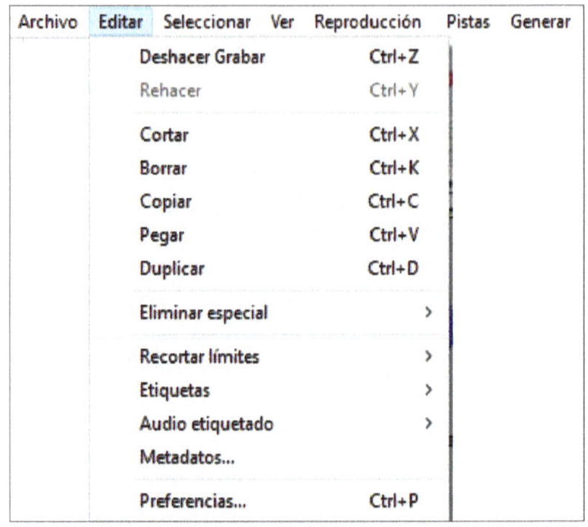

Figura 10.53. Menú de edición.

Ejemplo 10.10.

Eliminación de un *glitch*.

Un *glitch* es un salto instantáneo de intensidad del sonido molesto que se traduce en un chasquido de sonido (Figura 10.54.a). Este efecto puede eliminarse seleccionando los cruces por cero en las señales en las operaciones de copiar, cortar y pegar.

La opción de menú **Seleccionar. En pasos por cero** modifica la selección realizada para que los bordes izquierdo y derecho de la selección coincidan con un cruce por cero (Figura 10.54.b). Esta herramienta evita posibles chasquidos (*glitch*) audibles en las operaciones de cortar y pegar.

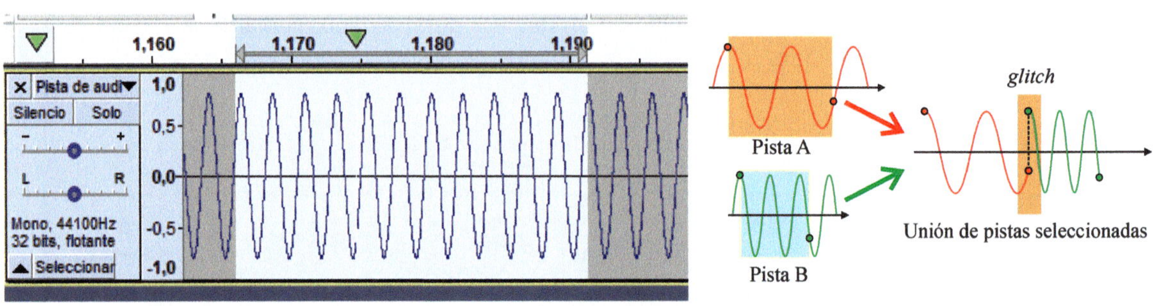

a) Selección convencional.

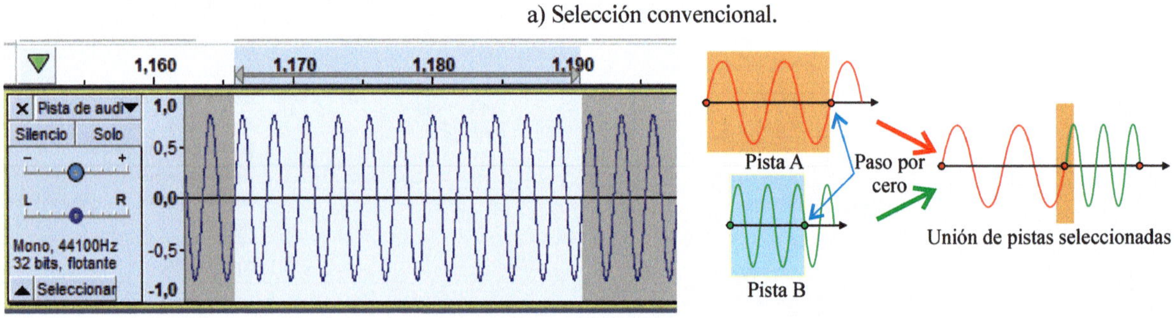

b) Selección con ajuste de paso por cero.

Figura 10.54. Cruce por cero.

Menú de selección

En el **menú de selección** se puede realizar la selección de toda o parte de una pista de sonido (Figura 10.55) en función de diferentes criterios.

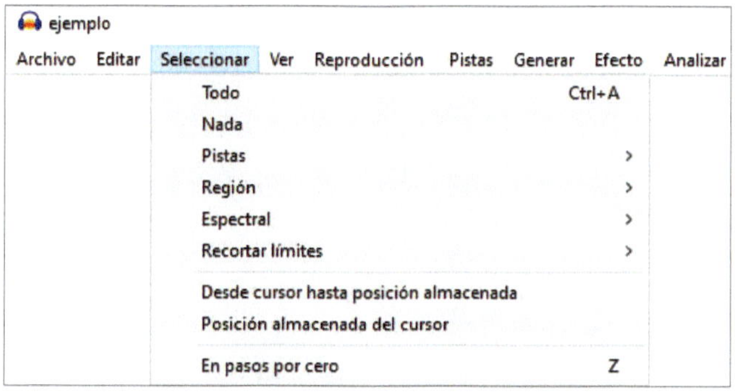

Figura 10.55. Menú de selección.

Menú ver

El menú **Ver** realiza funciones relacionadas con el ajuste del área de visualización de las pistas. Para ello existen funciones de zoom y de ajuste de visualización (Figura 10.56) que afectan a las pistas de sonido o a las selecciones realizadas.

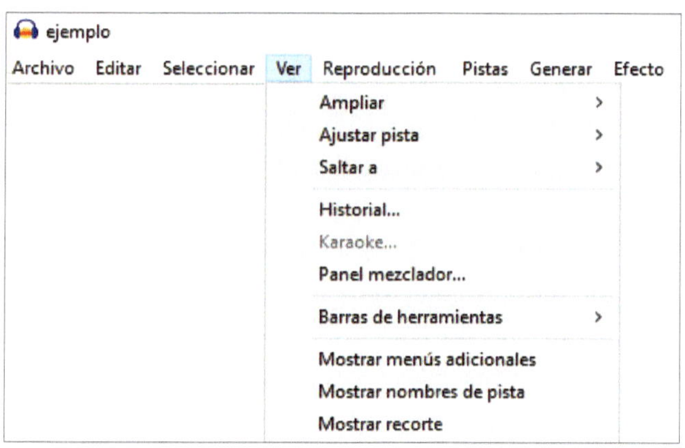

Figura 10.56. Menú ver.

Menú de reproducción

El **menú de reproducción** (Figura 10.57) incluye funciones relacionadas con el control durante la grabación y reproducción de las pistas de sonido.

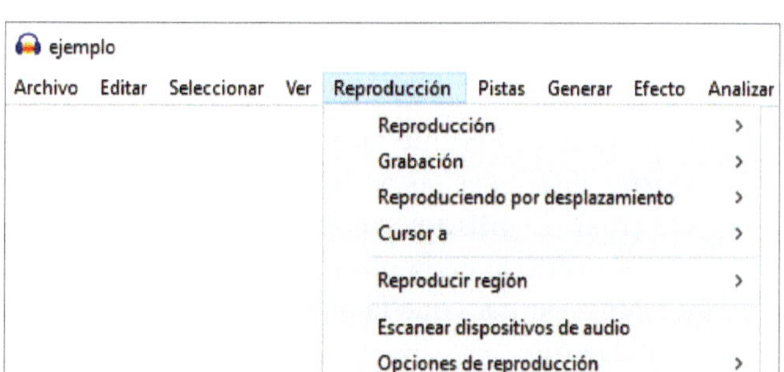

Figura 10.57. Menú de reproducción.

Menú de pistas

El **menú de pistas** (Figura 10.58) proporciona órdenes para crear, eliminar y realizar operaciones sobre diferentes pistas (mezcla, remuestreo, silenciado, etcétera).

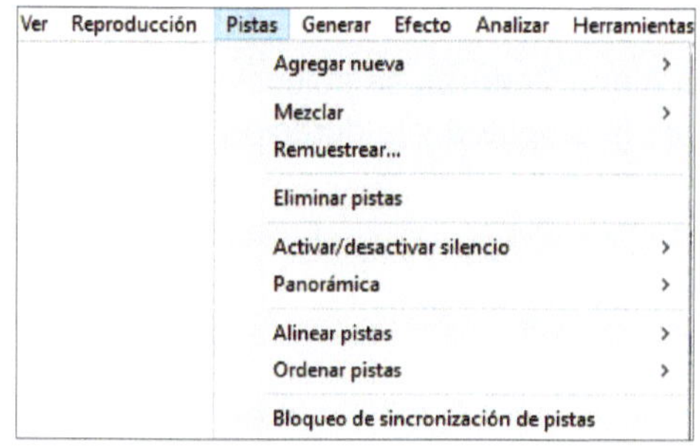

Figura 10.58. Menú de pistas.

Menú generar

El menú **Generar** ofrece algunas opciones básicas de síntesis de sonido, las cuales permiten crear segmentos de sonido con la señal seleccionada (Figura 10.59). La duración del segmento generado es configurable por el usuario y remplaza cualquier selección realizada previamente, insertándose en la pista actual y desplazando el resto de la pista. Cuando no existen pistas en un proyecto, se crea una nueva pista.

Algunas de las opciones disponibles son las siguientes:

- **Chirp.** Genera diferentes tipos de forma de onda (sinusoide, cuadrada o en diente de sierra), permitiendo establecer los valores inicial y final, tanto de la amplitud como de la frecuencia.
- **Ruido.** Crea muestras aleatorias de sonido, para generar ruido de la duración especificada. Se pueden seleccionar tres tipos de ruido diferentes: blanco, rosa y marrón.
- **Silencio.** Introduce un silencio en la pista de la duración especificada.
- **Tono.** Crea una forma de onda (sinusoidal, cuadrada o en diente de sierra) de la frecuencia, amplitud y duración especificadas.
- Etcétera.

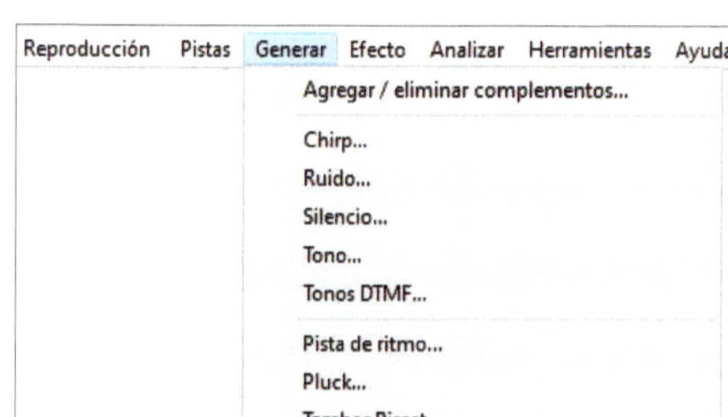

Figura 10.59. Menú Generar.

Ejemplo 10.11.

Generación de una pista de sonido de ruido rosa.

El ruido rosa se caracteriza por tener un espectro con un descenso de 3 dB/octava en el nivel de presión sonora. Esta señal se utiliza como señal de prueba para diferentes propósitos, en especial la ecualización de recintos.

En el menú **Generar,** se selecciona la opción **Ruido** y escogemos el tipo de ruido **Rosa** (Figura 10.60). Seleccionamos la amplitud y la duración del fragmento de ruido.

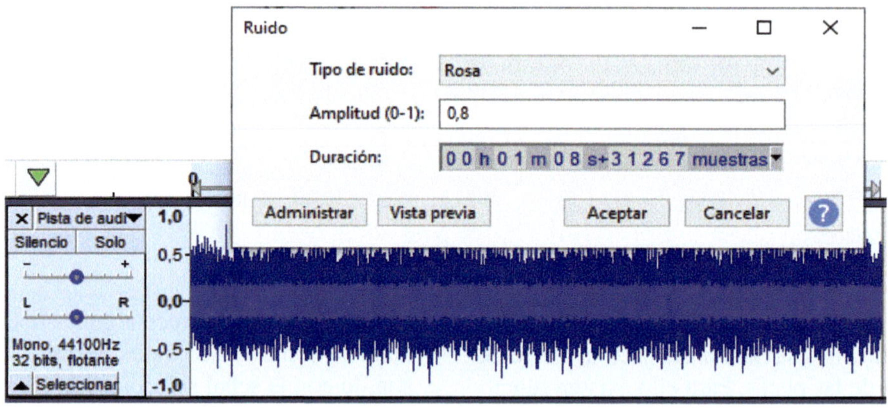

Figura 10.60. Generación de ruido rosa.

La señal resultante la podemos utilizar para realizar las pruebas y verificaciones que necesitemos.

Menú de efectos

El **menú de efectos** permite aplicar sobre una selección o sobre toda la pista seleccionada un efecto. Existen gran cantidad de efectos y, además, es posible importar efectos (complementos) desarrollados por otros autores.

En la Figura 10.61 se muestran los efectos que incorpora el programa.

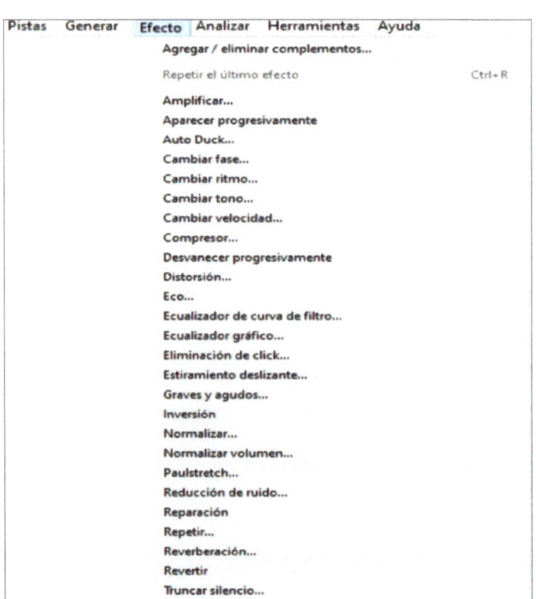

Figura 10.61. Menú de efectos.

La mayoría de efectos abre un cuadro de diálogo que permite modificar las opciones por defecto del filtro. Los efectos más utilizados en la práctica son los siguientes:

- **Amplificar.** Este efecto aumenta o reduce el nivel de señal (volumen) de la selección realizada en el número de dB especificados (Figura 10.63).
- **Compresor.** Comprime la gama dinámica de la selección para que los sonidos fuertes sean más suaves mientras mantiene el volumen de los sonidos débiles (Figura 10.64).
- **Reducción de ruido.** Este efecto permite reducir el ruido de fondo de una grabación.
- **Ecualización.** Refuerza o atenúa la señal en función de la frecuencia. Existen dos opciones básicas: ecualizador gráfico (Figura 10.66) o ecualizador de curva de filtro.
- **Normalizar.** Permite normalizar la señal cuando existen diferentes pistas antes del proceso de mezcla final. El filtro permite corregir el desplazamiento vertical de la pista (componente continua) o amplificar para que la amplitud máxima sea una cantidad fija.
- Etcétera.

Ejemplo 10.12.

Eliminación de ruido de una pista de sonido.

Cuando una grabación contiene cierta cantidad de ruido de fondo, debido al sonido ambiente o a la utilización de micrófonos de baja calidad, resulta útil eliminar el ruido para obtener una grabación lo más nítida posible.

Audacity dispone de un efecto destinado a la eliminación del ruido. Esta herramienta localiza las señales de frecuencias correspondientes al ruido y las elimina de la pista.

Cuando se selecciona el efecto de reducción de ruido, aparece una ventana emergente que nos indica los dos pasos necesarios para eliminar el ruido (Figura 10.62):

- En el **paso 1** se obtiene el perfil del ruido, para que el filtro reconozca el espectro de las señales que debe filtrar. Para eliminar el ruido de un fragmento, en primer lugar hemos de seleccionar la parte de la pista donde detectemos que hay ruido y, si es posible, libre de señal útil. Este proceso se realiza antes de seleccionar el efecto. Una vez que pulsemos sobre el botón **Obtener perfil de ruido,** el programa cierra automáticamente la ventana, para pasar al paso 2.
- En el **paso 2** se selecciona todo el fragmento que queremos eliminar del ruido y volvemos al efecto de reducción de ruido. En la parte inferior de la ventana emergente ajustamos la cantidad de ruido que deseamos eliminar así como algunos parámetros relacionados directamente con el filtro. Sobre el botón **Vista previa** podemos comprobar el resultado antes de aplicar el efecto definitivamente. Si el resultado es el esperado, pulsamos sobre el botón **Aceptar** y el programa eliminará las frecuencias de ruido de toda la selección realizada previamente.

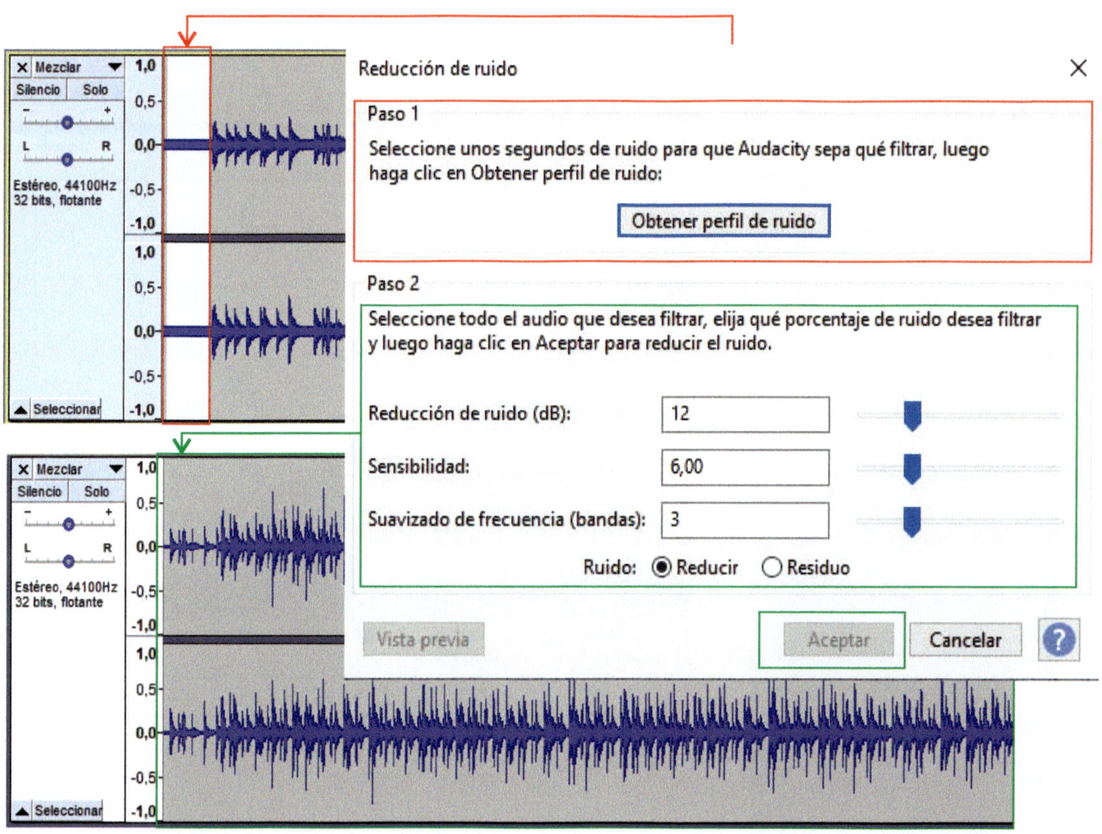

Figura 10.62. Reducción de ruido.

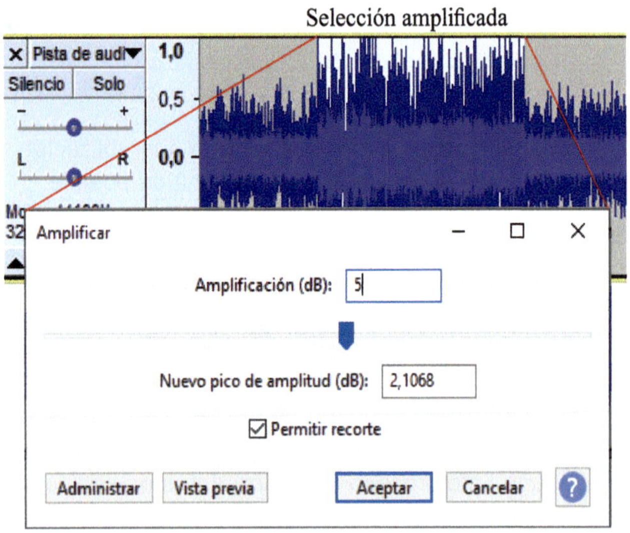

Figura 10.63. Efecto Amplificar.

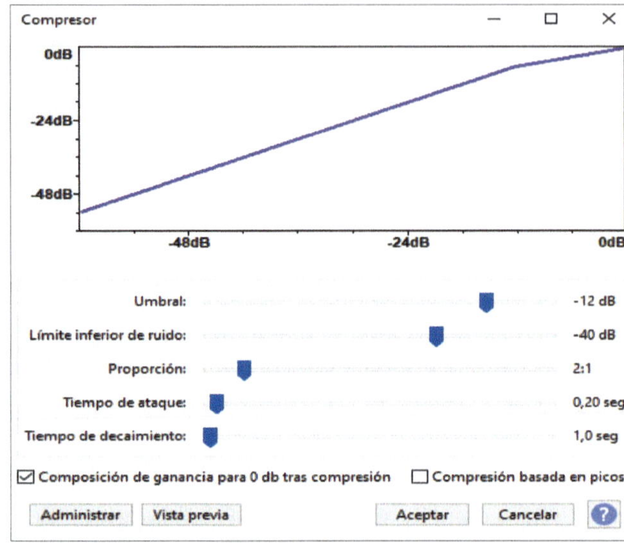

Figura 10.64. Efecto de compresión.

Ejemplo 10.13.

Análisis del espectro del ruido rosa.

A partir de la opción **Análisis del espectro** del menú **Analizar,** podemos visualizar el espectro de la señal generada en el Ejemplo 10.11, con representación logarítmica de la frecuencia.

Como se observa en la Figura 10.65 al aplicar este efecto, el ruido rosa generado se caracteriza por tener un espectro con un descenso de 3 dB/octava en el nivel de señal.

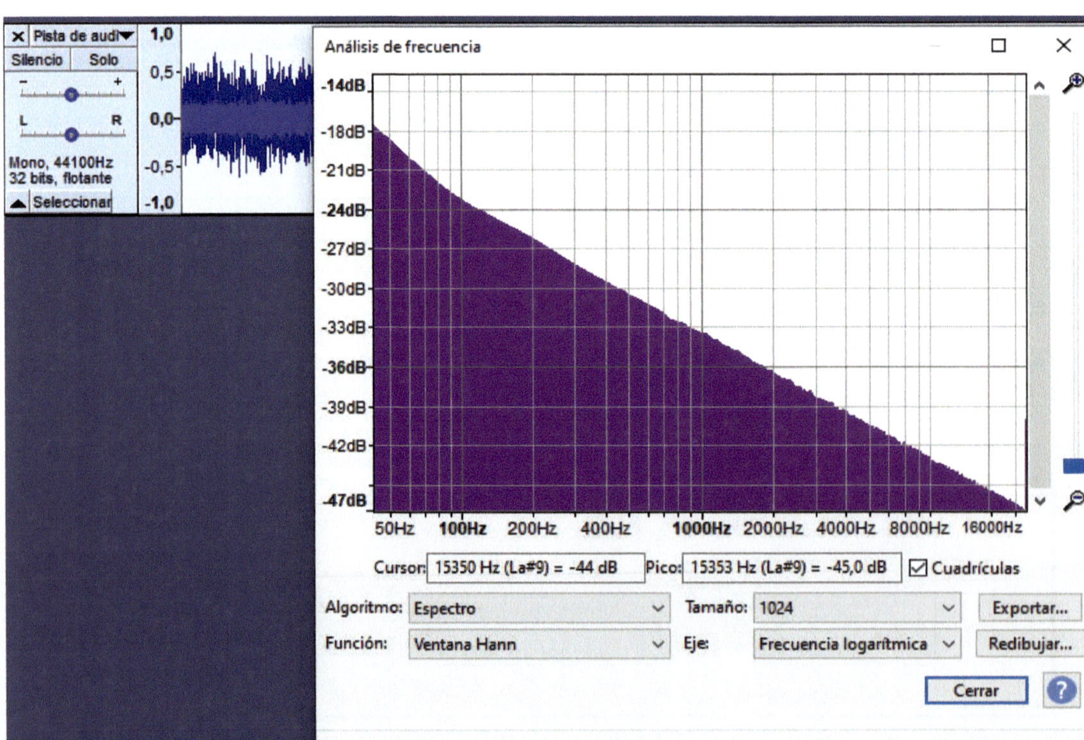

Figura 10.65. Espectro del ruido rosa.

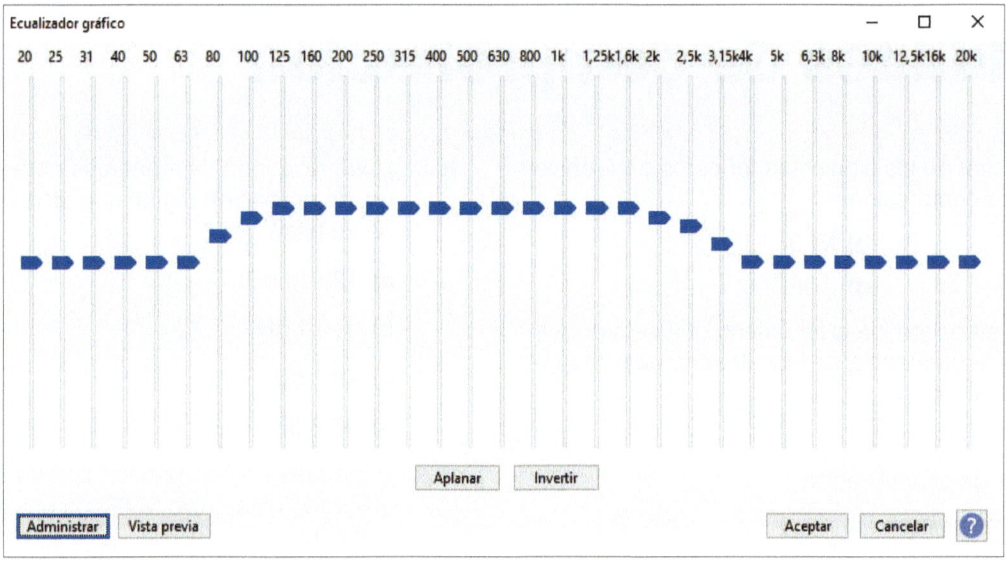

Figura 10.66. Efecto de ecualizador gráfico.

Menú analizar

Las herramientas del menú **Analizar** (Figura 10.67) están destinadas a examinar las características de la señal de sonido, pero no la modifican. Las tres opciones principales que incorpora son:

- **Contraste.** El propósito de este filtro es determinar la inteligibilidad de la voz.
- **Análisis de espectro.** Permite visualizar el espectro de la selección de audio realizada.
- **Encontrar recorte.** Analiza los recortes de sonido de la selección realizada.

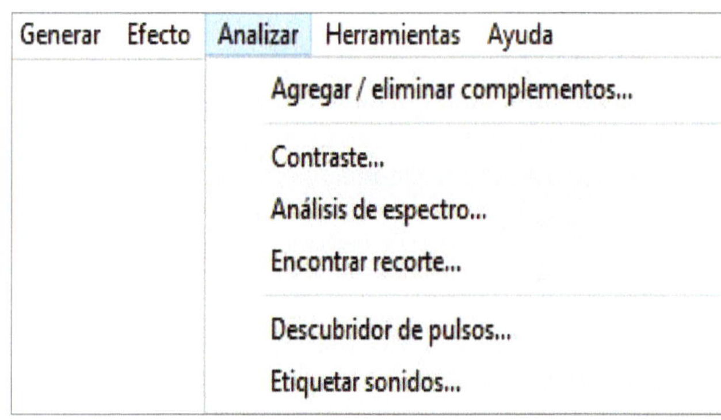

Figura 10.67. Menú Analizar.

Páginas web de interés

Herramientas útiles

Audacity. Página web de descarga de la última versión de Audacity, el editor de sonido libre y gratuito, para diferentes sistemas operativos.

www.sourceforge.net/projects/audacity

Banco de imágenes y sonidos. Tiene como objetivo fundamental facilitar a la comunidad educativa recursos audiovisuales.

www.intef.es/recursos-educativos/banco-de-imagenes-y-sonidos

Doctorproaudio. Página web con herramientas y artículos de audio. Incluye un disco de pruebas para refuerzo sonoro con pistas de audio útiles.

www.doctorproaudio.com

Equipos y fabricantes

Dolby Digital. Página web de los Laboratorios Dolby sobre los sistemas digitales de codificación de sonido Dolby (en inglés).

www.dolby.com

DTS. Página web del sistema digital de codificación de sonido DTS (en inglés).

www.dts.com

Pioneer. Fabricante con una sección importante sobre sistemas de cine en casa.

www.pioneer.eu

Sony. Empresa multinacional fabricante de equipos de electrónica de consumo, entre los que destacan los productos de audio y vídeo.

www.sony.es

Actividades de comprobación

10.1. Indica cuál de los siguientes formatos de archivo no utiliza compresión.

a) PCM. **b)** MP3.

c) OGG. **d)** ADPCM.

10.2. ¿Cómo se denomina el fenómeno que se produce cuando la frecuencia de muestreo no es suficientemente alta?

a) *Aliasing*.

b) Error de cuantificación.

c) Error de *offset*.

d) Saturación.

10.3. ¿Qué sistema de codificación de sonido se utiliza normalmente como punto de partida en la digitalización de la señal de sonido?

a) PCM. **b)** OGG

c) MPEG. **d)** WAV.

10.4. ¿Qué frecuencia de muestreo mínima se debe utilizar para obtener sonido de alta calidad, como los utilizados en sistemas como el CD-DA?

a) 8000 Hz.

b) 10000 Hz.

c) 20000 Hz.

d) 40000 Hz.

10.5. ¿Qué tasa de muestreo se utiliza en los sistemas de codificación de voz como los utilizados en telefonía?

a) 8000 Hz.

b) 22050 Hz.

c) 44100 Hz.

d) 48000 Hz.

10.6. ¿De qué color es el conector de entrada de micrófono de una tarjeta de sonido?

a) Rosa. **b)** Azul.

c) Verde. **d)** Negro.

10.7. ¿Qué altavoz de un sistema de sonido envolvente reproduce las frecuencias centrales y la voz?

a) El altavoz central.

b) L y R.

c) L_S y R_S.

d) LFE.

10.8. ¿Qué relación S/N teórica se obtiene en un sistema de grabación digital que utiliza una resolución de 20 bits?

a) 122,16 dB.

b) 110,1 dB.

c) 98,1 dB.

d) 96,2 dB.

10.9. ¿Qué tasa de compresión típica se consigue codificando un archivo MP3 con una tasa de bits de 128 kpbs?

a) 1:6. **b)** 1:12.

c) 1:20. **d)** 1:40.

10.10. ¿Cuántos canales de ancho de banda completo tiene un sistema de sonido 5.1?

a) 2. **b)** 4.

c) 5. **d)** 6.

10.11. ¿Cuál es la principal conexión que se utiliza para transmitir la señal de audio y video a un receptor A/V multicanal?

a) XLR. **b)** RCA.

c) HDMI. **d)** USB.

10.12. ¿Qué altavoz reproduce los sonidos de frecuencias bajas en un sistema de sonido envolvente?

a) Altavoz central.

b) Altavoces laterales.

c) Altavoces traseros.

d) *Subwoofer*.

10.13. ¿Cuántos canales de audio completos tiene un sistema de sonido envolvente 7.1?

a) 5. **b)** 6.

c) 7. **d)** 8.

10.14. ¿Qué atenuación caracteriza el espectro del ruido rosa?

a) 3 dB/octava.

b) 6 dB/octava.

c) 9 dB/octava.

d) 12 dB/octava.

Actividades de aplicación

10.15. Home Cinema. La Figura 10.68 muestra el esquema típico de conexionado de un sistema de cine en casa. Realiza los apartados siguientes:

a) Indica el tipo de conector típico que se utiliza en cada una de las conexiones del sistema.

b) Indica el tipo de cable utilizado para cada conexión.

c) Justifica si la ubicación de los altavoces del sistema es el adecuado.

d) Realiza el montaje del sistema de sonido envolvente propuesto por tu profesor y comprueba su funcionamiento. Compara la instalación propuesta con la de esta actividad.

e) Reproduce un DVD que utilice Dolby Digital o DTS. Desconecta cada altavoz por separado y justifica los efectos observados.

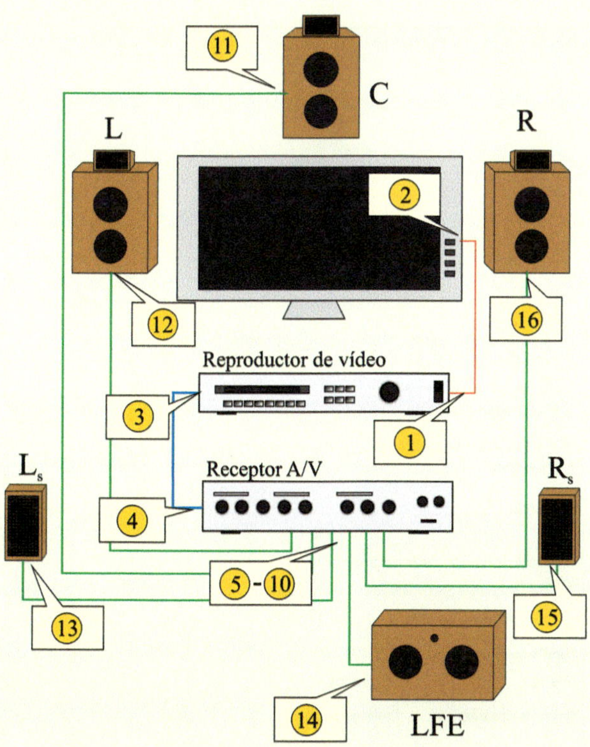

Figura 10.68. Conexiones típicas de un sistema de sonido de cine en casa.

10.16. Grabación de voz. El método más sencillo de grabación se realiza mediante la grabadora de voz de Windows (Figura 10.69). Para ello realiza los pasos siguientes:

a) Inicia el programa de grabación: **Inicio → Grabadora de voz.**

b) Comprueba que la entrada de micrófono de la tarjeta de sonido está seleccionada como entrada de grabación.

c) Registra mediante un micrófono una secuencia de sonido de 60 s que incluya, por ejemplo, tu propia voz.

d) Guarda la secuencia de sonido. Por defecto se almacena en la carpeta **Documentos → Grabaciones de sonidos.**

e) Comprueba la extensión del archivo generado y su tamaño. Justifica el resultado obtenido.

f) Con un reproductor multimedia comprueba el resultado obtenido de la grabación.

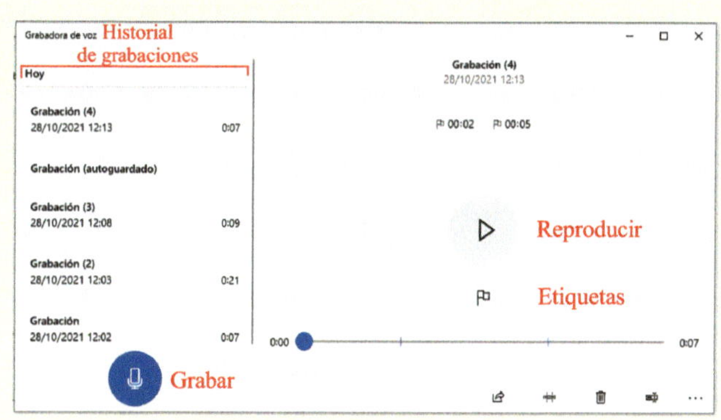

Figura 10.69. Grabación con la grabadora de sonidos de Windows.

10.17. Proceso de grabación con Audacity. Realiza la actividad anterior utilizando como herramienta de grabación el programa Audacity. Para realizar la grabación sigue estos pasos:

a) Conectar la fuente de entrada. Identifica los puertos de sonido del ordenador. En ocasiones puede ser necesario utilizar adaptadores para poder conectar los equipos a la entrada de línea de la tarjeta de sonido: por ejemplo, para conectar un mezclador con salidas RCA.

b) **Configurar Audacity para grabar desde el dispositivo.** En el menú **Editar → Preferencias → Dispositivos,** tal y como se muestra en el cuadro de diálogo de la Figura 10.70, podemos comprobar y configurar el dispositivo de entrada que se utilizará en la grabación y el número de canales de grabación. En la opción de grabación del cuadro de diálogo de preferencias podemos establecer algunas opciones de grabación, como, por ejemplo, activar el proceso de grabación cuando el sonido esté por encima de un nivel determinado.

c) **Establecer los niveles de grabación.** En el medidor de entrada es posible la monitorización de la señal, sin necesidad de empezar la grabación (Figura 10.71.a). Habla o reproduce la fuente de entrada al volumen nominal y comprueba el medidor de nivel. Si el medidor de nivel se satura o es demasiado pequeño, será necesario ajustar el volumen de grabación mediante la barra de herramientas de mezcla mostrada en la Figura 10.71.b.

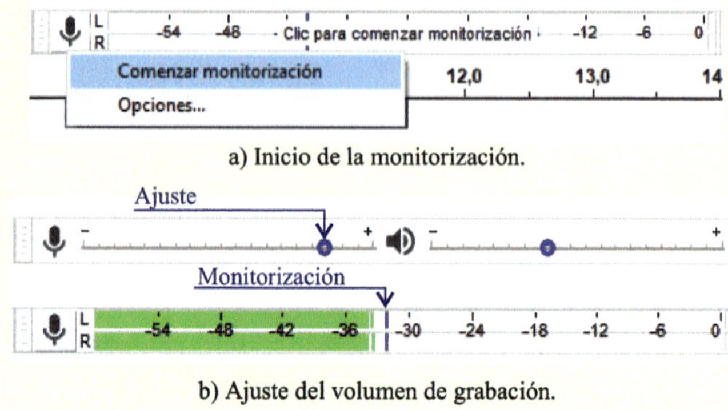

Figura 10.71. Ajuste del volumen de grabación mediante el control de nivel de grabación.

d) **Realizar un test de grabación.** Antes de realizar la grabación definitiva, realiza una prueba, grabando unos pocos segundos de sonido.

- El resultado de la grabación debería mostrar unos niveles adecuados (Figura 10.72.a) sin llegar a la saturación visible (Figura 10.72.b).

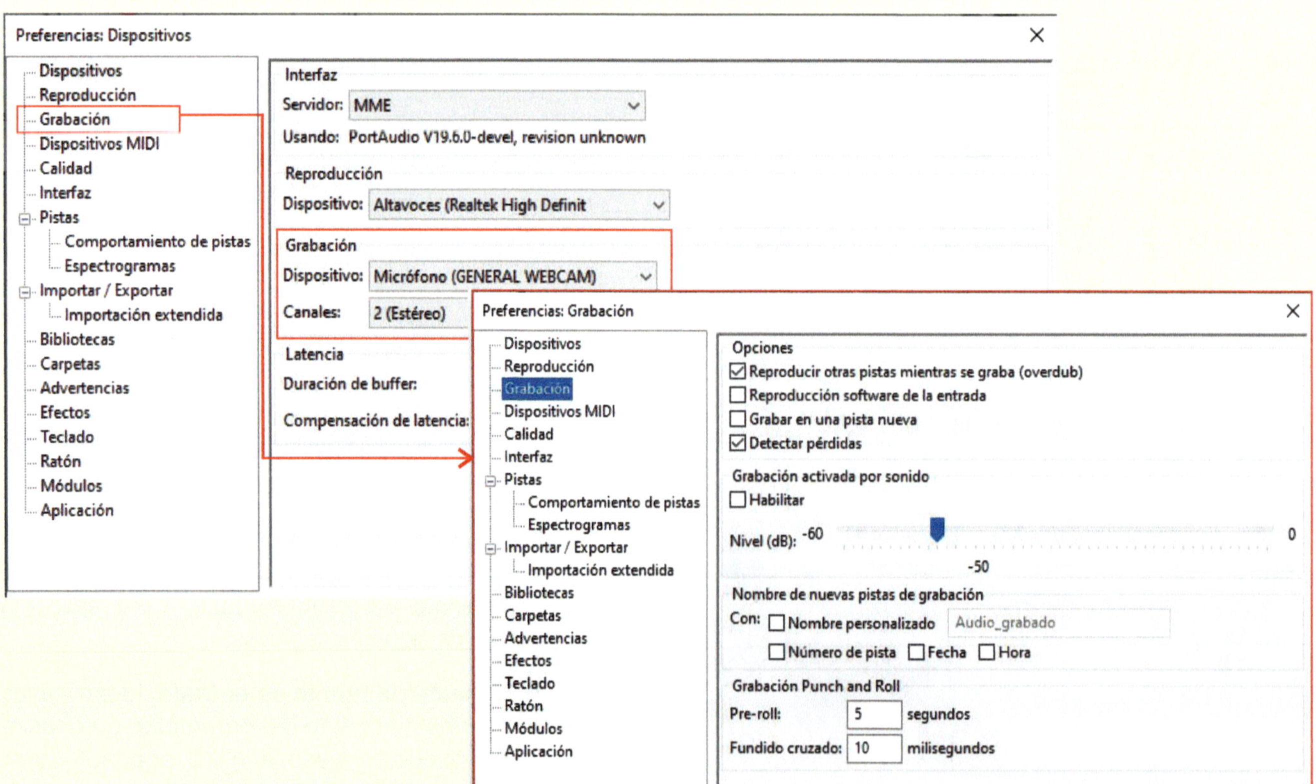

Figura 10.70. Configuración de las preferencias de dispositivo.

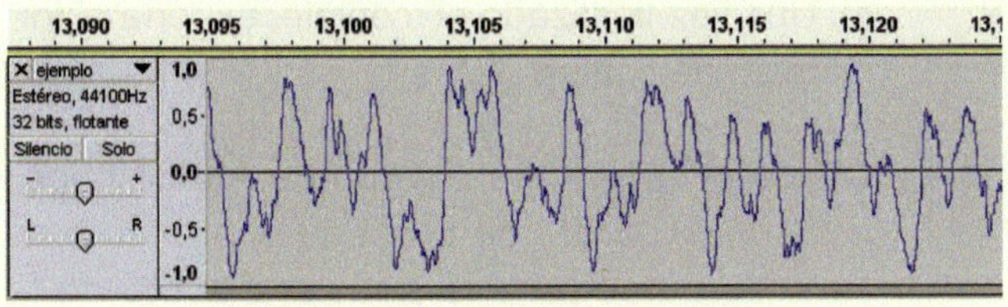

a) Resultado de una grabación correcta.

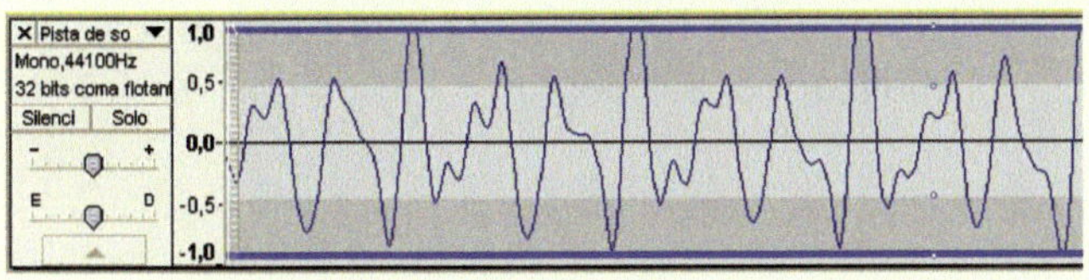

b) Resultado de una grabación incorrecta (saturación).

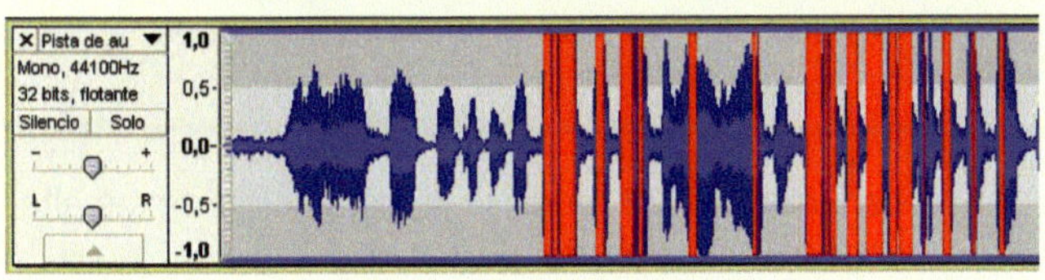

c) Detección de recortes.

Figura 10.72. Detección de la distorsión de una pista.

- Es posible comprobar los puntos de saturación a través de la opción **Mostrar distorsión** del menú **Ver.** El programa muestra barras verticales de color rojo si detecta saturación (*clipping*) en la forma de onda (Figura 10.72.c).

- Si se produce saturación, se debe bajar un poco el nivel de grabación y repetir el proceso. En caso contrario, el programa está preparado para realizar una grabación en tiempo real.

e) Grabación en tiempo real. Para empezar la grabación es necesario pulsar el botón de grabación de la barra de herramientas de reproducción. Durante la grabación es posible pausar la grabación. Para finalizar la grabación se pulsa sobre el botón de parada.

f) Editar y exportar la grabación. Sobre la grabación realizada se pueden aplicar las opciones de edición deseadas y, una vez finalizado el proceso, se puede exportar el resultado al formato de sonido deseado.

10.18. Grabación y edición de voz. Conecta un micrófono al ordenador y, siguiendo el proceso indicado en la actividad anterior, realiza una grabación de voz donde exista una pausa importante entre frases. Una vez finalizada la grabación edita la pista de sonido resultante y corta los silencios. Una vez finalizado el proceso, exporta el resultado a un archivo MP3. Comprueba el resultado antes y después de la edición.

10.19. Eliminar la información vocal de una canción. Cuando se registra una canción en un estudio, se graba cada instrumento y la voz por separado en su canal, pero cuando se mezcla, todo se reduce a dos canales en los sistemas estéreo. Una vez mezclados, no es posible separar unos componentes de otros. Para eliminar la información de voz en la música estéreo nos podemos aprovechar de que cuando se mezcla la música, el canal de voz se suele mezclar de forma idéntica en los canales derecho e izquierdo. Esto permite eliminar la voz, restando la información de los dos canales, aunque de esta manera también se elimina parte de la información musical. Esto es únicamente posible para aquellas canciones estéreo en las que las voces son exactamente iguales en los dos canales. Un ejemplo de aplicación de esta actividad es crear una canción para *karaoke,* es decir, dejar la música y eliminar la voz. Los pasos a seguir son:

1. Selecciona la canción de la que desees eliminar la señal de voz: **Proyecto → Importar Audio**...

2. En el menú de la pista selecciona **Dividir pista estéreo a mono.** Esto permite modificar cada canal de sonido por separado.

3. Selecciona una sola pista y elige **Efecto → → Inversión.** De esta manera invertimos la señal de una de las pistas respecto de la otra.

4. Reproduce las pistas para escuchar el resultado.

5. Si el resultado es satisfactorio, selecciona las dos pistas y realiza una mezcla a partir del menú **Pistas.**

10.20. Montaje de sonido. Realiza un montaje de sonido que incluya una narración de voz, por ejemplo un cuento, una noticia, etc., música de fondo y efectos especiales.

a) La narración de voz puede capturarse mediante un micrófono y la grabadora de voz de Windows, aunque también directamente del programa Audacity.

b) Elige una buena música de fondo, acorde a la historia narrada en el pasaje anterior.

c) Busca en la red sonidos que puedan formar parte de tu historia (aplausos, tormentas, sonidos de pájaros, etcétera).

d) Importa los diferentes archivos de sonido en diferentes pistas de un proyecto y realiza los ajustes necesarios para conseguir el resultado deseado.

e) Una vez finalizado el montaje, exporta al formato de fichero deseado.

10.21. **CD de pruebas.** Con ayuda de Audacity genera un CD-ROM de pruebas con diferentes señales útiles para la puesta a punto de la sonorización de una sala o la puesta a punto de equipos de sonido: ruido rosa, tonos normalizados, etcétera.

Actividades de refuerzo

10.22. Identifica cada una de las etapas que intervienen en el proceso de conversión analógico/digital de la señal de sonido, determinando la función que realiza cada una de ellas.

10.23. Indica los principales problemas asociados a la digitalización de la señal de sonido.

10.24. ¿Por qué se produce el *aliasing* durante el proceso de digitalización de una señal? ¿Cómo se soluciona?

10.25. ¿Cuál es la tasa de bits generada en la digitalización PCM de una señal monofónica realizada con una frecuencia de muestreo de 22050 Hz y una resolución de 8 bits? ¿Cuál será el tamaño del archivo resultante de una grabación de sonido de dos minutos?

10.26. ¿Cuánta memoria ocupa una grabación de 3 minutos en calidad CD en formato PCM?

10.27. ¿Cuál será el tamaño aproximado de un archivo MP3 de 3 minutos de duración codificado con una tasa de bits constante de 128 Kbps?

10.28. ¿Cuántos minutos de sonido PCM en calidad CD caben en un CD de 650 MB?

10.29. Respecto de un archivo MP3 codificado con una tasa de bits de 128 Kbps, justifica si son verdaderas o falsas las siguientes cuestiones:

a) Su calidad es superior a la del mismo archivo codificado con una tasa de bits de 64 kbps.

b) Su tamaño es mayor que el archivo PCM original.

c) Su calidad es igual a la del archivo PCM original.

10.30. ¿Qué es un tipo de fichero *raw*?, ¿para qué se utiliza?

10.31. ¿Cuántos sonidos diferentes pueden reproducirse simultáneamente en un sistema 7.1?

10.32. ¿Dónde se debe colocar el *subwoofer* de un sistema de sonido envolvente 5.1?

10.33. La Figura 10.73 muestra la instalación de los altavoces de un sistema de sonido:

a) ¿Qué tipo de sistema de sonido envolvente se utiliza?

b) Indica la situación recomendada de cada uno de los altavoces.

c) Busca información en la red y justifica la ubicación de los altavoces para un sistema de sonido 7.1.

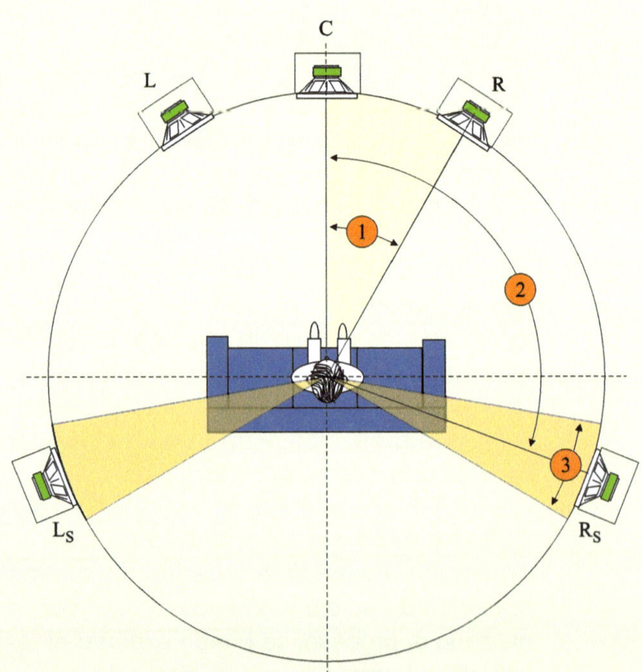

Figura 10.73. Sistema de sonido envolvente.

10.34. Identifica las diferentes conexiones que proporciona el reproductor de DVD en la Figura 10.74. Indica la principal diferencia entre cada una de ellas.

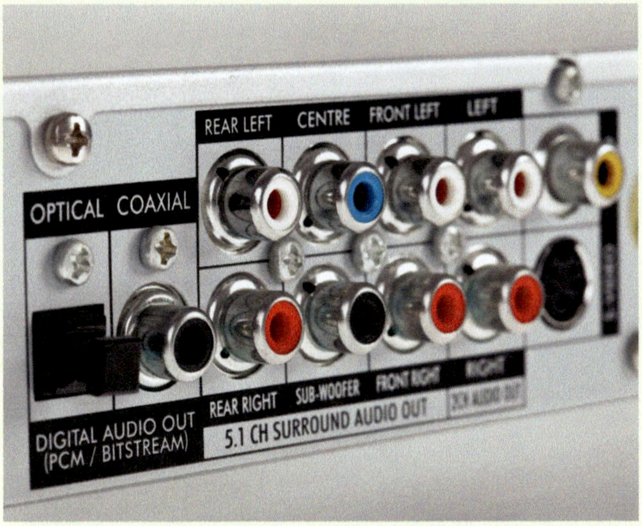

Figura 10.74. Conexiones típicas de un reproductor de DVD.

10.35. Identifica los sistemas de sonido envolvente mostrados en la Figura 10.75. Indica el tipo de altavoz utilizado en cada uno de los sistemas.

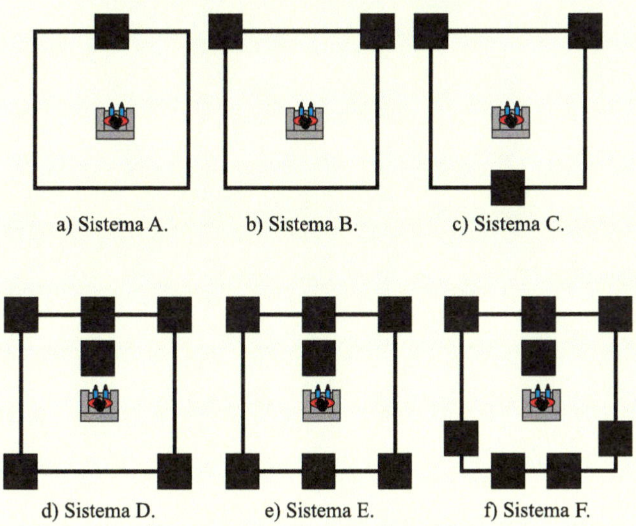

Figura 10.75. Sistemas de sonido envolvente.

10.36. ¿Qué formatos de exportación admite el programa Audacity?

10.37. ¿Qué diferencia existe entre un archivo MP3 VBR y uno CBR?

10.38. Determina la tasa de bits típica del proceso de digitalización PCM de una señal estéreo que se muestrea a una tasa de 48 000 Hz y se codifica con 16 bits.

10.39. ¿Qué conexiones típicas proporciona la tarjeta de sonido de un ordenador?

11 Riesgos laborales en las instalaciones de megafonía y sonorización

Contenidos

Los diversos procesos y tareas que realizan las empresas de instalaciones de megafonía y sonorización tienen asociados unos riesgos laborales. Es necesario reducir los efectos de estos riesgos o incluso eliminarlos completamente si se toman las medidas preventivas básicas.

Objetivos

- Identificar los riesgos derivados del trabajo de instalación de sistemas de megafonía y sonorización.
- Relacionar los equipos de protección personal con los riesgos que protegen.
- Adoptar las medidas de protección más adecuadas en función de los riesgos presentes durante las tareas de instalación y mantenimiento de los sistemas de megafonía y sonorización.
- Tomar las medidas necesarias para mantener una instalación sin tensión durante los trabajos de instalación de los sistemas de sonorización.

11.1. Riesgos laborales en el trabajo

El **riesgo laboral** es la posibilidad de que un trabajador sufra un determinado daño derivado del trabajo. Este daño se valora teniendo en cuenta la probabilidad de que se produzca y la severidad del mismo. Desde este punto de vista, se consideran un daño derivado del trabajo las enfermedades, patologías o lesiones sufridas con motivo del trabajo.

El **factor de riesgo** se define como aquel fenómeno que, por su presencia o ausencia, se asocia con la aparición, en determinadas condiciones, de eventos traumáticos con efectos en la salud del trabajador, como por ejemplo un accidente, o no traumáticos con efectos crónicos para la salud que pueden llegar a provocar enfermedad.

Figura 11.1. Equipos de protección individual (EPI).

La **prevención** es el conjunto de actividades o medidas adoptadas o previstas en una actividad con el objetivo de disminuir los riesgos derivados del trabajo.

El principio fundamental de la aplicación de medidas de prevención es **eliminar los riesgos en su origen**, adoptando las técnicas operativas u organizativas que permitan eliminarlos o, por lo menos, reducir al mínimo sus efectos. Como existen casos en que esto no es posible, se deberán adoptar otras medidas para **minimizar el riesgo:**

- **Medidas de protección colectivas.** Uno de los principios sobre la prevención de los riesgos laborales es adoptar las medidas que antepongan la protección colectiva a la individual. Estas medidas están encaminadas a proteger a los trabajadores en su conjunto de los riesgos del lugar de trabajo. Ejemplos de medidas de protección colectivas son las plataformas, andamios y pasarelas protegidas mediante barandillas, redes de seguridad, resguardos de maquinaria, etcétera.
- **Medidas de protección individual.** Si una vez adoptadas medidas de protección colectiva aún existe riesgo de accidente para los trabajadores, es necesario dotar a estos de los equipos de protección individual (EPI) que sean necesarios para cada caso concreto, según el tipo de riesgo. Algunos ejemplos de EPI, tal y como se muestra en la Figura 11.1, son los guantes, cascos, gafas de protección, etcétera.

Recuerda

La utilización de equipos de protección individual es una medida complementaria a la colectiva.

11.2. Riesgos laborales asociados a los instaladores de telecomunicación

Los diversos procesos y tareas que realizan las empresas dedicadas a las instalaciones de megafonía y sonorización caracterizan los riesgos laborales a los que quedan expuestos los trabajadores. Estas tareas se pueden clasificar básicamente en las tres siguientes:

- **Verificación del lugar de instalación y toma de datos (replanteo).** Durante esta fase, el instalador procede a la verificación y a la toma de los datos de referencia, en el lugar donde se va a realizar la instalación. La recogida de estos datos es fundamental para la posterior ejecución de los trabajos, ya que permite la planificación de los trabajos a realizar y puede dar origen al replanteo de la instalación.
- **Ejecución de la instalación.** Durante esta fase el instalador realiza la ejecución de los trabajos y todas las actividades que se han planificado en la etapa anterior.
- **Supervisión y prueba de los sistemas instalados.** Una vez realizada la instalación, el instalador verifica su correcto funcionamiento y realiza las comprobaciones y medidas necesarias.

SABÍAS QUE...

El replanteo es la operación que tiene por objeto trasladar fielmente la documentación técnica de la obra (proyecto o memoria técnica) a la instalación definitiva, realizando las modificaciones necesarias en la ubicación de las canalizaciones y demás elementos (micrófonos, amplificadores, mezcladores, ecualizadores, altavoces) de la instalación, optimizando los recursos disponibles.

Durante la realización de cada una de estas tareas pueden aparecer ciertos riesgos laborales, siendo necesario adoptar unas medidas preventivas básicas, con el objetivo de reducir sus efectos o incluso eliminarlos.

Entre los principales riesgos a los que está expuesto el instalador destacan los de tipo **traumático,** sin olvidar que existen otros factores de riesgo en los lugares de trabajo, como son los factores químicos y biológicos (polvo, gases, etc.), los factores físicos (ruido, vibraciones, iluminación, etc.) y la fatiga, los cuales también son origen de accidentes o enfermedades.

11.3. Tipos de riesgos traumáticos

Los **principales riesgos traumáticos** a los que está expuesto el instalador de telecomunicaciones son los siguientes:

- Caída de personas a diferente nivel.
- Caída de personas al mismo nivel.
- Caída de objetos por manipulación.
- Cortes y golpes.
- Proyección de fragmentos o partículas.
- Atrapamiento entre objetos.
- Sobreesfuerzos.
- Contactos eléctricos.

11.3.1. Caída de personas a diferente nivel

La **caída de personas a distinto nivel** se debe a la utilización de escaleras manuales y a los trabajos realizados en altura (Figura 11.2), durante la instalación de altavoces, megáfonos y material eléctrico en general, en azoteas, tejados, torres, etc. Este riesgo se debe principalmente a dos motivos:

- **Acceso al puesto de trabajo:** acceso a un lugar de trabajo elevado con protección inadecuada o inexistente contra caídas, mala elección del modo de acceso (escaleras, rampas...), mala concepción o inclinación inadecuada del medio de acceso, etcétera.
- **Zona de trabajo situada a cierta altura:** superficie de trabajo demasiado estrecha o con demasiados obstáculos, plataforma de trabajo sin protección contra caídas, etcétera.

Figura 11.2. El trabajo en altura es uno de los principales riesgos de caídas de personas a diferente nivel.

El trabajo en altura requiere una serie de **medidas preventivas,** tanto para el acceso a azoteas y tejados u otras estructuras para la toma de datos, como para el propio trabajo de instalación de los equipos y materiales. Entre las medidas preventivas a adoptar cabe destacar las siguientes:

- **Identificar los riesgos** que se pueden presentar durante el acceso al lugar de instalación de los componentes del sistema (altavoces de techo, proyectores, cableado, etcétera).
- Adoptar medidas que antepongan la **protección colectiva** a la individual. En este sentido, cuando sea necesario, se utilizarán plataformas, andamios y pasarelas (Figura 11.3), que se protegerán mediante barandillas u otro sistema de protección colectiva de seguridad equivalente, como, por ejemplo, redes de seguridad.

Figura 11.3. Medidas de protección colectivas.

- En el caso de que sea necesario, se utilizarán **equipos de protección individual contra caídas** en altura o sistemas anticaídas, sistema de sujeción o dispositivos de descenso (cinturones de seguridad, arneses anticaídas...). En caso necesario se pueden utilizar también otros EPI: casco y calzado con suela adherente.
- Suspender los trabajos en condiciones meteorológicas adversas: viento, lluvia, nieve, etcétera.
- Utilizar **pasarelas de circulación** adecuadas para no pisar directamente sobre las superficies de cubiertas no transitables.

Los **equipos de protección individual** típicos asociados a este riesgo son:

- **Cinturones de seguridad.** El objetivo de este dispositivo de protección (Figura 11.4) es impedir al portador el acceso a una zona peligrosa. Mediante la longitud de la cuerda asociada al cinturón y a un anclaje a los correspondientes mosquetones, se delimita la plataforma de trabajo, eliminando la posibilidad de acceso a zonas peligrosas y, por tanto, si es el caso, la caída.

Figura 11.4. Cinturón de seguridad.

- **Arneses anticaídas.** Este dispositivo de seguridad (Figura 11.5) actúa una vez que se ha producido la caída, minimizando las lesiones. Su forma es parecida a los cinturones de seguridad, pero su principal diferencia estriba en su mecanismo de funcionamiento: la cuerda que une el arnés con el punto de anclaje lleva un dispositivo que frena la velocidad de la caída de manera progresiva para evitar las lesiones por un frenazo brusco. Su diseño permite que el impacto sea absorbido por el tronco del usuario, evitando lesiones importantes.

Figura 11.5. Arnés.

En ocasiones, para los trabajos de instalación puede ser necesario acceder a lugares altos utilizando **escaleras manuales** (Figura 11.6). Durante su utilización, es necesario seguir unas instrucciones de uso seguras como las siguientes:

Figura 11.6. Utilización de escaleras de mano para el acceso a trabajos en altura.

- Las escaleras de tipo tijera deben estar provistas de tirante de seguridad. No deben utilizarse las escaleras de tipo tijera como escaleras de apoyo.
- Utilizar calzado no deslizante y colocar el pie perpendicular al escalón, de manera que se apoye la mayor superficie posible del mismo.
- Evitar colocar la escalera frente a puertas que puedan ser abiertas de manera repentina e inesperada.
- Utilizar las escaleras de mano por una sola persona de manera simultánea.
- Asegurar la estabilidad de la escalera antes de usarla, tal y como se muestra en la Figura 11.7. La escalera debe quedar bien fijada y sobresalir al menos un metro por encima de la superficie de apoyo. La base de la escalera deberá quedar sólidamente asentada formando aproximadamente un ángulo de 75º con la horizontal. Comprobar que los apoyos de la escalera conserven la base antideslizante.
- Si se manejan herramientas, se utilizarán, por ejemplo, cinturones especiales portaherramientas o bolsas para su transporte.
- Inspeccionar los lugares de apoyo para evitar contactos con cables eléctricos, tuberías, etcétera.
- Evitar subir a los últimos peldaños.
- El correcto mantenimiento es indispensable para una buena conservación: después de su utilización, debe limpiarse de cualquier sustancia que haya caído sobre las mismas.

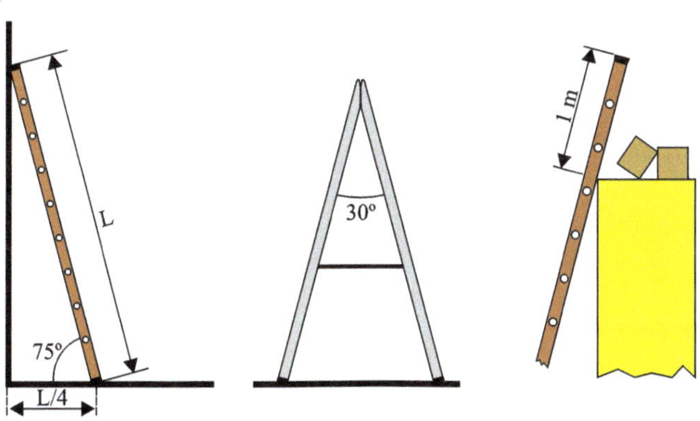

Figura 11.7. Utilización de escaleras manuales.

11.3.2. Caída de personas al mismo nivel

La **caída de personas al mismo nivel** se debe sobre todo a la presencia de cables y otros equipos o materiales diversos que se pueden encontrar en la instalación donde se realizan los trabajos. También puede ser debida a condiciones meteorológicas adversas, tales como rachas de viento o a la existencia de superficies mojadas y a las malas condiciones del lugar de trabajo: obstáculos presentes en el suelo o sus proximidades (canalizaciones, cables para herramientas manuales), etcétera.

Entre las **medidas preventivas** que podemos adoptar para minimizar este riesgo destacan las siguientes:

- Mantener el orden en las herramientas. Puede ser útil la utilización de cinturones portaherramientas, como el de la Figura 11.8.

Figura 11.8. Cinturón portaherramientas.

- Trabajar de manera segura y ordenada, retirando de manera sistemática los residuos del lugar de trabajo.
- No acceder a tejados mojados o en condiciones climáticas adversas (lluvia, hielo, viento).
- Utilizar calzado adecuado con suela antideslizante.
- Trabajar en condiciones de iluminación adecuadas a la tarea desarrollada.

11.3.3. Caída de objetos por manipulación

La **caída de objetos por manipulación** se debe fundamentalmente a la utilización de herramientas manuales, equipos eléctricos (radial, taladro, etc.), y otros útiles y materiales utilizados para realizar las instalaciones.

Entre las **medidas preventivas** que pueden adoptarse están las siguientes:

- Utilizar las herramientas y equipos adecuados para cada tarea y tener la formación suficiente en su manejo, según el tipo de instalación a realizar.

- Utilizar equipos seguros adecuados a la normativa vigente.
- Utilizar, cuando sea necesario, guantes que mejoren el agarre de los equipos y herramientas.
- Seguir las normas de conservación y mantenimiento indicadas por el fabricante de las herramientas y equipos utilizados.

11.3.4. Golpes contra objetos diversos o pisadas sobre ellos

Los **golpes contra objetos diversos o pisadas sobre ellos** se producen, sobre todo, en los desplazamientos por los locales o edificios donde se realiza la instalación. Así, por ejemplo, la existencia en el suelo de objetos o herramientas con formas punzantes u objetos con formas cortantes son un peligro para el trabajador.

Entre las **medidas preventivas** que pueden adoptarse están las siguientes:

- No dejar herramientas y equipos en las zonas de paso. Una vez finalizada una tarea el equipo o herramienta debe colocarse en el lugar destinado para su almacenamiento.
- Mantener una mínima precaución en el desplazamiento por el lugar de trabajo.
- Trabajar en condiciones de iluminación adecuadas.
- Utilizar calzado de seguridad adecuado.

11.3.5. Cortes y golpes

Los **cortes y golpes** se producen por el uso y manipulación de herramientas manuales (Figura 11.9), tales como tijeras, llaves de todo tipo, alicates, destornilladores, y algunos equipos eléctricos como taladros y radiales.

Figura 11.9. Trabajo con herramientas cortantes.

Entre las **medidas preventivas** que pueden adoptarse están las siguientes:

- Seguir las instrucciones de utilización, conservación y mantenimiento del fabricante. En cualquier caso, nunca sobrepasar las prestaciones establecidas para el equipo indicadas por el fabricante.
- Utilizar los equipos de protección individual adecuados en cada caso, como por ejemplo guantes con protección ante riesgos mecánicos (Figura 11.10).

Figura 11.10. Guantes de protección.

- Tener la formación adecuada en el manejo de los equipos y herramientas.
- No llevar las herramientas en los bolsillos (Figura 11.11): utilizar cinturones portaherramientas.

Figura 11.11. Llevar herramientas y otros útiles en los bolsillos es peligroso.

- No eliminar ni manipular bajo ninguna circunstancia las protecciones de los equipos.

11.3.6. Proyección de fragmentos o partículas

La **proyección de fragmentos o partículas** se debe fundamentalmente al corte de cables metálicos, perfiles, tubos con radial, realización de taladros y a la utilización de enseres inadecuados.

Entre alguna de las **medidas preventivas** que podemos utilizar para minimizar este riesgo destacan las siguientes:

- Utilizar **gafas de protección** adecuadas (Figura 11.12), para evitar pequeñas lesiones oculares o faciales debido a la proyección de partículas metálicas mientras se realizan tareas como el corte de cables o tubos.

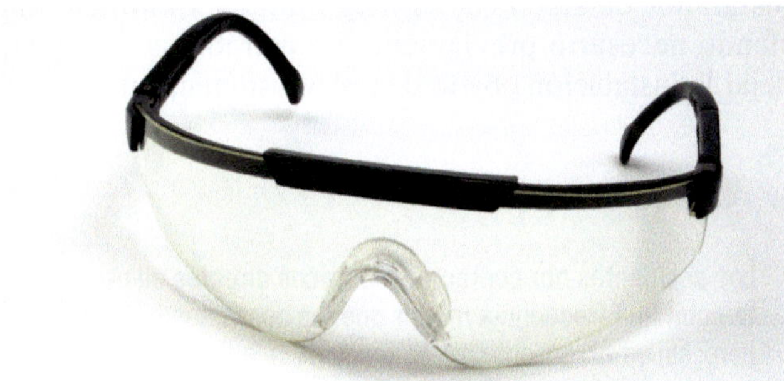

Figura 11.12. Gafas de protección.

- Uso de **guantes** con propiedades antiimpactos y ropa de trabajo adecuada.

11.3.7. Atrapamiento entre objetos

El **atrapamiento entre objetos** se debe fundamentalmente al acceso a zonas en mal estado en las que haya que instalar el sistema o parte de él: azoteas, tejados.

Entre las **medidas preventivas** que pueden adoptarse están las siguientes:

- No acceder a lugares que estén en malas condiciones, sin adoptar las medidas adicionales de seguridad necesarias en estos casos.
- Respetar la señalización preventiva y las vías de tránsito especificadas en la zona de trabajo.

11.3.8. Sobreesfuerzos

Los **sobreesfuerzos** se producen generalmente por la manipulación de cargas excesivas o su manipulación inadecuada, movimientos repetitivos, manipulación en posturas inadecuadas, etcétera.

En el caso de los instaladores, este riesgo se produce generalmente por la manipulación manual de cargas debido al acopio de materiales hasta el lugar donde se va a realizar la instalación: equipos y materiales a instalar, herramientas, etcétera.

Como **medida preventiva** que minimiza este tipo de riesgo está la correcta manipulación manual de cargas utilizando técnicas para el manejo adecuadas.

El peso máximo admisible durante la manipulación manual de cargas es de 25 kg. Para la manipulación manual de estas cargas deben utilizarse sistemas mecánicos de ayuda, como por ejemplo carretillas (Figura 11.13) o manejar entre varios trabajadores dicha carga si no se dispone de ayudas mecánicas.

Figura 11.13. Para la manipulación manual de estas cargas deben utilizarse sistemas mecánicos de ayuda.

11.3.9. Otros riesgos

Algunos de los riesgos traumáticos a los que está expuesto un instalador no difieren de cualquier otro tipo de ocupación:

- **Exposiciones a temperaturas extremas:** posibles alteraciones fisiológicas al estar sometido a ambientes extremadamente fríos o calientes, etcétera.
- **Contactos térmicos:** contacto con cuerpos, productos, piezas, la temperatura de los cuales es elevada.
- **Inhalación o ingestión de sustancias nocivas:** asfixia, ahogos, presencia en atmósferas tóxicas, ingestión de productos nocivos, etcétera.
- **Contacto con sustancias cáusticas o corrosivas.**
- **Exposiciones a radiaciones.**
- **Explosiones:** productos existentes capaces de formar mezclas autoinflamables o detonantes, reacciones químicas exotérmicas, volumen de materias peligrosas...
- **Incendios:** debido a productos combustibles, restos de pintura, resinas, residuos combustibles, etcétera.
- **Atropellos, golpes, choques con y contra vehículos.**
- **Accidentes de tráfico:** accidentes ocurridos entre el taller y el lugar de la instalación.
- Etcétera.

11.4. Riesgo eléctrico

El **riesgo de contacto eléctrico** se origina por la utilización de corriente eléctrica para diferentes aplicaciones.

En cualquier accidente de tipo eléctrico, interviene siempre un contacto eléctrico con un elemento en tensión que origina que una cantidad de corriente eléctrica circule por el cuerpo humano, provocando dos tipos de accidentes:

- Causan en el trabajador lesiones orgánicas de origen eléctrico, que actúan directamente sobre la víctima: quemaduras, fibrilación, etc., que pueden provocar directamente la muerte si la cantidad de corriente y el tiempo de exposición son elevados.
- Causa indirecta de un accidente de otra naturaleza: caídas desde altura, asfixia por incendio, quemaduras, etcétera.

11.4.1. Tipos de contactos

El contacto del trabajador con la electricidad y, por tanto, el accidente eléctrico se puede dar en dos condiciones:

- **Contactos directos:** cuando el trabajador toca alguna cosa que normalmente está en tensión (líneas de alta o baja tensión, tendidos provisionales de obra, etc.). La Figura 11.14.a muestra un ejemplo típico de contacto directo.
- **Contactos indirectos:** cuando el trabajador toca alguna parte de un equipo que normalmente no está en tensión, pero por cualquier avería o defecto de aislamiento del equipo, la carcasa de este se carga eléctricamente. Los contactos indirectos son aquellos que se producen de forma accidental por fallos en los aislamientos, tanto en los receptores como en las conducciones eléctricas y aparatos. La Figura 11.14.b muestra un ejemplo típico de contacto indirecto.

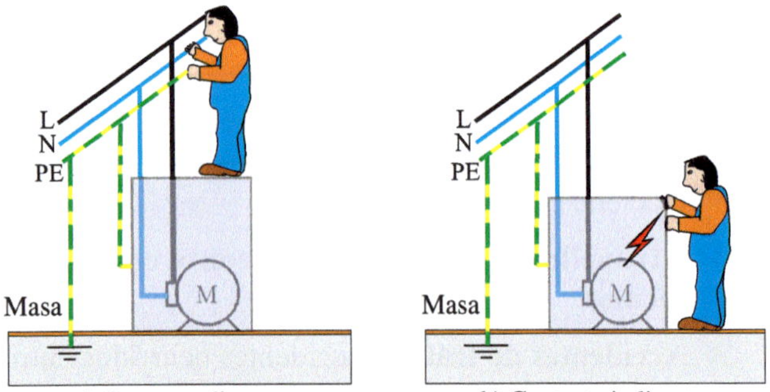

a) Contacto directo. b) Contacto indirecto.

Figura 11.14. Tipos de contactos eléctricos.

11.4.2. Trabajos en tensión

El **trabajo en tensión** es aquel durante el cual un trabajador entra en contacto con elementos en tensión, o entra en la zona de peligro, bien sea con una parte de su cuerpo o con las herramientas, equipos, dispositivos o materiales que manipula.

Este tipo de trabajo, en general, no lo realizará un instalador de sistemas de megafonía y sonorización, siendo necesario previamente a los trabajos a realizar dejar la instalación objeto de trabajo sin tensión.

SABÍAS QUE...

Los accidentes por contactos eléctricos directos se presentan con una frecuencia menor que los contactos indirectos, pero, sin embargo, sus consecuencias suelen ser más graves.

11.4.3. Trabajos sin tensión

Los **trabajos sin tensión** son aquellos que se realizan en instalaciones eléctricas una vez tomadas las medidas necesarias para mantener la instalación sin tensión.

El trabajo sin tensión es el que se realiza en una instalación después de efectuar en ella una serie de operaciones, algunas de las cuales se realizan con tensión, con el objetivo de suprimir la tensión. Para ello se aplican las **cinco reglas de oro:**

- **Regla 1. Desconectar.** Aislar la parte de instalación eléctrica sobre la que se va a trabajar de todas las fuentes de alimentación.
- **Regla 2. Prevenir cualquier posible realimentación**, preferentemente bloqueando el mecanismo de maniobra. Cuando sea necesario se colocará también señalización que prohíba la maniobra.
- **Regla 3. Verificar la ausencia de tensión** en todos los elementos activos de la instalación eléctrica.
- **Regla 4. Poner a tierra y en cortocircuito las partes de la instalación** donde se vaya a trabajar si se trata de instalaciones de alta o baja tensión que puedan ponerse en tensión accidentalmente.
- **Regla 5. Proteger frente a elementos cercanos en tensión** y establecer una señalización de seguridad para delimitar la zona de trabajo.

La **reposición de la tensión** solo comenzará una vez finalizado el trabajo. El proceso de reposición de la tensión comprende realizar las operaciones inversas realizadas durante la supresión de la tensión de la instalación:

- La retirada, si las hubiera, de las protecciones adicionales y de la señalización que indica los límites de la zona de trabajo.
- La retirada, si la hubiera, de la puesta a tierra y en cortocircuito.
- El desbloqueo o la retirada de la señalización de los dispositivos de corte.
- El cierre de los circuitos para reponer la tensión.

SABÍAS QUE...

El trabajo en tensión solamente pueden realizarlo trabajadores cualificados especialmente entrenados para ello y utilizando equipos, materiales y según un método y procedimientos de trabajo que aseguren su protección frente al riesgo eléctrico.

Recuerda

Las líneas de tensión constante de 100 V tienen una tensión que puede resultar peligrosa, por lo que es necesario asegurarse de que la línea está desconectada de los amplificadores en los trabajos de instalación y mantenimiento.

11.4.4. Manipulación de equipos electrónicos

La manipulación de los equipos electrónicos, en general, supone una fuente de riesgo importante, ya que al retirar la tapa de un equipo pueden existir áreas en su interior con tensión. Para reducir el riesgo de descarga eléctrica no debe retirarse ninguna tapa con la alimentación conectada.

Es necesario prestar especial atención a las indicaciones establecidas por los fabricantes de los equipos, los cuales avisan en su manual de instalación o de instrucciones de las precauciones que deben tomarse para su manipulación. En la Figura 11.15 se muestra la simbología de seguridad normalmente utilizada para advertir del peligro.

Figura 11.15. Símbolos de seguridad.

El símbolo de la Figura 11.16 alerta al usuario de la presencia de tensiones peligrosas no aisladas sin la protección de la cubierta del equipo, las cuales pueden ser suficientes para provocar un *shock* eléctrico en las personas.

Figura 11.16. Riesgo eléctrico.

El símbolo de la Figura 11.17 alerta al usuario de la presencia de instrucciones importantes de funcionamiento en la documentación que acompaña al equipo. Cuando aparece este símbolo, se debe prestar atención.

Figura 11.17. Atención.

Páginas web de interés

Instituto Nacional de Seguridad y Salud en el Trabajo. En esta página web encontrarás guías técnicas de prevención y otros documentos de interés relacionados con la prevención de los riesgos laborales.

www.insst.es

Fenitel. Federación de las empresas instaladoras e integradoras de telecomunicaciones en España.

www.fenitel.es

Actividades de comprobación

11.1. Indica cuál de las siguientes medidas preventivas son de protección individual:

a) Plataformas y andamios.

b) Pasarelas protegidas mediante barandillas.

c) Redes de seguridad.

d) Cinturón de seguridad.

11.2. Indica cuál de las siguientes medidas preventivas son de protección colectiva:

a) Guantes.

b) Pasarelas protegidas mediante barandillas.

c) Cascos.

d) Arneses.

11.3. ¿Cuál de los siguientes riesgos es típico de un instalador de telecomunicaciones?

a) Caída de personas a diferente nivel.

b) Caída de personas al mismo nivel.

c) Cortes y golpes.

d) Todas las respuestas anteriores son correctas.

11.4. ¿Cuál es el peso máximo admisible durante la manipulación manual de cargas?

a) 15 kg.

b) 25 kg.

c) 50 kg.

d) 100 kg.

11.5. ¿Qué tipo de contacto se produce cuando el trabajador toca un equipo que normalmente no está en tensión, pero por un defecto de aislamiento las partes metálicas accesibles están en tensión?

a) Contacto electroestático.

b) Contacto directo.

c) Contacto indirecto.

d) Accidente eléctrico.

11.6. ¿Con qué ángulo con la horizontal se debe asentar sólidamente una escalera manual?

a) 30°. **b)** 50°.

c) 75°. **d)** 90°.

11.7. ¿Qué tipo de riesgo ve dificultada su prevención por no ser perceptible por los sentidos a simple vista?

a) Cortes y golpes.

b) Contactos eléctricos.

c) Caída de persona a diferente nivel.

d) Sobreesfuerzos.

11.8. Indica qué equipo de protección evita las caídas en altura.

a) Arnés.

b) Cinturón de seguridad.

c) Calzado antideslizante.

d) Guantes protectores.

11.9. ¿A cuál de los siguientes riesgos traumáticos no está especialmente expuesto el instalador de telecomunicaciones?

a) Caída de personas a diferente nivel.

b) Cortes y golpes.

c) Contactos eléctricos.

d) Exposición a temperaturas extremas.

11.10. ¿Qué tipo de riesgo traumático se debe sobre todo a la presencia de cables y otros equipos o materiales diversos que se pueden encontrar en la instalación donde se realizan los trabajos?

a) Caída de personas a diferente nivel.

b) Caída de personas al mismo nivel.

c) Cortes y golpes.

d) Contactos eléctricos.

Actividades de aplicación

11.11. **Equipos de protección individual.** Busca información sobre diferentes elementos de seguridad y equipos de protección individual útiles para la prevención de riesgos del instalador de telecomunicaciones. Realiza una ficha comentando las características del elemento en cuestión: tamaños, materiales, formas y la misión que desempeñan e indicando para qué tareas y espacios se deben utilizar.

11.12. **Símbolos de seguridad y mantenimiento.** Identifica en el manual de instrucciones de los equipos utilizados en el aula taller los símbolos de seguridad que aparecen. Anota también si incluyen algunas indicaciones de instalación especiales para el montaje del equipo.

Actividades de refuerzo

11.13. ¿Qué diferencia existe entre un equipo de protección individual y una medida de protección colectiva? Pon ejemplos de cada uno de ellos.

11.14. Identifica los tipos de riesgos derivados del trabajo de instalador de telecomunicaciones, en cada una de las tareas indicadas. Pon un ejemplo de cada uno de ellos en la Tabla 11.1.

11.15. Resume las principales medidas preventivas que deben adoptarse en cada uno de los riesgos indicados en la Tabla 11.1.

11.16. Enumera las cinco reglas de oro de los trabajos sin tensión.

11.17. Indica las diferencias entre contacto eléctrico directo y contacto eléctrico indirecto.

11.18. Dibuja los símbolos de seguridad que nos advierten de peligros en la manipulación de equipos electrónicos.

Tabla 11.1. Riesgos traumáticos derivados de los trabajos del instalador de telecomunicaciones

Tipo de riesgo	Verificación del lugar de instalación y toma de datos	Ejecución de la instalación	Supervisión y prueba de los sistemas instalados
Caída de personas a diferente nivel			
Caída de personas al mismo nivel			
Caída de objetos por manipulación			
Golpes contra objetos diversos o pisadas sobre ellos			
Cortes y golpes			
Proyección de fragmentos o partículas			
Atrapamiento entre objetos			
Sobreesfuerzos			
Contactos eléctricos			